日本百年航母

Japan's Aircraft Carriers: 100 Years

曹晓光/著

新华出版社

图书在版编目（CIP）数据

日本百年航母/曹晓光著

北京：新华出版社，2014.11

ISBN 978-7-5166-1321-4

Ⅰ.①日…　Ⅱ.①曹…　Ⅲ.①航空母舰—发展史—日本—1914～　Ⅳ.①E925.671

中国版本图书馆 CIP 数据核字（2014）第 265623 号

日本百年航母

作　　者：曹晓光

出 版 人：张百新	选题策划：赵怀志
责任编辑：赵怀志　江文军	封面设计：燕清创意
责任校对：刘保利	责任印制：廖成华

出版发行：新华出版社

地　　址：北京石景山区京原路 8 号　　　　　邮　　编：100040

网　　址：http：//www.xinhuapub.com　　　http：//press.xinhuanet.com

经　　销：新华书店

购书热线：010-63077122　　　　　　　　中国新闻书店购书热线：010-63072012

照　　排：新华出版社照排中心

印　　刷：北京凯达印务有限公司

成品尺寸：185mm×260mm

印　　张：43　　　　　　　　　　　　　　字　　数：900 千字

版　　次：2015 年 1 月第一版　　　　　　　印　　次：2015 年 1 月第一次印刷

书　　号：ISBN 978-7-5166-1321-4

定　　价：198.00 元

图书如有印装问题，请与出版社联系调换：010-63077101

序 言
日本航母发展百年记

  2014 年，日本航母发展历史已达百年，在一个世纪的轮回中，日本有辉煌，也有惨败，面对历史，今天的日本政府及人民应该痛定思痛、总结经验，深刻反省战争责任。自 1868 年明治维新以来，在"大舰巨炮主义"与"航空主力论"的冲突与较量中，日本的海军发展臻至顶峰。在"大舰巨炮主义"时代，日本帝国海军成为仅次于英国皇家海军和美国海军的世界第三大海军，亚洲第一大海军，并代表着亚洲海军发展的最高水平。在"航空主力论"时代前期，日本帝国海军成为世界第一个发展与建设航母特混舰队的海军，并在太平洋战争前期重创美国海军，创造了日本海军发展史上最辉煌的 7 个月（1941 年 12 月—1942 年 6 月）。在"航空主力论"依然盛行的今天，日本海上自卫队完全放弃了"大舰巨炮主义"的战术思想，全面建设并意图恢复帝国时代末期的航母特混舰队辉煌。纵观一个世纪，日本的百年航母发展只是一个开始，还远远没有结束，其未来走向值得世人高度关注和重视，尤其是中国政府和中国人民。

  1914 年，第一次世界大战期间的日本帝国海军利用"若宫"号水上飞机母舰搭载的水上飞机对德国设在中国青岛沿海内的军事基地进行了攻击，这是世界历史上最早的海上航空实战记录，也正是这次战斗让日本认识到了海上航空作战的优势及其无法取代的战术价值，日本对航母的运用历史也由此拉开大幕。

  1922 年 12 月 27 日，日本帝国海军第一艘航母"凤翔"号建成，这艘航母同时也是世界第一艘建成的正规航母，它完全按照航空母舰的舰种进行设计与建造，而不是由其他舰种中途改装而成的航母。早期的航母只是战列舰的辅助支援舰，主要为战列舰提供航空侦察等服务。随着飞机技术的发展，战斗飞机越来越实用化，作为搭载平台的航母才开始具备攻击能力。早在 1937 年日中战争（抗日战争）爆发之前，日本帝国海军就利用已经建成的 4 艘航母"凤翔"号、"赤城"号、"加贺"号和"龙骧"号对广大的中国战场展开海上航空攻击，在这些对地攻击任务中，日本不仅积累了航母编队、舰载机编队的部队编成经验，而且，还试验了舰载机的各种攻击战术、配合战术等战术试验工作。在 1937 年至 1941 年的日中战争中，日本帝国海军更是展开了更大规模的航母编队作战，中国战场生灵涂炭，中国人民因此死伤惨重，尤其是重庆大轰炸，在这点上，日本帝国海军对中国人民犯下的滔天罪行罄竹难书。

  在 1941 年 12 月 7 日太平洋战争爆发之前，日本航母的主要攻击对象就是中国，因此，在此之前服役的日本航母基本都曾经参加了在中国战场的作战行动，它们分别是"凤翔"号、"赤城"号、"加贺"号、"龙骧"号、"苍龙"号、"飞龙"号、"瑞凤"号、"翔鹤"号、"大鹰"号和"瑞鹤"号，共 10 艘。

在太平洋战争初期，作为世界第一支航母特混舰队的缔造者，日本帝国海军开创了日本开国历史上的一个重要阶段，那就是日本联合舰队之第一航空舰队凭借6艘航母组建起来的世界第一支航母特混舰队打遍太平洋及印度洋、在超过地球一半的距离上而无遇敌手，美国海军、英国皇家海军、荷兰皇家海军等世界传统大国海军尽皆败北，然而，日本帝国海军的这种极盛状态只维持了7个月的时间便进入帝国落日的时代。

从发展历史上来看，日本帝国海军航母特混舰队的编成经验大致经历了三个时期，分别是1941年4月10日至1942年7月14日期间的第一航空舰队（南云忠一机动部队）时期，1942年7月14日至1944年11月14日期间的第三舰队时期，1944年3月1日至1944年11月15日的第一机动舰队时期。

比照第一航空舰队和第三舰队，第一机动舰队的诞生标志着日本航母特混舰队的建设达到最高水平，各方面经验也趋于成熟，不过，由于大量航母舰载机及舰母平台的消耗，日本的航母特混舰队在此期间只剩下建设经验了，舰队的总体作战实力已经名存实亡。随着最后一支航母特混舰队——第一机动舰队走向覆灭，日本联合舰队及日本帝国海军灭亡的日子也为时不远了。

在太平洋战争期间，日本航母特混舰队的迅速崛起与覆灭只经历了短短3年零9个月的时间（1941年12月7日至1945年8月15日）。反观美国海军的航母特混舰队由1942年6月6日中途岛海战崛起至今已经超过了71年的历史，在此期间，美国航母独霸世界，今天的美国政府和美国海军更是将航母外交发挥到了极致，在未来的百年时间内，美国航母仍将独霸世界，其他任何国家都没有能力挑战美国的这种航母独霸地位。对比日美之间的这种反差，可以看出维持一支庞大的航母特混舰队的同时也需要异常强大的综合国力，日本的综合国力远远不及美国，这就从根上注定了日本必败。

"脱亚入欧"后的日本在迅速崛起之后，其民族主义及扩张主义急剧膨胀，日清战争与日俄战争的两场胜利已经让日本帝国政府及日本帝国海军丧失了理性的判断，凭借这些胜利和成绩，这个两千年来几乎为中国附庸的小国终于有了渲泄的闸口。在理性与非理性之间，战争的疯狂让日本坚信不屈的意志可以征服全世界，并且，可以用全新的日本意志猖狂地建立所谓的"大东亚共荣圈"。

然而，"物质决定意识"才是亘古不变的真理。经过6次海上航母大决战之后，日本帝国海军是输得精光、败得惨烈。第二次世界大战的惨败，战后沦为一片焦土的日本，东京片瓦无存、长崎片瓦无存、广岛片瓦无存、佐世保片瓦无存、吴港片瓦无存，像这样的词句可以一直罗列下去。总之，战后的日本满目疮痍，仿佛人间地狱，这就是迅速崛起的代价和无视理性存在的恶果。

第二次世界大战结束后，吸取战争教训的日本有所醒悟，在和平宪法的年代里尽情享受着由经济复苏所带来的成果。不过，战后日本对航母的牵挂从未断念，在1998年建成大隅级运输舰（实则为两栖攻击投送舰）1号舰"大隅"号（LST－4001）之前，日本海上自卫队曾经先后制定了CVH直升机航母计划、DLH航母计划、DDV母机驱逐舰计划等一系列的航母建造计划，直到最终实现了LST运输舰建造计划。紧随大隅级，日本又展开了 13500 吨级（日向级）、19500 吨级直升机母舰的建造计划，虽然这些军舰都称为直升机驱逐舰（DDH），但它们都是彻头彻尾的轻型航母，并且，这些航母的综合作战实力都超过了二战期间日本帝国海军所建的轻型航母。

未来的日本航母发展还可能突破吨位的限制（突破中型航母和大型航母）、动力选择的限制（突破核动力和常规动力）、舰载机选型的限制（突破固定翼和旋转翼）。在美国国家利益高于一切的大背景下，美国对日本的航母发展只会有选择性地限制，只要它的存在有益于美国国家利益，美国可以视而不见，相反，如果威胁到美国的国家利益，日本会先于美国消失。

未来，随着东北亚局势的变化，包括中国海军的发展速度、俄罗斯太平洋舰队的复苏进度、朝鲜核武器与弹道导弹发展能力的明朗与否，美国政府会充分利用日本航母特混舰队的这个"马前卒"，来坚决维护以美元为核心的国际货币体系和以美国为一极独霸的世界军事格局。在这种背景下，日本的航母特混舰队可能会复苏甚至变得强大，并陈兵于日中、日俄、日朝的前沿海域，如果脱离这些海域，日本将会成为美国的敌人。

未来 50 年至 100 年，日本的航母特混舰队建设将会对中国的国家安全形成巨大威胁，为了因应这种变化，中国的军事发展可以概括为：发展一支强大的空天部队就是未雨绸缪，建设一支强大的导弹部队就是"不战而屈人之兵"，打造一支强大的海军就是"积极防御、御敌于国门之外"，组建一支精干的战略轰炸机部队就是最有效的常规威慑，而依然保持一支世界最大规模的陆军就是"消极防御"、并与未来战争严重脱节。

2014 年 11 月 1 日

曹晓光

于大连市金州新区龙王庙

目　录

下　篇：日本海上自卫队航母运用

上 篇

日本帝国海军航母运用与经验

第一章
日本帝国海军航母发展历史概况
——曾经的亚洲与太平洋海上霸主

从发展历史上来看，日本帝国海军的航母运用接近 30 年历史，如果包括前期水上飞机母舰的运用历史，那么，这段历史的长度将会超过 30 年，实际上，水上飞机母舰的发展对后来日本帝国海军的航母发展有很多的帮助和借鉴，也正是在水上飞机母舰运用的基础上，日本帝国海军才决定大力发展航母。

1911 年至 1922 年，这 12 年可以看作日本帝国海军航母发展的黎明期，在此期间，作为世界上最早运用航母的四个大国，美国、英国、法国和日本都在进行着各方面的航母试验性工作，其中，日本率先实施了世界上第一次由海上平台展开的海军航空兵攻击任务，并于 1922 年建成日本第一艘航母"凤翔"号，同时，它也是世界上第一艘建成的正规航母。

1923 年至 1937 年，这 15 年可以看作日本帝国海军航母发展的成熟期。当时世界列强海军发展正处于"大舰巨炮主义"盛行的巅峰时期，为了对世界各国接近疯狂的战列舰建造进行限制，世界列强先后缔结了《华盛顿海军裁军条约》和《伦敦海军裁军条约》，以对战列舰及其辅助军舰的建造进行严格的配额限制。在战列舰建造受配额限制的情况下，作为战列舰辅助舰种的航空母舰却因祸得福得到了迅速的发展。在两大条约限制期间，以英、美、日、法四国为代表的国家将大量的巨型战列舰纷纷改装成航母，这些改装航母也凭借改装前战列舰所打下的坚实基础而成为第二次世界大战中太平洋战场与大西洋战场的海战主力。其中，日本帝国海军在此期间改装了"赤城"号和"加贺"号 2 艘最具代表性的大型主力攻击航母以及"苍龙"号和"飞龙"号 2 艘代表性的正规主力航母。

1938 年至 1946 年，这 8 年可以看作日本帝国海军航母发展的鼎盛期及其最后的覆灭期。在此期间，现代世界航母发展也都进入了一段鼎盛时期，同盟国和轴心国为了各自的国家利益与扩军备战需要都建造了大量的航母，航母建造总数量也达到了空前的规模。随着太平洋战争的爆发，人类历史上的六次航母大战也开始在太平洋上的浩瀚战场空间徐徐拉开了大幕，日美航母大战也塑造了人类历史上规模最庞大的 6 次海战。

下面各节将对日本帝国海军的航母发展历史进行详细的分析和解读。

第一节　1911—1922 年——日本帝国海军航母发展的黎明期及首艘航母"凤翔"号的建成

　　航空母舰最根本的作用就是一种海上航空平台，通过这个平台，各种航母舰载机可以发挥各种各样的作战威力。事实上，作为海上航空武器平台最早的军舰不是航母，而是从一种叫"气球母舰"的军舰开始的。早在 19 世纪中叶，奥地利海军就尝试用气球母舰发射热气球然后从热气球上投下炸弹进行攻击。美国南北战争期间也使用了这种具备攻击能力的气体气球，这些气球由具备气体制造能力的军舰制造出来，然后投入到海上战场去。第一次世界大战中，这种气体气球母舰也曾经出现在战场上。

1910 年进入现代航母发展的纪元元年（1910—1914 年）

　　真正标志着进入现代航母纪元的军舰是水上飞机母舰的出现，而世界上最早的水上飞机母舰是 1911 年法国海军由水雷敷设舰改装而来的"闪电"号，当时的"闪电"号完全可以对水上飞机进行运用，这才是真正海上航空平台纪元的开始。

　　飞机进入实用化阶段后不久，各国海军就争相发展可由军舰起飞的舰载机。1910 年 11 月 14 日，美国海军在"伯明翰"号轻型巡洋舰暂时设置的飞行跑道上成功进行了世界第一次舰上飞机起飞试验，此后，在航母发展历史上，美国海军的航母技术几乎一直都处于世界绝对领先的地位。

　　1911 年 1 月 18 日，美国海军又在"宾夕法尼亚"号装甲巡洋舰舰艉部暂时设置的着舰甲板上成功进行了世界第一次舰上飞机的起飞与着舰试验。

　　1912 年，英国皇家海军也在军舰暂时设置的飞行甲板上成功进行了舰上飞机的起飞试验。

　　不过，在第一次世界大战前，美国海军和英国皇家海军所有的舰上飞机起飞与着舰试验都用的是暂时飞行甲板，而不是真正的飞行甲板，并且，所有这些试验都是在军舰停泊于港口内、在非常平稳的环境下进行的，因此，第一次世界大战前的舰上飞机起飞与着舰试验距离实战还有很远的距离。但是，它们的意义在于开创了现代航母运用的全新纪元。

　　在第一次世界大战前，日本帝国海军还没有舰上飞机起飞与着舰的试验经验，故此，在世界海军航母发展史上，日本只能位居美国、英国和法国三个航母大国之后。

1911年开始进行水上飞机运用的法国海军"闪电"号水上飞机母舰，舰上起重机正在进行水上飞机吊放操作

开创海上航空实战纪录——第一次世界大战期间的日本航母发展（1914—1918年）

在第一次世界大战期间，飞机开始广泛应用于侦察、轰炸、空中战斗等作战任务。

世界上最早的海上航空实战记载是第一次世界大战期间的1914年，日本帝国海军"若宫"号（标准排水量为5180吨）水上飞机母舰搭载的水上飞机（当时为法尔曼水上飞机）对德国设在中国青岛沿海内的军事基地进行攻击的战例。"若宫"号水上飞机母舰主要在海平面上进行水上飞机的起飞与回收运用，在运用结束后，这些水上飞机可通过母舰上的起重机回收至舰上，其他的水上飞机母舰也基本都是这样的运用模式。

第一次世界大战期间，日本帝国海军的水上飞机积极参战，不过，由于这些飞机都装备有体形很大的浮筒，故此，它们的综合作战性能明显劣于当时的陆上飞机。同样，在第一次世界大战期间，英国将比较高速、吨位介于2000吨至1万吨的商船大批改造成水上飞机母舰，1914年12月，数个水上飞机编队对德国本土发动了大规模的进攻。

鉴于水上飞机有限的作战性能，日英等国家海军都希望能装备性能更加优秀的常规舰载机，于是，各自国家都在朝真正的航空母舰发展方向努力。

倍感水上飞机攻击力不足的英国皇家海军将正在建造中、拥有巨型舰炮的超大型巡洋舰"暴怒"号（标准排水量为1.9万吨）的舰艏主炮拆下来，然后将前甲板改造成完全的飞行甲板。1917年6月，"暴怒"号改造竣工。不过，经过短期实践证明，只有前甲板进行改造还不能大大方便舰载机运用，于是，又进行了后续改装工程，1918年，"暴怒"号后部甲板也改造成飞行甲板。经过改造的"暴怒"号虽然是世界第一艘真正的航空母舰，不过，舰体中央部仍然保留与巡洋舰完全相同的结构，这就是占据整个舰体中央部的高耸舰桥和烟囱部分，因此，"暴怒"号不具备现代航母标志的全贯通飞行甲板。

世界第一艘真正的现代航母是英国皇家海军后来改造的"百眼巨人"号（I—49）。"百眼巨人"号设计标准排水量为14450吨，它是由建造中的高速商船改装而来，"百眼巨人"号之所以会成为第一艘现代航母，主要是因为它采用了由舰艏至舰艉的全贯通飞行甲板，这一点与"暴怒"号完全不同，全贯通飞行甲板中间没有任何障碍物，后来，全贯通飞行甲板成为世界各国航母设计的最核心标志，而这个模范的建立者就是英国皇家海军的"百眼巨人"号。

大致稍晚时候，美国海军也建造了第一艘改装航母，这就是由"丘比特"号供炭舰改装而来的"兰利"号（CV—1）航母。当然，"兰利"号也是世界第二艘真正的现代航母，它也采用了航母标志的全贯通飞行甲板。

截至1918年，日本帝国海军在第一次世界大战期间的海上航空平台只有水上飞机母舰，还没有像英国皇家海军和美国海军进行真正现代航母的改装和建造经验。

"暴怒"号航母改装前的"暴怒"号战列舰

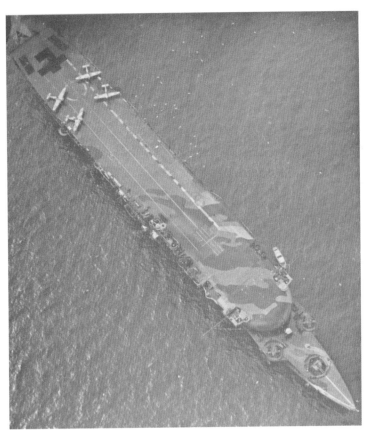

1941 年 8 月，经过第二次现代化改装后的"暴怒"号（47）航母，它与日本"加贺"号、"赤城"号一样都经历了第二次现代化改装。在第二次世界大战期间，"暴怒"号与美国海军的"列克星敦"号、"萨拉托加"号以及日本的"加贺"号、"赤城"号都是战争中的主力航母。（飞行甲板的舰艉上有四架"飓风"舰载机）

1918 年，着鲜艳迷彩涂装的"百眼巨人"号航母在港内，背景是一艘复仇者级战列舰，"百眼巨人"号的基本舰型设计为：全贯通飞行甲板、无舰岛、开放式舰艏与舰艉、升降机设计在飞行甲板内。

海上航行中的美国海军"兰利"号（CV-1）航母，其基本舰型设计为：全贯通飞行甲板、无舰岛、开放式舰艏与舰艉、升降机设计在飞行甲板内。

日本建成世界第一艘正规航母——第一次世界大战后至海军裁军条约时代（1919—1922年）

通过总结与吸收第一次世界大战的经验教训，英国皇家海军和日本帝国海军深感加快海上航空作战能力建设的必要性和紧迫性，于是，战后两个国家海军不再进行由现存军舰改造航母的做法，而是直接着手真正现代航空母舰的建造。

世界第一艘采取现代航母标准进行设计和建造的航母是英国皇家海军的"竞技神"号，不过，建造期间由于工程计划推迟，后来居上的日本帝国海军"凤翔"号成为世界第一艘建成的标准航母。"凤翔"号最早于1922年建成竣工，而"竞技神"号晚了两年，于1924年才建成竣工，这样，"凤翔"号成为世界第一艘建成的标准航母，而"竞技神"号成为世界第一艘按照标准航母进行设计和建造的航母。

与"竞技神"号航母基本在同一时间，英国皇家海军又建成了另一艘标准航母"鹰"号，不过，"鹰"号原来是智利海军向英国订购的战列舰，1918年2月28日接近建成，在接收了这艘未全部建成的战列舰后又按照航母标准进行重新设计和建造。在世界海军航母发展历史上，"鹰"号是世界第一艘同时也是英国皇家海军第一艘采取舰岛（将舰桥设计成岛型结构，一体化舰岛集航海、航空操作、动力舱及主桅杆功能于一身）设计的航母，这是现代航母的第二个标志性设计（第一个为全贯通飞行甲板）。

建成竣工时的"竞技神"号（95）航母，其基本舰型设计为全贯通飞行甲板、右舷前部一体化舰桥、封闭式舰艉与舰艏、升降机设计在飞行员甲板内。

1930 年代的英国皇家海军"鹰"号航母，是世界第一艘采取舰岛设计的航母，舰岛前部为航海操作功能，舰岛后部为航空操作功能。

1930 年代，美国海军第一艘正规航母"突击者"号（CV－4），其基本舰型设计为：全贯通飞行甲板、右舷舰岛、开放式舰艏与舰艉。

法国海军第一艘航母——"贝亚恩"号，采取全贯通飞行甲板及左舷前部舰桥和舰岛的标准舰型设计。

日本帝国海军"凤翔"号与其他世界海军的"航母第一"（均采用全贯通飞行甲板设计）的综合列表

航母名称	在航母发展史上的地位	建造概况	设计排水量	三维尺寸（长×宽×吃水）（米）	飞行甲板规模（长×宽）（米）	舰载机数量（架）	参战经历	最后命运
"暴怒"号（英国皇家海军）	世界第一艘航母、不具备全贯通飞行甲板、巡洋战列舰改装航母、第二次现代化改装（1922—1925年）后具备全贯通飞行甲板	1915年6月8日建造、1916年8月15日下水、1917年6月26日服役	标准排水量22450吨、满载排水量28500吨	240×27×7.6	第一次改装不具备全贯通飞行甲板	36	第二次世界大战	1948年拆解后出售
"百眼巨人"号（英国皇家海军）	世界第一艘航母、为改造航母、世界第一艘拥有"全贯通飞行甲板"的航母、航母标准建立者	1914年开工建造、1917年12月2日下水、1918年9月16日服役、1944年12月退役	标准排水量14450吨、满载排水量15775吨	172.5×20.7×6.4	竣工时：143.3×25.9 1943年时：167.0×25.9	15—18	鱼叉作战行动、托奇作战行动等	拆解出售
"竞技神"号（英国皇家海军）	世界第一艘按照标准航母进行设计和建造的航母、非改造航母	1918年1月15日建造、1919年9月11日下水、1924年2月18日服役	标准排水量10850吨、满载排水量13700吨	182.3×21.3×5.7	182.3×27.4	20（1939年12架）	东非作战、印度洋作战等	1942年被日军南云机动部队击沉
"兰利"号（美国海军）	美国海军第一艘航母、为改造航母	1919年7月11日改造、1920年4月11日下水、1922年3月20服役	标准排水量12900吨、满载排水量14100吨	165.2×19.9×8.4		36	太平洋战争	1942年2月27日遭日军攻击后自沉处理
"鹰"号（英国皇家海军）	世界第一艘采取舰岛设计的标准航母	1913年2月20日建造、1918年6月8日下水、1924年2月26日服役	标准排水量21600吨、常备排水量22600吨、满载排水量26500吨	190.5×28.3×8.8	198.7×29	24	地中海战场、印度洋战场、大西洋战场	1942年8月11日，被纳粹海军U-73号潜艇击沉
"凤翔"号（日本帝国海军）	世界第一艘建成的标准航母、世界第二艘按照标准航母进行设计和建造的航母、日本第一艘航母	1919年12月16日建造、1921年11月13日下水、1922年12月27日建成	标准排水量7470吨、公试排水量9330吨、满载排水量10500吨	165.0×22.7×5.3	168.25×22.7	15+6	日中战争、太平洋战争	1947年5月1日拆解处理
"贝亚恩"号（法国海军）	法国海军第一艘航母、由第一次世界大战中未建成的超级无畏级战列舰改装而成	1914年1月10日建造、1920年4月15日作为战列舰下水、1928年5月1日改装成航母	标准排水量22146吨、常备排水量27951吨、满载排水量28400吨	182.6×35.2×8.7	176.8×21.38	40	第二次世界大战	1967年解体处理、同期世界服役时间最长的航母
"突击者"号（美国海军）	美国海军第一艘按照标准航母进行设计和建造的航母	1931年9月26日建造、1933年2月25日下水、1934年6月4日服役	标准排水量14500吨、满载排水量17577吨	233.4×24.4×6.7		86	第二次世界大战、美国海军配备给大西洋舰队的唯一航母	战后美国海军三艘幸存航母之一、1947年拆解出售

森皮尔男爵——英国间谍对日本帝国海军航母的贡献

森皮尔男爵（1893年9月24日—1965年12月30日）是英国贵族和屡创航空纪录的英国航空先锋者，后来，英国政府认定他是叛国者和日本间谍，这主要是因为在第二次世界大战爆发前他向日本帝国海军出卖了相关航母方面的机密信息。

森皮尔在伦敦伊顿公学接受教育，毕业后在英国陆军航空队（RFC）中成为一名飞行员，在第一次世界大战期间，他又先后在英国皇家海军航空兵部队（RNAS）和英国皇家空军（RAF）中服役。1921年，森皮尔率领一个英国官方军事代表团访问日本，这个代表团曾经向日本展示了英国最先进的飞机。在后来的岁月里，森皮尔一直帮助日本帝国海军发展和创建日本帝国海军的海军航空兵部队。

从1920年代起，森皮尔开始向日本提供英国的军事机密，尽管英国的情报机构早已知道森皮尔的卖国行径，不过，鉴于其复杂的背景，英国政府没有对他的间谍行为进行起诉，因此，森皮尔仍然活跃在公众的视野中。不起诉森皮尔的间谍行为是由英国政府最高层决定的，这主要是考虑到几个因素，其一，此时的英国政府可以成功解密日本的通信；其二，森皮尔是英国权力集团的一部分，他与英国皇室成员关系密切。不过，1941年，英国政府在太平洋战争爆发前发现森皮尔向日本提供军事机密材料之后就迫使他从英国皇家海军中退役。

早在1920年，森皮尔曾经率领一个由前英国皇家海军航空兵飞行员组成的民间代表团访问日本，并帮助日本开发和研制"凤翔"号航母，同时，还帮助日本帝国海军建设了一座全新的海军航空兵基地。鉴于森皮尔对日本的帮助，日本上层社会对他尊敬有加，时任日本首相加藤友三郎（1922—1923年）还给森皮尔写了一封亲笔信，感谢他对日本帝国海军的巨大帮助，在这封信中，加藤首相将森皮尔描绘成一个"几乎是划时代的人"。

1921年，英日联盟期满，森皮尔也结束了与日本帝国海军进行军事接触及相关海军航空兵技术和战术的讨论。1923年，森皮尔返回英国，不过，他仍然通过日本驻伦敦大使馆与日本外交部保持着联系。后来，从1925年直到1941年，森皮尔不间断地为日本帝国海军提供各种军事机密信息，比如，1925年，日本情报机构通过森皮尔获得了英国皇家海军关于布拉克本"鸢尾草"水上飞机原型机的绝密技术信息；1932年至1936年，森皮尔又成为日本三菱重工的技术和商业顾问，并担任三菱重工欧洲公司的代表，等等。总之，在日本帝国海军的航母发展历史中，森皮尔男爵提供了巨大的帮助。

森皮尔男爵（右）在日本期间向时任日本联合舰队司令长官的东乡平八郎海军大将介绍英国制造的海军航空兵飞机性能。

第二节 1923－1937年——《华盛顿海军裁军条约》与《伦敦海军裁军条约》限制下的日本帝国海军航母发展及其成熟期

1923年至1937年，世界列强海军发展正处于"大舰巨炮主义"盛行的巅峰时期，为了对世界各国接近疯狂的战列舰建造进行限制，世界列强先后缔结了《华盛顿海军裁军条约》和《伦敦海军裁军条约》，以对战列舰及其辅助军舰的建造进行严格的配额限制。在战列舰建造遭受配额限制的情况下，作为战列舰辅助舰种的航空母舰却因祸得福得到了迅速的发展。在两大条约限制期间，以英、美、日、法四国为代表的国家将大量的巨型战列舰纷纷改装成航母，这些改装航母也凭借改装前战列舰所打下的坚实基础而成为第二次世界大战中太平洋战场与大西洋战场的海战主力。

《华盛顿海军裁军条约》时代——世界及日本掀起航母改装热潮

1922年，世界列强海军缔结了《华盛顿海军裁军条约》，其结果是正在建造中的大型战列舰和巡洋战列舰除一部分外其余全部中止建造，于是，日美两国海军决定将正在建造中的2艘巡洋战列舰改造成航空母舰，在此之前，英国皇家海军已经将"暴怒"号及其准姊妹舰在内的2艘战列舰改装成具有全贯通飞行甲板设计的航空母舰。此外，法国海军也将1艘中止建造的战列舰改造成航空母舰。

与"凤翔"号和"竞技神"号这些1万吨标准排水量级别的轻型航母相比，《华盛顿海军裁军条约》后由战列舰改装而来的航母都是大型航母，比如：日本帝国海军"赤城"号航母的标准排水量为26900吨，美国海军"列克星敦"号航母的标准排水量为3.3万吨。这些变化的主要原因在于，战列舰本来就是标准排水量设计超过2万吨级别的主力战舰，其改装军舰自然也小不了。

根据《华盛顿海军裁军条约》限制的结果，世界列强的航母改造情况分配如下：

日本可以改装航母2艘，分别是"赤城"号和"加贺"号，原来预定改造的天城级战列舰"天城"号由于遭受关东大地震的破坏不能改装成航母，于是，"加贺"号战列舰成为候补改装对象。

美国海军可以改装"列克星敦"号（CV－2）和"萨拉托加"号（CV－3）2艘航母。英国皇家海军可以改装"暴怒"号（47）、"勇敢"号（50）和"光荣"号（77）3艘航母。法国海军可以改装1艘"贝亚恩"号航母。

后来，在《华盛顿海军裁军条约》框架限制之内，日美两国海军在上述改装航母运用的基础上又建造了全新的航母，其中，美国海军全新建造的航母有"突击者"号（CV－4）、2艘约克城级（分别是"约克城"号（CV－5）和"企业"号（CV－6））和"黄蜂"号（CV－7），共4艘航母。日本帝国海军则建造了"龙骧"号、"苍龙"号和"飞龙"号3艘航母。

　　在《华盛顿海军裁军条约》时代，世界列强航母的主要特征是都出现了舰载机机库的设计，其中，美国海军的改装航母是在主舰体的上层加装设计一层非常宽阔的机库，在机库之上再设计安装一层全贯通飞行甲板。而日本由于大量吸取英国皇家海军的航母设计技术，故此，这个时代的英日改装航母，其机库设计基本相同，那就是这些机库都设计在主舰体内部，与外界隔离，并不像美国海军由一层甲板构成，同时，这些机库的面积都不是太大，相反却设计了 2 层以上的机库。

1936 年之前，在《华盛顿海军裁军条约》限制内，日、美、英、法四国的改装航母对照表：

航母名称	改装前舰种及概况	改装概况	设计排水量	三维尺寸(长×宽×吃水)(米)	飞行甲板规模(长×宽)(米)	舰载机数量(架)	参战经历	最后命运
"赤城"号(日本)	天城级巡洋战列舰 2 号舰"赤城"号、1 号舰为"天城"号	第一次改装于1927 年 3 月 25日竣工、第二次现代化改装于 1938 年实施	标准排水量36500 吨、公试排水量41300 吨(第二次改装后)	260.67×31.32×8.1(第二次改装后)	249.17×30.5(第二次改装后)	66+25	日中战争、太平洋战争	1942 年 6月 6 日，命殒中途岛海战
"加贺"号(日本)	加贺级战列舰	第一次改装于1928 年 3 月 31日竣工、第二次现代化改装工程于 1935 年12 月竣工	标准排水量38200 吨、公试排水量42541 吨(第二次改装后)	247.65×32.50×9.5(第二次改装后)	248.60×32.50	72+18	日中战争、太平洋战争	1942 年 6月 6 日，命殒中途岛海战
"列克星敦"号(美国)	列克星敦级巡洋战列舰 1 号舰"列克星敦"号	1927 年 12 月14 日改装完成并服役	标准排水量37000 吨、满载排水量48500 吨	270.7×32.8×9.9		78(有一部弹射器)	太平洋战争	1942 年 5月 8 日合殒珊瑚海海战
"萨拉托加"号(美国)	列克星敦级巡洋战列舰 2 号舰"萨拉托加"号	1927 年 11 月16 日改装工程结束并服役	标准排水量37000 吨、满载排水量43746 吨	270.7×32.9×9.3		78(有一部弹射器)	太平洋战争	1946 年 7月 25 日，在美国核实验中沉没
"暴怒"号(英国)	勇敢级巡洋战列舰	1917 年 3—6月为航母改装、1917 年 11 月—1918 年 3月第一次改装、1922 年 6 月—1925 年 8 月第二次改装	标准排水量22450 吨、满载排水量28500 吨	240×27×7.6		36	第二次世界大战	1948 年拆解后出售
"勇敢"号(英国)	勇敢级大型巡洋舰 1 号舰"勇敢"号	1916 年 11 月 4日服役、1924—1928 年改装成航母	标准排水量24600 吨、满载排水量27420 吨	240.0×27.6×8.1		48	第一次世界大战、第二次世界大战	1939 年 9月 17 日被U—29 号潜艇击沉
"光荣"号(英国)	勇敢级大型巡洋战列舰 2 号舰"光荣"号	1917 年 1 月服役、1924—1930 年改装成航母	标准排水量25370 吨、满载排水量27859 吨	240.0×27.6×8.1		48	第一次世界大战、第二次世界大战	1940 年 6月 8 日被德国海军击沉
"贝亚恩"号(法国海军)	超级无畏级战列舰	1928 年 5 月 1日改装成航母	标准排水量22146 吨、常备排水量27951 吨、满载排水量28400 吨	182.6×35.2×8.7	176.8×21.38	40	第二次世界大战	1967 年解体处理、同期世界服役时间最长的航母

1941 年 10 月 14 日，美国海军"列克星敦"号航母空中视图，其基本舰型设计为：全贯通飞行甲板、右舷舰桥、封闭式舰艏与舰艉，这些舰型设计与 1920 年代之前建造和改装的航母有很大的区别。

1944 年，着迷彩涂装的美国海军"萨拉托加"号（CV－3）航母，其舰型设计显得非常干净利落。

英国皇家海军"勇敢"号航母

英国皇海军"光荣"号航母

1936 年之前，在《华盛顿海军裁军条约》框架限制内，日、美全新建造的标准航母对照表：

航母名称	改装概况	设计排水量	三维尺寸（长×宽×吃水）（米）	飞行甲板规模（长×宽）（米）	舰载机数量（架）	参战经历	最后命运
"突击者"号（美国）	1931 年 9 月 26 日建造、1933 年 2 月 25 日下水、1934 年 6 月 4 日服役	标准排水量 14500 吨，满载排水量 17577 吨	233.4×24.4×6.7		86	第二次世界大战，美国海军配备给大西洋舰队的唯一航母	战后美国海军三艘幸存航母之一，1947 年拆解出售
"约克城"号（美国）	1934 年 5 月 21 日建造、1936 年 4 月 4 日下水、1937 年 9 月 30 服役	标准排水量 19800 吨，满载排水量 25500 吨	247 × 35 × 8.5		90、3 部弹射器	太平洋战争	1942 年 6 月 6 日，中途岛海战中被日军击沉
"企业"号（美国）	1934 年 7 月 16 日建造、1936 年 10 月 3 日下水、1938 年 5 月 12 日服役	标准排水量 19800 吨，满载排水量 25500 吨	247 × 35 × 8.5		90、3 部弹射器	太平洋战争	1958－1960 年拆解出售
"黄蜂"号（美国）	1936 年 4 月 1 日建造、1939 年 4 月 4 日下水、1940 年 4 月 25 日竣工	标准排水量 14700 吨，满载排水量 19166 吨	219.5×30.5×6.1	225.9×33.2	最多 100 架、有 4 部弹射器	大西洋战线和太平洋战争	1942 年 6 月 6 日，命殒中途岛海战
"龙骧"号（日本）	1929 年 11 月 26 日建造、1931 年 4 月 2 日下水、1933 年 4 月 1 日建成	公试排水量 12732 吨	180.0×20.3×5.56	158.6×23.0	36＋12	日中战争、太平洋战争	1942 年 8 月 24 日，被美军击沉
"苍龙"号（日本）	1934 年 11 月 20 日建造、1935 年 12 月 23 日下水、1937 年 12 月 29 日建成	标准排水量 15900 吨、满载排水量 19500 吨	227.5×21.3×7.62	216.9×21.3	57＋16	太平洋战争	1942 年 6 月 6 日命殒中途岛海战
"飞龙"号（日本）	1936 年 7 月 8 日建造、1937 年 11 月 15 日下水、1939 年 7 月 5 日建成	标准排水量 17300 吨、公试排水量 20165 吨	227.35×22.32×7.74	216.9×22.32	57＋16	日中战争、太平洋战争	1942 年 6 月 6 日命殒中途岛海战

1940 年 6 月，准备执行任务的美国海军"约克城"号航母。

1942 年，美国海军"黄蜂"号（CV－7）航母飞行甲板俯视图。

美国海军"企业"号（CV-6）航母

《伦敦海军裁军条约》时代至第二次世界大战前

1930 年，继《华盛顿海军裁军条约》之后，西方列强又缔结了《伦敦海军裁军条约》。在这份新海军裁军条约里，西方列强所拥有的航母数量也得到了进一步的限制。不过，1936 年，由于日本政府宣布退出上述两大海军裁军条约的限制，故此，通过海军裁军条约来限制军舰建造的时代彻底终结。

在退出海军裁军条约之后不久，日本帝国海军和英国皇家海军为了拥有更强大舰载机搭载能力的大型航母而纷纷加入到新一轮的航母建造大潮中来。紧随日英之后，稍后，美国海军也开始大规模航母建造计划。由于紧急扩军备战的需要，美国海军在继续建造1艘约克城级航母的同时又全面展开了全新一级（即后来的埃塞克斯级）航母的开发及设计工作。

第二次世界大战爆发前的航母建造

在1939年第二次世界大战全面爆发前，日本帝国海军着手建造了2艘翔鹤级大型主力攻击航母、"大凤"号重型装甲防护航母以及改装了"信浓"号大型航母。与此同时，英国皇家海军建造了"皇家方舟"号（91）和6艘卓越级［包括"卓越"号（R－87）、"可畏"号（R－67）、"胜利"号（R－38）、"无敌"号（R－92）、"怨仇"号（R－86）和"不倦"号（R－10）］航母。

美国海军建造了"大黄蜂"号（CV－8）、24艘埃塞克斯级航母（从1943年开始陆续服役，另有7艘在第二次世界大战结束后建成）和3艘中途岛级航母。

在此期间，上述三个航母大国建造的这些航母都同时具备了强大的攻击力和相应的自身防御能力，它们既可称为"标准航母"，也可称为"舰队型航母"。

其中，英国皇家海军建造的航母尤其突出自身的防御能力，这些舰队型航母以牺牲舰载机搭载数量为代价来换取强大的装甲防护能力，它们主要集中在飞行甲板和机库两个部分加装异常坚固的厚重装甲防护，以抵抗敌人飞机的轰炸，经过实战证明，这些装甲防护具有一定的效果，不过，舰载机数量的减少也大大影响了航母的航空作战能力，因此，不值得推广。英国皇家海军没能彻底解决因飞行甲板实施装甲防护而导致的舰载机搭载数量的减少问题，直到美国海军的中途岛级航母出现后，这个问题才得到解决。

在第二次世界大战前，除英、美、日三国大规模建造航母外，纳粹德国海军也曾经建造了两艘航母，不过，这些标准航母最终都未建成，分别是"格拉夫－齐柏林"号及其同型舰"彼得－肖特拉萨"号，在此期间，日本帝国海军为纳粹德国海军建造航母提供了重要帮助。

在1941年太平洋战争全面爆发之前，日、英、美、德四国开工建造的标准航母概况对照表：

航母名称	同型舰概况	设计排水量	三维尺寸（长×宽×吃水）（米）	飞行甲板规模（长×宽）（米）	舰载机数量（架）	参战经历	最后命运
翔鹤级（日本）	2艘同型舰：1号舰"翔鹤"号1937年12月建造、1941年8月建成，2号舰"瑞鹤"号1938年5月建造、1941年9月建成	标准排水量25675吨、满载排水量32105吨	257.5×26.0×8.87	242.2×29.0	72+12	太平洋战争	"翔鹤"号1944年6月沉没，"瑞鹤"号1944年10月沉没

"大凤"号（日本）	无同型舰、1941年7月10日建造、1943年4月7日下水、1944年3月7日服役	标准排水量29300吨、满载排水量37270吨	260.6×27.7×9.59	257.5×30	52＋1	太平洋战争	1944年6月19日沉没
"信浓"号（日本）	"大和"号战列舰3号舰改装、无同型舰，1940年5月4日建造、1944年10月8日下水、1944年11月19日服役	标准排水量62000吨、满载排水量71890吨	266.1×40×10.31	256×40	42＋5	太平洋战争	1944年11月29日沉没
"皇家方舟"号（英国）	无同型舰、1935年9月16日建造、1937年4月13日下水、1938年12月16服役	标准排水量22000吨、满载排水量27720吨	243.83×28.88×8.46	243.8×29	60	大西洋战线	1941年11月13日被U—81号潜艇击沉
卓越级（英国）	共6艘同型舰，分别"卓越"号、"可畏"号、"胜利"号、"无敌"号和"怨仇"号，1937—1939年开建，1943年之前全部建成	标准排水量23207吨、满载排水量28919吨	227×29×8.5	229.6×29	36—80	大西洋战线和太平洋战线	战后拆解出售
"大黄蜂"号（美国）	1939年9月25日建造、1940年12月14日下水、1941年10月20日服役	标准排水量19800吨、满载排水量26932吨	230.0×25.37×7.42		90架、3部弹射器	太平洋战争（包括著名的杜立特空袭等）	1942年10月27日，被日军击沉
埃塞克斯级（美国）	计划建造32艘，1941—1945年建成24艘	标准排水量27500吨、满载排水量34500吨	249.9×28.3×7.0		90—110	太平洋战争、朝鲜战争、越南战争	退役
中途岛级（美国）	同时代最大航母，3艘同型舰，分别是中途岛号（CV—41）、罗斯福号（CV—42）、珊瑚海号（CV—43），于1943年至1946年之间建成	标准排水量45000吨、满载排水量60000吨	295×34.4×10.1		132—145	太平洋战争、朝鲜战争、越南战争、海湾战争	大部分退役、现代历史上服役时间最长的航母舰级
格拉夫－齐柏林级（德国）	最初计划建造4艘，2艘同型舰，分别是"格拉夫－齐柏林"号和"彼得－肖特拉萨"号，均未建成，其中齐柏林号于1935年11月16日采购、1936年12月18日建造、1938年12月8日下水、1940年6月中断建造	标准排水量23200吨、建造排水量28090吨，满载排水量33500吨	262.5×36.2×8.5		43	无参战经历	1945年4月25日，自沉处理

1939 年，英国"皇家方舟"号与第 820 海军航空兵中队联合执行任务。

1959 年，英国"卓越"号航母，其前部升降机正在进行舰载机搬运操作。

刚刚建成的"大黄蜂"号（CV—8）

1956年，埃塞克斯级航母1号舰"埃塞克斯"号（CV—9）

1991年，离开横须贺舰队基地母港的中途岛号（CV—41），舰上英文为日语"再见"的拼写。

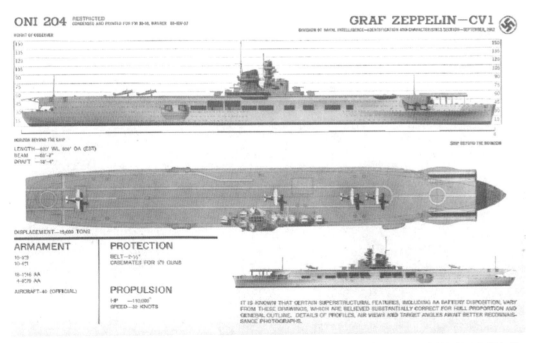

纳粹德国海军首艘航母"格拉夫—齐柏林"号设计图，主要舰型设计为全贯通飞行甲板、右舷舰桥（舰桥与烟囱为一体化舰岛设计）、开放式舰艏与舰艉、封闭式机库等。

1938 年 12 月 8 日下水时的"齐柏林"号（555）航母

Bundesarchiv, RM 25 Bild-62
Foto: o.Ang. | 21. Juni 1940

1940 年 6 月 21 日，位于德国基尔造船厂内的"齐柏林"号，照片属于机密级别。

第三节 1938—1946 年——世界第一支航母特混舰队的形成、日美爆发人类历史上的六次航母大战以及日本帝国海军航母的鼎盛期与彻底覆灭

1938 年至 1946 年，现代航母发展进入了一段鼎盛时期，在此期间，同盟国和轴心国为了各自的国家利益与扩军备战需要都建造了大量的航母，航母建造总数量达到了空前的规模。随着太平洋战争的爆发，人类历史上的六次航母大战也开始在太平洋上的浩翰战场空间徐徐拉开了大幕。

第二次世界大战期间的日本航母政策

在第二次世界大战期间，航空母舰在日本帝国海军作战中首次扮演主要作用。不过截止到第二次世界大战结束时，日本帝国海军的绝对主力仍然是战列舰，这主要是由日本奉行"大舰巨炮主义"造成的。经过实战证明，陆基飞机无法展开远洋攻击，于是，随着战争的推进，日本帝国海军开始借助航母舰载机来实施远洋攻击，并争夺制空权，

日本帝国海军航母发展历史概况——曾经的亚洲与太平洋海上霸主

渐渐地，"航空主力论"成为日本战略上的重要课题。

随着"大舰巨炮主义"核心地位的动摇，日本帝国海军开始以舰政本部为中心推进航母的设计和建造工作，同时，成立了以航母为作战核心的机动舰队，包括第一航空舰队及随后成立的第三舰队和第一机动舰队，这三个航母特混作战编队成为太平洋战争中日军战力的核心。

然而，在军令和战术方针方面，"舰队决战至上主义"和"大舰巨炮至上主义"依然势力非常强大，比如，从始至终，作为战列舰部队的第一舰队和作为巡洋舰部队的第二舰队一直都是日本帝国海军的中心，以战列舰为中心的第一舰队还编成了机动舰队。直到大战末期的 1944 年 3 月，日本帝国海军才正式废除了以战列舰为中心而编成的第一舰队，转而创建了以航母等机动力量为主的第一机动舰队。

太平洋战争爆发后的航母"大建造运动"

1941 年 12 月，太平洋战争全面爆发后，将航母作为紧急军备武器的日本开始建造中型的舰队型航母，而英国则开始建造航速不太高的轻型航母。

在此期间，日本建造了 3 艘云龙级航母，不过，由于航母舰载机的大量损失，已建成航母无法形成强大的海军航空兵作战实力，在这种情况下，余下的 3 艘同型舰航母也在下水后停止了建造。

英国则分别建造 10 艘巨人级航母和 6 艘尊严级航母，其中，巨人级在大战期间只建成了 3 艘，余下战后才建成。

除上述全新建造的标准航母外，在第二次世界大战期间还掀起了一股改装航母大潮，通过改装不同的舰种，参战各国又增加了不少作战航母。

其中，以巡洋舰、潜水母舰和水上飞机母舰等军舰舰体为基础改装而成的航母有日本的 2 艘千岁级（由水上飞机母舰改装）、2 艘祥凤级（由潜水母舰改装）、1 艘"龙凤"号（由潜水母舰改装）、1 艘"伊吹"号（由重巡洋舰改装，未建成）；有美国的 9 艘独立级（由巡洋舰改装）和 2 艘塞班级（由巡洋舰改装）；有德国的"威悉"号（由巡洋舰改装、未建成）。

以高速商船和客轮等民用船舶为基础改装而成的航母有日本的 2 艘飞鹰级（中型、较高速轻型航母，拥有舰载机运用能力，中途岛海战之后成为标准航母从而活跃于太平洋战场上）以及 5 艘护卫航母；英国有 5 艘护卫航母；美国有 7 种多达 76 艘护卫航母，其中，大多数提供给英国使用；意大利有"苍鹰"号（按照标准航母性能建造，不过，未建成）。

1941—1945 年，太平洋战争期间，日、英标准航母建造对照表（一）：

航母名称	同型舰概况	建造概况	设计排水量	三维尺寸（长×宽×吃水）（米）	飞行甲板规模（长×宽）（米）	舰载机数量（架）	参战经历	最后命运
云龙级（日本）	计划建造 15 艘，只有"云龙"号、"天城"号、"葛城"号建成，"笠置"号、"阿苏"号、"生驹"号未建成，其他计划取消	1944 年 8 月之后陆续建成服役	标准排水量 17480 吨、满载排水量 22400 吨	227.35×22.00×7.86	216.9×27.0	51+2	太平洋战争	或被美军击沉，或拆解处理
巨人级（英国）	计划建造 16 艘，后期 6 艘改良为尊严级，故此，建成 10 艘，分别是"巨人"号、"光荣"号、"海洋"号、"英仙座"号、"先驱者"号、"雅典王子"号、"凯旋"号、"崇敬"号、"复仇"号和"战士"号	1944 年至 1946 年之间陆续建成服役	标准排水量 13200 吨、满载排水量 18000 吨	212×24×5.64	210×24	52	第二次世界大战、朝鲜战争、第二次中东战争	大部分拆解处理、一部分出售给其他国家海军
尊严级（英国）	6 艘尊严级分别是"大力士"号、"巨人"号、"庄严"号、"尊严"号、"有力"号和"恐怖"号	分别于 1944 年和 1945 年下水	标准排水量 15750 吨，满载排水量 19500 吨	212×24×5.94	210×24	52	第二次世界大战	战后几乎全部出售给其他国家海军

1950 年，巨人级"凯旋"号航行在菲律宾苏比克湾附近。

尊严级"恐怖"号出售给澳大利亚海军后更名为"悉尼"号。

1941—1945 年，太平洋战争期间，日、美两国由军舰改装而成的航母对照表（二）：

航母名称	改装前舰种及概况	改装概况	设计排水量	三维尺寸（长×宽×吃水）（米）	飞行甲板规模（长×宽）（米）	舰载机数量（架）	参战经历	最后命运
千岁级（日本）	千岁级水上飞机母舰"千岁"号和"千代田"号	改装的"千岁"号和"千代田"号航母于1942年末至1944年初陆续改装完成	标准排水量11190吨、公试排水量13600吨	185.93×20.8×7.51	180.0×23.0	30+0	太平洋战争	1944年10月，在莱特湾海战中全被美国海军击沉
祥凤级（日本）	剑埼级潜水母舰"剑埼"号和"高崎"号	改装的"祥凤"号和"瑞凤"号航母于1940年末至1942年初改装完成	标准排水量11200吨、公试排水量13100吨	205.5×18.0×6.64	180.0×23.0	27+3	太平洋战争	全被美国海军击沉
"龙凤"号（日本）	"大鲸"号潜水母舰	属祥凤级航母的"龙凤"号于1942年11月改装成航母	标准排水量13360吨、满载排水量16700吨	215.65×19.58×6.67	185.0×23.0	24+7	太平洋战争	1946年拆解处理
"伊吹"号（日本）	改铃谷级重巡洋舰1号舰"伊吹"号	1943年8月改装工程开始、1945年3月16日中断改装	标准排水量12500吨、公试排水量14800吨	205.0×21.2×6.31	205.0×23.0	预定29至31架	无参战经历	1946年拆解处理

续表

独立级（美国）	由克利夫兰轻型巡洋舰改装而来的轻型航母	共9艘同型舰，分别是"独立"号（CV－22）、"普林斯敦"号（CV－23）、"贝劳伍德"号（CV－24）、"考佩斯"号（CV－25）、"蒙特里"号（CV－26）、"兰利"号（CV－27）"卡伯特"号（CV－28）、"巴丹岛"号（CV－29）和"圣哈辛托"号（CV－30），1943年1月至12月改装完成	标准排水量11000吨	190×33.3×7.9	45	太平洋战争、朝鲜战争	全部退役
塞班级（美国）	由巴尔的摩级重型巡洋舰改装而成的轻型航母	2艘同型舰，分别是塞班号（CVL－48）和"赖特"号（CVL－49），1944年改装	标准排水量14500吨、满载排水量19000吨	208.7×35×8.5	42	无大战经历	全部退役

1944年，美国海军独立级"圣哈辛托"号（CV－30）在美国东海岸航行。

1941－1945 年，太平洋战争期间，日、美、意由民用船舶改装而成的航母对照表（三）：

航母名称	改装前舰种及概况	改装概况	设计排水量	三维尺寸（长×宽×吃水）（米）	飞行甲板规模（长×宽）（米）	舰载机数量（架）	参战经历	最后命运
飞鹰级（日本）	日本民营高速客轮改装而来	"飞鹰"号和"隼鹰"号2艘同型舰，1941年改装	标准排水量24100吨、公试排水量27500吨	219.3×26.7×8.15	210.3×27.3	48+10	太平洋战争	一艘被美军击沉、一艘拆解处理
护卫舰母（美国）	各种商船改装	包括"军马"号、"长岛"号以及博格级、卡萨布兰卡级、科芒斯特湾级和桑加农级，共79艘，大战后期开始改装	都是标准排水量介于10000吨至20000吨之间的轻型护航航母	太平洋战争	全部退役			
"苍鹰"号（意大利）	由"罗马"号客轮改装	1941年11月开始改装工程，并未改装完成	标准排水量23130吨，满载排水量27800吨	235.5×30.1×7.3	211.6×25.2	51架舰载战斗机	无大战经历	1946年拆解处理

拉斯佩齐亚海军基地内的"苍鹰"号

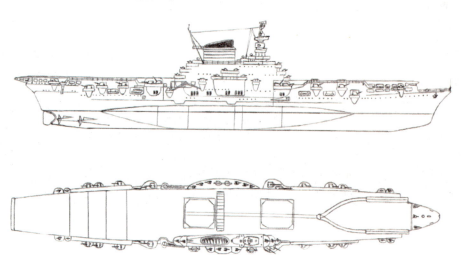

意大利"苍鹰"号航母设计草图

太平洋战争期间的日美航母大战

在第二次世界大战期间，海战的主角已经由传统的战列舰更换为通用性能非常高的航空母舰。在太平洋战场上，日美两国海军的航母已经成为海上大决战的主力，在大西洋及地中海战场上，拥有大量航母的英国皇家海军主要通过航母平台对纳粹德国海军和意大利海军的军舰展开攻击。在主战场之外的局部战场上，美国海军建造的大量护卫航母也发挥了积极的作用，这些护卫航母利用大战空隙通过反潜巡逻机的帮助给纳粹德国海军的U型潜艇以沉重打击，以确保盟国一侧海上交通线的安全。

第二次世界大战中的航母大战尤其体现在同时拥有庞大航母部队的日美两国海军之间。战争期间，日美两国以航母为核心组成的航母特混舰队对整个战局的左右能力已经非常明显。

在太平洋战争中，以航母为核心组成航母特混舰队的首战当属日本帝国海军组织的珍珠港攻击行动。在此次战役中，日本帝国海军以"加贺"号、"赤城"号、"翔鹤"号、"瑞鹤"号、"苍龙"号和"飞龙"号6艘航母为核心组成了第一航空舰队，这支航母发展史上的第一支航母特混舰队对停泊在瓦胡岛珍珠港内的美国海军太平洋舰队之战列舰集群发起了大规模空袭，重创了美国海军太平洋舰队，同时，也震惊了美国海军高层，此后，日美两国航母特混舰队群在浩翰的太平洋正面战场上演了一场接一场的航母大战。

人类历史上上演的第一次航母大战是1942年5月8日爆发的珊瑚海海战。在此次海战中，以美国海军为主力的盟军部队有1艘标准航母和1艘驱逐舰被日军击沉，而日本帝国海军的损失则只有一艘轻型航母被击沉，故此，整个海战以日本帝国海军胜利宣布结束。而事实上，日本帝国海军只是取得战术上的胜利，由于盟军逼迫日军放弃原来预定的作战目标，故此，盟军是取得了战略上的胜利。

随后，在1942年6月6日爆发的中途岛海战中，日本帝国海军痛失"加贺"号、"赤城"号、"苍龙"号和"飞龙"号4艘主力航母，由此，中途岛海战成为太平洋战争的转折点。中途岛海战后，日本帝国海军的航母战力锐减，不过，在随后的南太平洋海战中，日军又取得胜利，并且，还暂时将美国海军逼入无航母可用的困境。然而，美国海军凭借强大的综合国力和工业实力，各种改装航母和标准航母在陆续的建造中，随着这些航母的服役，美国海军的航母战力猛增，相反，日本由于综合国力较弱、工业实力稍逊一筹，因此，日本的航母战力迟迟不能恢复，这与美国海军形成了鲜明的对比，故此，太平洋战争后期的航母战力平衡非常明显地偏向了美国海军一侧。

在菲律宾海海战中，日本帝国海军的航母战力衰落开始非常明显地表现出来，而到莱特湾海战时，日本航母特混舰队为了让冲入莱特湾内的栗田舰队躲开美国海军视线而未能实现阻（诱饵）作战职责。到太平洋战争即将结束时，甚至英国皇家海军航母特混舰队也在冲绳近海展开作战行动。

太平洋战争日美航母大战战例概况

在第二次世界大战中，由于德国、日本和意大利三个轴心国中只有日本帝国海军装备了大量的航空母舰，因此，整个战争中的航母大战都发生在太平洋战场上，而大西洋战场上则没有航母大战战例。太平洋战场上的航母大战基本都发生在日本帝国海军和美国海军之间。

1941 年 12 月 7 日到 1945 年 8 月 15 日，在太平洋战场，日美两国海军航母特混舰队共爆发了 6 次典型"航母对航母式"的航母大战，分别是 1942 年 5 月爆发的珊瑚海海战，以日本胜利告终；1942 年 6 月 6 日爆发的中途岛海战，以美国胜利告终；1942 年 8 月爆发的第二次所罗门海战，以美国胜利告终；1942 年 10 月爆发的南太平洋海战，以日本胜利告终；1944 年 6 月爆发的菲律宾海海战，以美国胜利告终；1944 年 10 月爆发的莱特湾海战，以美国胜利告终。由此，在太平洋战场的 6 次航母大战中，美国海军航母特混舰队以 4∶2 的优势终结了日本帝国海军妄图称霸世界的美梦。

一、人类历史上第一次航母大战——1942 年 5 月 8 日珊瑚海海战中的航母大战概况

珊瑚海海战是太平洋战争中日本帝国海军与同盟国海军（由美国海军和澳大利亚海军组成）之间爆发的一场大规模海战，最终结果以日本帝国海军取得战术胜利、美国海军取得战略胜利而告终。

1942 年 5 月 8 日，在西太平洋的珊瑚海海域，日本帝国海军的航母特混舰队——第一航空舰队与由美国海军为主力组成的盟军航母特混舰队之间爆发了一场航母大战，这是人类历史上爆发的第一次"航母对航母式"的航母大战。此外，在这次大海战中，日美两国参战舰队并没有直接进入对方的视野范围之内，而只是通过航母舰载机进行大决战，这也是人类历史上第一次采取超视距方式进行的大海战。海战结果是盟军损失 1 艘标准航母和重创 1 艘，日本帝国海军是重创 1 艘标准航母和沉没 1 艘轻型航母，同时，日军还损失了大量的舰载机及舰载机飞行员，当初制定的莫尔兹比港攻击作战目标也不得不放弃。

珊瑚海海战交战概况

交战双方	
日本	🇺🇸美国 🇦🇺澳大利亚

日美指挥官	
井上成美中将 五藤存知少将 高木武雄少将 原忠一少将 丸茂邦则少将 山田定义少将	F. J. 弗莱彻少将 A. W 菲奇少将 J. G. 克雷斯少将

日美双方总体战力对比	
航母 3 艘 水上飞机母舰 2 艘 重巡洋舰 7 艘 轻巡洋舰 2 艘 驱逐舰 15 艘 陆上基地航空队	航母 2 艘 重型巡洋舰 7 艘 轻型巡洋舰 2 艘 驱逐舰 13 艘 陆基海军航空兵部队

日美双方损失	
1 艘轻型航母沉没（"祥凤"号） 1 艘航母中等程度受损（"翔鹤"号） 舰载机损失：81 架	1 艘航母沉没（"列克星敦"号） 1 艘驱逐舰沉没（"西斯姆"号） 1 艘供油船沉没（"尼奥肖"号） 1 艘航母中等程度受损（"约克城"号） 舰载机损失：66 架

日美双方参战兵力细节对比（珊瑚海海战）	
日本帝国海军 1. MO 机动部队 　　第 5 战队（高木武雄少将任司令官） 　　下辖"妙高"号和"羽黑"号 2 艘重巡洋舰 　　第 7 驱逐舰 　　下辖"曙"号和"潮"号 2 艘驱逐舰 　　第 5 航空战队（原忠一少将任司令官） 　　下辖"翔鹤"号和"瑞鹤"号 2 艘航母 　　第 27 驱逐队 　　下辖"有明"号、"夕暮"号、"白露"号和"时雨"号 4 艘驱逐舰 　　补给部队 　　下辖"东邦丸"号运输舰 　　第 6 战队（5 月 7 夜编入） 　　下辖"加古"号和"古鹰"号 2 艘重巡洋舰 2. MO 攻击部队 　　第 6 战队（五藤存知少将任司令官） 　　下辖"青叶"号、"衣笠"号、"加古"号和"古鹰"号 4 艘重巡洋舰以及"祥凤"号航母、"涟"号驱逐舰 3. 支援部队 　　第 18 战队（丸茂邦则少将任司令官） 　　下辖"天龙"号和"龙田"号 2 艘轻巡洋舰，水上侦察机队辖"神川丸"号和"圣川丸"号 2 艘支援舰，特设炮舰队辖"日海丸"号、"京城丸"号和"胜泳丸"号炮舰，特设扫雷艇 2 艘 4. 莫尔兹比港攻击部队 　　第 6 水雷战队（梶冈定道少将任司令官） 　　下辖"夕张"号轻巡洋舰，"追风"号、"朝凪"号、"睦月"号、"弥生"号和"望月"号驱逐舰，"津轻"号布雷舰，第 20 号扫雷艇以及 12 艘运输船	盟军海军（美、澳联军） 　　美国海军第 17 特混舰队（TF—17）：美国海军弗莱彻少将担任舰队司令，旗舰为"约克城"号航母 1. 第 2 大队（美国海军金凯德少将任司令） 　　下辖"明尼阿波利斯"号、"新奥尔良"号、"阿斯托里亚"号、"切斯特"号和"波特兰"号 5 艘重巡洋舰以及"费尔普斯"号、"代文"号、"法拉加特"号、"埃尔文"号和"莫纳干"号驱逐舰 2. 第 3 大队（英国皇家海军克雷斯少将任司令） 　　下辖"澳大利亚"号（澳大利亚海军）和"芝加哥"号 2 艘重型巡洋舰，"霍巴特"号（澳大利亚海军）轻型巡洋舰，"帕金斯"号和"沃克"号驱逐舰 3. 第 5 大队（美国海军菲奇少将任司令） 　　下辖"约克城"号（22 架 F4F、36 架 SBD 和 12 架 TBD）和"列克星敦"号（22 架 F4F、38 架 SBD 和 13 架 TBD）2 艘航母以及"莫利斯"号、"安达索恩"号、"悍马"号和"拉塞尔"号驱逐舰 4. 第 6 大队（美国海军菲利普斯少将任司令） 　　下辖"奈奥肖"号和"蒂派卡诺"号供油船以及"西姆斯"号和"瓦德尔"号驱逐舰 5. 第 7 大队（美国海军霍登上校任司令） 　　下辖"丹吉尔"号水上飞机母舰

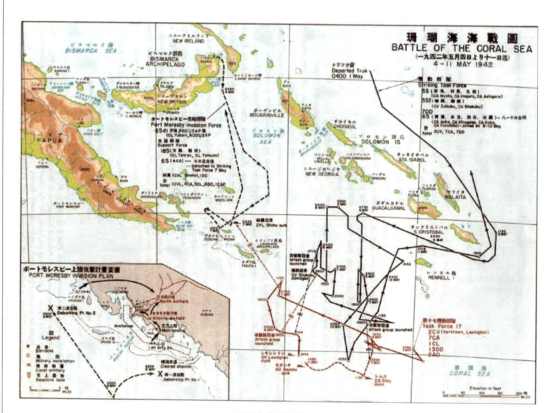

珊瑚海海战作战图

二、第二次航母大战——1942 年 6 月 5 日中途岛海战中的航母大战概况

中途岛海战是 1942 年 6 月 5 日至 6 月 7 日期间围绕美国中途岛而进行的一次大规模海战。在这次海战中，以攻占中途岛为作战目标的日本帝国海军遭受了美国海军舰队的猛烈反击，经过双方数日的航母大决战，结果，日本帝国海军接连痛失第一航空舰队中的 4 艘主力航母，从此元气大伤，攻占中途岛的作战目标也宣布彻底失败，此后，美国海军开始占据太平洋海上战场的主动权。

中途岛海战交战概况

交战双方	
日本	🇺🇸美国

日美指挥官	
山本五十六大将 南云忠一中将 近藤信竹中将	🇺🇸 F. J. 弗莱彻中将 🇺🇸 R. A. 斯普鲁恩斯少将

日美双方总体战力对比	
航空母舰 6 艘 战列舰 11 艘 重巡洋舰 10 艘 轻巡洋舰 6 艘 驱逐舰 53 艘 参加兵力 10 万人	航空母舰 3 艘 重型巡洋舰 7 艘 轻型巡洋舰 1 艘 驱逐舰 15 艘 中途岛基地航空队 中途岛守备队 3000 人

日美双方损失	
航空母舰 4 艘、重巡洋舰 1 艘沉没 重巡洋舰 1 艘重创 驱逐舰 1 艘中等程度损坏 战死 3057 人（舰载机飞行员战死 110 人）	航空母舰 1 艘、驱逐舰 1 艘沉没 战死 362 人（舰载机飞行员战死 208 人）

日美双方参战兵力细节对比（中途岛海战）

日本帝国海军
1. 日本联合舰队（主力部队，山本五十六大将任司令长官）
　　第 1 战队（日本联合舰队司令长官直辖部队）
　　下辖"大和"号（旗舰）、"长门"号和"陆奥"号 3 艘战列舰
　　第 3 水雷战队（桥本信太郎少将任司令官）
　　下辖旗舰"川内"号轻巡洋舰以及第 11 驱逐队和第 19 驱逐队，其中，第 11 驱逐队由庄司喜一郎中佐任司令，辖"吹雪"号、"白雪"号、"初雪"号和"业雪"号驱逐舰，第 19 驱逐队由大江览治大佐任司令，辖"矶波"号、"浦波"号、"敷波"号和"绫波"号驱逐舰
　　航母队（梅谷薫大佐任司令，兼任"凤翔"号舰长）
　　下辖"凤翔"号航母和"夕月"号驱逐舰
　　特务队（原田觉大佐任司令）
　　下辖"千代田"号和"日进"号水上飞机母舰
　　供油队
　　下辖"鸣户丸"号和"东荣丸"号供油舰
2. 第一舰队（主力部队，高须四郎中将任司令长官）
　　第 2 战队（第一舰队司令长官直辖部队）
　　下辖"伊势"号、"日向"号、"扶桑"号和"山城"号战列舰
　　第 9 战队（岸福治少将任司令）
　　下辖"北上"号和"大井"号轻巡洋舰
　　第 24 驱逐队（平井泰次大佐任司令）
　　下辖"海风"号和"江风"号驱逐舰
　　第 27 驱逐队（吉村真武大佐任司令）
　　下辖"夕暮"号、"白露"号和"时雨"号驱逐舰
　　第 20 驱逐队（山田雄二大佐任司令）
　　下辖"天雾"号、"朝雾"号、"夕雾"号和"白云"号驱逐舰
　　供油队
　　下辖"萨克拉门托丸"号和"东亚丸"号供油船
3. 第二舰队（攻击部队，由近藤信竹中将任司令长官）
　　第 4 战队第 1 小队（近藤信竹中将任司令官）

美国海军
一、第 17 特混舰队（TF－17）：弗莱彻少将任司令
　　1. 第 2 大队（斯密斯少将任司令）
　　下辖"阿斯托里亚"号和"波特兰"号重型巡洋舰
　　2. 第 4 大队（弗巴上校任司令）
　　下辖"悍马"号、"安达索恩"号、"库维恩"号、"休兹"号、"莫利斯"号和"拉塞尔"号驱逐舰
　　3. 第 5 大队（巴库马斯塔上校任司令，同时，兼任"约克城"号航母舰长）
　　下辖"约克城"号（包括第 3 战斗机队 25 架 F4F、第 3 轰炸机队 18 架 SBD、第 3 侦察轰炸机队 19 架 SBD 和第 3 鱼雷轰炸机 14 架 TBD）航母
二、第 16 特混舰队（TF－16）：斯普鲁恩斯少将任司令
　　4. 第 2 大队（金凯德少将任司令）
　　下辖"明尼阿波利斯"号、"新奥尔良"号、"诺思安普敦"号、"彭萨科拉"号和"文森斯"号重型巡洋舰以及"亚特兰大"号轻型巡洋舰
　　5. 第 4 大队（阿里上校任司令）
　　下辖第 1 水雷大队和第 6 水雷大队，其中，第 1 水雷大队辖"费尔普斯"号、"瓦德尔"号、"莫纳干"号和"艾尔温"号驱逐舰，第 6 水雷大队辖"巴尔库"号、"科尼恩哈姆"号、"拜恩哈姆"号、"埃莱特"号和"马乌利"号驱逐舰
　　6. 第 5 大队（马莱上校任司令）
　　下辖"企业"号和"大黄蜂"号航母，其中，"企业"号包括第 6 战斗机队 27 架 F4F、第 6 轰炸机队 19 架 SBD、第 6 侦察轰炸机队 19 架 SBD 和第 6 鱼雷轰炸机 14 架 TBD，"大黄蜂"号包括第 8 战斗机队 27 架 F4F、第 8 轰炸机队 19 架 SBD、第 8 侦察轰炸机队 19 架 SBD 和第 8 鱼雷轰炸机 15 架 TBD
三、潜艇部队：英格利希少将任司令
　　7. 下辖 19 艘潜艇
四、中途岛完备部队
　　8. 中途岛基地海军航空兵部队（西马特上校任司令）
　　下辖 31 架卡塔里那飞艇和 6 架 TBF

下辖"爱宕"号和"鸟海"号重巡洋舰

第5战队（高木武雄中将任司令官）

下辖"妙高"号和"羽黑"号重巡洋舰

第3战队第1小队（三川军一中将任司令官）

下辖"金刚"号和"比睿"号战列舰

第4水雷战队（西村祥治少将任司令官）

下辖旗舰"由良"号轻巡洋舰、"瑞凤"号航母以及第2驱逐队和第9驱逐队，其中，第2驱逐队（橘正雄大佐任司令）辖"五月雨"号、"春雨"号、"村雨"号和"夕立"号驱逐舰，第9驱逐队（佐藤康夫大佐任司令）辖"朝云"号、"峰云"号、"夏云"号和"三日月"号驱逐舰

供油舰："健洋丸"号、"玄洋丸"号、"佐多丸"号和"鹤见丸"号

第7战队（支援部队，栗田健男中将任司令官）

下辖"三隈"号、"最上"号、"熊野"号和"铃谷"号重巡洋舰

第8驱逐队（小川莛喜大佐任司令）

下辖"朝潮"号和"荒潮"号驱逐舰

第2水雷战队（护航部队，由田中赖三少将任司令官）

下辖旗舰"神通"号轻巡洋舰、第15驱逐队、第16驱逐队和第18驱逐队，其中，第15驱逐队（佐藤寅治郎大佐任司令）辖"亲潮"号和"黑潮"号驱逐舰，第16驱逐队（涉谷紫郎大佐任司令）辖"雪风"号、"时津风"号、"天津风"号和"初风"号驱逐舰，第18驱逐队（宫坂义登大佐任司令）辖"不知火"号、"霞"号、"阳炎"号和"霰"号驱逐舰

巡逻艇：巡逻艇1号、2号和34号

供油舰："曙丸"号

第11航空战队（藤田类太郎少将任司令官）

下辖"千岁"号和"神川丸"号水上飞机母舰、早"潮"号驱逐舰、第35号巡逻艇以及"明石"号维修船

中途岛占领队

下辖18艘运输船，分别是"清澄丸"号、"巴西丸"号、"阿根廷丸"号、"北陆丸"号、"吾妻丸"号、"雾岛丸"号、"第2东亚丸"号、"鹿野丸"号、"明阳丸"号、"山福丸"号、"南海丸"号和"善洋丸"号

供油舰："日荣丸"号

第2联合特别陆战队（大田实大佐任司令官）

下辖横五特（横须贺第五特别陆战队）、吴五特、第11设营队、第12设营队、第4测量队

陆军一木支队（一木清直陆军大佐任支队长）

4. 第一航空舰队（第一机动部队，南云忠一中将任司令长官）

第1航空战队（南云忠一任司令长官）

下辖"赤城"号（"零战"21架、"九九舰爆"21架、"九七舰攻"21架）和"加贺"号（"零战"21架、"九九舰爆"21架、"九七舰攻"30架）航母

第2航空战队（山口多闻少将任司令官）

下辖"飞龙"号（"零战"21架、"九九舰爆"21架、"九七舰攻"21架）和"苍龙"号（"零战"21架、"九九舰爆"21架、"九七舰攻"21架）航母

第8战队（阿部弘毅少将任司令官）

下辖"利根"号和"筑摩"号重巡洋舰

第3战队第2小队

下辖"榛名"号和"雾岛"号战列舰

第10战队（木村进少将任司令官）

下辖旗舰"长良"号轻巡洋舰、第4驱逐队、第10驱逐队、第17驱逐队及"东邦丸"号、"极东丸"号、"日本丸"号、"国洋丸"号、"神国丸"号、"日朗丸"号、"丰光丸"号和"第2共荣丸"号供油船，其中，

9. 第22海军航空兵大队

下辖20架F2A、7架F4F、11架SB2U和16架SBD

10. 第7陆军航空兵分遣队（佩尔陆军少将任司令）

下辖4架B-26和17架B-17

11. 地面部队

下辖第2奇袭大队、第6海军陆战大队和第1鱼雷艇大队

续表

第4驱逐队（有贺幸作大佐任司令）辖"岚"号、"野风"号、"萩风"号和"舞风"号驱逐舰，第10驱逐队（阿部俊雄大佐任司令）辖"风云"号、"夕云"号、"卷云"号和"秋云"号驱逐舰，第17驱逐队（北村昌幸大佐任司令）辖"矶风"号、"浦风"号、"滨风"号和"谷风"号驱逐舰 5. 第五舰队（北方部队，由细萱戊子郎中将任司令长官） 　　总队（由第五舰队司令长官直辖） 　　下辖"那智"号重巡洋舰和"雷"号与"电"号驱逐舰 　　第4航空战队（第二机动部队，角田觉治少将任司令官） 　　下辖"龙骧"号和"隼鹰"号航母 　　第4战队第2小队 　　下辖"高雄"号和"摩耶"号重巡洋舰 　　第7驱逐队（小西要人中佐任司令） 　　下辖"潮"号、"曙"号和"涟"号驱逐舰 　　补给船："帝洋丸"号 　　第1水雷战队（阿图岛攻击部队，大森仙太郎少将任司令官） 　　下辖旗舰"阿武隈"号轻巡洋舰和第21驱逐队，第21驱逐队（天野重降大佐任司令）辖"若叶"号、"初春"号和"初霜"号驱逐舰 　　运输船："摩间丸"号、"衣笠丸"号 　　阿图岛占领队 　　下辖1艘运输船和陆军北海支队（由穗积松年陆军少佐任支队长） 　　第21战队（基斯卡岛攻击部队，大野竹二大佐任司令官） 　　下辖"木曾"号和"多摩"号轻巡洋舰 　　第6驱逐队（山田勇助中佐任司令） 　　下辖"乡"号、"晓"号和"帆风"号驱逐舰 　　第13驱潜队：3艘驱潜艇 　　运输船："球磨川丸"号、"白凤丸"号、"秋凤丸"号、"俊鹤丸"号和"栗田丸"号 　　基斯卡岛占领队 　　下辖2艘运输船，"浅香丸"号和"白山丸"号特务舰，舞鹤镇守府第三特别陆战队（向井一二三海军少佐任指挥官）；"君川丸"号特设水上飞机母舰，"汐风"号驱逐舰 6. 第六舰队（先遣部队，由小松辉久中将任司令长官） 　　总队（由第六舰队司令长官直辖） 　　下辖"香取"号轻巡洋舰 　　第8潜水战队（先遣支队） 　　下辖"爱国丸"号和"报国丸"号潜水母舰以及"伊15"号、"伊17"号、"伊19"号、"伊25"号、"伊26"号、"伊174"号、"伊175"号和"伊122"号潜艇 　　第3潜水战队 　　下辖靖国丸号潜水母舰以及"伊168"号、"伊169"号、"伊171"号、"伊72"号、"伊9"号和"伊123"号潜艇 　　第5潜水战队 　　下辖"里约热内卢丸"号潜水母舰以及"伊156"号、"伊157"号、"伊158"号、"伊159"号、"伊162"号、"伊164"号、"伊165"号、"伊166"号和"伊121"号潜艇	
日美双方损失细节（中途岛海战）	
日本帝国海军 沉没军舰："三隈"号重巡洋舰及700名舰员战死、"赤城"号航母及267名舰员战死、"加贺"号航母及811名舰员战死、"苍龙"号航母及711名舰员战死、"飞	美国海军 沉没军舰："约克城"号航母及"悍马"号驱逐舰 舰载机损失：大约150架 战死人员："约克城"号航母战死86名舰员、"大黄蜂"

续表

龙"号航母及 392 名舰员战死 重创军舰:"荒潮"号驱逐舰 中等损伤军舰:"最上"号重巡洋舰及 92 名舰员战死 舰载机损失:289 架 战死重要军官: 山口多闻少将(死后晋升中将) 冈田次作大佐(死后晋升少将) 柳本柳作大佐(死后晋升少将) 加来止男大佐(死后晋升少将) 崎山释夫大佐(死后晋升少将)	号航母战死 53 名舰员、"企业"号航母战死 44 名舰员、 "悍马"号驱逐舰战死 84 名舰员,"贝纳姆"号驱逐舰 战死 1 名舰员,中途岛基地战死 46 名,总计战死 362 人 (舰载机飞行员 208 人,基地及舰员 154 人),无高级军 官战死

在中途岛海战中,遭受美军 B—17 轰炸机轰炸的"飞龙"号航母。

三、第三次航母大战——1942 年 8 月 23 日第二次所罗门海战中的航母大战概况

第二次所罗门海战是 1942 年 8 月 23 日至 8 月 24 日在西太平洋所罗门群岛以北海域展开的一次大规模海战,交战双方为日本帝国海军和美国海军,结果,美军胜利,盟军将这次海战称为"东所罗门海战"。

交战双方	
日本	🇺🇸 美国
日美指挥官	
南云忠一中将 近藤信竹中将	F.J. 弗莱彻中将
日美双方总体战力对比	
航母 ? 艘 战列舰 3 艘 巡洋舰 10 艘 驱逐舰 16 艘	航母 3 艘 战列舰 1 艘 巡洋舰 7 艘 驱逐舰 16 艘
日美双方损失	
1 艘航母沉没（"龙骧"号） 损失 25 架舰载机	1 艘航母中等程度受损（"企业"号） 损失 9 架舰载机
日美双方参战兵力细节对比（第二次所罗门海战）	

日本帝国海军
1. 第二舰队（近藤信竹中将任司令长官，旗舰为"爱宕"号战列舰）
    下辖"陆奥"号战列舰、6 艘巡洋舰和 8 艘驱逐舰
    第 2 水雷战队（田中赖三少将任司令官）
    下辖旗舰神通轻巡洋舰以及第 24 驱逐队、第 30 驱逐队、第 15 驱逐队、第 17 驱逐队和第 29 驱逐队，其中，第 24 驱逐队辖"凉风"号、"海风"号和"江风"号驱逐舰，第 30 驱逐队辖"睦月"号、"弥生"号、"卯月"号和"望月"号驱逐舰，第 15 驱逐队辖"阳炎"号驱逐舰，第 17 驱逐队辖"矶风"号驱逐舰，第 29 驱逐队辖"夕凪"号驱逐舰
    运输船：3 艘
2. 第三舰队（南云忠一中将任司令长官）
    第 11 航空战队
    下辖"翔鹤"号和"瑞鹤"号航母
    第 11 战队（阿部弘毅少将任司令官）
    下辖"比睿"号和雾岛战列舰
    第 8 战队
    下辖"筑摩"号重巡洋舰
    第 7 战队
    下辖"铃谷"号和"熊野"号重巡洋舰
    第 10 战队
    下辖"长良"号轻巡洋舰
    第 10 驱逐队
    下辖"秋云"号、"夕云"号、"卷云"号和"风云"号驱逐舰
    第 16 驱逐队
    下辖"初风"号驱逐舰
    第 19 驱逐队
    下辖"浦波"号、"敷波"号和"绫波"号驱逐舰
    第 34 驱逐队
    下辖"秋风"号驱逐舰
3. 第三舰队支队（原忠一少将任司令官）
    第 2 航空战队
    下辖"龙骧"号航母
    第 8 战队
    下辖"利根"号重巡洋舰
    第 16 驱逐队
    下辖"时津风"号和"天津风"号驱逐舰
	美国海军
	第 61 特混舰队（TF－61）：弗莱彻中将担任舰队司令，旗舰为"萨拉托加"号航母
	    1. 第 11 特混大队（赖特少将任司令）
	    下辖"萨拉托加"号航母以及 2 艘重型巡洋舰、4 艘驱逐舰
	    2. 第 16 特混大队（金凯德少将任司令）
	    下辖"企业"号航母、"北卡罗来纳"号战列舰、"波兰特"号重型巡洋舰、"亚特兰大"号轻型巡洋舰和 5 艘驱逐舰
	    3. 第 18 特混大队（谢尔曼少将和斯科特少将任司令）
	    下辖"黄蜂"号航母以及 2 艘重型巡洋舰、1 艘轻型巡洋舰和 7 艘驱逐舰

四、第四次航母大战——1942 年 8 月 26 日南太平洋海战中的航母大战概况

南太平洋海战是 1942 年 10 月 26 日在西南太平洋所罗门海域由日美两国航母特混舰队之间爆发的一次大规模海战，美军将其称为圣克鲁斯群岛海战，在此次航母大战中，日军击沉 1 艘美军航母，重创 1 艘，而日军自身则有 2 艘航母遭受重创及中等程度的损坏，并且，有大量的航母舰载机及飞行员丧生，由此看来，日军所获得的战术胜利是一次非常惨重的胜利。

交战双方	
日本	🇺🇸美国
日美指挥官	
山本五十六大将 南云忠一中将 近藤信竹中将	W. F. 哈尔西中将 T. C. 金凯德少将 G. D. 默里少将
日美双方总体战力对比	
航母 4 艘 战列舰 4 艘 重巡洋舰 8 艘 轻巡洋舰 2 艘 驱逐舰 22 艘	航母 2 艘 战列舰 1 艘 重型巡洋舰 4 艘 轻型巡洋舰 5 艘 驱逐舰 14 艘
日美双方损失	
1 艘航母和 1 艘重巡重创 1 艘航母中等程度受损 2 艘驱逐舰轻微损坏	1 艘母和 1 艘驱逐舰沉没 1 艘驱逐舰重创 1 艘航母中等程度受损 1 艘战列舰、1 艘轻型巡洋舰轻微损伤
日美双方参战兵力细节对比（南太平洋海战）	
日本帝国海军 1. 日本联合舰队（山本五十六大将任司令长官，宇垣缠少将任参谋长） 　　第 1 战队 　　下辖"大和"号（旗舰）和"陆奥"号战列舰 2. 第二舰队（近藤信竹中将任司令官，白石万隆少将任参谋长） 　　第 3 战队（栗田健男少将任司令官） 　　下辖"金刚"号和"榛名"号战列舰 　　第 4 战队 　　下辖"爱宕"号（第二舰队旗舰）和"高雄"号重巡洋舰 　　第 5 战队（大森仙太郎少将任司令官） 　　下辖"妙高"号和"摩耶"号重巡洋舰 　　第 7 战队 　　下辖"铃谷"号和"熊野"号重巡洋舰 　　第 2 航空战队（角田觉治少将任司令官） 　　下辖"隼鹰"号航母及 48 架舰载机 　　第 2 水雷战队（田中赖三少将任司令官） 　　下辖"五十铃"号轻巡洋舰 　　第 15 驱逐队 　　下辖"黑潮"号、"亲潮"号和早"潮"号驱逐舰 　　第 24 驱逐队 　　下辖"海风"号、"凉风"号和"江风"号驱逐舰	美国海军 南太平洋部队司令为哈尔西中将 　　第 16 特混舰队（TF—16）：金凯德少将担任舰队司令，旗舰为"企业"号航母 　　下辖"企业"号航母及 90 架舰载机（36 架 F4F、41 架 SBD 和 13 架 TBF） 　　下辖"南达科他"号战列舰 　　1. 第 4 巡洋舰大队 　　下辖"波特兰"号重型巡洋舰和圣胡安轻型巡洋舰 　　2. 第 5 驱逐舰大队 　　下辖 8 艘驱逐舰 　　第 17 特混舰队（TF—17）：默里少将担任舰队司令，旗舰为"大黄蜂"号航母 　　下辖"大黄蜂"号航母及 85 架舰载机（38 架 F4F、31 架 SBD 和 16 架 TBF） 　　3. 第 5 巡洋舰大队 　　下辖"诺思安普敦"号和"彭萨科拉"号重型巡洋舰以及"圣地亚哥"号和"朱诺"号轻型巡洋舰 　　4. 第 2 驱逐舰大队 　　下辖 6 艘驱逐舰 　　第 64 特混舰队（TF—64）：李少将担任舰队司令，旗舰为"华盛顿"号战列舰 　　下辖"华盛顿"号战列舰、"圣弗朗西斯科"号重型巡洋舰、"海伦娜"号和"亚特兰大"号轻型巡洋舰

第 31 驱逐队 　下辖"长波"号、"卷波"号和"高波"号驱逐舰 3. 第三舰队（南云忠一中将任司令官，草鹿龙之介少将任参谋长） 　第 1 航空战队（南云忠一中将任司令官） 　下辖"翔鹤"号、"瑞鹤"号和"瑞凤"号航母 　第 4 驱逐队（有贺幸作大佐任司令官） 　下辖"岚"号和"舞风"号驱逐舰 　第 16 驱逐队（庄司喜一郎大佐任司令官） 　下辖"初风"号、"雪风"号、"天津风"号、"时津风"号和"滨风"号驱逐舰 　第 61 驱逐队（则满宰次大佐任司令官） 　下辖"照月"号驱逐舰 　第 11 战队（阿部弘毅少将任司令官） 　下辖"比睿"号和"雾岛"号战列舰 　第 7 战队（西村祥治少将任司令官） 　下辖"铃谷"号和"熊野"号重巡洋舰 　第 8 战队（原忠一少将任司令官） 　下辖"利根"号和"筑摩"号重巡洋舰 　第 10 战队（木村进少将任司令官） 　下辖"长良"号轻巡洋舰 　第 10 驱逐队（阿部俊雄大佐任司令官） 　下辖"秋云"号、"风云"号、"卷云"号和"夕云"号驱逐舰 　第 17 驱逐队（北村昌幸大佐任司令官） 　下辖"浦风"号、"矶风"号和"谷风"号驱逐舰	以及 6 艘驱逐舰 瓜达尔卡纳尔岛部队 　下辖亨德森基地航空队（包括 60 架飞机）

日美双方损失细节（南太平洋海战）	
日本帝国海军 重创军舰："翔鹤"号航母、"筑摩"号重巡洋舰 中等损伤军舰："瑞凤"号航母 轻微损伤军舰："昭月"号驱逐舰 舰载机损失：92 架 舰载机飞行员战死：148 人 舰员战死：250－350 人	美国海军 击沉军舰："大黄蜂"号航母、"波特"号驱逐舰 重创军舰："斯密斯"号驱逐舰 中等损伤军舰："企业"号航母 轻微损伤军舰："南达科他"号战列舰、"圣胡安"号轻型巡洋舰 舰载机损失：74 架 舰载机飞行员战死：39 人 舰员战死：254 人

在南太平洋海战中，遭受日军猛烈空袭的美国海军"企业"号航母。

在南太平洋海战中，正在遭受日军九九式舰上轰炸机俯冲式轰炸的"大黄蜂"号航母。

五、第五次航母大战——1944 年 6 月 19 日菲律宾海海战中的航母大战概况

菲律宾海海战（日军称马里亚纳洋面海战）是第二次世界大战中 1944 年 6 月 19 日至 6 月 20 日期间爆发的一次航母大战，交战海域位于马里亚纳群岛及帕劳群岛的洋面上，交战双方为日本帝国海军和美国海军的航母特混舰队。日军将菲律宾海海战的作战名称定为"A 号作战"，其中，A 代表"美国"英文的首写字母。美军的作战名称为"掠夺者作战"，整个战役是包括海上作战的塞班岛攻击作战行动整体。

交战双方	
日本	🇺🇸美国
日美指挥官	
小泽治三郎中将 栗田健男中将 角田觉治中将	斯普鲁恩斯上将 米切尔中将
日美双方总体战力对比	

航空母舰 9 艘 战列舰 5 艘 重巡洋舰 11 艘 轻巡洋舰 2 艘 驱逐舰 20 艘	航空母舰 15 艘 战列舰 7 艘 重型巡洋舰 8 艘 轻型巡洋舰 12 艘 驱逐舰 67 艘
日美双方损失	
航空母舰 3 艘沉没 供油船 2 艘沉没 航空母舰 1 艘中等程度损伤 航空母舰 3 艘轻微损伤 战列舰 1 艘轻微损伤 重巡洋舰 1 艘轻微损伤 舰载机损失 378 架	航空母舰 2 艘轻微损伤 战列舰 2 艘轻微损伤 重型巡洋舰 2 艘轻微损伤 舰载机损失 123 架

日美双方参战兵力细节对比（菲律宾海海战）

日本帝国海军	美国海军
参战部队编成第一机动舰队，下辖 3 艘标准航母、6 艘改装航母以及 225 架"零战"、99 架"彗星"舰爆、27 架"九九舰爆"、108 架"天山"舰攻、若干架"九七舰攻"和二式舰侦 　　1. 第三舰队（小泽治三郎中将任司令长官，古村启藏少将任参谋长，旗舰为"大凤"号航母） 总队－甲部队 　　第一航空战队（由小泽中将直接统领）辖"大凤"号、"翔鹤"号和"瑞鹤"号 3 艘航母 　　第 5 战队（桥本信太郎少将任司令官）辖"妙高"号和"羽黑"号重巡洋舰 　　第 10 战队（本村进少将任司令官）辖"矢矧"号轻巡洋舰以及第 10 驱逐队、第 17 驱逐队、第 61 驱逐队及附属"霜月"号驱逐舰，其中，第 10 驱逐队辖"朝云"号和"风云"号驱逐舰，第 17 驱逐队辖"矶风"号、"浦风"号、"雪风"号和"谷风"号驱逐舰，第 61 驱逐队辖"初月"号、"若月"号和"秋月"号驱逐舰 总队－乙部队 　　第二航空战队（城岛高次少将任司令官）辖"隼鹰"号、"飞鹰"号和"龙凤"号航母以及"长门"号战列舰、"最上"号重巡洋舰 　　第 4 驱逐队（隶属第 10 战队）辖"满潮"号、"野分"号和"山云"号驱逐舰 　　第 27 驱逐队（隶属第 2 水雷战队）辖"时雨"号、"五月雨"号和"白露"号驱逐舰 　　第 2 驱逐队（隶属第 2 水雷战队）辖"秋霜"号和"早霜"号驱逐舰 　　第 17 驱逐队（隶属第 10 战队）辖"滨风"号驱逐舰 　　2. 第二舰队（栗田健男中将任司令长官，小柳富次少将任参谋长，旗舰为"爱宕"号重巡洋舰） 前卫部队 　　第 1 战队（宇垣缠中将任司令官） 　　下辖"大和"号和"武藏"号战列舰 　　第 3 战队（铃木义尾中将任司令官） 　　下辖"金刚"号和"榛名"号战列舰 　　第三航空战队（大林末雄少将任司令官） 　　下辖"瑞凤"号、"千岁"号和"千代田"号 3 艘轻型航空母舰 　　第 4 战队（栗田中将直辖） 　　下辖"爱宕"号、"高雄"号、"鸟海"号和"摩耶"号重巡洋舰 　　第 7 战队（白石万隆少将任司令官） 　　下辖"熊野"号、"铃谷"号、"利根"号和"筑摩"号重巡洋舰	第 5 舰队：斯普鲁恩斯上将担任舰队司令，穆尔上校任参谋长，旗舰为"印第安纳波利斯"号重型巡洋舰 　　第 58 特混舰队（TF—58）：米切尔中将担任舰队司令，伯克上校任参谋长，旗舰为第二代"列克星敦"号航母 　　第 58 特混舰队统辖 7 艘标准航母、8 艘轻型航母，舰载机包括 443 架 F6F、3 架 F4U、174 架 SB2C、59 架 SBD、188 架 TBF、24 架 F6F－3N，舰载机总数 891 架 　　1. 第 1 特混大队（克拉克少将任司令） 　　下辖"大黄蜂"号（第二代）和"约克城"号（第二代）标准航母，"贝劳伍德"号和"巴丹岛"号轻型航母，"波斯坦"号、"堪培拉"号和"巴尔的摩"号重型巡洋舰、"奥克兰"号和"圣胡安"号防空巡洋舰以及 14 艘驱逐舰 　　2. 第 2 特混大队（A.E. 蒙哥马利少将任司令） 　　下辖"邦克山"号和"黄蜂"号（第二代）标准航母、"蒙特里"号和"卡伯特"号轻型航母、"圣塔菲"号、"莫比尔"号和"毕洛克西"号轻型巡洋舰以及 12 艘驱逐舰 　　3. 第 3 特混大队（J.W. 里夫斯少将任司令） 　　下辖"企业"号和"列克星敦"号（第二代）标准航母、"普林斯顿"号和"圣哈辛托"号轻型航母，"印第安纳波利斯"号重型巡洋舰，"伯明翰"号和"克利夫兰"号轻型巡洋舰，"莱诺"号防空巡洋舰，以及 13 艘驱逐舰 　　4. 第 4 特混大队（W.K. 哈利尔少将） 　　下辖"埃塞克斯"号标准航母，"考佩斯"号和"兰利"号轻型航母，"宾塞恩斯"号和"迈阿密"号轻型巡洋舰，"圣地亚哥"号防空巡洋舰，以及 14 艘驱逐舰 　　5. 第 7 特混大队（W.A. 李中将任司令） 　　下辖"华盛顿"号、"艾奥瓦"号、"新泽西"号、"南达科他"号、"印第安纳"号、"阿拉巴马"号、"北卡罗来纳"号战列舰，"新奥尔良"号、"明尼阿波利斯"号、"圣弗朗西斯科"号和"维奇塔"号重型巡洋舰，以及 14 艘驱逐舰 　　第 51 特混舰队（TF—51）：坦纳中将担任舰队司令，旗舰为"落基山城"号战列舰 　　美国海军陆战队（斯密斯海军陆战队中将任司令） 　　下辖第 3 海军陆战师、第 4 海军陆战师和第 5 海军陆战师 美国陆军 　　第 27 步兵师（增援部队，第一任司令由斯密斯陆军少将担任）

第 2 水雷战队（早川干夫少将任司令官，旗舰为能代号轻巡洋舰） 　　下辖第 31 驱逐队、第 32 驱逐队及附属"岛风"号驱逐舰，其中，第 31 驱逐队辖"长波"号、"朝霜"号、"岸波"号和"冲波"号驱逐舰，第 32 驱逐队辖"藤波"号、"滨波"号、"玉波"号和"早波"号驱逐舰 　　第 1 补给部队 　　下辖"速吸"号、"日荣丸"号、"国洋丸"号、"清洋丸"号、"名取"号、"夕凪"号、"初霜"号、"响"号和"栂"号补给船 　　第 2 补给部队 　　下辖"玄洋丸"号、"梓丸"号、"雪风"号、"卯月"号、"满珠"号、"干珠"号、"三宅"号和第 22 号海防舰等补给船 　　3. 第一航空舰队（第五基地航空部队，角田觉治中将任司令长官，三和义勇大佐任参谋长） 　　第 22 航空战队 　　第 23 航空战队 　　第 26 航空战队 　　第 61 航空战队 　　4. 岛屿完备部队 　　塞班岛和提尼安岛完备部队 　　完备队 30000 人	

日美双方损失细节（菲律宾海海战）	
日本帝国海军 　　沉没军舰："大凤"号、"翔鹤"号和"飞鹰"号 3 艘航母以及"玄洋丸"号和"清洋丸"号供油船 　　中等损伤军舰："隼鹰"号航母 　　轻微损伤军舰："榛名"号战列舰、"龙凤"号航母、"千代田"号航母、"瑞鹤"号航母、"摩耶"号重巡洋舰、"速吸"号供油舰 　　舰载机损失：378 架 　　舰载机飞行员战死：388 人 　　丧失潜艇：17 艘	美国海军 　　损伤军舰："南达科他"号和"印第安纳"号战列舰、"邦克山"号航母、"黄蜂"号航母、"明尼阿波利斯"号和"维奇塔"号重型巡洋舰 　　舰载机损失：120 架 　　舰载机飞行员战死：101 人

1944 年 6 月 19 日，正在遭受日军舰上轰炸机猛烈俯冲式轰炸的"邦克山"号航母。

在菲律宾海海战中，正在遭受美军舰载机攻击的日军"瑞鹤"号航母及 2 艘护航驱逐舰。

六、人类历史上最大规模的航母大战、第二次世界大战最后一次航母大战——1944 年 10 月 23 日莱特湾海战中的航母大战概况

莱特湾海战爆发于菲律宾及菲律宾周边海域，交战时间为 1944 年 10 月 23 日至 10 月 25 日，交战双方是日本帝国海军与美国海军和澳大利亚海军组成的盟军联合部队，整个海战过程可细分为锡布延海战、苏里高海峡海战、恩加诺角海战和萨马湾海战，在这一系列海战中，日军和盟军的主要攻击目标都是莱特岛。

在莱特湾海战中，盟军的作战名称为"国王 II 作战"，其主要作战目标是夺取莱特岛。日军的作战名称为"捷一号作战"，其主要作战目标是阻止美军的进攻。

莱特湾海战是第二次世界大战及太平洋战争中的最后一次大海战和航母大战，经过此次失败之后，日本帝国海军的彻底覆灭已成定局，此后，日军再也没有能力组织大规模海战行动。自莱特湾海战起，以自杀式攻击而闻名的"神风"特别攻击队开始对盟军发动频频进攻，这种攻击方式让盟军闻风胆寒。

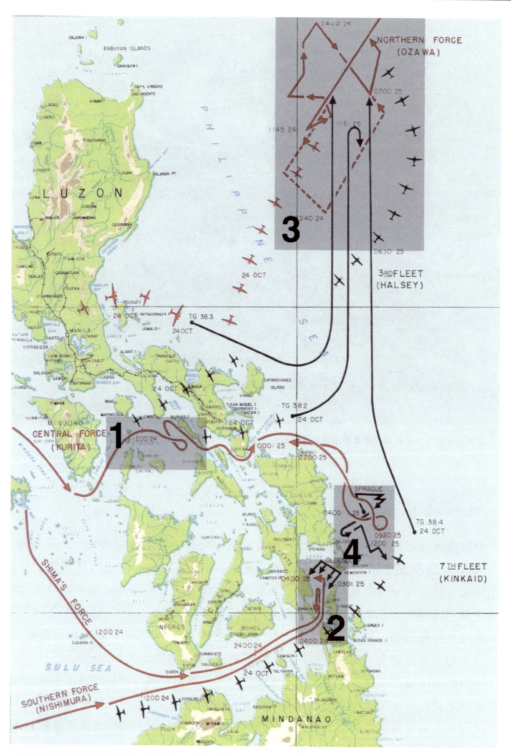

美军在展开莱特岛登陆过程中所进行 4 次海战的示意图。这 4 次海战统称为莱特湾海战,图中标"1"的位置爆发的是第一场海战——锡布延海战,图中标"2"的位置爆发的是第二场海战——苏里高海峡海战,图中标"3"的位置爆发的是第三场海战——恩加诺角海战,图中标"4"的位置爆发的是第四场海战——萨马湾海战。

在莱特湾海战中，返回乌尔西环礁的美国海军第 38 特混舰队中的大规模航母集群。

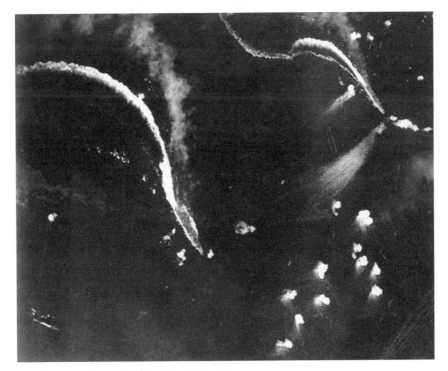

在恩加诺角海战中，遭受空袭的日军航母部队。

第一章

日本帝国海军航母发展历史概况——曾经的亚洲与太平洋海上霸主

日美双方作战序列情况对照表

交战双方	
日本	🇺🇸美国 🇦🇺澳大利亚
日美指挥官	
☀栗田健男 ☀小泽治三郎 ☀西村祥治 ☀志摩清英	🇺🇸哈尔西 🇺🇸金凯德
日美双方总体战力对比	
航空母舰 4 艘 战列舰 9 艘 重巡洋舰 13 艘 轻巡洋舰 6 艘	航空母舰 17 艘 护卫航母 18 艘 战列舰 12 艘 重型巡洋舰 11 艘 轻型巡洋舰 15 艘
日美双方主要损失	
沉没： 航空母舰 4 艘 战列舰 3 艘 重巡洋舰 6 艘 轻巡洋舰 1 艘 驱逐舰 6 艘	沉没： 航空母舰 1 艘 护卫航母 3 艘 驱逐舰 2 艘 护卫驱逐舰 1 艘
日美双方参战兵力细节对比（莱特湾海战）	

日本帝国海军 　1. 日本联合舰队（丰田副武大将任司令长官，草鹿龙之介中将任参谋长，小林谦五少将任副参谋长，神重德大佐任首席参谋） 　统辖所有参战舰队和西南方面舰队，包括基地航空部队 　2. 第二舰队（栗田健男中将任司令长官，小柳富次少将任参谋长，山本祐二大佐任首席参谋，添田启次郎中佐任航空参谋，大谷藤之助少佐任作战参谋，宫本鹰雄少佐任炮术参谋，森卓二少佐任水雷参谋，大迫隼夫中佐任机关参谋，八家清少佐任航海参谋兼副官，旗舰为"爱宕"号重巡洋舰，后来为"大和"号战列舰） 　第一游击部队第一部队（与第二部队合称为栗田舰队） 　第1战队（宇垣缠中将任司令官） 　下辖"大和"号、"武藏"号和"长门"号3艘战列舰 　第4战队（第二舰队司令长官直接率领） 　下辖"爱宕"号、"高雄"号、"摩耶"号和"鸟海"号4艘重巡洋舰 　第5战队（桥本信太郎中将任司令官） 　下辖"妙高"号和"羽黑"号重巡洋舰 　第2水雷战队（早川干夫少将任司令官，旗舰为能代号轻巡洋舰） 　下辖第2驱逐队、第31驱逐队和第32驱逐队，其中，第2驱逐队（白石长义大佐任司令）辖"早霜"号和"秋霜"号驱逐舰，第31驱逐队（福冈德治郎大佐任司令）辖"岸波"号、"冲波"号、"朝霜"号和"长波"号驱逐舰，第32驱逐队（大岛一太郎大佐任司令）辖"滨波"号、"藤波"号和"岛风"号驱逐舰 　第一游击部队第二部队（与第一部队合称为栗田舰队） 　第3战队（铃木义尾中将任司令官） 　下辖"金刚"号和"榛名"号战列舰 　第7战队（白石万隆中将任司令官） 　下辖"铃谷"号、"熊野"号、"利根"号和"筑摩"号重巡洋舰	美国海军和澳大利亚海军 　总兵力为 734 艘军舰，包括 157 艘战斗舰艇、420 艘运输船以及 157 艘特务舰艇 　第3舰队：隶属美国海军太平洋方面最高司令指挥之下，最高司令为尼米兹上将 　第3舰队司令由哈尔西上将担任，卡尼少将任参谋长，威尔逊上校任首席作战参谋，莫尔敦上校任航空参谋，特鸟上校任通信参谋，奇克上校任情报参谋，霍那上校任副作战参谋，斯塔塞恩上校任副战务参谋，舰队旗舰由"新泽西"号战列舰担任 　第38特混舰队（TF-38）：米切尔中将担任舰队司令，伯克准将任参谋长，旗舰为第二代（埃塞克斯级）"列克星敦"号航母 　第1特混大队（迈凯恩中将任司令，旗舰为"大黄蜂"号航母 　下辖"大黄蜂"号、"黄蜂"号和"汉科克"号标准航母，"考佩斯"号和"蒙特里"号轻型航母 　第5巡洋舰大队 　下辖"切斯特"号、"盐湖城"号和"彭萨科拉"号重型巡洋舰 　第10巡洋舰大队 　下辖"波士顿"号重型巡洋舰，"圣地亚哥"号和"奥克兰"号轻型巡洋舰 　第46水雷大队 　下辖12艘驱逐舰 　第12水雷大队 　下辖3艘驱逐舰 　第4水雷大队（第30特混舰队第2特混大队） 　下辖6艘驱逐舰 　（据日本战史记载，海战当时的第1特混大队编制14至17艘驱逐舰） 　第2特混大队（博根少将任司令，旗舰为"勇猛"号航母）

第 10 战队（木村进少将任司令官，旗舰为"矢矧"号轻巡洋舰）

下辖第 17 驱逐队（谷井保大佐任司令），包括"浦风"号、"矶风"号、"雪风"号、"滨风"号、"清霜"号和"野分"号驱逐舰第一游击部队第三部队（通称西村舰队）

第 2 战队（西村祥治中将任司令官）

下辖"山城"号和"扶桑"号战列舰、"最上"号重巡洋舰

第 4 驱逐队（高桥龟四郎大佐仼司令）

下辖"山云"号、"满潮"号和"朝云"号驱逐舰

第 27 驱逐队辖"时雨"号驱逐舰，舰长为西野繁少佐

随行供油船："八纮丸"号、"万荣丸"号、"御室山丸"号、"日荣丸"号、"雄凤丸"号、"严岛丸"号、"日邦丸"号和"良荣丸"号

3. 第三舰队（小泽治三郎中将任司令长官，大林末雄少将任参谋长，大前敏一大佐任首席参谋，作战参谋包括青木武中佐、有马高泰中佐和辻本毅少佐 3 人，旗舰由"瑞鹤"号航母担任，"瑞鹤"号沉没后由"大淀"号巡洋舰取代）

第三舰队共配备 116 架航母舰载机机动部队总队（通称小泽机动部队）

第 3 航空战队（由第三舰队司令长官直接率领）

下辖"瑞鹤"号、"千代田"号、"千岁"号和"瑞凤"号 4 艘航母

第 3 航空战队（松田千秋少将任司令官）

下辖"伊势"号和"日向"号航空战列舰

巡洋舰战队（"多摩"号舰长山本岩多大佐任司令官）

下辖"多摩"号和"五十铃"号轻巡洋舰

第 1 驱逐联队（仅由第 31 战队构成，江户兵太郎少将任司令官）

下辖第 31 战队，包括"大淀"号轻巡洋舰以及"槇"号、"杉"号、"桐"号和"桑"号驱逐舰

第 2 驱逐联队（第 61 驱逐队司令兼任）

下辖第 61 驱逐队和第 41 驱逐队，其中，第 61 驱逐队（天野重隆大佐任司令）辖"初月"号、"若月"号和"秋月"号驱逐舰，第 41 驱逐队（胁田喜一郎大佐任司令）辖"霜月"号驱逐舰

第 2 补给部队（山崎仁太郎少佐任司令，同时兼任"秋风"号驱逐舰舰长）

下辖"秋风"号驱逐舰，"仁荣丸"号和"高根丸"号供油船，22 号、29 号、31 号、33 号、43 号和 132 号海防舰

4. 第六舰队（先遣部队，三轮茂义中将任司令长官，仁科宏造少将任参谋长）

在莱特湾方向配备 8 艘大型潜艇

在马尼拉方向配备 7 艘中小型潜艇

5. 第五基地航空部队

第一航空舰队（大西泷治郎中将任司令长官）

直辖飞机大约 40 架

下辖第 153 航空队、第 201 航空队、第 761 航空队和第 1021 航空队

6. 第六基地航空部队

第二航空舰队（福留繁中将任司令长官，杉本丑卫大佐任参谋长）

可支配飞机 223 架

7. 西南方面舰队（三川军一中将任司令长官，西尾秀彦少将任参谋长）

第二游击部队（通称志摩舰队，10 月 18 日划归西南方面舰队指挥之下，志摩清英中将任司令长官，松本

下辖"勇猛"号和"邦克山"号标准航母，"卡伯特"号和"独立"号轻型航母

第 7 战列舰大队

下辖"新泽西"号（哈尔西上将坐镇指挥）和"艾奥瓦"号战列舰

第 14 巡洋舰大队

下辖"文森斯"号、"迈阿密"号和"毕洛克西"号轻型巡洋舰

第 52 水雷大队

下辖 5 艘驱逐舰

第 104 驱逐中队

下辖 4 艘驱逐舰

第 50 水雷大队

下辖 5 艘驱逐舰

第 106 驱逐中队

下辖 4 艘驱逐舰

（据日本战史记载，海战当时的第 2 特混大队编制 16 至 17 艘驱逐舰）

第 3 特混大队（谢尔曼少将任司令，旗舰为"埃塞克斯"号航母）

下辖"列克星敦"号（米切尔中将坐镇指挥）和"埃塞克斯"号标准航母，"普林斯顿"号和"兰利"号轻型航母

第 8 战列舰大队

下辖"马萨诸塞"号战列舰

第 9 战列舰大队

下辖"南达科他"号战列舰

第 13 巡洋舰大队（杜波兹少将任司令）

下辖"圣塔菲"号、"莫比尔"号、"雷诺"号和"伯明翰"号轻型巡洋舰

第 50 水雷大队

下辖 5 艘驱逐舰

第 55 水雷大队

下辖 5 艘驱逐舰

第 110 驱逐中队

下辖 4 艘驱逐舰

（据日本战史记载，海战当时的第 3 特混大队编制 12 艘驱逐舰）

第 4 特混大队（德维索恩少将任司令，旗舰为"富兰克林"号航母）

下辖"富兰克林"号和"企业"号标准航母，"贝劳伍德"号和"圣哈辛托"号轻型航母，"华盛顿"号和"阿拉巴马"号战列舰

第 6 巡洋舰大队

下辖"新奥尔良"号和"维奇塔"号重型巡洋舰

第 6 水雷大队

下辖 4 艘驱逐舰

第 12 驱逐中队

下辖 4 艘驱逐舰

第 24 驱逐中队

下辖 3 艘驱逐舰

（据日本战史记载，海战当时的第 4 特混大队编制 11 至 15 艘驱逐舰）

后勤部队（共由 10 至 12 个大队组成，这些部队分散于日军警戒范围之外）

下辖 33 艘供油船、11 艘护卫航母、10 艘拖船、18 艘驱逐舰和 27 艘护卫驱逐舰

第 34 特混舰队（TF-34）：水面攻击特混舰队，W．A．李中将担任舰队司令，旗舰为"落基山城"号战列舰

10 月 24 日 15 时 30 分，第 34 特混舰队由第 38 特

毅少将任参谋长)

　　第21战队(第二游击部队司令长官直辖)

　　下辖"那智"号和"足柄"号重巡洋舰

　　第1水雷战队(木村昌福少将任司令官)

　　下辖"阿武隈"号轻巡洋舰

　　第7驱逐队

　　下辖"曙"号、"潮"号和"霞"号驱逐舰

　　第18驱逐队

　　下辖"不知火"号驱逐

　　第21驱逐队

　　下辖"若叶"号、"初春"号和"初霜"号驱逐舰

　　第16战队

　　下辖"青叶"号重巡洋舰、"鬼怒"号轻巡洋舰和
"浦波"号驱逐舰

日本帝国陆军之南方军

第四航空军(富永恭次中将任司令官)

第十四方面军(山下奉文大将任司令官)

　　第三十五军(铃木宗作中将任司令官,主攻莱特岛
方向)

　　下辖第16师团(牧野四郎中将任司令官)

　　棉兰老岛方向

　　达沃地区:第30师团,由两角业作中将任司令官

　　中部与北部地区:第100师团,由原男次郎中将任司
令官

　　三宝颜地区:独立混成第五十四旅团,由北条藤吉
中将任司令官

　　班乃岛、内格罗斯岛、宿务岛和巴拉望岛:第102
师团,由福荣真平中将任司令官

　　霍洛岛:独立混成第五十五旅团,由铃木铁三少将
任司令官湾"号"、"萨诺诺湾"号和"谢南科"号6艘护
卫航母,3艘驱逐舰,4艘护卫驱逐舰

　　第2集群(斯坦普少将任司令、"纳托马湾"号、"马库斯岛"号、"奥曼奈
湾"号、"萨博岛"号、"加达山湾"号和"马尼拉湾"
号6艘护卫航母,3艘驱逐舰,4艘护卫驱逐舰

　　第3集群(斯普莱伊格少将任司令,旗舰为"方肖
湾"号护卫航母)

　　下辖"方肖湾"号、"圣洛"号、"白平原"号、
"加利尼亚湾"号、"基多坎湾"号和"冈比亚湾"号6
艘护卫航母,3艘驱逐舰,4艘护卫驱逐舰

潜艇部队(克里斯蒂少将任司令)

第78特混舰队(承担北部攻击任务,巴贝少将任司令)

第79特混舰队(承担南部攻击任务,维尔金索恩少将
任司令)

登陆部队

美国陆军第6集团军(海军陆战队不参加登陆作
战,陆军总兵力大约20万2500人,由陆军克鲁格中将
任司令)

　　第10军(西巴特中将任司令,总兵力53000人)

　　下辖第1骑兵师(马奇少将任司令,主要负责圣何
塞和多拉克方面的登陆作战)和第24师(阿宾克少将
任司令,主要承担塔克洛班和帕劳方面登陆作战,其中
1个团负责帕那奥恩海峡方面的登陆作战)

　　第24军(霍吉中将任司令,总兵力51500人)

　　下辖第7师(阿诺尔德少将任司令,主要负责圣何
塞和多拉克方面的登陆作战)和第96师(布雷德利少
将任司令,主要负责圣何塞和多拉克方向的登陆作战)

　　第6集团军直辖支援部队

　　集团军预备部队28500人

　　下辖第32师(吉尔少将任司令)和第77师(布尔
斯少将任司令)

混舰队抽出第2、第3、第4特混大队组成水面攻击部队
潜艇部队(由太平洋舰队潜艇部队司令洛克伍德中将任
司令)

　　下辖9艘潜艇,其中,"海狮"号潜艇击沉"金刚"
号战列,"海鲫"号潜艇击沉"爱宕"号重巡洋舰,"迪
斯"号潜艇击沉"摩耶"号重巡洋舰,"大比目鱼"号
潜艇击沉"秋月"号驱逐舰,等

　　第7舰队:隶属美国海军西南太平洋方面最高司令
指挥之下,最高司令为道格拉斯-迈克阿瑟陆军上将,
旗舰为"纳什维尔"号轻型巡洋舰

　　第7舰队司令由金凯德中将担任,旗舰为"沃萨
奇"号运输舰(两栖攻击作战部队旗舰)

　　第70特混舰队(TF-70)

　　第1特混大队

　　高速鱼雷艇中队(雷森少校任司令)

　　下辖39艘鱼雷艇,3艘鱼雷艇组成一个鱼雷艇小
队,共组成13个鱼雷艇小队

　　第77特混舰队(TF-77)

　　第2特混大队(支援攻击部队,奥尔登多夫少将任
司令,旗舰为"路易斯维尔"号重型巡洋舰)

　　中央队(温拉少将任司令,旗舰为"密西西比"
号战列舰)

　　下辖"密西西比"号、"马里兰"号和"西弗吉尼
亚"号战列舰

　　第2战列舰大队

　　下辖"宾夕法尼亚"号、"田纳西"号和"加利福
尼亚"号战列舰

　　艾克斯莱伊驱逐舰中队(福巴特中校任司令)

　　下辖6艘驱逐舰

　　左翼队(奥尔登多夫少将直接率领)

　　第4巡洋舰大队

　　下辖"路易斯维尔"号、"波特兰"号和"明尼阿
波利斯"号重型巡洋舰

　　第12巡洋舰大队

　　下辖"丹佛"号和"哥伦比亚"号轻型巡洋舰

　　第56水雷大队(斯姆特上校任司令)

　　下辖3艘驱逐舰

　　第112驱逐中队

　　下辖3艘驱逐舰

　　第3大队

　　下辖3艘驱逐舰

　　右翼队(巴凯伊少将任司令,旗舰为"菲尼克斯"
号轻型巡洋舰)

　　下辖"希洛普郡"号重型巡洋舰(澳大利亚海军),
"博伊西"号和"菲尼克斯"号轻型巡洋舰

　　第24水雷大队(马奇麦恩上校任司令)

　　下辖6艘驱逐舰

　　第54水雷大队(卡瓦特上校任司令,兼职警戒指
挥任务)

　　下辖8艘驱逐舰

　　第4特混大队(护卫航母部队,斯普拉格少将任司
令,旗舰为"桑加蒙"号护卫航母)

　　第1集群(斯普拉格少将直接率领)

　　下辖"桑加蒙"号、"桑提"号、"苏万尼"号、
"彼特洛夫

第四节　日本帝国海军航母发展 30 年的成果

经过 30 年的航母运用，日本帝国海军积累了各方面的丰富经验，主要包括航母建造与改装经验、航母特混舰队的编成经验、组织与实施航母大战的经验、航母及航母特混舰队的后勤保障经验等，总之，在第二次世界大战期间，对于太平洋战场上曾经风光无限的日本帝国海军来说，有太多的经验与教训值得总结和借鉴。

航母建造与改装经验

在第二次世界大战及太平洋战争期间，日本拥有丰富的航母建造、航母改装（包括由战列舰、巡洋战列舰、潜水母舰等军舰改装以及高速客货船改装）及航母战损修复经验。

自 1922 年第一艘正规航母"凤翔"号建成后，截至 1945 年 8 月，日本帝国海军共建造 25 艘标准航母，按照建成顺序依次是"凤翔"号（1922 年 12 月 27 日）、"赤城"号（1927 年 3 月 25 日）、"加贺"号（1928 年 3 月 31 日）、"龙骧"号（1933 年 4 月 1 日）、"苍龙"号（1937 年 12 月 29 日）、"飞龙"号（1939 年 7 月 5 日）、"瑞凤"号（1940 年 12 月 27 日）、"翔鹤"号（1941 年 8 月 8 日）、"大鹰"号（1941 年 9 月 5 日）、"瑞鹤"号（1941 年 9 月 25 日）、"祥凤"号（1941 年 12 月 22 日）、"隼鹰"号（1942 年 5 月 3 日）、"云鹰"号（1942 年 5 月 31 日）、"飞鹰"号（1942 年 7 月 31 日）、"冲鹰"号（1942 年 11 月 25 日）、"龙凤"号（1942 年 11 月 28 日）、"千岁"号（1943 年 8 月 1 日）、"海鹰"号（1943 年 11 月 23 日）、"千代田"号（1943 年 11 月 26 日）、"神鹰"号（1943 年 12 月 15 日）、"大凤"号（1944 年 3 月 7 日）、云龙号（1944 年 8 月 6 日）、"天城"号（1944 年 8 月 10 日）、"葛城"号（1944 年 10 月 15 日）和"信浓"号（1944 年 11 月 19 日），其中，"凤翔"号为日本帝国海军第一艘建成航母，"信浓"号为最后一艘建成航母，随着"信浓"号航母这艘二战期间最大军舰的建成，日本的军舰资源完全耗尽，此后，日本已经没有能力再建造其他航母，日本帝国海军的航母时代也彻底终结，"信浓"号服役至沉没只经历了短短的 10 天时间，这是日本迅速崛起与迅速覆灭的最好写照。

25 艘航母中有正规（标准）航母 10 艘，分别是"凤翔"号、"龙骧"号、"苍龙"号、"飞龙"号、"翔鹤"号、"瑞鹤"号、"大凤"号、"云龙"号、"天城"号和"葛城"号，余下航母全部是改装航母，分别由军舰和优秀的商船改装而成。

另有下水航母 4 艘，按照下水顺序依次是"伊吹"号（1943 年 5 月 21 日）、"笠置"号（1944 年 10 月 19 日）、"阿苏"号（1944 年 11 月 1 日）和"生驹"号（1944 年 11 月 9 日），这些航母接近建成，只是没有进行最后的设备舾装工程。此外，日本帝国海军还计划建造 8 艘云龙级航母以及一级改大凤级航母，不过，这些航母建造计划都由于战局恶化而宣布中止。

通过 25 艘航母的建造与改装，日本积累了如何在全国范围内、在短时间及高强度作业条件下统筹安排航母建造工程的经验，积累了航母由初期设计、研制及中期建造、后期舾装和海试以及战损维修、日常维护与保养的丰富经验，积累了由不同舰体（军舰和各种商船）改装成共同航母平台的经验，积累了资源统筹分配及整个航母系统工程的运作经验，等等。

此外，在航母建造、航母改装、航母战损修复过程中，日本帝国海军形成了五大航母造船厂，分别是横须贺海军工厂、吴海军工厂、佐世保海军工厂、三菱重工长崎造船所和川崎造船所（今天的川崎重工）。

航母特混舰队的编成经验

由 1941 年 4 月 10 日日本及世界第一支航母特混舰队——第一航空舰队编成开始，至 1944 年 11 月 15 日，第一机动舰队撤销，日本帝国海军积累了三支航母特混舰队的编成经验。经过不断地总结战争经验教训，日本帝国海军的三支航母特混舰队编成一次比一次成熟，一次比一次规模更加庞大，不过，只因对手更强大，所以日本帝国海军才招致惨败的命运，如果这三支航母特混舰队不是用于对付美国海军，而是换成其他国家海军，惨败的肯定都不是日本帝国海军，换句话说，除了美国海军，日本帝国海军也没将其他任何国家海军放在眼里，包括大战初期仍是世界第一的英国皇家海军。

从发展历史上来看，日本帝国海军航母特混舰队的编成经验大致经历了三个时期，分别是 1941 年 4 月 10 日至 1942 年 7 月 14 日期间的第一航空舰队（南云忠一机动部队）时期，1942 年 7 月 14 日至 1944 年 11 月 14 日期间的第三舰队时期，1944 年 3 月 1 日至 1944 年 11 月 15 日的第一机动舰队时期。

照比第一航空舰队和第三舰队，第一机动舰队的诞生标志着日本航母特混舰队的建设达到最高水平，各方面经验也趋于成熟，不过，由于大量航母舰载机及舰母平台的消耗，日本的航母特混舰队在此期间只剩下建设经验了，舰队的总体作战实力已经名存实亡。随着最后一支航母特混舰队——第一机动舰队走向覆灭，日本联合舰队及日本帝国海军灭亡的日子也为时不远了。

作为海上大决战的航母大战经验

如前文所述，在太平洋战争期间，日本帝国海军经历了 6 次航母大决战，分别是1942 年 5 月爆发的珊瑚海海战，以日本胜利告终；1942 年 6 月 6 日爆发的中途岛海战，以美国胜利告终；1942 年 8 月爆发的第二次所罗门海战，以美国胜利告终；1942 年 10月爆发的南太平洋海战，以日本胜利告终；1944 年 6 月爆发的菲律宾海海战，以美国

胜利告终；1944 年 10 月爆发的莱特湾海战，以美国胜利告终。由此，在太平洋战场的
6 次航母大战中，美国海军航母特混舰队以 4 : 2 的优势终结了日本帝国海军妄图称霸
世界的美梦。

在这 6 次航母大战中，日本帝国海军积累了丰富的海上大决战的策划、预演、统筹
安排与组织以及最后实施的经验，这些丰富的大战档案及相关的日军战斗详报至今仍然
保留于日本防卫省下属的防卫研究所内供日本三军自卫队研究、讨论及总结经验教训使
用。也许在未来的航母大决战中，日军会充分利用这些前辈留下来的血的代价与教训。

航母的后勤保障经验

经过 30 年的航母运用，日本帝国海军还积累了丰富的航母特混舰队后勤保障经验，
比如，航母母港建设、海军航空兵基地建设等，在太平洋战争结束前，日本共建造了三
座航母母港，分别是横须贺海军基地（横须贺镇守府）、吴海军基地（吴海军镇守府）
和佐世保海军基地（佐世保镇守府），这三座母港又以横须贺海军工厂、吴海军工厂和
佐世保海军工厂为核心形成了航母日常维修与保养以及整个航母特混舰队休整、物资补
给、弹药补给、燃料补给、武器补给与修复等全面的后勤保障体系。

第二章
无同型舰正规航母
——日本帝国海军原型航母、各大海战主力

　　自 1922 年第一艘正规航母"凤翔"号航母建成，截至 1945 年 8 月，日本帝国海军共建成了 5 艘无同型标准航母，按照时间顺序分别是"凤翔"号、"龙骧"号、"苍龙"号、"飞龙"号和"大凤"号，它们的基本概况如下表：

1922－1945 **年，日本帝国海军五艘无同型舰正规航母基本概况对照表：**

航母名称	建造概况	设计排水量	三维尺寸（长×宽×吃水）（米）	飞行甲板规模（长 × 宽）（米）	舰载机数量（架）	参战经历	最后命运
"凤翔"号（轻型航母）	1919 年 12 月 16 日建造、1921 年 11 月 13 日下水、1922 年 12 月 27 日建成	标准排水量 7470 吨、公试排水量 9330 吨、满载排水量 10500 吨	165.0 × 22.7 × 5.3	168.25×22.7	15＋6	日中战争、太平洋战争	1947 年 5 月 1 日拆解处理
"龙骧"号（轻型航母）	1929 年 11 月 26 日建造、1931 年 4 月 2 日下水、1933 年 4 月 1 日建成	公试排水量 12732 吨	180.0 × 20.3 × 5.56	158.6×23.0	36＋12	日中战争、太平洋战争	1942 年 8 月 24 日，被美军击沉
"苍龙"号（中型航母）	1934 年 11 月 20 日建造、1935 年 12 月 23 日下水、1937 年 12 月 29 日建成	标准排水量 15900 吨、满载排水量 19500 吨	227.5 × 21.3 × 7.62	216.9×21.3	57＋16	太平洋战争	1942 年 6 月 6 日命殒中途岛海战
"飞龙"号（中型航母）	1936 年 7 月 8 日建造、1937 年 11 月 15 日下水、1939 年 7 月 5 日建成	标准排水量 17300 吨、公试排水量 20165 吨	227.35×22.32×7.74	216.9×22.32	57＋16	日中战争、太平洋战争	1942 年 6 月 6 日命殒中途岛海战
"大凤"号（中型航母）	无同型舰、1941 年 7 月 10 日建造、1943 年 4 月 7 日下水、1944 年 3 月 7 日建成服役	标准排水量 29300 吨、满载排水量 37270 吨	260.6 × 27.7 × 9.59	257.5×30	52＋1	太平洋战争	1944 年 6 月 19 日沉没

　　从设计上来看，5 艘无同型舰正规航母就是标准的 5 艘原型舰，只是因为各种原因其后续航母没有建造。其中，"凤翔"号几乎是日本所有航母的标准原型舰，日本后来的航母都是在它各种试验基础上研制、设计和开发的。"龙骧"号与"凤翔"号一样都是试验性航母，它们的主要作用都是为日本航母开发提供经验，并承担各种试验设计工作。"苍龙"号计划是苍龙级航母 1 号舰，不过，由于"飞龙"号在海军裁军条约失效

的背景下设计，故此，其设计框架在"苍龙"号基础上有许多重大突破。"大凤"号之后有改大凤级航母计划，不过，由于日本帝国海军面临即将失败的命运，因此，改大凤级航母未能成为现实。上述5艘无同型舰正规航母为翔鹤级和云龙级航母的开发和研制提供了全面的经验。

从发展历史上来看，5艘无同型舰正规航母见证了日本帝国海军航母由试验性到正规性的转变，这主要体现在舰型变化上，最早的"凤翔"号舰型设计处于黎明时期，一切舰型设计都是试验性的，而最后的"大凤"号舰型设计则全部基本定型，并且，已经完全转向美英的标准航母舰型设计，中间的"龙骧"号、"苍龙"号、"飞龙"号则基本都属于过渡舰型。总体看，日本帝国海军航母舰型设计经历了由有舰岛到无舰岛再到有舰岛、由非一体化舰岛到一体化舰岛的变化，由开放式舰艏和舰艉到封闭式舰艏和舰艉的变化，有右舷舰桥和左舷舰桥之间的变化，最后定型到右舷舰桥的变化，而全贯通飞行甲板也经历了从最初的悬空式平板甲板到最终的固定式飞行甲板的变化。

从作战运用上来看，由于早期的"凤翔"号和"龙骧"号承担的试验性任务非常重，故此只能承担一些支援性任务，为支援性轻型航母。随着日本航母技术的突飞猛进，后来的"苍龙"号、"飞龙"号及"大凤"号的航母设计日臻成熟，于是，它们在太平洋战争中承担了主力航母的核心作用，并在各自航空战队中承担主力的角色，甚至是旗舰职责。

从经验教训来看，5艘无同型舰航母最大的设计弊端就是损害管制水平非常低，5艘航母中只有"凤翔"号幸存到战后，其他航母全被美军击沉，如果"凤翔"号参加大海战，它的命运必定是被美军击沉，这一点毫无疑问。其中，"龙骧"号、"苍龙"号和"飞龙"号是被美军舰载机炸弹击沉，这些炸弹击中舰体后，由于军舰损害管制水平较低，炸弹爆炸引起其他武器的爆炸，并导致舰体无法恢复正常操作，直到沉没。采取重装甲防护的"大凤"号则是遭受美军潜艇攻击沉没，用"不堪一击"来形容它再合适不过，这些惨痛教训都暴露了日本航母损害管制方面的设计缺陷和不足。下面各节将对这些内容进行详细的分析和解读。

第一节　传奇航母"凤翔"号

"凤翔"号航母是日本帝国海军第一艘建成的航母，同时也是世界第一艘按照航空母舰舰种标准进行设计并建成的航母，该航母是日本帝国海军第二艘拥有"凤翔"号舰名的军舰，这艘航母没有同型舰。同样作为正规航母（或称标准航母），英国皇家海军的"竞技神"号（也称"赫耳墨斯"号）虽然开工建造比"凤翔"号要早，但是下水和建成服役却比"凤翔"号晚，故此，"凤翔"号抢先摘得了世界第一艘建成正规航母的头衔。

作为改装航母（由已经建成军舰或民用船舶改装的航母），在"凤翔"号之前，英国皇家海军和美国海军都有建成航母服役，其中，英国皇家海军的"暴怒"号是世界上第一艘航母，它参加了第一次世界大战，不过，这艘航母没有采取后来被奉为航母"圭臬"的标志性设计——全贯通飞行甲板。后来，英国皇家海军又分别建造了世界第一艘采取全贯通飞行甲板设计的"百眼巨人"号（I—49）航母以及世界第一艘采取舰岛式舰桥设计的"鹰"号航母，当然，"百眼巨人"号历来被看作现代航母的"始祖"。美国海军第一艘航母为"兰利"号（CV—1），是改装航母。

从日本帝国海军发展历史来看，"凤翔"号航母是一艘传奇式的军舰，其主要传奇经历包括：日本第一艘航母、世界第一艘标准航母、进行世界第一次航母着舰操作、进行日本人的第一次航母着舰操作、在太平洋战争中居然毫发无损、建造船厂和拆解船厂为同一家造船厂。

1922年，全速海试过程中的"凤翔"号航母（带舰岛设计），其基本舰型设计为：全贯通飞行甲板、右舷前部舰岛式舰桥、舰桥与烟囱为分离式设计（不同于后来的舰桥与烟囱的一体化设计）、开放式舰艏（不同于后来的封闭式舰艏）、干舷不高（导致高速行驶条件下的抗浪性不好）。

1931 年,在中国烟台沿海附近的"竞技神"号(95),其舰型与"凤翔"号之间不同有:一体化舰岛(舰桥与烟囱集成在一起)、封闭式舰艏与舰艉、飞行甲板的作用不同。

1922 年,航速海试期间的"凤翔"号航母,采用开放式舰艏与封闭式舰艉设计。

日·本·百·年·航·母

作为同时期建造的两艘标准航母和世界最早的两艘标准航母，"凤翔"号与"竞技神"号的基本概况对比：两者的设计诸元大体相同，都属于轻型航母

航母名称	建造概况	设计排水量	三维尺寸（长×宽×吃水）（米）	飞行甲板规模（长×宽）（米）	舰载机数量（架）	参战经历	最后命运
"竞技神"号	1918年1月15日建造、1919年9月11日下水、1924年2月18日服役	标准排水量10850吨、满载排水量13700吨	182.3×21.3×5.7	182.3×27.4	20（1939年12架）	东非作战、印度洋作战等	1942年被日军南云机动部队击沉
"凤翔"号	1919年12月16日建造、1921年11月13日下水、1922年12月27日建成	标准排水量7470吨、公试排水量9330吨、满载排水量10500吨	165.0×22.7×5.3	168.25×22.7	15+6	日中战争、太平洋战争	1947年5月1日拆解处理

"凤翔"号航母对于日本的意义和贡献

作为日本第一艘航母，"凤翔"号为日本帝国海军进行航母运用提供了极其宝贵的经验，同时，也为日本进行航母航空编队作战提供了丰富经验。自从1922年正式服役后，这艘航母展开了大量的航母舰载机以及舰载机操作设备、操作技术的测试和试验，比如，舰载机起飞与着陆试验，同时，还进行了航母作战方法及战术运用的试验。在早期航母舰载机空中编队作战中，"凤翔"号为日本帝国海军提供了大量极具价值的经验和教训，正是运用这些经验与教训，1924年，"凤翔"号的上层建筑及阻碍飞行甲板操作的所有障碍物才全部被拆除，以充分保证舰载机操作的顺畅进行。

在服役前期的非战争行动中，"凤翔"号曾经用于舰载机和航母装备测试用途，尤其是各种类型的舰载机拦阻索和光学助降设备的测试工作。这些操作经验影响了后来的"龙骧"号航母的设计和建造，同时，也正是在这些运用经验基础上，日本帝国海军改装了"赤城"号和"加贺"号航母，这两艘航母都是日本帝国海军的绝对主力。

早在1920年代期间，日本帝国海军充分利用"凤翔"号进行航母作战方法和战术运用的开发和研究工作。1928年4月1日，"凤翔"号与"赤城"号2艘航母共同组成日本帝国海军第一航空战队以进行航母特混舰队作战经验测试。1930年代，"凤翔"号先后安装了三种不同类型的横向拦阻索以用于测试用途。同在1930年代，"凤翔"号航母还参加了日本帝国海军第一次航母实战。

在1932年初"一·二八事变"（日称第一次上海事变）及1937年七七事变期间，"凤翔"号及其舰载机编队都参与了这些作战行动。在这两次战争行动中，"凤翔"号舰载机为日本帝国陆军展开地面行动提供了空中火力支援，同时，与当时的中国空军展开了激烈的空战。由于"凤翔"号航母舰体设计规模较小，故此所分配的舰载机编队规模也较小，通常情况下保持有15架舰载机，这大大限制了航母在大规模作战行动中的有效性，鉴于此，"凤翔"号由中国返回日本后随即被转入预备役状态，并在1939年变成一艘训练航母。

"凤翔"号与"加贺"号航母组成的编队（近处是"加贺"号航母），其前往战场为中国。

英国人的帮助与"凤翔"号航母的诞生

　　与日本帝国海军初期建造的各种改装航母不同，"凤翔"号从设计到开发阶段就一直按照正规航母标准进行，因此，它是世界第一艘按照航母作战用途建成的正规航空母舰，并且参加了后来的第二次世界大战。

　　在开工建造时，"凤翔"号的舰种类别为特务舰，预定使用龙飞号的舰名，不过建造途中更名为"凤翔"号。

　　在日本帝国海军航母发展历史上，作为同盟国成员的英国对于日本早期的航母建造与运用提供了巨大的关心和帮助。

　　当时，仅由日本一国承担航母建造试验将会面临巨大的技术性困难。1921年，英国向日本派遣了以森皮尔男爵（后为叛国者，被英国政府认定为日本间谍，在第二次世界大战前向日本帝国海军透露了英国的机密情报）为团长的军事技术代表团，这个代表团为"凤翔"号建造提供了最核心的航母甲板建造技术指导，这是当时日本航母建造最缺少的技术经验。

　　与此同时，日本帝国海军通过三菱集团以舰载机设计技师的名义雇用了英国皇家海军退役校官弗雷德里克·拉特兰，这名英国技师向日本帝国海军舰载机飞行员全盘传授了航母着舰技术。

　　像上述这样，英国人的大力帮助贯穿于"凤翔"号的建造、建成直到海上运用的全部过程中，纵观日本帝国海军的发展历史，其明治时代称霸亚洲的背后有法国人的巨大帮助，其大正时代航母建设的迅速崛起又有英国人的汗马功劳，后来，在昭和时代的战后恢复中又有美国人不遗余力的支持。

总体说来，日本海军的兴亡有美、英、法三国的巨大帮助和作用，用"成也萧何，败也萧何"来概括这段历史再也恰当不过。

"凤翔"号基本设计及舰载系统

舰体诸元设计

"凤翔"号航母的标准排水量设计为 7470 长吨（7590 吨），海试排水量为 9330 吨，正常排水量为 9494 长吨（9646 吨），满载排水量为 10500 吨，竣工时的舰体全长为 165.25 米，经过历次改装后的最终舰体全长为 179.50 米，舰宽 17.98 米，舰全宽 22.7 米，吃水 5.3 米，飞行甲板建成时全长为 168.25 米，改装后的最终全长为 180.8 米，飞行甲板宽为 22.62 米。包括军官和水兵的舰员编制为 550 人。

舰载推进系统

舰载动力系统包括 4 部口号舰本式重油专用燃烧水管锅炉、4 部煤重油混合燃料水管锅炉、2 部帕森斯式齿轮涡轮机、2 轴推进，整个推进系统可提供的最大功率输出为 3 万马力（2.2 万千瓦），最大航速可达 25 节，以 14 节航速航行时的续航能力为 1 万海里，舰载燃料包括 2700 吨重油和 940 吨煤炭。

在 1922 年 11 月 30 日的海试期间，"凤翔"号曾以 31117 马力（23204 千瓦）的输出功率达到了 26.66 节（49.37 公里/小时）的最高航速。

为了降低航母航行时的左右摇晃、增强舰载机操作的稳定性，"凤翔"号安装了一部由美国斯佩里陀螺仪公司生产的陀螺稳定器。在这套系统使用早期，由于斯佩里公司训练的日本技师水平非常有限，因此，系统的功能很不稳定，不过，随着日本技师获得了丰富的使用经验之后，整个系统的价值才得到了充分的发挥。

舰载武器系统

建成时的舰载武器系统包括 4 门 4 管三年式 14 厘米（50 倍径）单装速射炮、2 门 2 管三年式 8 厘米（40 倍径）单装高射炮和 2 挺 7.62 毫米（80 倍径）单装机关枪。

昭和 19 年 4 月时的舰载武器系统包括 2 挺九六式 25 毫米三联装机关枪和 2 挺九六式 25 毫米联装机关枪。

三年式 14 厘米（50 倍径）单装速射炮展出品

飞行甲板布局及航空系统

"凤翔"号飞行甲板前端向下倾斜 5 度角，这种设计可在舰载机起飞阶段帮助飞机加速。一个小型舰岛安装在舰体右舷稍前一点位置，这个舰岛包括舰桥和舰载机航空操作控制中心。舰岛上安装有一个小型三脚桅杆以方便安装航母的火控系统。在选择英国制造的纵向线缆系统之前，日本帝国海军曾经对 15 种不同类型的着陆设备进行了评估。在当时的情况下，低着陆速度意味着舰载机在航母飞行甲板上制动时不会面临太大的困难，不过，这些舰载机由于设计全重较小，因此，很容易被飞行甲板上的一阵大风吹到航母的另一侧，这样，选择纵向着陆系统就会阻止舰载机被风吹到另一侧。舰岛前端是一个可折叠的起重机，它可将舰载机放入航母的前部机库内。

从整体设计上来看，"凤翔"号的飞行甲板与英国皇家海军航母完全不同，前者是叠加在舰体外壳之上的，而英国的飞行甲板是作为强力加固甲板对整个航母的舰体结构进行加固支持。"凤翔"号沿着飞行甲板安装有一套灯光和反射镜系统，它可在舰载机着陆航母期间为飞行员提供帮助。

"凤翔"号是日本帝国海军中唯一拥有 2 个机库设计的航母。前部机库设计长度为 67.2 米，宽为 9.5 米，仅加装一层甲板，主要用于存放 9 架小型舰载机，比如，舰载战斗机。后部机库采取两层设计，前端长度为 16.5 米，宽为 14 米，后端长度为 29.4 米，宽为 12 米。后部机库主要用于存放 6 架大型舰载机，比如，鱼雷轰炸机以及储备使用舰载机。每个机库各设计有一部舰载机升降机，前部升降机长度为 10.35 米，宽为 7.86 米，后部升降机长度为 13.71 米，宽为 6.34 米。

航母舰载机编队

　　由于机库的限制，建成时的"凤翔"号舰载机编队只由15架常备舰载机组成，另可搭载6架备用舰载机，转为练习航母时，不再搭载有固定的舰载机编队。

　　刚刚服役后，"凤翔"号第一批舰载机编队由9架10式舰上战斗机（三菱1MF）以及3—6架13式舰上攻击机（三菱B1M3，鱼雷轰炸机）组成。1928年，"凤翔"号舰上战斗机由三式舰上战斗机（中岛A1N1）取代。三年之后，"凤翔"号舰载机编队由九〇式舰上战斗机（中岛A2N）和八九式舰上攻击机（三菱B2M鱼雷轰炸机）组成。1938年，舰载机编队由九五式舰上战斗机（中岛A4N）和横须贺海军航空厂九二式舰上攻击机（横须贺B3Y鱼雷载轰炸机）组成。1940年，"凤翔"号舰载机编队由更加现代化的九六式舰上战斗机（三菱A5M）和横须贺海军航空厂B4Y1（九六式）舰载轰炸机组成。

1922年建成竣工时的"凤翔"号航母（带舰岛设计）

1924 年改装后的"凤翔"号航母，舰岛已经拆掉，3 个烟囱也进行了加固改装

"凤翔"号舰艏楼部（舰前桅前部的上甲板）

"凤翔"号的整体舰型设计

建造期间，"凤翔"号设计了 3 个铰链式烟囱，它们可向外侧倾斜以免影响舰载机的正常起降操作，同时，为了增强航行时的舰体稳定性又采用了当时的最新技术，这就是陀螺稳定器。航母飞行甲板采取全贯通形式设计，为了照顾这种布局 2 门 8 厘米高射炮采取向甲板内凹进式设计，舰载战斗指挥所采取舰岛式构造，舰桥及烟囱都集中设计在舰体右舷一侧，这些基本设计都将"凤翔"号塑造成现代航母的雏形，它成为以后日本帝国海军航母设计与建造的标本。不过，由于原来的舰型设计趋于小型化，随着舰载机机身的不断增大，"凤翔"号飞行甲板的宽度已经没有空余，于是，无论是舰岛型舰桥还是动力烟囱都对航母的舰载机运用造成了巨大的障碍。鉴于此，1924 年（大正 13 年），"凤翔"号航母进行了改装，主要改装部分包括将飞行甲板的舰艏部倾斜从而更趋于平坦，同时，撤掉舰岛，随后，舰体各个部位都进行了加固处理。在这次改装过程中，在航母舰载机着舰时承担制动作用的制动装置也进行了更换，原来使用的是英国人设计的纵列式制动装置，这种制动装置的制动力不足，而且，甲板操作规程非常严格，鉴于此，将其更换为法国人设计的横列式制动装置。

由于日本帝国海军不具备舰载机弹射器的开发能力，因此，在太平洋战争开始之后，"凤翔"号不能运用日本帝国海军全新开发的各种舰载机，由此，这也大大限制了"凤翔"号参与太平洋战争中的历次大海战。随着航空技术的不断进步，在太平洋战争期间，舰载机已经由早期的双翼布制轻型飞机发展成全金属制单翼大型重型飞机，在运用这些重型舰载机时就需要更大飞行甲板的航母，显然"凤翔"号由于服役太早已经力不从心了。1936 年，在草鹿龙之介担任"凤翔"号航母舰长期间，由于当时的"凤翔"号没有航空汽油油箱，故此，所有航空汽油都装在石油桶里保管在舰内，为了保证安全，当时航母禁止带入一切烟草。

1936 年，"凤翔"号在换装使用重油作为燃料的重油燃烧式锅炉期间，3 个烟囱以放平的状态固定住，此外，近距离防御武器也由 2 挺刘易斯 7.7 毫米单装机关枪换装成 6 挺 13.2 毫米联装机关枪。1940 年 10 月，为了维持"凤翔"号的复原性，2 门 8 厘米凹进式高射炮被拆下来，换装成 6 挺九六式 25 毫米（60 倍径）联装机关枪，这些机关枪安装在两侧舷突出部，一侧设计有 2 个安装位，总共设计有 4 个安装位置。1942 年，为了增强"凤翔"号的防空火力，4 门 14 厘米速射炮被拆下来，追加安装了 2 挺 25 毫米联装机关枪，这样侧舷突出部的武器安装位置又增加了 2 个，总计武器安装位置达到了 6 个。1944 年，"凤翔"号飞行甲板进行了延长改装，舰艏和舰艉都进行了延长，改装后全舰长延长至 180.8 米。

United States: *Saratoga, Lexington.*

Great Britain: *Courageous, Glorious.*

Japan: *Hosho.*

Great Britain: *Furious.*

Japan: *Akagi.*

"凤翔"号航母与同时期的英国皇家海军和美国海军航母舰型设计对比图，由上至下分别是美国海军"萨拉托加"号、"列克星敦"号航母，英国皇家海军"勇敢"号、"光荣"号航母，日本帝国海军"凤翔"号航母，英国皇家海军"暴怒"号航母，日本帝国海军"赤城"号航母，其中，"凤翔"号舰体设计最小，"列克星敦"号和"萨拉托加"号最大

无同型舰正规航母——日本帝国海军原型航母、各大海战主力

"凤翔"号航母的参战经历

"凤翔"号参战"上海一·二八抗战"

1932年（昭和7年）2月至3月，"凤翔"号奉命参加上海一·二八抗战（中国历史称"一·二八抗战"，日本历史称"第一次上海事变"），在这次参战过程中，日本产的航母舰载机有了第一次坠机的记录。1932年2月1日，"凤翔"号抵达长江三角洲。2月5日，"凤翔"号舰载机参加了日本帝国海军自成立以来的第一次空战。当时3架舰载战斗机护卫2架舰载攻击机与9架中国空军战斗机交战，1架中国空军战斗机受损。2天后，为了支援日本帝国陆军行动，"加贺"号和"凤翔"号航母向长江三角洲周边的中国空军杭州笕桥机场派遣了舰载机以执行对地攻击任务。2月23日至26日，"凤翔"号和"加贺"号舰载轰炸机轰炸了中国杭州和苏州两个地区内的机场，此次轰炸行动摧毁了大量的中国飞机。2月26日，6架来自"凤翔"号的舰载战斗机护卫9架来自"加贺"号的舰载攻击机执行了一次轰炸袭击行动，本次行动共击落5架与他们交战的中国空军战斗机。3月3日，中日停战。3月20日，"加贺"号和"凤翔"号加入日本联合舰队。

在1932年1月至3月的第一次上海事变中，日本帝国海军派遣第3舰队前往中国上海参战，当时第3舰队司令为野村吉三郎中将，舰队下辖4艘巡洋舰、4艘驱逐舰以及"加贺"号和"凤翔"号2艘航母，后2艘航母组成第3舰队下辖的第一航空战队（第一航母支队），此外，还有大约7000人的海军陆战队。

在日本航母发展史上，第一次上海事变是日本帝国海军航母第一次参加真正的作战行动。

"第四舰队事件"与"凤翔"号

1935年（昭和10年）9月，隶属于日本帝国海军第四舰队编制的"凤翔"号加入了日本联合舰队机动部队。9月23日，第四舰队遭遇台风袭击，在这次台风袭击中，"凤翔"号与其他一些日本帝国海军军舰遭受很大程度的损坏，日本历史将这次事件称为"第四舰队事件"。在第四舰队事件中，"凤翔"号在由台风引起的暴风雨中导致舰艏部的飞行甲板严重受损，飞行甲板前部断裂，在返回横须贺海军工厂进行维修之前一部分甲板必须切割掉。

第四舰队事件以及1934年发生的"友鹤事件"（一艘重装鱼雷艇倾覆）让日本帝国海军司令部对所有现役军舰展开了舰体稳定性调查，通过这些调查，所有军舰设计都进行了一些改进，包括增强军舰航行的稳定性和增强军舰壳体的坚固性。

1935年11月22日至1936年3月31日，"凤翔"号在横须贺海军工厂内进行了入坞维修，经过这次操作，军舰的航行稳定性得到了提高，飞行甲板前部支撑物得到了加强，同时，数量增加，此外，还有其他一系列加固改装措施。

"凤翔"号与中国抗日战争

在抗日战争（日本历史称"日中战争"）期间，"凤翔"号重归日本帝国海军第 3 舰队编制。在 1937 年 8 月、10 月期间，"凤翔"号与"龙骧"号航母共同为侵华日本帝国陆军展开地面作战行动提供空中火力支援，后来"加贺"号航母也加入到这支海军支援部队中来。

1937 年 7 月 16 日，"凤翔"号舰载机部队开始在上海地区提供地面火力支援任务。7 月 25 日，"凤翔"号 3 架中岛 A2N 舰载战斗机与中国空军 2 架马丁 B－10 重型轰炸机交战，并击落其中的一架。

1937 年（昭和 12 年）9 月 1 日，"凤翔"号进行燃料添加操作，此后没有返回上海地区。随后，在"龙骧"号的伴随下，"凤翔"号转战至中国南部沿海。9 月 21 日，"凤翔"号在广州市周边地区开始与中国部队展开交战行动。当天，"凤翔"号派遣 6 架舰载战斗机护卫舰载轰炸机编队对广州市内的天河机场和白云机场进行轰炸袭击。在此次行动中，日本军方宣布击落 6 架中国空军飞机，不过，由于航程太远，5 架舰载战斗机燃料耗尽，在返回途中不得不坠入广东外海，所有机组人员获救。截至 9 月底，"凤翔"号和"龙骧"号舰载机部队几乎每天都对广东沿海实施连续轰炸任务。10 月 3 日，"凤翔"号和"龙骧"号返回上海地区作战，与此同时，"凤翔"号暂时转移至昆达（KUNDA）机场承担地面支援任务。10 月 17 日，在全部舰载机转移至"龙骧"号航母后，"凤翔"号返回日本休整。

"凤翔"号与偷袭珍珠港

太平洋战争爆发之后，"凤翔"号编入日本帝国海军第 1 常备舰队下属的第三航空战队（第三航母支队）中。在第三航空战队中，2 名成员"凤翔"号与"瑞凤"号航母共同承担空中支援任务，主要包括航空侦察、反潜巡逻和空中战斗巡逻，其主要支援对象为日本联合舰队由 6 艘大型战列舰组成的战列舰编队主力，这 6 艘主力战列舰分别是"长门"号、"陆奥"号、"扶桑"号、"大和"号、"伊势"号和"日向"号。

由日本濑户内海出发的"凤翔"号伴随日本联合舰队向美国珍珠港挺进，在南云忠一海军中将带领下，"凤翔"号舰载机负责为战列舰编队主力提供远距离空中掩护，1941 年 12 月 7 日，这支联合舰队对珍珠港发起了进攻。随后，战列舰编队转向日本东部 300 海里（556 千米），12 月 10 日，在进行反潜空战行动时由于受无线电寂静的限制，"凤翔"号脱离了战列舰编队主力。第二天，侦察机在距离战列舰编队以东 500 海里（926 千米）的位置发现了"凤翔"号。12 月 12 日，"凤翔"号返回日本吴港海军基地。

"凤翔"号参加中途岛大海战

1942 年（昭和 17 年）5 月 29 日，"凤翔"号由濑户内海出发随同日本联合舰队参加中途岛海战，当时航母舰载机编队共由 6 架九六式舰上攻击机组成，参战时这艘航母被编入以战列舰作为基干力量的中途岛攻略（进攻作战）部队主力中，"凤翔"号主要为"大和"号、"长门"号、"陆奥"号大型战列舰提供航空侦察、空中掩护以及反潜支援任务，这时的"凤翔"号只是作为护航舰和警戒舰使用，不过，"凤翔"号在整个参战过程中并没有直接交战。

战列舰编队主力位于航母攻击部队之后，其行进队伍长达 300 海里（556 千米），"凤翔"号由于错过了中途岛海战的主战场因而幸免于难，不过，6 月 4 日，山本五十六率领的其他 4 艘舰队航母却遭受美国海军航母的伏击，因此损失惨重。第二天，"凤翔"号舰载机指导山本五十六余下的舰队力量与战列舰编队主力会合。与此同时，一架"凤翔"号舰载机发现了遭受重创并燃起熊熊大火的"飞龙"号航母，机上的日本侦察员对渐渐下沉的"飞龙"号进行了最后的拍照，这名侦察员描述到"这是太平洋上最激烈的战争"。

6 月 14 日，山本五十六率领余下的舰队抵达日本柱岛锚泊场。

"凤翔"号与两次吴港空袭

1945 年 3 月 19 日凌晨 5 点 30 分，停泊在吴港海军基地内的"凤翔"号遭受来自美国海军第 58 特混舰队航母舰载机的空袭。"凤翔"号飞行甲板遭受 3 枚炸弹袭击，6 名舰员被炸死。随后，"凤翔"号舰长对航母进行了紧急维修，4 月 10 日，航母恢复战备状态。不过，两天后，战备命令解除，"凤翔"号转为"第 4 预备舰"，大多数舰员都分配到其他地方。6 月 1 日，"凤翔"号取消预备役状态转为"特殊警戒舰"，随后大多数舰员返回。在此期间，"凤翔"号一直隐蔽停泊在吴港的西之岛附近。

1945 年 7 月，在吴港第二次空袭中，此次空袭由盟军发动，"凤翔"号仅被一枚炸弹或火箭弹击中，遭受轻微损伤，15 天之后即全部恢复。由于当时"凤翔"号并无搭载舰载机，故此，并未参与防空作战。1945 年 9 月，第二次世界大战结束后，"凤翔"号依然停泊在吴港海军基地内。

"凤翔"号与战后日本侨民遣返任务

1945 年 8 月至 1946 年 8 月 15 日，在为期一年时间内，"凤翔"号航母往返于日本内地至太平洋南方地区之间 9 次，大约运输了 4 万多人的日本退役官兵及普通民众返回日本本土。1945 年 10 月和 11 月，在"鹿岛"号巡洋舰的陪同下，"凤翔"号由南太平洋马绍尔群岛沃杰环礁接回 700 名日本侨民，从马绍尔群岛贾卢伊特环礁接回 311 名日本侨民，同时，由马绍尔群岛埃尼威托克环礁将未记载确切数量的日本侨民运至日本神奈川县浦贺地区。

1945 年 12 月，为了运输更多的日本侨民回国，"凤翔"号航母经过延长改装的前部飞行甲板被拆下来，同时，机库也进行了改装。随后，"凤翔"号承担了更多的日本侨民遣返回国任务，首先于 1946 年 1 月 5 日遣返位于巴布亚新几内亚韦瓦克地区的日本侨民，随后多次前往中国，遣返遗留在中国的日本侨民。

遗返任务结束后，1946年8月31日，"凤翔"号转由日本内务省处理。

1946年8月31日至1947年5月1日，"凤翔"号在大阪日立造船樱岛工厂进行了舰体拆解处理，从而结束了23年的服役生涯，此外，与"凤翔"号在樱岛工厂接受拆解处理的航母还有"葛城"号。

自太平洋战争爆发之后，日本帝国海军建造的航母或在战斗中遭受轻微损伤，或遭受中等程度的创伤，到战争结束时遭受各种创伤而残留下来的航母很多，不过，自开战时就登记为日本帝国海军服役军舰并且一直以完全无损的状态迎来战争结束的航母只有"凤翔"号一艘，这不能不说是一种奇迹。

纵观日本帝国海军历史，第一艘作为航母进行设计、建造和建成，同时，作为第一艘航母的造船厂和最后一艘航母的拆船厂又都是同一家造船厂，这是多么巧合和不可思议的事。

1932年（昭和7年）2月，参加第二次上海事变（上海淞沪抗战）时的"凤翔"号航母，舰载机正在起飞。

1942年6月5日，"凤翔"号舰载机对正在下沉中的"飞龙"号航母进行了拍照。

"凤翔"号航母服役大事记年表

1919 年（大正 8 年）12 月 16 日，"凤翔"号在浅野造船所内正式开工建造。浅野造船所曾经是位于日本横滨市鹤见区内的一家民营造船厂，1995 年，浅野干船坞关闭，工厂原有设施集中搬迁至通用造船京滨事业所内。

1921 年（大正 10 年）11 月 13 日，"凤翔"号在浅野造船所内下水，此后的舾装工程由横须贺海军工厂负责。1922 年（大正 11 年）1 月 10 日，"凤翔"号被拖至横须贺海军工厂，同年 12 月 27 日，"凤翔"号在横须贺海军工厂内建成竣工。

1923 年（大正 12 年）2 月 22 日，英国人乔丹在"凤翔"号航母飞行甲板上进行了世界第一次航母着舰试验，并取得成功，乔丹因此获得日本帝国政府颁发的 1.5 万日元奖金。同年 3 月 5 日，接受英国航空代表团训练的日本帝国海军军官吉良俊一大尉在"凤翔"号上进行了日本人的第一次航母着舰试验，并取得成功，这比中国人的第一次航母着舰操作整整早了 90 年。吉良大尉接受了时任海军大臣加藤友三郎的表彰。

1924 年 6 月 6 日至 8 月 20 日，"凤翔"号在横须贺海军工厂内进行了第一次改装工程。由于飞行甲板视野不好，在此次改装过程中，航母舰岛、三角型主桅杆和舰载机起重机全部拆下来，此外，还进行了一些其他改进改装。改装结束之后，1924 年 11 月 15 日，"凤翔"号划归日本帝国海军第 1 常备舰队编制。

1925 年 3 月 10 日至 7 月 2 日，"凤翔"号安装了一张拦阻网，它作为舰艏部舰载升降机的防撞护栏使用，以避免由舰艉部着舰的舰载机与舰艏部准备起飞的舰载机发生撞机事故，这样，这些舰载机就不会落入处于开放状态下的舰载升降机井内。这部防撞护栏拦阻网采取液压方式操作，可在短短 3 秒钟时间内迅速立起来。

1925 年（大正 14 年），"凤翔"号编入日本帝国海军联合舰队。1928 年（昭和 3 年），"凤翔"号编入日本帝国海军第一航空战队（第一海军航空兵支队）。1937 年（昭和 12 年）12 月 1 日，"凤翔"号转为预备舰。1939 年，前后两个舰载直升机升降机进行了扩大化改装。1939 年 8 月 12 日，日本帝国海军认为"凤翔"号担当练习航母更为有用，或者在关键性海战中担当九五式舰载攻击机（A4N1）和九六式舰载攻击机（B4Y1，鱼雷轰炸机）的搭载平台，只要这些舰载力量一直保持服役状态。1940 年 12 月 23 日，日本帝国海军技术部门对"凤翔"号舰载机运用情况进行了调查，结果显示"凤翔"号无法操作日本帝国海军最新型的舰载机，比如，三菱零式舰载战斗机（A6M）、D3A 舰载机以及中岛 B5N 等机型。此外，由于"凤翔"号舰载机编队规模较小，这也大大限制了它在未来海战中在日本联合舰队中的战斗潜力。

1940 年（昭和 15 年），"凤翔"号重新转为现役，编入日本帝国海军第三航空战队（第三海军航空兵支队）。

中途岛海战之后，为了运用新型舰载机，"凤翔"号航母的飞行甲板和舰载机升降机都进行了改装扩大，不过，由于适航性较差无法参加远洋作战任务，因此只能充当训练航母在日本濑户内海等近海海域操作。

1942年10月，"凤翔"号转为练习航母。在充当练习航母期间，"凤翔"号主要承担在濑户内海的飞行训练任务，至于实施训练的飞机则分别来自濑户内海周边的岸基基地内，在此期间，"凤翔"号无固定舰载机。1943年1月13日，日本帝国海军正式创建第50航空战队，这是一个航母舰载机飞行员训练部队，"凤翔"号和"龙骧"号航母皆归属这个新部队管辖。在第50航空战队中，"凤翔"号和"龙骧"号主要提供航母着舰训练和承担鱼雷攻击训练的靶舰。

1944年1月，"凤翔"号重新归属第12航空舰队编制，随后再次加入日本联合舰队，不过仍然继续承担训练舰的职责，负责在濑户内海训练舰队航母舰载机飞行员。在承担这一职责期间，"凤翔"号要频繁往返于吴港海军基地和濑户内海西部之间，并在每个部署位置花费相同的训练时间。

1944年3月27日至4月26日，为了适应新型舰载机上舰，"凤翔"号进行了飞行甲板延长改装工程，前后两端甲板各延长了6米，同时，航母还安装了全新的拦阻索和防撞护栏。改装之后，"凤翔"号继续在濑户内海充当舰载机飞行员训练舰以及鱼雷攻击训练靶舰职责。

1945年10月5日，"凤翔"号正式退役，一部分出现航行故障的飞行甲板被拆下去，然后整舰充当复员人员运输舰使用。

1946年8月31日，"凤翔"号拆解正式开始，1947年5月1日，舰体拆解完成。

1921年，刚刚下水后的"凤翔"号航母。

1945 年 10 月，第二次世界大战结束后"凤翔"号航母的最终舰型布局，此图可见其一览无余的全贯通飞行甲板设计、无舰岛、开放式舰艏。

从基本舰型设计上来看，战后的"凤翔"号舰型可看作今天上面这种全新航母舰型设计的鼻祖。

"凤翔"号历任舰长

　　"凤翔"号航母在服役 23 年时间内共有 29 任舰长，另有一任舾装员长，为丰岛二郎海军大佐，任职期间为 1921 年 11 月 13 日至 1922 年 12 月 27 日，他同时也是"凤翔"号航母的第一任舰长。

历任	舰长姓名	军衔	任职期间
1	丰岛二郎	海军大佐（上校）	1922年12月27日－1923年4月1日
2	福与平三郎	海军大佐	1923年4月1日－1923年12月1日
3	海津良太郎	海军大佐	1923年12月1日－1925年4月15日
4	小林省三郎	海军大佐（最终军衔海军中将，历任"利根"号、"凤翔"号、"赤城"号舰长）	1925年4月15日－1926年11月1日
5	河村仪一郎	海军大佐	1926年11月1日－1927年12月1日
6	北川清	海军大佐	1927年12月1日－1928年12月10日
7	原五郎	海军大佐（最终军衔海军中将，历任"凤翔"号、"赤城"号、"龙骧"号、"加贺"号航母舰长）	1928年12月10日－1929年11月30日
8	和田秀穗	海军大佐（最终军衔海军中将，历任"凤翔"号、"赤城"号舰长）	1929年11月30日－1930年12月1日
9	近藤英次郎	海军大佐	1930年12月1日－1931年11月14日
10	堀江六郎	海军大佐	1931年11月14日－1932年12月1日
11	三竝贞三	海军大佐	1932年12月1日－1933年10月20日
12	竹田六吉	海军大佐	1933年10月20日－1934年11月15日
13	山县正乡	海军大佐（最终军衔海军大将，山口县人，历任"凤翔"号舰长，在中国自杀）	1934年11月15日－1935年6月12日
14	寺男幸吉	海军大佐	1935年6月12日－1935年11月15日
15	酒卷宗孝	海军大佐	1935年11月15日－1936年11月16日
16	草鹿龙之介	海军大佐（最终军衔海军中将，曾任日本联合舰队参谋长）	1936年11月16日－1937年10月16日
17	城岛高次	海军大佐（最终军衔海军少将，历任"鹤见"号、"凤翔"号、"翔鹤"号舰长）	1937年10月16日－1939年11月15日
18	原田觉	海军大佐（最终军衔海军中将，历任"大鲸"号、"高崎"号、"凤翔"号、"摄津"号、"千代田"号舰长以及潜水舰长、潜水队司令）	1939年11月15日－1940年8月20日
19	杉本丑卫（兼职）	海军大佐	1940年8月20日－1940年11月1日
20	菊池朝三	海军大佐（最终军衔海军少将，历任"凤翔"号、"瑞鹤"号、"大凤"号舰长）	1940年11月1日－1941年9月15日
21	梅谷熏	海军大佐	1941年9月15日－1942年8月1日
22	山口文次郎	海军大佐	1942年8月1日－1942年11月25日
23	服部胜二	海军大佐	1942年11月25日－1943年7月5日
24	贝冢武男	海军大佐	1943年7月5日－1943年12月18日
25	松浦义	海军大佐	1943年12月18日－1944年3月1日
26	国府田清	海军大佐	1944年3月1日－1944年7月6日
27	室田勇次郎	海军大佐	1944年7月6日－1945年3月5日
28	大须贺秀一	海军大佐	1945年3月5日－5月1日
29	金冈国三	海军大佐	1945年9月20日－最后解体

第二节 畸型航母"龙骧"号

"龙骧"号是日本帝国海军第二艘轻型正规航母，是继"凤翔"号、"赤城"号、"加贺"号之后的日本第四艘航母，"龙骧"在日语中意为"腾飞之龙"，当然，这个名词完全来自中国的古汉语。

从整体情况来看，"龙骧"号只是日本帝国海军众多航母中的一艘普通支援航母，并不是主力航母，其综合作战能力远不及像"赤城"号、"加贺"号等这些主力改装航母，也不及像翔鹤级这样的大型主力攻击航母，故此，"龙骧"号在太平洋战争中的名气远不如其舰名那样"如雷贯耳"。

"龙骧"号留给世人最深刻的印象是其"稀奇古怪"的造型，从中可以看出，日本在建造和设计"龙骧"号时还处于航母运用的转型期，它正好介于"凤翔"号与"苍龙"号、"飞龙"号航母之间，算是一个过渡类型。"龙骧"号之后，日本的航母设计开始趋于接近美英航母的标准舰型设计。

在第二次世界大战爆发之前，"龙骧"号在中国战场参战，第二次世界大战初期，它在东南亚的菲律宾、印度尼西亚的爪哇海、印度洋的孟加拉湾以及北太平洋的阿留申群岛参与了日本帝国海军支援作战任务。1942 年 8 月 24 日，"龙骧"号在第二次所罗门海战（美称东所罗门海战）中被美国海军击沉。

最新航空母舰 最龍（上圖）七一〇〇噸 鳳翔（下圖）九五〇〇噸

日本最早的两艘正规航母，"凤翔"号（下图）与"龙骧"号（上图）对比，可见两艘的飞行甲板设计完全不同，"凤翔"号为全贯通飞行甲板，"龙骧"号为全贯通平甲板。

"龙骧"号建造历史背景——两大海军裁军条约限制下的"畸型产物"

第一次世界大战结束之后，为了扩军备战，世界各国列强的军舰建造竞赛日趋白热化，其中，以日本的八八舰队计划和美国的丹尼尔计划等为最突出的代表。1921 年 11 月 11 日，在英国政府的号召下，世界各国列强在美国首都华盛顿召开了海军裁军会议，这次会议的主要目的是限制白热化的军舰建造浪潮、将世界各国列强的军舰建造数量限制在一定的框架内，本次裁军会议取得了一定的成功，对过热的军舰建造达到了限制的目的。

在《华盛顿海军裁军条约》时期，英国皇家海军是当仁不让的世界第一，这时的美国海军和日本帝国海军分别暂居第二位和第三位，因此，对于"日不落舰队"的号召和限制，美日两国只能接受。

《华盛顿海军裁军条约》不仅对主力战舰的框架进行了限制，同时也对辅助军舰进行了一定的限制，当时作为辅助军舰的航空母舰也毫不例外地受到了限制。对于日本，其航母建造的排水量分配额为 8 万吨。

鉴于此，日本帝国海军根据《华盛顿海军裁军条约》规定决定将当作废舰处理的"赤城"号和"天城"号巡洋战列舰改装成航母，这样就完全消耗了战舰排水量的一大半，以后的日本航母建造计划决定对条约限制之外、不满 1 万吨的军舰进行重装战力设计。

当时日本帝国海军正在计划建造"若宫"号水上飞机母舰的替代舰，海军军令部指示海军省将水上飞机母舰建造计划更改为航母建造计划。经第五十二帝国会议确认，日本正式开始建造"龙骧"号航母，其计划海试排水量为 9800 吨，舰载机数量为 24 架，航速可达 30 节。按照最初的计划，"龙骧"号将于 1932 年 3 月末建成。

然而，天有不测风云，在建造途中的 1930 年，世界列强又缔结了《伦敦海军裁军条约》，根据这个条约，1 万吨以下的航母建造也受到了限制，这意味着日本不能建造不满 1 万吨排水量的航母。根据这些限制因素，日本帝国海军又对"龙骧"号相关排水量部分的设计进行重新评估，舰上机库由一层大幅度扩张到二层设计，舰载机搭载数量升至 36 架（其中备用舰载机为 12 架），同时，为了补充浮力不足又增加设计了船腹。由于动力推进系统削减了一半的设备，"龙骧"号航速也由计划时的 30 节下降至 29 节，由此也产生了一些弊端。通过这些改进措施，"龙骧"号标准排水量超过了 1 万吨。可以说，"龙骧"号航母寄托了日本海军军令部的诸多期望。

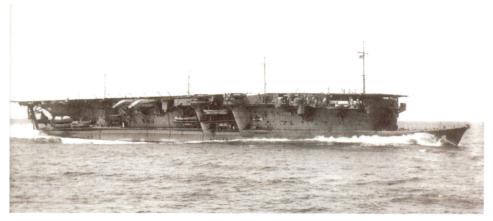

1933 年，在日本伊予滩海面海试中的"龙骧"号，其舰型设计为：全贯通平甲板、无舰岛、舰艏干舷非常低（在沿海条件下都不具备较好的抗浪性）、右舷烟囱（向下排烟方式）。

"龙骧"号基本设计及舰载系统——需要修修补补的"麻烦货"

舰体诸元设计

"龙骧"号航母建成时的海试排水量为 12732 吨，舰体全长为 180.0 米，水线位置的舰全宽为 20.3 米，吃水 5.56 米，飞行甲板建成时全长为 158.6 米，全宽为 23.0 米。包括军官和水兵的舰员编制为 924 人。

1941 年时，"龙骧"号标准排水量为 10600 吨，海试排水量为 12575 吨，满载排水量为 13650 吨，舰体全长为 179.9 米，水线位置的舰全宽为 20.78 米，吃水 7.08 米，飞行甲板全长为 156.50 米，全宽为 23.0 米。

舰载推进系统

建成时，"龙骧"号舰载动力系统主锅炉为 6 部口号舰本式重油专用燃烧水管锅炉，主机为 2 部舰本式齿轮涡轮机、2 轴推进，整个推进系统可提供的最大功率输出为 6.5 万马力（4.8 万千瓦），最大航速可达 29 节，以 14 节航速航行时的续航距离为 1 万海里（18520 公里），舰载燃料为 2943 吨重油。

1941 年时"龙骧"号动力推进系统的主锅炉、主机、最大输出功率都没有变化，最大航速降至 28 节左右。

舰载武器系统

建成时，"龙骧"号舰载武器系统包括 8 门 127 毫米舰炮、4 门 25 毫米舰炮和 24 门九三式 13.2 毫米（76 倍径）四联装机关炮。

1941 年时，"龙骧"号舰载武器包括 8 门 4 管八九式 12.7 厘米（40 倍径）联装高射炮，4 门 2 管九六式 25 毫米（60 倍径）联装机关枪和 24 门九三式 13.2 毫米（76 倍径）四联装机关炮。

日本现存的九六式 25 毫米（60 倍径）联装机关枪

"龙骧"号航母舰载机编队——"窝小鸡少"没办法

建成时，"龙骧"号舰载机总数为 36 架，另可携带备用 12 架舰载机。刚刚服役的"龙骧"号部署了 12 架九〇式舰上战斗机、6 架一三式舰上攻击机和 6 架九〇式舰上侦察机。后来舰上侦察机由 6 架九四式舰上轰炸机取代。

1941 年太平洋战争爆发早期时，"龙骧"号舰载机集群包括 18 架九六舰上战斗机和 12 架九七式舰上攻击机，备用舰载机数量不明。

1942 年上半年，由于新型的零式舰上战斗机（"零战"）还没有及时生产出来，于是，"龙骧"号只得再次选择九六式舰上战斗机，其他搭载机型不变。1942 年 6 月，"零战"服役后随即配备了"龙骧"号，此后其舰载机集群包括 16 架"零战"和 21 架九七式舰攻。

由于"龙骧"号舰载机搭载数量较少，航空作战能力有限，故此，其主要作战使命只能是支援性任务，而不可能是大规模的海上作战。

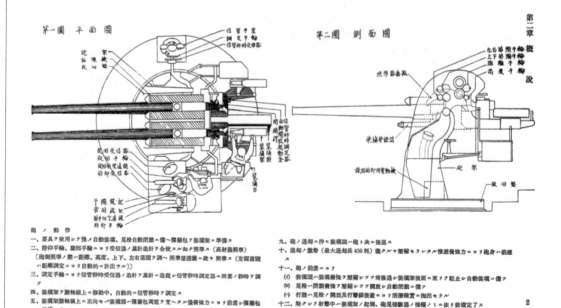

出典：「兵器学教科書(四十口径八九式十二糎七聯装高角砲)」(横須賀海軍砲術学校　昭和19年1月)2頁

八九式 12.7 厘米（40 倍径）联装高射炮设计示意图

舰机协同的"龙骧"号航母

"龙骧"号舰体设计——日本航母中最奇怪的"家伙"

从外观上来看，"龙骧"号最大的特征是没有内收的小型舰体却拥有一个非常庞大的上层建筑物，这主要是由于在建造途中重新更改航母设计增加机库设置所致，当时已经建成的舰体无法再进行内收改装。如果从航母正面看，以纤细舰体两侧安装的高射炮为基部，再加上两层机库等更改部分，整个航母舰体呈现出一种倒三角形的奇特形状。

舰体的舰艏部与舰艉部干舷都很低，从现存"龙骧"号航母的照片来看，它在平稳的海面航行时舰艏部可吹起很高的波浪。与舰艏部相比，舰艉部干舷更低，在"第四舰队事件"发生时，巨大的海浪曾经将"龙骧"号机库后端的舱门摧毁，这导致整个航母陷入暂时的危机之中。

另外一个特征是，根据"凤翔"号之后几艘航母的运用经验，这些航母都采取全贯通平甲板舰型设计，当然"龙骧"号也不例外。鉴于此，"龙骧"号舰桥构造物没有设计在飞行甲板上面，为了方便远洋航海，这个舰桥设置在飞行甲板最前端的正下方处。"龙骧"号飞行甲板前端只延伸至舰桥部，由此，舰体前方出现了低干舷设计布局。

"龙骧"号飞行甲板配备 2 部舰载机升降机，后部升降机小于前部升降机。烟囱在第二次改装工程中由右舷中央部做了下降处理。由于设计不合理，"龙骧"号舰体重心非常高，在没有急速转弯的情况下也会产生波浪，而且，在转向时从飞行甲板表面的升降机洞穴内就可看见水平线，其倾斜程度由此可见一斑。在千叶县馆山海面进行海试时，当"龙骧"号以全速航行时，在拉开舵机的一瞬间，整个舰体会发生很大程度的倾斜。

"龙骧"号飞行甲板长 156.5 米，宽 23 米，在日本帝国海军航母中算是一个比较小的飞行甲板。当舰载机着舰时，如果飞机偏离飞行甲板中心少许，飞行员就可看见眼下跑来跑去的大海，这会对飞行员造成很大的恐慌心理。

"龙骧"号的最终设计显得头重脚轻，航行不稳定，适航性很差，这直接导致它一年后重新返回船厂进行改装。经过改装后的"龙骧"号航行稳定性大大提高，不久之后即重新服役，然后投入中国战场。

从舰艏方向看"龙骧"号，其异常庞大的上层建筑非常显眼。

航空母艦龍驤 完成状態写真 ¼

从舰艉方向看"龙骧"号，颇像一个顶着瓦罐的非洲土著妇女造型，这种设计的最主要缺陷是适航性很差，而且，不是一般的差。

1934 年时的"龙骧"号航母，此图可见建成时安装的 3 门 12.7 厘米联装高射炮配备在一侧船舷上。

1938 年，经过性能提升、改装后的"龙骧"号俯视图，此图可见每侧船舷各配备 2 门 12.7 厘米联装高射炮，并进行了轻装化设计。

"龙骧"号航母服役历史

1929 年（昭和 4 年）11 月 26 日，"龙骧"号在横滨船渠株式会社（三菱重工企业之一）船厂内正式开工建造。如前所述，在设计变更之后又付出了大量建造时间。顺便提及，后来参与大和级战列舰设计的日本工程师松本喜太郎负责"龙骧"号的细节设计工作，根据日本海军军令部改装指示，松本工程师又将"龙骧"号舰体的重心点进行了提升设计，据他后来回忆，他对这种不合理的改装非常担忧。

1931年（昭和6年）4月2日，"龙骧"号下水，此后的舾装工程由横须贺海军工厂负责。下水之后的"龙骧"号舰体由拖船拖至横须贺海军工厂内。1933年（昭和8年）4月1日，"龙骧"号在横须贺海军工厂内建成竣工，同年5月9日正式服役于日本帝国海军。

1934年（昭和9年），在"龙骧"号服役之后不久就发生了"友鹤事件"，根据这起事件的经验教训，作为主力舰，吴海军工厂对"龙骧"号的舰体复原性不足问题进行了改装工程，主要包括进行船腹大型化、减少2部高射炮等改装操作。

1935年（昭和10年）9月26日，在日本岩手县海面演习中，"龙骧"号又遭遇了"第四舰队事件"，在这次事件上，巨大的波浪将"龙骧"号的舰桥压坏，在遭受一系列重创之后，航母进行了第二次改装，主要改装操作包括提升舰艏干舷高度等。

1937年8月至12月，"龙骧"号作为第一航空战队旗舰参加了在中国大陆战场的日本帝国陆军地面支援行动，其舰载机集群包括12架九五式舰上战斗机（中岛A4N舰上战斗机）和15架俯冲轰炸机。在这次战场支援任务中，"龙骧"号的性能表现差强人意，随后接受大规模改装。

1937年（昭和12年）8月12日，"龙骧"号奉命参加日中战争（中方称为抗日战争），到达中国战场后于同年12月8日首次展开作战行动。截至昭和13年，它一直在中国战场参战，并且先后转战至华北（日称北支）、华中（日称中支）、华南（日称南支）方面等非常广阔的中国领海作战。

1938年（昭和13年）之后，"龙骧"号开始从事舰载机起飞与着舰训练任务。

在太平洋战争爆发初期，"龙骧"号作为小泽治三郎海军中将率领下的南遣舰队一员参加了马来作战支援行动，并成功实施了南方进攻作战任务，在这些作战支援任务中，"龙骧"号为第四航空战队旗舰。随着大规模航母作战舰队的出现，"龙骧"号开始退居战争支援任务。从参战情况来看，"龙骧"号的改装是很成功的，其舰载机部队的作战表现以及航母本身在远洋条件下的性能都令人满意。

1941年（昭和16年）12月6日，"龙骧"号参加帕劳、南比岛进攻作战行动。随后，"龙骧"号对日军入侵菲律宾提供了重大支援，12月8日，轰炸菲律宾棉兰老岛的达沃（纳卯）机场。12月9日，参加菲律宾吕宋岛黎牙实比市进攻作战行动。12月17日，参加达沃市和霍洛岛（和乐岛）进攻作战行动，12月20日和25日分别对日军登陆菲律宾达沃地区和霍洛岛提供了空中掩护。在菲律宾支援作战行动中，"龙骧"号舰载机部队由22架零式战斗机（三菱A6M）和16架九九式舰上轰炸机（D3A俯冲轰炸机）组成。

1942年（昭和17年）1月，"龙骧"号参加日军入侵马来半岛支援行动，1月23日，参加印度尼西亚阿南巴斯群岛进攻作战行动。

1942年2月，在印度尼西亚爪哇地区附近，"龙骧"号对美、英、荷、澳四国联合部队展开了进攻。2月10日，参加印度尼西亚苏门答腊岛邦加岛和巨港（巴邻旁）进攻作战行动。2月13日，在邦加海峡，"龙骧"号舰上攻击机共击沉、击伤8艘盟国商船。2

月 14 日，同在邦加海峡，"龙骧"号舰上攻击机击沉 1 艘鱼雷艇母舰、1 艘特务艇和 1 艘炮舰。2 月 15 日，在加斯帕海峡，"龙骧"号舰上攻击机对盟军军舰展开了进攻。

1942 年 3 月 1 日，"龙骧"号参加了爪哇海海战，在卡里马塔海峡进行的泗水沿海作战行动中，临近作战结束时，"龙骧"号舰载机重创正在逃离的美国海军"波普"号（DD－225）驱逐舰，致使其不能航行并最终沉没，同时，又对塞马兰港展开了轰炸行动，这次海战行动共持续了 46 小时。

3 月末，"龙骧"号在印度洋安达曼群岛及缅甸沿海展开机动作战。3 月 20 日，参加安达曼海和缅甸进攻作战行动，在这些印度洋通商破坏作战行动中，连续作战的"龙骧"号击沉了大量的盟军商船，战果辉煌。

1942 年 4 月初，作为印度洋进攻行动的一部分，"龙骧"号与"鸟海"号、"熊野"号、"铃谷"号、"最上"号、"三隈"号和"由良"号 6 艘巡洋舰以及 4 艘驱逐舰在孟加拉湾内展开商船攻击行动，仅"龙骧"号自己就击沉 23 艘盟军商船。4 月 1 日，"龙骧"号舰载机共击沉、击伤盟军部队 9 艘商船。4 月 6 日，"龙骧"号舰载机对印度东南沿岸的卡基纳达和维沙卡帕特南两个地区发起空中攻击。

在中途岛海战中，作为中途岛作战的别动队，"龙骧"号编入日本联合舰队角田机动部队，从而作为北方部队的一部分对美国阿留申群岛发起攻击。1942 年 6 月 3 日，"龙骧"号参加了阿留申群岛作战（日本军方称其为 AL 作战）行动，这次作战主要对中途岛进攻作战（日本军方称其为 MI 作战）行动进行支援，在此期间，"龙骧"号与"隼鹰"号航母共同编成第四航空战队，6 月 3 日和 4 日，它们的舰载机部队对美国阿拉斯加州西南部的港口城市荷兰港展开了大规模空袭。在此期间，一架来自"龙骧"号的零式舰上战斗机坠机在阿库坦岛上，战斗机飞行员在坠机过程中由于颈部断裂死亡，不过，战斗机却几乎完好无损，这架"零战"是美国军事情报机构获得的第一架完整的战斗机，后来将其命名为"阿库坦零战"。

命殒所罗门群岛的"龙骧"号航母

在中途岛海战中，日本帝国海军 6 艘舰队航母中的 4 艘均被美国海军击沉，余下的"龙骧"号对于日本来说变得更加重要。

1942 年 8 月 7 日，在美军展开瓜达尔卡纳尔岛登陆作战行动期间，"龙骧"号与"翔鹤"号、"瑞鹤"号 3 艘航母重新编入日本联合舰队第三舰队（南云忠一机动部队）的第一航空战队，并被派遣至所罗门群岛。同年 8 月 24 日，"龙骧"号参加了第二次所罗门海战（东所罗门海战）。在这次海战中，第三舰队为了对日本帝国陆军瓜达尔卡纳尔岛登陆作战进行支援，"龙骧"号和"利根"号重巡洋舰、"天津风"号和"时津风"号驱逐舰与主力舰队分开南下进攻瓜达尔卡纳尔岛。"龙骧"号在这次作战中的任务是对增援和重新补给日军登陆部队的船队提供护航支援，同时，对盟军设在亨德森机场内的空军基地进行攻击。在支援行动中，4 艘军舰在距离图拉吉岛以北 161 公里（100 海

1931 年，在横须贺海军工厂某干船坞内进行最后设备舾装的"龙骧"号航母。

里）的位置时对瓜达尔卡纳尔岛发起进攻，15 架零式舰上战斗机和 6 架舰上攻击机由
"龙骧"号起飞组成攻击队，另有 12 架零式舰上战斗机留守航母承担警戒和护航任务。
第一波攻击于 12：20 展开，6 架九七舰上攻击机负责进攻装备有通用炸弹的美军飞机，
6 架"零战"负责空中护航。第二波攻击于 12：48 展开，由 9 架"零战"负责实施。
截至下午 14：00，日军成功轰炸了亨德森机场，并炸毁美军 2 架战斗机和 3 架轰炸机。
至此，"龙骧"号舰载机攻击队成功对瓜达尔卡纳尔岛内的机场进行了轰炸，不过，海
上机动的"龙骧"号却被美国海军发现，于是，美军由"萨拉托加"号航母起飞了 30
架 SBD"勇毅"舰载轰炸机和 8 架 TRF 复仇者舰载攻击机对"龙骧"号展开进攻。

其实，在当天下午较早的时候，"龙骧"号就遭受了美军 2 架 B-17 轰炸机的空
袭，不过攻击不成功，"龙骧"号并未中弹，然而，来自"萨拉托加"号航母的攻击队
却对"龙骧"号造成了最致命的攻击，其舰体左舷中部命中 1 枚鱼雷，据加藤舰长回
忆，右舷命中 2 枚鱼雷，其他位置命中 4 枚炸弹，作为整舰指挥中心的舰桥部也遭受炸
弹命中，舰上官兵伤亡惨重。遭受重创的"龙骧"号燃起熊熊大火，浸水舰体发生了严
重倾斜。一开始，"龙骧"号考虑在随行驱逐舰的牵引下继续航行，不过，由于浸水严
重，这个方案已经行不通。随后，又持续遭受美军攻击长达 4 个小时左右，到晚上

20：00，不堪重创的"龙骧"号与大约 120 名舰员以及 4 架舰载机（包括 2 架"九七舰攻"和 2 架"零战"）最终在瓜达尔卡纳尔岛北部海域沉没。"龙骧"号舰载机攻击队由于失去母舰不能着舰遂紧急迫降至位于所罗门群岛西北部的布卡岛基地内。承担"龙骧"号护航任务的零式舰上战斗机由于护卫母舰任务失败，除遭击落的飞机外，其他紧急迫降至水面的飞机也尽数损失掉。

"龙骧"号历任舰长

"龙骧"号航母在服役期间共有 10 任舰长，另有两代舾装员长，分别为原五郎海军大佐，任职期间为 1931 年 4 月 2 日至 1931 年 12 月 1 日，松永寿雄海军大佐，任职期间为 1931 年 12 月 1 日至 1933 年 4 月 1 日，松永寿雄同时也是"龙骧"号航母的第一任舰长。

历任	舰长姓名	军衔	任职期间
1	松永寿雄	海军大佐（上校）	1933 年 4 月 1 日－1933 年 10 月 20 日
2	桑原虎雄	海军大佐	1933 年 10 月 20 日－1934 年 11 月 15 日
3	大野一郎	海军大佐	1934 年 11 月 15 日－1935 年 10 月 31 日
4	吉良俊一	海军大佐	1935 年 10 月 31 日－1936 年 11 月 16 日
5	阿部胜雄	海军大佐	1936 年 11 月 16 日－1937 年 12 月 1 日
6	冈田次作	海军大佐	1937 年 12 月 1 日－1938 年 12 月 15 日
7	上阪香苗	海军大佐	1938 年 12 月 15 日－1939 年 11 月 15 日
8	长谷川喜一	海军大佐	1939 年 11 月 15 日－1940 年 6 月 21 日
9	杉本丑卫	海军大佐	1940 年 6 月 21 日－1942 年 4 月 25 日
10	加藤唯雄	海军大佐	1942 年 4 月 25 日－1942 年 8 月 24 日

第三节　最快航母"苍龙"号

"苍龙"号（意为"蓝色之龙"）航母是继"凤翔"号、"赤城"号、"加贺"号、"龙骧"号之后，日本第五艘建成航母，它是计划于昭和 9 年（1934）开工建造、昭和 12 年（1937）建成竣工的中型航母，同时，它还是日本帝国海军中第一艘主力标准航母。

当时，日本对大型、中型、轻型航母的划分主要考虑两个因素，一个是排水量，另一个是舰载机搭载数量，从排水量上来看，"苍龙"号属轻型航母，不过，其舰载机搭载数量明显多于"凤翔"号和"龙骧"号两艘标准航母，故此，综合考虑，日本将其定位为中型航母。

最初，"苍龙"号曾经计划按照航空巡洋舰的舰种进行建造，不过，通过吸取"赤城"号和"加贺"号2艘航母的运用经验，日本帝国海军决定将其按照纯粹的航母设计标准进行建造。建成服役后，"苍龙"号成为日本的主力航母，在太平洋战争期间，它作为日本机动部队主力参加了珍珠港进攻作战行动、威克岛进攻作战行动、达尔文港进攻作战行动、印度洋空袭等重大海上战役，最终，在中途岛海战中，遭受美军战机攻击而沉没。

"苍龙"号建造历史背景——裁军条约限制下的标准主力航母

在《华盛顿海军裁军条约》和《伦敦海军裁军条约》的双重限制下，日本帝国海军建造航母的排水量分配额被限制在8.1万吨，扣除"凤翔"号、"赤城"号、"加贺"号和"龙骧"号4艘航母的排水量，日本帝国海军剩余的航母建造排水量仅有12630吨。根据上述两个裁军条约，于1922年建成的"凤翔"号舰龄马上接近16年，它的排水量可以不在裁军条约的限制之内，这样加上"凤翔"号多出来的8370吨排水量，日本帝国海军剩余的航母建造排水量就增至2.1万吨，据此，日本帝国海军军令部计划建造2艘航母。

其中，昭和7年（1932）设计的"苍龙"号基本计划代号为G6方案。G6方案航母设计标准排水量为1.2万吨，舰载武器配备6门20.3厘米联装炮、12门12.7厘米联装高射炮，可搭载舰载机总数为70架，这个设计方案就是所谓的"航空巡洋舰"计划。在G6方案的基础上又发展出了G8方案，G8方案于昭和9年（1934）提出。G8方案航母设计标准排水量为10050吨，舰载武器配备1部20.3厘米联装炮、5门三联装舰炮和20门12.7厘米联装高射炮，可搭载舰载机总数为100架，很显然，企图通过10050吨的舰体就想容纳这样庞大的舰载机是不可能的。最终计划是舰载机搭载总数为70架，舰载武器包括1部15.5厘米联装舰炮、5门三联装舰炮和16门12.7厘米联装高射炮。

在昭和9年（1934）的日本帝国海军军备补充计划（通称"丸2计划"）中，G8方案设计进一步细化、充实，随后进入预定建造程序，不过，就在正式开工建造前，1934年，日本帝国海军发生了"友鹤事件"。根据这起事件的经验教训，与所设计的航母舰体相比，舰载装备太过庞大，这在以后的运用中可能会出现事故，鉴于此，最终方案进行了改动，1部15.5厘米联装舰炮并没有安装上舰，这就是后来的"苍龙"号航母。"苍龙"号开始建造后，1935年又发生了"第四舰队事件"，于是，航母又更改了设计。在此期间，造船厂对"苍龙"号的焊接构造进行了全面检查，确认并未出现任何异常。

当初，根据两大海军裁军条约的框架限制，日本帝国海军预定建造2艘苍龙级航母，不过，在"苍龙"号开工建造后不久的1934年12月，日本政府正式宣布退出《华盛顿海军裁军条约》，1936年12月，该条约对日本已经没有任何限制。鉴于此，日本建造航母的排水量已经没有任何限制，与"苍龙"号相比，苍龙级2号舰的舰体设计将更加庞大，这就是后来的"飞龙"号航母。

与海军裁军条约签约国相比，日本政府通告的"苍龙"号航母设计标准排水量为1万吨，水线长为209.84米，最大宽度为20.84米。战前，美国海军内部公布的苍龙级航母的实际标准排水量为1.6万吨级别，属于轻型航母。不过，在中途岛海战中，据对"苍龙"号发起攻击的美国海军SBD"勇毅"俯冲轰炸机机组人员回忆，他们所轰炸的"苍龙"号航母是一艘像"加贺"号大型航母一样的巨型战舰。

"苍龙"号基本设计及舰载系统——开启日本标准航母设计之先河

舰体诸元设计

"苍龙"号航母设计标准排水量为15900吨，海试排水量为18500吨，满载排水量为19500吨，舰体全长为227.5米，飞行甲板全长216.9米，全宽为21.3米，吃水7.62米。包括军官和水兵的舰员编制为1103人。

舰载推进系统

"苍龙"号主机采取的是齿轮涡轮机，4部螺旋桨，整个推进系统可提供的最大功率输出为152000马力（113MW），最大航速可达34.5节（64公里/小时），以18节航速航行时的续航距离为7680海里。

舰载武器系统

"苍龙"号舰载武器包括12门12.7厘米40倍径联装高射炮、28门九六式25毫米防空高射机关枪以及15挺13.2毫米机关枪。

"苍龙"号的舰艉端甲板。

"千岁"号水上飞机母舰上安装的12.7厘米40倍径联装高射炮,这与"苍龙"号的武器基本相同。

"苍龙"号航母舰载机编队——庞大的舰载机集群开始出现

　　"苍龙"号舰载机总数包括57架常备舰载机和16架备用舰载机。

　　1941年12月时,常备舰载机包括18架零式舰上战斗机、18架九九式舰上轰炸机和18架九七式舰上攻击机。

"苍龙"号整体设计——日本最高速航母

"苍龙"号航母的设计经历了一系列非常曲折的过程，在正式开工建造之前，"苍龙"号曾经经历了航空巡洋舰设计等不同的设计方案，其最终设计方案是在"赤城"号和"加贺"号2艘航母运用经验基础上形成的，因此，这艘航母可以看作日本第一艘真正的航母。

"苍龙"号建成竣工时日本帝国海军已经确立了一整套相当完备的航母运用方法及战术、战法。服役后，"苍龙"号隶属第二舰队（常备舰队），舰载机集群主力为1934年制式化服役的九四式舰上轻型轰炸机，主要承担轰炸敌航母、使之丧失作战能力以及掌握制空权任务。日本帝国海军第二舰队为巡洋舰部队，其主要任务是与美国海军巡洋舰部队进行海上对抗以争夺制海权，鉴于此种作战性质，预定配备这种舰队的"苍龙"号需要具备一些基本的性能，比如，34节超高航速要求、20厘米大口径防御舰炮、配备25毫米机关枪等。"苍龙"号安装了14挺25毫米机关枪，其中3挺安装在舰艏部，在舰艏安装武器这是"苍龙"号的最初设计。

"苍龙"号舰桥位于右舷前部，2个下方排出式烟囱设计在右舷中部。舰载机升降机设计3部，其中，后部升降机配备有一部可自由收放的起重机。"苍龙"号没有像"加贺"号和"龙骧"号那样在机库后端设计舱门。

"苍龙"号动力推进系统总输出功率可达15万马力，其最大航速纪录为34.9节，它是日本帝国海军中最高速的航母。不过，由于排水量的限制，与"赤城"号等大型航母相比，"苍龙"号的舰载机数量相对较少。为了确保机库的存放空间，锅炉送气和动力舱排气等例行操作由位于舰体中央部附近舷侧的箱型通风筒进行，这是"苍龙"号和"飞龙"号舰体外观上最主要的特征。

在航空系统舾装工程中，"苍龙"号配备了舰艉着舰标识、滑行固定装置等基本航空设备，这些设备都是后来日本设计航母的标准装备，不过，从建造时就设计这些设备的航母"苍龙"号是第一艘。

从军舰损害管制方面来看，与同时期的美英航母相比，拥有中型航母性能的"苍龙"号以及其他日本航母都明显处于劣势，比如，3部升降机前后部设计的防火门、用二氧化碳进行灭火的消防方式、密闭式机库无法迅速释放爆炸冲击波的设计，等等，这些因素都是"苍龙"号最终沉没的致命原因。这些致命原因都是为了最大限度地搭载更多舰载机造成的，日本帝国海军只想通过大量的舰载机去攻击敌人，反而却忘记了军舰自身的安全性和最重要的损管能力。

与"凤翔"号和"龙骧"号相比，"苍龙"号从建成至沉没的4年半时间内，几乎没有进行任何大规模的改装工程，其右舷位置设计的舰桥几乎与当时的驱逐舰舰桥规模相当，虽然经历了几次大规模的改装，但它还是妨碍了舰载机航空操作。

海试期间的"苍龙"号,可以确认舷侧的箱型通气筒,其基本舰设计为全贯通飞行甲板、右舷前部舰岛、开放式舰艏和舰艉。

从诞生到太平洋战争爆发

　　"苍龙"号航母于1934年11月20日在吴海军工厂内正式开工建造,1935年12月23日,在吴海军工厂下水。在1937年11月11日的海试操作中,"苍龙"号以18871吨排水量、15万2483马力的输出功率创造了34.898节的超高航速。1937年12月29日,"苍龙"号建成竣工,同时交付日本帝国海军。

　　1938年,"苍龙"号编入第二航空战队,12月15日,参加了中国广东进攻作战。1941年3月,为了调解越南与泰国之间的边境纠纷,"苍龙"号奉命行进东南亚,在航行途中,它与第二十三驱逐舰(由菊月、夕月2艘驱逐舰组成)中的"夕月"号驱逐舰发生了碰撞事故。"苍龙"号舰艏部搁浅到"夕月"号的左舷中央部,舰体发生破损,2艘军舰均没有沉没危险,不过,"苍龙"号的舰载机全部转移"飞龙"号航母上,随后返回佐世保海军工厂进行入坞维修。4月,结束入坞维修后,"苍龙"号返回横须贺母港。

　　1941年4月10日,"苍龙"号和"飞龙"号所在的第二航空战队编入新成立的第一航空战队。在太平洋战争爆发的前7个月,第一航空战队参加了南部法印进驻作战支援任务。

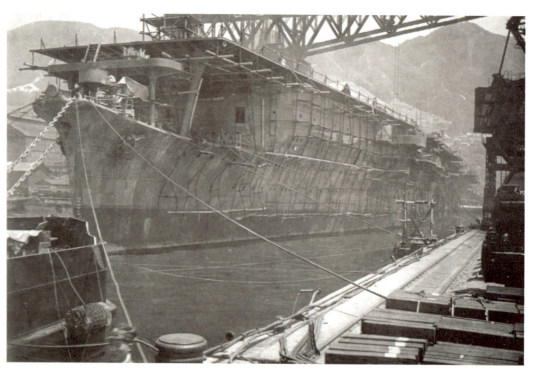

1937 年，在吴海军工厂内建造的"苍龙"号航母，此图可见其开放式舰艏，飞行甲板横亘于舰体的最上层，像一座浮动的海上机场，从已经注水的干船坞来看，其舰艏部的干舷设计较高，具备较好的抗浪性和适航性，另外，左舷后部安装有一些舰炮。

参与偷袭珍珠港

在太平洋战争爆发前期，日本帝国海军制订了珍珠港攻击计划。在此期间，与新型翔鹤级和"加贺"号航母相比，"苍龙"号的续航距离较短，需要往返于日本本土和珍珠港之间接受补给，这样对作战行动非常不利，鉴于此，第二航空战队司令山口多闻决定"苍龙"号和"飞龙"号与"赤城"号航母一样都在舰内搭载重油油箱然后参战。

在珍珠港攻击计划展开前期，第一航空舰队（南云忠一机动部队）所属航母舰载机部队在日本周边海域的锦江湾、志布志湾以及佐伯湾内展开演习，1941 年 11 月 16 日，以佐世保海军基地为母港、除"加贺"号之外的 5 艘航母全部集结于佐伯湾内，各航母舰载机部队离开佐伯海军航空队基地分别登陆各自航母平台，作战前舰机集结准备。这时在佐伯湾内集结了 24 艘准备参加夏威夷作战计划的主力战舰。"苍龙"号为第二航空战队旗舰，由战队司令山口少将坐镇指挥。11 月 17 日下午，日本联合舰队司令山本五十六海军大将对集结舰队进行了视察，所有参战高级将领都聚集在"赤城"号航母上。

各参战军舰为了隐藏机动部队的行动意图，分批隐蔽离开，11 月 18 日凌晨 4 时，"阿武隈"号轻型巡洋舰和 9 艘驱逐舰第一批离开，随后，其他军舰分时间段分次批离开佐伯湾，参战舰队的最终集结地为千岛群岛择捉岛内的单冠湾。舰队集结指定日期的 11 月 22 日，当天各参战军舰陆续进入单冠湾，11 月 26 日，南云忠一机动部队的一支率先驶出单冠湾。12月8日，"苍龙"号及舰载机部队参加了珍珠港攻击作战行动，前后共派遣了两次攻击队，第一次攻击队由18架九七式舰上攻击机和8架零式舰上战斗机组成，其中，18架"九七舰攻"分为水平轰炸队和鱼雷攻击队，前者编制10架飞机，指挥官为分队长阿部平次郎大尉，后者编制8架飞机，指挥官为分队长长井疆大尉，8架"零战"指挥官为分队长菅波政治大尉。

第二次攻击队由18架九九式舰上轰炸机和9架"零战"组成，前者指挥官为飞行队长江草隆繁少佐，后者指挥官为分队长饭田房太大尉。第二次攻击队中的3架"零战"和2架九九式舰上轰炸机未返回。随后，"苍龙"号所在的南云机动部队一边搜索部署位置不明的美国海军"企业"号和"列克星敦"号航母，一边撤回日本本土。"苍龙"号飞行队长江草隆繁少佐通过战队司令山口多闻少将和舰长柳本柳作向南云司令建议对美国航母进行彻底追踪直至全部歼灭，不过，南云中将和草鹿参谋长为了优先保全舰队实力决定返航。

从"赤城"号航母飞行甲板看驶向珍珠港的"苍龙"号航母。

参加威克岛进攻作战

在实施珍珠港攻击计划期间，日本帝国海军还进行了威克岛（位于北太平洋夏威夷岛和关岛之间）进攻作战，这项作战任务由日本帝国海军第四舰队第六水雷战队负责，这支部队对坚守威克岛的美国海军陆战队展开了猛烈进攻，战况异常激烈。在实施完珍珠港攻击任务返回日本途中的第二航空战队随即接受威克岛进攻支援命令，于是，"苍龙"号与"飞龙"号航母与南云忠一机动部队主力分离，前往威克岛增援。

1941年12月21日，"苍龙"号派遣了9架"零战"、14架九九式舰上轰炸机对威克岛展开大规模空袭，22日持续空袭，空袭主力由3架"零战"和16架九七式舰攻组成。在即将到达威克岛的时候，美国海军F4F"野猫"舰载战斗机对"苍龙"号和"飞龙"号航母发起突然袭击，3架"九七舰攻"遭击落（包括1架紧急迫降至水面），其中，1架由金井升一担任飞行员的"九七舰攻"是众所周知的水平轰炸高手，它在攻击珍珠港行动中担当舰攻队的制导飞机职责。

12月23日，连续发起2个波次攻击，第一波由6架"零战"和6架舰上轰炸机组成，第二波由2架"零战"和9架舰上攻击机组成，这对实施登陆作战的日本海军陆战队提供了非常重要的地面支援作用。当天，威克岛被日本帝国海军攻陷。

12月29日，"苍龙"号返回日本母港。

执行澳大利亚达尔文港空袭与荷印进攻支援

1942年1月18日，"苍龙"号奉命到达西太平洋帕劳群岛。随后，苍龙航空队向佩里留岛机动前进以寻找合适战机，在此期间，航空队收到"出现7艘美国海军潜艇"的敌情报告，于是，紧急出击。不过，这份情报有误，事实上所谓的潜艇只是大群的海豚。

1月21日，"苍龙"号与"飞龙"号联合出港，对摩鹿加群岛（马鲁古群岛的旧称）安汶岛首府所在地的安汶港及港内设施、船舶展开了进攻，这次攻击由9架"零战"、9架舰上轰炸机和9架舰上攻击机组成。1月24日，同数量战机对安汶港实施了第二轮攻击。

2月15日，"苍龙"号编入南方部队，随后朝向澳大利亚进军。2月19日，9架"零战"、18架舰上轰炸机和18架舰上攻击机对澳大利亚西北部港口城市达尔文港进行了空袭，共击落英军9架柯蒂斯P—40小鹰战斗机，日军1架舰上轰炸机紧急迫降后被救起。在此次空袭中，日军共击沉美国海军"皮雅莱"号驱逐舰等8艘军舰，澳大利亚"斯鲁普"号、"斯旺"号驱逐舰以及美国海军"普雷斯顿"号水上飞机母舰遭受损伤。同一天，9架九九式舰上轰炸机对盟军特设巡洋舰展开了攻击，该巡洋舰遭受3枚250公斤炸弹命中，最终被击沉。2月21日，"苍龙"号进入苏拉威西岛东南岸斯特林湾内港口休整。

3月1日，承担侦察任务的九七式舰攻在圣诞岛南部面向弗里曼特尔的方向发现了美国海军正在航行途中的给油舰"佩科斯"号。12时55分，"加贺"号航母紧急派遣9架九九式舰上轰炸机组成攻击队（指挥官为渡部俊夫大尉）对"佩科斯"号展开攻击。13时9分，"苍龙"号也派遣9架九九式舰上轰炸机组成攻击队（指挥官为池田正伟大尉）对"佩科斯"号进行攻击。13时21分，加贺攻击队率先发现"佩科斯"号并立即进入攻击态势，"佩科斯"号遭受1枚炸弹直接命中，另有8枚炸弹险些命中。随后，"佩科斯"号利用防空武器进行反击，4架日军飞机中弹。14时39分，加贺攻击队返回"加贺"号航母。13时30分，在加贺攻击队对"佩科斯"号展开攻击期间苍龙攻击队到达现场。加贺攻击队爬升之后，苍龙攻击队的进攻随即展开，"佩科斯"号遭3枚炸弹命中，在此期间依然使用防空炮火进行自卫，致使日军5架飞机中弹。遭受重创的"佩科斯"号舰体向左倾斜了15度，不过继续航行，最终于15时48分沉没。15时01分，苍龙攻击队返回"苍龙"号航母。"佩科斯"号沉没瞬间即不见了影。3月5日，苍龙攻击队对爪哇岛中南部城市芝拉扎进行了空袭，致使3艘商船沉没、14艘损伤后自行沉没。随后，南云机动部队向苏门答腊岛南方进军，对逃离的盟军军舰进行追击。3月7日下午1至2时，"苍龙"号6架舰上轰炸机和2架舰上攻击机击沉一艘商船，下午4时，7架舰上轰炸机对4艘商船展开攻击，致1艘商船沉没。3月11日，"苍龙"号返回斯特林湾港口进行休整。

参加锡兰海面海战（盟军称印度洋空袭）

1942年3月26日，由"赤城"号、"苍龙"号、"飞龙"号、"瑞鹤"号和"翔鹤"号5艘航母组成的南云机动部队开始向印度洋进军。4月5日，南云机动部队一部参加了锡兰（斯里兰卡共和国的旧称）海面海战，盟军将其称为印度洋空袭。在此次海战中，日军击沉盟军1艘驱逐舰和1艘伪装巡洋舰。此后，在攻击英军东方舰队期间，"苍龙"号与其他航母攻击队协同作战击沉了英国皇家海军"竞技神"号航母、"多塞特郡"号和"康韦尔"号重型巡洋舰、"吸血鬼"号驱逐舰、"霍利霍克"号运煤舰以及"阿塞尔斯泰恩"号和"萨加恩特"号给油舰。在此次海战中，"苍龙"号舰上轰炸机队的命中率达到了78%，日本帝国海军将其辉煌战果通报各地参战部队。

4月18日，在美国海军发起"杜立特空袭"期间，"苍龙"号由于行驶于台湾海峡，因此，未能参加针对出现在日本千叶县海面美国海军机动部队的反击作战行动。4月22日，"苍龙"号返回日本横须贺海军基地母港。此后，第二航空战队旗舰更改为"飞龙"号航母。

在印度洋空袭中，遭受南云机动部队攻击的英国皇家海军"竞技神"号航母正在沉没。

参加中途岛海战——"苍龙"沉没

1942 年 5 月期间，"苍龙"号决定参加中途岛进攻作战行动。5 月 27 日，"苍龙"号由日本母港出发。

日本时间 6 月 5 日凌晨 1 时 30 分，来自"苍龙"号的 18 架九七式舰上攻击机和 9 架零式舰上战斗机组成的中途岛第一次攻击队向预定作战地区进军。这次"九七舰攻"没有携带鱼雷而是搭载的 800 公斤对陆攻击炸弹，主要承担对陆攻击任务。在进攻途中，苍龙攻击队遭受来自美军基地 6 架 F4F "野猫"舰载战斗机和 19 架 F2A "水牛"舰载战斗机的猛烈反击和防空炮火打击，全部攻击机群中弹，其中 3 架舰攻中弹坠机，1 架"零战"机组人员负重伤。余下舰攻返回"飞龙"号航母，可随时投入使用的舰攻仅剩余 10 架。

凌晨 5 时 20 分，据由"利根"号重巡洋舰起飞的零式水上侦察机报告没有发现预料中的美军机动部队。此时，"苍龙"号还搭载有由十三式舰上轰炸机试制机改造而来的试制侦察机，南云忠一中将命令将这些试制侦察机投入作战运用。

上午 8 时 30 分左右，由凌晨 5 时 30 分起飞的十三式舰上轰炸机发现了美军机动部队，在"苍龙"号中弹后，10 时 30 分，这些舰上轰炸机着陆"飞龙"号，并带回了非常珍贵的情报。十三式舰上轰炸机发现了美军机动部队后随即向南云机动部队进行了发报，并且留有战斗详报的记录，不过，由于无线接收机的故障，南云舰队并未收到这份非常重大的情报。

随后，"苍龙"号遭受美军中途岛基地航空队的波浪式攻击，在此期间，这艘航母只能专注于做规避行动和派遣护航战斗机。此外，"苍龙"号还要回收执行中途岛基地攻击任务的舰攻队，这样发送面向美国海军舰队进攻任务的攻击队就慢了下来。舰攻队回收操作直到早晨6时50分才结束。早晨7时之后，南云机动部队遭受来自美国海军"大黄蜂"号和"约克城"号反潜航母TBD"劫掠者"轰炸机的攻击，"苍龙"号也在规避鱼雷攻击。在这种情况下，"零战"攻击队和各军舰都将注意力集中到低空攻击的美军飞机上。

日本时间上午7时25分至28分左右（当地时间10时25分左右），"苍龙"号遭受来自"约克城"号航母大约十几架SBD"勇毅"俯冲轰炸机的攻击。恰好此时正是执行中途岛攻击任务返回的第一次攻击队舰攻飞行员们正在机组人员待机室内吃饭的时间。"苍龙"号炮长尽力实施防空火力射击，不过难以阻止美军轰炸机的进攻，有3枚1000磅重炸弹分别落在三部直升机升降机附近，其中1枚直接命中升降机，1枚在机库下层爆炸，1枚在机库上层爆炸。当时"苍龙"号机库内有预定作为第二次攻击队准备出击的九九式舰上轰炸机群，这些轰炸机还搭载着大量的反舰炸弹和对陆攻击炸弹。这些炸弹均被美军爆炸的炸弹所引爆，一时间，"苍龙"号掀起了剧烈的爆炸，这些都是致命性的摧毁。此外，在中弹时，有18枚鱼雷由左舷中央部舰底处的鱼雷调整场搬运到机库内，这些鱼雷与炸弹一起被引爆，"苍龙"号由此遭受了无法挽回的损毁。

上午7时40分，"苍龙"号发动机全部停止运转。轮机部的通风孔喷出猛烈的火焰，机库内的炸弹、鱼雷及燃料的爆炸导致了大量的伤亡，爆炸同时，舱内的电源也全部被切断，一切消防泵全部无法工作，消防活动难以展开。由此来看，日本帝国海军航母的主要弱点在于损害管制的水平很低，一旦中弹便难以展开损毁控制，比如，"苍龙"号中弹仅仅15分钟后，上午7时45分便下达了全体撤退命令。此时，大部分舰员被爆炸火焰撵得四处逃散，另有一些舰员被爆炸时所产生的冲击波吹到大海里。据展开救助的"矶风"号驱逐舰舰员们回忆，美军战机对逃出"苍龙"号的舰员进行扫射，导致大量舰员遭到射杀。上午8时12分，来自"筑摩"号重型巡洋舰搭载有大量救援人员的救生艇到达"苍龙"号航母周边。

随即，南云司令部命令"天津风"号、"矶风"号和"滨风"号3艘驱逐舰退避到西北方向，并对"苍龙"号展开护航。下午2时，"矶风"号向南云司令报告"苍龙"号已经不能航行，并寻求下一步的行动指示。下午2时32分，"矶风"号报告"苍龙"号的大火已经暂时熄灭，与此同时，"苍龙"号的舰员开始转移至其他救援驱逐舰上。下午3时2分，"矶风"号和"滨风"号收容了"苍龙"号的幸存舰员。此后，"苍龙"号大火渐渐有所收敛，楠木几登飞行长编成防火队准备再度登上"苍龙"号展开救援行动，就在此时，"苍龙"号再度发生了大爆炸，据此判断，不再可能救出生还者。在撤退期间，"苍龙"号舰员们恳请柳本柳作舰长一同撤离航母，不过，遭到柳本舰长严词拒绝，最后，柳本跳入熊熊燃烧的舰桥中，拔出佩带手枪自杀。

日本时间6月5日下午4时13分至15分（当时时间6月4日19时13分），"苍龙"

号航母与落日一同沉没。在沉没过程中，"苍龙"号中央部发生大爆炸，并生产巨大的水柱，舰艉部开始下沉。下午 4 时 20 分，"矶风"号确认沉没的"苍龙"号在水中发生了剧烈的大爆炸。

与"苍龙"号航母一同葬身海底的舰员除柳本柳作舰长外，准士官以上舰员（包括各级军官）35 人，下士官兵 683 人，总计 718 人战死，这些舰员大部分是舰内起火时无法逃离的轮机官兵。"苍龙"号轮机科编制人员为 300 人，逃出的幸存者还不到 30 人。其他舰员战死者有机组人员 6 人，舰上人员 4 人，合计 10 人（包括 4 名战斗机飞行员、1 名舰上轰炸机飞行员、5 名舰上攻击机飞行员）。航空人员中包括江草隆繁飞行队长，大多数飞行员都获救。承担"苍龙"号护航任务的数架"零战"着陆"飞龙"号航母，后来，这些"零战"一同与"飞龙"号航母沉没。

"苍龙"号历任舰长

"苍龙"号航母在服役期间共有 8 任舰长，另有三任舾装员舰长，分别为大野一郎海军大佐，任职期间为 1935 年 12 月 23 日至 1936 年 4 月 1 日；奥本武夫海军大佐，任职期间为 1936 年 4 月 1 日至 1936 年 12 月 1 日；别府明朋海军大佐，任职期间为 1936 年 12 月 1 日至 1937 年 8 月 16 日，别府明朋同时也是"苍龙"号航母的第一任舰长。

历任	舰 长 姓 名	军 衔	任 职 期 间
1	别府明朋	海军大佐（大校）	1937 年 8 月 16 日—1937 年 12 月 1 日
2	寺冈谨平	海军大佐	1937 年 12 月 1 日—1938 年 11 月 15 日
3	上野敬三	海军大佐	1938 年 11 月 15 日—1939 年 10 月 15 日
4	山田定义	海军大佐	1939 年 10 月 15 日—1940 年 10 月 15 日
5	蒲濑和足	海军大佐	1940 年 10 月 15 日—1940 年 11 月 25 日
6	上阪香苗	海军大佐	1940 年 11 月 25 日—1941 年 9 月 12 日
7	长谷川喜一（兼任）	海军大佐	1941 年 9 月 12 日—1941 年 10 月 6 日
8	柳本柳作	海军大佐	1941 年 10 月 6 日—1942 年 6 月 5 日战死

第四节　左舷舰桥航母"飞龙"号

"飞龙"号航母是继"凤翔"号、"赤城"号、"加贺"号、"龙骧"号、"苍龙"号之后，日本第六艘建成航母，同时，也是第二次世界大战全面爆发后日本帝国海军建成的第一艘主力标准航母。

1942 年 6 月 5 日，在中途岛海战中，"飞龙"号继"苍龙"号航母沉没之后也遭遇沉没的命运。在中途岛海战中沉没的 4 艘日本帝国海军航母中，"飞龙"号从一开始就非常幸运，不但没有中弹，并且，在山口多闻海军少将的指挥下重创美国海军的"约克城"号航母，它是中途岛海战"赤城"号、"加贺"号、"苍龙"号4艘参战航母中唯一取得辉煌战绩的航母。不过，最终，日本帝国海军的战争狂人山口多闻少将及"飞龙"号舰长加来止男大佐都随"飞龙"号一起葬身大海。

"飞龙"号的设计经验——第一艘摆脱两大海军裁军条约限制的航母

"飞龙"号航母是根据昭和9年日本帝国海军军备补允计划（通称"丸2计划"）建造的中型航母，起初按照苍龙级航母2号舰进行设计和建造，不过，随着日本政府撕毁《华盛顿海军裁军条约》和《伦敦海军裁军条约》2大条约的限制，"飞龙"号航母设计的自由度随之上升，而后，飞行甲板宽度增加了1米，航母舰体全宽也随之增加。在"第四舰队事件"发生之后，"飞龙"号原有的舰体构造焊接技术被放弃，同时，为了增强舰体的抗浪性，舰艏部干舷提高了1米，舰艉部干舷则增加了40厘米，此外，还有其他一些大量的改进措施。从总体设计来看，"飞龙"号是与"苍龙"号完全不同的中型航母。

根据现有文献记载，虽然"飞龙"号与"苍龙"号是同型舰，不过，两舰之间的差距却很大。与"苍龙"号一样，日本政府在向国际社会通报时，有意隐瞒了"飞龙"号的技术参数，当时通报为"飞龙"号设计标准排水量为1万吨，全长为209.84米，最大宽度为20.84米。

与日本帝国海军其他航母相比，从外观上来看，"飞龙"号航母最显著的特征是岛型舰桥（舰岛）设计在左舷中央位置。在世界航母发展历史中，舰桥配置在左舷部的航母非常稀少，在日本帝国海军也仅有改装后的"赤城"号和这艘"飞龙"号航母2艘而已。

"飞龙"号舰桥设计在左舷部是1935年（昭和10年）日本帝国海军航空本部长至舰政本部长就"相关航空母舰舾装事件照会"中确定的一致结果，在此照会中，经过协商确定，经过大型改装工程的"赤城"号航母以及全新建造的"飞龙"号航母，其舰桥和动力舱烟囱分别设置在舰体的两侧舷，其中，烟囱设计在舰体后部，舰桥设计在舰体中央部附近。采取动力舱烟囱与舰桥对应设计在舰体两侧舷部的主要优点有三点，其一是舰体左右接近均等，这样更有利于军舰建造；其二是军官舱室至舰桥部的交通将更畅通；其三是机库的形状更加良好。起初，决定烟囱配置在右舷部，那么，舰桥位置很自然就选择在左舷的中央部。一直以来，日本航母舰桥都设置在舰体后部，这样为了确保航空视野，这些罗盘舰桥就变得比"苍龙"号的舰桥还要高。

事实上，"赤城"号和"飞龙"号的左舷舰桥设计也有明显的弊端，比如，动力舱产生的煤烟会直接流进舰桥里，紊乱的气流导致舰载机着舰操作非常困难，如此等等。正是因为这些设计缺陷，苍龙级航母的替代舰翔鹤级航母在建造过程中，其舰桥又设置到右舷前方附近位置，烟囱则重新转移到舰桥的后部，这种布局设计是日本帝国海军航母的常态。参照"飞龙"号航母若干设计经验进行设计变更的航母还有云龙级航母，同样，云龙级航母舰桥也重新设置到右舷位置。

从火力防御设计层面来看，"飞龙"号的轮机舱和舵机舱设计了加厚装甲防护，可抗击驱逐舰5英寸舰炮的炮火攻击，舰载汽油箱和弹药库也设计了加厚装甲，可抗击巡洋舰8英寸舰炮的炮火攻击，然而，美中不足的是，飞行甲板的防御保护没有得到任何考虑。此外，在损害管制方面，包括"飞龙"号在内的日本航母都做得马马虎虎，一旦遭遇损毁时，这些进行损害控制的装备和设备就都变得毫无用武之地，这点非常明显，这也是"飞龙"号命殒中途岛海战的主要原因。除了损害管制，"飞龙"号其他方面的设计大体上还算良好，比如，利用冷却弹药库剩余的冷气制作了一部分舰内冷气设备，这大大改善了舰体生活空间的适宜性。此后，日本帝国海军设计和建造的航母皆以"飞龙"号、"苍龙"号为原型，比如，在"飞龙"号扩大设计的基础上形成了翔鹤级航母，在充分利用"飞龙"号设计线图的基础上形成了云龙级航母，这些都是"飞龙"号航母设计经验的典型运用。尽管如此，在火力防御脆弱性方面，日本帝国海军并没有对"飞龙"号的运用现状进行很好的思考。事实上，实施飞行甲板装甲防护的大凤级航母和改大凤级航母的建造都是预定的设计，它们并没有吸取"飞龙"号的运用经验。

为了从高空识别"飞龙"号的飞行甲板，在甲板后端标记有日本的片假名"ヒ"。"飞龙"号共设计有3部舰载机升降机，从前至后，其设计规格分别是16×12米、12×11.5米和10×11.8米。第二次世界大战中，由于舰载机设计尺寸变大，因此，像零式舰上战斗机、九七式舰上攻击机等这些舰载机都采取了折叠机翼设计，这样它们便可通过升降机在机库与飞行甲板之间进行往返搬运。"飞龙"号舰载机机库分为两层，每层机库都可通过升降机在机库与飞行甲板之间进行舰载机的往返搬运。

1939年4月28日，在日本千叶县馆山附近海面进行海试中的"飞龙"号航母，其基本舰型设计为全贯通飞行甲板、左舷中部舰桥、开放式舰艏和舰艉。

"飞龙"号基本设计及舰载系统——"二战"时的标准中型航母

舰体诸元设计

"飞龙"号航母设计标准排水量为 17300 吨，海试排水量为 20165 吨，舰体全长为 227.35 米，飞行甲板全长 216.9 米，舰体全宽为 22.32 米，吃水 7.74 米。包括军官和水兵的舰员编制为 1103 人。

舰载推进系统

"飞龙"号整个推进系统可提供的最大功率输出为 153000 马力，最大航速可达 34.5 节（64 公里/小时），续航距离为 7670 海里。

舰载武器系统

"飞龙"号舰载武器包括 12 门 12.7 厘米 40 倍径联装高射炮和 31 门九六式 25 毫米防空高射机关枪。

1939 年 7 月 5 日，建成后停泊在横须贺港内的"飞龙"号，等待编入日本联合舰队。

"飞龙"号航母舰载机编队——与"苍龙"号一样的航空集群

与"苍龙"号一样,"飞龙"号舰载机总数包括57架常备舰载机和16架备用舰载机。

1941年12月时,其常备舰载机包括18架零式舰上战斗机、18架九九式舰上轰炸机和18架九七式舰上攻击机。

太平洋战争爆发前的"飞龙"号

1936年7月8日,"飞龙"号在横须贺海军工厂内正式开工建造。1937年11月15日下水。1939年7月5日,建成竣工,日本皇室成员伏见宫博恭王参加了竣工典礼。1939年11月15日,"飞龙"号和"苍龙"号一同加入由户田道太郎海军少将指挥下的日本帝国海军第二航空战队。

1940年4月,"飞龙"号随同第一航空战队奉命前往中国战场,执行了对中国福建省轰炸任务。9月17日,"飞龙"号由吴海军基地出发对日本帝国军队展开的针对法属印度支那的北部法印进驻行动进行支援。10月6日,"飞龙"号返回日本,随后参加了10月10日举行的纪元两千六百年特别观舰式活动。11月15日,山口多闻海军少将接替户田道太郎出任第二航空战队司令。此时,第二航空战队旗舰是"苍龙"号航母,12月9日,旗舰改为"飞龙"号航母。

1941年2月3日,为了调解越南和泰国之间的边境纠纷,第二航空战队奉命前往南方执行任务,途中,"苍龙"号航母与第二十三驱逐队的"夕月"号驱逐舰发生碰撞事故,两艘均没有沉没危险,随后,"苍龙"号返回佐世保母港,"飞龙"号则在冲绳县中城湾内等待下一步的命令。稍后,"飞龙"号参加了对中国沿海封锁作战行动,其舰载机部队对中国沿海部发起了攻击。3月12日,"飞龙"号返回日本。当时,"飞龙"号和"苍龙"号航母均隶属于日本帝国海军常备舰队第二舰队,这2艘航母在美国海军舰队针对日本近海的夜间鱼雷攻击行动中均有损耗,同时,它们还要在日本利用战列舰部队进行海上决战的战略思想指导下展开训练任务。

在太平洋战争爆发前,日本帝国海军以山本五十六联合舰队司令和小泽治三郎海军中将为代表的一些高层将领主张以海军航空兵为作战主力,进而形成集中运用第一航空战队和第二航空战队的大洋作战构想,于是,4月10日,第一航空舰队全新编成,"飞龙"号也编制到这支新舰队中。

1941年7月10日,"飞龙"号再次出港参加针对法属印度支那的第二次法印进驻支援行动。在此期间,"飞龙"号舰载机部队对福建省南平市展开了轰炸。通过这一系列的军事行动,日本急剧扩大了其在东南亚地区的势力范围,因此,日本与美英两国政府之间的关系也进一步恶化,大战不可避免。从9月开始,"飞龙"号在鹿儿岛湾和有明湾内进行珍珠港攻击作战行动的预先演习与训练。在"苍龙"号航母入坞维修期间,其舰载机部队全部转移到"飞龙"号航母上，不过，"苍龙"号舰载机飞行员们已经习惯了右舷舰桥着舰的操作方式，因此，在无意识的情况下，他们会靠近飞行甲板左侧着舰，而"飞龙"号是左舷舰桥的设计方式，于是，很多"苍龙"号舰载机飞行员经常撞击到"飞龙"号的舰桥上，从而导致舰载机坠海事故频发。

活跃于太平洋战争初期

在太平洋战争爆发前期，日本帝国海军制订了夏威夷作战计划。在夏威夷作战计划中，日本的战前情报控制做得非常彻底，比如，1941 年 9 月期间，即使是第二航空战队司令的山口多闻少将也是从在联合舰队司令部工作的部下那里获得夏威夷作战计划的一些内容。到 10 月份，日本联合舰队开始着手真正的作战准备，在这种情况下，第一航空舰队（南云忠一机动部队）所属的各战队指挥官、作战参谋、航母舰长均集中到舰队旗舰的"赤城"号航母上，至于各飞行长、飞行队则集中到佐伯海军航空队基地内，然后，由日本联合舰队司令部参谋人员向所有这些参战高级指挥官做作战说明。

在此期间，与新型翔鹤级和"加贺"号航母相比，"飞龙"号的续航距离较短，依据其续航能力，在满载燃料的情况下仍然要往返于日本本土和夏威夷之间接受补给，这样对作战行动非常不利，鉴于此，第二航空战队司令山口多闻决定"苍龙"号和"飞龙"号都在舰内搭载重油油箱然后参战，其中，"飞龙"号在舰内搭载了 500 个装入 200 升重油的油箱以及 2 万个装入 18 升重油的油箱，"苍龙"号同样也在舰内搭载了大量的重油油箱。

在夏威夷作战计划准备阶段，第一航空舰队（南云忠一机动部队）所属航母舰载机部队在日本周边海域的锦江湾、志布志湾以及佐伯湾内展开演习，1941 年 11 月 16 日，以佐世保海军基地为母港、除"加贺"号之外的 5 艘航母全部集结于佐伯湾内，各航母舰载机部队离开佐伯海军航空队基地分别登陆各自航母平台，做战前舰机集结准备。

各参战军舰为了隐藏机动部队的行动意图，分批隐蔽离开，11 月 18 日凌晨 4 时，"阿武隈"号轻型巡洋舰和 9 艘驱逐舰第一批离开，随后，其他军舰分时间段分次批离开佐伯湾，参战舰队的最终集结地为千岛群岛择捉岛内的单冠湾。舰队集结指定日期为 11 月 22 日，当天"飞龙"号驶入单冠湾。

11 月 26 日，"飞龙"号和"苍龙"号所在的第一航空舰队第二航空战队与第一航空战队（由"赤城"号和"加贺"号航母组成）以及第五航空战队（由"翔鹤"号和"瑞鹤"号航母组成）一同驶出单冠湾，这些部队为南云忠一机动部队的一部分，它们一路向夏威夷珍珠港驶去。此时，"苍龙"号为第二航空战队旗舰，山口司令一再强调第二航空战队为决死队。

12 月 8 日，"飞龙"号参加了珍珠港攻击作战行动，并为日本联合舰队歼灭美国海军太平洋舰队做出了巨大贡献。

在参战过程中，"飞龙"号共派遣了两次攻击队，其中，第一次攻击队由 18 架九七式舰上攻击机和 6 架零式舰上战斗机组成，其中，18 架"九七舰攻"分为水平轰炸队和鱼雷攻击队 2 支部队，前者编制 10 架飞机，指挥官为"飞龙"号的飞行队长楠美正海军少佐，后者编制 8 架飞机，指挥官为"飞龙"号的分队长松村平太大尉，6 架"零战"指挥官为"飞龙"号的分队长冈嶋清熊大尉。

第二次攻击队由 18 架九九式舰上轰炸机和 9 架"零战"组成，前者指挥官为"飞龙"号的分队长小林道雄大尉（因发动机故障返回航母未参战），后者指挥官为分队长能野澄夫大尉。

"飞龙"号第一次攻击队参战飞机全部返回，其中有 1 名重伤者。在遭受先前由第一航空战队发起的水平轰炸和鱼雷攻击之后，美国海军战列舰群燃起了熊熊大火，这对"飞龙"号鱼雷攻击队造成了目标无法识别的困难，因此，更多的小型军舰成了"飞龙"号鱼雷攻击队的目标。

"飞龙"号第二次攻击队中的大多数飞机中弹，2 架九九式舰上轰炸机和 1 架"零战"未返回航母。其中，由西开地重德士官驾驶的"零战"成功紧急迫降尼毫岛上，并且生存了下来，不过，他最终为当地原住民猎杀，这被称为"尼毫岛事件"，它对在美日本人社会造成了一定的影响。

在珍珠港攻击作战行动中，南云机动部队的预定目标是击沉美国海军航母，不过，最终未能如愿以偿。事实上，除"列克星敦"号（CV－2）和"企业"号（CV－6）航母在太平洋海域从事航空运输任务外，美国海军其他 5 艘主力航母"萨拉托加"号、"约克城"号、"大黄蜂"号、"黄蜂"号和"突击者"号或者部署于美国本土或者部署于大西洋海域，妄想在开战初期就将美国海军航母一举歼灭是不可能的事情。此外，山口司令建议对珍珠港发起第三次攻击，不过，南云忠一中将驳回了这样的意见，因为在出击行动展开前的图上演练中，确定不实施第三次攻击行动，当时山本五十六联合舰队司令也曾经出席了这样的演练，因此，不进行第三次攻击不是南云中将一个人的责任。

参加威克岛进攻作战

在实施珍珠港攻击计划期间，日本帝国海军还进行了威克岛（位于北太平洋夏威夷岛和关岛之间）进攻作战行动，这项作战任务由日本帝国海军第四舰队第六水雷战队负责实施，这支部队对坚守威克岛的美国海军陆战队展开了猛烈进攻，战况异常激烈。

包括"飞龙"号在内的南云机动部队在撤回日本途中期间，威克岛作战行动正处于艰难时期，第六水雷战队在遭到美军的猛烈反击后只能撤退。在这种情况下，第六水雷战队向南云机动部队提出了登陆支援请求，于是，第二航空战队（由"苍龙"号和"飞龙"号航母组成）、第八战队（由"利根"号和"筑摩"号重型巡洋舰组成）以及"谷风"号、"浦风"号驱逐舰与南云机动部队主力分离前往威克岛增援。到达威克岛后，"飞龙"号与第六战队（由"青叶"号、"衣笠"号、"加古"号和"古鹰"号 4 艘重型巡洋舰组成）会合，随后，参加了分别于 12 月 21 日、22 日和 23 日展开的第二次威克岛进攻作战行动。

1941年12月21日，"飞龙"号舰载机部队组成了第一次攻击队，共由26架舰载机组成，分别是9架舰上战斗机、15架舰上轰炸机和2架舰上攻击机。12月22日，组织了第二次攻击队，共由20架舰载机组成，分别是3架舰上战斗机和17架舰上轰炸机。12月23日，"飞龙"号舰载机部队实施了波浪式攻击作战，共由36架舰载机组成，分别是12架舰上战斗机、6架舰上轰炸机和18架舰上攻击机。上述三波攻击对驻守威克岛的美国海军陆战队进行了猛烈的进攻，它们有力地增援了日军地面登陆部队的行动。

驻守威克岛的美国海军陆战队只有少数兵力仍然在奋战，12月22日，2架F4F"野猫"舰载战斗机对日军航空攻击队实施了突然袭击，2架日军舰上攻击机被击落。尽管如此，日军登陆部队已经对驻守威克岛的美国海军陆战队造成压倒性的优势，于是，美军投降。日军取得完全胜利后，12月29日，"飞龙"号返回日本本土。

参加南方作战支援行动

1942年1月12日，"飞龙"号由日本出发，前往西太平洋帕劳群岛。1月21日，"飞龙"号驶出帕劳港，于23日和24日对摩鹿加群岛（马鲁古群岛的旧称）安汶岛首府所在地的安汶港进行了空袭。

随后几天，"飞龙"号穿梭于拉包尔（巴布亚新几内亚俾斯麦群岛中新不列颠岛东北端的港口城市）、新几内亚岛、所罗门群岛之间，主要承担日军中型陆上攻击机和运输机的海上中继平台。1月28日，"飞龙"号返回帕劳港。在此期间，美军机动部队对马绍尔群岛实施了空袭，第五航空战队（由"翔鹤"号和"瑞鹤"号2艘航母组成）为了警戒东方遂展开了西南方面作战行动。2月15日，"飞龙"号编入南方部队，同时，驶出帕劳港。

2月19日，在澳大利亚达尔文港空袭行动中，"飞龙"号共派遣了44架舰载机参与行动，分别是9架"零战"、17架舰上轰炸机和18架舰上攻击机，其中，1架"零战"紧急迫降未返回航母，其飞行员丰岛一郎被澳大利亚军队俘虏，他是澳大利亚军队俘虏的第一名日本军人，后来自杀。

2月21日，"飞龙"号与"苍龙"号一同进入苏拉威西岛（西里伯斯岛）东南岸斯特林湾内港口进行休整。2月25日，"飞龙"号出港参加爪哇岛进攻作战支援行动，随后前往印度洋。在爪哇岛支援行动中，"飞龙"号主要对逃离爪哇岛的盟军舰队军舰进行追歼。然而，由于泗水海面海战取得了重大战果，美、英、荷三国盟军舰队遭到日本帝国海军的全歼，因此，南云机动部队没有一展身手的机会。

3月1日，"比睿"号战列舰、"筑摩"号重型巡洋舰和"飞龙"号航空队对美国海军"佩科斯"号（A〇-6）给油舰和"埃德索尔"号（DD-219）驱逐舰进行了攻击，这2艘军舰均被击沉。下午4时左右，"飞龙"号9架九九舰上轰炸机对"佩科斯"号展开了进攻，其中，8架中弹，1架着舰时发生了火灾事故被投入大海。下午6时45分左右，

"飞龙"号9架九九舰上轰炸机对"埃德索尔"号展开了进攻，其中，只有1架中弹。

3月5日，"飞龙"号对爪哇岛南岸城市芝拉扎进行空袭，当时港内停泊中的船舶全部被击沉。3月7日，在机动歼敌行动中，"飞龙"号与"苍龙"号的攻击队联合对荷兰商船队进行了攻击，击沉多艘商船。3月11日，返回斯特林湾休整。

参加锡兰海面海战（盟军称印度洋空袭）

1942年3月26日，由"赤城"号、"苍龙"号、"飞龙"号、"瑞鹤"号和"翔鹤"号5艘航母组成的南云机动部队由斯特林湾出港前往印度洋，参加作战目标尚不明确的印度洋作战行动。

4月4日，南云机动部队发现PBY卡塔利娜飞行艇，随后，飞龙"零战"攻击队与其他航母攻击队击落了英军的飞行艇。这些战斗暴露了南云机动部队的行踪，要想继续按照当初计划那样对英军发动突然袭击已经不可能了。

4月5日，南云机动部队其他舰载机部队与"飞龙"号9架"零战"和18架舰上攻击机对斯里兰卡岛科伦坡市发动了空袭行动，这次空袭击沉了英国皇家海军1艘驱逐舰和1艘伪装巡洋舰。此外，飞龙"零战"攻击队发现了多架（渊田中佐目视观察到了12架）朝向南云机动部队展开攻击的"旗鱼"双翼鱼雷轰炸机，随后对这些轰炸机进行了攻击，据公开发行的战史记录有10架英军飞机被击落，"飞龙"号战斗详的记载有8架，英军记录有6架。

对这次空战的综合战果记载，日本国内公开发行的战史记载有57架英军战机被击落，其中，"喷火"战斗机19架、"飓风"战斗机27架、"旗鱼"鱼雷轰炸机10架，英军记录为共有42架"飓风"和"法尔马"战斗机出战，其中19架被击落，"旗鱼"共有6架被击落，共损失25架战机，而"喷火"战斗机并没有部署在斯里兰卡岛上。此时，渊田美津雄中佐打电报给南云机动部队建议准备第二次攻击。上午11时52分，南云中将命令第五航空战队（"翔鹤"号和"瑞鹤"号）等待换装鱼雷的九七式舰上攻击机将鱼雷全部换成炸弹。

下午1时刚过，由"利根"号重型巡洋舰起飞的九四式水上侦察机（四号机）发现了2艘英国皇家海军巡洋舰，随后，它向处于待命状态中的科伦坡攻击队通报了这份情报，同时，"阿武隈"号轻型巡洋舰的水上侦察机也报告发现了2艘英军驱逐舰。根据源田实航空参谋的主张，第二次科伦坡攻击要中止，从最初的发现报告至2小时后的下午3时许，"赤城"号、"苍龙"号和"飞龙"号3艘航母共派遣了53架九九式舰上轰炸机，其中，"飞龙"号派遣了18架。下午4时38分，日军航空攻击队对英军"康沃尔"号和"多塞特郡"号重型巡洋舰发起了攻击，在遭受约17分钟的猛烈进攻后，这2艘重型巡洋舰全部被击沉。随后，在没有发现由2艘以上重型巡洋舰组成的英军舰队后，南云机动部队离开斯里兰卡岛警戒圈南下，然后，大纵深向东迂回再北上。

4月9日，南云机动部队对斯里兰卡岛东部的军事重镇亭可马里海军基地展开了空袭，其中，"飞龙"号9架"零战"和18架舰上攻击机参与了行动。在参加后续的锡兰海面海战中，飞龙攻击队（包括3架"零战"和19架舰上轰炸机）与其他航母攻击队共同击沉了英国皇家海军"竞技神"号航母、澳大利亚"吸血鬼"号驱逐舰以及"霍利霍克"号运煤舰、2艘"阿塞尔斯泰恩"号和"萨加恩特"号给油舰。

此外，飞龙护航队对奇袭南云机动部队旗舰"赤城"号航母的9架英军"惠灵顿"轰炸机展开了追击，共击落4架，不过，飞龙护航队指挥官熊野澄夫大尉坠机战死。在4月9日的战斗中，南云机动部队共损失5架"零战"、4架舰上轰炸机和2架舰攻，其中，2架"零战"和2架舰攻属于"飞龙"号所有。

在重创英军取得重大胜利后，南云机动部队返回日本。4月15日，5架"零战"和4架舰上轰炸机离开"飞龙"号部署至第五航空战队内以增强这支战队的战斗力。

4月18日，美军机动部队实施了东京空袭（也称杜立特空袭），这次行动摇了日军信念。在此期间，航行于台湾南部海面巴士海峡内的第二航空战队受命对美国海军航母展开追击，然而，从相隔距离来看，这是一份非常不合理的命令。

4月22日，"飞龙"号返回佐世保母港，随后进行了入坞维修，在其进行大修期间，日本帝国海军对南云机动部队强制进行了大规模的人事变动，由此，部队组成各舰、各航空队的战斗力都被极大程度地削弱了。

5月8日，"飞龙"号成为第二航空战队旗舰，山田多闻少将及参谋团换乘至"飞龙"号上。

参加中途岛海战——"飞龙在天"与"飞龙沉没"

1942年5月27日，"飞龙"号航母仍由南云忠一中将指挥，并作为第一航空舰队（南云机动部队）第二航空战队旗舰参加中途岛海战。当天，"飞龙"号驶离佐世保母港。不过，这次作战行动，日军参战部队准备不充分的地方很多。在出发前的作战会议中，第二舰队司令近藤信竹中将提出占领中途岛后的补给维持可能性问题，宇垣缠参谋长回答"如果补给不可能，那么，守备队就要破坏所有基础设施然后撤退"，参与会议的山本五十六联合舰队司令没有说一句话。

挂载武器换装

日本时间6月5日，南云机动部队到达中途岛西北部海域。5日凌晨1时30分，南云机动部队向中途岛派遣了第一次攻击队。在友永丈市大尉指挥下，"飞龙"号共有9架"零战"和18架"九七舰攻"参与行动。其中，1架"九七舰攻"因为发动机故障返回航母，5架（包括2架紧急迫降）"九七舰攻"被美军战斗机和防空炮火击中坠毁。返回航母的舰载机或大或小都负伤，其中，4架舰攻和2架"零战"不能再使用，另有9架舰攻和7架"零战"维修后可继续使用。

战前，美军对日军的进攻早有准备，因此，充分强化了对中途岛基地的全方面防备，这样，一旦遭受日军空袭，中途岛基地守备部队不会丧失作战能力。鉴于此，友永大尉向南云司令部报告对中途岛美军基地有必要采取第二次攻击。另一方面，南云司令部将第一航空战队（由"赤城"号和"加贺"号航母组成）设为机动部队，由它应对可能随时出现的美军机动部队。在待命期间，南云司令部命令第一航空战队所属"九七舰攻"全部拆下挂载的鱼雷武器换装成对陆攻击炸弹。同时，对第二航空战队，南云司令部命令所有九九式舰上轰炸机将反舰炸弹全部换装成对陆攻击炸弹。对于舰攻地勤保障人员来说，机腹挂载设备的更换需要很大程度的细心，因此，一般情况下，不同挂载武器的更换需要 3 个小时时间。

凌晨 5 时 20 分，"利根"号侦察机报告发现了美国海军航母的出现，这是日军做梦也没想到的情况。山口少将主张立即派遣航母攻击队展开即时攻击，然而，草鹿龙之介参谋长和源田实航空参谋考虑到如果没有舰上战斗机的掩护是否应该派遣攻击队。接下来，回收返回的第一次攻击队成为优先考虑行动，山口的提议遭到拒绝。

随后，第二航空战队（"飞龙"号、"苍龙"号）报告挂载鱼雷武器的"九七舰攻"的可能出击时刻是上午 7 时 30 分至 8 时。提出报告的"九七舰攻"为友永攻击队，这时他们还没有着舰。

此后不久，南云机动部队遭受来自中途岛美军基地 B－17 大型轰炸机、SB2U 和 SBD"勇毅"俯冲轰炸机以及 TBF"复仇者"鱼雷轰炸机的波浪式攻击。在凌晨 5 时左右的美军空袭行动中，"飞龙"号舰员有 4 人战死。"赤城"号误认为"飞龙"号已经中弹。在遭受美军空袭后，日军各航母紧急派遣护航零式舰上战斗机和换装挂载武器，在此期间，美军机动部队攻击队已经接近南云机动部队。

上午 7 时 30 分左右，"赤城"号、"加贺"号和"苍龙"号 3 艘航母分别遭受美军 SBD"勇毅"俯冲轰炸机的奇袭，均中弹，击中上述 3 艘航母的鱼雷、炸弹均在机库内爆炸，随后 3 艘航母都丧失了作战能力。

"飞龙"号的攻击

同样，"飞龙"号也遭受了美军机动部队鱼雷攻击队的袭击，为了规避袭击，"飞龙"号驶离了"赤城"号、"加贺"号和"苍龙"号 3 艘航母所在的位置。此刻，南云机动部队编制 4 艘航母中只有"飞龙"号 1 艘幸免于被轰炸的噩运，随后，在山口多闻少将的指挥下，"飞龙"号攻击队开始了反击。山口明确告知"飞龙"号舰员们：除了"飞龙"号之外其他 3 艘航母均中弹丧失战斗力，尤其是"苍龙"号已经燃起熊熊大火，为了帝国的荣誉，"飞龙"号要继续战斗到底。

上午 8 时，在小林道雄大尉指挥下，"飞龙"号派遣了 18 架九九式舰上轰炸机（携带 12 枚 250 公斤普通炸弹和 8 枚对陆攻击炸弹）和 6 架"零战"针对美国海军"约克城"号航母展开攻击。"约克城"号遭受日军 3 枚炸弹命中（日军记载为 6 枚命中），损失惨重，同时，"飞龙"号攻击队丧失了 13 架舰上轰炸机和 4 架"零战"（1 架紧急迫降），另有 1 架舰上轰炸机中弹不能使用以及 2 架舰上轰炸机和 1 架"零战"维修后可继续使用，日美双方战况惨烈。

上午 11 时 30 分，在友永大尉指挥下，"飞龙"号派遣了第三次攻击队，共由 10 架 "九七舰攻"和 6 架"零战"组成。飞龙第三次攻击队对"约克城"号航母再次展开了攻击，在此次攻击中，"约克城"号遭受 3 枚鱼雷命中（美军记载为 2 枚），随后丧失了航行能力。日军方面，包括友永队长在内的 5 架"舰攻"和 3 架"零战"被美军击落，4 架"舰攻"不能使用，1 架"舰攻"和 3 架"零战"维修后可继续使用。同时，在 "飞龙"号上空承担护航任务的"零战"也损失了 5 架（1 架紧急迫降），另外，已经中弹的"赤城"号、"加贺"号和"苍龙"号 3 艘航母的"零战"与"舰攻"全部转移至 "飞龙"号上，以弥补"飞龙"号的航空战斗力损失。

根据"苍龙"号起飞的十三式舰上轰炸机的侦察结果以及第四驱逐队（有贺幸作为部队司令）的俘虏问寻结果报告来看，日军已经了解了美国海军"企业"号、"黄蜂"号和"约克城"号 3 艘航母的战斗能力。山口司令在让"飞龙"号准备第三次攻击队期间，"飞龙"号战斗力仅剩下 10 架"零战"、5 架舰上轰炸机和 4 架"舰攻"。山口决定不在白天条件下对美军展开强攻而是选择在傍晚时分展开攻击。如前所述，承担侦察任务的十三式舰上轰炸机准备由"飞龙"号飞行甲板起飞执行美军侦察任务。在此期间，"飞龙"号周边有"榛名"号和"雾岛"号战列舰、"筑摩"号（第八战队旗舰）和"利根"号重型巡洋舰以及"长良"号（第十战队旗舰、南云忠一中将乘坐军舰）轻型巡洋舰承担护卫任务，其防守堪称固若金汤。美军方面，"约克城"号侦察机向美军报告发现日军由 1 艘航母、1 艘战列舰、2 艘重型巡洋舰和 4 艘驱逐舰组成的舰队及其位置，随后，美军攻击队向这支日军舰队发起了攻击。

"飞龙"号沉没

日本时间 6 月 5 日下午 2 时 3 至 5 分，"飞龙"号遭受来自美国海军"企业"号和 "约克城"号 24 架 SBD 俯冲轰炸机的集中攻击，有 4 枚 1000 磅重的炸弹命中航母舰体。接下来，来自"黄蜂"号航母的 14 架 SBD 轰炸机和 12 架 B－17 轰炸机对燃起熊熊大火的"飞龙"号及其护卫军舰"榛名"号战列舰、"利根"号和"筑摩"号重型巡洋舰展开了攻击，不过，非常幸运的是这 3 艘军舰都未被炸弹击中。中弹后的"飞龙"号轮机科报告 4 部涡轮机正常，8 部锅炉中的 5 部正常，航母航速仍可达到 30 节。但是，驱动舵机用的发动机停止运转，需要切换到蓄电池，轮机舱与舰桥之间的电话联系也已经中断。

下午 6 时 30 分左右，第八战队（"筑摩"号、"利根"号）和第十驱逐队 4 艘驱逐舰开始对"飞龙"号展开放水消防行动，不过，"飞龙"号舰内火势蔓延，这样的消防行动需要时间，夜晚 8 时 58 分，"飞龙"号再次发生了爆炸。晚上 10 时，消防行动仍在展开。晚上 11 时 50 分，"飞龙"号军舰旗降下。6 月 6 日凌晨 0 时 15 分，"飞龙"号发布总体撤退命令，舰上生存者全部转移到第十驱逐队"卷云"号和"风云"号驱逐舰上。凌晨 1 时 30 分，舰员转移行动结束。凌晨 2 时 10 分，"卷云"号驱逐舰向"飞龙"

号发射了 2 枚鱼雷，其中 1 枚直接命中"飞龙"号。第十驱逐队没有眼看着"飞龙"号完全沉没就向西方撤离了。据后来轮机舱生存者回忆，"飞龙"号从中弹到沉没花费了大约 2 个小时以上。

日本时间 6 月 6 日凌晨 6 时 6 分至 15 分，"飞龙"号左舷发生倾斜，随后，舰艇首先开始下沉。一些轮机舱幸存者在海上漂流了 15 天之后被美军救起。

在中途岛海战期间，"飞龙"号的实际舰员数量不明，其定员编制是准军官以上人员 95 人，下士官兵 1315 人，起用职员 6 人，总计 1416 人。据日军战斗详报记载，"飞龙"号战死者包括山口司令、加来止男舰长等准军官以上人员 30 人，下士官兵 387 人，总计 417 人。被美军俘虏的轮机舱舰员有 34 人。

"飞龙"号舰载机飞行员战死者共有 72 人，其中机上飞行员 64 人、舰上飞行员 8 人，在中途岛海战中沉没的 4 艘日军航母中，"飞龙"号飞行员战死者最多，"赤城"号有 7 人，"加贺"号有 21 人，"苍龙"号有 10 人。综合比较来看，在参加所有海战的日本航母中，"飞龙"号飞行员战死者也是最多的一艘。

1999 年 10 月 29 日，美国一家深海调查公司在中途岛海面以下 4800 米处发现了"飞龙"号航母的残骸。

在中途岛海战中，正在规避美军轰炸机轰炸的"飞龙"号，可以确认飞行甲板后部涂有一个巨大的日文片假名"ヒ"，这是供本舰舰载机飞行员返回时确认航母的，不曾想却成了美军轰炸机轰炸目标的靶心，有了它的定向作用，美军的炸弹一定不会"跑偏"，"飞龙在天"成了"活靶子"。

"飞龙"号最著名的照片，也是二战中的著名照片，"飞龙"号左舷舰桥前后部都已经燃起熊熊大火，这是"飞龙"号留给世人的最后印象，由前来支援的"凤翔"号舰载机飞行拍摄。

燃起熊熊大火的"飞龙"号成了"火飞龙"。

1比700模型,分析在中途岛海战遭受击沉命运的"飞龙"号航母。

美军救起的"飞龙"号航母幸存者,他们都成了美军俘虏。

"飞龙"号历任舰长

"飞龙"号航母在服役期间共有 4 任舰长，另有两任舾装员舰长，分别为城岛高次海军大佐，任职期间为 1938 年 8 月 10 日至 1938 年 12 月 15 日；竹中龙造海军大佐，任职期间为 1938 年 12 月 15 日至 1939 年 4 月 1 日，竹中龙造大佐同时也是"飞龙"号航母的第一任舰长。

历任	舰 长 姓 名	军 衔	任 职 期 间
1	竹中龙造	海军大佐（上校）	1939 年 4 月 1 日－1939 年 11 月 15 日
2	横川市平	海军大佐	1939 年 11 月 15 日－1940 年 11 月 15 日
3	矢野志加三	海军大佐	1940 年 11 月 15 日－1941 年 9 月 5 日
4	加来止男	海军大佐	1941 年 9 月 5 日－1942 年 6 月 6 日战死

第五节　装甲防护航母"大凤"号

在日本帝国海军诸多航母中，"大凤"号是第一艘舰体和飞行甲板都采取厚重装甲防护的航母，这是此航母最主要的技术特征，从而形成了与其他航母之间最主要的区别，日本帝国海军正是寄希望于这些大规模装甲防护来让"大凤"号具备抵抗多枚炸弹、炮弹或鱼雷同时攻击的能力，这样，才具备持续有效的作战能力，然而，就是这样的厚重装甲防护却让"大凤"号不堪一击即沉没。

"大凤"号航母是日本帝国海军正规航母中最后一艘建成竣工的中型航母，作为航母机动部队，其舰载机部队经历了实战，首战为马里亚纳洋面海战（盟军称为"菲律宾海海战"），在这次海战中，"大凤"号仅遭受一枚美国海军潜艇鱼雷攻击就导致舰载航空燃料泄漏，不久后引发大火和爆炸，直至最后沉没，这再次证明了日本帝国海军军舰损害管制水平低的弊病。

"大凤"号的开发背景——第二次世界大战已经全面爆发

1939 年，日本帝国政府策划制订新一轮的海军军备计划，这就是第 4 次充实计划（通称为"丸 4 计划"），在这项计划中，准备建造保密名称为 W14 的航母，不过，这艘航母直到建成之前经历了一段非常曲折的过程。昭和 13 年（1938），日本大藏省说明资料中制订了 W14 航母的初期方案，计划安装 6 门 15.5 厘米舰炮，就像当年"苍龙草案"提出的设计方案一样。初期设计方案是一种不符合时代要求的草案，其主要运用构想是在前方作战中担当己方航母攻击队的中断基地职责，在遭遇敌舰时要能以超高航速甩开敌人，并具备强大的舰炮火力，以保证自身的防御。然而，随着日本舰载机技术的不断提高，舰载机的高性能已经不再需要中继基地的存在，这样中继基地的航母设计方案早早就收场了，此后，W14航母以常规舰队型航母进行研制和开发。

1944年，刚刚建成航行中的"大凤"号，其基本舰型设计为：封闭式舰艏与舰艉（与"凤翔"号、"龙骧"号、"苍龙"号、"飞龙"号的开放式设计完全不同，从"大凤"号开始，日军航母设计已经与美英航母保持基本一致）、狭长的全贯通飞行甲板、右舷稍前部一体化舰岛（舰桥与烟囱采取集中式设计，从而形成一个岛形建筑，这与以往的航母设计完全不同，一体化舰岛为美英航母的标准设计），另外可见舰舯部准备起飞的舰载机群。

在进入常规舰队型航母设计期间，新型航母的舰体设计以翔鹤级航母为基础，在此基础上，对全部舰体加装厚重的装甲防护，以突出航母的重型防御作战构想。"大凤"号以前的日本航母，其飞行甲板与同时期的美国海军航母几乎相同，它们都是没有防御的。随着俯冲式轰炸机技术的不断发展，这些攻击机可通过俯冲轰炸很容易就剥夺航母的舰载机起飞与回收能力，基于这种忧虑，日本帝国海军认为必须通过加装厚重装甲防护来保证航母飞行甲板的正常操作能力。在这种设计思想主导下，"大凤"号航母成为日本帝国海军期待许久的、为飞行甲板加装厚重装甲防护的航母。此外，"大凤"号没有同型舰，后来设计了经过小幅度改良的改大凤级航母，不过，随着日本战争处境恶化，改良大凤级航母停止了建造。

1940年5月25日服役的英国皇家海军卓越级航母1号舰"卓越"号（R-87），它比"大凤"号航母早服役4年，早4年下水，从基本舰型设计上来看，"卓越"号设计有右舷中部一体化舰桥（航海、主桅、航空指挥和烟囱四大功能集于一身）、平直的全贯通飞行甲板、封闭式舰艏和舰艉，与"胜利"号相比，"大凤"号的设计也开始转向美英标准。

1942 年 12 月 31 日服役的美国海军埃塞克斯级航母 1 号舰"埃塞克斯"号（CV—9），它下水及服役时间都比"大凤"号早很多，其基本舰型设计与卓越级基本相同，包括平直的全贯通飞行甲板、右舷前部一体舰桥、封闭式舰艏与舰艉。

1956 年，经过现代化改装后的"埃塞克斯"号（CAV—9），其主要舰型变化是：平直飞行甲板改装成带斜角甲板的布局、一体化舰桥集成度更高、舰岛趋于右舷中部位置。

无同型舰正规航母——日本帝国海军原型航母、各大海战主力

"大凤"号的整体设计——日军航母设计的转折点、完全转向美英式设计

舰体设计

"大凤"号舰体设计以翔鹤级航母为标准,同时,飞行甲板进行了装甲化防御,为了降低舰体重心,舰内甲板层数减少一层,因此,与翔鹤级相比,"大凤"号舰内空间明显狭窄。"大凤"号舰体全长接近于翔鹤级航母的全长,海面至飞行甲板以上的舰体高度为 12 米,与"飞龙"号航母接近,舰载机机库设计在前后舰载机升降机之间,分为上下两层。机库靠近舷侧的方向没有设计开口部,为密闭式,这样,在炸弹落入机库的时候,为了减轻炸弹爆炸时所产生的冲击波,在升降机处设计了可以释放冲击波以及可用以逃生的开口部。

"大凤"号舷侧的防护装甲厚度为 55 毫米至 165 毫米,飞行甲板装甲厚度为 48 毫米。

封闭式舰艏部

加装厚重装甲防护将会导致舰体重心上升,为了防止重心上升,与其他航母相比,"大凤"号的舰内甲板层数少了一层,其结果是与军舰的体积相比,舰体干舷(海面至飞行甲板之间的距离)明显降低,满载时,"大凤"号干舷高度与"飞龙"号航母基本相当,都为 12 米。在这种情况下,为了避免航母舰艏部遭受大量的波浪与海水侵袭,那么,"大凤"号就要像同时期的英国航母和现代的美国航母那样将舰艏部设计成封闭式,也就是舰艏外板延长至飞行甲板上以形成封闭式的舰艏形状,从而,达到舰艏部与甲板达到一体化。"大凤"号是日本帝国海军第一次尝试设计封闭式舰艏,根据现存的设计线图来看,可以确认这种封闭舰艏采取了多套方案,不同方案之间都有详细的修正。

基本设计参数

"大凤"号航母设计标准排水量为 29300 吨,海试排水量为 32400 吨,满载排水量为 37270 吨,舰体全长为 260.6 米,水线宽度为 27.7 米,吃水 9.59 米,飞行甲板(装甲部分)全长 257.5 米和全宽为 20 米,包括军官和水兵的舰员编制为 2038 人。

舰载动力推进系统

"大凤"号动力推进系统以翔鹤级航母为标准,配备 8 部口号舰本式锅炉、4 部齿轮涡轮机、4 轴推进,整个推进系统可提供的最大功率输出为 16 万马力,最大航速可达 33.3 节,以 18 节航速的续航距离为 1 万海里。舵机配置与大和级战列舰相同,包括副舵和主舵 2 部舵机,分前后设置。

舰载武器系统

"大凤"号舰载武器包括 12 门 10 厘米联装高射炮和 66 挺 25 毫米三联装防空高射机关枪。

"大凤"号是日本帝国海军航母中唯一装备 65 倍径 10 厘米口径的九八式重型高射炮，不过，由于飞行甲板加装厚重装甲的原因（重量增加太多），作为降重措施，"大凤"号所安装的九八式舰炮由翔鹤级的 16 门减少到 12 门。

防御能力设计

"大凤"号轮机舱可抵抗由 3000 米高度落下 800 公斤炸弹的攻击以及来自 1200 米至 2 万米距离 6 英寸炮弹的袭击。弹药库可抵抗由 3000 米高度落下 1000 公斤炸弹的攻击以及来自 1200 米至 2 万米距离 8 英寸炮弹的袭击。这些超强的进攻防御能力主要来自"大凤"号在舰体主要部分实施了 16 毫米高度张力钢板和 32 毫米 CNC 钢板的水平防御，以及 160 毫米至 55 毫米的 CNC 钢板垂直防御。水平钢板相对较薄，主要用于飞行甲板的装甲防御。"大凤"号的水中防御措施是为主要的水下舰体部分设计了 3 重底，采取液体层和空气层进行合理搭配组合的防御构造模式，如果进行 TNT 换算的话，这样的舰底可以防御携带 300 公斤炸药的鱼雷攻击。但是，美国海军当时服役的 MK13 航空鱼雷使用的是铝粉混合炸药，如果进行 TNT 换算，这种鱼雷的爆炸威力超过 400 公斤，这真是人算不如天算，"大凤"号命该如此。

舰岛设计（倾斜烟囱）

与"飞鹰"号、"隼鹰"号 2 艘飞鹰级航母一样，"大凤"号舰岛位于舰体右舷部，为包括动力舱烟囱和舰桥的一体化布局。一直以来，日本帝国海军备受航母烟囱排烟处理的困扰，从最早的"凤翔"号、三层飞行甲板时代的"赤城"号等都重复着试行错误。常规烟囱都会妨碍飞行甲板的气流流动，弯曲烟囱需要更多的成本。

航母舰桥大型化，同时，将烟囱和舰桥分别设计在舰体的两侧舷部会有利于整个军舰的重量平衡。在这种观点指导下，改装后的"赤城"号和新建造的"飞龙"号航母将烟囱设计在右舷，将舰桥设计在左舷，以对上述观点进行试验，这样的设计同样有弊端，比如，煤烟进入舰桥内、气流紊乱影响舰载机着舰等。因此，从"飞龙"号以后，日本帝国海军航母又将舰桥和烟囱设计在同一侧舷内。

"大凤"号设计了向上排烟的烟囱，它与舰桥集中设计在舰岛内，整个烟囱位于飞行甲板以上的高度为 17 米，当初预定采取直立方式建造，不过，经过风洞实验有扰乱气流的担忧，于是，又向外侧做了 26 度的倾斜。

弹药库与轻油库设计

"大凤"号弹药库可携带 72 枚 800 公斤炸弹、72 枚 500 公斤炸弹、144 枚 250 公斤炸弹、144 枚 60 公斤炸弹、48 枚九一式航空鱼雷改以及供舰载机补给使用的 144 枚 250 公斤炸弹。

轻油库设计在与前后升降机接近的海面以下位置，前后油库总计可携带 990 吨的航空燃料，这是标准的携带量。

"大凤"号航母，其后方为翔鹤级航母。

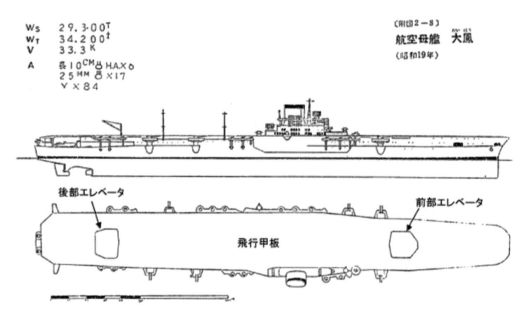

"大凤"号的设计示意草图，下图分别包括全贯通飞行甲板、右舷前部舰桥、前后部舰载机升降机等设计位置。

"大凤"号的航空系统设计

飞行甲板

日本帝国海军军令部要求"大凤"号航母可以抵抗800公斤炸弹俯冲爆炸所造成的攻击。按照初期设计草案，在前后升降机之间的飞行甲板（约占飞行甲板全长的二分之一）将覆盖60毫米厚度的装甲，这样的飞行甲板长度可能会限制战斗机起飞的最大距离。经过各种炸弹爆炸实验，60毫米厚的装甲防护能力可能不足，在此基础上，最终的方案是在20毫米DS钢板上再加装75毫米的CNC甲板。与初期草案相比，最终方案只是增加了防护装甲的厚度，不过，装甲防护的全长仍为飞行甲板全长的二分之一，于是，最终方案又将装甲防护范围扩展至飞行甲板的全长，只是位于舰中央部的机库天井部分覆盖了20毫米厚的装甲。

升降机与弹射器

"大凤"号升降机由两层25毫米的DS钢板构成，这样总计钢板厚度就为50毫米，其总重也由此达到了100吨，不过，与其他航母相比，"大凤"号的升降机动作非常灵活。"大凤"号预定安装2部舰载机弹射器，不过，由于在开发期间未能按计划研制成功，故此，推迟到日后安装。

"大凤"号舰载机集群组成

按照设计，"大凤"号舰载机总数包括52架常备舰载机和1架备用舰载机，分别是24架十七式舰上战斗机（常备）、24架十六式舰上攻击机（1架备用）和4架十七式舰上侦察机（常备）。某些资料记载为61架。与翔鹤级以及盟军大型航母动辄70架至90架的舰载机总量相比，"大凤"号的舰载机总量进行了一定程度的节制。

在马里亚纳洋面海战时，"大凤"号舰载机总数为54架，分别是20架零式五二型舰上战斗机、18架舰上轰炸机（包括"彗星"一一型和九九式舰爆）、13架"天山"一二型舰上攻击机和3架"彗星"一一型（舰上侦察型）舰上侦察机。不过，这个总数是马里亚纳洋面海战当天的搭载总数，其中并不包含因事故损失的舰载机数量。此外，由于空地分离的原因，舰载机与航母之间的关系时时处于变化之中，某一时间段内的舰载机搭载数量并不是航母的最大舰载机搭载能力。

六〇一航空队编制的舰载机分别搭载于"大凤"号、"瑞鹤"号和"翔鹤"号三艘航母上。

在飞行甲板进行重装甲化条件下，"大凤"号舰载机总数减少主要是为了尽力避免整个航母舰体重心上升的危险，舰载机数量减少相应地机库的容量也会随之减少，在这点上，"大凤"号与英国皇家海军的卓越级航母非常相似。"大凤"号机库与翔鹤级航母相同，都为两层设计，并且机库的全长也相等。

此外，"大凤"号舰载机数量减少还有另外一个原因，像"烈风"舰上战斗机、"流星"舰上攻击机这样的舰载机都是第二次世界大战后期研制的大型舰载机，照比战前的舰载机设计尺寸来看，它们的机型要大得多，因此，以大战前的舰载机搭载数量来衡量战争后期的标准，这当然是在减少。实际上，"大凤"号灵活运用总计70架以上的"零战"、"彗星"和"天山"舰载机是绰绰有余的。

在中途岛海战中，"加贺"号弹药库的大爆炸是导致航母沉没的最致命原因，根据"加贺"号幸存的天谷孝久中佐（曾经担任"加贺"号航母的飞行队长）的意见，"大凤"号的舰上轰炸机和炸弹携带数量都明显减少，相反，根据日本帝国海军军令部和军务局的要求增加舰上战斗机的数量。

此外，为了切实弥补"大凤"号舰载机数量不足的问题，日本帝国海军还制订了由其他航母进行补充的方案。也就是，防御能力极强的"大凤"号在挺进到危险的前方时，在后方相对安全海域的其他航母可向"大凤"号派遣它所需要的舰载机数量，在补充足够的舰载机之后，航母再行出击，这种航母运用方法可称作"海上补给基地"运用。这种运用方法有点像现代战机的空中加油，通过实施空中加油可以大大延长战机的行动距离。与翔鹤级和飞龙级等前期航母相比，"大凤"号所携带的航空燃料明显增加，这可以说是海上基地运用方法的间接性证据。不过，与"零战"、九九式舰上轰炸机等前期舰载机相比，像"烈风"、"流星"、"彩云"这些后期舰载机的航空燃料消耗也明显增大，因此，也可以说航母的航空燃料携带量几乎不变。

举例来说，翔鹤级航母的航空燃料携带量是496吨，"大凤"号是1000吨，后者几乎是前者的一倍，另一方面，翔鹤级服役时其主力舰上战斗机是"零战"二一型，这种机型的预定航空燃料携带量是525升，而"大凤"号服役时预定上舰战斗机是"烈风"，其机内的航空燃料携带量是912升，后者机型的航空燃料携带几乎也是前者的一倍。另外，"大凤"号与翔鹤级舰载机所携带的弹药也没有明显的差别。

下面对"大凤"号在不同时期所携带的舰载机类型及数量进行列举。

"大凤"号的预定舰载机包括18架一七式舰上战斗机（"烈风"，其中1架为备用）、6架一七式舰上侦察机（"彩云"）、36架一六式舰上攻击机（"流星"），合计为常备舰载机60架、备用机1架，总计61架舰载机。

在A号作战时，"大凤"号舰载机包括19架零式舰战五二型（2架事故损失）、17架"彗星"一一型、14架"天山"一二型（1架事故损失）、3架"彗星"一一型（舰上侦察机型）和1架九九式舰上轰炸机，总计54架舰载机。

在第六〇一航空队时，舰载机分别搭载于"大凤"号、"翔鹤"号和"瑞鹤"号3艘上，这个航空队编制的舰载机包括78架零式舰战五二型（2架事故损失）、11架零式舰战二一型（舰上轰炸机型）、53架"彗星"一一型、37架"天山"一二型（1架事故损失）、17架"彗星"一一型（舰上侦察机型）、5架"天山"一二型（雷达装备型）、7架九九式舰上轰炸机（2架事故损失），总计208架舰载机，其中，"大凤"号分配54架，"翔鹤"号分配77架，"瑞鹤"号分配77架。

"大凤"号的建造

1941 年 7 月 10 日,"大凤"号在川崎重工神户造船所正式开工建造,预定 1943 年秋季左右下水,不过,开工建造半年后由于太平洋战争爆发,日本帝国海军军令部要求工期提前,于是,1943 年 4 月 7 日,"大凤"号提前下水。1944 年,由神户港出发经过备赞濑户和来岛海峡"大凤"号到达吴海军基地,最终在吴海军工厂内完成舾装工程。1944 年 3 月 7 日建成竣工。

巡航训练中的"大凤"号

1944 年 3 月 7 日,"大凤"号建成的当天与 2 艘秋月级驱逐舰"初月"号和"若月"号一同驶出吴港进行海上试航和巡航训练任务,在此期间,秋月级兼具护航和兵员运输两项任务。当时,"大凤"号舰载机集群除第六〇一航空队的"零战"、"彗星"、"天山"之外,还有司侦、月光、零观和零式水侦,总计 64 架舰载机。

4 月 4 日,"大凤"号进入新加坡塞莱塔海军基地,不过,就在即将入港之前航母的转向装置发生了故障,随后,配电盘又发生了火灾,导致操舵作业无法展开,最终故障得以圆满解决。月光和水侦舰载机在完成兵员上陆任务后,"大凤"号于 4 月 9 日返回林加锚泊地。林加锚泊地位于印度尼西亚西部苏门答腊岛以东海面上的林加群岛附近,它同时也是"翔鹤"号和"瑞鹤"号进行着陆训练的主要场所。

5 月 6 日,"大凤"号回收了全部的舰载机。5 月 11 日,离开林加锚泊地的"大凤"号与来自内地的第二航空战队、第三航空战队会合,然后向塔威塔威群岛(位于菲律宾西南部苏禄群岛中的岛群)方向驶去,5 月 14 日到达。当时塔威塔威群岛锚泊地周围没有较大的陆地机场,同时,美军潜艇又经常出没该地区,因此,"大凤"号不能展开充分的海上训练。为了防范随时可能出现的美军潜艇,日军已经有 5 艘驱逐舰被击沉,比如,"谷风"号和"风云"号驱逐舰。

6 月 13 日,利用陆上基地,"大凤"号开始展开飞行员训练任务,训练期间,航母向菲律宾中部的吉马拉斯海峡驶去。吉马拉斯海峡位于菲律宾米沙鄢群岛中格罗斯岛西北部与班乃岛之间,宽约 11—32 公里。在吉马拉斯海域,执行反潜巡逻任务的"天山"舰载机在着陆"大凤"号时失败。进行重新着舰操作时,"天山"舰载机突然失速,与停放在飞行甲板上的九九式舰上轰炸机发生追尾碰撞,燃起熊熊大炎。在这次事故中,有 2 架"零战"、2 架九九式舰上轰炸机和 1 架"天山"损毁,另有 1 架"天山"和 1 架九九舰上轰炸机轻微损毁。

6 月 14 日,"大凤"号停泊吉马拉斯海峡进行燃料补给。6 月 15 日,驶出吉马拉斯海峡向马里亚纳洋面驶去。

命殒首战马里亚纳洋面海战

1944 年 6 月 18 日，"大凤"号参加马里亚纳洋面海战（盟军称菲律宾海海战）。当天，由"大凤"号起飞的"彗星"舰载机发现美军机动部队，随即前卫舰队开始派遣航母舰载机攻击队，不过，考虑到当时发起进攻的攻击队要到夜间才能返回航母，而在夜间进行着舰操作是很危险的作业，故此，日军决定暂缓 18 日的攻击。

6 月 19 日早晨 6 时 30 分，"能代"号巡洋舰的"水侦"舰载机发现美军机动部队。7 时 45 分，"大凤"号开始派遣舰载机攻击队。7 时 58 分，按照预定要求，"大凤"号结束舰载机起飞操作。在舰载机起飞操作期间，"大凤"号舰员几乎全部都集中在飞行甲板上目送攻击队，这直接导致整舰的反潜警戒水平降低，给了美军以最好的攻击时刻。就在此时，一艘美国海军小鲨鱼级潜艇"大青花鱼"号正在追击小泽舰队。不过，"大青花鱼"号放弃了寻找最合适的发射点，在相当远的距离上就发射了 6 枚鱼雷。不料，就是这些不经意发射的鱼雷却击沉了"大凤"号。当时，在"大凤"号上空，刚刚起飞的第一次攻击队正在组织空中飞行编队，由小松幸男兵军士长驾驶的"彗星"没能加入飞行编队，于是，飞机向右转向冲入大海，在距离"大凤"号右侧大约 5000 米的海面位置，小松突然发现了鱼雷攻击的航迹，于是试图通过自炸飞机来阻止鱼雷的攻击。这时，"大凤"号值班岗哨直接报告航母正以 28 节航速径直航行，就在刚刚下达全力转向命令期间，上午 8 时 10 分，1 枚鱼雷直接命中"大凤"号右舷前部。

中弹后的"大凤"号舰体没有发生倾斜，只是前部舰体稍稍下沉，故此可以继续航行。但是，前部升降机在由下层战斗机机库上升至 1 米高度时所搭载的"零战"向前侧发生了倾斜然后升降机停止了运转。根据小泽长官命令，地勤人员进行了舰内作业总动员。作为攻击队指挥官的小野大尉对事故强度进行了确认，然后将 1 架"零战"、1 架"彗星"和 4—5 架"天山"所搭载的鱼雷和航空燃料全部卸下来。

上午 10 时 30 分，第一航空舰队（小泽部队）发起了第二次攻击队。此时，"大凤"号由于舰体下沉航速降至 26 节。内务科和辅机分队在向左舷后部进行大量注水后，"大凤"号已经下沉的舰艏得到了慢慢的修正。

遭受鱼雷攻击后不久，下部机库的前部升降机附近开始泄漏汽油，这主要是鱼雷爆炸所产生的冲击破坏了存放汽油的油箱。随后，汽化汽油开始由机库充满整个舰内空间，换气作业变得迫不及待。由于上下机库都充满了汽化汽油，因此，换气作业变得异常困难。同时，有部分舰员因为吸入汽化汽油而变得神志不清。上午 12 时，由于全舰充满汽化汽油，遂实施禁烟以及禁止从事可产生火花作业的命令。机库侧面的舱门已经全部打开，机库侧壁钢板也以强制手段打开了许多可以换气的孔洞。

在换气期间，"大凤"号仍在展开舰载机回收操作，为了保持警戒，有战斗机在航母上空进行警戒巡逻，随后，在"翔鹤"号遭受鱼雷攻击后，其落后的第一次攻击队由"大凤"号负责回收。下午 12 时 20 分以后，小泽舰队第一次攻击队开始返回"大凤"

号，不过，由于美军展开了异常猛烈的反击，日军损失惨重，因此，大量舰载机损失而未返回"大凤"号，经初步统计，由"大凤"号起飞又返回"大凤"号航母的舰载机仅有4架，分别是3架"零战"和1架"彗星"侦察机，由此可以想象当时的战况是多么的惨烈。

"大凤"号的沉没

下午2时刚过，小泽舰队第二次攻击队没有发现美军机动部队，于是，毫无损失地由舰队上空返回。在回收第二次攻击队期间的下午2时32分，也就是遭受鱼雷攻击的大约4个小时之后，"大凤"号的汽化汽油引起大火，同时，开始发生大爆炸。据"大凤"号舰桥勤务官近藤敏直少尉回忆，在第一架准备着舰的舰载机机身着陆后不久，"大凤"号就发生了爆炸。来自"瑞鹤"号航母的目击者，一名维修士官讲述当时"大凤"号上一架正在停机的舰载机与一架着舰失败的舰载机发生了冲撞，立即发生了大火。随后，"大凤"号飞行甲板还发生了其他大爆炸，于是，第二次攻击队无法在"大凤"号上进行着舰，这些舰载机随后都着陆到"瑞鹤"号航母上。

"大凤"的损伤越来越严重。期间，地勤人员在用设置于舰桥后部的远距离遥控消防装置进行消防时，火势已经难以控制。轮机舱因为爆炸时产生了大火，所有动力装置全部停止运转，随即航母航速急剧下降直到停止。同时，与轮机舱之间连接的所有消防管道阀门都已经失灵打不开，于是，消防行动陷入全部中止状态。在升降机周边及飞行甲板上工作的舰员，在爆炸的一瞬间被爆炸所产生的冲击波吹了出去，死伤者很多。小泽长官和古村参谋长因为有舰桥作为盾牌保护，所以，他们没有被爆炸冲击波吹出去，随后，他们乘坐"大凤"号上唯一的快艇转移到附近的"若月"号驱逐舰上。下午16时6分，又转移到"羽黑"号重型巡洋舰上。发生大爆炸后的"大凤"号持续发生小爆炸，在此期间，"矶风"号和"初月"号驱逐舰对逃生者展开了救援。最后，"矶风"号直接靠近"大凤"号的舰艉部对舰员实施救助。随后，"大凤"号的左舷发生了大幅度倾斜，下午4时28分，由舰艏部开始沉没。爆炸时，"大凤"号搭载了5架"零战"、1架九九式舰上轰炸机、4架"彗星"、3架"天山"，这些舰载机与"大凤"号一起葬身海底。

"大凤"号沉没原因分析

从历史记载来看，"大凤"号沉没的主要原因是在遭受鱼雷攻击后由于受机身着舰战斗机的冲击，遂引发机库内已经充满汽化航空燃料（汽化汽油）的起火和爆炸。由此判断，封闭式机库存在着巨大的安全缺陷，"大凤"号的沉没就是一个最恶劣的例证。在仅遭受一枚鱼雷攻击后直到最后的沉没，这是连续几个不幸因素叠加的结果。

首先，在遭受鱼雷爆炸冲击影响的作用下，油箱焊缝接口开始脱落，这直接导致汽油泄漏，因此，这些焊缝接口的焊接水平不过关，这也从侧面反映了"大凤"号提前工期下水的恶果。此外，当时"大凤"号还部分引入了电气焊接技术，不过，这些电气焊接的强度也存在问题。"大凤"号的汽油油箱原来是用装甲板来防御的，在中途岛海战之后，在这些油箱周边的空隙部分又进行了注水处理。作为"大凤"号的经验教训，它在油箱外周的空隙部分没有注水，而是像"信深"号和"云龙"号等航母一样，在编织了钢筋框架后填充上了混凝土。不过，机库内的通风装置也得到了强化处理，但这些小措施解决不了大问题。

而后，同是在遭受鱼雷爆炸冲击影响的作用下，升降操作途中的舰载机升降机突然发生故障并停止运行，随即作了一些应急处理，包括迅速用桌子等物品堆积到升降机上方，同时，塞住飞行甲板的开口部。随着舰内充满了汽化汽油，想睁开眼睛都变成很困难的事情，同时，当时又处于激烈的海战状态下，因此，有效的换气操作难以全面展开。如果升降机下降，汽化汽油可能会起火从而引发爆炸，那样的话只能从开口部逃生出去。

其次，在换气期间，舰内地勤维修兵总动员塞住了升降机开口部，稍后，又对挥发油油箱进行了维修，这在一定程度上制止了舰内情况的进一步恶化。

最终，"大凤"号虽然拥有可以抵抗外部强大攻击的装甲甲板保护，但却不能抵抗来自舰体内部的大爆炸。随着爆炸的不断持续，爆炸所产生的损坏已经波及所有舰体。于是，"大凤"号与美国海军没有进行装甲化，不过也拥有高强度防护能力飞行甲板的"列克星敦"号一样，经过相同的过程，然后迎来葬身海底的恶运。

此外，"大凤"号沉没还有另外一个原因。一般情况下，根据规定，日本帝国海军舰员的训练期最低期限是半年至8个月，而"大凤"号在建成服役之后已经没有训练时间，由于战争形势的恶化必须直接参战，这样，"大凤"号的舰员就缺少训练以及与航母进行磨合的时间，与熟悉"翔鹤"号和"瑞鹤"号航母的舰员们相比，"大凤"号就是一艘由一群新兵开动的巨舰，其首战就沉没的命运，确实有着非常深刻的经验教训。

"大凤"号历任舰长

"大凤"号于战争后期建成服役，因此，历任舰长只有一人，这就是菊池朝三海军大佐，其任职期间为1944年3月7日至7月1日。

在"大凤"号沉没时，据"大凤"号舰桥勤务官近藤敏直少尉［参加了基斯卡岛（美属白令海上阿留申群岛西部的岛屿）撤退作战，并在基斯卡岛生存下来］回忆，菊池舰长打算与"大凤"号共命运，他目送前来接应的"矶风"号驱逐舰离开之后，在后部甲板用帆布吊床细绳将自己的身体固定住，但是在"大凤"号沉没冲击的作用下，细绳断裂，于是，菊池舰长在意识不清的状态下被接应军舰救起来。

此外，在菊池朝三舰长之前，"大凤"号另有两任舾装员舰长，分别为澄川道男海军大佐，其任职期间为1943年8月15日至1943年12月23日和菊池朝三海军大佐，任职期间为1943年12月23日至1944年3月7日。

第三章
翔鹤级主力攻击航母
——日本太平洋战争的绝对主力

2 艘翔鹤级航母是继"凤翔"号、"赤城"号、"加贺"号、"龙骧"号、"苍龙"号和"飞龙"号后,日本第七艘和第八艘航母,日本第一级正规航母和大型主力攻击航母,在太平洋战争全面爆发之前建造完成。

在全世界范围内,在《华盛顿海军裁军条约》和《伦敦海军裁军条约》失效之后,在太平洋战争全面爆发之前及期间,成级批量建造的航母分别有日本帝国海军的翔鹤级、英国皇家海军的卓越级和美国海军的埃塞克斯级,这三级航母均是第二次世界大战中的海战主力,各方面设计基本相当。

《华盛顿海军裁军条约》失效后,日、美、英三级大战主力航母概况对照表:

航母舰级	同型舰概况	设计排水量	三维尺寸(长×宽×吃水)(米)	飞行甲板规模(长×宽)(米)	舰载机数量(架)	参战经历	最后命运
翔鹤级(日本)	2 艘同型舰:1 号舰"翔鹤"号 1937 年 12 月建造、1941 年 8 月建成,2 号舰"瑞鹤"号 1938 年 5 月建造、1941 年 9 月建成	标准排水量 25675 吨、满载排水量 32105 吨	257.5×26.0×8.87	242.2×29.0	72+12	太平洋战争	"翔鹤"号 1944 年 6 月沉没、"瑞鹤"号 1944 年 10 月沉没
卓越级(英国)	共 6 艘同型舰,分别"卓越"号、"可畏"号、"胜利"号、"无敌"号、"怨仇"号和"不倦"号,1937—1939 年开建,1943 年之前全部建成	标准排水量 23207 吨、满载排水量 28919 吨	227×29×8.5	229.6×29	36—80	大西洋战线和太平洋战线	战后或拆解或出售
埃塞克斯级(美国)	计划建造 32 艘,1941—1945 年建成 24 艘	标准排水量 27500 吨、满载排水量 34500 吨	249.9×28.3×7.0		90—110、配备弹射器	太平洋战争、朝鲜战争、越南战争	退役

通过上述数据对比,从航空系统设计来看,上述三国三级航母中,美国的埃塞克斯级航母因为装备了舰载机弹射器及强大的舰载机搭载能力而拥有最强大的航空作战能力,日本次之,英国垫底。由于拥有最强大的航空作战能力,因此,在太平洋战争中,在日美航母大战中,埃塞克斯级较翔鹤级航母拥有更大的作战优势,并显示出了更强大的海上航空攻击能力。在太平洋战争后期,埃塞克斯级成为美国海军航母特混舰队的中

坚力量,它们成为将日本帝国海军送向覆灭的英雄。

从排水量和三维尺寸设计来看,三级航母基本相当,其中,埃塞克斯级最大,翔鹤级次之,卓越级垫底。这两个方面的设计是航空作战能力的基础。

不过,从建造数量上来看,美国的埃塞克斯级遥遥领先,卓越级次之,翔鹤级垫底,这从一个侧面反映出来,日本的战争动员能力及综合国力远不及美国和英国,战争开始后,日本航母建造能力远远不能弥补大战中的航母损失,而美国和英国却可以源源不断地对沉没航母进行及时补充,从而保证了航母特混舰队的综合作战能力不下降。

1943 年时的埃塞克斯级"约克城"号(CV—10)航母,从图中可以看出这级航母的基本舰型设计为:全贯通飞行甲板、右舷中部一体化舰岛(舰桥与烟囱集中在一个岛型上层建筑物内)、封闭式舰艏与舰艉、舰载机升降机分别设计在侧舷部与飞行甲板内(可见侧舷部的升降机上有一架舰载机)、飞行甲板中间那条黑线为舰载机弹射器所在位置。

1943年服役的埃塞克斯级4号舰"大黄蜂"号（CV—12），基本舰型设计同上，从此图中可见左舷中部与舰岛前部对应部分有一部侧舷舰载机升降机、舰体前部也有一部升降机、舰体前部两则黑线分别是2部弹射器所在的位置。

大战期间的"瑞鹤"号航母，其基本舰型设计为：右舷舰桥、全贯通飞行甲板、开放式舰艏与舰艉、舰载机升降机全部设计在飞行甲板内、无侧舷升降机、无舰载机弹射器。

大战期间英国皇家海军的卓越级航母，其基本舰型设计为：全贯通飞行甲板、右舷中部一体化舰岛、封闭式舰艏与舰艉、舰载机升降机设计在飞行甲板内、无侧舷升降机、无舰载机弹射器。

　　从基本舰型设计上来看，埃塞克斯级、翔鹤级与卓越级基本相同，分别是全贯通飞行甲板、右舷舰岛、飞行甲板内均设计有升降机，最大的不同是英美两国的航母采取了封闭式舰艏与舰艉，只有日本仍然采取的是开放式舰艏与舰艉。

　　三级航母在飞行甲板设备上配置的最大不同是，美国的航母有弹射器，而日英两国的航母没有弹射器。有弹射器的航母，其航空作战能力要比没有弹射器的航母强出很多，甚至可以左右整个战役的结果，在弹射器的帮助下，舰载机的载弹量和挂载油箱都会得到大幅度提升，从而极大程度地提高舰载机的作战能力及海上航程，因此，美国的舰载机拥有日英航母所没有的技术优势与战术优势，从而，可以获得战役及战略优势，并最终赢得战争的胜利。

第一节　翔鹤级攻击航母的设计、建造、作战编队及参战经历

　　在太平洋战争中，2艘翔鹤级航母为日本帝国海军的主力攻击航母，从战争作用来看，它们是太平洋战争中最重要和综合作战能力最强大的2艘航母，有1号舰"翔鹤"号和2号舰"瑞鹤"号两艘同型舰，它们都曾经活跃于太平洋战争中的各大海上战场。

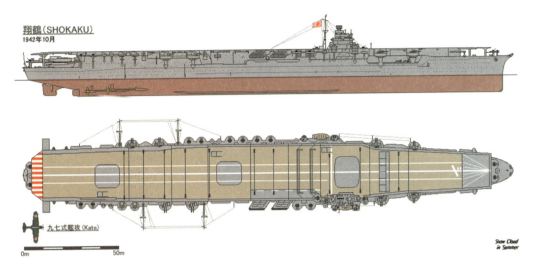

1942年10月，"翔鹤"号的全新彩色涂装，下图：全贯通飞行甲板由前至后分别设计了3部升降机，右舷前部舰桥设计，一体化舰桥，舰载机有九七式舰攻；上图：可见舰艏与舰艉采取开放式设计，舰艏与舰艉干舷（海平面以上的舰体部分）较高。

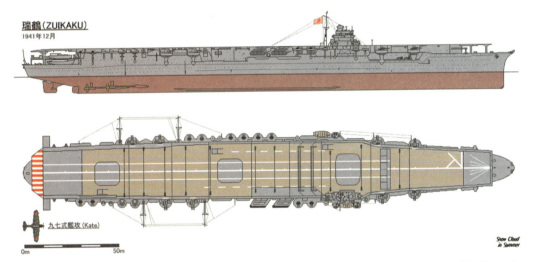

1941年12月，刚刚建成时的"瑞鹤"号全新彩色涂装，作为同型舰，其舰型设计与"翔鹤"号完全相同，如上图所示。

翔鹤级航母开发背景——"丸3计划"中的主力舰

　　翔鹤级航母是由日本帝国海军第三次海军军备充实计划（通称"丸3计划"）建造的大型攻击航母，这级航母是丸2海军军备计划建造的"苍龙"号和"飞龙"号两艘航母的扩大发展型。建成服役后两艘翔鹤级航母均隶属于机动航空部队（日本的航母特混舰队），在日美两国海军舰队决战之际，翔鹤级针对敌航母实施先发制人式的攻击，这是本级攻击航母最主要的任务，在这点上，它们与"苍龙"号和"飞龙"号具有相同的使命。

计划之初，日本帝国海军的总体目标是于 1940 年末建成 2 艘 1.8 万吨级航母，不过，由于更改设计要求增加舰载机使用弹药，于是，航母吨位再次大型化，达到 3 万吨级别。翔鹤级是日本政府撕毁《伦敦海军裁军条约》之后建造的航母，因此，它们的建造不再受排水量的限制，在此基础上，通过借鉴"加贺"号航母的运用经验以及"苍龙"号、"飞龙"号的建造经验，经过一系列的平衡便成就了翔鹤级航母的最终设计方案。

翔鹤级基本设计参数——正规航母中的"老大"

翔鹤级标准排水量为 25675 吨，海试排水量为 29800 吨，满载排水量为 32105 吨，舰全长 257.5 米，水线度为 26.0 米，平均吃水 8.87 米（海试状态），飞行甲板全长 242.2 米，宽为 29.0 米，包括军官和水兵的舰员编制为 1660 人。

动力推进系统包括 8 部口号舰本式专用燃料锅炉、4 部舰本式涡轮机、4 轴推进，整个系统的输出功率为 16 万马力，可提供最大航速为 342 节（另有资料显示为 340 节），以 18 节航速的续航距离为 9700 海里。

舰载武器配备 8 部 40 倍径 12.7 厘米联装高射炮以及 12 部 25 毫米三联装机关枪。

舰载机集群包括 72 架常备舰载机和 12 架备用舰载机。

航空系统舾装（舰载航空仪器设备安装）

在舰体大型化趋势要求下，通过对舰载机机库的扩大和整个航空舾装的精练，两艘翔鹤级航母的舰载机搭载数量照比"苍龙"号和"飞龙"号航母提升了大约 30%，这在日本帝国海军众多航母中，翔鹤级是仅次于由战列舰改装而来的"加贺"号航母。与"苍龙"号和"飞龙"号相比，翔鹤级的飞行甲板规模也扩大了 10% 以上，其长度和宽度分别达到 242.2 米和 29 米。不过，舰艉和舰艏宽度比最大宽度小一些，从而舰体外形形成了一个瓶型，这个设计令日本帝国海军航空本部不满意。

此外，翔鹤级飞行甲板比舰体全长短了 15 米以上，与其他航母相比，这种飞行甲板长度与舰体全长差距太过明显，比如，"赤城"号、"苍龙"号、"飞龙"号的飞行甲板长度比舰体全长短大约 10 米，而"加贺"号的飞行甲板还比舰体长了大约 1 米。从战略性高度来判断，作为航空机动部队，翔鹤级要充分设想敌航母的反击能力，在万一遭受敌航母航空攻击队攻击的情况下，这种飞行甲板比舰长短的蔽端将会显现出危害性来。在翔鹤级航母建成后，到访的第一航空舰队司令部对航母飞行甲板较舰长短及舰桥设计方面的两大缺陷都直接指了出来。

在建造期间，原计划安装上舰的舰载机弹射器由于没有达到实用化程度，因此，这项重大发明并没能在翔鹤级航母上得到实现。

动力推进系统设计

翔鹤级的动力推进系统与同时期建造的大和级战列舰基本相同，这两级军舰的动力都采取相同类型的锅炉，翔鹤级由 8 部锅炉组成，不过，在先进高温高压技术的帮助下，翔鹤级成为日本帝国海军军舰中动力系统输出功率最大的一级，高达 16 万马力，而采用 12 部相同锅炉的大和级动力输出功率为 15 万马力。

在超级强大的动力推进系统帮助下，翔鹤级航母不仅可以轻松达到 34 节的超高航速，并且，其超长的续航能力更是比"苍龙"号和"飞龙"号提升 30% 以上。在海试期间，翔鹤级航母的功率输出纪录为 161280 马力，航速纪录为 34.4 节。同时，翔鹤级航母是日本帝国海军军舰中第一款采用球鼻型舰艏的军舰。

防御能力设计——具备战列舰防御功能的航母

与"苍龙"号、"飞龙"号相比，翔鹤级航母的防御能力大幅度强化，其中，弹药库部分可抵抗 800 公斤炸弹的水平轰炸以及 20 厘米炮弹的直接攻击，轮机舱等其他重要舱室可抵抗 250 公斤爆炸的轰炸以及驱逐舰炮火的直接攻击。不过，舰载机机库及飞行甲板没作任何装甲防护设计。对于一级 2.5 万吨级的航母来说，其自身防御不仅局限于抵抗俯冲轰炸机的攻击，同时，还要进行一些重型防御，这些防御措施将会增大舰型设计，同时迫于预算压力，重量平衡会出现一些问题，在这种情况下，翔鹤级的机库不得不变小，舰载机携带数量随之下降，这些都是增强防御能力所带来的缺陷。

另一方面，在翔鹤级航母建造期间，日本帝国海军正在计划建造第一艘飞行甲板采取厚重装甲防护的航母，这就是后来的重型防御航母"大凤"号。日本帝国海军所有航母，包括两艘翔鹤级，在防御方面都显示出脆弱性，一旦中弹在损害管制水平低的双重压力下就有沉没的危险，依据这些经验教训，从翔鹤级航母建造前开始日本帝国海军就非常重视这个问题，不过，最终翔鹤级还是没有达到令人满意的防御能力。

翔鹤级航母的主要防御思想是利用舰上战斗机和防空炮火在进攻敌机撤退之前击中它们。不过，翔鹤级并没有在极易成为敌俯冲轰炸机攻击目标的舰艏部和舰艉部安装机关枪座，这给了敌人以可乘之机。翔鹤级对航母一旦中弹设计了反应措施，比如，机库的墙壁都设计成简易型，一旦战斗中弹，爆炸所产生的冲击波和气浪会将这些简易墙壁吹飞，这样舰员们就会随着爆炸气浪逃生出去。不过，实际战争并没有像想象中设计的那样，比如，在珊瑚海海战中，"翔鹤"号航母中弹时，爆炸气浪并没有将简易的机库墙壁吹飞，飞行甲板在爆炸气浪影响下倒是损伤惨重。为了对付蔓延的火势，翔鹤级航母增加了液化二氧化碳喷射消防方式，同时，又装备了粉末式消防设备。而且，又在舰内的前部、中部和后部三个地方设置了注排水指挥所，以协调全舰的消防指挥。

舰桥设计——自翔鹤级开始日本航母舰桥定型为右舷部

设计之初，按照预定要求，翔鹤级舰桥将与"赤城"号和"飞龙"号航母相同，都为左舷舰桥，也就是舰桥设计在左舷中央部，不过，鉴于"赤城"号和"飞龙"号两艘航母的运用效果糟糕，在计划中期，翔鹤级舰桥重新确定设计在右舷侧前部附近位置。随着这项重要设计指标的更改，"翔鹤"号和"瑞鹤"号的建成工期也因此推迟了6个月。在这种情况下，经过中途更改建造的一号舰"翔鹤"号与没有经过中途更改建造的二号舰"瑞鹤"号在舰桥基部形状及内部构造两个方面存在着若干不同点。

此外，翔鹤级以前的日本帝国海军航母舰桥都设计成向飞行甲板外侧突出（外飘）的形状，不过，翔鹤级舰桥设计成由飞行甲板进行内收的形状。正是借鉴"赤城"号航母的运用经验和教训，翔鹤级才在建造阶段紧急将左舷舰桥重新更改为右舷舰桥。外飘舰桥的主要弊端是必须增加压舱物的重量，而内收舰桥则不用考虑这方面的顾虑。正是在增加压舱物的影响下，外飘舰桥会缩短舰桥附近飞行甲板的宽度，从而影响舰载机的正常运用，当时，第一航空舰队司令部在参观访问翔鹤级航母时曾经指出了这些弊端。

"翔鹤"号建成服役后编入第一航空战队，并且，按照预订计划"翔鹤"号将会成为第一航空舰队旗舰，然而，后来舰队旗舰一直仍由"赤城"号担任。

航行中的"瑞鹤"号，可见开放式舰艏及舰艏部较高的干舷（海平面以上的舰体部分）

翔鹤级的实战运用——太平洋战争中的"主力双鹤"

2艘翔鹤级航母均在太平洋战争爆发前不久建成竣工，服役于新设立的第五航空战队，而后编入第一航空舰队。开战后不久，翔鹤级首先参加珍珠港进攻作战行动，然后，又参加了锡兰洋面海战（印度洋空袭）等一系列海战，后来，在珊瑚海海战中由于舰载机部队消耗太大而未能参加中途岛海战。再后来，随着第五航空战队重新改编为第三舰队第一航空战队，2艘翔鹤级作为日本帝国海军机动部队的核心主力舰又先后参加了第二次所罗门海战、南太平洋海战、波号作战、马里亚纳洋面海战（菲律宾海海战）、恩加诺岛岬洋面海战等一系列重大海战。

翔鹤级的同型舰——双鹤齐名

翔鹤级共有两艘同型舰，一号舰"翔鹤"号于1937年12月动工建造。1941年8月，建成竣工。1944年6月，参加马里亚纳洋面海战，在参战期间，遭受美国海军"棘鳍"号潜艇鱼雷攻击而沉没。

二号舰"瑞鹤"号于1938年5月动工建造。1941年9月，建成竣工。1944年10月，参加恩加诺岛岬洋面海战，在参战期间，遭受美国海军舰载机空袭而沉没。

第二节 海战悍将、球鼻高速航母"翔鹤"号

"翔鹤"号（飞翔之鹤）是翔鹤级航母一号舰，它与美国海军的埃塞克斯级和英国皇家海军的卓越级航母一样都是《华盛顿海军裁军条约》结束之后设计与建造的航母，因此，这些航母都是不受任何限制、装备各种装备的大型航母。

作为日本帝国海军机动部队的主力舰，"翔鹤"号与"瑞鹤"号同属第五航空战队，在隶属第五航空战队期间，"翔鹤"号曾经参加

"翔鹤"号航母，可见开放式舰艏与舰艉及右舷舰桥

了攻击珍珠港、珊瑚海海战、南太平洋海战（圣克鲁斯群岛海战）等多次重大行动，因此，伤痕累累。在隶属第一航空战队期间，"翔鹤"号于1944年6月参加了马里亚纳洋面海战（菲律宾海海战），结果，遭受美国海军潜艇的鱼雷攻击而沉没。

"翔鹤"号整体概况——诞生于日本最庞大的扩军备战计划

1937 年，日本帝国海军发表了第三次舰船补充计划（通称"丸 3 计划"），根据这次大规模海军军备计划，日本计划建造翔鹤级航母、大和级战列舰和阳炎级驱逐舰三级主力舰，同年 12 月 12 日，"翔鹤"号率先开始在横须贺海军工厂内动工建造。根据福地周夫的叙述，丸 3 军备计划中大和级战列舰和翔鹤级航母 4 艘主力舰的建造顺序依次是第一艘"大和"号战列舰、第二艘"武藏"号战列舰、第三艘"翔鹤"号航母、第四艘"瑞鹤"号航母。1939 年 4 月 1 日，日本皇室主要成员伏见宫博恭王参加了"翔鹤"号的下水仪式。

日本"翔鹤"号设计团队在下水前的"翔鹤"号舰艏部合影留念，这是日本第一艘采取球鼻舰艏设计的航母和军舰。

"翔鹤"号航母是日本帝国海军第一艘采用球鼻舰艏设计的军舰，故此获得 34 节最大航速的高性能表现，其动力系统输出功率高达 16 万马力，甚至超过世界最大的战列舰大和级。

在自身防御能力方面，"翔鹤"号在轮机舱、弹药库等军舰核心部分都加装了装甲防护，从而具备抵抗巡洋舰级别大口径火炮的直接攻击以及炸药量最大为 450公斤鱼雷的攻击。尽管如此，"翔鹤"号没有像同时期的英国航母和下一级"大凤"号航母那样在飞行甲板部分加装厚重装甲防护，不过，这个部分在遭受 500 公斤炸弹直接命中的情况下仍可进行舰载机的发射和回收操作。

在舰体损害管制方

面，日本航母一直是弱项，"翔鹤"号也不例外。与同时期的美、英航母相比，"翔鹤"号的损害管制能力明显处于劣势，不过，在充分吸收中途岛海战中沉没的4艘航母的经验教训基础上，"翔鹤"号也做了一些损害管制能力方面的补救措施，比如，不携带极易燃料的可燃物、不使用具有可燃性的涂装材料等。

从同一级舰来看，"翔鹤"号与"瑞鹤"号的总体设计基本相同，不过，"翔鹤"号在计划阶段舰桥是预定设置在左舷中央位置的，但是根据左舷航母"赤城"号和"飞龙"号的运用经验与教训，左舷舰桥也存在严重弊端，故此重新更改为右舷舰桥。"赤城"号为日本帝国海军第一艘左舷舰桥航母，不过，在建造第二艘左舷舰桥航母"飞龙"号时，日本发现左舷中央设计舰桥也存在问题，但这时的"飞龙"号建造工程已在全面推进中，故此只能原样不动地保持左舷中央舰桥设计。幸运的是，"翔鹤"号在设计阶段就已经充分暴露了左舷中央舰桥的问题，故此，它才能重新更改为采取右舷前方舰桥的设计布局。

1941年8月8日，"翔鹤"号正式服役，8月25日，编入第五航空战队。

"翔鹤"号与"瑞鹤"号之间的不同

由于是同型舰，当时又没有舷号，故此，要想对"翔鹤"号与"瑞鹤"号进行识别非常困难，即使是各自舰员也经常弄错航母登错舰，不过，经过细心舰员观察，在紧挨舰桥的主桅杆中部安装有扩音器的航母是"瑞鹤"号。不过，在珍珠港攻击作战行动中，两艘翔鹤级航母都在主桅杆中部安装了扩音器。昭和17年末，"瑞鹤"号将这部扩音器转移到舰桥左壁处，这样，紧挨舰桥主桅杆中部有无扩音器成了识别"翔鹤"号和"瑞鹤"号的最主要标志。另外，两艘航母的飞行甲板航空识别记号也存在不同，"翔鹤"号标记着日文片假名"シ"，"瑞鹤"号标记着片假名"ス"，后来，不曾想这些航空识别标志却成了美军轰炸的定位靶心。

翔鹤级舰载机集群

"翔鹤"号舰载机集群包括72架常备舰载机和12架备用舰载机。

1941年12月时，"翔鹤"号常备舰载机包括18架零式舰上战斗机、27架九九式舰上轰炸机和27架九七式舰上攻击机。

1941年，"翔鹤"号舰上战斗机飞行员合影。

首战参加珍珠港攻击作战行动

"翔鹤"号建成竣工后直接隶属于日本联合舰队,与其姐妹舰"瑞鹤"号共同编入第五航空战队,随后,这两艘都隶属于第一航空舰队(南云忠一机动部队)的主力攻击航母参加了珍珠港攻击作战行动。在行动准备期间,南云机动部队所属航母舰载机部队悉数集结于日本锦江湾、志布志湾和佐伯湾内展开全方面的攻击演习,1941 年 11 月 16 日,以佐世保海军基地为母港的航母除"加贺"号以外其他 5 艘全部集结于佐伯湾内,各航母舰载机部队纷纷离开佐伯海军航空队基地登陆各自航母平台。在此期间,佐伯湾内集结了 24 艘准备参加夏威夷作战计划的日本帝国海军主力战舰,第二天,11 月 17 日下午,这些参战军舰接受了日本联合舰队司令山本五十六海军大将的视察。

11 月 18 日,各参战军舰分批分时间段隐蔽离开佐伯湾,其中,第五航空战队经丰后水道与其他参战军舰北上,其间暂时停泊于别府湾内。11 月 19 日凌晨 0 时,准时由别府湾继续前行,这支舰队攻击前的最终集结地为千岛群岛择捉岛内的单冠湾,舰队预定集结日期为 11 月 22 日。在单冠湾内,各参战军舰进行了战前碰头会和兵器维修之后,11 月 26 日,南云机动部队由单冠湾出港,各参战军舰自成舰列一路向夏威夷珍珠港方向驶去。

在珍珠港攻击作战行动中,"翔鹤"号舰载机部队也参加了两个波次的攻击行动。其中,第一次攻击队由 26 架九九式舰上轰炸机(指挥官为"翔鹤"号飞行队长高桥赫一少佐)和 5 架零式舰上战斗机(指挥官为"翔鹤"号分队长兼子正大尉)组成。

第二次攻击队由 27 架九七式舰上攻击机组成,指挥官为"翔鹤"号分队长市原辰雄大尉。

自珍珠港攻击行动返回日本,1942 年 1 月 1 日时,"翔鹤"号与"瑞鹤"号的常备舰载机数量(包括舰上战斗机、舰上轰炸机和舰上攻击机)各减少 18 架,与"苍龙"号和"飞龙"号航母一样,这些航母的航空投射作战能力都变成原来的三分之二。

1942 年 1 月 5 日,"翔鹤"号由日本本土出发,1 月 17 日,到达特鲁克(位于太平洋加罗林群岛中东部的行政区)锚泊场,1 月 20 日,参加了拉包尔(位于巴布亚新几亚俾斯麦群岛中新不列颠岛东北端的港口城市)空袭等南方作战行动。1 月 29 日,"翔鹤"号驶出特鲁克港返回日本,2 月 3 日,到达横须贺海军基地。

面向珍珠港方向准备起飞的"翔鹤"号舰载机部队。

珍珠港攻击行动中由"翔鹤"号起飞的舰载机。

珍珠港攻击行动中，由"翔鹤"号起飞的第一次攻击队。

"翔鹤"号参加攻击行动的一架"零战"。

珍珠港攻击行动中，"翔鹤"号航空军官们集体合影。

由"翔鹤"号起飞的一架九七式舰上攻击机。

参加锡兰洋面海战（印度洋空袭）

1942年3月7日，"翔鹤"号由横须贺海军基地出发面向印度尼西亚苏拉威西岛（又称西里伯斯岛）方面驶去，途中，在收到美军机动部队出现的紧急电报后立刻赶往日本东部海面迎敌，不过，并未遭遇美军机动部队，3月16日，再次返回横须贺海军基地。

第二天，3月17日，"翔鹤"号再次由横须贺海军基地出发，3月24日，到达苏拉威西岛斯特林湾内港口与南云机动部队主力会合，而后进行休整。3月27日，由斯特林湾内港口驶出，"翔鹤"号随南云机动部队前往印度洋执行作战任务。4月5日，参加斯里兰卡岛科伦坡港空袭行动。

随着南云机动部队发起印度洋远征作战，日本帝国海军与英国皇家海军等盟军海军之间爆发了锡兰洋面海战（盟军称印度洋空袭），在这次海战中，包括"翔鹤"号在内的日本舰队击沉了英国皇家海军"竞技神"号航母、"康沃尔"号和"多塞特郡"号重型巡洋舰等主力军舰，取得了非常辉煌的战果。不过，由于是无依托的远征作战，南云机动部队的情报搜集网络薄弱，无法准确发现英国皇家海军印度洋舰队主力，由此，南云机动部队无法再取得更大的战果。

印度洋空袭中的南云忠一机动舰队及"翔鹤"号的防空舰炮。

参加珊瑚海海战险遭击沉

1942 年 5 月，日本帝国海军计划发动莫尔兹比港（为巴布亚新几内亚首都，1873 年由英国莫尔兹比上尉发现，1883 年由英国占领，二次大战时为盟军重要军事基地）进攻作战行动。按照最初作战计划，日本帝国海军准备在这次海战中只投入没有参加印度洋空袭行动的"加贺"号航母，不过，考虑到只有一艘航母参战，胜算把握不大，于是，作为参战主力的第四舰队要求增加参战航母数量，在这种情况下，日本帝国海军决定以第五航空战队取代"加贺"号航母参战。这样，由印度洋空袭行动结束准备返回日本本土的第五航空战队在返回途中于 4 月 12 日接受军令部命令编入南洋部队。

4 月 14 日，接受改编命令的第五航空战队行至新加坡海面，然后与南云机动部队其他航母告别，在随同 3 艘驱逐舰之后向台湾马公方向驶去。4 月 18 日，第五航空战队到达台湾马公地区，不过，就在当天美军机动部队发动了东京空袭（又称杜立特空袭，因由杜立特上校策划而得名），海军军令部急令第五航空战队北上追击敌人，在补给之后，第二天，第五航空战队在第 27 驱逐队的护航下由马公港驶出北上。然而，就在当天，海军军令部恢复第五航空战队原来的部署计划，于是，第五航空战队面向特鲁克方向进发，于 4 月 25 日到达特鲁克港。

在特鲁克，第五航空战队与第五战队等部队新编 MO 机动部队。

5 月 1 日，MO 机动部队由特鲁克港出发南下。出发前，"翔鹤"号舰载机部队由 17 架舰上战斗机、21 架舰上轰炸机和 16 架舰上攻击机组成。通过密码解译，美军了解了日军作战情况，于是，美国海军第17特混舰队（包括"列克星敦"号、"约克城"号航母）在弗莱彻海军少将带领下前往迎击日军MO机动部队。

5月7日，参加珊瑚海海战，当天，"翔鹤"号侦察机误将美国海军"尼奥肖"号供油舰当作美军航母报告给MO机动部队，随后，日军航母攻击队将"尼奥肖"号供油船和"西姆斯"号驱逐舰击沉，在此期间，美军战机将"祥凤"号轻型航母击沉。随后，原忠一少将组织了薄暮攻击队袭击美军，这支航母舰载机攻击部队由"翔鹤"号6架舰上轰炸机、6架舰上攻击机以及"瑞鹤"号6架舰上轰炸机和9架舰上攻击机组成，不过，薄暮攻击队遭受美军战斗机部队攻击，损失惨重。而且，更糟糕的是，"翔鹤"号的高桥舰上轰炸机队队长在投放完炸弹返回途中竟然着陆到正在进行舰载机回收操作的美军航母上，此外，还有其他一系列问题，总之，5月7日成为"翔鹤"号最不走运的一天。

在5月8日的珊瑚海海战中，"翔鹤"号侦察机（机长为菅野兼藏飞行士官，操纵员为后藤继男，电信员为岸田清次郎）在燃料用尽并且做好遇险的情况下为日军攻击队提供了导航，死后这些机组人员都得到了追授。当天，日军击沉美国海军"列克星敦"号航母，同时，重创"约克城"号航母，取得了非常辉煌的战果。不过，美国海军第17特混舰队在遭受重创之前也派遣了航母舰载机攻击队，这支美军攻击队没有看到隐藏于热带暴风雨中的"瑞鹤"号，却对"翔鹤"号发起了集中攻击。虽然，"翔鹤"号躲开了对方鱼雷轰炸机投下的所有鱼雷攻击，不过，截至上午9时40分，"翔鹤"号累计遭受3枚炸弹击中。最初的1枚炸弹直接命中舰艏前甲板左舷，爆炸冲击波吹走了两舷主锚，前部舰载机升降机塌陷，飞行甲板前部损伤，而后前甲板右舷下方的航空汽油库爆炸起火，随后整舰发生大火。第2枚炸弹直接命中后部快艇甲板，舰载所有快艇发生火灾。第3枚炸弹直接命中舰桥后方的信号桅杆附近，舰桥勤务兵及其附近的机关枪操作员死伤惨重。这时，"瑞鹤"号警戒哨兵看见被黑烟包围并燃起熊熊大火的"翔鹤"号，于是，发出了"翔鹤"号沉没的报告，不过，非常幸运的是，由于轮机舱并无大碍，于是，"翔鹤"号在"夕暮"号驱逐舰的护航下迅速逃离战场，从而躲过一劫。据担当"翔鹤"号护卫任务的"潮"号（第七驱逐队司令舰）驱逐舰军官回忆，当时遭受重创的"翔鹤"号发挥出了40节以上的超高航速。在"夕暮"号和"潮"号的联合护卫下，"翔鹤"号得以大难不死。当时，"翔鹤"号战死舰员107人，负伤舰员128人。

5月8日的珊瑚海海战是世界第一次航母对航母的航母大战。

5月17日，"翔鹤"号返回吴海军基地，由于其母港横须贺海军基地内进行入坞维修的军舰已经"舰满为患"，于是，"翔鹤"号不得不前往吴海军工厂进行入坞维修。

日本联合舰队司令山本五十六大将对遭受重创、进行入坞维修的"翔鹤"号航母受害情况进行了实地考察，然后，在福地周夫翔鹤级航母运用官陪同下在"大和"号战列舰上就航母中弹的经验教训进行了讲话。福地周夫认为"翔鹤"号中弹后实施消防救援成功的最大原因是当时机库内没有舰载机，鉴于此，南云机动部队司令部并未对"翔鹤"号进行中弹经验教训总结。在"翔鹤"号飞行甲板维修期间，在熟练技术工人的监督下，吴海军工厂雇用了一些没有任何维修经验的工兵参与维修操作，故此，维修效率较低。与此形成鲜明对比的是，同在珊瑚海海战中遭受重创的"约克城"号航母经过较短时间就维修完工。

在珊瑚海海战中遭受美军攻击燃起熊熊大火的"翔鹤"号。

"翔鹤"号在珊瑚海海战中的中弹情况。

遭受重创的"翔鹤"号。

重创的"翔鹤"号内部。

参加南太平洋海战

随着中途岛海战的惨败，日本帝国海军同时丧失"赤城"号、"加贺"号、"飞龙"号和"苍龙"号4艘航母，于是，"翔鹤"号和"瑞鹤"号遂成为日本帝国海军航空舰队的主力核心。在总结中途岛海战经验教训的基础上，"翔鹤"号舰载机编制也进行了重大改变，维修之后其舰载机部队由27架舰上战斗机、27架舰上轰炸机和18架舰上攻击机组成，同时，在吴海军工厂进行入坞维修期间，航母还增加设置了雷达，为了彻底解决消防问题又增设了消防泵，而且，在舰艏和舰艉又增设了三联装机关枪，此外，还有其他一些改装措施。

入坞维修结束后，"翔鹤"号成为第三舰队第一航空战队旗舰，同时，南云忠一中将、草鹿龙之介参谋长和有马正文舰长相继到任。有马正文舰长曾经在"翔鹤"号遭受重创时向福地周夫发布了"翔鹤"号沉没时不发布全员离舰的撤退命令，全员要与航母共命运的誓死作战决心的命令。

8月7日，美军对瓜达尔卡纳尔岛（为西南太平洋所罗门群岛的主岛）和佛罗里达群岛（位于西南太平洋所罗门群岛东南部的火山性岛屿，在瓜达尔卡纳尔岛与马莱塔岛之间）进行攻击，于是，第一次所罗门海战爆发。

8月14日，"翔鹤"号率领第三舰队由日本本土出发前往所罗门群岛作战。8月24日，在第二次所罗门海战中，"翔鹤"号遭受美军2架SBD"勇毅"俯冲式轰炸机的突然袭击，虽然没有炸弹直接命中，不过，飞行甲板上的零式舰上战斗机及6名地勤维修兵落入大海失踪。在这次海战中，"翔鹤"号重创美国海军"企业"号航母，不过，自身也有29架舰载机损失，在返航途中，"翔鹤"号又向布卡岛（为太平洋所罗门群岛西北部的岛屿，在布干维尔岛西北部）派遣了15架"零战"。

9月4日，"翔鹤"号再损失5架"零战"，出动执行任务的15架"零战"剩余10架返回航母。第二天，9月5日，南云机动部队到达特鲁克港。9月10日，补给与休整结束后的"翔鹤"号及其他日军机动部队出港迎敌，并在所罗门海域保持警戒。在此期间，日军潜艇采取鱼雷攻击方式击沉了美国海军"黄蜂"号航母，此外，没有再采取积极的军事行动，鉴于此，一直无大规模海战爆发，9月23日，"翔鹤"号返回特鲁克岛休整。

当"翔鹤"号在所罗门海域展开行动期间，日军在瓜达尔卡纳尔岛的军事行动陷入劣势。于是，日军决定于10月25日实施陆海军总攻。10月11日，"翔鹤"号驶出特鲁克岛港口进入所罗门海域迎敌。

10月26日，"翔鹤"号参加南太平洋海战。当天早晨6时50分，"翔鹤"号侦察机发现美军机动部队，随即，村田重治少佐率领20架九七式舰上攻击机，高桥定大尉率领21架九九式舰上轰炸机和8架"零战"组成第一次攻击队迎敌。随后，"翔鹤"号又派遣了第二次攻击队，不过，由于"瑞鹤"号舰上攻击机队行动迟缓，"翔鹤"号舰上轰炸机队（由关卫少佐率领，包括19架九九式舰上轰炸机和5架"零战"）在没有等待"瑞鹤"号攻击队的情况下就率先向美军机动部队展开了进攻。由于"翔鹤"号距离"瑞鹤"号有20公里，随着珊瑚海海战的推进，美军战机对带头的"翔鹤"号展开了集中攻击。结果，有4枚炸弹直接命中"翔鹤"号，其中，3枚击中飞行甲板后部左舷，1枚击中右舷后部，中弹后一部分高射炮炮弹被引爆，不过，幸运的是这些中弹并非致命伤，轮机舱工作仍然正常。在"翔鹤"号遭受攻击的同时，日军航母攻击队也对美军机动部队实施了空袭，其中，第二航空战队"隼鹰"号航母和第二舰队联合击沉了美国海军"大黄蜂"号航母，重创了"企业"号航母，战果辉煌。另一方面，"翔鹤"号包括村田少佐和10架舰上攻击机以及高桥大尉和22架舰上轰炸机、12架"零战"损失。

下午5时，南云机动部队司令部由"翔鹤"号搬迁至"岚"号驱逐舰上，"岚"号驱逐舰为第四驱逐队司令舰，舰长为有贺幸作海军大佐。

在此次海战中，"翔鹤"号有144名舰员战死。10月28日，遭受重创的"翔鹤"号返回特鲁克岛港口。随后，"翔鹤"号又返回横须贺海军基地母港进行入坞维修，在此期间，日本首相东条英机对这艘航母进行了视察，他对"翔鹤"号三次奋战于珍珠港进攻作战、珊瑚海海战及南太平洋海战的功绩颁发了军功状。在珊瑚海海战及南太平洋海战两次大规模作战中，"翔鹤"号与"瑞鹤"号受损情况差距巨大，由此，日军将"瑞鹤"号航母称为幸运舰。

1942 年 10 月 26 日，在参加南太平洋海战中的"翔鹤"号飞行甲板舰载机群。

"翔鹤"号在南太平洋海战中的受伤情况。

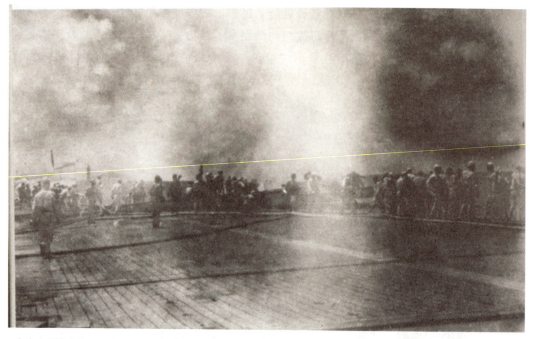

在南太平洋海战（圣克鲁斯群岛海战）中，"翔鹤"号舰员们正在飞行甲板上进行消防作业。

在南太平洋海战中，由"翔鹤"号起飞的"零战"。

1943 年航空战

南太平洋海战之后，小泽治三郎海军中将替代南云忠一海军中将成为第三航空舰队司令长官，在上述两次大海战中消耗殆尽的翔鹤航空队也得到了重新装备，并且达到满编。

不过，在 1943 年展开的伊号作战航空战中，所有航空队都完全转用为母舰航空队，"翔鹤"号和"瑞鹤"号没有与美国海军特混舰队进行直接交战。

参加马里亚纳洋面海战、"翔鹤"号的沉没

1944 年初，在太平洋战场上，日本的败状已经渐渐逐于浓重。3 月 1 日，日本帝国海军编成第一机动舰队，由"翔鹤"号担任旗舰。3 月 10 日，日本新锐航母"大凤"号编入第一航空战队，4 月 15 日，"翔鹤"号将旗舰职责移交给"大凤"号。

6 月，随着美军对塞班岛（为太平洋西部的火山岛，马里亚纳群岛中的最大岛和行政中心所在地）展开进攻，由此，日美两军之间爆发了马里亚纳洋面海战（盟军称菲律宾海战），"翔鹤"号也参加了此次海战。战前，"翔鹤"号舰载机部队由 34 架零式舰上战斗机、12 架"天山"舰上攻击机（其中 3 架为侦察机）、18 架"彗星"舰上轰炸机、10 架二式舰上侦察机和 3 架九九式舰上轰炸机组成，总计 77 架作战飞机。

6 月 19 日上午 11 时 20 分，当天，与击沉"大凤"号航母同级的美国海军小鲨鱼级潜艇"棘鳍"号（SS—224）向正在进行舰载机起飞操作中的"翔鹤"号连续发射了 4 枚鱼雷，这些鱼雷均直接命中航母右舷。在遭受鱼雷攻击后，"翔鹤"号由 4 轴推进变成 3 轴推进，航速立即降低。在进行左舷注水作业以实施倾斜恢复操作期间，由于注水过量，舰体由向右舷倾斜变成向左舷倾斜。同时，由于舰艏部也遭受鱼雷攻击，随后，舰艏开始明显下沉。再稍后，由鱼雷攻击而引发汽化航空燃料充满舰内舱室，不久即发生大火。

14 时 01 分，历经数次大海战考验的"翔鹤"号没有再次逃脱沉没的噩运，沉没时，舰上 1272 名舰员全部随舰战死。包括舰长在内的逃出军舰者被赶来救援的"矢矧"号轻型巡洋舰和"秋月"号驱逐舰救起。截至沉没时，"翔鹤"号服役时间为 2 年 10 个月。随着"翔鹤"号主力攻击航母的沉没，日军的航母战力发生了急剧变化，此后，日军航母力量无法再确保机动部队中可供舰队作战时所需的航母、舰载机及舰员数量，事实上，此时的日军已经丧失了航母机动部队的作战运用能力。

"翔鹤"号历任舰长

"翔鹤"号航母在服役期间共有 4 任舰长，另有两任舾装员长，分别为澄川道男海

军大佐，任职期间为 1940 年 5 月 20 日至 1940 年 10 月 15 日和城岛高次海军大佐，其任职期间为 1940 年 10 月 15 日至 1941 年 4 月 17 日，同时，城岛高次也是"翔鹤"号航母的第一任舰长。

历任	舰 长 姓 名	军 衔	任 职 期 间
1	城岛高次	海军大佐（上校）	1941 年 4 月 17 日－1942 年 5 月 25 日
2	有马正文	海军大佐	1942 年 5 月 25 日－1943 年 2 月 16 日
3	冈田为次	海军大佐	1943 年 2 月 16 日－1943 年 11 月 17 日
4	松原博	海军大佐	1943 年 11 月 17 日－1944 年 6 月 19 日

第三节　幸运之星、防空火箭航母"瑞鹤"号

　　"瑞鹤"号（祥瑞之鹤、幸运之鹤）为翔鹤级航母二号舰，在太平洋战争期间，它曾经参加了珍珠港攻击作战行动、珊瑚海海战、第二次所罗门海战、南太平洋海战等重大海上战役，在 1944 年 10 月 25 日的恩加诺角洋面海战中沉没。在马里亚纳洋面海战之前，"瑞鹤"号虽然参加了日本帝国海军组织的历次大海战，但是一弹未中，因此，被日军称为幸运舰。

　　在参加珍珠港攻击行动的 6 艘日本航母中，"瑞鹤"号是最后一艘被美军击沉的航母，而"赤城"号、"加贺"号、"苍龙"号和"飞龙"号 4 艘航母在中途岛海战中被美军击沉，另外一艘"翔鹤"号在马里亚纳洋面海战（菲律宾海海战）中被美军击沉。最后，美军珍珠港幸存部队将 6 艘日本航母全部击沉，从而成功实现了一雪前耻的誓言。

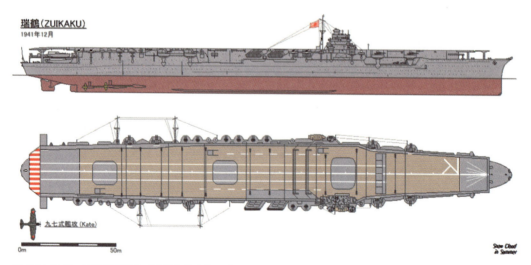

1941 年 12 月，刚刚服役后的"瑞鹤"号全新涂装。

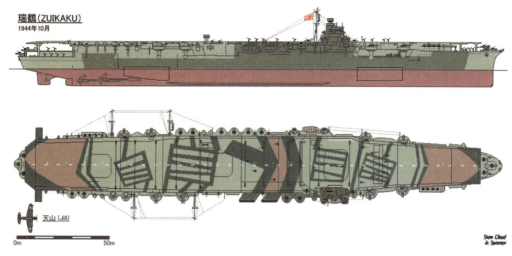

瑞鹤(ZUIKAKU)
1944年10月

天山（川）

0m   50m

1944 年 10 月，沉没前的"瑞鹤"号迷彩图案涂装，其基本舰型设计没有变化。

迷彩涂装的"瑞鹤"号模型

"瑞鹤"号航母总体背景

1938 年 5 月 25 日，"瑞鹤"号在川崎重工神户造船所内正式开工建造。1939 年 9

月 14 日，高松宫对神户舰船工厂进行了访问，据他宣布"瑞鹤"号的建造工期不会提前半年，接受这个建议召开的会议决定"瑞鹤"号建造工期将会提前三个月。以此为依据，"瑞鹤"号可能参加珍珠港攻击作战行动。1939 年 11 月 27 日，"瑞鹤"号下水，随后，由吴海军工厂负责进行舾装。1941 年 9 月 25 日，正式服役的"瑞鹤"号与"翔鹤"号编成第五航空战队，由原忠一海军少将担任司令官。

1941 年，刚刚建造完成的"瑞鹤"号航母。

刚刚建造完成进行海试期间的"瑞鹤"号航母。

"瑞鹤"号舰桥及顶部的21型雷达。

"瑞鹤"号的开放式舰艏部。

第三章 翔鹤级主力攻击航母——日本太平洋战争的绝对主力

"瑞鹤"号舰载机集群

"瑞鹤"号的舰载机攻击集群，正准备攻击行动中。

与"翔鹤"号一样，"瑞鹤"号舰载机集群包括 72 架常备舰载机和 12 架备用舰载机。

1941 年 12 月时，"瑞鹤"号常备舰载机包括 18 架零式舰上战斗机、27 架九九式舰上轰炸机和 27 架九七式舰上攻击机。

1944 年 10 月最后参战时，"瑞鹤"号舰载机部队由 28 架"零战"、16 架"零战"战斗轰炸机机型、11 架"彗星"舰上轰炸机和 14 架"天山"舰上攻击机组成。

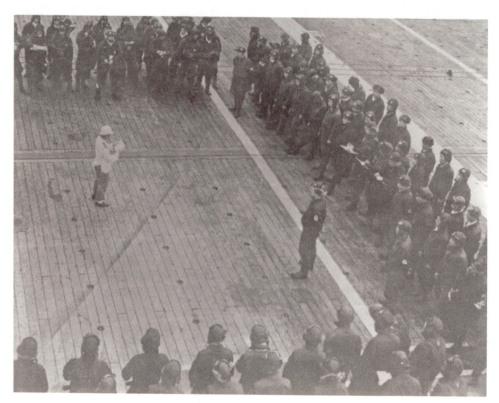

"瑞鹤"号舰载机飞行员正在做战前攻击讲解。

首战参加珍珠港攻击作战行动

"瑞鹤"号编制所在的第五航空战队隶属于南云忠一海军中将指挥下的第一航空舰队（南云机动部队），这支主力部队参加了珍珠港攻击作战行动。

1941年11月16日，"瑞鹤"号在母港吴海军基地内装载了充足的燃料、弹药、粮食等各种补给物资准备出港，按照惯例，出港前舰长应该向副舰长及所有舰员说明出航的目的地和中途停靠港，不过，这次例外，舰长以下舰员不知道任何相关信息。航行途中，"瑞鹤"号舰载机部队由佐伯海军航空队基地起飞登陆到航母飞行甲板上，舰机结合之后的航母停泊到佐伯湾锚泊场内。

当时，参加夏威夷作战计划的24艘主力舰都集中停泊在佐伯湾内，第二天，11月17日，日本联合舰队司令长官山本五十六海军大将对这些主力舰进行了视察。为了隐蔽作战意图，11月18日，各主力舰分批分时间段离开佐伯湾，其中，第五航空战队与其他军舰取道丰后水道，然后北上，到别府湾后停止前行。11月19日凌晨0时，第五航空战队再次启程动身返回丰后水道，然后，由本州东部海域的太平洋北上。

"赤城"号航母在驶出佐伯湾的第二天，在航行途中，全体舰员就得知了要参加夏威夷作战计划，然而，"瑞鹤"号自驶出母港以来，任何消息都不得而知，直到11月22日进入千岛群岛择捉岛内的单冠湾，舰员们才知道此行的目的地。在单冠湾内，"瑞鹤"号舰员们看到了在佐伯湾内的军舰又都集中在这里，比如，"比睿"号战列舰等。对于"瑞鹤"号的下级舰员们，他们是第二天11月23日"加贺"号航母到达单冠湾内才从副舰长那里得知夏威夷作战计划。各参战主力舰在单冠湾内开了战前碰头会及武器维修，随后，11月26日，南云机动部队由单冠湾驶出后自成一列舰阵一路向夏威夷珍珠港方向而去。

日本时间12月8日，"瑞鹤"号与其他5艘航母联合对珍珠港发起了两个波次的攻击。其中，"瑞鹤"号共出动58架舰载机，未返回舰载机为零，从而开启了"瑞鹤"号这个素有"幸运之星"美名航母的第一个幸运纪录。

"瑞鹤"号第一次攻击队由25架九九式舰上轰炸机（指挥官为分队长坂本明大尉）和6架零式舰上战斗机（指挥官为分队长佐藤正夫大尉）组成。

第二次攻击队由27架九七式舰上攻击机组成，"瑞鹤"号飞行队长嶋崎重和少佐为指挥官，他同时也是6艘航母联合第二次攻击队的总指挥官。

"瑞鹤"号两次攻击队的主要攻击方式不是攻击难度比较大的鱼雷攻击，而是相对简易的水平轰炸。

由于珍珠港攻击作战行动中的舰载机消耗比较大，故此，自珍珠港作战返回日本本土后，1942年1月1日时，"瑞鹤"号与"翔鹤"号常备舰载机中的舰上轰炸机和舰上攻击机都由原来的27架削减至18架，从而与"苍龙"号和"飞龙"号航母相同，从此，翔鹤级航母的航空投射能力均降为原来的三分之二。

1941 年 11 月，"瑞鹤"号航母的侧舷部设计及防空武器配备。

珍珠港攻击行动中，"瑞鹤"号舰上攻击机飞行员合影。

珍珠港攻击行动中，"瑞鹤"号"零战"飞行员合影。

1941 年，集结到单冠湾内的"瑞鹤"号航母。

参加拉包尔攻击和锡兰洋面海战

太平洋战争全面爆发之后，1942 年（昭和 17 年）1 月 20 日，"瑞鹤"号与"翔鹤"

号共同参加了拉包尔（为巴布亚新几内亚俾斯麦群岛中新不列颠岛东北端的港口城市，位于加泽尔半岛顶端，临布兰什湾）攻击作战行动，他们对盟军拉包尔军事基地进行空袭。由于战争初期盟军主流采取不抵抗政策，于是，日军成功占领拉包尔。

1月21日，"瑞鹤"号参加了新几内亚岛（即伊利安岛或巴布亚岛，太平洋最大岛屿，位于澳大利亚大陆北面，仅次于格陵兰岛的世界第二大岛）莱城港（位于伊利安岛东部海岸的港口城市，在莫尔比兹港北面，临所罗门海）进攻作战行动。4月，"瑞鹤"号随南云机动部队主力参加了锡兰洋面海战（盟军称印度洋空袭）。

印度洋空袭中的"瑞鹤"号舰载机群。

参加珊瑚海海战

1942年5月，在MO作战计划中，"瑞鹤"号编入MO机动部队，随后参加了莫尔兹比港（位于伊利安岛东南部，临巴布亚湾）攻击作战行动支援，5月8日，参加珊瑚海海战时，它与美国海军第17特混舰队交战。

在珊瑚海海战中，由于隐身于热带暴风骤雨中，"瑞鹤"号非常幸运地躲过美军航母舰载机部队的攻击，而"翔鹤"号就没那么幸运，结果遭受美军舰载机部队的集中攻击致重创。虽然"瑞鹤"号航母毫发无损，不过，其派遣出去的大多数舰载机及机组人员都战死，于是，舰载机部队经过改编之后返回日本本土。由于舰载机部队损失太大，故此，"瑞鹤"号和"翔鹤"号两艘主力攻击航母未能参加中途岛海战。

1942年6月末，为了支援阿留申攻击部队，"瑞鹤"号由大凑海军基地出发前往北太平洋方面增援。

由于中途岛海战惨败，日本帝国海军痛失"赤城"号、"加贺"号、"苍龙"号和"飞龙"号4艘正规航母，于是，经过改编后，"瑞鹤"号与"翔鹤"号同时编入第三舰队从而成为日军机动部队的主力航母。另外，接受中途岛海战的惨败教训，两艘翔鹤级航母舰载机编制重新恢复 27 架舰上战斗机、27 架舰上轰炸机和 18 架舰上攻击机的配额，同时，在舰艏和舰艉都增加安装了 25 毫米机关枪的枪座。

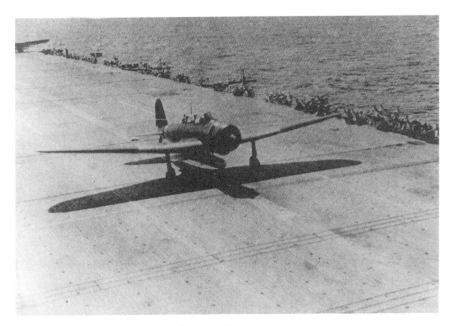

珊瑚海海战中，一架九七式舰攻由"瑞鹤"号起飞。

珊瑚海海战中，一架九九式舰上轰炸机由"瑞鹤"号起飞。

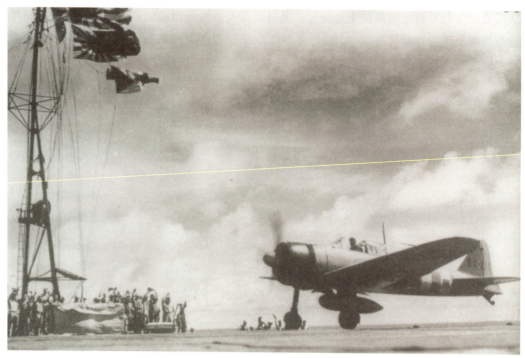

一架"零战"由"瑞鹤"号起飞。

参加第二次所罗门海战、南太平洋海战

1942 年 8 月，为了应对美军在所罗门群岛瓜达尔卡纳尔岛的登陆行动，"瑞鹤"号与"翔鹤"号、"龙骧"号一起前往东南方面参与支援作战。8 月 24 日，在第二次所罗门海战中，"瑞鹤"号与美国海军第 61 特混舰队交战。

10 月 26 日，在南太平洋海战中，"瑞鹤"号再度与美军机动部队交战，并与其他军舰联合将美国海军"大黄蜂"号航母击沉。

1943 年 2 月，"瑞鹤"号参加日军瓜达尔卡纳尔岛撤退支援行动。在此期间，"瑞鹤"号安装了 21 号雷达，同时，在舰桥周边等处追加安装了机关枪枪座。

1943 年后半年，"瑞鹤"号锚泊在特鲁克岛锚泊场内。1943 年 9 月 17 日，为了与其他舰艇展开联合训练，"瑞鹤"号驶出特鲁克岛港口。9 月 18 日，由于美军机动部队对吉尔伯特群岛（太平洋中西部岛群，位于马绍尔群岛东南，由 16 个珊瑚岛组成）塔拉瓦岛（吉尔伯特群岛的主岛）和马金岛（塔拉瓦岛北 160 公里）进行了空袭，"瑞鹤"号及其他日本舰队主力对美军舰队展开追击，在索敌无果的情况下，9 月 23 日，"瑞鹤"号返回特鲁克岛锚泊场。

1943 年 10 月 5 日和 6 日，"瑞鹤"号对威克岛（位于北太平洋夏威夷岛和关岛之间）美军机动部队进行了空袭。10 月 17 日，日本舰队由特鲁克岛锚泊场出击，但是此次行动并未遭遇美军机动部队。

此外，在 1943 年 4 月展开的伊号作战和 11 月展开的波号作战中，"瑞鹤"号还向拉包尔派遣了舰载机部队。

1943 年 4 月，集中在飞行甲板上的"瑞鹤"号舰载机飞行员们。

参加马里亚纳洋面海战（菲律宾海海战）

1944 年 3 月，日本帝国海军新编第一机动部队，"瑞鹤"号与其姐妹舰"翔鹤"号以及新锐航母"大凤"号都隶属这支部队管辖，而后，三艘航母前往新加坡方向展开训练任务。5 月，由于准备 A 号作战计划，"瑞鹤"号经塔威塔威群岛（位于菲律宾西南部苏禄群岛中的岛群，在加里曼丹岛之东）向吉马拉斯海峡（介于菲律宾米沙鄢群岛中内格罗斯岛西北部与班乃岛之间的海峡）移动，于 6 月 19 日和 20 日，参加了马里亚纳洋面海战。

在 6 月 19 日的激烈海战中，"瑞鹤"号舰载机部队对美军机动部队展开了攻击，不过，这些舰载机大多数未返回航母，同时，"翔鹤"号和"大凤"号航母遭受美军小鲨鱼级潜艇的鱼雷攻击而双双沉没，至此，日军损失惨重。

在 6 月 20 日的海战中，"瑞鹤"号遭受美军机动部队的空袭，其中，1 枚炸弹直接命中飞行甲板，舰桥部有轻微损伤，随后，航母返回日本本土。

"瑞鹤"号最后一次较全面的改装

1944 年 7 月 14 日，"瑞鹤"号开始由吴海军工厂负责进行入坞维修。在维修期间，"瑞鹤"号除了恢复马里亚纳洋面海战损伤外，同时，还接受这次海战的经验教训对汽油油箱进行强化防御，而且，还对舰内装备及设施进行了彻底的绝燃改装，此外，还对舰体及甲板实施了全新的迷彩涂装。在舰载武器方面，"瑞鹤"号全新安装了 8 部防空火箭炮（防空火箭发射装置），同时，还追加安装了 25 毫米单装机关枪以及 13 号防空雷达和水中扩音器。这些新增加武器在一定程度上提高了"瑞鹤"号的防空及反潜作战能力，依据以往海战的经验教训，日军航母沉没主要来自美军的空中和水下攻击。

1944 年 8 月，"瑞鹤"号结束了为期一个月的入坞维修工程，出坞后，"瑞鹤"号由原来第一航空战队编入第三航空战队，随后，与"瑞凤"号、"千岁"号和"千代田"号三艘航母在濑户内海展开近海训练任务，9 月，帮助日军拍摄宣传电影。

参加莱特湾海战、"瑞鹤"号沉没

1944 年 10 月 20 日，在小泽治三郎海军中将指挥下，第三航空舰队在由"瑞鹤"号担当旗舰的情况下前往菲律宾东北部执行作战任务。10 月 24 日上午 11 时 30 分，"瑞鹤"号与其他航母联合向美军机动部队派遣了舰载机攻击队，其中，瑞鹤攻击队由 16 架"零战"、16 架"零战"轰炸机型、2 架"彗星"和 1 架"天山"组成，"彗星"和"天山"负责攻击队导航及战果确认职责。在这个波次的攻击中，返回"瑞鹤"号的舰载机只有 3 架，可见其战况激烈之程度。

在 10 月 25 日展开的莱特湾（位于菲律宾米沙鄢群岛东部的海湾，北部由萨马岛、西部由莱特岛、南部为苏里高海峡所包围）海战之恩加诺角（位于菲律宾吕宋岛东岸、奎松省中部，临菲律宾海）洋面海战中，"瑞鹤"号遭受美军第 38 特混舰队的空袭。

10 月 25 日，小泽舰队分成第 1 战斗群和第 2 战斗群两支机动部队，其中，第 1 战斗群由"瑞鹤"号航母、"瑞凤"号轻型航母、"伊势"号战列舰、"大淀"号轻型巡洋舰和 4 艘驱逐舰组成，第 2 战斗群由"千岁"号轻型航母、"千代田"号轻型航母、"日向"号战列舰、"多摩"号轻型巡洋舰、"五十铃"号轻型巡洋舰和 4 艘驱逐舰组成。

"瑞鹤"号起飞了 9 架"零战"执行战斗机护航掩护任务。此外，在凌晨 6 时 13 分，"瑞鹤"号还提前起飞了 5 架"零战"轰炸机型、1 架"彗星"和 4 架"天山"。

上午 8 时 20 分，大约 130 架美军战机对"瑞鹤"号进行了第一波次的攻击。

8 时 35 分，1 枚炸弹直接命中飞行甲板的中央部，2 分钟后，1 枚鱼雷命中左舷处，机械舱开始进水，而后不能进行舰载机的起飞与回收操作。此外，由于通风设备发生故障，轮机舱内温度急剧升高，舰员无法停留，随后，"瑞鹤"号不得不采取 2 轴运转。在此期间，舰桥内的操舵装置也发生了故障，于是，不得不直接操舵，经过抢修，8 时

45 分，操舵装置恢复功能，同时，舰面火情得到控制。

在美军机动部队发起第二个波次攻击之前的大约 1 个小时时间内，"瑞鹤"号为了实现小泽舰队的作战预想继续北上。

8 时 48 分，"瑞鹤"号不能进行收发电报操作，于是，只能依靠"大淀"号轻型巡洋舰提供无线电报代收业务，后来，无线收发报能力恢复，于是，通过发送虚假电报成功将美军吸引过来，不过，"瑞鹤"号通信无法到达栗田舰队。

9 时 44 分，小泽中将将"瑞鹤"号上的旗舰设施收拾完毕后准备改乘"大淀"号巡洋舰，这样，小泽舰队旗舰将由"瑞鹤"号改为"大淀"号担当，在接近美军机动部队发起第二波次攻击行动之前，"大淀"号离开"瑞鹤"号航母。

在第二波攻击中，"瑞鹤"号只遭受近距离炸弹威胁，航母本身并未中弹，故此，损害极小。10 时 54 分，小泽中将移乘到"大淀"号巡洋舰上。此时，承担"瑞鹤"号上空战斗机护航任务的 9 架舰上战斗机因燃料耗尽而紧急迫降。

从下午 13 时左右，美军机动部队开始发起第三波攻击，由于在第二波攻击中，小泽舰队其他航母已经或沉没或重创，故此，在第三波攻击中，美军舰载机部队对"瑞鹤"号进行了集中攻击。"瑞鹤"号航速迅速下降成为其后来沉没的致命伤，航速下降导致航母机动能力变弱，此后，左舷遭受 4 枚鱼雷击中，右舷遭受 2 枚鱼雷击中，此外，还遭受 5—7 枚炸弹的直接命中，这些炸弹爆炸致使挥发油油箱起火，整舰迅速燃起熊熊大火。随后，"瑞鹤"号陷入没有任何处理手段的困境，同时，炸弹爆炸所产生的冲击波导致舰载防空武器损坏，轮机舱瘫痪又导致动力全无。右舷高射炮是"瑞鹤"号最后的防御武器，这门舰炮由于持续进行射击，炮管过热，通体烧红，继续射击已经非常困难，最后加剧倾斜再也不能转动，直到沉默下来。

下午 13 时 30 分，"瑞鹤"号贝冢舰长下令全体舰员集中到飞行甲板，13 时 55 分至 58 分，军舰旗降下。在全体舰员撤离军舰的命令发出后，"瑞鹤"号开始向左倾斜，14 时 14 分，舰艉部开始下沉，这是"大淀"号巡洋舰在 14 时 20 分的记录。"瑞鹤"号沉没时恰好美军机动部队的攻击行动接近尾声。"瑞鹤"号发出全体舰员撤离命令时，舰载军事记者对集中舰员的飞行甲板情况进行了拍照记录，这张照片是非常著名的二战战争记录照片。

小泽舰队在"瑞鹤"号沉没后仍然遭受空袭，故此，许多幸存者在海上漂流了很长时间才被救起。此役，"瑞鹤"号战死 49 名海军军官和 794 名下士以下舰员，其慰灵碑（航空母舰瑞鹤之碑）树立在日本奈良县橿原市橿原公苑内。

参加恩加诺角海战的"瑞鹤"号航母及其 2 艘护卫驱逐舰

"瑞鹤"号(中间位置)和两艘秋月级驱逐舰正在进行防御作战。

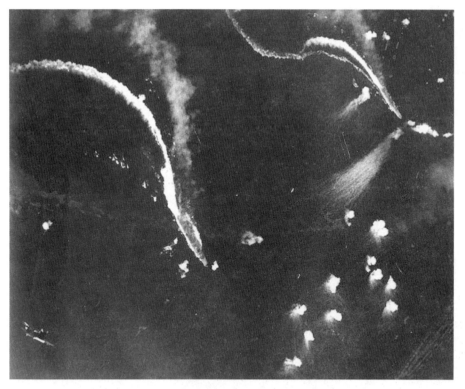

"瑞凤"号(右)和"瑞鹤"号(左)共同躲避美军舰载机的炸弹攻击。

已经中弹并且开始持续沉没的"瑞鹤"号,从照片中可以判断左舷已经处于倾斜状态。

"瑞鹤"号发出全体舰员撤离命令时，舰载军事记者对集中舰员的飞行甲板情况进行了拍照记录，这张照片是非常著名的二战战争记录照片，从照片中可以看出，"瑞鹤"号舰员们正在面向降下的军舰旗敬礼。

攻击珍珠港行动中最后一艘被击沉的航母

当年，参加珍珠港攻击行动的日本航母共有 6 艘，而"瑞鹤"号是这些航母中最后一艘被美军击沉的，同时，它还是日本最后一艘按照标准航母要求进行设计、建造以及参加机动部队进行实战运用的航母。随着"瑞鹤"号航母的沉没，日本航母战斗力已经丧失了一大半，此后，日军航母力量无法再确保机动部队中可供舰队作战时所需的航母、舰载机及舰员数量，事实上，此时的日本帝国海军已经丧失了航母机动部队的作战运用能力。当然，这也意味着日本帝国海军已经从组织体系上丧失了大型舰队运用能力。而对于美国海军而言，击沉最后一艘参加珍珠港攻击行动的日军航母是他们成功洗刷耻辱的华美结局。

"瑞鹤"号历任舰长

"瑞鹤"号航母在服役期间共有 4 任舰长，另有一任舾装员舰长，为横川市平海军大佐，其任职期间为 1940 年 11 月 15 日至 1941 年 9 月 25 日，同时，横川市平也是"瑞鹤"号航母的第一任舰长。

历任	舰 长 姓 名	军 衔	任 职 期 间
1	横川市平	海军大佐（上校）	1941 年 9 月 25 日—1942 年 6 月 5 日
2	野元为辉	海军大佐	1942 年 6 月 5 日—1943 年 6 月 20 日
3	菊池朝三	海军大佐	1943 年 6 月 20 日—1943 年 12 月 18 日
4	贝冢武男	海军大佐	1943 年 12 月 18 日—1944 年 10 月 25 日

第四章
无同型舰改装航母
——日本帝国海军应急体制下的产物

截至 1945 年 8 月 15 日，日本帝国海军共进行了 4 艘无同型舰改装航母的建造工程，按照时间顺序分别是"加贺"号、"龙凤"号、"信浓"号和"伊吹"号，它们的基本概况如下表：

截至 1945 年，日本帝国海军 4 艘无同型舰改装航母基本概况对照表：

航母舰级	改装概况	设计排水量	三维尺寸（长×宽×吃水）（米）	飞行甲板规模（长 × 宽）（米）	舰载机数量（架）	参战经历	最后命运
"加贺"号（大型主力航母）	第一次改装于 1928 年 3 月 31 日竣工、第二次现代化改装工程于 1935 年 12 月竣工	标准排水量 38200 吨、公试排水量 42541 吨（第二次改装后）	247.65×32.50 × 9.5（第二次改装后）	248.60×32.50	72＋18	日中战争、太平洋战争	1942 年 6 月 6 日，命殒中途岛海战
"信浓"号（二战中最大航母）	"大和"号战列舰 3 号舰改装、1940 年 5 月 4 日建造、1944 年 10 月 8 日下水、1944 年 11 月 19 日服役	标准排水量 62000 吨、满载排水量 71890 吨	266.1×40 × 10.31	256×40	42＋5	太平洋战争	1944 年 11 月 29 日沉没
"龙凤"号（支援性轻型航母）	1942 年 11 月，改装成航空母舰舰种	标准排水量 13360 吨、公试排水量 15300 吨、满载排水量 16700 吨	215.65×19.58×6.67	185.0×23.0	24＋7	太平洋战争	战后拆解处理
"伊吹"号（未建成轻型航母）	1943 年决定改装成航母、1945 年 3 月 16 日改装工程中断	标准排水量 12500 吨、公试排水量 14800 吨、满载排水量 15300 吨	205.0 × 21.2×6.31	205.0×23.0	预定 29 架至 31 架，包括露天停放 11 架	无参战经历	1946 年拆解处理

上述 4 艘改装航母中，"加贺"号是日本改装航母中综合作战能力及航空作战能力最强的航母，舰载机搭载数量也最多，因此，战功卓著，堪称日本的"改装航母第一"。

"信浓"号是第二次世界大战期间建成的最大航母，其超过 6 万吨的排水量是美、英两个航母大国也望尘莫及的，不过，就是这样一艘航母也是日本航母悲剧的代表，它的超大排水量设计是日本妄图迅速扩张并称霸世界、占领全世界野心的缩影，日本的迅速扩张及迅速灭亡恰恰与"信浓"号航母的悲惨命运不谋而合，战争后期，日本妄图采取造舰"大跃进"的方式来建造"信浓"号航母，这不仅让日本帝国海军备尝苦果，也让日本帝国政府知道战争有战争的规律，不是人的意志能左右的，只有符合战争规律，人的意志才能发挥作用，全民造舰运动无法挽回失败的结局。"信浓"号就是日本帝国海军的"缩影"。

"龙凤"号和"伊吹"号只是两艘支援性的轻型航母，它们的有无对于日本帝国海军并无太大的影响，当然，它们在太平洋战争中的作用也微乎其微。本章四节将对这4艘改装航母进行介绍、分析和解读，其中重点介绍对象是"加贺"号和"信浓"号航母。

第一节 最大机库航母"加贺"号

"加贺"号是继"凤翔"号和"赤城"号之后，日本第三艘航母，第二艘改装航母，日本改装航母中战绩最辉煌的一艘航母，堪称"日本改装第一航母"，太平洋战争前期日美海上航母大决战中改装规模最大的航母，日本航空战队旗舰。

从服役历史来看，"加贺"号航母是由未建成完工的加贺级战列舰改装而来的大型航母，在太平洋战争前期，它是日本帝国海军的主力航母，曾经活跃于各大海上战场，1942年6月，在参加中途岛海战时被美军击沉。

"加贺"号航母改装背景——海军裁军条约限制下诞生的"宠儿"

日本帝国海军"八八舰队"军备计划开工建造了加贺级战列舰的三号舰和四号舰，其中，三号舰就是后来改装成航母的"加贺"号，四号舰则是"土佐"号战列舰。

1920年（大正9年）7月19日，"加贺"号战列舰正式开工建造，与前级战列舰长门级相比，加贺级的总体设计和综合作战性能都得到了很大程度的提高。然而，在建造工程全面展开过程中，西方列强签署了《华盛顿海军裁军条约》，于是，1921年2月5日，日本帝国海军通知造船厂停止建造"加贺"号战列舰，最后，作了拆解处理的决定。根据《华盛顿海军裁军条约》，"加贺"号解体后其建造材料将预定作为由巡洋战列舰改装为航空母舰的天城级巡洋战列舰"天城"号和"赤城"号的建造材料。

然而，一次大地震却挽救了"加贺"号战列舰的整个命运。1923年（大正12年）9月，日本发生了著名的"关东大地震"，此次地震严重损坏了在横须贺海军工厂内正在进行改装的"天城"号巡洋战列舰，于是，日本帝国海军决定放弃"天城"号，而"加贺"号则成为航母改装的替代舰。按照最初的改装计划，经过改装后的"加贺"号航母设计全长为715英尺，最大宽度为110英尺，标准吃水宽度为101英尺3英寸，吃水21英尺9英寸，排水量为26950英吨，配备10门20厘米舰炮、6门12厘米舰炮、12门12厘米高射炮，常备舰载机为36架，满载状态下可达到27.6节的航速。

二战期间，川崎造船所制作的加贺级战列舰完成想象模型。

"加贺"号航母第一次改装过程

《华盛顿海军裁军条约》的主要内容是对西方列强的主力舰建造进行限制，当时世界大国对作为辅助性舰种的航空母舰运用才刚刚进行摸索和研究。在航母运用早期，日本帝国海军没有相关航母改装的任何经验，对于航母建造经验，也只有一艘"凤翔"号轻型航母。"加贺"号是日本帝国海军第二艘改装航母，即由战列舰改装成航母，第一艘改装航母"赤城"号的改装工程几乎与"加贺"号航母改装同时展开。在改装初期，"加贺"号设计了三层甲板以及反水面舰艇用途的20厘米大口径舰炮等，不过，这些设计严重妨碍了航空舰装，后来经过了第二次改装和设计，就是在这些不断摸索中，历经数年，"加贺"号改装航母第一次改装工程最终竣工。

第一次改装、三层式飞行甲板改装设计

1920年7月19日，"加贺"号战列舰由川崎重工神户造船所负责动工建造。1921年11月17日，战列舰下水。1923年12月，"加贺"号航母第一次改装工程由横须贺海军工厂承担开工。1928年（昭和3年）3月31日，第一次改装工程竣工。

在第一次改装的决定舰型设计期间，"加贺"号改装接受了英国皇家海军"暴怒"号航母的改装经验，"暴怒"号也是由其他舰种改装而成的两层式甲板航母，不过，"加贺"号与"赤城"号都采取了拥有三层飞行甲板设计的所谓"三层式航母方案"。在这

个设计方案中，最上层飞行甲板用于舰载机的起飞与着舰操作，中层飞行甲板用于小型舰载机的起飞操作，最下层甲板用于大型舰载机的起飞操作，三层甲板设计方案与舰载机的机种和用途相匹配，并依据这项标准对飞行甲板进行分层。

不过，三层甲板设计方案主要针对飞机诞生早期，这种方案并没有考虑到飞机的实际运用情况以及飞机大型化的趋势，随着这些问题的出现，整个方案遭遇困境。比如，最上层承担舰载机起飞与着舰两种操作用途的甲板显得较短，中层甲板长度显著偏短，这两层甲板不能用于实际舰载机的起飞操作，同时，设置在飞行甲板和舰体之间的舰桥很难对舰载机的起飞与着舰操作进行管制，鉴于此，1932 年，改装设计者又在甲板升降机右舷处设计了一座塔型辅助舰桥和飞行科（海军航空兵）指挥所。

舰炮设置

在早期改装期间，"加贺"号计划安装 10 门 20 厘米大口径舰炮，这些舰炮可对接近航母的水雷部队实施有效打击。从火力配备程度上来看，"加贺"号相当于舰队决战期间一艘重型巡洋舰的火力配备。此外，在"加贺"号建成竣工后又在中层露天甲板上安装了 4 门联装舰炮。

动力推进系统

"加贺"号动力推进系统由 12 部重油专用燃烧锅炉和 4 部涡轮机组成，总输出功率为 9.1 万马力，其实际航速只有 26.7 节（公称航速为 27.5 节），与另一艘改装航母"赤城"号 32.5 节的航速相比明显不足，这种差距主要是因为"赤城"号原来是按照巡洋战列舰的舰种来设计，而"加贺"号是按照战列舰的舰种来设计，后者更注重舰炮火力，而不注重航速。战列舰设计以重防御为主，同时，为了缩小中弹面积，舰体设计得相对较短，这样的设计增加了舰体重量，推进阻力较大，因此很难发挥出较大航速。

第一次改装后的基本技术参数

第一次改装后，"加贺"号标准排水量为 26900 吨，舰体全长 238.5 米，全宽 29.6 米，吃水 7.9 米，最上层飞行甲板全长（最长的一个甲板）171.4 米，全宽 30.5 米，全体舰员编制 1269 人。

动力推进系统主锅炉为 12 部口号舰本式专用燃料锅炉，主机为 4 部布朗—柯蒂斯式涡轮机，4 轴推进，总输出功率为 9.1 万马力，最大航速 27.5 节，14 节航速的续航距离为 8000 海里。

舰载武器包括 4 门 20 厘米 50 倍径联装舰炮、6 门 20 厘米 50 倍径单装舰炮和 12 门 12 厘米 45 倍径联装高射炮。

1930年，采取三层式飞行甲板设计的"加贺"号航母，根据水纹判断，右侧为舰艏部、左侧为舰艉部。其中，三层甲板的最下层甲板上停放着九〇式舰上战斗机，最上层甲板上停放着一三式舰上攻击机，中层甲板有两门四管舰炮伸向舰艏方向，最上层甲板为中轴对称的无舰岛全贯通平甲板，其舰艉中间处设计有一部舰载机升降机，舰艏也设计有一部升降机。

今天的分层甲板舰型

从分层甲板的基本舰型设计来看，"加贺"号与"赤城"号与今天这种全新的甲板分层设计有异曲同工之妙，不过，今天的分层甲板航母在航空舾装上不会面临太大的困难。

1930年，采取三层甲板设计的"加贺"号，可见三层飞行甲板及右舷舰艉部的巨大向下排烟式烟囱，从整体舰型设计来看，显得非常臃肿、杂乱无序，因此，第二次改装非常必要。

1931年，三层甲板设计的"加贺"号舰艏部特写，三层飞行甲板清晰可见。

1928年，改装中的"加贺"号航母停靠在川崎重工神户造船所内，可见舰舷右侧舷后部采取向下排烟式设计的烟囱。

1930 年，采取三层甲板设计的"加贺"号在海上机动航行，其最上层甲板和最下层甲板都停放着舰载机。

三层甲板设计的"加贺"号，可见其右舷部的烟囱采取水平排烟方式，并且正在排放大量的浓烟。

在日本近海，远处三层甲板的"加贺"号与一艘战列舰。

"加贺"号航母第二次改装过程

第二次改装、单层飞行甲板改装方案

经过第一次改装运用后，"加贺"号暴露出很多不适合的设计，于是，较"赤城"号改装航母早一步提出第二次改装方案。1933 年 10 月 20 日，"加贺"号编入预备舰，第二次改装工程正式开始。"加贺"号第二次改装工程于 1934 年 6 月全面展开，1935年 11 月 15 日结束，改装工期历时一年半，经过此次改装，"加贺"号改装航母最终定型。改装完成当日，"加贺"号重新编入现役舰，编制为第二舰队第二航空战队。

"加贺"号第二次改装方案最初参考了美国海军列克星敦级航母的经验，这级航母设计有一座大型舰桥，后来，在总结"第四舰队事件"及"友鹤事件"的基础上，对舰载机的起飞与着舰、舰体重心降低及减少风压侧面积进行了全面考虑。最终第二次改装方案缩小了机库、飞行甲板和舰桥，同时，采用了直立烟囱。

经过第二次改装后，"加贺"号不仅解决了一直以来的诸多缺陷，而且，航母综合作战性能也有大幅度提高，这次改装工程规模浩大，工期历时漫长，其主要目标是要打造一艘日本帝国海军军舰中数一数二的主力战舰。

第二次改装工程中问题最多的是"加贺"号的排烟方式，"加贺"号与"赤城"号一样都采用了弯曲式烟囱，经过改装后，烟囱重新设计在轮机舱上部右舷处，同时，烟囱重量也降低了 100 吨，此后，舰员们不用再担忧过热的烟道威胁，而且，浓烟改由舰艉排出的方式阻止了扰乱气流的弊端，从而解决了妨碍舰载机着舰操作的缺陷。

　　第二次改装拆除了原来三层式飞行甲板的中间层和下层甲板，只保留最上层的全贯通式单层甲板。最上层飞行甲板超出了舰体的全长，这样，大幅度延长了舰载机进行起飞与着舰操作的滑行距离。在改装飞行甲板期间，原来若干个抬高舰艉部的倾斜式飞行甲板被改装成水平甲板。随着中下层飞行甲板的拆除，舰载机机库空间也得到进一步增加，这样，"加贺"号舰载机总数量由原来的 60 架升至 90 架，包括常备舰载机 72 架和备用舰载机 18 架。经过第二次改装的"加贺"号与其之后建成的航母相比，它拥有日本帝国海军航母中最大的机库面积，其实际最大舰载机运用能力为 103 架。据日本大藏省记录，"加贺"号最大舰载机搭载数量为 24 架战斗机、45 架攻击机，计 69 架常务舰载机，外加 31 架备用舰载机，总计 100 架舰载机，"赤城"号最大舰载机搭载数量为 27 架战斗机、53 架攻击机，计 80 架常备舰载机，外加 40 架备用舰载机，总计 120 架舰载机。"加贺"号主力战斗机是比零式舰上战斗机小型化的九六式舰上战斗机。

　　经过改装，"加贺"号舰体平稳，侧摇现象明显减少，舰桥部分的飞行甲板宽度已经升到 29.5 米，堪称是一座非常庞大的飞行甲板，同时，飞行甲板表面距离海平面的高度达到了 21.7 米，这样，在甲板表面进行的各种航空作业再也不会受到海浪的影响。21.7 米的海平面至飞行甲板高度是日本航母中的最高纪录，这样的设计非常适合舰载机进行起飞与着舰操作，从而使飞行甲板更像一个平稳的海上机场。另一方面，这样的高甲板导致军舰重心上升，故此，两侧舷增加了压舱物的重量。

　　第二次改装舰桥设置于右舷前方，舰载机在着舰时的压迫感消失，同时，紊乱的气流现象也明显减少，这些航空系统方面的改观使"加贺"号成为最容易操作的航母。据由"飞龙"号（飞行甲板全长 217 米、宽 27 米）航母调到"加贺"号航母上工作的舰上轰炸机飞行员回忆，他第一次着陆到"加贺"号飞行甲板时对甲板的规模感到非常吃惊。此外，据大多数有中国战场作战经验的飞行员们评价，"加贺"号航母是日本机动部队中最有力的航母。

　　第二次改装后的"加贺"号航行稳定性非常优秀，在夏威夷作战计划展开时处于极端恶劣天气，当时，"加贺"号的舰体横摇比新型翔鹤级航母还小，据战时报告记录，"加贺"号最大舰体横摇为 3 度，"飞龙"号为 11 度，"翔鹤"号居然为 20 度。这种先天优势得益于"加贺"号是由预备浮力大、低重心的战列舰设计改装而来。

　　此外，"加贺"号还在飞行甲板前部设计了舰载机弹射器，铺设弹射器的轨槽制造工程也由佐世保海军工厂负责，不过，由于舰载机弹射器没有达到实用化标准，故在太平洋战争爆发时仍未安装上舰。直到第二次世界大战结束，日本的航母弹射器仍未达到实战化水平。

动力推进系统改进

　　经过第二次改装，"加贺"号燃料携带量增加至 8200 吨，续航距离由第一次改装后的 14 节航速 8000 海里增加至 16 节航速 1 万海里。航速增加的主要原因是因为航母换装了新式的大功率涡轮机。随着输出功率增加和舰艉延长，航母航速由原来的 26.7 节上升至 28.3 节。尽管如此，28.3 节的航速在太平洋战争爆发时仍是日本主力航母中航速最低的，这大大影响了"加贺"号与其他航母之间的联合行动。

不过，从另一方面来看，"加贺"号由于续航能力和搭载能力强大，这在实际的作战立案时是最大的长处，比如，日本帝国海军在制订夏威夷作战计划时，由于"加贺"号具备远距离大洋航行能力而优先作为参战的选择目标。在夏威夷作战计划调查准备期间，"加贺"号由于可搭载非常充足的燃料，因此，日军判断它具备公开宣布能力以上的续航距离。鉴于此，"加贺"号与新型"翔鹤"号和"瑞鹤"号 3 艘航母从作战计划开始时便成为日军的首选目标。不过，第二航空战队司令官山口多闻对这个首选方案持反对意见，他认为"赤城"号、"苍龙"号和"飞龙"号虽然续航能力不足但也可参战，这些航母可在舰内携带足够多的燃料箱后即可参战。

舰载武器系统改装

经过第二次改装，"加贺"号的防空武器也得到进一步加强，比如，第一次改装的 12 厘米联装高射炮换装成 12.7 厘米联装高射炮，这些舰炮不仅口径增大，而且数量也增多，由原来的 6 门升至 8 门，它们可对另一侧船舷进行射击。另外，25 毫米联装机关枪也同时得到增强，不过，这些机关枪的安装位置及数量在公开设计图中没有明确标示，一种说法是增加到 11 挺，另一种说法是增加到 14 挺。

总之，"加贺"号的航空舾装、攻击能力和防御能力都完全超过协同友舰"赤城"号航母。

第二次改装后的遗留问题

尽管第二次改装解决了大多数航母设计缺陷，不过，仍有遗留问题。比如，在拆除安装在中层飞行甲板上的 4 门 20 厘米联装舰炮后，取而代之又在舰体后方侧舷追加安装了 4 门旋转炮塔式舰炮，从舰炮数量上看，改装后基本维持了改装前的状况，不过，这些舰炮的视野和射界变小，从而运用效果不良。航母应以航空作战为主体，这些追加安装的舰炮实属不需要的装备，它们是基于昭和 8 年改装计划上舰，这些改装缺少先见之明。与此对照，美国海军列克星敦级航母虽然也安装了 8 英寸舰炮，不过，这些背架式舰炮都安装在舰桥和烟囱的前后部，它们不影响航空系统的操作，即使有一些甲板风暴和重心上升问题也是在合理范围之内。

同时，在右舷前部新安装了不使舰桥重心上升的紧凑型舰炮，这些舰炮只是最低限制的装备，它们对航母作战指挥也造成一定影响。

包括"加贺"号，日本航母的共同缺点是损害管制水平考虑不足，比如，所有舰载机机库都采取封闭式设计，这主要是为了考虑舰载机不受海水盐分的侵蚀，这是优点，同时，也是致命伤，航母一旦中弹，封闭式机库将增加航母的受害程度，日本几艘航母遭美军击沉都是封闭机库惹得祸。美国海军约克城级和埃塞克斯级航母都采取开放式机库设计，一旦航母中弹，航空系统舰员可随爆炸气浪逃出机库，同时，机库内搭载的炸弹和舰载机等极易爆炸危险物可全部投入海中，以限制火势蔓延所造成炸弹引爆和舰载机爆炸等次生爆炸带来的损害，对于封闭式机库的危险性，可对比美国海军"列克星敦"号和日本航母"大凤"号的沉没原因。

在"信浓"号改装航母之前，经过第二次改装的"加贺"号一直是日本帝国海军中排水量最大的航母。

第二次改装的经验成果

"加贺"号第二次改装工程较第一次改装更加彻底，从此，日本航母形成了标准的设计布局，这些设计形式大部分来自第二次改装后的"加贺"号，这样的标准航母舰型设计包括全贯通式单层飞行甲板，右舷前部的小型舰桥、向下弯曲型直立烟囱、防空舰炮集中到飞行甲板周围。

第二次改装后的基本技术参数

第二次改装后，"加贺"号标准排水量为 38200 吨，海试排水量为 42541 吨，舰体全长 247.65 米，水线长为 240.30 米，全宽 32.50 米，吃水 9.5 米，飞行甲板全长 248.60 米，全体舰员编制 1708 人。

动力推进系统主锅炉为 8 部口号舰本式重油专用燃料锅炉，发动机包括 2 部布朗－柯蒂斯式涡轮机、2 部舰本式涡轮机、4 轴推进，总输出功率为 127400 马力，最大航速 28.3 节，以 16 节航速的续航距离为 1 万海里。

舰载武器包括 10 门 20 厘米单装舰炮、16 门 12.7 厘米联装高射舰炮和 22 门 25 毫米联装机关枪。

1936 年，第二次改装后、采取单层飞行甲板设计的"加贺"号航母，此图可见其基本舰型设计为右舷舰岛、全贯通飞行甲板、开放式舰艉与舰艏，烟囱设计在左舷部，为向下排烟式，可见烟囱正在向下方大量排放浓烟。

1935 年，第二次改装后、采取单层飞行甲板设计的"加贺"号航母，左侧为舰艏，右侧为舰艉，舰桥位于右舷前部，飞行甲板内设计舰载机升降机。

1937 年，正在着舰操作过程中的"加贺"号航母及其侧舷部特写。

"加贺"号舰载机集群

在第一次改装期间，"加贺"号航母的舰载机搭载数量为 60 架，包括 16 架三式舰上战斗机、16 架一〇式舰上侦察机和 28 架一三式舰上攻击机。

在第二次改装后，"加贺"号舰载机数量包括常备舰载机 72 架，备用舰载机 18 架，总计 90 架。

1941 年 12 月时，"加贺"号常备舰载机包括 18 架零式舰上战斗机、27 架九九式舰上轰炸机和 27 架九七式舰上攻击机。

首战参加中日战争（抗日战争）

"加贺"号第一次改装后的首次实战是 1932 年爆发的上海一·二八抗战（日本历史称"第一次上海事变"），这次事变是日本历史上第一次有航母参战的作战行动。日本帝国海军派遣了自成立以来第一支机动部队，它由"凤翔"号航母、"那珂"号、"阿武隈"号、"由良"号轻型巡洋舰以及"冲风"号、"峰风"号、"泽风"号和"矢风"号驱逐舰联合组成。

2 月 5 日，"加贺"号参战，当天，由 6 架三式舰上战斗机和 4 架一三式舰上攻击机组成的加贺飞行队与中国空军 4 架 O2U"海盗"攻击机展开了日中历史上第一次空中战斗，双方都没有损失，不分胜负。

2 月 22 日，由 3 架三式舰上战斗机和 3 架一三式舰上攻击机组成的加贺飞行队编队与美国志愿空军飞行员驾驶的波音 218 战斗机展开了一场空战，日军 1 架舰上攻击机被击落，同时，美军 B218 也遭击落，这是日本帝国陆、海军第一次有遭受击落战斗机的记录。

在 1937 年中日战争（抗日战争）爆发期间，"赤城"号航母的现代改装正在如火如荼地展开，"苍龙"号、"飞龙"号航母的建造正在进行，可投入实战运用的航母只有大型航母"加贺"号以及轻型航母"凤翔"号和"龙骧"号。"加贺"号是当时日本帝国海军三艘可运用航母中拥有最大攻击力的一艘，因此，它是中日战争中日本航母部队的绝对主力，常常处于作战状态下。中日战争期间，"加贺"号舰载机部队主要包括九〇式舰上战斗机、九五式舰上战斗机、八九式舰上攻击机、九四式舰上轰炸机和九六式舰上攻击机。

当时，顺便搭乘"加贺"号的日本帝国海军军官城英一郎海军中佐曾经非常狂妄地对周围军官放言："日本海军航空部队可通过奇袭攻击在 3 日内结束日华事变。"

不过，日军严重低估了当时中国空军飞行队的作战能力。1937 年 8 月 15 日，日军航母舰载机与配备 12.7 毫米机关枪的中国空军柯蒂斯霍克 III 战斗机交战，结果，8 架八九式舰上攻击机（包括 2 架紧急迫降）和 2 架九四式舰上轰炸机（包括 1 架紧急迫降）遭中国空军击落。一直以来，日本帝国海军只注重攻击而忽略了战斗机护航，因此，当时的"战斗机无用论"非常盛行，经过此次惨烈空战，日军彻底认识到了战斗机的重要作用。

1937 年 8 月 22 日，由中岛正中尉等飞行员驾驶的九六式舰上战斗机飞行队到达

"加贺"号航母，从此，日军舰上战斗机与柯蒂斯霍克 III 战斗机展开了激烈的角逐，参战双方主力分别是加贺航空队和中国空军。结果，加贺航空队成为太平洋战争爆发前积累实战经验最丰富的空战部队，这为日军参加太平洋战争提供了重要参考经验。

截至 1941 年 8 月太平洋战争爆发前，在中国战场上，日本帝国海军共损失 554 架航母舰载机，680 名飞行员战死，148 名机组维修员丧生。

此外，据当时"加贺"号的甲板军官板仓光马回忆，由于处罚残酷和滥用私刑，"加贺"号有逃亡舰员和自杀舰员，另舰员偷盗盛行，舰上军纪是当时日本帝国海军军舰中最混乱的一艘。更有甚者，航母在横须贺母港休整期间，高级将校军官在舰内招徕艺妓、开办宴会。板仓将这种氛围描绘为"阴湿风气"。

昭和 13 年（1938），当"赤城"号完成第二次改装工程后，"赤城"号与"加贺"号交替承担第一航空舰队旗舰职责。昭和 16 年，"翔鹤"号和"瑞鹤"号建成竣工后编入第一航空舰队，此后，预定舰队旗舰职务由"翔鹤"号担任，不过，对于这些新航母，第一航空舰队司令部的评价并不高，故此取消更换旗舰，于是，"赤城"号的旗舰地位一直保持到太平洋战争全面爆发。

1932 年 2 月 22 日，击落美军罗伯特－肖特飞行员的加贺飞行队成员，左起生田大尉、黑岩 3 等空军士官、武雄 1 等空军士官，后方战机为三式 2 号舰上战斗机。

1937 年训练中的"加贺"号航母，最前面是九〇式舰上战斗机，其后是九四式舰上轰炸机，再后为八九式舰上攻击机。

参加珍珠港攻击作战行动

1941 年，太平洋战争爆发前，"加贺"号与"赤城"号编成第一航空战队，这支部队是第一航空舰队（南云机动部队）的中流砥柱。由于日本帝国海军对夏威夷作战计划高度保密，并对战前情报进行了彻底的管制，在这些措施影响下，浅水航空鱼雷的开发和生产计划推迟，于是，"加贺"号不得不在佐世保海军基地装载 100 枚半成品的浅水航空鱼雷。

1941 年（昭和 16 年）11 月 17 日，"加贺"号驶出母港前往佐伯湾方向。在此期间，第一航空舰队所属的 6 艘航母舰载机部队在佐伯湾、志布志湾和锦江湾内展开大规模演习。除"加贺"号外，其他航母在佐伯湾内分别与各自舰载机部队会合，随后，于 11 月 18 日陆续离开佐伯湾，第一航空舰队最终集结地为千岛群岛择捉岛内的单冠湾。最后，"加贺"号舰载机部队也离开佐伯海军航空队基地登陆到"加贺"号航母平台上，在舰机结合后，"加贺"号于 11 月 20 日离开佐伯湾追赶其他先期离开的航母编队。

到达单冠湾之后，在湾外的海面上，搭乘"加贺"号的三菱重工长崎兵器制作所技术人员，在舰载机机库对 100 枚半成品航空鱼雷进行了收尾安装和最后调整，这些成品浅水航空鱼雷可对停泊在珍珠港内的美国军舰进行突然的鱼雷攻击。

"赤城"号、"飞龙"号和"苍龙"号三艘航母由佐伯湾到达单冠湾用了整整 4 天时间，而"加贺"号虽然晚走，但却用急行军方式仅用三天就到达预定集结地，不过，"加贺"号比舰队预定集结日晚了一天到达，于 11 月 23 日最后一个进入单冠湾。

三菱技术人员在给"加贺"号调整完浅水航空鱼雷后离开航母，然后，使用摩托艇和人字起重机分别为"赤城"号、"飞龙"号和"苍龙"号分配了成品浅水航空鱼雷。随着日军大规模机动部队集结到择捉岛内，当时为了保密，岛内与岛外严禁往来，三菱技术人员也不得不滞留在岛内，直到 12 月 8 日夏威夷作战计划实施完毕。

随后，在南云忠一海军中将指挥下，"加贺"号随第一航空舰队于 11 月 26 日驶出单冠湾，12 月 8 日参加了珍珠港攻击作战行动。在珍珠港攻击行动中，日军共丧失 29 架航母舰载机，其中 15 架为"加贺"号所有。

在两波珍珠港攻击行动中，"加贺"号第一次攻击队由 26 架九七式舰上攻击机和 9 架零式舰上战斗机组成，其中，14 架舰上攻击机组成水平轰炸机，由"加贺"号飞行队长桥口乔少佐担任指挥官，12 架舰上攻击机组成鱼雷攻击队，由分队长北岛一良大尉担任指挥官，这两个攻击队共丧失 5 架舰上攻击机。"零战"攻击队指挥官为分队长志贺淑雄大尉，这个攻击队共丧失 2 架战斗机。

第二次攻击队由 26 架九九式舰上轰炸机和 9 架"零战"组成，其中，轰炸机攻击队由分队长牧野三郎大尉担任指挥官，有 6 架飞机丧失；"零战"攻击队由分队长二阶堂易大尉担任指挥官，有 2 架飞机丧失。

在珍珠港攻击行动之前，"加贺"号航母舰上海军军官们正在讨论攻击预案。

珍珠港攻击行动中,"加贺"号"九七舰攻"飞行员在飞行甲板上合影。

参加南方作战行动

珍珠港攻击行动结束后,"加贺"号直接返回日本本土,1942年1月12日,它又向特鲁克岛进军。

1月19日,"加贺"号空袭特鲁克岛,随后又向拉包尔展开攻击。

1月20日,由9架舰上战斗机和27架舰上攻击机组成的加贺飞行队对拉包尔展开空袭。在此次空袭中,加贺飞行队1架"零战"紧急迫降,1架舰上攻击机遭击落。

1月21日,由9架舰上战斗机和16架舰上轰炸机组成的加贺飞行队对卡维恩(巴布亚新几内亚的港口城市,位于新爱尔兰岛西北端)展开空袭。

1月22日,来自"赤城"号和"加贺"号的32架舰上轰炸机和36架舰上战斗机对拉包尔展开了第二次空袭。由于防空炮火反击猛烈,在此次空袭中,1架"零战"和1架舰上轰炸机紧急迫降大海,飞行员均被救起,无战死者。

2月19日,"加贺"号、"赤城"号、"飞龙"号和"苍龙"号4艘航母对澳大利亚北部重镇和重要军事基地所在地的达尔文港展开了大规模空袭。其中,加贺飞行队由9架舰上战斗机、18架舰上轰炸机和27架舰上攻击机组成,在空袭中,1架舰上轰炸机丧失，1架舰上攻击机经紧急迫降后返回航母。后来，"加贺"号在帕劳港内因搁浅而致舰底损伤。

3月1日，加贺飞行队17架舰上轰炸机对美国海军"佩科斯"号供油舰和"埃德索尔"号驱逐舰展开空袭，结果，两艘军舰均被击沉。

3月5日，加贺飞行队9架舰上战斗机和27架舰上攻击机对爪哇岛芝拉扎（为印度尼西亚爪哇岛中南部的城市，在中爪哇省东南，临印度洋）进行了空袭，此次空袭之后，"加贺"号返回日本本土，没有参加南云机动部队随后展开的印度洋空袭行动。此外，按照原来的预订作战计划，"加贺"号将参加以莫尔兹比港进攻为目标的MO作战计划，不过，为了提高第五航空战队（由"翔鹤"号和"瑞鹤"号两艘航母组成）的战备水平，临时变更由翔鹤级航母执行攻击任务，"加贺"号的参战暂缓。因此，"加贺"号没有像参加印度洋空袭、珊瑚海海战那些航母一样消耗大量的舰员力量。后来，通过人事变动，"加贺"号向这些消耗过大的航母调出了大量的舰员和各种飞行队。

东京空袭期间

1942年4月18日，美军机动部队发动东京空袭（杜立特空袭）时，"加贺"号正停泊在千叶县木更津基地内，随即，"加贺"号舰上战斗机飞行队护航日本帝国陆军一式陆上攻击机对美军机动部队展开反击，不过，这支反击飞行队并未发现目标，而后返航。

在中途岛海战前夕，"加贺"号常备舰载机由18架舰上战斗机、18架舰上轰炸机和27架舰上攻击机组成，当时，在日本帝国海军众多航母中，"加贺"号拥有最大的航空攻击能力。在珊瑚海海战期间，第五航空战队舰载机经常弄错美军航母和日本航母，以致着陆到美军航母上，为了方便敌我识别，"加贺"号在飞行甲板上涂装了一个巨大的太阳图案。不过，这个非常方便的敌我识别标记也成为美军俯冲轰炸机的绝好轰炸目标，这也是"加贺"号中弹的原因之一，中途岛海战之后，其他航母再也没有进行这样自杀式的涂装。

参加中途岛海战、"加贺"号沉没

1942年6月，"加贺"号与"赤城"号、"苍龙"号和"飞龙"号三艘航母一起参加了中途岛海战。

日本时间6月5日凌晨1时30分，"加贺"号向美军中途岛基地派遣了第一次攻击队，这支攻击队由9架"零战"和18架舰上轰炸机组成。在攻击行动中，1架"零战"和1架舰上轰炸机被击落，返回后，4架舰上轰炸机在"加贺"号附近紧急迫降时有损毁。凌晨5时左右，加贺第一次攻击队全部返回航母。在此期间，南云机动部队遭受来自美军中途岛基地的B—17轰炸机和SBD"勇毅"俯冲轰炸机的突然袭击。"加贺"号护航"零战"飞行队对美军轰炸机部队进行了有效反击，同时，报告发现美军机动部队。随后，包括"加贺"号在内的各主力航母为了攻击美国海军特混舰队，准备为舰上攻击机安装鱼雷，行动急速展开。

日本时间上午 7 时 22 分，依靠浓密云层的隐蔽，美军机动部队 30 架舰载机对"加贺"号实施了突然袭击。美军 SBD"勇毅"俯冲舰载轰炸机向"加贺"号投掷了数枚 1000 磅炸弹，前 3 枚幸运地躲过，不过连续 4 枚炸弹都直接命中航母。舰体后部右舷、前部升降机（舰桥舷窗玻璃损坏）、前部升降梯（舰桥损坏）、舰体中央部和左舷依次中弹。另一种说法是"加贺"号遭受 3 枚鱼雷和 10 枚以上炸弹命中。结果，"加贺"号是中途岛海战中第一个中弹，同时，也是中弹最多的航母。当时，攻击"苍龙"号的美军舰载轰炸机有 17 架，攻击"赤城"号的有 4 架，其他大部分都在攻击"加贺"号。最严重的是，一枚炸弹直接命中位于舰桥一侧满载舰载机航空燃料的油罐车，油罐车中弹后引起大爆炸，爆炸所产生的巨大气浪将舰桥吹走，仅剩下根部。舰长冈田次作海军大佐以下的舰上军官几乎全部战死。随后，在更换机载武器期间散放于机库内的航空鱼雷、机载炸弹以及满载航空燃料的舰载机等所有可爆炸物全部被引爆，瞬间熊熊大火蔓延开来。承担"加贺"号护航任务的"榛名"号战列舰副舰长堤海军中佐历数了"加贺"号上的爆炸次数，一共有 7 次，这些爆炸之后，几乎再也看不到舰上的幸存者。"加贺"号机库爆炸时将侧舷全部炸飞，从海面上就可以看见航母舰内的构造布局。加贺第二次攻击队返回后，所有机载武器都留在飞行甲板上，这些武器也发生了爆炸，稍后，舰体摇晃致使泄漏的舰载机燃料开始在甲板表面呈现蔓延燃烧态势，已经无法控制。

下午 1 时 30 分至 2 时期间，指挥舰上消防的代理舰长，原加贺飞行长天谷孝久决定发出全体舰员撤离的命令。逃出"加贺"号的舰员分别转移到附近的"萩风"号和"舞风"号驱逐舰上，曾经与昭和天皇合影的"加贺"号军舰旗也转移到"舞风"号驱逐舰上。

下午 2 时 50 分，"舞风"号驱逐舰报告："加贺"号无法航行，已经收容所有幸存舰员。后来，天谷孝久飞行队长也被见机救出。下午 4 时 25 分，"加贺"号又发生了两次大爆炸。

据日本帝国海军战斗详报，"加贺"号沉没主要是主汽油库着火而引起的大爆炸所致。另据舰长证词，美军潜艇在"加贺"号着火时接近航母并发射了鱼雷。"加贺"号维修长国定义男大尉也证明在"加贺"号右舷中央部发现鱼雷攻击痕迹，不过，并没有发生爆炸。也有"加贺"号幸存者证明"加贺"号遭受来自"萩风"号驱逐舰的鱼雷，从而做了自沉处理。根据国定维修长证明，"加贺"号几乎以水平状态沉没，飞行甲板前部稍稍露出水面时，舰体后部也露出水面。傍晚时分，"加贺"号最后幸存的 50 名应急科舰员转移到"萩风"号驱逐舰上。日落不久，"加贺"号安静地沉没了。

在参加中途岛海战的日本帝国海军军舰中，"加贺"号的战死舰员最多，冈田舰长以下大约 811 名舰员丧生，其中大部分舰员是舰内着火无法逃出而丧生的轮机舱舰员，轮机舱舰员幸存者大约只有 40 人左右。"加贺"号舰载机飞行员在飞机上战死的有 8 人，由美军轰炸机攻击致引爆而战死的飞行员有 13 人，总计战死 21 名舰载机飞行员，其中，战斗机 6 人、舰上轰炸机 6 人、舰上攻击机 9 人，包括加贺飞行队长楠美正少佐。至少有 7 架"零战"因"加贺"号不能航行而着舰到"飞龙"号航母上，此后，这些战斗机继续战斗，直到"飞龙"号沉没，他们才全部战死。"加贺"号舰员分别由附近航行的"长良"号（南云忠一中将乘坐舰）轻型巡洋舰和"萩风"号驱逐舰救起。

现在，"加贺"号舰员慰灵碑位于长崎县佐世保市的原日本帝国海军墓地东公园内。

油画，中途岛海战中，正在遭受美军攻击的"赤城"号和"加贺"号航母。

中途岛海战想象图，4艘遭受美军重创并燃起熊熊大火的航母"加贺"号、"赤城"号和"苍龙"号，"飞龙"号最后沉没。

中途岛海战中，刚刚猛烈轰炸了"加贺"号航母的美国海军航母舰载机部队。

轰炸"加贺"号返回美国航母正在进行着舰操作过程中的 SBD 舰载战斗机。

"加贺"号历任舰长

　　"加贺"号航母在服役期间共有 15 任舰长，另有三任舾装员长，分别是宫村历造海军大佐，其任职期间为 1921 年 11 月 1 日至 1922 年 6 月 25 日（战列舰建造工程停止）；小林省三郎海军大佐，任职期间为 1927 年 3 月 10 日（航母改装工程）至 1927 年 10 月 1 日；河村仪一郎海军大佐，任职期间为 1927 年 12 月 1 日至 1928 年 3 月 1 日，同时，河村仪一郎也是"加贺"号航母的第一任舰长。

历任	舰 长 姓 名	军 衔	任 职 期 间
1	河村仪一郎	海军大佐（上校）	1928 年 3 月 1 日－1930 年 12 月 1 日
2	宇野积藏	海军大佐	1930 年 12 月 1 日－1931 年 12 月 1 日
3	大西次郎	海军大佐	1931 年 12 月 1 日－1932 年 11 月 15 日
4	冈田倬一	海军大佐	1932 年 11 月 15 日－1932 年 11 月 28 日
5	原五郎	海军大佐	1932 年 11 月 28 日－1933 年 2 月 14 日
6	野村直邦	海军大佐	1933 年 2 月 14 日－1933 年 10 月 20 日
7	近藤英次郎	海军大佐	1933 年 10 月 20 日－1934 年 11 月 15 日
8	三竝贞三	海军大佐	1934 年 11 月 15 日－1936 年 12 月 1 日

续表

9	稻垣生起	海军大佐	1936 年 12 月 1 日—1937 年 12 月 1 日
10	阿部胜雄	海军大佐	1937 年 12 月 1 日—1938 年 4 月 25 日
11	大野一郎	海军大佐	1938 年 4 月 25 日—1938 年 12 月 15 日
12	吉冨说二	海军大佐	1938 年 12 月 15 日—1939 年 11 月 15 日
13	久保九次	海军大佐	1939 年 11 月 15 日—1940 年 10 月 15 日
14	山田定义	海军大佐	1940 年 10 月 15 日—1941 年 9 月 15 日
15	冈田次作	海军大佐	1941 年 9 月 15 日—1942 年 6 月 5 日（中途岛海战战死）

第二节　最大常规航母"信浓"号

在日本帝国海军所有标准航母及改装航母中，"信浓"号是改装规模最大的一艘航母，同时，也是日本及第二次世界大战中建造规模最大的航母，日本最后一艘建成的航母。

"信浓"号是由建造中的大和级战列舰三号舰改装而成的航母，随着战局的急剧恶化，日本帝国海军决定将"信浓"号由战列舰舰种更改设计为航空母舰。1944 年，仍未建成竣工的"信浓"号被返航途中的美国海军"射水鱼"号潜艇发现，随后，"射水鱼"号向"信浓"号展开了鱼雷攻击，非常可叹的是，"信浓"号一次实战都没参加就被鱼雷击沉，这样一艘寄予日本帝国海军太多希望的超大型航母，在还没服役、没发射一弹一机的情况下就被美国潜艇击沉，其结局堪称是太平洋战场上最悲惨的一艘航母，这种悲惨的结果是日本帝国海军太注重"大舰巨炮主义"而造成的，虽然，他们已经意识到航空主力论的重要性，并正在试图改变这种作战思想，不过，为时已晚。

在世界航母发展史上，直到 1961 年美国海军"企业"号核动力航母服役之前，"信浓"号航母一直是历史上排水量最大的航母，它的这种辉

世界海军历史上曾经最大的航母——"信浓"号，从其右舷轮廓上来看，其基本舰型设计为：右舷中部一体化舰桥、全贯通飞行甲板、开放式舰艏与舰艉。

煌只能保留在参数设计上，而不能转变为实战运用上，这是一种悲剧。

无同型舰改装航母——日本帝国海军应急体制下的产物

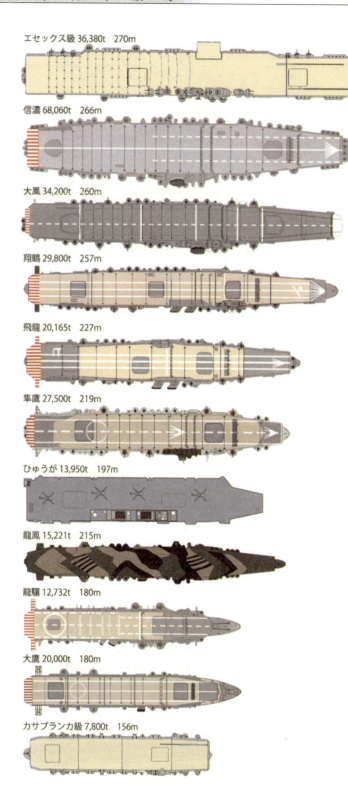

エセックス級 36,380t　270m

信濃 68,060t　266m

大鳳 34,200t　260m

翔鶴 29,800t　257m

飛龍 20,165t　227m

隼鷹 27,500t　219m

ひゅうが 13,950t　197m

龍鳳 15,221t　215m

龍驤 12,732t　180m

大鷹 20,000t　180m

カサブランカ級 7,800t　156m

第二次世界大战中的最大航母"信浓"号与世界其他航母对比，由上至下分别是美国海军埃塞克斯级（排水量 36380 吨，舰长 270 米）航母、"信浓"号（排水量 68060 吨，舰长 266 米）航母、"大凤"号（排水量 34200 吨，舰长 260 米）航母、翔鹤级（排水量 29800 吨，舰长 257 米）、"飞龙"号（排水量 20165 吨，舰长 227 米）航母、"隼鹰"号（排水量 27500 吨，舰长 219 米）、今天的日向级（排水量 13950 吨，舰长 197 米）航母、"龙凤"号（排水量 15221 吨，舰长 215 米）航母、"龙骧"号（排水量 12732 吨，舰长 180 米）航母、"大鹰"号（排水量 20000 吨，舰长 180 米）、美国海军卡萨布兰卡级（排水量 7800 吨，舰长 156 米）

大和级战列舰 110 号舰

第一次世界大战结束后，为了限制各国海军力量的快速发展，西方列强缔结了《华盛顿海军裁军条约》和《伦敦海军裁军条约》，受这两大裁军条约的限制，日本帝国海军构想以"质"的优势超越综合国力和经济实力占压倒性优势的美国及美国海军，于是，开始设计安装有 46 厘米超大口径舰炮的大和级战列舰。两大裁军条约期满的 1937 年，日本第 70 次帝国议会提出开始建造大和级战列舰 1 号舰"大和"号和 2 号舰"武藏"号，这两艘战列舰的建造由日本帝国海军第三次海军军备补充计划（通称"丸 3 计划"）提供预算拨款。

第二年，1938 年，日本帝国海军提出第四次海军军备充实计划（通称"丸 4 计划"），这份计划决定再建造 2 艘大和级战列舰 110 号舰和 111 号舰，以取代服役年龄达到 30 年的金刚级战列舰"雾岛"号和"榛名"号。后 2 艘大和级战列舰改善了先期建造的"大和"号和"武藏"号的设计缺陷，故此，成为完善度很高的战列舰。

大和级 110 号舰由横须贺海军工厂第六号干船坞负责建造。根据设计，大和级战列舰的排水量超过 7 万吨，这个级别的超大型军舰，日本帝国海军计划建造 4 艘，同时，为了将来军舰的入坞维修及改装工程，又在吴海军工厂内建造了一座大型干船坞，分别凭借这两座巨型干船坞，横须贺和吴港并列成为日本帝国海军最重要的海军基地及军舰母港。大和级 2 号舰"武藏"号由三菱重工长崎造船所内的陆上船台承担建造业务，不过，110 号舰却没有选择这种更加传统的建造方法，而是选择了更加先进的第六号干船坞建造模式。110 号舰建造之前，横须贺海军工厂内的最大干船坞是建造长门级战列舰"陆奥"号（排水量 3.3 万吨）的第五号干船坞。为了建造 110 号舰，日本帝国海军投资大约 1700 万日元（当时货币）及 2 年零 3 个月的工期建造了全新的第六船干船坞，其设计全长为 336 米、全宽为 62 米、坞深为 18 米。维修第六号干船坞所挖掘出来的砂土用于填海造地，供邻近的日本帝国海军炮术（火炮操作技术）学校建造了一座大型运动场。

1940 年 5 月 4 日，第六号干船坞建成竣工的同时开始动工建造 110 号舰。110 号舰的舰体建造预算大约为 1 亿 4770 万日元，这笔经费可以建造 6 个日本国会议事堂（建造经费为 2570 万日元）。"大和"号和"武藏"号列入预算时的称呼代号为大和级 1 号舰和 2 号舰，由此，110 号舰也俗称为 3 号舰，不过，在施工人员中间还是将 110 号舰略称为"110"。

110 号舰的建造中断

110 号舰预定于 1945 年 3 月末建成竣工，不过，就在建造工程全面展开之际，日本政府决定与美国开战。1941 年 11 月，日本帝国海军军令部修改了包括战列舰在内的军舰建造计划，决定未来军工生产将以潜艇和舰载机为优先目标，大和级战列舰的建造因此全部停止。在太平洋战争爆发初期，通过总结珍珠港攻击作战行动与马来洋面海战

曾经担任"信浓"号航母改装工程的横须贺海军工厂第6号干船坞（DD－6）。

的经验教训，日军认识到与数量众多的舰载机攻击形成对比，战列舰的攻击能力暴露出很大的脆弱性。当时，110号舰正在进行拆解处理，其一部分建造材料后来用作伊势级战列舰"伊势"号和"日向"号的航空作战系统部分建造材料。110号舰的预定拆解目标是于1942年10月全部拆解完工，不过，由于工人士气低迷，拆解工程陷入停滞状态，这成了挽救110号舰的主要手段。

110号舰设计改装为航空母舰

1942年春，美国政府批准通过了《两洋舰队法》，这项法律授权美国海军建造多艘大型航空母舰参战，日军在得知这一情报后，随即通过了改丸5军备计划，准备增加航母拥有量，计划建造改大凤级航空母舰、改飞龙级航空母舰等一系列新型航母。

1942年4月18日，美国海军"大黄蜂"号（CV－8）航母携带16架美国陆军B－25轰炸机对日本首都东京进行了空袭，这就是震惊中外的"东京空袭"，也称"杜立特空袭"。在这次空袭中，横须贺海军基地仅有1架飞机赶来增援，靠近110号舰正在由潜水母舰改装为航母的"大鲸"号（后来的"龙凤"号航母）被1枚炸弹击中。110号舰没受任何损害。轰炸之后，美军轰炸机消失得无影无踪。以东京空袭为诱引而于1942年6月展开的中途岛海战导致日本帝国海军惨败，原来拥有的主力航母三分之二全部沉没，包括"赤城"号、"加贺"号、"苍龙"号和"飞龙"号4艘航母。

日本帝国海军为了重建航母机动部队，决定展开战时急速建造航母计划，作为其中的一个环节，首先要将110号舰由横须贺第六号干船坞搬迁出来，然后预定同时展开2

艘云龙级航母的建造工程，云龙级航母是"飞龙"号中型航母的改良型，设计排水量为17500吨。不过，当时的110号舰已经经历了2年的建造工期，舰体完工率达到70%，战列舰的外形已经粗具规模，虽然遭受拆解，但拆解进度异常缓慢，要想将这样一个庞然大物搬出干船坞是一件非常费力的大工程。从横须贺海军工厂施工现场来看，搬走110号舰就是纸上谈兵式的空谈。但是，作为大和级战列舰象征的46厘米主炮在由吴海军工厂搬运至横须贺海军工厂期间，9月4日，承担搬运工作的"樫野"号专用运输舰被美军潜艇击沉，由此，110号舰作为大和级战列舰进行建造的计划陷入困境。

至此，日本帝国海军决定将大和级战列舰110号舰按照航空母舰舰种设计进行改装建造，改装工程预计于1944年12月末竣工。此时，110号舰的涡轮机设备、9部锅炉、舰体前部弹药库地板的安装工程已经结束，舰体中央部的中层甲板水平隔舱正在安装中，舰艉弹药库地板完工，其上部构造物刚开始施工。

在110号舰航母改装期间，日本帝国海军军令部和舰政本部根据航母急速增产计划要求简化航母舾装工程。1942年7月16日，日本帝国海军军令部次长（副司令）在给海军省海军次官的信中对110号舰的主要改装项目进行了协商，除排水量和航速外，军令部要求110号舰改装航母后，整个航母平台可搭救36架舰上战斗机、18架舰上攻击机和9架舰上侦察机；飞行甲板可防御500公斤急速落下炸弹的攻击，后部舰载机机库可防御800公斤急速落下炸弹的攻击；侧舷防御以第130号舰为基准（第130号舰为"大凤"号航母，它可防御巡洋舰20厘米炮弹的攻击）；炸弹、鱼雷、航空燃料携带量与第130号舰相当，可对舰载机进行快速补给。

1941年10月30日，在日本宿毛湾海面进行海试的大和级战列舰一号舰"大和"号。

"信浓"号航母改装后的基本技术数据

改装后，"信浓"号航母设计标准排水量为 6.2 万吨，海试排水量为 68060 吨，满载排水量为 71890 吨，舰体全长为 266.1 米，全宽为 40 米，飞行甲板全长为 256 米，水线部分全宽为 36.3 米，吃水深度 10.31 米，包括军官和水兵的舰员编制为 2400 人。

发动机为 4 部涡轮机，4 轴推进，总输出功率为 15.3 万马力，最大航速可达 27 节，以 18 节航速航行时的续航距离为 1 万海里。

舰载武器配备 16 门 8 管 12.7 厘米联装高射炮，37 部 25 毫米三联装机关枪，40 部 25 毫米单装机关枪，12 部 12 厘米联装火箭发射器。

在第一次改装期间，"加贺"号航母的舰载机搭载数量为 60 架，包括 16 架三式舰上战斗机、16 架一〇式舰上侦察机和 28 架一三式舰上攻击机。

舰载机数量包括常备舰载机 42 架，备用舰载机 5 架，总计 47 架。

110 号舰的作战构想及改装设计方案

根据时任日本帝国海军舰政本部长岩村清一海军中将的构想，110 号舰改装航母将完全改变以往航母的作战模式，它将成为海上的移动航空基地，也就是说，这艘航母不会安装舰载机机库，不搭载以往航母标准配备的舰上攻击机和舰上轰炸机。在作战行动中，110 号舰改装航母将部署到最前线，由后方航母起飞的舰载机可着舰到本航母上，然后，由本航母为这些中途依靠的舰载机提供快速的航空燃料、弹药和鱼雷补给。从这种作战构想来看，大型飞行甲板是 110 号舰改装航母最核心的装备，为了实现作战构想，必须对大型飞行甲板实施充分的装甲防御，这样，它才能在敌人猛烈的空袭下一直担当海上航空基地的职责，直到完成任务。为了充分保证自身防御，110 舰改装航母要搭载护航战斗机，航母要设计舰上战斗机的机库。

另有补充意见认为，110 号舰拥有战列舰的防御能力，在实施舰体重防御及安装飞行甲板的情况下，它就会成为一艘不沉的航母，机库和舰载机都不需要考虑。

在 110 号舰初期改装方案中，以海上航空基地为作战构想的改装方案成为首要考虑的方案。同时，根据历次海战的经验教训，110 号舰改装要考虑对飞行甲板进行装甲防护以及不在舰内搭载装备炸弹和鱼雷的攻击机和轰炸机。

不过，针对海上航空基地的初期改装方案，日本帝国海军军令部和航空本部极力反对，经过三大司令部近 2 个月的讨论，最终，舰政本部提出的初期改装方案被放弃。尤其是神重德参谋极力反对防区外战法，而强力主张将 110 号舰改装成攻击航母。

110 号舰最终的改装设计与"大凤"号航母基本相似，包括对飞行甲板进行装甲防护，增加舰载机机库，扩充燃料库和弹药库的规模等。1942 年 7 月末，日本帝国海军正式决定 110 号舰的航母改装方案，基本计划于一个月内制订完毕，1942 年 9 月初提交给日本海军省海军大臣。1942 年 11 月，舰政本部的基本设计完成，随后，由横须贺海军工厂进行细节设计，1943 年初，110 号舰航母改装工程全面开工。

进行装甲化的飞行甲板设计和替代机库功能

大和级战列舰的最大设计宽度为 39 米，而"信浓"号的飞行甲板就安装在这样的舰体之上，飞行甲板最大宽度为 40 米，另有舰员证明飞行甲板最大宽度为 50 米。"信浓"号飞行甲板的建造是在 20 毫米 DS（高强度）钢板的基础上再安装 75 毫米厚的 NVNC 甲板。飞行甲板上铺设防护装甲部分的长度大约为 210 米，宽度大约为 30 米，其下部机库也进行了规模相同的装甲防护。为了支撑装甲防护所产生的巨大重量，机库内设计了箱型的梁柱，这些梁柱都由 14 毫米钢材制成。

日本帝国海军第一艘采取飞行甲板装甲防护设计的航母是"大凤"号，不过，"大凤"号仍有一部分飞行甲板为木甲板，与"大凤"号相比，"信浓"号的飞行甲板全部是掺入锯屑的水泥甲板，这种甲板更坚固。通过吸收中途岛海战的经验教训，"信浓"号的航空汽油库存场所由机库变换到飞行甲板上，同时，炸弹和鱼雷的挂载场所也与以往的日本航母完全不同，这些极端危险的操作也全部转移至飞行甲板上，以防止机库爆炸致使整个航母沉没。随之而来，进行炸弹和鱼雷武器挂载的装炸弹筒和装鱼雷筒也全部由机库直接安装到飞行甲板上。另外，设计在装甲防护飞行甲板前后部的舰载机升降机也与飞行甲板一样安装了 75 毫米 NVNC 甲板，其中，前部升降机的重量为 180 吨，设计尺寸为 15 米×14 米，后部升降机重量为 110 吨，设计尺寸为 13 米×13 米。后部升降机设计在第 3 主炮塔位置，前部升降机设计在第 1 主炮塔位置。

经过大量减负设计的"信浓"号机库

与全长达 266 米的巨大舰体相比，"信浓"号机库仅设计有一层，这主要是为了避免舰体重心的快速上升。"信浓"号在重新开工改装航母时，舰体中央部建造工程已经推进到中层甲板附近位置，如果在中层甲板之上再安装多层机库，那么，舰体高度将急剧增加，舰体重心也会快速提高，同时，飞行甲板又进行了全面的装甲板防护，这些设计都会促使舰体的不稳定性增大，为了确保舰体的复原能力，航母上层构造物必须既轻便又低矮，这样，机库只能选择一层设计。

大和级战列舰的最上层甲板设计在 1 号主炮塔附近的下面、2 号主炮塔附近的上面，这层被称为"大和坂"的甲板带有倾斜度，"信浓"号的舰载机机库就设计在大和坂下，为了顺利建造机库，在开工前，船厂花费了大量工夫对这个倾斜甲板地板平面进行了水平修复。

由于机库只有一层，随之而来，"信浓"号舰载机数量会减少，故此，为了弥补航空作战能力不足，与"大凤"号航母一样，"信浓"号计划搭载"烈风"、"流星"等当时日本帝国海军最先进的大型舰载机。

包括对110号舰改装施以最大影响的"大凤"号航母在内，一直以来，日本航母几乎全部采取封闭式机库设计。为了解决这种弊端，"信浓"号开始采取部分开放式机库设计，其机库前部大约125米长度为舰上攻击机专用存放区，这个库区为全开放式设计，它在遭受攻击后发生火灾时，库内地勤舰员可随爆炸气浪逃出仓库，同时，这个库区还可向外抛弃炸弹和鱼雷武器。在夜间灯火管制时，前部开放式机库可承担舰载机维修业务，开放部外面罩以帆布制造的遮光篷，遮光篷内部以电灯照明进行作业。开放式机库的开放部分在两侧舷部可设计有一个长度为10米以上的开口部，由于开口较小不能向海中抛弃航母中弹的舰载机。

"信浓"号机库后部库区长度只有83米，这是舰上战斗机专用存放区，整个库区仍然采取传统的封闭式，并且，机库侧壁都铺装了25毫米厚度的防护型特殊钢板。针对遭受炸弹攻击后发生火灾的情况，这部分封闭式机库采取了一些补救措施，比如，全部库区空间安装了倾泻式泡沫消防装置；在库区防御隔舱内的三个专用位置设计了独立的消防泵设备；在机库侧壁多个位置上都设置了承担防御功能的管制指挥所。此外，所有机库内同时安装传统型电灯和新型荧光灯，在居住区内只安装荧光灯。

"信浓"号舰载机集群

根据预定的设计方案，"信浓"号常备舰载机包括18架新锐"烈风"舰上战斗机、18架"流星"舰上攻击机、6架"彩云"高速侦察机，计42架，另加5架备用舰载机，舰载机总计47架。

根据日本帝国海军航空本部的设计方案，"信浓"号舰载机包括25架"烈风"（1架为备用）、25架"流星"（1架备用）、7架"彩云"（无备用），总计57架舰载机。其中，1架"烈风"、7架"流星"、7架"彩云"都固定停放在飞行甲板上。后来，航空本部又预定"烈风"不作为舰上战斗机采用，而改为"紫电改"的舰上战斗机型。另有方案，机库存放72架舰载机，飞行甲板固定13架舰载机。

与翔鹤级攻击航母以及大凤级、云龙级航母相比，"信浓"号的炸弹、鱼雷和航空燃料预定携带量较少，大致为800公斤或500公斤炸弹携带90枚，250公斤炸弹携带468枚，60公斤炸弹携带468枚，九一式45厘米航空鱼雷携带量待定，这样，"信浓"号就不能作为"中继航空基地航母"进行运用。

舰载武器

"信浓"号预定防空武器包括16门8管12.7厘米联装高射舰炮（单舷4管）、141门25毫米机关枪（包括单装、联装和三联装三种）、12部28联装防空火箭发射装置，这些防空武器安装在两侧船舷上。

在出港时，"信浓"号没有安装火箭炮，不过根据志贺淑雄少佐（"信浓"号飞行长）和神谷武久（维修员）回忆，航母携带了一些其他武器。

大和级战舰载的舰载炮群设计

大和级舰艏正面视图

舰体设计与舰体防护措施

由于"信浓"号一直以来是按照大和级战列舰 3 号舰标准来建造的，故此，作为改装航母，其防御设计远远超过传统航母的能力。在进行航母改装设计时，当时的 110 号舰就已经具备了非常强大的防御性能，比如，侧舷水线防御可抵抗来自 10000 米射程之外的 20 厘米炮弹的攻击；水平防御可抵抗落自 4000 米高空 800 公斤炸弹的攻击。初期航母改装方案，"信浓"号飞行甲板可抵抗 800 公斤炸弹的俯冲式轰炸，后来，由于甲板重量增加和制造能力的原因，其飞行甲板防御能力变更为可抵抗 500 公斤炸弹的俯冲式轰炸。为了满足这种设计要求，又在机库天井内铺装了 20 毫米 DS 钢板和 14 毫米 DS 钢板。

随着 110 号舰由大和级战列舰设计变换为航母，"信浓"号的水线上舷侧装甲厚度由 410 毫米降至 200 毫米，这种装甲具备反巡洋舰能力。主炮弹仓库改为航母的高射炮炮弹、机关枪枪弹、炸弹和航空鱼雷仓库。对于航空燃料库的改装，则分别在油库前后增加了重油油箱。原来没有设计装甲防护的部分安装了常规 25 毫米装甲。最初，计划在油箱周边注满 2000 吨淡水，不过，根据"大凤"号的经验教训，油箱周边空白区域改为浇注混凝土。

"信浓"号舰底根据磁性水雷和舰底起爆鱼雷的攻击进行了防御设计，它由"大和"号和"武藏"号的两重舰底强化至三重舰底设计。由于 110 号舰是既没有安装炮塔也没有设计装甲防护的战列舰，因此，其舰体较轻，吃水深度上升 1 米，并且，与"大和"号相比，压舱物的上端也下降了 1 米。对"信浓"号设计产生重大影响的"大凤"号航母于 1944 年 6 月参加马里亚纳洋面海战时仅遭受一枚鱼雷攻击就沉没，这给了相关航母设计人员以非常强烈的冲击和震撼。"大凤"号航母沉没的主要原因是鱼雷攻击导致航空汽油由舰内泄漏，在随后 6 个小时内这些汽油引发大爆炸和熊熊大火，直到航母沉没。为了吸取"大凤"号的惨痛教训，作为应急措施，"信浓"号在水线下的压舱物等航空燃料油箱周边进行了数天的混凝土浇注和加固，以防止航空汽油泄漏。经过一系列措施，"信浓"号海试常态排水量由初期计划的 62000 吨升至 68000 吨。牧野茂工程师认为压舱物的位置变化没有意义，是多余的设计。

由飞行甲板至弹药库的重装甲防护导致"信浓"号的船壳重量比"大和"号增重1900 吨，防御重量增加 2800 吨，舾装重量增加 1200 吨，总计增加 5900 吨。据称，大和级战列舰的舰内布局堪称是"地下街区"，舰内命令传达还需要使用自行车，由此可以想象这是一个多么复杂的巨大建筑物。即使改装成为航母，"信浓"号也拥有与大和级战列舰相同的舰体。"信浓"号舰员在舰内也会经常迷路，工程人员在对自己担当的领域进行维护时也会经常感到非常疲劳。

舾装中的"大和"号舰艏部特写，可见超大口径主炮

"信浓"号的一体化舰桥

"信浓"号舰桥是设计在右舷中央部的大型岛状舰桥，俗称"舰岛"。一直以来，日本航母包括大型航母、中型航母和轻型航母，舰桥与动力舱烟囱是分开的，烟囱采取弯曲式设计，并使用向海面排烟的方式。对于"信浓"号，舰体上部甲板和飞行甲板都不太高，这样，烟囱就不能设计在侧舷部，而只能安装在舰体的后部，并且，向外侧倾斜26度，采取向上排烟方式。采取舰桥与烟囱的一体化布局历来是美英航母的传统设计方式，不过，日本从飞鹰级航母开始也采取了这种先进设计，随后，大凤级和改大凤级航母也都采取了这种设计。于是，"信浓"号也采取了将舰桥与烟囱集中到一起的布局设计。同时，舰岛还安装有二一号雷达和通信桅杆。

动力推进系统设计

"信浓"号在改装航母前已经完全具备了大和级战列舰的基础，故此，其动力推进系统配置和预定输出功率与大和级战列舰完全相同。"信浓"号螺旋桨的旋转次数设计与大和级战列舰也相同，不过，与大和级战列舰5米直径的螺旋桨相比，"信浓"号螺旋桨稍大一些，其直径为5.1米，此外，螺距也不相同。至于航速方面，"信浓"号仍然沿用大和级战列舰的设计，预定保持在 27 节。与大和级战列舰相比，"信浓"号的主炮塔及其各部装甲都大量减少，尽管其飞行甲板和弹药库也都实施了重装甲防护，不过，其满载排水量比大和级战列舰的 72000 吨稍小一些，为 71000 吨。

作为标准航母，航速过低将会对舰载机起飞不利，当时设计全重已经超过 5 吨的"流星"舰上攻击机在"信浓"号上起飞时可能会产生不稳定的情况，这是航速不足的隐患。不过，在横须贺海军基地进行的海试中，"信浓"号在只开动了 8 部锅炉的情况下，虽然只能以 20 节的航速航行，但设计全重近 4 吨的"紫电改（紫电 41 型）"以及"流星"舰上轰炸机、"天山"舰上攻击机（鱼雷轰炸机）都顺利进行了舰载机的起飞与回收操作试验，期间并没有发生任何故障。事后，"紫电改"测试飞行员山本重久大尉也证明说，在日本航母中，尤其是"赤城"号和"翔鹤"号这样的大型航母要比"信浓"号的飞行甲板更大，因此，这些航母的起飞和着舰状况也更良好。当时在"信浓"号上进行着舰测试的"紫电改"是以陆上航空基地运用为主的战术战斗机，它并不是专业的舰上战斗机。不过，由于零式舰上战斗机的取代机型"烈风"舰上战斗机开发的延迟，日军不得不选择同样配备 2000 马力级别发动机、但却可发挥出高性能的"紫电改"，随后，对"紫电改"进行了一系列的舰载机型测试活动。

"信浓"号改装航母的建造进程

"信浓"号改装航母建造工程于 1942 年 9 月全面展开，计划于 1945 年 2 月末建成竣工。不过，当时日本帝国海军在围绕瓜达尔卡纳尔岛的大规模战役中，很多军舰都被盟军击沉，损毁军舰也接连不断。1943 年 3 月 25 日，时任日本帝国海军军令部总长岛田繁太郎命令日本各大海军工厂优先维修损毁的军舰，对在建军舰，比如，松级驱逐舰和潜艇进行限定。在这种背景下，1943 年 8 月，"信浓"号改装工程再度中断。当时，横须贺海军工厂正在全力实施"千代田"号水上飞机母舰的轻型航母改装作业以及在南太平洋海战中遭受重创的"翔鹤"号航母维修工程，为了这两项大工程横须贺工厂已经增加了 4000 名员工，没有额外能力再对"信浓"号这座庞然大物进行改装。因此，"信浓"号想于 1945 年 1 月或 1 月之前竣工都是不可能的事。

1944 年 6 月，在马里亚纳洋面海战中，日本帝国海军再次大败而归，3 艘主力航母"翔鹤"号、"大凤"号和"飞鹰"号一举为美国海军击沉，尤其是作为"信浓"号原型舰的"大凤"号航母，它的不堪一击给了相关"信浓"号改装航母设计者以巨大的冲击。面对美国海军的强势进攻，于是，110 号舰的改装再度提上日程。1944 年 7 月，日本帝国海军军令部命令："信浓"号改装必须于 1944 年 10 月 15 日之前完工，随着这个命令的下达，随即又下达了"信浓"号隶属于横须贺镇守府"的编制命令。

根据日本帝国海军的《海军造船技术概要》记载，军令部向横须贺海军工厂厂长下了非常不合理的命令，包括：1. 改装航母内的军官至士兵的居住设备要简化到最低限度；2. 为了防止战斗时发生火灾，极力减少改装航母中的木材部分；3. 省略防毒舱室的气密性试验；4. 省略中层甲板以上舱室的气密性试验；5. 相关机械制造和兵器制造的工程尽量往后拖延；6. 工程目标是 1944 年 10 月 5 日下水，10 月 8 日命名式后停留到海面上，10 月 15 日，整体竣工。

为了弥补"大凤"号的不足，虽然"信浓"号比军令部的预定工期晚了一些，不过，还是比最初的竣工日期提前了近 5 个月的工期。在"信浓"号改装工程中，所有熟练技术工人均以兵役身份参加施工，为了弥补工人不足，横须贺海军工厂不仅从民营造船厂和海军工机学校雇用了大量的工人和学生，同时，还以报效祖国的名义从专业领域不同的其他学校雇用了学生以及朝鲜工人、台湾工人、女子挺身队等各类人员。在"建成'信浓'号就是挽救日本"思想的刺激下，改装施工非常顺利地全面展开了，这在日本历史上成为一件美谈。在强制执行的命令下，大和级战列舰 2 号舰"武藏"号的建造仅用了 19 个月，舾装工程仅用了 3 个月，不过，在完工阶段出现问题。后来，牧野茂（大和级战列舰的设计者、海军技术大佐）在参观建成的"信浓"号时评价："信浓"号居住区内的所有日常用品都大煞风景，气密试验也在继续进行，这艘航母宛如一座"铁棺材"。由于工程简化，舰载武器及舰内装备都达到了最低限度，舰内的水密性试验也以最低限度进行。不过，航空汽油箱周边空白区域的混凝土浇注作业确实是进行了。

"信浓"号是横须贺海军工厂建造的最后一艘军舰，它的建成已经耗尽了横须贺工厂残留的全部资源。

准备返航到吴海军基地

1944 年 10 月 5 日，"信浓"号正式下水。10 月 8 日，米内光政海军大臣作为日本昭和天皇的代表出席了"信浓"号的命令仪式，当天，110 号舰正式命名为军舰信浓。随后，"信浓"号在东京湾内进行了航空系统公开测试，各种舰载机在飞行甲板上进行了起飞与着舰测试。11 月 11 日，"零战"和"天山"舰上攻击机等舰载机进驻"信浓"号。11 月 12 日，横须贺航空队驾驶由"紫电改"舰上型战术战斗机改良而来的"试制紫电改二（N1K3－A）"以及"流星"舰上攻击机、"彩云"侦察机等舰载机在"信浓"号飞行甲板进行了起飞与着舰试验，所有测试都取得成功。这次测试是"信浓"号进行的唯一一次实战型舰载机起飞与着舰测试。从测试结果来看，"紫电改"、"流星"、"彩云"等舰载机都可灵活运用于海上航空基地。

11 月 24 日，日本联合舰队司令长官丰田副武海军大将电令"信浓"号及第十七驱逐队迅速返航至濑户内海西部以躲避美军对横须贺地区的空袭，在这种情况下，"信浓"号不得不返航到吴海军工厂。当时，美军 B－29 轰炸机经常飞临横须贺海军工厂上空。

"信浓"号在返航到吴海军工厂期间没有搭载任何舰载机，只是搭载了作为货物的 50 架"樱花"特殊攻击飞机。返航期间承担护航任务的驱逐舰是来自第十七驱逐队的 3 艘阳炎级驱逐舰，分别是"滨风"号（司令舰）、"矶风"号和"雪风"号，不过，这时美军潜艇的水下静音航行能力已经远远超过日本海军舰艇的水下反潜搜索能力。自莱特湾海战以来，集中登陆和没有休整已经致使舰员们极度疲劳，再加上战备程度不足，这时的护航部队已经完全失去警戒能力。此外，参加莱特湾海战的"矶风"号和"滨风"号驱逐舰因战斗损伤，水下反潜探测器已经不能使用，"滨风"号在莱特湾海战时中弹，航速已经不能超过 28 节。而且，在"捷一号作战行动"结束返回日本本土时，由第十七驱逐队承担护航任务的"金刚"号战列舰以及第十七驱逐队司令舰"浦风"号驱逐舰都被美国海军"海狮"号（SS－315）潜艇击沉。

第十七驱逐队主张"信浓"号白天靠岸移动航行，同时，在接受日军巡逻机支援的情况下，第十七驱逐队对潜伏的美军潜艇进行警戒，不过，阿部俊雄海军大佐否定了这个提案，他提出"信浓"号应该在夜间条件下以 21 节航速航行以躲避美国潜艇的攻击。后来，海军军令部通知没有可派遣的反潜巡逻机，同时，"信浓"号自身又没有搭载任何舰载机，这样，航母就没有任何有效的航空及水下反潜护航措施。另外，阿部提出，除了美军潜艇威胁，在日本近海活动的美军机动部队也可能会对"信浓"号发动袭击。议论的结果是，"信浓"号于黎明前出港由外海航线向吴海军基地进发，万一遭遇美军潜艇，可利用满月的月光轻易发现美军潜艇。

"信浓"号的第一次也是最后一次外海航行

1944 年 11 月 28 日下午 1 时 30 分，庞大的"信浓"号航母由横须贺海军基地出发前往吴港，先头军舰是第十七驱逐队的旗舰"滨风"号驱逐舰，中间是"信浓"号，"信浓"号右舷由"雪风"号驱逐舰护航，左舷由"矶风"号驱逐舰护航。信浓舰队到达金田湾时调整了一下时间，随后，于下午 6 时 30 分开始驶出外海。此时，"信浓"号舰内的机械舱和航空汽油箱周边浇注混凝土工程仍在继续。下午 7 时，"矶风"号捕捉到美国潜艇的无线电信号，于是，加强警戒。同样，"信浓"号也探测了无线电信号，阿部舰长通知所有舰员进入警戒状态。

晚上 9 时，"信浓"号用雷达发现了右后方有船舶，急忙命令右舷"雪风"号驱逐舰进行侦察。进行侦察的"雪风"号随后报告：根据我方识别，对方干舷很高，可能是渔船，然而，让"雪风"号万万料不到的是这艘所谓的"渔船"就是美国海军潜艇"射水鱼"号。晚上 10 点，担任舰队开路先锋的"滨风"号发现前方 6000 米处有两个并行行驶的 2 部桅杆水上目标，随即，"滨风"号加速追赶这些水上目标，在到达 3000 米距离时决定瞄准目标，不过，这时"信浓"号命令"滨风"号立即返回。晚上 10 时 45 分，"信浓"号发现右舷前方浮出美国海军潜艇，遂向各方护航驱逐舰发出信号。此时，"射水鱼"号潜艇也在用红色发光信号对"信浓"号桅杆进行 10 秒－20 秒－10 秒的计时确认，它也可能预想到了护航驱逐舰的攻击。"滨风"号和"雪风"号立即进入舰炮射击状态，不过，由于担心暴露"信浓"号阿部舰长的具体位置而没有确认进行火炮射击。此时，"信浓"号舰内舰员们正在做日式年糕豆沙汤，上甲板、舰中央部通信室内的通信官兵们正在享受音乐的乐趣。

晚上 11 时 30 分，"射水鱼"号潜艇寻求友军能够提供增援，并向最高司令部发送无线电报告。"射水鱼"号向美国海军太平洋舰队总司令部、太平洋方面潜艇舰队司令部等最高司令部发送了报告，报告称发现日本大型航母的踪迹，有 3 艘护航驱逐舰，航母航速 20 节及具体的坐标位置。不过，美军并未向"射水鱼"号提供增援，结果，"射水鱼"号只能独自对"信浓"号进行继续追踪。11 月 29 日凌晨 2 时 40 分，"射水鱼"号发送无线报告：目标位于左舷 8 英里处，追踪中，鱼雷发射点位置不佳。在"射水鱼"号发报期间，"信浓"号以 20 节的航速全速航行，攻击确实困难。经过数小时的上浮追踪，由于"信浓"号一直采取"之"字形的突然改变前进方向的航行方式，因此，"射水鱼"号无法下手，然而，这是幸运的，同时，又是"信浓"号不幸运的结果，"射水鱼"号随即将鱼雷发射点确定在"信浓"号的右舷前方。就在日期变更前不久，"信浓"号由于螺旋桨轴承过热，航速降至 18 节。随后，"射水鱼"号对"信浓"号的航速下降进行了确认。

在"射水鱼"号发起鱼雷攻击的时候，日军对于"信浓"号的护航队形有诸多说法，一种为先锋"雪风"号，中间"信浓"号，右舷"滨风"号，左舷"矶风"号的所谓"滨风水雷长"说，一种为先锋"矶风"号，右舷"滨风"号，左舷"雪风"号的所谓"雪风炮术长"说，一种为先锋"滨风"号，右舷"雪风"号，左舷"矶风"号的所谓"雪风水雷长"说。

11 月 29 日凌晨 3 时 13 分，在日本滨名湖南方 176 公里处，"射水鱼"号发射了 6 枚鱼雷。据"射水鱼"号艇长自己的笔记记载，6 枚鱼雷从 1400 码（1280 米）的距离发射，水面下的调停深度为 10 英尺（3 米），每 3 枚鱼雷以 150％的角度错开进行发射。发射前，为了准确命中航行不定的"信浓"号，与通常情况相比，鱼雷的命中深度设定得比较浅。

凌晨 3 时 16 分至 17 分，4 枚鱼雷准确命中"信浓"号右舷。"射水鱼"号认为全部 6 枚鱼雷都命中。由于设定的命中深度较浅，鱼雷击中"信浓"号右舷后部由混凝土浇注的压舱物较浅部分，随即，储藏汽油的空油箱、右舷外侧机械舱附近、3 号罐舱立即注满了海水，因龟裂的 1 号罐舱和 7 号罐舱分别进水，空气压缩机舱也受损。"信浓"号最初受害程度报告是：后部冷却机舱、轮机兵员舱、注排水指挥所附近、第一发电机舱等部进水，舰体右舷倾斜了 6 度。日本帝国海军第三海上护卫队司令部随即收到了"信浓"号发来的受害无线信号。中弹后，"信浓"号没有降低航母，仍以右舷倾斜 9 度的情况以 20 节航速逃离现场，"射水鱼"号没有对逃往西北方向的"信浓"号展开追击。"信浓"号护航驱逐舰对"射水鱼"号展开了深水炸弹攻击，在大约 15 分钟时间内，"射水鱼"号共记录了 14 次深水炸弹攻击，不过，都没有致命性的威胁。3 时 30 分，"信浓"号发送了遭受鱼雷攻击的无线信号。

"信浓"号的沉没经过

根据海军文件，"信浓"号是已经服役的建成军舰，不过，从实际情况来看，"信浓"号仍然是建造中的未完成军舰。当时，舰内通道上仍然放置着大量的缆线，防水闸门还没有关闭。由于军令部对建造工期进行了加急命令，舰员们还没有进行防水闸关闭训练。不过，即使防水闸门能够勉强关闭，其间的缝隙仍然会露出空气。大和级战列舰舰体庞大，舰内错综复杂，对于这样军舰的熟练操作至少需要 1 年以上的时间，然而，"信浓"号中弹前的舰员们上舰时间都只有几个月，他们对于自己所在的位置都无法准确把握，谈何进行军舰损害的控制。

"信浓"号中弹后，应急舰员们接受注排水指挥所的命令开始进行注水舰体恢复作业，在注入了至少 3000 吨水后，舰体倾斜有了若干程度的恢复。不过，由于注水开头阀门出现故障，后续注水作业无法展开。随后，"信浓"号直接面向日本潮岬方向前进，此时，舰体不再进水，不过，由于排水泵出现故障，舰体倾斜程度不断增大。据"信浓"号战斗详报记录：凌晨 5 时 30 分，航速 11 节。据轮机舱舰员回忆，凌晨 5 时左右，右舷涡轮机停止运转。凌晨 5 时至 6 时，轮机舱内冷凝器不能使用，动力锅炉供水的真水开始短缺，于是，上午 8 时，"信浓"号完全停止在外海上无法继续行驶。随后，"信浓"号发报：〇八〇〇，本舰因倾斜无法航行，请求拖船。

上午 7 时 45 分，"信浓"号向"矶风"号和"滨风"号发送旗语信号，要求这 2 艘驱逐舰接近并牵引"信浓"号前进。阿部舰长在舰艏部监督牵引作业，2 艘驱逐舰以下沉浸水的钢缆牵引"信浓"号，不过，由于"信浓"号舰体太过庞大，钢缆断裂。随后，2 艘驱逐舰又将钢缆缠绕在后部高射炮的炮塔上，再度尝试牵引"信浓"号前进，不过，钢缆不堪重负再次断裂，至此，"信浓"号放弃由驱逐舰牵引前进的想法。

上午 8 时，上甲板已遭海水冲刷，舰员们都在机库甲板内从事排水作业。8 时 30 分，注排水指挥所完全为海水所淹没，稻田文雄大尉等 9 名舰员遭水淹亡。由于注排水指挥所淹没及牵引作业失败，"信浓"号沉没已成定局。

9 时 32 分，"信浓"号开始转移有昭和天皇合影的快艇，不过，由于当时气象条件非常恶劣，快艇撞上"信浓"号右舷压舱物而翻转。10 时 25 分，舰体倾斜达 35 度，军舰旗降下。10 时 28 分，准备下达全体舰员撤退命令。10 时 37 分，下达全体舰员撤退命令。10 时 57 分，"信浓"号在日本潮岬海面东南部 48 公里处翻转，然后由舰艉部开始沉没。

从世界海军历史来看，"信浓"号航母的服役历史堪称是最短的，它从出港至中弹沉没前后服役历史仅有 17 个小时。

"信浓"号虽然遭受鱼雷攻击，但却没有因战斗而伤亡的舰员。在全体舰员撤离命令下达后，由于舰内广播设备已经无法使用，因此，庞大的舰体内仍有很多舰员不知道这个命令，大量的舰员失踪。阿部俊雄舰长在下达撤退命令后，与"信浓"号航母共赴命运。"信浓"号幸存者准军官以上的有 55 人,下级官兵有 993 人,工人有 32 人,淹亡者有 791 人,包括 28 名工人和 11 名军人家属。

审视"信浓"号的沉没——"人"与"物"两个方面的深刻教训

"信浓"号沉没的主要原因分人和物两个方面,物的方面是航母建造程度不足而导致军舰没有充分的防水作业能力,人的方面是舰员由于上舰时间不足没完全掌握舰内的基本情况。"信浓"号中弹后,上舰只有几个月时间的舰员们处于一片混乱的局面中,只是跑来跑去,而没有任何有效的应对措施。此外,由于舰体倾斜,左舷注排水阀门由海中浮出水面,致使后续注水操作无法进行。关于注排水操作,"信浓"号在出港前就没有进行任何舰体倾斜后的恢复测试,同时,电源在舰体震动达到什么程度时就会出现故障也一无所知。在实际操作中,排水泵又出现故障,导致排水作业无法展开。受突击工程的影响,在右舷舰艉遭受鱼雷攻击后,没有拧紧螺丝的螺栓和有 2 厘米缝隙的防水阀致使舰艄部分的甲板开始进水,而且,隔壁的气密性检查也未进行,像这样的草率施工还有很多,因此,"信浓"号的竣工只是名义上的。此外,鱼雷攻击深度大约为 3 米,较浅,命中场所为舰艉部附近,这导致具有防御用途的压舱物也没有派上用场。

据牧野茂工程师(大和级战列舰的设计者)的设计方针:大和级战列舰在遭受第 1 枚鱼雷攻击后不会离开舰队队列,在遭受第 2 枚鱼雷攻击后仍然保持战斗力,在遭受第 3 枚鱼雷攻击后不会沉没并可立即返回基地,不过,在做进水计算时,没有充分考虑遭受第 4 枚鱼雷攻击后的情况,而"信浓"号恰恰就遭受了 4 枚以上鱼雷的攻击,这点设计缺陷有点像"大凤"号航母沉没的原因。

12 月 28 日,在日本东京,以三川军一中将为首成立了"S 事件调查委员会",以对"信浓"号沉没原因展开调查,其结果是"信浓"号并非因事故沉没而是遭受攻击而沉没,由于当事人很多,所有没有任何人受处分。

而对于美国海军"射水鱼"号潜艇来说,他们却创造了纪录。当时,"射水鱼"号艇长认为"信浓"号是一艘 28000 吨级别的航母,直到第二次世界大战结束后,这艘潜艇的艇员们才知道他们击沉的"信浓"号是当时世界上最大的航母。截至 2013 年,"射水鱼"号的纪录仍在保持,这就是"信浓"号是迄今为止遭受潜艇击沉的最大军舰。

"信浓"号的身后逸事

第二次世界大战结束后,美军对"信浓"号预定安装的主炮塔前面板进行了技术调查,随后没收并带回美国本土。这部前面板是"信浓"号主炮前面厚度达 65 厘米的装甲板,美军通过 40 厘米火炮发射的炮弹以最近的距离将其摧毁,装甲板残骸在华盛顿海军工厂的公园内公开展出,现在仍可参观。日本政府曾经就这些装甲板残骸返还事宜进行了交涉,不过,遭到了美国政府的拒绝。

"信浓"号使用的 46 厘米炮身共建成了 7 部，其中 2 部由美军没收并运回美国本土，这些重型舰炮炮身没有试射而直接分解成碎片，残留的炮身也没当作武器使用。

"信浓"号的遗留照片很少，世界上仅存两张，本书中使用的照片是美军对横须贺海军基地进行侦察时由空中拍摄，航母的状态不是非常清晰，细节部分也看不太清楚。

"信浓"号由横须贺海军工厂建造，它不仅是横须贺海军工厂最后建造的军舰，同时，也是日本帝国海军建造的最后一艘军舰。承担建造任务的干船坞为第 6 号干船坞，后来驻日美军将第 6 号干船坞当作美国航母及各种大型军舰的入坞维修船坞使用，日本人基本是严禁入内。

大和级战列舰的 46 厘米炮弹

大和级战列舰使用的各种弹药

"信浓"号历任舰长

"信浓"号航母无论是舾装员长和舰长都只有一人，为阿部俊雄海军大佐，其舾装员长任职期间为 1944 年 8 月 15 日至 1944 年 10 月 1 日，舰长任职期间为 1944 年 10 月 1 日至 11 月 29 日，最后的结局是随"信浓"号一起葬身海底，战死。

第三节　世界首艘电气焊接航母"龙凤"号

"龙凤"号只是日本帝国海军中一艘普通的支援性航母，并非大战主力，它于太平洋战争爆发一年后改装完成，随后参加了各种支援性任务，幸存到战后也做了拆解处理。

"龙凤"号航母的正式舰种分类属于祥凤级航母，它是由"大鲸"号潜水母舰在建成后改装为航母。

作为潜水母舰的"大鲸"号

根据 1930 年 4 月 22 日签订的《伦敦海军裁军条约》限制，继主力军舰之后，日本帝国海军的辅助军舰拥有量也受到很大程度的限制，在这种情况下，日本帝国海军计划设计并建造不受裁军条约限制的 10000 吨以下的潜水母舰和给油舰等辅助军舰，预先建造这些大型军舰，在战时条件下可将它们迅速改装成航母。在这样的背景下，日本帝国海军建造了"大鲸"号潜水母舰以及"剑埼"号和"高崎"号高速给油舰。

1933 年 4 月 12 日，"大鲸"号潜水母舰由横须贺海军工厂正式动工兴建，当时的舰体建造全部采取了非常先进的电气焊接技术，这是世界上第一次的电气焊接技术试验。由于有先进技术的支撑，"大鲸"号动工建造仅 7 个月之后就顺利下水，其速度堪称"闪电"。不过，"大鲸"号的螺旋桨轴未能通过，"大鲸"号建造工期之所以如此紧张，有其原因。当时，昭和天皇已经知道"大鲸"号下水仪式的日程安排，因此，日期变更已经不可能了。1933 年 11 月 16 日，"大鲸"号正式下水。

由于是世界第一次的电气焊接，因此，军舰建造出现了预想不到的恶果，那就是舰体发生弯曲，随后，"大鲸"号入坞进行了舰体切断，然后，用铆钉再度结合起来。开工第二年的 1934 年 3 月 31 日，"大鲸"号建成竣工，舰籍隶属于日本帝国海军横须贺镇守府，这只是一个形式上的隶属关系，此后，"大鲸"号列入预备舰继续进行后续的建造工程。1934 年 7 月 1 日，"大鲸"号舰籍又转入日本帝国海军吴镇守府。

在建造过程中，另有一个非常突出的问题，那就是"大鲸"号是日本帝国海军大型军舰中第一艘采取柴油发动机做动力的，这些柴油发动机排烟多、故障频繁，输出功率还不到预定的一半，这显示了柴油发动机有根本性的设计缺陷。

另外，"大鲸"号竣工的第二年 9 月发生了"第四舰队事件"，在这次事件中，"大鲸"号的后部防水门损害，海水由操舵舱升降口进入舰内，随后，电动机故障导致舵机无法正常操作，于是，不得不在台风中采取人力操舵方式。在进入横须贺海军工厂后，工程人员对"大鲸"号展开了调查，结果发现舰体焊接部分出现龟裂，在接受了应急维修后，"大鲸"号航行到吴海军工厂内。1936 年 1 月，"大鲸"号再次返回横须贺海军工厂，并对各个部分进行了工程改造。在此期间，"大鲸"号又遭遇了"二二六事件"。此后，日本帝国海军要求大幅度改善"大鲸"号的舰体强度，于是，军舰的服役日期不得不往后延迟。

1937 年 8 月，"大鲸"号暂时性编入日本帝国海军第三舰队附属队并参加了中日战争，参战期间，"大鲸"号曾进入上海方向。

"大鲸"号潜水母舰的基本技术参数

"大鲸"号潜水母舰的实际竣工日期是 1939 年 9 月的正式服役时，这时军舰的基本设计参数如下：海试排水量为 14400 吨，舰体全长为 215.65 米，最大宽度为 20.0 米，吃水深度 6.53 米，辅助锅炉为 2 部口号舰本式锅炉，主机为 4 部 11 号 10 型柴油发动机，2 轴推进，总输出功率为 13000 马力（计划输出功率为 25600 马力），航速 18.5 节（计划为 22.2 节），以 18 节航速航行时的续航距离为 10000 海里，可携带燃料为 3570吨重油（包括补给用的重油），舰员编制 430 人。

舰载武器有 2 部 40 倍径八九式 12.7 厘米联装高射炮，2 部毘式 40 毫米联装机关枪，2 部保式 13 毫米四联装机关枪。

舰载机为 3 架九四式水上侦察机以及 1 架吴式二号五型弹射飞机。

刚刚建造完成的"大鲸"号潜水母舰照片

"大鲸"号潜水母舰改装为"龙凤"号航母的背景

从 1938 年起，"大鲸"号潜水母舰编入日本联合舰队后开始承担北支（中国华北）方面和南洋（日本以南热带海域及分散在那里岛屿的总称，为第二次世界大战前使用的称呼）方面的作战任务，并与隶属下的潜艇共同作战。1938 年 9 月 5 日，"大鲸"号终于编入日本联合舰队，隶属于第一舰队第 1 潜水战队，并担任旗舰职责。同年 10 月，"大鲸"号再次奔赴中国战场。

1939 年 3 月，"大鲸"号第三次奔赴中国战场。8 月，进入南洋方向作战。11 月 15日，成为预备舰。

1940年11月15日，"大鲸"号潜水母舰编入第六舰队第1潜水战队，第二年，1941年4月10日，再次编入第六舰队第2潜水战队。此后，"大鲸"号潜水母舰一直作为第2潜水战队旗舰进入南洋方向的奎塞林环礁地区执行任务，直到1941年12月4日太平洋战争爆发前不久才返回吴港海军基地。

1941年12月8日，太平洋战争全面爆发，12月20日，"大鲸"号潜水母舰着手准备由横须贺海军工厂负责进行航空母舰改装工程。此次改装工程计划3个月时间内完工，不过，最终的工程改装直到1942年11月才完成，这次工程推迟主要有两个方面的原因：其一，将问题非常多的柴油发动机换装成与阳炎级驱逐舰相同的涡轮发动机，这次换装的影响是航母航速比计划时的要大幅度降低；其二，美国海军在1942年4月18日发动东京空袭时，B—25轰炸机投下的炸弹命中了改装中的"大鲸"号。

在东京空袭中，美军麦克埃洛伊中尉驾驶飞机投下的炸弹击中了"大鲸"号，炸弹把"大鲸"号右舷炸出了一个纵长度为8米、横长度为15米的大洞，这个炸洞维修花费了4个月时间。此外，改装中的"大鲸"号还遭遇了其他一些非常不幸的事情，1942年11月28日，"大鲸"号潜水母舰终于改装成航母，随后，11月30日正式更名为"龙凤"号，从此开始了航空母舰舰种的服役经历。

"龙凤"号航母的基本技术参数

航母改装工程结束后，"龙凤"号设计标准排水量为13360吨，海试排水量为15300吨，满载排水量为16700吨，舰体全长仍为215.65米，水线最大宽度为19.58米，吃水深度6.67米（海试状态）。

飞行甲板全长为185.0米，全宽为23.0米，后来长度延长至200.0米。配备2部舰载机升降机。

动力推进系统主锅炉为4部口号舰本式锅炉，主机为2部舰本式涡轮机，2轴推进，总输出功率为52000马力，航速26.5节（计划值），以18节航速航行时的续航距离为8000海里，舰员编制989人。

舰载武器有4部40倍径12.7厘米联装高射炮，10部25毫米三联装机关枪，4部25毫米联装机关枪，6部12厘米联装火箭发射装置。

1945年时安装了一部二号一型雷达和一部一号三型雷达。

改装后的"龙凤"号航母，从照片中可以看出，该航母基本舰型设计为：开放式舰艏与舰艉、单层全贯通飞行甲板、无舰岛、舰艏主炮、舰艏与舰艉的干舷不太高。

"龙凤"号飞行甲板俯视，此图可见舰体中部和后部各有一部舰载机升降机（处于开放状态中）。

"龙凤"号航母与祥凤级航母之间的不同点

与"龙凤"号改装航母同时期进行改装工程的还有"祥凤"号（原"剑崎"号高速给油舰）改装航母和"瑞凤"号（原"高崎"号高速给油舰）改装航母，从外观上来看，3艘改装航母非常相似，不过，它们不是同型舰。"龙凤"号与两艘祥凤级航母的主要不同点有六点：

其一，从舰体规模来看，与祥凤级航母相比，"龙凤"号的舰体更大，排水量比祥凤级多出2000吨；

其二，"龙凤"号飞行甲板使用了不带伸缩接缝的强度甲板，而祥凤级上部机库甲板的强度甲板和飞行甲板都设计了伸缩接缝；

其三，"龙凤"号的飞行甲板长度比祥凤级长了5米；

其四，相比祥凤级，"龙凤"号后部升降机的位置更靠后，并且，升降机前部有遮风栅栏；

其五，航母着舰标识完全不同；

其六，前部飞行甲板支柱的位置也有不同，此外，另有其他一些细节上的不同。

"龙凤"号与祥凤级航母基本概况对照表：

航母名称	改装概况	设计排水量	三维尺寸（长×宽×吃水）（米）	飞行甲板规模（长×宽）（米）	舰载机数量（架）	参战经历	最后命运
"龙凤"号	1942年11月，改装成航空母舰舰种	标准排水量13360吨、公试排水量15300吨、满载排水量16700吨	215.65×19.58×6.67	185.0×23.0	24+7	太平洋战争	战后拆解处理
祥凤级	"祥凤"号1942年1月改装成航母，"瑞凤"号1940年12月改装成航母	标准排水量11200吨、公试排水量13100吨	205.5×18.0×6.64	180.0×23.0	27+3	太平洋战争	均被美军击沉

"龙凤"号舰载机集群

建成竣工时，"龙凤"号舰载机集群共由31架舰载机组成，包括18架零式舰上战斗机、6架九七式舰上攻击机和7架备用舰载机。

菲律宾海海战期间，"龙凤"号舰载机集群也由31架舰载机组成，包括18架零式舰上战斗机、7架"天山"舰上攻击机和6架备用舰载机。

菲律宾海海战之后，"龙凤"号舰载机集群由32架舰载机组成，包括21架"零战"、9架"天山"和2架备用舰载机。

上述这些舰载机搭载数量仅为计划值，在菲律宾海海战期间，大量舰载机和舰员损失后，航母几乎以空载状态航行。

"龙凤"号航母的作战经历——"一艘不太幸运的航母"

航母改装工程结束后，"龙凤"号直接编入日本联合舰队第三舰队。不过，从改装工程开始，"龙凤"号的悲剧就一直在持续着。1942年10月20日，"龙凤"号舰籍转入日本帝国海军舞鹤镇守府。

1942年12月11日，"龙凤"号航母第一次执行任务，它由横须贺港出发前往特鲁克岛。12月14日，在南洋的航行途中，美国海军潜艇发射的鱼雷击中了"龙凤"号，中弹后，"龙凤"号不得不返回横须贺港，12月16日，"龙凤"号在横须贺海军工厂入坞对军舰损伤处展开维修，在随后的时间内，"龙凤"号一直在船厂内接受维修操作。

1943年，"龙凤"号开始承担舰载机运输和训练任务。1943年3月19日，"龙凤"号由横须贺港出发前往吴港部署。3月31日，到达吴港后，"龙凤"号从事训练任务。

5月25日，由吴港出发，"龙凤"号返回横须贺港。6月13日，"龙凤"号到达横须贺港，随后编入第三舰队第2航空战队。6月16日，由横须贺港出发前往特鲁克岛部署。6月21日，进入特鲁克岛港口。7月2日，"龙凤"号所属的一部分舰上战斗机部队经由拉包尔前沿部署至布因基地。7月5日，余下的"龙凤"号舰载机部队也全部前沿部署至布因基地。7月15日，"飞鹰"号航母的全部舰载机部队正式转入"龙凤"号隶属下。7月19日，"龙凤"号离开特鲁克岛，返回日本本土。7月24日，进入吴港后，"龙凤"号从事训练与维修任务。9月22日，在吴海军工厂内接受入坞维修操作。9月27日，入坞维修结束，出坞。10月6日，"龙凤"号再次由吴港出发前往中国南方。10月15日，进入中国三亚港，10月16日，离开中国三亚港。10月19日，到达新加坡港，10月26日，离开新加坡港。10月30日，再次进入中国三亚港，10月31日，离开中国三亚港，返回日本本土。11月5日，"龙凤"号返回吴港。11月22日，由吴港出发，"龙凤"号前往南方执行任务，这次主要承担舰载机运输等任务。

1944年1月2日，"龙凤"号返回吴港，3月19日，再次离开吴港。4月1日，进入塞班岛港口，4月3日，离开塞班岛港返回吴港，4月8日，进入吴港。

4月29日，"龙凤"号由吴港出发前往南方作战，5月16日，进入菲律宾西南部塔威塔威锚泊场，6月13日，离开塔威塔威锚泊场，6月14日，进入菲律宾吉马拉斯锚泊场，6月15日，因「あ号作戦」需要离开吉马拉斯锚泊场面向马里亚纳洋面部署。

1944年6月19日，"龙凤"号参加了著名的菲律宾海海战。在此次海战中，"龙凤"号与同属第二航空战队的"飞鹰"号和"隼鹰"号航母都派遣了舰载机攻击队，不过，这些舰载机攻击都以失败告终。攻击失败后，6月20日，日军舰队开始向西撤退，并寻求再次发起攻击，不过，在航行途中，美国海军舰载机部队对日军舰队展开了异常猛烈的攻击，结果，"飞鹰"号被击沉，"龙凤"号遭受轻微损失。

在菲律宾海战之后，由于日军舰载机严重不足，"龙凤"号不再参加作战任务，开始承担船队护航任务。

7月3日，"龙凤"号返回吴港。7月9日，进入吴海军工厂船坞接受入坞维修操作，主要操作内容包括损伤处维修、延长飞行甲板长度、强化防空武器装备等。7月10日，编入第三舰队第1航空战队。7月20日，结束入坞维修操作出坞。8月20日，编入第三舰队第4战队，随后，在日本濑户内海等待任务分配。10月4日，离开吴港，11月2日，返回吴港，仍在濑户内海等待作战时机。11月15日，编入日本联合舰队第一航空战队。

1945年1月，"龙凤"号与9艘油船、4艘驱逐舰（分别是"滨风"号、"矶风"号、"时雨"号和旗风号）和4艘海防舰（分别是御藏号、屋代号、仓桥号和第13号海防舰）编成"87船队"，随后，由日本门司港向台湾方向驶去。1月7日，"宗像丸"号油船遭受美国海军"大野鱼"号潜艇的鱼雷攻击，致重创，随后，"龙凤"号率领"时雨"号驱逐舰脱离87船队逃离。"龙凤"号安全无恙到达台湾基隆港，不过，虽然87船队按照预定计划到达高雄港，但是在美国海军第38特混舰队舰载机的猛烈空袭中及潜艇的鱼雷攻击中，船队损失惨重。

后来，"龙凤"号与残存的"矶风"号和"滨风"号驱逐舰汇合返回日本本土。返回本土后，1月19日，"龙凤"号转为练习航母，在吴港从事训练任务。

1945年3月19日，美国海军机动部队对吴港海军基地展开了大规模空袭，在吴港内的"龙凤"号遭受美国海军舰载机部队重创，飞行甲板等部遭受3枚炸弹直接命中。随后，6月1日，"龙凤"号又被改装为防空炮台，此后　直停泊在吴港海军基地内，直到第二次世界大战结束。在充当防空炮台期间，"龙凤"号高射炮操作舰员及机关枪操作舰员全部离开航母。

1945年11月30日，"龙凤"号被开除军籍正式退役。1946年4月2日，"龙凤"号在播磨造船所吴船渠（原吴海军工厂）第3号干船坞内开始接受解体工程，9月25日，工程结束。

锚泊状态下的"龙凤"号航母

"大鲸"号潜水母舰及"龙凤"号航母的历任舰长

"大鲸"号潜水母舰仅有一任舾装员长，为锄柄玉造海军大佐，其任职期间为1933年10月20日至1934年3月23日。

在服役期间，"大鲸"号潜水母舰舰长有12任，"龙凤"号航母舰长有4任，具体情况如下表：

历任	舰 长 姓 名	军 衔	任 职 期 间
1	锄柄玉造	海军大佐（上校）	1934年3月23日－1934年11月15日
2	高须三二郎	海军大佐	1934年11月15日－1936年11月16日
3	茂泉慎一（兼任）	海军大佐	1936年11月16日－1936年12月1日
4	衰轮中五	海军大佐	1936年12月1日－1937年11月15日
5	森德治	海军大佐	1937年11月15日－1938年5月25日
6	中里隆治	海军大佐	1938年5月25日－1938年12月15日
7	原田觉	海军大佐	1938年12月15日－1939年11月15日
8	中邑元司	海军大佐	1939年11月15日－1941年4月10日

9	大仓留三郎	海军大佐	1941 年 4 月 10 日—1941 年 11 月 10 日
10	木山辰雄	海军大佐	1941 年 11 月 10 日—1942 年 4 月 23 日
11	相马信四郎	海军大佐	1942 年 4 月 23 日—1942 年 11 月 1 日
12	龟井凯夫	海军大佐	1942 年 11 月 1 日—1942 年 11 月 30 日
13	龟井凯夫（"龙凤"号）	海军大佐	1942 年 11 月 30 日—1944 年 3 月 16 日
14	松浦义（"龙凤"号）	海军大佐	1944 年 3 月 16 日—1945 年 1 月 20 日
15	高桥长十郎（"龙凤"号）	海军大佐	1945 年 1 月 20 日—1945 年 4 月 28 日
16	佐佐木喜代治	海军大佐	1945 年 4 月 28 日—1945 年 11 月 30 日

第四节　未建成航母"伊吹"号

　　"伊吹"号航空母舰原来为改铃谷级重巡洋舰的一号舰，不过，在建造途中根据时局的需要进行了更改设计，按照航空母舰舰种进行建造，然而，未等航母建成，第二次世界大战即宣告结束。自始至终，"伊吹"号都未参加任何作战，直到 1946 年做了拆解处理。此外，"伊吹"号航母的候选舰名还有"鞍马"号。

　　"伊吹"号的改装显示出日本帝国海军开始重视航空主力论，而逐渐放弃大舰巨炮主义，不过，这种深刻的认识来得有点晚。

"伊吹"号航母的综合背景

　　"伊吹"号航母的最初设计来自最上级（铃谷级）重巡洋舰的准同型舰——改铃谷级重巡洋舰，其建造计划为太平洋战争爆发前不久制订的昭和 16 年度（1941 年度）战时建造计划，根据这份海军军备计划，1942 年 4 月 24 日，改铃谷级重巡洋舰一号舰在吴海军工厂内正式动工兴建。

　　在建造过程中，改铃谷级一号舰原来设计的 4 联装鱼雷发射管更改为 5 联装发射管，后者是一种更先进的鱼雷备用弹装填装置，可以非常快的速度进行鱼雷装填操作，此外，还有其他一些改良措施。

　　随着战局的变化，日本帝国海军修改了改铃谷级一号舰的建造计划，在这种情况下，1943 年 5 月 21 日，军舰下水后就停止了建造工程，后来，舾装工程稍有进展，直到 1943 年 8 月，日本帝国海军军令部才决定将一号舰改装成航母。

　　1943 年 12 月，改铃谷级一号舰在"迅鲸号"潜水母舰的拖航下到达佐世保港，随后，航母改装工程在佐世保海军工厂内全面展开，计划 1944 年下半年航母改装工程竣工。

　　根据预定工期，"伊吹"号的建造进度一再推迟，后来，随着战争局势对日本越来越不利，日本战争物资采购也陷入困境，眼看着"伊吹"号参加作战活动的希望变得更加渺茫，1945 年 3 月 16 日，"伊吹"号改装工程全面中止，此后，航母舰体放置在佐世保湾内，这时的航母舰体建成率已经达到 80%，不过，不能依靠自身动力航行。

1946 年 11 月 22 日，"伊吹"号在佐世保船舶工业（原佐世保海军工厂）第 7 号干船坞内开始拆解处理，1947 年 8 月 1 日，拆解工程结束。

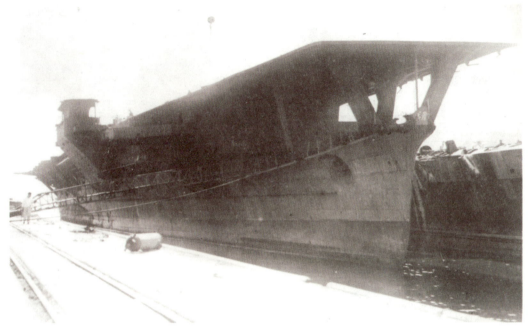

停泊在佐世保海军工厂内的"伊吹"号，可见开放式舰艏及右舷舰桥部

"伊吹"号各个系统设计

从工程施工上来看，将重巡洋舰改装成航母具有很大困难，况且，改铃谷级一号舰已经按照重巡洋舰的设计标准加速了施工进度，其舰体已经基本建成，将这样的舰体改装成航母必须拆除原来舰体上安装的主炮塔等重巡洋舰设施，这样的改装工程非常浩大，故此，佐世保海军工厂已经没有能力再承担其他军舰的建造与维修作业，同时，航母自身改装工程也不能按照预定的工期推进，工期推迟已成必然。

为了防止改装航母的重心上升，舰体内增加设置了压舱物。同时，针对舰载机大型化的变化，飞行甲板的长度要比航母的舰体全长还要长，故此，舰桥没有按照惯例设计在舰体前方的飞行甲板下方，而是采取独立的舰岛设计，这在日本轻型航母设计中算是一个特例。

就"伊吹"号航空系统来看，功能非常有限。"伊吹"号仅设计有一层机库，机库内不带鱼雷调整场，舰载机搭载数量不多，舰载机升降机也很小。鉴于此，预定搭载的日本最新型舰载机"彩云"很难顺利进入机库内，故此，只能露天停放在飞行甲板表面。

在航母改装期间，"伊吹"号动力系统内的锅炉和涡轮机数量比改铃谷级重巡洋舰都减少了一半。后部的涡轮机舱改装成舰载机使用的航空汽油箱，同时，螺旋轴数也由最上级重巡洋舰的4轴减少至2轴。经过这些改装，"伊吹"号航母的预定航速设计为29节。

"伊吹"号防空武器采用的是阿贺野级轻巡洋舰也使用的长8厘米高射炮，不过，只安装了2部，为了可对另一船舷展开射击，高射炮的安装位置很高。此外，还预定安装4部12厘米28联装火箭发射装置。

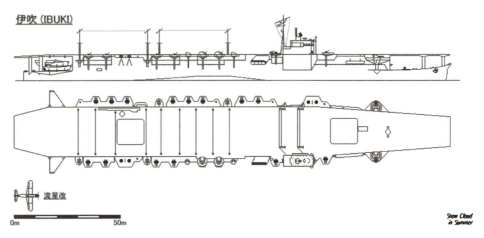

"伊吹"号航母建成时的设计草图，其基本舰型设计为上图：右舷前部舰桥、开放式舰艏与舰艉；下图：全贯通飞行甲板、前后各一部舰载机升降机，主要舰载机为"流星"改

"伊吹"号基本技术参数

"伊吹"号设计标准排水量为12500吨，海试排水量为14800吨，满载排水量为15300吨，全长为205.0米，舰体长为1976（2006）米，全宽为21.2米，水线宽为2076米，吃水深度6.31米（海试时），飞行甲板全长为2050米，宽为230米，舰载机升降机2部。

动力推进系统主锅炉为4部重油专用燃烧口号舰本式水管锅炉，主机为2部舰本式齿轮涡轮机，2轴推进，最大输出功率为72000马力，最大航速29节，以18节航速航行时的续航距离为7500海里，舰员编制1015人。

舰载武器有4门2管九八式7.6厘米60倍径联装高射炮，48挺九六式25毫米61倍径三联装机关枪，4部12厘米28联装火箭发射装置。

舰载机集群包括15架舰上战斗机、12架舰上攻击机，预定舰载机总数介于29架至31架之间，包括露天停放于飞行甲板上的11架。

"伊吹"号航母的历任舰长

由于"伊吹"号航母并未建成,故此,没有舰长只有两任舾装员长,分别是松浦义海军大佐和清水正心海军大佐(兼任佐世保港务部部长),任职期间分别是1945年1月20日至1945年2月25日、1945年2月25日至5月20日。

1947年,正在进行拆解处理的"伊吹"号航母舰体表面

第五章
三级改装航母
——日本帝国海军改装的巨无霸

截至 1945 年 8 月，日本帝国海军共进行了三级改装航母的建造，按照时间顺序分别是天城级"天城"号（预定）与"赤城"号、祥凤级"祥凤"号和"瑞凤"号、千岁级"千岁"号和"千代田"号，它们的基本概况如下。

截至 1945 年，日本帝国海军三级五艘改装航母基本概况对照表：

航母名称	改装概况	设计排水量	三维尺寸（长×宽×吃水）（米）	飞行甲板规模（长×宽）（米）	舰载机数量（架）	参战经历	最后命运
"赤城"号（大型主力攻击航母）	第一次改装于 1927 年 3 月 25 日竣工、第二次现代化改装于 1938 年实施	标准排水量 36500 吨、公试排水量 41300 吨（第二次改装后）	260.67×31.32×8.1（第二次改装后）	249.17×30.5（第二次改装后）	66＋25	日中战争、太平洋战争	1942 年 6 月 6 日，命殒中途岛海战
祥凤级（轻型航母）	"祥凤"号 1942 年 1 月改装成航母，"瑞凤"号 1940 年 12 月改装成航母	标准排水量 11200 吨、公试排水量 13100 吨	205.5×18.0×6.64	180.0×23.0	27＋3	太平洋战争	均被美军击沉
千岁级（轻型支援航母）	改装的"千岁"号和"千代田"号航母于 1942 年末至 1944 年初陆续改装完成	标准排水量 11190 吨、公试排水量 13600 吨	185.93×20.8×7.51	180.0×23.0	30＋0	太平洋战争	1944 年 10 月，在莱特湾海战中全被美国海军击沉

在上述三级改装航母中，从作战运用上来看，"赤城"号是这些航母中最重要的改装航母，它是仅次于"加贺"号的日本第二改装航母，同时，从设计上来看，"赤城"号也是拥有最强大航空战力的航母，其舰载机总数量超过 90 架，另外两级 4 艘改装航母的舰载机总和才为 120 架，从设计排水量来看，"赤城"号与其他 4 艘改装航母排水量的总和基本相当。正是因为有这些超乎寻常的设计，所以"赤城"号才能成为日本帝国海军海上大决战中的绝对主力。

祥凤级轻型航母在太平洋战争初期一直承担支援性任务，在中途岛海战之后才开始承担一些主力作战任务，这主要是由于日本的主力航母丧失后只能由一些轻型航母来承担这个作战空白。至于千岁级轻型航母则一直是一级轻型支援性航母，况且在太平洋战争后期，日本的舰载机大量丧失，有限的舰载机已经分配给主力航母，这些支援性航母只能承担其他次要的作战任务。

下面各节将对这些内容进行详细的分析和解读。

第一节　加贺第二天城级"赤城"号大型改装航母

　　"赤城"号航母是继"凤翔"号正规航母之后，日本第二艘航母、第一艘改装航母，在服役期间，"赤城"号战功卓著，它是仅次于"加贺"号的日本"改装航母第二"，同样也经历了两次改装过程，不过，由于资金紧张，其改装不如"加贺"号全面。

　　作为日本帝国海军主力攻击航母之一，"赤城"号航母随南云机动部队其他主力航母参加了太平洋战争初期的历次重要海战，并且还担任南云忠一机动部队旗舰职责，在1942年中途岛海战中，它被美国海军舰载机击沉。

第二次现代化改装后的日本帝国海军主力攻击航母——"赤城"号，从水纹来判断，近处是舰艉部、远处是舰艏部，其基本舰型为：左舷舰桥、全贯通飞行甲板（可并列起飞两架舰载机）、舰艏干舷较高、开放式舰艏看得不太清楚、从航母的航行状态看舰体的适航性很好。

第二次现代化改装后的"加贺"号与"赤城"号与这种航母舰型设计有异曲同工之妙

天城级改装航母背景——海军裁军条约限制下诞生的大型主力攻击航母

根据日本帝国海军制订的大规模海军军备计划——"八八舰队计划",吴海军工厂负责建造 2 艘天城级巡洋战列舰,它们的基本设计目标是安装 10 门 41 厘米大口径舰炮、排水量达 41000 吨、航速 30 节。1920 年 12 月 6 日,天城级一号舰"天城"号下水。就在建成竣工前的 1922 年,西方列强缔结了《华盛顿海军裁军条约》,根据这个条约规定,所有签约国的超标主力舰都要按照废舰处理。为了挽救天城级的命运,当时的《华盛顿海军裁军条约》并没有对作为辅助舰艇的航空母舰进行限制,故此,日本帝国海军决定将 2 艘天城级改装成航母。

尽管如此,作为巡洋战列舰舰种的 2 艘天城级舰体已经完成,将这个舰种的军舰改装成航母确实是一种万般无奈的计划,因此,从改装工程一开始就遭遇了各种不适合的情况。

根据改装计划,天城级巡洋战列舰要改装成设计全长为 254 米(770 英尺)、全宽为 33 米(110 英尺)、排水量为 27000 吨、航速为 31.75 节、舰载机总数为 36 架的航母。1925 年 4 月 22 日,改装航母"赤城"号正式下水。

此外,按照预定计划,作为"赤城"号同型舰的"天城"号也将改造成航空母舰,不过,由于 1923 年 9 月 1 日关东大地震震坏了"天城"号的龙骨,这艘战列舰的航母改装计划不得不作废,加贺级战列舰一号舰"加贺"号取而代之,成为候补的航母改装对象。

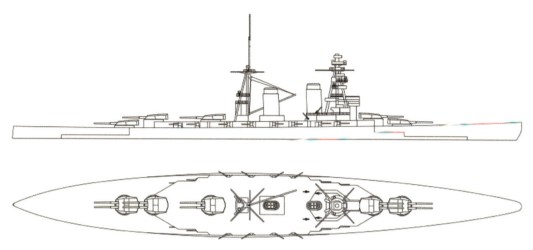

日本天城级巡洋战列舰的设计草图

"赤城"号航母的第一次改装（初期航母的舰型设计）

　　与"加贺"号航母改装基本相同，"赤城"号航母也大体上经历了两次改装，其中，第一次改装的主要特征为三层飞行甲板设计，第二次改装的主要特征为单层飞行甲板设计。

　　在第一次改装方案中，"赤城"号飞行甲板设计参考了英国皇家海军"暴怒"号的第二次改装经验，不过，"赤城"号采取三层飞行甲板设计，而"暴怒"号则采取两层飞行甲板设计。然而，"赤城"号中间层飞行甲板并没有当作飞行甲板使用，而是安装了2部20厘米联装炮和舰桥。而且，事实上，"赤城"号下层飞行甲板也没有当作飞行甲板使用。具体的舰载机着舰以及大型舰载机起飞操作都由最上层飞行甲板负责进行。"赤城"号机库设计也为三层，其中，中间层机库延伸至下层飞行甲板都由小型舰载机起飞使用。

　　"赤城"号烟囱设计在舰体右舷部，其中，为了防止排烟造成飞行甲板上空气流的紊乱，由重油专用燃料锅炉使用的第一号烟囱面向海面一侧安装，在起飞与着舰操作时，第一号烟囱在用海水喷雾冷却后再进行排烟。由重油和煤混合燃烧锅炉使用的第二号烟囱采取向上空排烟方式建造。这些烟囱的构造非常独特，堪称前无古人后无来者，无论是过去还是现在，在世界海军航母发展历史上只有"赤城"号采取这样的设计。第一次改装完成数年之后，"赤城"号又在飞行甲板右舷部设置了一座小型舰桥。这座小型舰桥在"加贺"号进行第二次改装（现代化工程改装）之前就已经在使用了，只是改变了一下安装位置而已。

　　在舰载武器方面，除了上面说到的三层飞行甲板中间层安装的2部20厘米联装炮外，"赤城"号在舰体后部两侧船舷还分别安装有3部单装炮，这样，"赤城"号总计安装了10部20厘米舰炮。根据《华盛顿海军裁军条约》的上限规定，"赤城"号的舰载武器等同于重巡洋舰。当时，在世界海军中，还没有对航空母舰这个舰种的具体使用方法进行明确规定，由于舰载机的续航距离短、综合作战性能低，故此，还需要考虑有可能会出现炮战的场合。

此外，作为巡洋战列舰，"赤城"号的排水量也大幅度减少，其中，标准排水量大约减少1万吨，由此，吃水深度变浅。

第一次改装后采取三层飞行甲板设计的"赤城"号，舰桥前部的20厘米联装炮还没有安装到位。

第二次现代化改装前的"赤城"号，右侧停泊的军舰为"长门"号战列舰，背景为日本四大海军工厂的佐世保海军工厂。

1929 年采取三层甲板设计的"赤城"号,通过照片对比可以看出这时的"赤城"号与"加贺"号设计基本相同。可见,中层飞行甲板的舰艏部已经安装了 2 门 4 管 20 厘米联装炮,最下层甲板没有舰载机,最上层甲板正处于紧张忙碌的航空操作之中。

第二次改装前的"赤城"号，可见右舷最前端设计有一座小型舰桥及开放式舰艏。

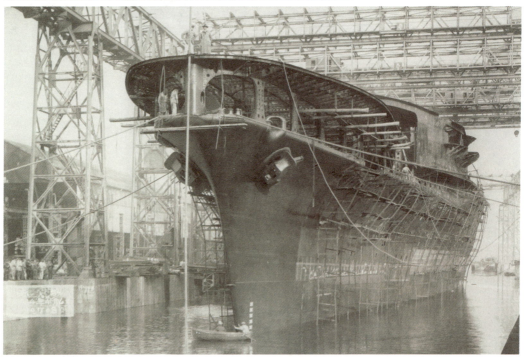

1925年，下水仪式中的"赤城"号改装航母，开放式舰艏清晰可见。

"赤城"号航母第一次改装后的基本技术参数

第一次改装后，"赤城"号设计标准排水量为 26900 吨，海试排水量为 34364 吨，设计全长为 261.2 米（763 英尺），全宽为 29.0 米，吃水深度 8.1 米，最上层飞行甲板全长为 190.2 米，全宽为 30.5 米。舰员编制 1297 人。

动力推进系统主锅炉为 11 部口号舰本式重油专用燃料锅炉和 8 倍口号舰本式重油与煤混合燃料锅炉，主机为 8 部技本式蒸汽涡轮机，4 轴推进，总输出功率为 13.12 万马力，最大航速可达 32.1 节，以 14 节航速航行时的续航距离为 8000 海里。

舰载武器包括 4 门 2 管 50 倍径 20 厘米联装炮、6 门 6 管 50 倍径 20 厘米单装炮和 12 门 6 管 45 倍径 12 厘米联装高射炮。

舰载机包括 16 架三式舰上战斗机、16 架一〇式舰上侦察机和 28 架一三式舰上攻击机，总计 60 架舰载机。

"赤城"号航母的第二次改装（适应舰载机发展的现代化改装）

随着飞机和舰载机技术的快速发展，在服役多年之后，"赤城"号航母的飞行甲板有必要进行延长，参考此前"加贺"号航母进行的现代化大型改装工程，1938 年，由佐世保海军工厂负责，"赤城"号进行了全贯通式飞行甲板改装工程，在这次现代化改装中，飞行甲板长度进一步加长。"赤城"号舰型设计也焕然一新，排水量升至 41300吨（海试状态）。在第二次改装工程中，下两层机库扩建改装成封闭式机库，常用舰载机搭载总数增至 66 架。全贯通式飞行甲板中央部改成水平形式，并分别向舰艏方向作了 0.5 度、向舰艉方向作了 1.5 度的倾斜。

不过，与"加贺"号航母第二次改装工程相比，由于预算经费不足的制约，"赤城"号的第二次改装明显简化了很多，在实际运用过程中，操作部队反映出很多残留的问题，比如，在木制甲板之间缝隙填充的防水填充剂由板与板之间的空隙渗透出来，这些填充剂在甲板表面形成了又黑又硬的残留物，等等。总之，与其他航母相比，"赤城"号的飞行甲板构造非常复杂。

在第二次改装中，第一号烟囱与第二号烟囱集中设计成一个烟囱，安装在舰体右舷中央部。同时，舰桥设置到舰体中央部，而且，为了避免与右舷的烟囱运用形成干扰，舰桥设计在左舷中央部，与烟囱相对映。"赤城"号是日本航母中第一艘采取左舷舰桥设计的航母。不过，左舷舰桥与右舷烟囱相互响应、相互影响，从而打乱了飞行甲板上空的气流，致使舰载机着舰操作变得非常困难。此外，烟囱排放出来的浓烟很容易流入舰桥内，从而影响军舰航行操作及航空操作，也给舰桥值班带来困难，同时，舰载机机库面积也变小了，这些是左舷舰桥航母的主要几个缺点。不过，后来的"飞龙"号航母也采取了左舷舰桥设计，在建造过程中采取了一些应急修正措施。舰载机在进行着舰操作时，需要用海水向烟囱内喷雾以吸收排出的浓烟，在进行这样的操作时，烟囱仿佛变成了一座水帘洞，四周都是海水形成的瀑布。烟囱排烟很容易流入右舷后部的舰员居住区内，故此，舰员居住区没有安装窗户，这导致居住区的居住环境急剧恶化，"赤城"号舰员们将这样的居住区戏称为"杀人长屋（长排房屋）"。后来，飞鹰级航母"隼鹰"号的舰桥与烟囱设计采取了欧美航母的传统设计，即采取烟囱与舰桥的一体化设计，这样，烟囱排放出来的煤烟会直接向航母上空排出，而不会四处惹事生非。"赤城"号航母舰载官兵在看到"隼鹰"号航母时，对该航母的舰员居住环境羡慕不已。由于有煤烟影响，"赤城"号官兵得结核病和痢疾的非常多，同时，鉴于居住区闷热和空气流通不好，很多舰员居住在走廊里或机库里。

在舰载武器方面，与"加贺"号不同，"赤城"号没有将旧式的一〇式45倍径12厘米高射炮换装增强为新式的八九式40倍径12.7厘米高射炮，同时，高射炮安装位置也没有变化，由于安装位置较低，高射炮依然不能对另一侧船舷展开射击。在九六式25毫米机关枪安装数量上，"赤城"号与"苍龙"号中型航母相同，比"飞龙"号航母少一些，作为一艘4万吨级别的大型航母，与其庞大的舰体相比，在参加珍珠港攻击作战行动的6艘日军航母中，"赤城"号的防空火力最薄弱。在三层飞行甲板时代，安装在中间层甲板上的炮塔式20厘米舰炮全部被拆除，不过，又在舰艉侧舷部安装了总计6部、经过现代化改装的20厘米舰炮。不过，年轻军官们讽刺这些舰炮是飞行甲板上毫无用处的长物。在中途岛海战中，"赤城"号20厘米舰炮的最低射速为54发，不过，这些舰炮射击对飞行甲板的影响尚不明确。飞行甲板上没有设计栏杆和扶手，不过，在低处的高射炮和机关枪甲板之间设计有被称为"凹槽"的结构，舰员们将它称为"维修兵避难场所"。飞行甲板设计有安全网，以防止落下事故的发生。

两层机库设计与庞大的"赤城"号舰体相比仍显狭小，不过，与"加贺"号、"翔鹤"号和"瑞鹤"号三艘航母相比，"赤城"号的舰载机数量并不少。据日本大藏省记录，"赤城"号搭载了27架舰上战斗机、53架舰上攻击机，合计80架常备舰载机，另有备用舰载机40架，舰载机总计120架，而"加贺"号搭载24架舰上战斗机、45架舰上攻击机，合计69架常备舰载机，另有备用舰载机31架，舰载机总计100架，明显不如"赤城"号多。在太平洋战争爆发时，"赤城"号常备舰载机包括18架舰上战斗机、18架舰上轰炸机和27架舰上攻击机，而"加贺"号、"翔鹤"号和"瑞鹤"号三艘航母舰载机的搭载数量分别是18架舰上战斗机、27架舰上轰炸机和27架舰上攻击机。舰载机往返机库与飞行甲板主要通过升降机，而舰员要上升至飞行甲板则主要通过左舷的舷梯。

经过各种改装之后，"赤城"号排水量增加了1万吨左右，不过，由于动力推进系统输出功率没有太大提高，故此，航速由32.1节下降至30.2节，实际航速只有29节。

此外，在第二次改装工程中，"赤城"号的续航距离也并没有延长太多，故此，在珍珠港攻击作战行动的计划阶段，因为其远洋航行能力不足的问题，日本帝国海军军令部曾经将"赤城"号与"苍龙"号、"飞龙"号三艘航母都排斥在作战计划之外。

第二次改装后的"赤城"号，可从右舷中央部已经设计了巨大弯曲烟囱判断出来。在日本帝国海军航母发展史上，只有"赤城"号和"飞龙"号采取左舷舰桥设计，从照片可以看出，第二次改装后的基本舰型为全贯通飞行甲板、左舷中部小型舰桥、开放式舰艉与舰艏。

"赤城"号航母第二次改装后的基本技术参数

第二次改装后，"赤城"号设计标准排水量为 36500 吨，海试排水量为 41300 吨，舰体全长为 260.67 米，水线长为 250.36 米，全宽为 31.32 米，吃水深度 8.1 米，飞行甲板全长为 249.17 米，全宽为 30.5 米。舰员编制 1630 人。

动力推进系统输出功率为 13.3 万马力，最大航速为 30.2 节，巡航航速为 16 节，续航距离为 8200 海里。

舰载武器包括 6 门 6 管 20 厘米舰炮、12 门 6 管 12 厘米联装高射炮和 28 门 14 管 25 毫米联装机关枪。

舰载机包括 66 架常备舰机和 25 架备用舰载机，1941 年 12 月时，常备舰载机包括 18 架 "零" 式舰上战斗机、18 架 "九九" 式舰上轰炸机和 27 架 "九七" 式舰上攻击机。

"赤城"号舰桥设计与结构及一架"零"战

一架刚刚从"赤城"号舰桥前飞过的九七舰攻

"赤城"号侧舷部外侧的防空舰炮及炮位

"赤城"号飞行甲板后部及左舷部的防空舰炮及炮位

"赤城"号飞行甲板上停放的九一式重型鱼雷

"赤城"号参加日中战争

1932年，上海"一·二八"抗战（日本称"第一次上海事变"）期间，作为预备舰的"赤城"号正在接受部分改装工程。在1937年爆发的日中战争中，"赤城"号由于正在接受第二次大规模现代化改装工程，故此，也未能参战。

1939 年，为了接替返回日本本土的"加贺"号航母，刚刚接受完第二次改装的"赤城"号编入第一航空战队，并担任旗舰职责。1939 年 1 月，"赤城"号离开横须贺海军基地前往佐世保海军基地，在佐世保海军基地搭载了九七式舰上攻击机之后，在"追风"号和"疾风"号两艘驱逐舰的护航下前往中国战场执行作战任务。2 月 3 日，"赤城"号在香港岛万山诸岛万山湾内抛锚停泊，随后，开始为日本帝国海军南支（华南）方面舰队（由近藤信竹海军中将率领，主力战舰为第五舰队青叶号重巡洋舰）提供支援。2 月 10 日，参加海南岛压制作战。在中国南方战场，"赤城"号还承担日本海军陆战队的支援任务。在执行完预定作战任务后，"赤城"号返回日本有明湾，此后开始从事舰载机飞行队的训练任务。

"赤城"号首战参加珍珠港攻击作战行动

对于"赤城"号来说，第一次真正意义上的参战是参加太平洋战争初期的珍珠港攻击作战行动，在这次作战任务中，"赤城"号与"加贺"号共同编入第一航空战队。1941 年 11 月 9 日至 14 日，"赤城"号将所有的摩托艇等轻装武器都登陆到岸上，随即装载了 900 桶装满重油的油罐参加珍珠港攻击行动。

作战行动前，第一航空舰队（南云机动部队）所属航母舰载机部队在日本锦江湾、志布志湾和佐伯湾内展开攻击演练，11 月 16 日，除以佐世保海军基地为母港的"加贺"号外，第一航空舰队其他 5 艘航母齐聚佐伯湾内，并且，所有航母舰载机部队全部离开佐伯海军航空队基地登陆到各自航母上。作为机动部队的各参战军舰为了隐蔽行动意图，分时间段分批次离开了佐伯湾，11 月 18 日凌晨 4 时，"阿武隈"号轻巡洋舰和 9 艘驱逐舰第一批离开佐伯湾，随后，其他军舰依次离开，"赤城"号于 11 月 18 日上午 9 时离开佐伯湾，全部舰队的最后集结地点为千岛群岛择捉岛上的单冠湾。

11 月 19 日，在日本八丈岛海面上，"赤城"号全部舰员集中到飞行甲板上，舰长向所有舰员通报了日本联合舰队准备进行珍珠港攻击行动的计划，随后，按照预定的舰队集结日期，11 月 22 日早晨，"赤城"号准时进入单冠湾内。机动部队各参战军舰在开了碰头会和进行武器维修之后，于 11 月 26 日离开单冠湾，而"赤城"号作为南云机动部队的旗舰一路向夏威夷珍珠港方向驶去，它们此去将会唤醒一直不愿参战的庞大战争机器。

在珍珠港攻击行动中，参战的 6 艘航母均实施了 2 个波次的攻击行动，"赤城"号也不例外。"赤城"号第一次攻击队由 27 架九七式舰攻和 9 架零战组成，其中，15 架九七式舰攻组成水平轰炸队，"赤城"号飞行队长渊田美津雄中佐自任指挥官，另 12 架九七式舰攻组成鱼雷攻击队，"赤城"号飞行队长村田重治少佐任指挥官，9 架零战则由"赤城"号飞行队板谷茂少佐任指挥官。

"赤城"号第二次攻击队由 18 架"九九"式舰上轰炸机和 9 架零战组成，前者由"赤城"号分队长千早猛彦大尉任指挥官，后由"赤城"号分队长进藤三郎大尉任指挥官。

12 月 8 日凌晨 1 时 30 分，渊田中佐率领的第一次攻击队由"赤城"号起飞。在日本联合舰队海军航空兵部队的突然袭击下，美国海军太平洋舰队几乎遭歼灭。"赤城"号第一次攻击队有 1 架零战被击落，10 架舰载机中弹，2 名飞行员战死。"赤城"号第二次攻击队有 4 架"九九"式舰上轰炸机遭击落，13 架舰载机中弹，8 名飞行员战死。攻击行动结束后，"赤城"号返回日本本土，于 12 月 24 日到达日本母港。

面向珍珠港方向航行的"赤城"号，其后的军舰队列有"苍龙"号和"飞龙"号航母及金刚级战列舰。

面向珍珠港方向航行的"赤城"号，其后军舰队列分别有"加贺"号、"翔鹤"号、"瑞鹤"号、"苍龙"号、"飞龙"号航母

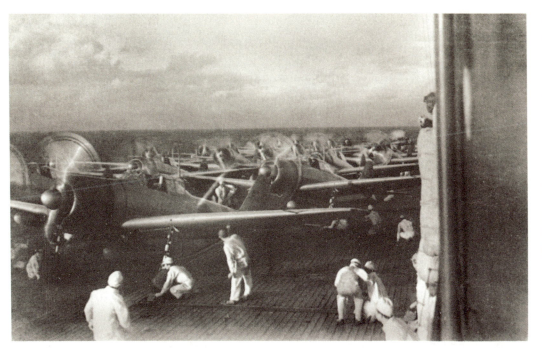

参加珍珠港攻击行动的"赤城"号第二次攻击队

"赤城"号参加南方作战行动及印度洋空袭（锡兰洋面海战）

1942年1月下旬，"赤城"号参加了拉包尔空袭行动，随后，2月中旬又参加了澳大利亚北部港口城市达尔文港的空袭行动，3月5日，参加了爪哇岛芝拉扎市空袭行动，之后转战南太平洋。

3月26日，"赤城"号离开苏拉威西岛港口前往印度洋执行作战任务。在印度洋空袭行动中，"赤城"号与南云机动部队其他航母联合击沉了英国皇家海军"多塞特郡"号重巡洋舰和竞技神号航母等主力战舰，此后，又一路势如破竹展开了其他攻击行动。在对竞技神号航母展开攻击前，英军惠灵顿轰炸机对"赤城"号进行了攻击，有10枚近距离炸弹落在"赤城"号舰艉部附近，不过，"赤城"号并没有拉响防空警戒警报，在遭受轰炸之后"赤城"号才注意到以超高度飞行的英军轰炸机，随后，高射防空炮展开射击。在遭受攻击时，"赤城"号飞行甲板下的机库内正在紧张忙碌地进行机载武器的换装操作，这时九七舰攻正将对地攻击用的炸弹换装成舰艇攻击用的鱼雷。在1942年4月1日展开的印度洋空袭中，"赤城"号舰载机减少至18架舰战、18架舰爆和18架舰攻，其航空攻击力已经与作为中型航母的"苍龙"号和"飞龙"号完全相同。

4月24日，印度洋空袭行动结束后，"赤城"号返回日本横须贺海军基地母港。

1942 年 4 月 5 日，在印度洋空袭中，一架由"赤城"号飞行甲板起飞的九九式舰上轰炸机。

命殒中途岛海战的"赤城"号

1942 年 6 月，"赤城"号参加了著名的中途岛海战。日军计划占领中途岛后建设中途岛基地航空队，战前，预定担任中途岛基地航空队司令的森田大佐以及飞行队长、维修人员们全部登上"赤城"号，随舰出征，"赤城"号军官居住舱由此变得拥堵不堪。

5 月 27 日，日本海军纪念日当天，"赤城"号随南云机动部队其他军舰由日本出发。

日本时间 6 月 5 日凌晨 1 时 30 分，日本联合舰队南云机动部队开始向美军中途岛基地派遣航空攻击部队，其中，"赤城"号派遣了 9 架零战（1 架在空战中被击落）和 18 架九九式舰上轰炸机。渊田美津雄中佐担任空中攻击队的总指挥官，不过，由于处于盲肠手术的康复期间，渊田中佐没能随攻击队出战，只是在飞行甲板上送别了参战的队员们。此时，渊田中佐脚下的机库内已经有整装待发的九七式舰上攻击机群，一旦美军机动部队出现，这些战机将立即出击。第一次攻击队起飞之后，搭载鱼雷武器的九七舰攻作为第二次攻击队开始登陆到飞行甲板上。凌晨 4 时，结束中途岛基地攻击任务的第一次攻击队向南云机动部队报告：有发动第二次攻击的必要性。于是，南云忠一司令官命令各航母舰载机换装武器，随后，第一航空战队的"赤城"号和"加贺"号将已经登陆至飞行甲板的九七舰攻又全部搬运回机库内，并拆卸下鱼雷开始换装对地攻击的炸弹。

就在九七舰攻正在换装武器期间，由中途岛基地飞来的美军轰炸机部队对南云机动部队所属各航母展开了猛烈的空袭行动。幸运的是，"赤城"号规避了美军的攻击，随后，立即起飞零战对航母展开护卫，直到美军轰炸机部队撤离。

凌晨4时40分，由"利根"号重巡洋舰起飞的零式水上侦察机报告：并没有发现预期中的美军机动部队，鉴于此，南云司令部命令暂时停止45分钟机载武器换装作业。凌晨5时20分，日军确认了美国航母存在的细节。5时30分，南云机动部队停止对美军中途岛基地的空袭，转而对美军机动部队展开攻击，于是，南云司令部命令舰载机重新开始鱼雷换装作业。随后，各航母返回的第一次攻击队由南云机动部队上空依次着舰返回，不过，在此期间，对护航战斗机的燃料和弹药补给操作都是优先进行。

在"赤城"号机库内，已经结束炸弹换装操作的6架九七舰攻不得不再重新换装鱼雷，在此期间，重新拆卸下来的炸弹以乱七八糟的形式散放于机库。

"赤城"号优先回收了第一次攻击队中的27架舰载机，早晨6时18分，全部回收操作结束。随后，美军也对南云机动部队展开了波状攻击，承担护航任务的零战攻击队为了反击美军TBF轰炸机群也不得不下降至海面附近飞行。就在南云机动部队各航母将注意力集中在低空作战时，日本时间上午7时26分，来自美国海军企业号航母的SBD"勇毅"舰载轰炸机对"赤城"号展开俯冲式轰炸。"赤城"号以右满舵状态尽力回避轰炸，不过，仍有2枚炸弹直接命中，另有1枚为近距离炸弹。成为近距离炸弹的是第一枚命中炸弹，它在"赤城"号舰桥左舷炸开了一个数十米的大洞，2枚命中炸弹的第一枚直接命中中部升降机附近，并穿透飞行甲板将下部机库炸裂。第二枚炸弹将左舷后部甲板边缘炸裂，舵机损坏。据当时在"赤城"号飞行甲板上的牧岛摄像记者回忆，第一枚炸弹是击中左舷舰桥附近的近距离炸弹，第二枚击中飞行甲板中央部，第三枚是击中舰艉部的近距离炸弹，大概在飞行甲板的后部附近。据在舰桥部执勤的信号兵桥本回忆，第三枚炸弹是直接命中的近距离炸弹。当时，"赤城"号飞行甲板上正在准备起飞护航的战斗机，1架零战刚刚起飞结束就遭受了3枚炸弹攻击。滑行中的第二架零战则在飞行甲板中央部倒竖起来，随后，燃起熊熊火焰。

此时，"赤城"号机库有3架零战、18架装备鱼雷武器的九七舰攻和作为第一次攻击队返回搬运到机库内的18架九九舰爆。其中，所有九七舰攻为了攻击美军机动部队已经装满了燃料，鱼雷则正在换装中。九七舰攻周围到处是散放的对地攻击炸弹。当美军一枚炸弹击中飞行甲板中央部时，所有这些九七舰攻燃料和鱼雷、炸弹全开始被引爆，它们的爆炸成为"赤城"号沉没的致命伤。

7时42分，"赤城"号因舵机故障静止在大洋上。舰员们由燃起熊熊大火的飞行甲板处四散奔逃，由前部锚甲板逃至后部甲板的舰员们已经无路可逃。随后，舰桥也开始起火，舰桥内舰员也四处逃跑，而且，舰桥上的火势蔓延到倒立的那架零战上。南云中将和草鹿龙之介参谋长等南云机动部队司令部军官则从舰桥前面的小窗户处下到飞行甲板上，然后，转移到舰艏前甲板，他们从这里乘坐快艇逃离"赤城"号。逃离期间，源田实航空参谋喃喃自语道：如果有"翔鹤"号和"瑞鹤"号的话——随后，自南云中将以下，全体人员皆默不作声。

7时46分，南云忠一率领第一航空舰队司令部人员全部转移到长良号（第十战队旗舰）轻巡洋舰上。

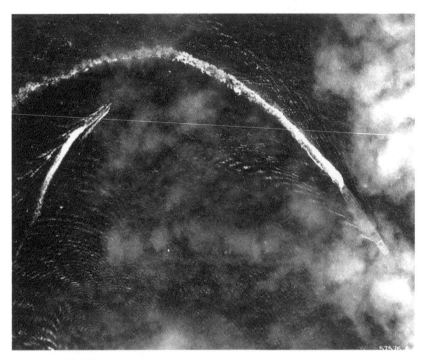

1942年6月5日，在中途岛海战中，正在做规避行动的"赤城"号。

中途岛海战中，击沉"赤城"号航母的美军舰载机及飞行员合影

"赤城"号的沉没

自始至终，"赤城"号都没有遭受鱼雷攻击，其沉没的主要原因是机库内可燃物的爆炸直到全部燃尽。"赤城"号中弹后，甲板军官果断打开防火舱门，负伤人员转移和应急行动随即全面展开。

上午8时，轮机舱与外界联系中断。锅炉舱内的轮机舰员得以成功逃离，不过，涡轮机舱和发电机舱内的舰员由于无法与外界联系，全部战死。

上午8时20分，"赤城"号舰长青木泰二郎大佐在强大的火势中由舰桥转移至飞行甲板前部，命令负伤舰员立即转移到附近驱逐舰上。此时，由于有机库内鱼雷和炸弹的引爆，飞行甲板也燃起熊熊大火，舰长以下军官们全被强大的火热追至舰艏锚甲板（飞行甲板与舰体之间的甲板）上。

上午9时零3分，不知为什么，"赤城"号开始自然前进，然后，顺时针向右旋转划了一个圆形。10时38分，"赤城"号上的昭和天皇照片被转移到"野分"号驱逐舰上。此后，与甲板后部之间的联系仍可进行，不过，就在正午时分，前部机库再次发生了大爆炸。

下午1时，青木舰长命令一部分"赤城"号舰员转移到"野分"号和"岚"号驱逐舰上。尽管如此，青木舰长仍在尽力拯救"赤城"号，下午3时20分，尝试恢复轮机舱，不过，由于气体和热气的作用已经不能操作。

下午4时20分，"赤城"号轮机长报告：航母靠自力航行已经不可能。随后，青木舰长决定全体舰员撤离。为了自炸沉没，青木舰长请求附近驱逐舰发射鱼雷。下午5时，接受舰长命令，"赤城"号舰员开始转移到"岚"号和"野分"号驱逐舰上。下午7时，"岚"号转移了大约500名舰员，"野分"号转移了大约200名舰员。下午7时25分，乘坐在后方主力部队旗舰"大和"号战列舰上的日本联合舰队司令官山本五十六发布命令：等待处理"赤城"号。

下午7时30分，青木舰长在第四驱逐队有贺幸作司令官（后来的"大和"号战列舰舰长）和三浦中佐（"赤城"号航海长）的劝说下转移到"岚"号驱逐舰上，随后，"赤城"号在无人的状态下与第四驱逐队各驱逐舰共同在海上漂流。

晚上11时55分，"飞龙"号航母沉没，据此，已经知道此役胜败的日本联合舰队司令官山本五十六大将发布了第161号联合舰队电令，命令各参战部队停止中途岛攻击行动。

日本时间6月5日晚上11时50分，山本五十六命令用鱼雷击沉仍在漂浮中的"赤城"号。此时的"赤城"号由于可燃物已经全部燃尽，航母以一副燃焦的状态漂浮着。6月6日凌晨2时，在"赤城"号右舷部，第四驱逐队"岚"号、"萩风"号、"野分"号和"舞风"号四艘驱逐舰针对航母各发射了一枚鱼雷，4枚鱼雷中3枚击中航母。1942年6月6日凌晨2时10分，在北纬30度30分、西经178度40分的地方，"赤城"

号开始由舰艉部沉没。

　　参加中途岛海战时，"赤城"号的具体搭载舰员数量不明，这主要是因为"赤城"号搭载了大量非作战的搭乘人员，他们是日军预定占领中途岛后成立中途岛基地的编制人员，包括基地工作人员及作战兵员。"赤城"号自身的定员编制是1630人，另有第一航空舰队司令部人员64人，其中，准军官以上战死8人，下级官兵战死213人，总计战死221人。与封闭在"加贺"号、"苍龙"号轮机舱内的大量轮机舰员不同，"赤城"号大部分轮机舰员被救出，因此，死伤并没有上述两艘航母多。"赤城"号舰载机飞行员战死7人，包括机上战死3人，舰上战死4人，分别是4架战斗机飞行员、1架舰上轰炸机飞行员和2名舰上攻击机飞行员。渊田中佐、板谷少佐、村田少佐三名飞行队长及其他大多数飞行员都获救。"赤城"号飞行甲板起火，有数架零战着舰到"飞龙"号航母上，在随后的战斗中，随着"飞龙"号沉没，这些零战也全部损失。

　　1942年9月25日，"赤城"号退出日本帝国海军作战序列。

中途岛海战中，率先沉没的三艘航母"赤城"号、"加贺"号及"苍龙"号

"赤城"号历任舰长

　　"赤城"号航母在服役期间共有21任舰长，另有一任舾装员舰长——海津良太郎大佐，任职期间为1925年12月1日至1927年3月25日，同时，海津良太郎也是"赤城"号航母的第一任舰长。

　　从服役历史上来看，"赤城"号、"加贺"号和"凤翔"号是日本航母中服役时间最长的航母，它们的舰长也最多。

历任	舰 长 姓 名	军 衔	任 职 期 间
1	海津良太郎	海军大佐（上校）	1927 年 3 月 25 日－1927 年 12 月 1 日
2	小林省三郎	海军大佐	1927 年 12 月 1 日－1928 年 12 月 10 日
3	山本五十六	海军大佐	1928 年 12 月 10 日－1929 年 10 月 8 日
4	小林省三郎	海军大佐	1929 年 10 月 8 日－1929 年 11 月 1 日
5	北川清	海军大佐	1929 年 11 月 1 日－1930 年 10 月 26 日
6	原五郎（兼任）	海军大佐	1930 年 10 月 26 日－1930 年 12 月 1 日
7	和田秀穗	海军大佐	1930 年 12 月 1 日－1931 年 8 月 28 日
8	大西次郎	海军大佐	1931 年 8 月 28 日－1931 年 12 月 1 日
9	柴山昌生	海军大佐	1931 年 12 月 1 日－1932 年 12 月 1 日
10	近藤英次郎	海军大佐	1932 年 12 月 1 日－1933 年 10 月 20 日
11	塚原二四三	海军大佐	1933 年 10 月 20 日－1934 年 11 月 1 日
12	堀江六郎	海军大佐	1934 年 11 月 1 日－1935 年 11 月 15 日
13	松永寿雄	海军大佐	1935 年 11 月 15 日－1936 年 12 月 1 日
14	寺田幸吉	海军大佐	1936 年 12 月 1 日－1937 年 8 月 27 日
15	茂泉慎一	海军大佐	1937 年 8 月 27 日－1937 年 12 月 1 日
16	水野准一	海军大佐	1937 年 12 月 1 日－1938 年 11 月 15 日
17	寺冈谨平	海军大佐	1938 年 11 月 15 日－1939 年 11 月 15 日
18	草鹿龙之介	海军大佐	1939 年 11 月 15 日－1940 年 10 月 15 日
19	伊藤皎	海军大佐	1940 年 10 月 15 日－1941 年 3 月 25 日
20	长谷川喜一	海军大佐	1941 年 3 月 25 日－1942 年 4 月 25 日
21	青木泰二郎	海军大佐	1942 年 4 月 25 日－1942 年 6 月 6 日

第二节　无舰岛平甲板祥风级"祥凤"号及"瑞凤"号轻型改装航母

祥风级航母是由高速给油舰、潜水母舰改装而成的轻型航空母舰，在太平洋战争爆发前，祥风级都是日本帝国海军中的给油舰和潜水母舰，太平洋战争爆发后全部改装成航母，共两艘，分别是一号舰"祥凤"号和二号舰"瑞凤"号。

其中，一号舰"祥凤"号参加了日军 MO 作战行动中的地面登陆部队支援、入侵莫尔兹比港支援、入侵新几内亚岛支援以及第一次实战的珊瑚海海战，在珊瑚海海战中，它成为日军第一艘被击沉的航母。

二号舰"瑞凤"号历经多次海战考验，它在 1942 年 6 月中途岛海战中承担支援任务、参加了 1942 年后半年的瓜达尔卡纳尔岛登陆作战、在南太平洋海战（圣克鲁兹群岛海战）中遭受轻微损伤、后来又参加了著名的菲律宾海海战和莱特湾海战。

总体来看，在中途岛海战日本痛失 4 艘主力航母之后，作为轻型航母的"祥凤"号和"瑞凤"号开始承担海战主力的角色，在由军舰改装而成的航母中，祥凤级航母是除"赤城"号和"加贺"号之外的第二作战梯队。

祥凤级改装航母背景——日本帝国海军的未雨绸缪

根据《伦敦海军裁军条约》，日本帝国海军在和平时期的航母拥有数量受到了限制。不过，日本帝国海军苦思良策来超越这种限制，经过论证，日本决定在和平条件下建造裁军条约限制之外的给油舰和潜水母舰，在战时条件下，再将这些辅助军舰改装成航母参战。改装航母的主要优势是不受条约限制，同时，又大大缩短了舰体与发动机的建造周期，节省了造船时间等。

根据这项规划，1934 年，日本帝国海军制订了海军军备补充计划（通称"丸 2 计划"），这项计划正式启动 2 艘剑埼级给油舰的建造，分别是一号舰"剑埼"号和二号舰"高崎"号。两艘舰分别于 1935 年和 1936 年下水，不过，就在 1936 年，日本政府正式退出《伦敦海军裁军条约》，在这种情况下，日本决定将这两艘给油舰改装成潜水母舰，随后开始强化动力系统的主机配备，并设计了升降机。

1939 年，"剑埼"号作为潜水母舰正式建成，不过，"高崎"号并没有作为潜水母舰建成，而是于 1940 年直接开始改装成航母，同年 12 月，改装航母"瑞凤"号正式建成竣工。随后，"剑埼"号也于 1941 年开始航母改装工程，1942 年 1 月，改装航母"祥凤"

航行中的"瑞凤"号，可见其基本舰型设计采取平甲板、无舰岛、开放式舰艉与舰艏

号正式建成竣工。

作为航空母舰舰种的祥凤级是排水量为 1 万吨级别的轻型航母，舰型设计采取平甲板，没有岛型舰桥，不是封闭式舰艏，干舷较低，飞行甲板的前端和末端通过支柱支撑起来，分别在舰体前部和后部各设计一座舰载机升降机，1 部大型烟囱位于右舷中央部，排烟口向下，同在右舷后部设有 1 部小型烟囱，排烟口向上。

海试中的"祥凤"号，开放式舰艏部与舰艉清晰可见，舰艏干舷不太高，飞行甲板上有竖起的导流板。

正在接受改装的"祥凤"号航母

祥凤级航母的基本技术参数

祥凤级航母设计标准排水量为 11200 吨，海试排水量为 13100 吨，舰体设计全长为 205.5 米，水线处全宽为 18.0 米，吃水深度 6.64 米（海试状态），飞行甲板全长为 180.0 米，全宽为 23.0 米。舰员编制 785 人。

动力推进系统主锅炉为 4 部口号舰本式重油专用燃烧水管锅炉，"瑞凤"号辅助锅炉为 2 部口号舰本式重油专用燃料锅炉，主机为 2 部舰本式全齿轮涡轮机，2 轴推进，总输出功率为 52000 马力，最大航速可达 28 节，以 18 节航速航行时的续航距离为 7800 海里。可携带 2320 吨重油燃料。

舰载武器包括 4 门 12.7 厘米 40 倍径联装高射炮和 4 门 25 毫米联装机关枪。沉没前的"瑞凤"号舰载武器包括 4 部 40 倍径 12.7 厘米联装高射炮、10 部 25 毫米三联装机关枪和 6 部 12 厘米 28 联装火箭发射装置。

舰载机包括 18 架舰上战斗机和 9 架舰上攻击机，计 27 架常备舰载机，另有 3 架备用舰载机，总计 30 架舰载机。

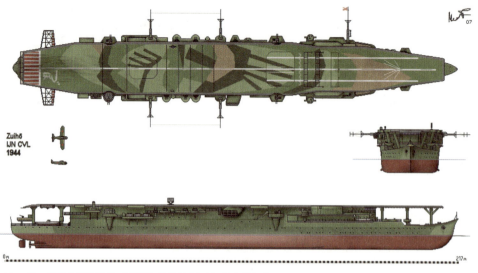

1944 年，最后的迷彩涂装"瑞凤"号舰型设计图（水线以上部分），一部分为推测，上图：全贯通平甲板、开放式舰艏与舰艉、两端干舷较低；下图：平甲板内设计有两部舰载机升降机，整个甲板中轴对称

1944 年，最后的迷彩涂装"瑞凤"号设计图（包括水线部分）

停泊中的"瑞凤"号，可与上面设计图进行对照，基本相同

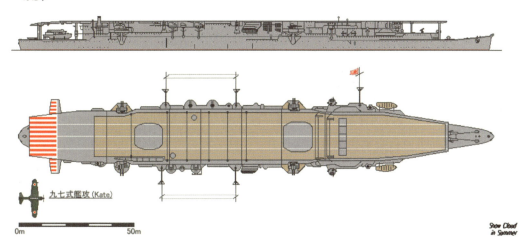

祥鳳 (SHOHO)
1942年

九七式艦攻 (Kate)

0m   50m

Snow Cloud in Summer

1942年，刚刚建成时的"祥凤"号航母舰型设计图，与"瑞凤"号舰型基本相同

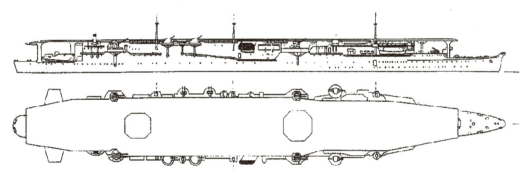

祥凤级设计线图

一号舰"祥凤"号服役经历——"第一艘被击沉的日军航母"

"祥凤"号是日本帝国海军祥凤级航母的一号舰，原剑埼级潜水母舰的一号舰"剑埼"号。在日本帝国海军发展历史上，"祥凤"号是第一艘被击沉的航母，它在 1942 年 5 月 7 日参加珊瑚海海战时被美国海军航母舰载机部队击沉。

前期服役经历

1934 年 12 月 3 日，作为高速给油舰舰种的"剑埼"号在横须贺海军工厂内正式动工兴建，1935 年 6 月 1 日下水，1938 年 9 月 15 日，着手进行潜水母舰的改装工程。1939 年 1 月 15 日，"剑埼"号潜水母舰正式建成竣工，服役后的舰籍隶属于日本帝国海军横须贺镇守府。

1939 年 2 月 5 日，"剑埼"号编入第二舰队第 2 潜水战队，随后，参加了北支（中国华北）和南洋方面的作战行动。1939 年 11 月 15 日，编入第一舰队第 2 潜水战队，第二年参加了南支（中国华南）和南洋方面的作战行动。

1940 年 11 月 15 日，"剑埼"号转入预备舰，同时着手进行航空母舰的改装工程。1941 年 12 月 22 日，改装为航母后的"剑埼"号正式更名为"祥凤"号。

1942 年 1 月 26 日，"祥凤"号编入第一航空舰队第 4 航空战队，2 月 4 日，离开横须贺母港前往特鲁克群岛承担战机运输任务。3 月 7 日，离开特鲁克岛港口前往拉包尔方向继续承担战机运输任务。战机运输任务结束后，"祥凤"号于 4 月 11 日返回日本横须贺母港。

1942 年 4 月 18 日，在美国海军发动"东京空袭"行动期间，"祥凤"号奉命离开横须贺港迎击美国海军机动部队，在寻敌未果后返回母港。

参加 MO 作战行动支援

1942 年 4 月底，"祥凤"号参加了日军的 MO 作战行动。4 月 29 日，航母由日本本土到达特鲁克群岛港口，4 月 30 日，编入莫尔斯比攻击部队的"祥凤"号在第六战队"青叶"号、"衣笠"号、"古鹰"号和"加古"号 4 艘巡洋舰的陪同下离开特鲁克岛港口执行作战任务。"祥凤"号及 4 艘巡洋舰是这次作战行动的主要力量，不过，由于舰载机严重不足，"祥凤"号只搭载了少量的舰载机，包括 4 架老旧的九六式舰上战斗机、8 架现代化的零式舰上战斗机和 6 架九七式舰上攻击机，总计 18 架舰载机。在MO 作战行动中，"祥凤"号和 4 艘巡洋舰主要承担掩护任务，部队攻击力量主要由日本最现代化的两艘舰队攻击航母组成，分别是"翔鹤"号和"瑞鹤"号。

命殒珊瑚海海战

1942 年 5 月 3 日，"祥凤"号执行了所罗门群岛图拉吉岛登陆掩护任务，第二天，前往北方承担日军船队护航任务。就在 5 月 4 日，美国海军"约克城"号航母舰载机部队对图拉吉日军船队进行了攻击，不过，当时"祥凤"号不在场。在图拉吉岛日本船队空袭行动中，美国海军至少有一艘航母在附近，不过，日军没有发现它的具体位置。5月 5 日，日军派遣大量侦察机去侦察美国海军的机动部队，不过，这些侦察机都无果而终。其中，一架日军九七式飞行艇发现了"约克城"号，不过，"约克城"号一架 F4F舰载战斗机在这架侦察机发送无线电报告之前就将其击落。同在 5 月 5 日，一架美国陆军航空兵部队（USAAF）飞机在布干维尔岛西南方向发现了"祥凤"号，由于它距离正在进行补给操作的美国海军机动部队太远，故此躲过一劫。

当天，美国海军机动部队司令弗莱彻少将根据收到的情报判断日军在布干维尔岛附近的 MO 作战行动中共出动了 3 艘航母，他预测日军将会于 5 月 10 日采取行动，同时，他还预感到在 5 月 10 日行动展开的前几天，日军航母还会采取空中支援行动。鉴于此，弗莱彻计划于 5 月 6 日结束航母补给作业，然后机动到新几内亚岛最东端的某个位置，于 5 月 7 日对日军机动部队进行侦察和攻击。

5 月 6 日早晨，另一架九七式飞行艇发现了美军机动部队，并于当天下午 2 时之前一直成功跟踪美军机动部队。不过，日军不打算在恶劣气象条件下发起空中攻击行动中，而且，他们还没有获得进一步的侦察情报。此时，日美两军都确信已经知道了敌人的具体位置，并将于第二天发起进攻。

1942 年 5 月 7 日，"祥凤"号参加了珊瑚海海战。

5 月 7 日凌晨，日军首先发现美军机动部队。早晨 7 时 22 分，日军一架侦察机发现了美军由"西姆斯"号驱逐舰护航的"尼奥肖"号油船，这艘油船就在美军攻击部队的南部。这两艘军舰分别被伪装成航母和巡洋舰，日军在得到情报后，"翔鹤"号和"瑞鹤"号随即对这支伪装部队采取了空中攻击行动，40 分钟后，"西姆斯"号被击沉，"尼奥肖"号受损严重，几天后被肢解。当时，美军航母位于攻击部队西侧，而不是伪装船所在的南侧。在日军航母对伪装船展开攻击之后不久，日军侦察机就发现了美军航母。

当天，日军侦察机向"祥凤"号报告发现美国海军由 2 艘航母和 2 艘重巡洋舰组成的机动部队，随后，"祥凤"号向美国海军"列克星敦"号和"约克城"号航母派遣了航空攻击队。不过，日军侦察机侦察有误，他们在侦察时误将美国海军的重巡洋舰当作了航母。尽管如此，"祥凤"号攻击队仍然向美军发动了进攻。

上午 10 时 40 分，美国海军"列克星敦"号航母舰载攻击队发现了"祥凤"号及其他的日军主力部队，此时，"祥凤"号护航舰载机仅由 2 架九六式舰上战斗机和 1 架零战组成。

11 时 10 分，美军 SBD 俯冲轰炸机开始进攻"祥凤"号，而"祥凤"号 3 架舰上战斗机对这些俯冲轰炸中的轰炸机进行反击。由于"祥凤"号一直采取机动规避行动，所以，美军轰炸机未能击中这艘航母，在此期间，一架零战击落一架"勇毅"俯冲轰炸机，击毁其他几架。随后，"祥凤"号又紧急起飞了另外 3 架零战以增强空中护航能力。

11 时 18 分，美军"勇毅"俯冲轰炸机再次发起进攻。当地时间上午 11 时 20 分，第一枚 1000 磅（450 公斤）重炸弹直接击中了"祥凤"号，它们穿透飞行甲板直接进入机库，炸弹的爆炸随即将机库内装满燃料和刚刚武装完成的舰载机引爆。一分钟之后，美军 VT－2 鱼雷轰炸机开始在"祥凤"号两端发起鱼雷攻击，随后，有 5 枚鱼雷击中了航母，"祥凤"号操舵装置随即失去了作动能力无法再继续航行。中弹之后，"祥凤"号轮机舱和锅炉舱遭水淹。

航母改装前的"剑埼"号潜水母舰

11 时 25 分，"列克星敦"号舰载机再次对"祥凤"号展开攻击，另有 11 枚 1000 磅重炸弹击中航母，随后，"祥凤"号完全停止航行。在直接命中 13 枚炸弹和 7 枚鱼雷之后，身负重伤的"祥凤"号已经无力回天。11 时 31 分，舰长伊泽石之助大佐命令全体舰撤离。上午 11 时 35 分，"祥凤"号沉没。839 名舰员编制中有 203 名幸存者，其中包括舰长伊泽石之助海军大佐。

1942 年 5 月 20 日，"祥凤"号退出日本帝国海军作战序列。

"祥凤"号在遭受第一枚 1000 磅炸弹击中后的照片

在珊瑚海海战中，遭受鱼雷攻击后的"祥凤"号

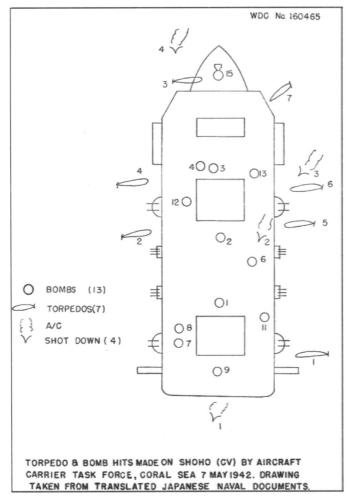

"祥凤"号舰体的中弹示意图，圆圈代表炸弹，椭圆代表鱼雷

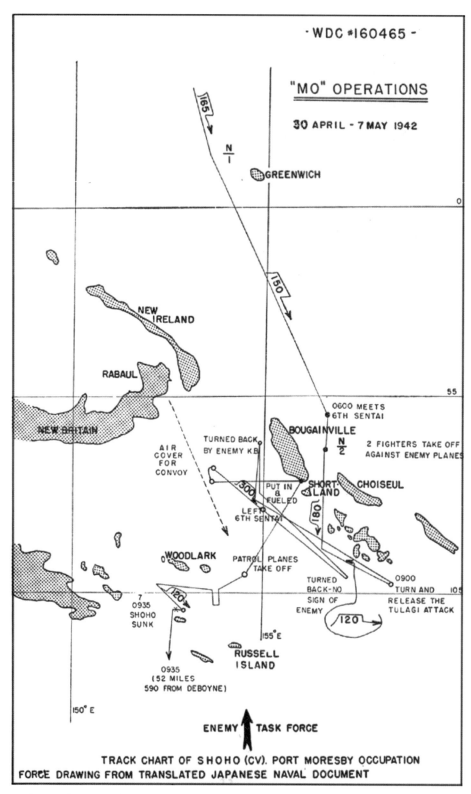

"祥凤"号参加珊瑚海海战的作战轨迹示意图

二号舰"瑞凤"号服役经历——由作战支援到航母机动部队主力

服役前期基本经历

作为二号舰"瑞凤"号前身的"高崎"号给油舰于 1935 年 6 月 20 日在横须贺海军工厂内正式开工建造，1936 年 6 月 19 日下水。1938 年 9 月 15 日，建造中的"高崎"号由给油舰舰种更改为潜水母舰，此后继续建造。

1940 年 1 月，建造计划再次更改，"高崎"号又由潜水母舰舰种改为航空母舰，12 月 15 日，作为航空母舰的"高崎"号更名为"瑞凤"号，12 月 27 日，改装航母建成并正式服役。

在太平洋战争中，随着日本帝国海军在中途岛海战中损失了 4 艘主力航母，此后，"瑞凤"号一跃而成为日本弥足珍贵的航母战力，从而跻身于大型正规航母之列，并参加了一些重要海战，包括南太平洋海战、菲律宾海海战以及在美国海军力量经常出现的硫黄岛周边海域进行待机歼敌行动等。

承担各种支援作战任务

1941 年 4 月 10 日，"瑞凤"号编入第一舰队第 3 航空战队，9 月 30 日，成为第 3 航空战队旗舰。10 月 13 日，暂时编入第十一航空舰队。1941 年 12 月中旬，"瑞凤"号与"凤翔"号航母及 6 艘战列舰奉命掩护珍珠港攻击任务结束返回日本的第一航空舰队。

1942 年 2 月 17 日，"瑞凤"号离开横须贺港，前往菲律宾达沃方向担任零式舰上战斗机运输任务，在此期间，它作为第一舰队附属力量。5 月 29 日，"瑞凤"号由日本柱岛锚泊场出发参加了中途岛海战，其主要任务是率领支援舰队，并未与美军机动部队直接交战，这时的舰载机部队包括 6 架九六式舰战、6 架零战和 12 架九七式舰攻。随后，"瑞凤"号又参加了阿留申攻击作战行动。6 月 20 日，编入第一舰队第 5 航空战队。7 月 14 日，编入第三舰队第 5 航空战队。7、8 月经过短暂维修之后，8 月 12 日，"瑞凤"号与"翔鹤"号、"瑞鹤"号同时编入第 1 航空战队。10 月 26 日，在参加南太平洋海战中，"瑞凤"号遭受中等程度摧毁，作战任务结束后返回佐世保海军工厂展开维修作业。

1943 年 2 月，"瑞凤"号参加了瓜达尔卡纳尔岛撤退作战支援行动。4 月，舰载航空队参加了"伊号作战"。1943 年 11 月至 1944 年 1 月，"瑞凤"号在横须贺港和特鲁克群岛之间承担运输任务，同时，舰载航空队参加了波号作战。同在 1943 年，在小规模改装工程中，"瑞凤"号飞行甲板延长至 195 米，而全宽不变。

1944 年 1 月，"瑞凤"号仍然从事运输任务。2 月 1 日，编入第三舰队第 3 航空战队，同时，安装了防空雷达。6 月 19 日，"瑞凤"号没有进入印度尼西亚林加群岛锚泊场而是直接进入了菲律宾西南部的塔威塔威群岛参加了菲律宾海战，遭受损伤后返回日本濑户内海西部。

1944 年 7 月 29 日，"瑞凤"号开始承担硫黄岛增援船队与父岛之间的间接护航任务，8 月 3 日，返回濑户内海。

命殒莱特湾海战

1944 年 10 月 25 日，在日本机动部队最后的一次大海战——莱特湾海战中，"瑞凤"号作为小泽机动舰队的一翼参加了作战行动，期间，有 82 发近距离机关枪弹、2 枚鱼雷和 2 枚炸弹击中了"瑞凤"号。在莱特湾海战中，10 月 25 日上午 8 时 30 分，在恩坎托角东部海面上，美国海军 150 架舰载战斗机和舰载轰炸机联合部队对"瑞凤"号展开了攻击，有 2 枚炸弹命中航母，随后，操舵装置故障，机库开始燃起熊熊大火。上午 10 时刚过，美国海军第二波攻击开始，"瑞凤"号再次中弹，右舷倾斜。下午 1 时，美国海军展开了第三波攻击，"瑞凤"号遭 1 枚鱼雷击中，右舷倾斜程度增大，并且，大多数近距离机关枪弹击中了浸水部，下午 2 时刚过，锅炉舱浸水，航母无法航行，随后，右舷舰桥下部又遭受 1 枚鱼雷击中，舰体切断，开始大量浸水。随后，杉浦矩郎舰长命令收起军舰旗，全体舰员撤离。

下午 3 时 27 分，"瑞凤"号沉没。附近的"桑"号驱逐舰救起了舰长以下 847 名舰员，而"伊势"号战列舰救起了 98 名舰员。

"祥凤"号与"瑞凤"号的历任舰长

"祥凤"号在短暂的服役期间，共有 3 名舣装员长和 1 名舰长。其中，3 名舣装员长分别是城岛高次大佐，任职期间为 1940 年 11 月 15 日至 1941 年 8 月 8 日；小畑长左卫门大佐，任职期间为 1941 年 8 月 8 日至 1941 年 10 月 1 日；伊泽石之助大佐，任职期间为 1941 年 10 月 1 日至 1941 年 12 月 22 日。

伊泽石之助为"祥凤"号航母唯一的舰长，其任职期间为 1941 年 12 月 22 日至 1942 年 5 月 7 日。

"瑞凤"号在服役期间共有 5 任舰长，如下表：

历任	舰 长 姓 名	军 衔	任 职 期 间
1	野元为辉	海军大佐（上校）	1940 年 12 月 15 日－1941 年 9 月 20 日
2	大林末雄	海军大佐	1941 年 9 月 20 日－1942 年 12 月 5 日
3	山口文次郎	海军大佐	1942 年 12 月 5 日－1943 年 7 月 5 日
4	服部胜二	海军大佐	1943 年 7 月 5 日－1944 年 2 月 15 日
5	杉浦矩郎	海军大佐	1944 年 2 月 15 日－1944 年 10 月 25 日

第三节　无舰岛平甲板千岁级"千岁"号及"千代田"号轻型改装航母

千岁级航母是太平洋战争中由千岁级水上飞机母舰改装而成的轻型航空母舰，包括一号舰"千岁"号和二号舰"千代田"号两艘。从服役经历来看，两艘千岁级航母只是承担低强度任务的支援性军舰，充其量只是改装航母中的第三梯队。

两艘千岁级航母于 1944 年 6 月首战参加了菲律宾海海战，1944 年 10 月 25 日又都参加了莱特湾海战，在此次海战中，"千岁"号和"千代田"号在美国海军舰载俯冲轰炸机、巡洋舰炮火攻击和驱逐舰发射鱼雷的联合攻击下双双沉没。

千岁级改装航母过程——在中途岛海战惨败背景下诞生

根据《伦敦海军裁军条约》，日本帝国海军的航母拥有量受到很大程度的限制，为了便于未来的扩军备战，日本设计和建造了 2 艘具备航母改装潜力的千岁级水上飞机母舰兼高速给油舰。

千岁级水上飞机母舰根据 1942 年 6 月 30 日日本帝国政府通报的《官房（办公厅）机密第 8107 号》文件改装成航空母舰。

在 1942 年 6 月的中途岛海战中，日本帝国海军接连痛失"加贺"号、"赤城"号、"苍龙"号和"飞龙"号 4 艘主力航母，为了重建航母战力，日本决定将千岁级水上飞机母舰和大型的优秀客轮全部改装成航母，根据这项决定当时的 2 艘千岁级水上飞机母舰以及"阿根廷丸"号、"巴西丸"号和"沙恩霍斯特"号 3 艘大型客轮都将改装成航母。上述 5 艘舰艇于 1942 年末进入改装程序，2 艘千岁级依次被改装成"千代田"号和"千岁"号航母。

千岁级航母的基本舰型设计

综合来看，千岁级航母外观上的最大特征是与龙凤号、祥凤级航母非常相似，这是本级航母最主要的特征之一。

千岁级水上飞机母舰是具备航母改装前提和特殊舰型设计的军舰，比如，这级军舰的舰体中央部设计有可供强度试验用的高大防护罩，而且，其设计航速非常高，可以加入机动部队投入第一线的作战运用当中，总之，千岁级拥有保持航母战力的最低能力。根据《伦敦海军裁军条约》限制，千岁级水上飞机母舰最大设计航速只有 20 节，不过，在建造途中，日本政府预计到会退出海军裁军条约，故此，设计航速迅速升至 29 节以上。尽管如此，后来在航母改装过程中，千岁级水上飞机母舰的总输出功率很难保证航母的最高航速，于是，在原来只有舰本式柴油发动机和高速涡轮发动机的基础上又追加安装了巡航用的涡轮发动机，这样千岁级航母的动力推进系统被改装成一个非常复杂的系统。

一直以来，日本有传言说千岁级水上飞机母舰从设计之初就是按照改装航母来建造的，并在后期设计了着舰甲板，不过，从实际改装过程来看，千岁级并不像传言的那样已经具备了航母化的设计。因此，千岁级的改装工期长达 10 个月，与其他舰种的改装航母没有太大的区别，并且，实际的航母改装工期已经接近 1 年，于 1944 年初才改装完成。

从综合作战性能上来看，改装后的千岁级等同于"龙凤"号和"瑞凤"号这样的轻型航母，除了干舷稍微高了一些之外，其他的舰型设计和外观都与祥凤级航母非常相似，对于普通人来说，它们看上去就是一级航母。此外，为了方便飞行员从上空识别飞行甲板，"千岁"号在飞行甲板后端写有日本平假名"ちと"（意为"千岁"），"千代田"号在飞行甲板写有"ちよ"（意为"千代"）。

千岁级航母的基本技术参数

千岁级航母设计标准排水量为 11190 吨，海试排水量为 13600 吨，舰体全长为 192.5 米，水线全长为 185.93 米，水线全宽为 21.5 米，舰体全宽为 20.8 米，吃水深度 7.51 米（平均海试状态），飞行甲板全长为 180.0 米，全宽为 23.0 米，设计 2 艘舰载机升降机。舰员定员为 785 人（另有数据为 967 人）。

1943 年 12 月 1 日的"千代田"号航母，可见其基本舰型设计为全贯通平甲板、无舰岛、开放式舰艏与舰艉、两端干舷较高。

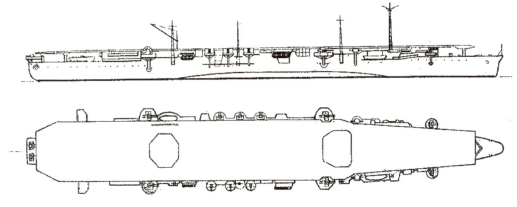

"千代田"号航母设计线图，其舰型设计与祥凤级基本相同。

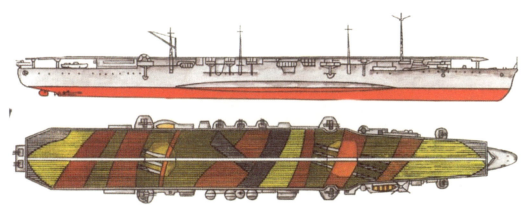

"千代田"号的迷彩涂装

　　动力推进系统主锅炉为 4 部口号舰本式重油专用燃烧水管锅炉，主机为 2 部舰本式全齿轮涡轮机和 2 部舰本式柴油发动机，2 轴推进，总输出功率为 56800 马力，最大航速可达 29.0 节，以 18 节航速航行时的续航距离为 11810 海里。可携带 2320 吨重油燃料。

　　舰载武器包括 4 门 12.7 厘米 40 倍径联装高射炮和 10 门 25 毫米三联装机关枪。

　　舰载机包括 21 架舰上战斗机和 9 架舰上攻击机，没有备用舰载机，总计 30 架舰载机。

一号舰"千岁"号服役经历

　　1934 年 11 月 26 日，"千岁"号水上飞机母舰在吴海军工厂内正式动工兴建；1936 年 11 月 29 日下水；1938 年 7 月 25 日，"千岁"号水上飞机母舰建成。

　　1942 年 6 月，"千岁"号航母编入第 11 航空战队，随后，参加了中途岛海战。8 月，挺进到所罗门群岛方向，参加了第二次所罗门海战。

　　1943 年 1 月 26 日，"千岁"号水上飞机母舰在佐世海军工厂内着手航母改装工程。8 月 1 日，改装工程结束。12 月 15 日，"千岁"号舰种由水上飞机母舰改为航空母舰。

改装航母前的"千代田"号水上飞机母舰

1944 年 6 月 19 日至 20 日，编入第 3 航空战队的"千岁"号参加了菲律宾海海战。

1944 年 10 月 25 日，"千岁"号参加了莱特湾海战。在战斗中，美国海军第 38 特混舰队"埃塞克斯"号航母舰载机对"千岁"号进行了攻击，上午 8 时 35 分，有 3 枚鱼雷击中了"千岁"号，8 时 55 分，右舷轮机舱进水，航速降至 14 节，9 时 25 分，左舷轮机舱也进水，此后，"千岁"号瘫痪在海中不能航行，9 时 37 分，"千岁"号沉没，舰长岸良幸大佐及 903 名舰员战死，附近的"五十铃"号巡洋舰救起 480 名舰员，"霜月"号驱逐舰又救起 121 名舰员。

1944 年 12 月 20 日，退出海军作战序列。

海试期间的"千岁"号航母，清晰可见开放式舰艏。

1943 年 8 月 31 日的"千岁"号航母

参加莱特湾海战的"千岁"号

二号舰"千代田"号服役经历

1936 年 12 月 14 日,"千代田"号水上飞机母舰在吴海军工厂动工兴建,1937 年 11 月 19 日,下水,1938 年 12 月 15 日,建成竣工。1940 年至 1941 年,"千代田"号水上飞机母舰被设计、改装成特殊潜艇母舰,所谓特殊潜艇是在日本被称为"甲标的"的小型攻击潜艇,改装后的"千代田"号可搭载 12 艘"甲标的",另外,还可搭载 12 架水上飞机。根据设计,航行中的"千代田"号可从舰艉两侧舷部的滑台上向水中施放"甲标的"。

1942 年 6 月,"千代田"号参加了中途岛海战。随着 4 艘主力航母损失,为了弥补航母战力不足,6 月 30 日,日本决定将"千代田"号改装成轻型航母。

1943 年 1 月 16 日,在横须贺海军工厂内,"千代田"号着手航母改装工程,2 月 1 日改装工程正式开始,在航母改装之际,由于"千代田"号舰内构造非常复杂,故此,改装工期耗费了大约 10 个月,11 月 15 日,舰种改为航空母舰,11 月 26 日,改装工程结束。随后,"千代田"号编入第 3 航空战队承担船队护航任务。

1944 年 6 月 19 日至 20 日,"千代田"号与"千岁"号共同参加了菲律宾海海战。

1944 年 10 月 25 日,"千代田"号参加了莱特湾海战,在美国海军机动部队航母舰载机部队的攻击下,中弹后的"千代田"号不能航行,随后,美国海军第 38 特混舰队派遣追击的杜泊斯舰队捕捉到了"千代田"号,美国海军以"威奇塔"号重巡洋舰为核心的攻击群对"千代田"号进行猛烈炮击,下午 4 时 40 分,"千代田"号由左舷翻转后沉没。舰长城英一郎大佐及全体舰员随同"千代田"号航母一同葬身大海。

1944 年 12 月 20 日,退出海军作战序列。

1938 年,改装前"千代田"号水上飞机母舰的 127 毫米防空主炮。

"千代田"号水上飞机母舰

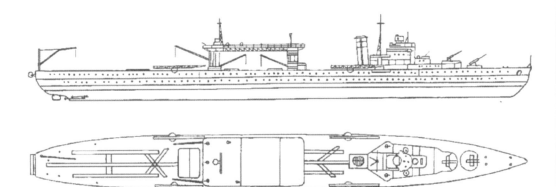

"千代田"号水上飞机母舰设计线图

改装工程中的"千代田"号

"千岁"号与"千代田"号的历任舰长

"千岁"号航母在服役期间共有 2 任舰长，如下表：

历任	舰 长 姓 名	军 衔	任 职 期 间
1	三浦舰三	海军大佐（上校）	1943 年 8 月 4 日－1944 年 4 月 7 日
2	岸良幸	海军大佐	1944 年 4 月 7 日－1944 年 10 月 25 日（战死）

"千代田"号航母在服役期间共有 2 任舰长，如下表：

历任	舰 长 姓 名	军 衔	任 职 期 间
1	别府明朋	预备海军大佐	1943 年 1 月 9 日－1944 年 2 月 15 日
2	城英一郎	海军大佐	1944 年 2 月 15 日－1944 年 10 月 25 日（战死）

第六章
两级七艘特设航母
——日本帝国海军的护卫航母部队

1941 年至 1943 年底，日本帝国海军由民用船舶改装了两级共七艘特设航空母舰，按照时间顺序分别是飞鹰级"飞鹰"号与"隼鹰"号，"海鹰"号、"神鹰"号以及大鹰级"大鹰"号、"云鹰"号和"冲鹰"号，它们的基本概况如下。

日本帝国海军两级七艘改装特设航母基本概况对照表：

航母名称	改装概况	设计排水量	三维尺寸（长×宽×吃水）（米）	飞行甲板规模（长×宽）（米）	舰载机数量（架）	参战经历	最后命运
飞鹰级（中型主力航母）	共有"飞鹰"号和"隼鹰"号 2 艘同型舰，1941 年改装	标准排水量 24100 吨、公试排水量 27500 吨	219.3×26.7×8.15	210.3×27.3	48+10	太平洋战争	一艘被美军击沉，一艘拆解处理
"神鹰"号（轻型航母）	1943 年 12 月 15 日改装成航母	标准排水量 17500 吨、公试排水量 20900 吨	198.34×25.6×8.18	180.0×24.5	27+6	太平洋战争	1944 年 11 月 17 日，在济州岛海面被美军潜艇击沉
"海鹰"号（轻型航母）	1943 年 11 月 23 日改装成航母	标准排水量 13600 吨、公试排水量 16700 吨	166.55×21.9×8.25	160.0×23.0	24	太平洋战争	1946—1948 年拆解处理
大鹰级（轻型支援航母）	"大鹰"号 1941 年 9 月 5 日改装成航母、"冲鹰"号 1942 年 11 月 25 日改装成航母、"云鹰"号 1942 年 5 月 31 日改装成航母	标准排水量 17830 吨、公试排水量 20000 吨	180.24×22.5×8.00	162.0×23.5	24+4	太平洋战争	"冲鹰"号 1943 年 12 月 3 日沉没，余下两艘 1944 年沉没

从基本舰型设计来看，飞鹰级航母是日本帝国海军第一级采取一体化舰岛设计的开创性航母，其基本舰型除了右舷一体化舰岛外，还有全贯通飞行甲板、开放式舰艉与舰艏、高干舷等，大鹰级和"海鹰"号、"神鹰"号航母与飞鹰级航母的基本舰型设计不同，后五艘改装特设航母的基本舰型与祥凤级、"龙凤"号及千岁级航母基本相同，都为全贯通平甲板、无舰岛、开放式舰艉与舰艏、干舷不是太高，等等。这些相同舰型设计的航母基本都是同一时期改装完成的。

从排水量设计上来看，七艘特设航母中，以飞鹰级航母最大，大鹰级次之，"神鹰"号和"海鹰"号最小。综合来看，飞鹰级因为拥有开创性的舰型设计、大排水量及最强大的航空作战能力，故此，在中途岛海战之后开始承担主力航母的职责，并频频现身于各大海战战场中。其他特设航母由于排水量较小、航速较低、舰载机搭载能力非常有

日·本·百·年·航·母

限，故此，只能承担低强度的支援性任务，比如，护航任务、军用物资运输任务等。

在太平洋战争期间，日本帝国海军建造的七艘特设航母（专用航母）相当于美国海军建造的大量的护卫航母（护航航母），这些护卫航母的主要职责是承担各种护航与运输任务、登陆支援任务等。美国海军建造的护卫航母共有四级，分别是博格级、卡萨布兰卡级、桑加蒙级和科芒斯曼特湾级，另有两艘无同型舰"军马"号和"长岛"号。

与日本帝国海军建造的特设航母相比，美国海军建造的护卫航母排水量更小，不过，由于大部分装备了舰载机弹射器，因此，可运用一线舰载战斗机、俯冲轰炸机、鱼雷轰炸机等主力机型，这是日本特设航母所望尘莫及的，这也从一个侧面反映出来，航母技术对武器装备运用的影响非常之大，甚至可以决定整个战争的胜利。日本的特设航母虽然排水量大、飞行甲板宽阔，却只能运用一些面临退役的老式舰载机，这些机型无法赢得海战的胜利。

太平洋战争期间，美国海军建造的护卫航母基本概况对照表：

航母名称	建造概况	设计排水量	三维尺寸（长×宽×吃水）（米）	飞行甲板规模（长 × 宽）（米）	舰载机数量（架）	参战经历	最后命运
博格级（轻型护卫航母）	量产型航母，建成45艘，美国海军服役34艘，其他借给英军，1941年改装	标准排水量7800吨、满载排水量15400吨	151.1×21.2×7.2	134×21	24	第二次世界大战	退役
卡萨布兰卡级（轻型护卫航母）	建成50艘、世界航母发展史上建造数量最多的航母舰级	标准排水量7800吨、满载排水量10902吨	156.1×19.9×6.9		28	第二次世界大战	5艘沉没、45艘退役
桑加蒙级（轻型护卫航母）	由C3型货船改装而成，1942年改装4艘	标准排水量11400吨、满载排水量23235吨	168.56×22.86×9.27		32	第二次世界大战	退役
科芒斯曼特湾级（轻型护卫航母）	美国海军在第二次世界大战期间建造的最后一级护卫航母、计划建造33艘、建成19艘、取消14艘	标准排水量11373吨、满载排水量24500吨	169.9×32.05×8.5	170×32.05	34、带2部弹射器	第二次世界大战、朝鲜战争	退役

下面各节将对这些内容进行详细的分析和解读。

第一节　一体化舰桥与装甲防护航母飞鹰级"飞鹰"号、"隼鹰"号

两级飞鹰级和大鹰级及"神鹰"号和"海鹰"号七艘改装特设航母是太平洋战争爆

发后由民用船舶改装而成的航母，其中，飞鹰级"飞鹰"号和"隼鹰"号是这些民船改装航母中的精华，鉴于它们的作战能力，日本帝国海军又将它们从特设航空母舰的辅助舰种升级为航空母舰的军舰舰种。

从发展历史来看，飞鹰级航母是由建造中途的日本民营高速客轮改装而成的航母，有2艘，一号舰为"飞鹰"号，二号舰为"隼鹰"号，日本帝国海军的正式分类为飞鹰级。建成之后，飞鹰级的舰种被分类为特设军舰中的特设航空母舰，后来，又分配了军舰舰籍，被分类为航空母舰。

在中途岛海战之后，"隼鹰"号和"飞鹰"号中型改装航母一跃成为日本的主力航母，替代"苍龙"号和"飞龙"号活跃于各大海战战场上。

"飞鹰"号航母想象图，其最显著的特征是外飘式设计的烟囱。

飞鹰级航母的建造背景

在第二次世界大战爆发前，日本帝国海军为了应对国内造船业不景气和确保战时优秀船舶数量的双重目的，曾经向一部分日本民营造船厂及一部分优秀船舶的建造提供了补助资金。1938年，这项补助计划全面启动，当时计划建造中作为日本邮船的大型高速客轮"橿原丸"号和"出云丸"号正好适用于日本帝国海军制订的《大型优秀船建造助成设施》计划，这两艘大型高速客轮的建造费用有60％来自日本帝国海军的补助。根据日本帝国海军计划，"橿原丸"号和"出云丸"号在战时条件下可立即改装成航母，因此，从一开始这些客轮就有先天的航母改装基础，它们的设计也是从航空母舰舰种逆向反推到客轮。

根据当初计划，改装后的飞鹰级航母预定搭载 12 架九六式舰上战斗机、18 架九六式舰上攻击机和 18 架九七式舰上攻击机，不过，1941 年航母搭载计划更改为可搭载 15 架零式舰上战斗机（其中 3 架为备用）、20 架九九式舰上轰炸机（其中 2 架为备用）和 18 架九七式舰上攻击机（其中 10 架停放于飞行甲板上），另可携带 54 枚 800 公斤炸弹、198 枚 250 公斤炸弹、348 枚 60 公斤炸弹以及 27 枚九一式改二鱼雷。

"橿原丸"号和"出云丸"号客轮同时于 1939 年动工建造，不过，1940 年根据时局的变化，中途停止了客轮的建造直接进行航母改装工程。1941 年，日本帝国海军以日本邮船的名义收购了这两艘客轮，随后，正式命名为"飞鹰"号和"隼鹰"号。

按照原计划，"橿原丸"号和"出云丸"号将最大航速为 24 节的高速客轮，不过，改装航母后，它们的航速达到 25 节，就 25 节的航速来说，它们对于航母并不算是高速，而且还有不足。根据日本帝国海军预想，飞鹰级航母将参加第一线的航空作战任务，在建成竣工时这两艘航母就已经完全达到了要求。但是，从大战中期开始出现的新型舰载机对于航母航速要求较高，于是，对两艘飞鹰级航母的运用陷入困难。当时，日本帝国海军正在全力开发的舰载机弹射器还没有达到实用化水平，不断大型化的"流星"舰上攻击机和"天山"舰上轰炸机在轻型航母上起飞操作成为一个非常棘手的问题，甚至于在 1944 年 8 月之后，飞鹰级动用了辅助机器人来帮助舰载机起飞。

日本第一款"一体化舰桥航母"

像美英标准航母一样，飞鹰级成为日本帝国海军第一款采取舰桥与烟囱进行一体化集中设计的航母，这座大型一体化舰桥位于右舷稍前位置。不过，与美英标准航母不同的是，为了避免排烟对舰载机运用的影响，烟囱向外侧进行了一定程度的倾斜。

一号舰"飞鹰"号从建成时就在舰桥上安装了二号一型防空雷达，其烟囱的排烟方式也与它之前的向下排烟方式航母不同，它的烟囱附带在舰桥上，是一部向上同时向右外侧倾斜的烟囱。这种设计，在烟囱排烟时不会形成妨碍舰载机着舰的紊乱气流，当时建造中的"大凤"号已经进行了相关设计前的试验工作。这种倾斜式烟囱也为后来由大和级战列舰改装而成的"信浓"号航母所采用。飞鹰级在飞行甲板前后部各安装了一部舰载机升降机。

在太平洋战争期间，"飞鹰"号和"隼鹰"号都配备于在第一线作战的日军航母机动部队，尤其是在中途岛海战之后，它们更是成为日军的核心航母战力。在太平洋战争后半期，飞鹰级舰载机由 21 架零战、18 架"彗星"（9 架停放于飞行甲板上）和 9 架"天山"组成，舰载机总数为 48 架。

停泊中的"飞鹰"号航母，可见其右舷一体化舰岛上向外倾斜的烟囱，高耸的烟囱置于舰桥上方，特别惹眼，仿佛"一枝红杏出墙来"。

世界少见的装甲防护商船改装航母

　　飞鹰级的动力系统采用了当时日本帝国海军中技术性能最高的锅炉，这些锅炉的蒸汽压力可以达到 40 个气压，蒸汽温度可达 420 摄氏度，其技术性能与美国海军埃塞克斯级航母所使用的锅炉规格相匹敌。锅炉舱的正上方是舰载机机库，为了解决机库地板温度上升的问题，地板上铺满了竹席，这才稍有好转。飞鹰级也采取 2 轴推进，不过，其螺旋桨直径是日本帝国海军中最大的型号，达到了 5.5 米。1942 年 10 月 20 日，"飞鹰"号发生了非常严重的发动机故障，因此，日本帝国海军在南太平洋海战和第三次所罗门海战中丧失了一份极其宝贵的航空战力。

　　飞鹰级虽然是由高速客轮改装而成的航母，不过，在设计和建造之初就预想到未来会改装成航母，故此，以"苍龙"号航母为标准，舰体也进行了装甲化防护措施。与"苍龙"号装甲相比，飞鹰级的水中防御装甲稍显不足。综合来看，作为由商船改装而成的航母，即使是在全世界范围内，飞鹰级也有着非常强大的防御能力。飞鹰级的弹药库甲板、舰体后部侧舷和航空汽油油箱甲板都由 25 毫米的 DS（高强度）钢板构成，轮机舱侧舷由 20 毫米普通钢板和 25 毫米 DS 钢板构成，同时，轮机舱部分又采取了 2 重底设计。

　　据阿留申攻击作战行动前换岗至停泊在佐伯湾内"隼鹰"号上的山川军士描述：一座稀奇古怪的烟囱安装在"隼鹰"号舰舷部，它能与摩托艇发生碰撞，就此来看，"隼鹰"号的外舷是向外侧突出的，而且，突出得有点过分，山川的同乘者对此都抱有不安的心理。另据在珊瑚海海战中由损伤的"翔鹤"号换岗至"隼鹰"号上的河野茂飞行下士描述：到现在为止，"隼鹰"号是乘坐起来最宽敞的军舰，倍感亲切体贴。

据"飞鹰"号副舰长回忆，在满载燃料的情况下，舰桥向右舷倾斜 7 度，1943 年末，根据当时的副舰长建议，在左舷空白场所堆积压舱物，于是，满载情况下，右舷向右倾斜减少至 3 度。

1945 年 9 月，停泊在佐世保港内的"隼鹰"号，可见其基本舰型设计为：全贯通飞行甲板、右舷一体化舰岛、开放式舰艉与舰艏、两端的干舷都很高。

飞鹰级航母基本技术参数

飞鹰级航母设计标准排水量为 24140 吨（"飞鹰"号 24240 吨），海试排水量为 27500 吨，舰体全长为 219.32 米，水线全宽为 26.7 米，吃水深度 8.15 米，飞行甲板全长为 210.3 米，全宽为 27.3 米，配备 2 部舰载机升降机。舰员编制为 1187 人（"飞鹰"号为 1330 人）。

"飞鹰"号主锅炉为 6 部川崎拉蒙特式强制循环锅炉，"隼鹰"号主锅炉为 6 部三菱式重油专用燃料水管锅炉，"飞鹰"号主机为 2 部川崎式全齿轮涡轮机，"隼鹰"号主机为 2 部三菱佐利式全齿轮涡轮机，2 轴推进，总输出功率为 56250 马力，最大航速可达

25.68 节（"飞鹰"号为 25.5 节），"飞鹰"号以 18 节航速航行时的续航距离为 12251 海里，"隼鹰"号 10150 海里，"飞鹰"号可携带 4100 吨重油，"隼鹰"号可携带 4118 吨重油。

舰载武器包括 6 门 12.7 厘米 40 倍径联装高射炮和 8 门 25 毫米三联装机关枪。"隼鹰"号最后的舰载机武器包括 6 部 12.7 厘米 40 倍径联装高射炮、19 部 25 毫米三联装机关枪、2 部 25 毫米联装机关枪、30 部 25 毫米单装机关枪和 10 部 12 厘米 28 联装火箭发射装置。

舰载机包括 15 架舰上战斗机（其中 3 架备用）、20 架舰上轰炸机（其中 2 架备用）和 23 架舰上攻击机（其中 5 架备用），总计 58 架舰载机。

一号舰"飞鹰"号改装航母

"飞鹰"号是飞鹰级航母一号舰，尽管"隼鹰"号是其同型舰，不过，两者在动力系统设计上存在着不同。

"飞鹰"号建造基本情况

"飞鹰"号是由承担北美航线的豪华客轮"出云丸"号改装而来的航母，它从一开始建造就获得了大量的日本政府资金援助。作为商船改造航母，"飞鹰"号航速与标准航母超过 30 节以上的机动速度还有很大不足，装甲防护钢板的厚度稍薄，防御能力稍弱，尽管如此，其舰载机搭载能力却与"苍龙"号航母基本相当，航空战力不可轻视。

"飞鹰"号是日本航母中第一艘采取一体化舰桥设计及避免排烟影响而将烟囱向外侧倾斜 26 度的航母，后来的装甲航母"大凤"号和大和级战列舰改装航母"信浓"号也都采取这样的设计。在安装了二号一型防空雷达后，"飞鹰"号的防空武装并不比标准航母差。

"出云丸"号于 1939 年 11 月 30 日由川崎重工神户造船所动工兴建，1940 年 10 月决定改装成航母，1941 年 1 月改装工程正式开始，1942 年 7 月 31 日改装结束。在此期间，先于"飞鹰"号竣工的姐妹舰"隼鹰"号和"龙骧"号轻型航母都参加了中途岛海战的支援作战以及后来的阿留申攻击作战行动，然而，"飞鹰"号都没参加这些作战任务。

"飞鹰"号前期服役经历

"飞鹰"号建成后与"隼鹰"号共同编入第二航空战队，而且，还担当了旗舰职责，随后向特鲁克群岛方向挺进。

1942 年 10 月 20 日，"飞鹰"号主发动机出现故障，航速随之降低，因此，日军在与美国海军机动部队进行大决战之前痛失了一艘主力航母。10 月 23 日，"飞鹰"号将旗舰任务交给"隼鹰"号，舰载机也移交给陆上基地和"隼鹰"号，而且返回特鲁克岛。当然，"飞鹰"号也未能参加 10 月 26 日的南太平洋海战和第三次所罗门海战。

1943 年，在日本三宅岛海面，美国海军"鳞屯"号（SS－237）潜艇向"飞鹰"号展开了鱼雷攻击，有 3 枚鱼雷击中"飞鹰"号，不过，其中 1 枚为哑弹，因此，"飞鹰"号非常幸运地躲过了一劫。横井大佐接任舰长后，将舰内的所有日常用品和木制品都撤到木甲板上。1944 年 6 月 13 日，"飞鹰"号离开塔威塔威锚泊场，随"隼鹰"号、"龙凤"号航母和"长门"号战列舰一同向马里亚纳海面行进，6 月 19 日，参加了菲律宾海海战。在距离"大凤"号 10 海里处，"飞鹰"号全体舰员目击了"大凤"号的沉没。在菲律宾海海战结束后，"飞鹰"号仅剩下 5 架舰载机，其中有 3 架来自沉没的"翔鹤"号航母，另外 2 架为"飞鹰"号所有。

"飞鹰"号的沉没

1944 年 6 月 20 日，包括"飞鹰"号在内的小泽机动部队遭受美军机动部队的猛烈攻击。美国海军"列克星敦"号（CV－16）航母舰载机对"飞鹰"号展开了进攻，第一枚鱼雷率先直接命中右舷后部机械舱附近，全部轮机舱舰员得以逃离，不过，连动的左舷机械舱也停止运转，航母无法继续航行。同时，注排水指挥所因为进入有毒气体而无法工作。后续的炸弹直接命中舰桥后部的主桅杆，断裂的桅杆碎片砸中了舰桥部的观察所和飞行指挥所，包括航海长在内的许多舰桥工作人员被砸死。空袭结束后，没有沉没的"飞鹰"号准备由"长门"号战列舰牵引继续航行，突然，美军潜艇发射的鱼雷击中了后部的航空汽油油箱附近，爆炸冲击波将前后升降机炸飞至烟囱以上的高度，然后，落入原来的孔洞内，以倾斜状态复原。此后，全舰展开消防灭火行动，不过，由于消防水泵故障，拯救军舰的行动宣布失败。在落日余晖当中，"飞鹰"号军舰旗徐徐降下，随后，全舰官兵井然有序撤离。最后，"飞鹰"号由左舷开始倾斜，从舰艉部沉没。附近的满潮号驱逐舰等军舰将"飞鹰"号舰员救走。

1945 年 11 月 10 日，"飞鹰"号退出海军作战序列。

"飞鹰"号航母在服役期间共有 5 任舰长，如下表：

历任	舰 长 姓 名	军 衔	任 职 期 间
1	别府明朋	预备海军大佐（上校）	1942 年 7 月 31 日－1942 年 11 月 21 日
2	澄川道男	海军大佐	1942 年 11 月 21 日－1943 年 8 月 15 日
3	别府明朋（兼任）	预备海军大佐	1943 年 8 月 15 日－1943 年 9 月 1 日
4	古川保	海军大佐	1943 年 9 月 1 日－1944 年 2 月 16 日
5	横井俊之		1944 年 2 月 16 日－1944 年 6 月 20 日

二号舰"隼鹰"号改装航母

"隼鹰"号为飞鹰级航母二号舰，不过，也有资料称其为隼鹰级航母一号舰，它是由建造中的日本豪华客轮"橿原丸"号改装而成的航母。1939 年 3 月 20 日，"橿原丸"

号客轮在三菱重工长崎造船所内动工兴建，1940年11月，决定直接改装成航母，1941年6月26日，改装航母下水，1942年5月3日建成竣工，并正式命名为"隼鹰"号，编入第二机动部队第四航空战队。

停泊在港口内的"隼鹰"号

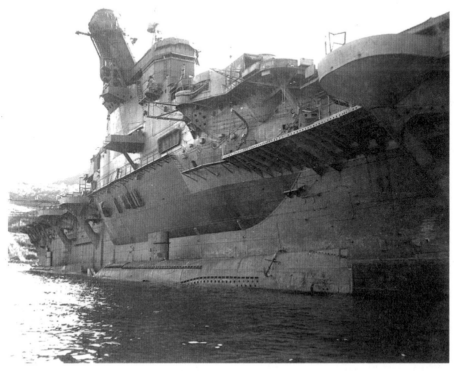

1945年9月26日，停泊在佐世保港内的"隼鹰"号，舰桥下方停泊的潜艇为波二〇一型潜艇，可见其右舷一体化舰岛上向外倾斜的烟囱。

在南太平洋海战中，遭受猛烈轰炸的"隼鹰"号航母。

前期服役经历

"隼鹰"号建成竣工后成为日本航母中第一个安装真正防空雷达的军舰，而后，参加了阿留申群岛攻击作战任务、南太平洋海战等作战行动。

1942年5月26日，作为MI作战的支援行动，"隼鹰"号和"龙骧"号共同出击阿留申群岛，6月3日，首战空袭阿拉斯加州西南部的港口城市荷兰港，6月5日，再次对荷兰港进行空袭，随后，奉命与展开部署的第一机动部队会合前往中途岛，在第一机动部队毁灭的情况下，于6月6日返回。

1944年10月24日，"隼鹰"号作为第二航空战队的参战一员参加了南太平洋海战。

1943年1月15日，"隼鹰"号与"朝云"号和"五月雨"号驱逐舰共同离开特鲁克岛港口，承担日本帝国陆军部队往威克岛方向运输（称丙一号运输）的反潜与防空警戒任务，1月17日，"隼鹰"号向威克岛派遣了23架零战和6架舰攻，1月19日，返回特鲁克岛。隼鹰飞行队在威克岛行动期间，有6架舰载机被活动在威克岛的美军B—24轰炸机击落，另有3架受损。1月25日，14架零战和6架舰攻经由新爱尔兰岛西北端的卡维恩返回特鲁克岛。

1943年11月5日，在冲之鸟岛礁近海的海面上，美国海军潜艇对"隼鹰"号进行了鱼雷攻击，航母受损。

1944 年 6 月 20 日，在菲律宾海海战中，"隼鹰"号遭受 2 枚直接命中炸弹和 6 枚近距离炸弹攻击，其中，直接命中炸弹击中舰桥部，有 53 名舰员战死，飞行甲板不能进行舰载机起飞与着舰操作，此后，由于损伤维修和航空战力下降，"隼鹰"号没能参加日美之间的最后一次海上大决战——莱特湾海战，从而躲过一劫。战争末期，"隼鹰"号没有可搭载的舰载机，不再当作航母使用，只从事作战运输任务。

1944 年 10 月 30 日，"隼鹰"号离开佐世保港，经由台湾的马公到达文莱，给参加完莱特湾海战归来的栗田舰队提供弹药补给，随后中途停靠到马尼拉港内，从事航空鱼雷运输任务，11 月 17 日，安全返回吴港。1944 年 12 月 9 日，"隼鹰"号再次承担前往马尼拉方向的运输任务，在返回佐世保港途中，在长崎县野母崎海面的女岛附近，"隼鹰"号遭受美国海军"华脐鱼"号和"红鱼"号潜艇的鱼雷攻击，其中，2 枚鱼雷直接命中舰艏部及右舷的机械舱，舰艏整个被炸飞 10 米远，19 名舰员死亡，舰体进水 5000吨，尽管遭受重创，左舷仍可航行，在以 13 节的低航速奇迹般地返回了佐世保港，由此看来，日本后期航母的损害管制水平已经有了极大的飞跃。随后，"隼鹰"号在佐世保海军工厂内接受维修，1945 年 3 月末结束维修出坞，不过，此次维修只对舰体进行了修复，右舷的机械舱没有修理。计划进行第二次维修，然后与"大和"号战列舰一样制订出击计划，准备针对盟军实施特攻作战，不过，机械舱没修理完就迎来了第二次世界大战的结束。

后期服役经历

1945 年 2 月 11 日，"隼鹰"号退出第一航空战队，4 月 20 日，成为第四预备舰，6月 20 日，成为警备舰。

由于机械舱没有完全修复，第二次世界大战结束后，"隼鹰"号不能进行外海航行，因此，不能承担由盟军指定的撤回海外日本侨民的特别运输舰任务。1945 年 11 月 30日，"隼鹰"号退出现役。

1946 年 6 月 1 日，"隼鹰"号进入原佐世保海军工厂干船坞进行解体处理，1947 年8 月 1 日，"隼鹰"号舰体拆解结束，它没能再次被改装回商船，不过，它是太平洋战争期间商船改装军舰中最大级别的船舶。

"隼鹰"号航母在服役期间共有 7 任舰长，如下表：

历任	舰 长 姓 名	军 衔	任 职 期 间
1	石井芸江	海军大佐（上校）	1942 年 5 月 3 日－1942 年 7 月 20 日
2	冈田为次	海军大佐	1942 年 7 月 20 日－1943 年 2 月 12 日
3	长井满	海军大佐	1943 年 2 月 12 日－1943 年 12 月 25 日
4	大藤正直	海军大佐	1943 年 12 月 25 日－1944 年 2 月 21 日
5	涉谷清见	海军大佐	1944 年 2 月 21 日－1944 年 12 月 20 日
6	（不详）		1944 年 12 月 20 日－1945 年 5 月 12 日
7	前原富义	海军大佐	1945 年 5 月 12 日－1945 年 11 月 30 日

第二节 无同型舰特设航母"神鹰"号与"海鹰"号

"神鹰"号和"海鹰"号航母是两艘无同型舰的民船改装航母，它们都是由大型客轮改装而成的航母，其中，"神鹰"号由德国客轮"沙恩霍斯特"号改装而成，"海鹰"号由日本南美航线上的"阿根廷丸"号高速豪华客轮改装而成。

与飞鹰级"飞鹰"号和"隼鹰"号航母相比，"神鹰"号和"海鹰"号在日本帝国海军中的重要程度明显下降，它们只是承担低强度的护航任务。

"神鹰"号改装护航航母——"一艘无法返航的德意志客轮"

"沙恩霍斯特"号德国客轮与"神鹰"号航母改装背景

在中途岛海战之后，1942 年 6 月底，日本帝国海军收购了停泊在日本神户港内的德国客轮"沙恩霍斯特"号，随后将这艘客轮改装成"神鹰"号航母。

1935 年 4 月 30 日，"沙恩霍斯特"号客轮在德国不莱梅港造船厂内建成竣工。1939 年 8 月 26 日深夜，"沙恩霍斯特"号离开神户港，在中途停靠马尼拉港之后面向新加坡方向驶去，在此期间，在收到德国本土发来的加密无线电报后于 9 月 1 日返回神户港。第二次世界大战爆发后，"沙恩霍斯特"号无法返回德国，故此一直停泊在神户港内，直到 1942 年，不过，船员及船上乘客在德国未与苏联交战之际经由西伯利亚铁路返回了德国。

1942 年 6 月，在中途岛海战中，日本丧失 4 艘主力航母，为了弥补航母战力不足，日本决定进行商船改装航母计划。通过日本政府与驻日德国大使馆交涉，日本帝国海军将停泊在神户港内长达三年的"沙恩霍斯特"号客轮买下。随后，"沙恩霍斯特"号航行到吴海军工厂内，1942 年 9 月，航母改装工程全面展开，1943 年 12 月，改装工程结束，同时，正式更名为"神鹰"号航母，候补舰名为"飞隼号"。

1935 年时的德国"沙恩霍斯特"号客轮照片

"神鹰"号改装后的基本技术参数

"神鹰"号航母设计标准排水量为 17500 吨，海试排水量为 20900 吨，舰体全长为 198.34 米（另有资料记载为 198.64 米），水线全宽为 25.6 米，吃水深度 8.18 米（海试状态），飞行甲板全长为 180.0 米，全宽为 24.5 米。舰员编制为 834 人。

客轮时主锅炉为 4 部瓦格纳式锅炉，改装航母后的主锅炉为 2 部口号舰本式锅炉，主机为 2 部 AEG 电气涡轮，2 轴推进，总输出功率为 26000 马力，最大航速可达 21.0 节，以 18 节航速航行时的续航距离为 8000 海里。

最后执行任务时的舰载武器包括 4 门 12.7 厘米 40 倍径联装高射炮和 10 门 25 毫米三联装机关枪。

舰载机包括 9 架常备舰上战斗机和 3 架备用舰上战斗机，18 架常备舰上攻击机和 3 架备用舰上攻击机，总计 33 架舰载机。

海试期间的"神鹰"号改装航母，可见其基本舰型设计为：全贯通平甲板、无舰岛、开放式舰艏与舰艉，综合来看，"神鹰"号舰型设计与祥凤级、"龙凤"号及千岁级航母比较相似。

服役前期基本经历

"神鹰"号改装完成之后编入日本帝国海军吴镇守府，随后不久，编入于 1943 年 11 月成立的海上护卫总司令部，此后，开始承担船队护航任务。

竣工之后，在海试期间，"神鹰"号动力推进系统故障不断，于是，进行了第二次改装工厂，动力系统内的瓦格纳主锅炉都换成日本帝国海军的口号舰本式重油专用燃料水管锅炉。由于这次改装工程，"神鹰"号服役时间大幅度推迟，直到 1944 年 6 月，才正式编入日本联合舰队。

在换装日本锅炉之前，"神鹰"号的德国动力系统包括 2 部 45000 马力的瓦格纳锅炉，航速只有 24 节，当时日本没有瓦格纳主锅炉维修能力，于是，航母航速降至 22 节，这个航速与海上风力的合成风速很低，故此，不能起飞日军新型的"天山"舰上攻击机和"彗星"舰上轰炸机，于是，只能搭载老式的九七式舰上攻击机和九九式舰上轰炸机。

服役后，"神鹰"号搭载了 14 架来自第 931 航空队的九七式舰攻，主要从事日本往返于新加坡航线上的石油船队护航任务。"神鹰"号第一次船队护航任务于 1944 年 7 月

14 日开始，其护航对象是由日本门司港出发的比 69 船队，当时这支船队共由 14 艘运输舰船组成，而护航部队则以"神鹰"号为主，还有其他护航军舰，在到达新加坡港途中，护航部队只有一艘海防舰遭遇轻微程度的损伤。8 月 4 日，满载石油的比 70 船队由新加坡起航返回日本，这支船队由 8 艘运输船组成，8 月 15 日，比 70 船队安全无恙地返回日本门司港。

随后，"神鹰"号承担了第二次护航任务，这次护航对象为由 11 艘运输船组成的比 75 船队，该船队于 9 月 8 日从日本门司港出发，于 9 月 22 日到达新加坡，而后，"神鹰"号对 10 月 2 日由新加坡港返回的比 76 船队进行护航，该船队共由 10 艘运输船组成，在船队只受轻微损伤的情况下返回日本本土，至此，"神鹰"号成功完成了两次重大护航任务。在护航作战期间，"神鹰"号舰载机部队数次报告击沉美国海军潜艇，不过，美国海军当天都没有通报有军舰遭击沉。

"神鹰"号的最后一次护航任务

1944 年 11 月 13 日，"神鹰"号承担又一次重大护航任务，这次护航对象为比 81 船队，比 81 船队由前往马尼拉方向的日本军队运输船和前往新加坡方向的油轮编成，该船队计划由日本九州地区的伊万里湾出发，途中横跨中国东海，到达中国东部沿海的舟山群岛后再向马尼拉和新加坡方向驶去。然而，在对马海峡附近活动的美国海军潜艇群完全探测到了比 81 船队的行动踪迹。11 月 15 日，在日本五岛列岛西部海面，比 81 船队中的日本帝国陆军特种船"秋津丸"号遭美国海军潜艇发射的鱼雷击沉。

遭受初次打击之后，比 81 船队倍感前方行程的危险，于是，中途改变了航线，他们没有直接横跨中国东海，而是一边依靠巨济岛和济州岛的沿海地形进行隐蔽，一边继续往舟山群岛方向行进。在此期间，11 月 17 日，比 81 船队中的日本帝国陆军特种船摩耶山丸号又被美国海军潜艇发射的鱼雷击沉。

11 月 17 日晚上 11 时 7 分，美国海军巴拉奥级潜艇"锹鱼"号发现了"神鹰"号，随即向它发射了 6 枚鱼雷，其中 4 枚直接击中"神鹰"号的右舷，这些鱼雷的爆炸直接导致机库内的航空燃料箱也发生了大爆炸，大量航空汽油的爆炸致使"神鹰"号迅速燃起熊熊大火，在遭受鱼雷攻击大约 30 分钟后沉没。全舰 1160 名舰员中仅有 60 人幸存，战况极其惨烈。

"神鹰"号航母在短暂的服役期间只有一任舰长为石井芸大佐，其任职期间为 1943 年 12 月 15 日至 1944 年 11 月 17 日，石井舰长最后与"神鹰"号同归于尽，战死后被追授为海军中将军衔。

"海鹰"号改装护航航母

"海鹰"号航母原来是日本大阪商船株式会社所属的"阿根廷丸"号客轮，太平洋战争爆发后，日本帝国海军将其买下，后来改装成护航航母。

"海鹰"号改装航母与"阿根廷丸"号客轮

日本帝国海军为了弥补航空母舰数量的不足曾经向日本造船公司提供资金建造高速货船和高速客轮,其代价是在有战争需要时这些商船都要被改装成航母。1939年5月31日建成竣工的"阿根廷丸"号高速客轮就是这些日本帝国海军有偿援建计划中的一艘,这艘客轮由大阪商船株式会社所有,其同型船还有"巴西丸"号,从客轮的名称上来看,它们都是往返于日本和南美洲航线上的高速豪华客轮,这些特殊目的的商船都是基于《优秀船舶建造助成设施》计划而接受日本帝国政府提供的补助。

在日本政府先后与英国政府、美国政府等盟国政府宣布开战之后,1942年5月1日,日本政府以特设运输舰的名义征用了"阿根廷丸"号客轮,此后不久,随着日本帝国海军在中途岛海战中接连痛失4艘主力航母,6月30日,日本政府决定立即将"阿根廷丸"号改装成航母。

1942年12月9日,日本帝国海军收购了"阿根廷丸"号,12月20日,由三菱重工长崎造船所负责对其进行航母改装工程,1943年11月23日,"阿根廷丸"号改装结束,随后,其船籍移交给日本帝国海军联合舰队,并正式命名为"海鹰"号航空母舰,候补舰名为"苍隼号"。

在客轮时代,"阿根廷丸"号的主机为柴油发动机,改装航母时换装成阳炎级驱逐舰使用的锅炉和涡轮机,于是,航速增加至23节。顺便提及,"阿根廷丸"号的姐妹舰"巴西丸"号改装后在1942年8月4日执行任务期间为美国海军"鲹身鱼"号潜艇击沉。

"海鹰"号改装后的基本技术参数

"海鹰"号航母设计标准排水量为13600吨,海试排水量为16700吨,舰体全长为166.55米,水线全宽为21.9米,吃水深度8.25米(海试状态),飞行甲板全长为160.0米,全宽为23.0米。舰员编制为587人。

动力推进系统主锅炉为4部口号舰本式锅炉,主机为2部舰本式涡轮机,2轴推进,总输出功率为52000马力,计划最大航速可达23.0节,以18节航速航行时的续航距离为7000海里。

舰载武器包括4门12.7厘米40倍径联装高射炮和8门25毫米三联装机关枪。

舰载机包括18架舰上战斗机和6架常备舰上攻击机,没有备用舰载机,总计24架舰载机。

海试期间的"海鹰"号航母，可见其基本舰型设计为：全贯通平甲板、无舰岛、开放式舰艏与舰艉，与"神鹰"号航母舰型设计基本相同。

位于日本日出町城下海岸的军舰海鹰之碑

承担飞机运输和船队护航任务

"海鹰"号服役后主要在日本大后方承担飞机运输和船队护航任务。由于"海鹰"号是轻型低速航母，因此，不能一次性起飞太多的舰载机。在没有舰载机弹射器的情况下，如果想以全重状态起飞重型舰载机的话，那么起飞舰载机的数量少不说，而且，所有舰载机都必须要滑行一段很长的距离。综合考虑，"海鹰"号不适合投入作战任务，只适合从事低强度的船队护航任务。

1944 年 2 月 11 日，"海鹰"号编入海上护卫总司令部，此后，在塞班岛、新加坡等地之间承担舰载机和船队护航任务。

在护航期间，"海鹰"号搭载了九七式舰上攻击机，数量介于 12 架至 14 架之间，每次数架舰载机在船队周围交替飞行 2 小时至 3 小时，它们主要承担反潜巡逻任务。

1944 年 4 月 3 日，"海鹰"号执行了第一次船队护航任务，其护航对象为比 57 船队，当时该船队由 9 艘油轮组成，护航军舰除"海鹰"号还有其他 6 艘军舰。4 月 16 日，比 57 船队安全到达新加坡。"海鹰"号第二次护航任务护卫比 58 船队。1944 年 4 月 21 日，比 58 船队由日本昭南港出发，5 月 3 日返回门司港，期间，船队毫发无伤。

"海鹰"号除负责护航往返于日本和新加坡之间的远距离运输船队——比船队外，还负责日本往返于台湾、海南岛之间的中距离运输船队护航任务。这样的任务一直持续到 1945 年 1 月之后，不过，在盟军获得南方制空权和制海权之后，"海鹰"号的护航任务结束。

"海鹰"号航母的最后命运

进入 1945 年年中，由于舰载机及航空燃料枯竭，同时，制海权又由美英等盟军获得，此后，"海鹰"号在日本濑户内海承担特攻兵器的训练标靶舰职责。

1945 年 3 月 19 日，在盟军发动的吴军港空袭行动中，"海鹰"号在吴港内遭受轰炸并有损伤。4 月 10 日，成为日本联合舰队附属力量，此后，在别府湾方向承担训练标靶舰任务。

1945 年 7 月 24 日，"海鹰"号在四国佐田岬海面触雷，不得已之后搁浅到日本大分县别府湾日出町的城下海岸。4 天后，7 月 28 日，盟军对该地区实施了空袭，"海鹰"号中弹，发电机受损，排水泵无法动作，舰体大量进水，舰体被放弃在海岸地带，直到第二次世界大战结束。

1945 年 11 月 20 日，"海鹰"号退出现役。1946 年 9 月 1 日，日鲜打捞沉船公司将"海鹰"号舰体浮起后开始拆解，1948 年 1 月 31 日，舰体拆解完毕。

"海鹰"号航母在服役期间共有 5 任舰长，如下表：

历任	舰 长 姓 名	军 衔	任 职 期 间
1	高尾仪六	海军大佐（上校）	1943 年 11 月 23 日－1944 年 7 月 24 日
2	北村昌幸（兼职）	海军大佐	1944 年 7 月 24 日－1944 年 8 月 1 日
3	有田雄三	海军大佐	1944 年 8 月 1 日－1945 年 3 月 15 日
4	国府田清	海军大佐	1945 年 3 月 15 日－1945 年 5 月 1 日
5	大须贺秀一（兼职）		1945 年 5 月 1 日－1945 年 11 月 20 日

第三节　轻型低速航母大鹰级"大鹰"号、"云鹰"号、"冲鹰"号

　　大鹰级航母是由日本新田丸级高速客货船改装而成的航母，共 3 艘，分别是一号舰"大鹰"号，二号舰"云鹰"号和三号舰"冲鹰"号。

　　新田丸级客货船是由三菱重工长崎造船所建造的日本邮船，主要承担日本至欧洲航线的客轮运输业务。1940 年秋，建造中的春日丸号开始航母改装工程，随后，"八幡丸"号和"新田丸"号也陆续进入改装工程，建成竣工分别命名为"大鹰"号、"云鹰"号和"冲鹰"号。

　　与飞鹰级和"神鹰"号、"海鹰"号改装特设航母相比，大鹰级在服役后的作用与"神鹰"号和"海鹰"号基本相同，都是支援性航母，而不是海战主力。如果日本在这些航母建成后将舰载机弹射器研制成功，那么，它们都可成为主力航母，并对一线舰载机进行运用，然而，事实是残酷的，日本研制弹射器很长时间都无果而终。

日本油画作品中的"大鹰"号航母，可见其基本舰型设计为全贯通平甲板（有准备起飞的舰载机群）、无舰岛、开放式舰艏与舰艉、两端干舷较高，另外，右舷有向下排烟式烟囱，舰艉部主炮位置设计有多门多管防空舰炮，通信主桅杆竖立在右舷烟囱的前部。

新田丸级高速客货船"新田丸"号

大鹰级航母的建造背景——在日本扩军备战的需求下诞生

新田丸级客货船建造之际正值日本政府和日本帝国海军实施所谓的《优秀船舶建造助成设施》计划，因此，3 艘新田丸级的建造都接受了大量的日本帝国政府援助资金，同时，日本帝国海军舰政本部对船体的设计也提出根本性的意见和指导，比如，日军要求客货船船艏的第一船舱可以改装成舰载机使用的航空燃料箱，第二船舱可供舰载机机载炸弹和鱼雷库使用，这两个是前提条件。另外，前后船舱的位置要能与舰载机升降机的隔壁位置对应上。不过，新田丸级并没有设计与标准航母相同的装甲防御构造，防弹甲板、燃料油箱、炸弹舱防御等军舰基础设施也都采取的是最低标准的设计。

从作战运用上来看，大鹰级、"海鹰"号和"神鹰"号虽然是客轮改装的航母，不过，日本帝国海军打算都将它们当作标准航母来使用，然而，由于舰体太趋于小型化，发动机动力不足，最大航速只有 21 节，属于低速，因此，这些航母很难运用一线级别的舰载机。

与此形成鲜明对比的是，美国海军同级别的博格级和卡萨布兰卡级特殊设计航母由于采用了油压式舰载机弹射器，故此，可以运用一线级别的舰载机。美军这些特设航母的舰体全长只有 160 米左右，也是轻型航母，它们比大鹰级更小。

在航母改装工程中，新田丸级将原来的散步甲板以上部分拆掉改装成舰载机机库甲板，机库甲板以上 5 米的位置开始设计飞行甲板，改装后的航母主机仍然采用客轮时使用的主机，因此，航速仍然保持在 21 节。

作为航空母舰舰种来看，大鹰级的舰型为轻型，同时，又由于航速较低，因此，它们不能成为主力作战航母，只能在大战中往返于日本本土和特鲁克群岛之间进行舰载机的运输任务。

"冲鹰"号于1943年12月3日沉没，剩下的2艘航母转而承担船队护航任务，不过，它们也于1944年沉没。

大鹰级改装航母后的基本技术参数

大鹰级航母设计标准排水量为17830吨，海试排水量为20000吨，舰体全长为180.24米，水线全宽为22.5米，吃水深度8.00米（海试状态），飞行甲板全长为162.0米，全宽为23.5米。舰员编制为747人。

大鹰级主锅炉为4部三菱式水管锅炉，主机为2部三菱佐利式全齿轮涡轮机，2轴推进，总输出功率为25200马力，最大航速为21.0节，以18节航速航行时的续航距离为8500海里。

舰载武器包括4门12厘米单装高射炮和4门25毫米联装机关枪。

舰载机包括11架舰上战斗机（其中2架备用），16架舰上攻击机（其中2架备用），总计27架舰载机。

大鹰级航母的运用概况

由于低速、轻型化设计，大鹰级航母不能对当时的一线级舰载机进行实战运用，只有少数机型的舰载机在满飞行甲板滑行的情况下才能进行起飞与着舰操作，不过，这些航母的飞行甲板一次性起飞与着舰的舰载机数量都很少。

从实际作战运用情况来看，大鹰级主要承担作战飞机运输任务，这些战机不仅包括海军运用的飞机，而且，还有陆军飞机、双发轰炸机、双发双座战斗机等各种机型。主要运输目的地有帕劳、特鲁克群岛、拉包尔、菲律宾、爪哇、新加坡等地。在承担船队护航任务期间，直到1942年之前，"大鹰"号舰载机一直只有九六式舰上战斗机和九六式舰上轰炸机这些老旧的机型。

"大鹰"号于1942年3月至1943年12月期间共承担了18次作战飞机运输任务，其中，12次运输目的地是特鲁克群岛，3次是卡维恩，1次是拉包尔，1次是帕劳，运输飞机总数为720架。1942年9月28日，"大鹰"号遭受美国海军潜艇的鱼雷攻击，险些沉没。"云鹰"号共承担了21次飞机运输任务，其中，17次运输目的地是特鲁克群岛，2次是拉包尔，2次是巴里库帕潘。"冲鹰"号共承担了13次飞机运输任务，其目的地都是特鲁克岛。3艘大鹰级航母向南方共计运输了2000架以上的各型作战飞机。此后，"大鹰"号在濑户内海承担舰载机起飞与着舰训练任务。

1943年12月，3艘大鹰级航母全部结束飞机运输任务，转而承担船队护航任务，此后不久，12 月中旬，"冲鹰"号在八丈岛附近海面被美国海军潜艇击沉。1944 年 5 月之后，"大鹰"号和"云鹰"号专职从事船队护航任务。在护航期间，两艘航母使用的舰载机为九七式舰上攻击机，搭载数量介于 12 架至 17 架之间。在护航巡逻期间，这些舰载机配备了鱼雷和反潜炸弹，每次巡逻起飞两架舰载机，主要在船队周围搜索潜伏的敌舰，每次巡逻时间介于 2 小时至 3 小时之间。所有巡逻采取轮换体制，不断重复。

1944 年 5 月至 6 月，"大鹰"号承担比 61 船队的护航任务，这个船队由 10 艘油轮和 1 艘货船组成，起始港为日本门司，目的地是新加坡。护航部队由"大鹰"号率领，另有 8 艘军舰，途中有一艘油轮被美国海军潜艇发射的鱼雷击沉，其他船队安全到达新加坡。返航船队由 8 艘运输船及 5 艘护航军舰组成，所有船舶安全无恙地返回日本本土。

不过，护航任务非常困难，日出至日落期间的白天条件可以护航，日落之后的夜间条件却无法实施反潜巡逻。1944 年 8 月 18 日夜间 10 时，正在护航比 71 船队的"大鹰"号航空燃料箱被美国海军潜艇发射的鱼雷击中，随后航母沉没。1944 年 9 月 17 日，正在护航比 74 船队的"云鹰"号遭受 2 枚鱼雷攻击后沉没。

一号舰"大鹰"号改装航母

"大鹰"号建造基本情况

"大鹰"号是大鹰级航母一号舰，其前身是 3 艘新田丸级豪华客轮的第三艘"春日丸"号。昭和初期，日本为了改变惨淡的航运业经营状况，决定用新型豪华客轮取代欧洲航线上仍在运营的旧船，这就是 3 艘新田丸级诞生的背景。当时，新田丸级"新田丸"号、"八幡丸"号和"春日丸"号豪华客轮是日本邮船的象征，主要承建公司为日本邮船株式会社，建造费用接受了大量由日本帝国政府《优秀船舶建造助成设施》计划所提供的资金。

1940 年 1 月 6 日，"新田丸"号在三菱重工长崎造船所内正式动工兴建；9 月 19 日，下水；11 月 1 日，"武藏"号战列舰在长崎造船所下水期间，"春日丸"号的船体将面向舾装码头的"武藏"号隐蔽起来，这让外国间谍机构无法了解日本帝国海军期待中的秘密武器——武藏军舰的存在。

不久，日本帝国海军征用了正在建造中的日本邮船"春日丸"号客轮，于是，1941 年 5 月，"春日丸"号进入佐世保海军工厂内着手准备航母改装工程。"大鹰"号于 1941 年 9 月 5 日太平洋战争爆发前建成竣工，舰种定为特设航空母舰。

"大鹰"号服役经历

1941 年 9 月 25 日，"大鹰"号编入第一航空舰队（南云机动部队）第四航空战队，主要从事面向南方的作战飞机及人员、物资的运输任务，此时，"大鹰"号常备舰载机搭载的是九六式舰上战斗机和九六式舰上轰炸机，本舰舰载机只能是老式机型，不过，

锚泊状态中的"大鹰"号航母，可见其基本舰型设计与"神鹰"号和"海鹰"号基本相同，都为全贯通平甲板、无舰岛、开放式舰艏与舰艉、两端干舷较高。

它们承担反潜巡逻任务还是称职的。

1942 年 8 月 31 日，"大鹰"号成为日军正规航母，舰种定为航空母舰，不过，舰型外观没有变化，在太平洋战争前期仍然担任运输任务。从 1942 年 9 月 28 日开始，"大鹰"号承担马绍尔群岛方向的运输任务，在特鲁克岛附近，它遭受美国海军的潜艇鱼雷攻击，1 枚鱼雷通过舰底，1 枚直接命中轻质油库附近，幸亏是枚哑弹，尽管如此，由于龙骨受损，"大鹰"号航速达不到 6 节，进行应急修理后返回日本本土，10 月 7 日，到达吴港，随即舰上战斗机攻击队解散。

1942 年 11 月 1 日至 1943 年 5 月期间，"大鹰"号承担运输任务，分别前往特鲁克岛方向 6 次，马尼拉和新加坡各 1 次，任务结束后返回佐世保港。1943 年 7 月 23 日，前往特鲁克岛方向进行了 3 次运输任务，9 月 24 日返回横须贺港途中，在父岛东北部 200 海里处遭受美国海军潜艇鱼雷攻击，受损后无法航行，由"冲鹰"号牵引后返回横须贺海军工厂进行入坞维修，1944 年 4 月，结束维修出坞。

"大鹰"号维修结束后编入海上护卫总队，此后，在日本门司港和新加坡之间承担代号为"比船队"的护航任务。1944 年 4 月 19 日，12 架来自第 931 航空队的九七式舰上攻击机着陆"大鹰"号，成为其固定舰载机，而后承担护航船队的反潜巡逻任务。5 月 3 日，"大鹰"号首次承担比 61 船队的护航任务，当时这个船队由 11 艘运输船和 9 艘护航军舰组成，船队由日本门司港出发，5 月 18 日到达新加坡，中途仅有一艘运输船遭受轻微损伤。返回时，"大鹰"号护航比 62 船队（包括 8 艘运输船和 6 艘护航军舰），5 月 23 日，由新加坡出发，6 月 8 日，安全无恙地返回日本门司。随后，"大鹰"

号又以飞机运输职责加入比 69 船队，船队于 7 月 13 日出发，向马尼拉方向运输了第一航空舰队重建使用的机械材料，卸货后与比 68 船队会合，于 8 月 3 日安全返回日本。

"大鹰"号的最后服役经历

1944 年 8 月 8 日，第三次承担护航任务的"大鹰"号与 3 艘驱逐舰和 9 艘海防舰联合对比 71 船队进行护航，当时，这支船队是一支非常重要的运输船队，主要由油轮、陆军特殊船、货物船等重要船舶组成，8 月 17 日，经由台湾马公地区向菲律宾马尼拉湾前进，预定于 8 月 20 日下午 5 时到达指定地点，然而，比 71 船队刚一出发就有 3 艘美军潜艇进行跟踪，8 月 18 日早晨，"大鹰"号遭受美军潜艇鱼雷攻击，掉队后不得已返回高雄港，其他大多数运输船已经离开。8 月 18 日上午 10 时左右，在菲律宾吕宋岛东部，"大鹰"号再次遭受美军小鲨鱼级潜艇红石鱼号的鱼雷攻击，有 1 枚鱼雷直接命中，最后沉没。当时，红石鱼号共向比 71 船队发射了 18 枚鱼雷，而击中"大鹰"号的仅有一枚。据在比 71 船队成员之一能登丸号运输船船桥上工作的二等驾驶员宇野公一回忆：当时"大鹰"号在运输船队的中央后方护航，航速大约为 12 节，中弹后大约 10 分钟就沉没了，比 71 船队所有组成船舶见状大惊失色，由于没有统一管理，所有大家开始四散奔逃，整个船队瞬间瓦解。

"大鹰"号航母在服役期间共有 6 任舰长，如下表：

历任	舰 长 姓 名	军 衔	任 职 期 间
1	高次贯一	海军大佐（上校）	1941 年 9 月 5 日－1942 年 10 月 24 日
2	筱田太郎	海军大佐	1942 年 10 月 24 日－1943 年 5 月 29 日
3	松田尊睦	海军大佐	1943 年 5 月 29 日－1943 年 11 月 17 日
4	松野俊郎（兼任）	海军大佐	1943 年 11 月 17 日－1944 年 2 月 15 日
5	别府明朋	预备海军大佐	1944 年 2 月 15 日－1944 年 3 月 20 日
6	杉野修一	海军大佐	1944 年 3 月 20 日－1944 年 8 月 18 日

二号舰"云鹰"号改装航母

"云鹰"号是大鹰级航母二号舰，由日本邮船株式会社所有的"八幡丸"号客轮改装而成，其建造费用接受了日本帝国政府通过的《优秀船舶建造助成设施》计划起动的资金。

航行中的"云鹰"号航母，其基本舰型设计清晰可分辨。

"云鹰"号前期服役经历

"八幡丸"号是日本为了改善航运业状况置换欧洲航线上的旧船而建造的，它是由日本邮船主导建造的三艘新田丸级豪华客轮的第 2 艘，建成后计划航行于太平洋航线。

1938 年 12 月 14 日，"八幡丸"号在三菱重工长崎造船所内动工建造，1939 年 10 月 31 日，下水，1940 年 7 月 31 日，客轮"八幡丸"号正式竣工。1941 年 11 月 5 日，日本帝国海军征用并收购了"八幡丸"号，1942 年 1 月 21 日，开始将其改装成航母，5 月 31 日，作为特设航空母舰舰种的"八幡丸"号建成竣工，8 月 31 日，更名为"云鹰"号。不过，由于为低航速和轻型化航母，因此，"云鹰"号不能参加第一线的作战任务，竣工后不久即从事面向南方的作战飞机运输任务。

"云鹰"号后期服役经历

1944 年 1 月 19 日，在承担作战飞机运输任务期间，"云鹰"号在塞班岛附近海面遭受美国海军潜艇"黑线鳕"号（SS－231）的鱼雷攻击，2 枚鱼雷击中舰体，受损后返回横须贺海军工厂进行维修。2 月 8 日，"云鹰"号到达横须贺港，在入坞维修期间，航母进行了舰体维修，换装了新型舰载机使用的着舰装置，同时，增加安装了高射机关枪。

1944 年 8 月 12 日，"云鹰"号结束维修出坞，而后离开横须贺港开始承担船队护航任务，9 月 17 日，在护航比 74 船队途中，遭受美国海军潜艇石首鱼号（SS－220）的鱼雷攻击，有 2 枚鱼雷命，随后沉没，从此结束了短暂的服役生涯。

"云鹰"号航母在服役期间共有 5 任舰长，如下表：

历任	舰 长 姓 名	军 衔	任 职 期 间
1	凑庆让	海军大佐（上校）	1942 年 5 月 31 日—1943 年 1 月 28 日
2	相德一郎	海军大佐	1943 年 1 月 28 日—1943 年 4 月 14 日
3	关郁乎	海军大佐	1943 年 4 月 14 日—1944 年 3 月 1 日
4	平塚四郎	海军大佐	1944 年 3 月 1 日—1944 年 7 月 1 日
5	木村行藏	海军大佐	1944 年 7 月 1 日—1944 年 9 月 17 日（战死）

三号舰"冲鹰"号改装航母

"冲鹰"号是大鹰级航母三号舰，由日本邮船株式会社所有的"新田丸"号客轮改装而成，其建造费用接受了日本帝国政府通过的《优秀船舶建造助成设施》计划起动的资金。

改装后的"冲鹰"号航母

"冲鹰"号前期服役经历

与"八幡丸"号、"春日丸"号一样，"新田丸"号也是日本为了改善航运业状况置换欧洲航线上的旧船而建造的，它是由日本邮船主导建造的三艘新田丸级豪华客轮的第 1 艘。

1938 年 5 月 9 日，"新田丸"号在三菱重工长崎造船所内动工建造，1939 年 5 月 20 日，下水，1940 年 3 月 23 日，建成竣工。

"新田丸"号预定航行于日本至美国旧金山之间的航线，不过，受第二次世界大战的影响，日美关系恶化，航线最终取消。1941年9月12日，日本帝国海军征用了"新田丸"号。

在太平洋战争爆发初期，"新田丸"号充分运输舰职责，不过，1942年8月，日本帝国海军直接收购了这艘客轮，然后，交由吴海军工厂进行航母改装工程，改装期间，更名为"冲鹰"号，1942年11月25日，改装工程结束。"冲鹰"号与"大鹰"号和"云鹰"号不同，它没有特设航空母舰的经历，直接为航空母舰舰种。

1940年改装航母的"新田丸"号豪华客轮

"冲鹰"号运用经历

"冲鹰"号改装完成后编入日本帝国海军籍，成为日本联合舰队附属力量。1942年12月13日，离开横须贺港，"冲鹰"号面向特鲁克岛方向运输日本帝国陆军的白城子教导飞行团。此后，又于1943年4月25日至5月13日、5月24日至6月9日、6月16日至7月2日，面向特鲁克岛方向执行了飞机运输任务。

1943年9月23日，"冲鹰"号与"大鹰"号由特鲁克岛返回横须贺港途中，在小笠原群岛东北海面遭受美军潜艇鱼雷攻击，"大鹰"号受损不能航行后，"冲鹰"号以大约8节航速将"大鹰"号拖回横须贺港。

1943年11月30日，"冲鹰"号与"云鹰"号、"瑞凤"号航母以及"摩耶"号重巡洋舰、"曙"号、"胧"号、"涟"号和"浦风"号驱逐舰一起离开特鲁克岛港口返回日本本土，其中，3艘航母搭载了来自所罗门群岛和新几内亚岛的作战人员，另外，"冲鹰"号还搭乘了民间人士和20名俘虏。12月3日夜，在风雨交加的日本八丈岛东部海面，美国海军潜艇东方旗鱼号以雷达探测到了日本舰队的存在，于是，发射了4枚鱼雷，在这些鱼雷攻击，"冲鹰"号左舷中弹，航速下降并掉队。12月4日，接近黎明时分，东方旗鱼号又向落伍的"冲鹰"号发射了3枚鱼雷，再次中弹，航母无法继续航行，随后，东方旗鱼号又用艇艉的鱼雷发射管再次进行鱼雷攻击，遭受三次鱼雷攻击的"冲鹰"号最后沉没。沉没时的"冲鹰"号搭乘了大约3000人，其中包括定员编制的553名舰员，救助起来的幸存者大约只有170人，此外，搭乘的20名俘虏也19人丧生。

1944年2月5日，"冲鹰"号退出现役。

"冲鹰"号航母在服役期间共有3任舰长，如下表：

历任	舰 长 姓 名	军 衔	任 职 期 间
1	石井芸江	海军大佐（上校）	1942年11月30日—1943年2月1日
2	加藤与四郎	海军大佐	1943年2月1日—1943年9月27日
3	大仓留三郎	海军大佐	1943年9月27日—1943年12月4日（战死）

第七章
云龙级正规中型航母
——日本帝国海军的最后一搏

云龙级航母是日本帝国海军最后一级航母，计划建造 15 艘却只有 6 艘开工建造，而且，这些开工建造的航母中只有 3 艘最终建成，在建成服役后也基本都无事可做，对扭转战争局势无任何影响。

美国海军与云龙级航母同时期开发和研制的航母为埃塞克斯级，在太平洋战争期间，埃塞克斯级计划建造 32 艘，最后建成 24 艘，与此形成鲜明对比的是云龙级只建成 3 艘，两者之间反差巨大，这种状况也决定了最终的战争胜负走向。太平洋战争的结局既有日美两国之间巨大的国力和生产能力的差距的原因，同时，也可说是顽强奋斗的程度不同所致，3 艘云龙级航母建成时，日本已经没有可搭载的舰载机，即使建成再多的航母也都是于事无补的努力。

如果考虑太平洋战争后期的实际战争情况，那么，日本帝国海军应该建造比云龙级航母更容易建造的航母平台，不过，考虑到当时日本正在全力开发的舰载机弹射器一直没有达到实用化程度，那么，这些比云龙级航母尺寸更小的航母也没有太多的实用价值。如果弹射器可达到实用化程度，小型航母才具备连续弹射舰载机的能力，从而大大提高航母的航空战力，如果没有弹射器，小型航母既不能起飞大载弹量的舰载机，也不能一次性弹射太多的舰载机，这种航空战力对大决战性质的大规模海战没有任何用处。

事实上，非常可惜的是像大鹰级这些由商船改装而来的护航航母群在战争后期没有发挥出应有的航空战力，日本帝国海军应该立足于充分利用现有的航母群。

太平洋战争期间，日本帝国海军云龙级航母与美国海军埃塞克斯级航母基本概况对照表：

航母名称	同型舰概况	建造概况	设计排水量	三维尺寸（长×宽×吃水）（米）	飞行甲板规模（长×宽）（米）	舰载机数量（架）	参战经历	最后命运
云龙级（日本）	计划建造 15 艘,只有"云龙"号、"天城"号、"葛城"号 3 艘建成,笠置号、阿苏号、生驹号未建成,其他计划取消	1944 年 8 月之后陆续建成服役	标准排水量 17480 吨、满载排水量 22400 吨	227.35×22.00×7.86	216.9×27.0	51+2	太平洋战争	或被美军击沉,或拆解处理
埃塞克斯级（美国）	计划建造 32 艘,建成 24 艘	1941—1945 年建造	标准排水量 27500 吨、满载排水量 34500 吨	249.9×28.3×7.0		90—110、安装有弹射器	太平洋战争、朝鲜战争、越南战争	退役

从上述基本概况对照来看，云龙级和埃塞克斯级都是中型航母，核心设计参数没有太大差距，最大的不同之处是美军的航母有弹射器，而日军的航母则一直没有安装弹射器。弹射器可大大增加舰载机的载弹量和副油箱数量，从而提供更强大的航空作战能力。在超视距的航母大战中，哪方舰载机的载弹量大、航程远，那么，哪方的航母特混舰队就能在海战中显示出极大的战术优势，从而，为战役优势创造条件，直到最终获得战略优势并赢得战争的胜利。显然，在美日的航母大战中，日军的航母由于逐渐失去太多的技术优势，从而，失去战术优势，并导致战役和战略优势也尽皆失去，最后输掉战争也是必然。

下面各节将对这些云龙级航母进行详细的分析和解读。

与云龙级航母同时期建成的埃塞克斯级"埃塞克斯"号（CV-9）

1956年，现代化改装后的"埃塞克斯"号航母，最大的不同是配备了斜角甲板（它可将舰载机着舰与起飞操作分离开来，从而提高航空作战效率并避免舰载机发生碰撞事故）。

287

第一节　云龙级航母的设计、建造、作战编队及参战经历

云龙级是日本帝国海军在太平洋战争期间建造的一级正规航母，也是日本最后一级正规航母，于1944年之后才陆续建成竣工，由于战争后期，日军舰载机损失严重，故此，云龙级服役之后面临"有舰无机"的尴尬境地，自始至终，建成的云龙级航母也没有参战的机会，它们对战争的影响已经"云淡风轻"，而不再是如名称所寓意的那样"云中之龙"。

云龙级航母开发与建造背景——大规模扩军备战计划

在太平洋战争全面爆发前的1941年8月，日本帝国海军修改并决定了战力整备计划的第5次充实计划（通称"丸5计划"），同时，策划制订昭和十六年度（1941年度）战时军舰建造及航空兵力扩充计划（通称"丸急计划"），这两个计划都是庞大的海军军备计划。

在丸急计划中，日本帝国政府准备大量装备比较容易建造的中型航母，这就是云龙级航母。云龙级的整体开发与设计将以飞龙级航母为基础，并进行技术改良后形成。不过，海军本部认为飞龙级航母是10年前的设计方案，构造复杂，堪比大型航母，这样的设计很难适应当时的作战形势，在这种情况下，日本重新考虑以构造简单的设计建造容易建造的航母以适应战时的迫切需求，这些航母只要拥有最低限度的防御能力即可，在这些条件的基础上进行重新开发。丸急计划预定只建造一艘航母，不过，随着中途岛海战日军接连丧失4艘主力航母，日本政府又紧急制订了"改丸5计划"，这项计划将航母建造数量升至15艘。后来，随着战局的不断恶化，根据资源不足等现实条件考虑，开工建造的航母只保留了6艘。

云龙级航母的整体设计——"飞龙"号的改良型

从整体来看，云龙级是先前建造的飞龙级航母的改良型。不过，两级航母最大的外观区别是"飞龙"号的舰桥位于左舷舰体中央部（左舷舰桥），而云龙级则将舰桥重新移至右舷前部（右舷舰桥）。云龙级的舰载机升降机数量也由"飞龙"号的3部减少至2部，其中，中央升降机取消，不过，为了适应大型新型舰载机上舰，保留的两部升降机尺寸扩大成14米见方的大型升降机，升降机的升降速度也有大幅度的提升。其他改良措施还有使用了不可燃涂料、改善吸气口的位置、强化消防设施配备、在汽油油箱周边浇注混凝土以防止泄漏事故，等等，这些措施都增强了航母自身的防御能力。另一方面，为了增强炮弹攻击防御能力，在侧舷加装了比厚装甲防护稍微薄一些的装甲钢板，

匀出来的一些装甲重量则分担到这些侧舷部的水面下。

此外，云龙级的着舰制动装置也换装了新型的三式着舰制动装置，这些设施可操作当时的新型、大型舰上攻击机。云龙级舵机与"苍龙"号航母相同，都为双舵，其发动机不再使用装备在翔鹤级、大凤级、隼鹰级上的高温高压锅炉，而是以"飞龙"号为标准的新型锅炉，另有一部分云龙级航母的发动机借用了阳炎级驱逐舰和"伊吹"号巡洋舰等预定建造中军舰所使用的发动机。因此，云龙级航母同型舰的输出功率因舰的不同而各有不同。烟囱设计采取日本帝国海军一直非常独特的向下排烟方式。

云龙级舰载机预定的数量是65架，包括15架舰上战斗机、30架舰上轰炸机和20架舰上攻击机，不过，根据其他资料，记载数量不同。舰载武器有装备于侧舷位置的6门12.7厘米40倍径联装高射炮，还有6部防空火箭发射装置以及大量的25毫米高射机关枪。炸弹和鱼雷携带数量与"信浓"号和"大凤"号航母相同，而且，也有安装在飞行甲板上的专用供弹筒以向舰载机挂载弹药。

云龙级航母基本技术参数（"云龙"号竣工时）

云龙级航母设计标准排水量为17480吨（"笠置"号为18300吨），海试排水量为20450吨（"笠置"号为21200吨），满载排水量为22400吨，舰体全长为227.35米，水线全宽为22.00米，吃水深度7.86米，飞行甲板全长为216.9米，全宽为27.0米。舰员编制为1556人。

云龙级主锅炉为8部口号舰本式重油专用燃料锅炉，主机为4部舰本式涡轮机，4轴推进，总输出功率为152000马力（"葛城"号和"阿苏"号为104000马力），最大航速为34.0节（"葛城"号和"阿苏"号为32.0节），以18节航速航行时的续航距离为8000海里。

舰载武器包括6门12.7厘米联装高射炮、21门25毫米三联装机关枪、30挺25毫米单装机关枪和6部12厘米28联装火箭发射装置。

侧舷装甲厚度46毫米，"葛城"号和"阿苏"号厚度50毫米，甲板装甲厚度25毫米。

计划时期的舰载机包括20架一七式"烈风"舰上战斗机（其中2架备用），6架一七式"彩云"舰上攻击机（无备用），27架一六式舰上轰炸机（无备用），总计53架舰载机。

云龙级同型舰概况——无法挽救帝国落日的航母"难兄难弟"们

开工建造的云龙级航母有6艘，不过，建成竣工的只有"云龙"号、"天城"号和"葛城"号3艘，随着太平洋战争总体形势的不断恶化，"笠置"号、"阿苏"号和"生驹"号3艘航母中途停止了建造。

"云龙"号和"天城"号建成后不久，日美两国海军爆发了最后一次海上大决战——莱特湾海战，后来，日本帝国海军军令部又制订了所谓"神武作战"计划，准备再次与美国海军在莱特湾决战，当时，堪称主力航母的只有云龙级，于是，云龙级成为神武作战计划的主力核心。为了准备神武作战，"云龙"号和"天城"号编成航空战队，不过，随着神武作战计划取消，云龙级的战斗任务也烟消云散，转而承担兵员和战争物资运输任务，直到战争结束。故此，6艘云龙级都没有任何参战经验。

建成竣工的3艘云龙级有2艘被美军击沉，1艘服役至战争结束，其中，"云龙"号被美军潜艇鱼雷击沉，"天城"号遭受空袭后重创沉底，"葛城"号则一直幸存到第二次世界大战结束。

"云龙"号（302号舰）于1944年8月6日建成竣工，1944年12月19日，在执行战争物资运输任务中，遭美国海军小鲨鱼级潜艇"红鱼"号（SS-395）鱼雷攻击沉没。

"天城"号（5001号舰）于1944年8月10日建成竣工，1944年7月28日，在吴港外三子岛沿岸遭空袭，重创后倾覆。

5002号航母因为建造"信浓"号（第110号舰）而停止建造。

"葛城"号（5003号舰）于1944年10月15日建成竣工，1944年7月28日，在吴港外三子岛沿岸停泊时遭美军空袭，只受轻微损伤，战败投降后承担复员人员运输舰职责。

"笠置"号（5004号舰）于1945年4月1日停止建造，舰体建造完工率达到84%，战后解体处理。

5005号舰因为"信浓"号航母改装工程而停止建造。

"阿苏"号（5006号舰）于1944年11月1日停止建造，舰体建造完工率达到60%，后用于弹头试验。

"生驹"号（5007号舰）于1944年11月17日停止建造，舰体建造完工率达到60%。

"鞍马"号（5008号舰）预定于生驹后建成后开始建造，承担着战局恶化取消建造。

云龙级5009号舰、5010号舰、5011号舰、5012号舰、5013号舰、5014号舰和5015号舰随着战局恶化都取消了建造。

第二节　无舰载机航母"云龙"号

"云龙"号是云龙级航母的一号舰，云龙航母"难兄难弟"们中的第一个，由于无舰载机可用，因此，服役后的"云龙"号就是一个庞大的海上平台，一个庞大的运输船。

"云龙"号航母的建造背景

为了对抗美国海军建造的三艘埃塞克斯级航母，1940年，日本帝国政府决定建造新型航母，1941年（昭和16年），日本帝国海军通过"昭和十六年度战时急造计划"（通称"丸急计划"）确定了新的军舰建造计划，在这份计划中需要紧急建造一艘中型航母，这就是本舰"云龙"号。

1941 年时，日本获取情报得知美国海军决定建造 11 艘埃塞克斯级航母，并且，其最终建造计划要达到 32 艘，为了与埃塞克斯级相对抗，同时，在 1942 年 6 月中途岛海战丧失 4 艘主力航母的背景下，日本又对丸急计划进行了修改，制订了"昭和十七年度军备充实计划"，作为其分计划的"昭和十七年度战时舰船建造补充计划"决定追加建造 5 艘改大凤级航母和 15 艘中型航母。

1941 年 12 月，太平洋战争全面爆发后，日本开工建造并建成竣工的大型军舰即使增补上阿贺野级轻巡洋舰 4 号"舰酒匂"号也才有 4 艘，与此形成鲜明对比的是，在几乎相同时期内，美国海军计划开工建造的埃塞克斯级航母在太平洋战争后开工建造了 24 艘，并且，全部建成竣工，在这方面，美国与日本之间的军舰建造能力完全不可同日而语。

"云龙"号的整体设计

从整体来看，"云龙"号舰体设计基本依据"飞龙"号，不过，改良之处有两点：

其一，舰桥位置由左舷中央部转移到右舷前部；其二，由于紧急建造的原因，中央部升降机取消，只保留"飞龙"号的 2 部升降机，不过，各升降机尺寸扩大至 14 米见方，以适应大型舰载机上舰的需要。

接受中途岛海战的经验教训，"云龙"号对"飞龙"号的主要改良有三点：

其一，增加防空机关枪数量，并且，安装了 12 厘米 28 联装火箭发射装置，其数量与"飞龙"号的高射炮数量相同；其二，将"飞龙"号仅设计在右舷一侧的罐装空气吸入口分配到左右舷两侧；其三，舰体涂料采用不燃性涂料。

接受菲律宾海战的经验教训，"云龙"号的主要改良措施有一点，那就是在航空汽油油箱的周边防水区域内浇注混凝土材料。

综合来看，上述改良措施都是一些小改良，没有采用像"大凤"号航母的封闭式舰艏设计以及翔鹤级航母采用的球鼻高速舰艏设计，等等。

锚泊状态中的"云龙"号航母，可见其基本舰型设计为：右舷前部一体舰岛、全贯通飞行甲板、开放式舰艏与舰艉、两端干舷较高

"云龙"号想象图

"云龙"号服役经历——"一艘大运输船"

"云龙"号于 1942 年 8 月 1 日开工建造，1943 年 9 月 25 日，下水，1944 年 8 月 6 日建成竣工，从开工到竣工总共大约用了 2 年时间，比"飞龙"号航母的 3 年建造工期整整缩短了 1 年。"云龙"号的候补舰名为"蛟龙"号。

鉴于日本帝国海军在捷一号作战中失败，再想组织大规模的舰队行动已经不可能，而且，在台湾海面的航空大战中，日军舰载机几近全军覆灭，此后，虽然"云龙"号与其姐妹舰"天城"号共同编成第 1 航空战队，不过，这样的航空战队再也不能当作航母机动部队来运用，日军航母在大战后期的战略作用已经完全丧失。

在这种大背景下，"云龙"号只能当作重型物资运输船来使用。1944 年 12 月 17 日，在第五二驱逐队"时雨"号、松级驱逐舰"桧"号和"枞"号 3 艘驱逐舰的护航下，"云龙"号离开吴港开始前往菲律宾马尼拉方向的紧急重要物资运输任务。在航行途中，12 月 18 日，"云龙"号利用探测雷达已经探测到了美国海军潜艇的存在，于是，加强了警戒。12 月 19 日，在风雨交加的极端恶劣条件下航行的"云龙"号，舰长及其他军官都集中到舰桥内加强对美军潜艇的警戒。

12 月 19 日 16 时 35 分，"云龙"号探测到水下的鱼雷发射声音，这是美国海军巴拉奥级潜艇"红鱼"号（SS-395）正发射 4 枚攻击鱼雷。随即，"云龙"号向右操舵躲避开了 3 枚鱼雷，不过，有 1 枚鱼雷直接命中右舷中央部的舰桥正下方，命中的鱼雷导致第一锅炉舱和第二锅炉舱进水，随后，"云龙"号观察到水中有类似潜望镜的设备，于是，紧急使用高射炮和机关枪进行应对，不过，由于电源设备损坏，射击已经不可能。随之而来，机械舱也发生了火灾，此时，"云龙"号仍然能向右转，不过，前部预备电源也停止供电，后部预备电源能向紧急柴油发动机消防泵提供电力。在消防灭火期间，"云龙"号航速持续下降，最终，航母完全停止航行。"云龙"号停止航行的位置距离遭受鱼雷攻击的地点很近，而且，当时的"红鱼"号潜艇还在周边活动。"云龙"号舰员们见状赶快将运输中的卡车投入大海，努力将倾斜的舰体恢复原状。就在此时，看见"云龙"号停止航行的"红鱼"号潜艇再次向航母发射了 1 枚鱼雷。

16 时 45 分，第 2 枚攻击鱼雷直接命中右舷前部的舰桥稍后部分。在遭受第一枚鱼雷攻击后，"云龙"号舰体向右倾斜，在遭受第二枚鱼雷攻击后，爆炸的鱼雷殃及下部机库。当时，"云龙"号下部机库装载有作为重要运输物资的 20 架"樱花"战机，随后，这些飞机被依次引爆。此外，"云龙"号还装载了"震洋"等重要运输物资。最后，火灾到达"云龙"号的弹药库，舰体随即前倾，海浪开始从舰艏部吞噬整个舰体，于是，舰长下达全体撤离的命令。

16 时 57 分，最后漂浮在海面上的舰艉部也消失在水面之下，"云龙"号全部沉没。沉没时"云龙"号由浓厚的黑烟包裹着，因此，"红鱼"号潜艇无法确认航母是否沉没，在黑烟消失之后，海面上已经没有了"云龙"号的踪影后，"红鱼"号才确认这艘航母已经沉没。在甩开"云龙"号护航驱逐舰的追踪后，"红鱼"号潜艇得以顺利逃离现场。

"云龙"号沉没时，舰上幸存者 89 人，随舰战死者 1241 人，搭乘人员幸存者 57 人。其中，日本帝国陆军官兵搭乘总数不明确，不过，空降步兵第 1 联队主力几乎全军覆灭。据《军舰云龙战斗详报》的经验教训记载："云龙"号沉没时舰上没有一架舰载机，如果有反潜巡逻机的话，最起码也不会在大白天遭受鱼雷攻击沉没，悲叹哪！另外，搭乘的官兵在舰内通行时，连防水闸门都没有关闭，像这样的安全管理疏露到处都是。

"云龙"号的舰长

"云龙"号从开工建造至服役后只有 1 名舾装员长和 1 名舰长，都是小西要人海军大佐，其舾装员长任职期间为 1944 年 4 月 15 日至 1944 年 8 月 6 日，舰长任职期间为 1944 年 8 月 6 日至 1944 年 12 月 19 日，最后与"云龙"号共存亡。

第三节　最后战队航母"天城"号

"天城"号是云龙级航母中的二号舰，云龙航母"难兄难弟"中的第二个，日本第三艘以"天城"命名的军舰，其舰名来自日本静冈县伊豆半岛中央部的天城山，候补舰名为"那须"号。

一个无所事事的航母平台

1942年10月1日，"天城"号在三菱重工长崎造船所内正式开工建造，1943年10月15日下水，1944年8月10日建成竣工，服役后于1944年9月与"云龙"号航母同时编入第一航空战队。

"天城"号服役时，日本帝国海军的舰用燃料及舰载机都严重缺乏，事实上，"天城"号不可能再从事作战行动。在这种情况下，鉴于"天城"号已无出战机会，1945年6月10日，日本帝国海军将它停泊在吴港海军基地外的三子岛附近以充当防空炮台。

后来，美军在发起吴港空袭期间发现了"天城"号，1945年6月19日、7月24日和7月28日，在遭受美军飞机的三次猛烈攻击后，由于应急处理措施不全面，"天城"号遂侧翻进水沉底。

1945年10月，"天城"号退出日本帝国海军作战序列。

1947年7月31日，日本公司将"天城"号打捞出来，然后进行了拆解处理，至此，日本帝国海军一艘建成的中型航母就此结束平平淡淡的服役之路，而没有任何建树和辉煌的战绩。

1945年7月28日，遭受美军轰炸后的"天城"号航母侧翻在吴港海军基地附近，照片为战后拍摄

"天城"号航母的基本技术参数

"天城"号航母设计标准排水量为 17480 吨，公试排水量为 20450 吨，舰体全长为 227.35 米，水线全宽为 22.00 米，吃水深度 7.86 米，飞行甲板全长为 216.9 米，全宽为 27.0 米，飞行甲板内配备 2 部舰载机升降机。舰员编制为 1556 人。

"天城"号主锅炉为 8 部口号舰本式重油专用燃料锅炉，主机为 4 部舰本式涡轮机，4 轴推进，总输出功率为 152000 马力，最大航速为 34.0 节，以 18 节航速航行时的续航距离为 8000 海里。

舰载武器包括 6 门 12.7 厘米联装高射炮、21 门 25 毫米三联装机关枪和 30 挺 25 毫米单装机关枪。

计划时期的舰载机包括 20 架一七式"烈风"舰上战斗机（其中 2 架备用），6 架一七式"彩云"舰上攻击机（无备用），27 架一六式舰上轰炸机（无备用），总计 53 架舰载机。

1945 年 6 月 19 日，在吴海军基地内，遭受美国空袭的"天城"号和"葛城"号航母

*Amagi and Katsuragi (arrows) at Kure.
Both of the carriers are camouflaged
with netting and huts built on deck.*

1945 年，在飞行甲板表面进行了伪装的条件下仍然遭受美国空袭的"天城"号和"葛城"号航母，图中箭头所指为两艘航母的所在位置。

锚泊状态下的"天城"号，可见其基本舰型设计为：右舰一体化舰岛、全贯通飞行甲板、开放式舰艏与舰艉、两端干舷较高

"天城"号的舰长

"天城"号从开工建造至服役后有 1 名舾装员长和 3 名舰长，其中，舾装员长为山森龟之助海军大佐，其任职经历为 1944 年 6 月 27 日至 1944 年 8 月 10 日。"天城"号第一任舰长为仍为山森龟之助海军大佐，任职期间为 1944 年 8 月 10 日至 1944 年 10 月 23 日；第二任舰长为宫崎俊男海军大佐，任职期间为 1944 年 10 月 23 日至 1945 年 4 月 20 日；第三任舰长为平塚四郎海军大佐，任职期间为 1945 年 4 月 10 日至 1945 年 10 月。

第四节　航母帝国落日"葛城"号

"葛城"号是第二次世界大战后期日本量产型航母云龙级的三号舰，同时，它也是日本帝国海军最后一艘建成竣工的中型航母，由此，"葛城"号代表着日本帝国时期航母时代的彻底终结。"葛城"号舰名来自日本奈良县境内的葛城山，候补舰名为"岩木"号。

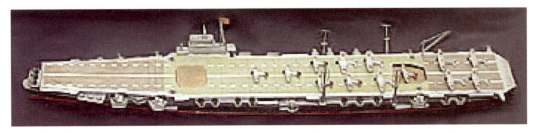

"葛城"号航母的设计模型，可见其基本舰型设计为：右舷前部一体化舰岛、全贯通飞行甲板（两部甲板内升降机分别设计飞行甲板的前后部）

"葛城"号航母基本技术参数

"葛城"号航母设计标准排水量为 17150 吨，海试排水量为 20200 吨，舰体全长为 227.35 米，水线全宽为 22.00 米，吃水深度 7.76 米，飞行甲板全长为 216.9 米，全宽为 27.0 米。舰员编制大约为 1500 人。

"葛城"号主锅炉为 8 部口号舰本式重油专用燃料锅炉，主机为 4 部舰本式涡轮机，4 轴推进，总输出功率为 10.4 万马力，最大航速为 32.0 节，以 18 节航速航行时的续航距离为 8000 海里。可携带 3750 吨重油。

舰载武器包括 6 门 12.7 厘米联装高射炮、21 门 25 毫米三联装机关枪、30 挺 25 毫米单装机关枪和 6 部 12 厘米 30 联装火箭发射装置。

侧舷装甲厚度为两层 25 毫米 DS 钢板，飞行甲板装甲厚度 25 毫米 CNC 钢板。

计划时期的舰载机包括 20 架一七式"烈风"舰上战斗机（其中 2 架备用），6 架一七式"彩云"舰上侦察机（无备用），27 架一六式舰上轰炸机（无备用），总计 53 架舰载机。

从上述设计参数来看，"葛城"号是一艘标准的中型航母，如果有舰载机上舰可发挥一定的航空作战能力，不过，其总体航空战力远不及"加贺"号、"赤城"号等这些大型主力攻击航母。与同时期的美国海军埃塞克斯级航母相比，由于没有配备弹射器，因此，"葛城"号的航空战力也远不如埃塞克斯级。

"葛城"号与"云龙"号航母之间的差异

虽然同为云龙级航母，不过，由于建造背景不同，云龙级一号舰"云龙"号和三号舰"葛城"号之间存在着一些差异，可分四点：

其一，防空机关枪座的形状不同，由于简化设计，"葛城"号的不再是半圆形，而是半六角形；

其二，由于主机生产一再推迟的原因，"葛城"号选用了阳炎级驱逐舰的主机型号，共安装了 2 部，故此，动力系统总输出功率也由 15 万马力下降至 10 万马力，最大航速也下降了 2 节，此外，由于主机型号变化，剩余空间增多，在这部分空间又增加了一些重油油箱；

其三，"葛城"号开始安装 12 厘米 28 联装防空火箭发射装置，这是防空武器方面的强化措施。

其四，"葛城"号的雷达探测设备采用了新型号，功能更加强大。

"葛城"号服役经历

1942 年 12 月 8 日，"葛城"号在吴海军工厂内开工建造；1944 年 1 月 19 日，下水；1944 年 10 月 15 日，建成竣工，随后，在鹿儿岛附近海面等海域进行了海试，不过，由于舰载机和舰员短缺，以及航空燃料的严重不足，"葛城"号服役后无法参加作战行动，后来为了准备"决号作战"计划暂时封存起来。第二次世界大战结束时，"葛城"号以伪装形式停泊在吴市三子岛附近海域。

"葛城"号服役后实施了军舰伪装迷彩，其中，飞行甲板部分涂装了绿黑类的条纹状迷彩，舰体侧面涂装了类似商船的青色类黑色轮廓迷彩。不过，当"葛城"号停泊在岛屿附近时，黑色迷彩不起作用，于是，又实施了特别的防空伪装，并在航母与岛屿之间悬挂了伪装网。尽管如此，由于伪装不彻底，1945 年 7 月 24 日和 7 月 28 日，在盟军对吴军港进行空袭时，"葛城"号依然中弹，遭受中等程度的损伤。不过，轮机舱等舰体下部及舰桥等核心部分没有遭受太大的损伤，仍可处于航行状态，8 月 15 日，迎来第二次世界大战的结束。

第二次世界大战结束后，1945 年 10 月 20 日，"葛城"号正式退出海军作战序列，在盟军对其解除武装后用作特别运输舰（复员人员运输船）。在担当特别运输舰期间，"葛城"号飞行甲板设置了通风孔，机库内的分隔间等设施都改装成了居住区，而后用于人员运输，这样，每次可运输 3000 人至 5000 人。作为特别运输舰，"葛城"号是其中最大的一艘。

在复员人员运输期间，"葛城"号隶属第二复员省（原海军省），运输任务从 1945 年 12 月开始，由于是大型高速军舰，因此，主要承担南方等远洋运输任务，包括南大东岛以及拉包尔、澳大利亚、法属印度支那等海外地区与日本本土之间。在大约 1 年时间内，"葛城"号共承担 8 次远洋运输任务，共运输了 49390 名复员军人，其中包括当时日本著名歌手藤山一郎。

复员人员运输任务结束后，"葛城"号于 1946 年 12 月 22 日进入日立造船樱岛工厂进行拆解处理，1947 年 11 月 30 日，解体完毕。

"葛城"号的舰长

"葛城"号航母在服役期间共有 3 任舰长，基本概况如下表：

历任	舰长姓名	军衔	任职期间
1	川畑正治	海军大佐（上校）	1944 年 10 月 15 日－1945 年 4 月 1 日
2	平塚四郎	海军大佐	1945 年 4 月 1 日－1945 年 4 月 20 日
3	宫崎俊男	海军大佐	1945 年 4 月 20 日－1945 年 10 月 20 日

航行中的"葛城"号，可见开放式舰艉部及烟囱排出的浓烟

第五节　"笠置"号、"阿苏"号、"生驹"号和"鞍马"号"航母

　　"笠置"号航母是云龙级四号舰（第5004号舰），舰名来自日本京都府笠置山。"阿苏"号航母是云龙级五号舰（第5005号舰），舰名来自日本九州地区的阿苏山，候补舰名"身延"号。"生驹"号航母是云龙级六号舰（第5006号），舰名取自日本奈良县的生驹山，候补舰名"妙义"号。上述3航艘母都是未建成的云龙级航母。

　　"鞍马"号是仅存在计划的航母，其舰名取自日本京都府北部的鞍马山，候补舰名"开闻"号。

四号舰"笠置"号航母基本概况

　　"笠置"号航母根据1942年日本帝国政府制订的"改丸5计划"建造。1943年4月14日，"笠置"号在三菱重工长崎造船所内开工建造，1944年10月19日下水，候补舰名为乘鞍。下水的舾装工程由佐世保海军工厂负责，不过，由于战争局势恶化，日本政府的战争物资采购已经陷入困境，预定安装的发动机已经无法建造，于是，挪用了改铃谷级重巡洋舰的发动机。后来，鉴于没有指望参加作战行动，1945年4月1日，"笠置"号的舾装工程全面停止，此时，航母完工率已经达到84％，以这样的状态直到迎来第二次世界大战的结束。

　　战后，盟军解除了"笠置"号的武装，并于1946年9月1日交由佐世保船舶工业（原佐世保海军工厂）进行拆解处理，1947年12月，全部拆解完毕。

第二次世界大战结束后，"笠置"号航母停泊在佐世保暇夷湾内等待拆解处理，可见其基本舰型设计为：全贯通飞行甲板（两部甲板内升降机分别位于飞行甲板的前后部，升降机口已经全部打开）、右舷前部一体化舰岛（与前部升降机相邻）、开放式舰艏与舰艉，另见左舷前部停靠有一艘潜艇。

五号舰"阿苏"号航母基本概况

　　"阿苏"号根据 1942 年日本帝国政府制订的"改丸 5 计划"建造，1943 年 6 月 8 日，在吴海军工厂内开工建造；1944 年 11 月 1 日，下水；不过，下水后不久就于 11 月 9 日停止了建造工程，当时舰体完工率已经达到 60％，此后，一直停泊在仓桥岛上。

　　1945 年 7 月，在第二次世界大战即将结束之际，"阿苏"号曾经用于日本帝国特攻飞机使用的新型炸弹"樱弹"的爆炸效果试验工作，后来，由于遭受轻微损伤后在仓桥岛东北部逐渐沉底，战争结束后，1946 年 12 月 20 日，"阿苏"号被成功打捞起来，12 月 21 日，由播磨造船吴船渠株式会社（原吴海军工厂）进行了拆解处理。1947 年 4 月 26 日，拆解工程结束。

　　在建造期间，由于主机生产推迟，于是，"阿苏"号与"葛城"号一样使用了阳炎级驱逐舰使用的主机，共安装了 2 组，输出功率为 10.4 万马力，航速降低至 32 节。

1946 年 12 月 20 日，成功打捞起来的"阿苏"号航母

六号舰"生驹"号航母基本概况

"生驹"号根据 1942 年日本帝国政府制订的"改丸 5 计划"建造。1943 年 7 月 5 日，"生驹"号在日本神户的川崎重工业舰船工厂内开工建造，1944 年 11 月 9 日，下达停止建造的命令，当时，工程完工率已经达到 60％，11 月 17 日，下水，1945 年 2 月 4 日，遭受盟军的燃料弹攻击，4 月，疏散到池田湾内，在那里直到第二次世界大战结束，战争结束时，航母遭受轻微损伤。

"生驹"号舰体采取两重迷彩涂装。

1946 年 6 月 4 日，位于冈山县玉野市的三井造船玉野造船所开始对"生驹"号进行解体处理，1947 年 3 月 10 日，解体完毕。

1946年时的"生驹"号航母，可见甲板上有建造完成的烟囱构造

七号舰"鞍马"号航母基本概况

同样，"鞍马"号航母也根据1942年制订的"改丸5计划"建造，预定建造中，不过，由于战争局势恶化，最终取消了建造。预定造船厂为三菱重工长崎造船所。

第八章
日本帝国海军"航母舰载机"运用经验
——世界三大、亚洲曾经最庞大的舰载海军航空兵部队

从本质上来看，航空母舰就是一种海上攻击力量投送平台、一座移动的海上战斗机机场、海上轰炸机机场及海上侦察机机场，这座浮动机场可将本国的空中攻击力量及轰炸力量在航母所能承担的续航能力范围内将它们投送到世界的任何一个角落，因此，航母最核心的作战功能是空中力量的搭载平台。

早在 1940 年，日本联合舰队司令长官山本五十六海军大将在观摩由小泽治三郎海军少将指挥的联合军事演习中由航母舰载机的攻击能力而产生利用航空母舰平台对美国海军太平洋舰队进行攻击的想法。这种早期预想促成了后来的日本帝国海军偷袭珍珠港行动，这也是世界第一次由航母平台进行远洋投送攻击的战例，它非常完美地演示了一支空中联合力量如何通过海上浮动平台进行远洋攻击。

航母只有通过"舰机结合"才能实现自身存在的价值，如果没有一支适合的空中联合力量，那么，航母就会成为一艘庞大的运输船，其战术、战役及战略价值将会荡然无存。日本帝国海军正是认识到了这点，故此，在大规模进行航母研制与建造的同时，还在不遗余力地进行各种舰载机的研制和生产，包括舰上战斗机、舰上攻击机、舰上轰炸机及舰上侦察机的全方面运用。

日军对各种舰载机的运用也经历一个认识过程，经过不断地总结作战经验教训，才最终形成了"多机种联合作战"的战术与战法。早在日中战争（抗日战争）时期，日本帝国海军的主要作战对象是中国。当时日军极度狂妄地认为中国国民党空军没有任何空中优势，故此，航母舰载机配备以轰炸力量为主的舰上轰炸机和舰上攻击机两种机型，他们妄想以这些单一轰炸力量就占领中国，结果，在初次交锋中，中国国民党空军装备的美制战斗机却给日军舰上轰炸机群造成了很大的损失和伤亡，这些没有空中优势战斗机掩护的轰炸力量成了中国空军待宰的羔羊。随后，日军紧急从本土调舰上战斗机上舰，经过多机种联合配备后，日军的航母舰载机集群才发挥出预想的优势力量。

总之，日军的航母舰载机多机种联合作战也是经历了血与火的代价后才逐渐形成。

在太平洋战争后期，尤其是 1944 年下半年之后，由于日本帝国海军舰载机损失殆尽，后来建成的云龙级航母几乎成了运输舰，这些航母由于缺少舰载机的存在已经完全丧失了组建航母特混舰队的能力。美国海军也正是看中了日军舰载机在航母特混舰队中的作用，故此，在战争后期，美军轰炸机部队已经将日本国内的舰载机生产工厂全部夷为平地，同时，对现存的日军舰载机进行彻底的摧毁。没了舰载机的日军，航母也变得毫无用处，日本的航母特混舰队也从此消失。

下面各节将对这些日军航母舰载机运用进行详细的分析和解读。

第一节　航母舰载空中格斗部队——以九六式舰上战斗机（"九六舰战"）和零式舰上战斗机（"零战"）为代表的日本帝国海军舰上战斗机运用历史与经验

　　舰上战斗机是日本帝国海军航母必备的舰载机类型，它在海战中主要承担战斗机与战斗机之间的空中格斗、舰上轰炸机及舰上攻击机的护航、对敌航母攻击、地面支援等任务。通常情况下，舰上战斗机在航母舰载机中承担着最高强度的作战任务，只有在它提供安全保证的情况下，舰上轰炸机和舰上攻击机才可能对敌人实施有效的水平轰炸、俯冲轰炸及鱼雷攻击，如果没有舰上战斗机提供空中保护，那么，日军的舰上轰炸机和舰上攻击机在对美军实施攻击之前就会被对方的舰载战斗机击落，从而，无法靠近对方的航母特混舰队。

　　换言之，在由舰上战斗机、舰上攻击机和舰上轰炸机三种舰载机构成的日军海上攻击集群中，舰上战斗机扮演着海上护卫者的职责，舰上轰炸机扮演海上轰炸者的身份，舰上攻击机扮演着鱼雷攻击者的任务。三者各司其职，互相配合，从而形成一个强大的海上攻击群。如果这个攻击群足够强大，那么，对方无论是航母特混舰队，还是陆基海军航空兵基地、海军舰队基地，都可能被它们彻底摧毁，珍珠港攻击行动就是一例。

　　日本帝国海军航母舰上战斗机简称为"舰战"。

日本帝国海军舰上战斗机（舰战）一览表：

英文编号	日文名称	制造厂商	备注
	一〇式舰上战斗机	三菱	日本第一款国产战斗机（设计师为英国人史密斯）
A1N	三式舰上战斗机	中岛飞机	采用的中岛格洛斯特式
A2N	九〇式舰上战斗机	中岛	日本第一款纯国产战斗机（设计师也是日本人）
A3N/M	七式舰上战斗机	中岛/三菱	两家研制公司的设计产品都没通过
A3N	九〇式教练战斗机	中岛	
	八式双座战斗机	中岛/三菱	两家研制公司的设计产品都没通过
A4N	九五式舰上战斗机	中岛	
	九式单座战斗机	中岛/三菱	最终采用的是三菱设计的方案，就是后来的九六式
A5M	九六式舰上战斗机	三菱重工	日本第一款全金属制、单翼战斗机
A6M	零式舰上战斗机	三菱	
A7M	十七式舰上战斗机"烈风"		因战败投降停止生产

日本帝国海军列装主力舰上战斗机（舰战）基本概况及主要技术数据对照表：

舰载机名称	基本机型	首飞与飞行员数量	三维尺寸（机长×机宽×机高）（米）	最大飞行速度（公里/小时）	续航能力	机载武器	生产数量
一〇式	单发、双翼	1921 年首飞，乘员 1 人	6.90×8.50×3.132	215	2 个半小时	2 挺 7.7 毫米机关枪	截至 1928 年 12 月，生产了 128 架
三式	单发、双翼	1926 年首飞，乘员 1 人	6.49×9.71×3.27	239	200 海里	2 挺 7.7 毫米机关枪、2 枚 30 公斤炸弹	大约 100 架
九〇式	单发、双翼	1930 年首飞，乘员 1 人	6.18×9.37×3.20	292	270 海里	2 挺 7.7 毫米机关枪、2 枚 30 公斤炸弹	大约 100 架
九五式	单发、双翼（最后型）	1934 年首飞，乘员 1 人	6.64×10.00×3.07	352	850 公里	2 挺 7.7 毫米固定机关枪、2 枚 30—60 公斤炸弹	221 架
九六式	单发、单翼	1935 年首飞，乘员 1 人	7.71×11.00	460	1200 公里	2 挺 7.7 毫米机关枪、2 枚 30 公斤炸弹或 1 枚 50 公斤炸弹	1094 架
零式（二一型）	单发、单翼	1939 年 4 月首飞，乘员 1 人	9.05×12.00×3.53	533	2222—3350 公里	4 挺机关枪、2 枚 30 公斤或 60 公斤炸弹	10430 架

下面对各式舰上战斗机进行分别介绍和分析。

一〇式舰上战斗机——日本帝国海军第一款舰载战斗机

一〇式舰上战斗机的开发与日本第一艘航母"凤翔"号的建造同时展开，为日本帝国海军第一款国产舰载战斗机，早期飞机开发名称为十年式舰上战斗机，1921 年 2 月由英国技师赫伯特·史密斯为主进行设计和开发，同年 9 月试制 1 号机完成，10 月成功进行了首飞。制造公司为三菱内燃机制造会社。1923 年 11 月，日本帝国海军开始制式采用，1930 年退役。

一〇式舰上战斗机分为一〇式一号舰上战斗机和一〇式二号舰上战斗机 2 个分类型，均为双翼单发飞机，由 1 名飞行员操作，主要机载武器包括 2 挺 7.7 毫米机关枪。截至 1928 年 12 月，一号和二号两个机种总计生产了 128 架。截至 1930 年，这些舰上战斗机都作为第一线飞机使用。

1923 年 2 月 28 日，一架一〇式舰上战斗机成为在"凤翔"号航母飞行甲板进行第一次起飞与着陆操作的舰载机。1927 年、1928 年，当"赤城"号和"加贺"号航母分别服役后，一〇式舰上战斗机陆续登陆这些航母服役。1930 年，一〇式舰上战斗机由中岛飞机三式舰上战斗机取代。

一〇式舰上战斗机的设计诸元如下：

设计型式为单发双翼，乘员为 1 名飞行员，机长 6.90 米，机宽 8.50 米，机高 3.132 米，机身自重 1280 公斤，动力为比式 200 马力发动机（水冷 V 型 8 汽缸），最大巡航速度 215 公里/小时，续航时间 2 个半小时，机载武器为 2 挺 7.7 毫米机关枪。

一〇式舰上战斗机，可见其机型设计为单发、双翼，非全金属制造

三式舰上战斗机——创造日本首次空战大捷纪录

三式舰上战斗机标记为 A1N，由中岛飞机制造，分为三式一型（A1N1）舰战和三式二型（A1N2）舰战 2 种类型，1927 年 12 月 12 日进行了首飞，其中，三式一型于 1929 年服役，1930 年至 1932 年期间量产，主要服役平台有"凤翔"号、"天城"号、"加贺"号和"龙骧"号航母，三式二型于 1930 年开始制式采用，后者参加了 1932 年上海"一·二八事变"。1932 年 2 月 22 日，由"加贺"号航母起飞的日本海军军官生田乃木次大尉驾驶着一架三式二型舰战将美国空军顾问兼志愿飞行员罗伯特—肖特驾驶的一架波音 P—12 战斗机击落，这是日本航空队第一次收获空战击落敌机的巨大战果。

1932 年，随着替代机型九〇式舰战的服役，三式舰战开始依次由第一线退役，1935 年退役完毕，其生产数量大约为 100 架（包括中岛飞机工厂和海军工厂）。

三式舰上战斗机的设计诸元如下：

设计型式为单发双翼，乘员为 1 名飞行员，机长 6.49 米，机宽 9.71 米，机高 3.27 米，机身自重 950 公斤，动力为空冷星型 9 汽缸发动机，输出功率为 420 马力，最大巡航速度 239 公里/小时，续航距离为 200 海里，机载武器为 2 挺 7.7 毫米机关枪和 2 枚 30 公斤炸弹。

三式舰上战斗机，机型仍为单发、双翼，一个起落架

九〇式舰上战斗机——日本第一款纯国产舰载战斗机、空战技术开发飞机

九〇式舰上战斗机是日本第一款纯国产的舰载战斗机，其标记为 A2N，由中岛飞机制造，1929 年，以吉田工程师为设计主任进入开发阶段，1930 年进行了首飞，1932年 4 月，日本帝国海军开始制式采用并进入批量生产阶段，其生产数量大约为 100 架至140 架，其中，中岛飞机生产数量大约为 40 架，佐世保海军工厂生产数量大约为 100架。通过各项技术测试，九〇式舰战的综合性能远远超过三式舰战，主要部署平台为"凤翔"号、"加贺"号和"龙骧"号航母。不过，九〇舰战几乎没有参加任何作战就过渡到下一款机型。

九〇式舰战于 1932 年开始服役，分为九〇式一号舰战（A2N1）、九〇式二号舰战（A2N2）、九〇式三号舰战（A2N3）和九〇式双座型教练战斗机（A2N3－1）4 种型号，所有型号的设计形式均为单发、双翼，乘员 1 名，机长 6.18 米，机宽 9.37 米，机高 3.20 米，机身自重 1000 公斤，动力为寿 2 型空冷星型 9 汽缸发动机，输出功率为580 马力，最大巡航速度 292 公里/小时，续航距离为 270 海里，机载武器包括 2 挺九七式 7.7 毫米机关枪和 2 枚 30 公斤炸弹。

在横须贺海军航空队，日军由柴田武雄大尉及赤松贞明、河野新市、古贺清登等飞行员驾驶九〇式舰战进行了大量的空战技术开发活动，通过这些研究工作，日本帝国海军确立了海军战斗机的空战技术标准。

九〇式一号舰上战斗机，为单发、双翼舰上战斗机

九〇式双座教练战斗机

七式舰上战斗机——堀越二郎开始小试身手的机型

七式舰上战斗机是日本帝国海军于 1930 年试制的单座舰上战斗机,简称为"七式舰战"。

从昭和七年(1932)开始,作为日本帝国海军舰载机试制 3 年计划的重要环节,三菱重工和中岛飞机两家公司以竞争试制方式参与九〇式舰上战斗机的更新项目,这就是七式舰上战斗机,其中,三菱七式舰上战斗机的编号为 A3M1,中岛七式舰上战斗机的编号为 A3N1。

在开发过程中,七式舰战兼并了同样由 3 年计划负责开发的八试双座舰上战斗机(简称"八试双战"),此后,七式舰战又简称为"七式单战"。在此期间,日军舰上战斗机开发开始由双翼转向单翼。三菱七式后来由堀越二郎担当设计主任产生了零式舰上战斗机,不过,在竞争中,三菱重工与中岛飞机一样,都只设计了不带机载武器的试制飞机。

三菱七式舰上战斗机的设计诸元如下:

乘员为 1 名飞行员,机长 6.92 米,机宽 10.00 米,机高 3.36 米,主翼面积 17.70 平方米,机身自重 1225 公斤,设计全重为 1578 公斤,动力为 A-4 星型 14 汽缸空冷发动机,输出功率为 570 马力,最大速度 320 公里/小时,巡航速度为 300 公里/小时,续航时间为 3 小时,机载武器为 2 挺 7.7 毫米机关枪和 2 枚 30 公斤炸弹。

八式双座战斗机——"一款过渡机型"

八式双座战斗机是日本帝国海军于 1930 年试制的双座舰上战斗机,简称为"八式双战"。

从昭和七年(1932)开始,作为日本帝国海军舰载机试制 3 年计划的重要环节,三菱重工和中岛飞机两家公司以竞争试制方式参与双座舰上战斗机的开发项目,这就是八式双座舰上战斗机,不过,三菱八式双座战斗机和中岛八式双座战斗机都没有分配开发编号。

1930 年 1 月,三菱八式双战完成了双翼固定起落架双座战斗机,其主要设计诸元如下:机长 7.39 米,机宽 10.00 米,机高 3.35 米,主翼面积 26.0 平方米,机身自重 1153 公斤,设计全重为 1700 公斤,动力为寿 2 型空冷发动机,输出功率为 580 马力,最大速度 290 公里/小时,续航距离为 700 公里,机载武器为 2 挺 7.7 毫米机关枪和 1 挺 7.7 毫米旋转机关。

九五式舰上战斗机——日本最后的双翼战斗机

九五式舰上战斗机是中岛飞机公司设计的最后一款制式舰载战斗机，同时，也是日本帝国海军最后一款双翼战斗机，其标记编号为 A4N，1934 年进行首飞，1936 年开始批量生产，1936 年制式运用，生产数量为 221 架。

在开发九〇式舰上战斗机的后续机型中，中岛飞机与三菱重工竞争试制的七式舰上战斗机都不合格，鉴于此，中岛飞机开始独自开发九〇式舰战的后续机型。

九五式舰战从 1937 年开始参加中日战争（抗日战争），1940 年结束批量生产。随着九六式舰战的服役，九五式舰战开始退出第一线战场，此后，在太平洋战争中期之前一直作为教练战斗机使用。

九五式舰战主要设计诸元如下：机长 6.64 米，机宽 10.00 米，机高 3.07 米，主翼面积 22.89 平方米，机身自重 1276 公斤，设计全重为 1760 公斤，动力为中岛飞机光 1 型空冷星型 9 汽缸发动机，输出功率为 730 马力，最大速度 352 公里/小时，最大飞行高度 7740 米，续航距离为 850 公里，机载武器为 2 挺毘式 7.7 毫米固定机关枪、2 枚 30 至 60 公斤炸弹。

隶属于"龙骧"号航母所有的九五式舰上战斗机，日本最后一款双翼战斗机

划时代的九式单座战斗机——日本帝国海军第一款全金属单翼战斗机

九式单座战斗机是由后来九六式舰上战斗机采用的单座战斗机的试制名称。1934年，日本帝国海军指示三菱重工和中岛飞机两家公司试制九式单座战斗机，1935年，第一架试制完成。经过审查，日本帝国海军采用了三菱重工的试制产品。

从日本舰上战斗机发展历史来看，九式单座战斗机是日本帝国海军第一款全金属制造的单翼战斗机，截至当时，九式单座战斗机是没有参考任何外国相同类型飞机设计经验的战斗机，它是一款完全的日本国产飞机，此后，日本战斗机的开发与研制能力一跃而拥有世界领先水平，故此，九式单座战斗机对于日本来说具有划时代的意义。三菱九式单座战斗机的设计者为后来零式舰上战斗机的设计者，他就是大名鼎鼎的堀越二郎飞机设计师。

当时日本帝国海军对九式单座战斗机设计的性能标准提出了很高的要求，其在3000米高空的最大飞行速度要达到190节（352公里/小时）以上，其在5000米高度以内的爬升能力要在6分30秒以内；其燃料搭载量要达到200升以上；其机载武器包括2挺7.7毫米机关枪及接收机；其设计规模中的宽度要在11米以内，长度要在8米以内。

三菱重工一号试制飞机于昭和10年（1935）1月完成，经过对这架试制飞机的实际测量，其最大飞行速度达到了243.5节（451公里/小时），在5000米高度以内的爬升能力为5分54秒。

1935年6月，横须贺海军航空队源田实海军大尉对三菱二号试制飞机进行了测试，结果显示，爬升能力和最大速度都没有任何问题，飞机的射击性能和着舰性能也非常优秀。

三菱九式单座战斗机的主要设计诸元如下：机长7.67米，机宽11.00米，机高3.27米，主翼面积17.80平方米，机身自重1040公斤，设计全重为1373公斤，动力为寿5型空冷星型9汽缸发动机，输出功率为600马力，最大速度352公里/小时，最大飞行高度7740米，续航距离为850公里，机载武器为2挺毘式7.7毫米固定机关枪。

九六式舰上战斗机——中日战争和二战主战机型、堀越二郎首款主力机型

九六式舰上战斗机（三菱A5M）是日本帝国海军第一款全金属制造单翼战斗机，它与同时期设计和生产的九六式陆上攻击机都在日本自主设计思想指导下进行开发，完全脱离了欧洲各国的战斗机设计模式，因此，这是日本第一款完全自主研制的战斗机机身，其后续替代机型为零式舰上战斗机。

九六式舰战的设计者仍为日本著名的飞机设计师堀越二郎，制造者为三菱飞机，飞机于1935年进行首飞，1936年开始批量生产，生产总数为1094架。

　　九六式舰战主要面向广阔的中国战场而设计，为了弥补续航能力不足的短板，飞机安装了副油箱，前期机型安装了滑块型副油箱，后期机型安装了下落式副油箱。机载武器包括 2 挺 7.7 毫米机关枪、2 枚 30 公斤炸弹或 1 枚 50 公斤炸弹，乘员 1 人。

　　在中日战争中，与中国空军装备的波音、柯蒂斯霍克等美制飞机相比，九六式舰战具有压倒性的优势，并在战斗中显示出了极其优越的综合性能。在战争初期，九六舰战与中国空军装备的波音 P—26C 战斗机展开了激烈的空战，后者是世界第一款单发金属制空中格斗和猎杀战斗机。

　　1937 年 9 月 4 日，来自"加贺"号航母加贺飞行分队的 2 架九六式舰战在分队长中岛正海军大尉的指挥下击落了 3 架中国空军柯蒂斯霍克战斗机，这是九六式舰战第一次取得如此辉煌的战果。

　　1938 年 2 月 18 日和 4 月 29 日，日军战斗机与中国空军以及苏联空军志愿部队爆发了当时中国战场最大规模的空战。在 4 月 29 日的空战中，中国空军 67 架波利卡波夫战斗机与 27 架护卫 18 架三菱 G3M 轰炸机的九六舰战爆发了激烈空战，参战双方都宣布自己获胜。中苏联合部队声称击落 21 架日军飞机（包括 11 架战斗机和 10 架轰炸机），击毙 50 名机组人员。日军声称仅有 2 架三菱 G3M 轰炸机和 2 架九六式舰战被击落，不少于 40 名中苏机组人员遭射杀。具体战斗结果如何成为迷案。

　　1942 年 1 月 29 日，在缅甸敏加拉洞机场，美国空军飞虎队遭遇九六式舰战，一架九六舰战被击落。

　　1942 年 5 月 7 日，在珊瑚海海战中，九六式舰战参加了最后一次空战任务，当时来自"祥凤"号航母的 2 架九六式舰战和 4 架零式舰战与美国海军航空兵飞机展开了激烈空战，美军飞机击沉了"祥凤"号航母。

　　截至 1942 年，九六式舰战主要部署平台有"凤翔"号、"龙骧"号、"祥凤"号、"瑞凤"号、"大鹰"号航母，同时，配备于东南亚及日本后方的基地航空队内。大概于 1942 年末，九六式舰攻陆续由第一线战场退出，并作为教练机使用，直到第二次世界大战结束。

　　九六舰战的主要派生机型有九式单座战斗机、九六式一号舰上战斗机（A5M1）、九六式一号舰上战斗机改（A5M1a）、九六式二号一型舰上战斗机（A5M2a）、九六式二号二型舰上战斗机（A5M2b）、九六式三号舰上战斗机（A5M3a）、九六式四号舰上战斗机（A5M4）和二式教练用战斗机（A5M4－K），其中，九六式四号舰上战斗机（A5M4）是生产数量最多的一款派生机型，除了三菱重工工厂外，佐世保海军工厂、九州飞机等公司工厂也进行生产，总计大约生产了 1000 架。

　　九六式一号舰上战斗机的主要设计诸元如下：1 名飞行员，机长 7.71 米，机宽 11.00 米，机身自重 1075 公斤，标准设计全重为 1500 公斤，动力为中岛飞机寿二型改一空冷星型 9 汽缸发动机，输出功率为 460 马力，最大飞行速度 460 公里/小时，最大飞行高度 7740 米，续航距离为 850 公里，机载武器为 2 挺毗式 7.7 毫米固定机关枪、2 枚 30 公斤炸弹或 1 枚 50 公斤炸弹。

装备了副油箱的九六式舰上战斗机二号二型，机型变化为单发、单翼

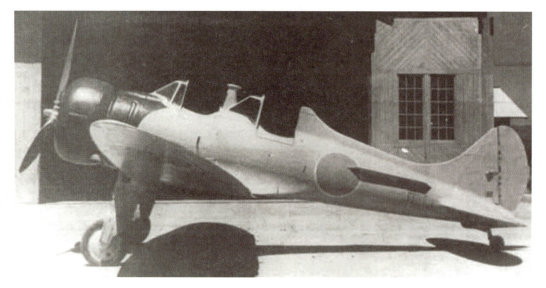

九六式舰战（A5M4－K型）

十七式舰上战斗机"烈风"——大日本帝国舰战的最后冲锋

　　"烈风"是日本帝国海军零式舰上战斗机的后续机型，为试制舰上战斗机中的战术战斗机，由三菱飞机设计生产，机身编号为A7M。"烈风"只处于试制阶段而未参加任

何实战任务，其总设计师与零战和"雷电"两款飞机的总设计师一样，都是堀越二郎工程师。

从总体印象上来看，"烈风"的设计深受零战的影响，大型化的机身全部采取流线性设计，机身形状与零战相似，与当时的战斗机相比，"烈风"的机身较大，同时，重视机身的机动性设计，只是由于开发推迟，无法参加实战，因此，对整个战局没有仟何影响。

"烈风"在试制阶段的正式名称为十七式舰上战斗机，1942 年 7 月，日本帝国海军提出了《十七式舰上战斗机计划要求书》，据这份要求书记载，"烈风"战斗机在 6000 米高空的最大飞行速度设计指标为 345 节（638.9 公里/小时）以上，在 6000 米高度以内的爬升能力为 6 分钟以内，其续航能力为全速飞行 30 分钟加上 250 节（463.0 公里/小时）巡航 5 个小时（在超负荷状态下），在合成风速为 12 米/秒的情况下其起飞滑行距离为 80 米以内（在超负荷状态下），着舰速度为 67 节（124.1 公里/小时），机载有 2 挺九九式 20 毫米二号机关枪和 2 挺三式 13 毫米机关枪。

根据运用平台的不同，"烈风"有不同的机型，运用于航母平台上的称为舰上战斗机（舰战），运用于陆上基地的称为战术战斗机（局战），运用于水上飞机基地的称为水上战斗机（水战），承担陆上攻击机护航任务的称为远距离战斗机（远战）。

此外，根据作战目的的不同，"烈风"又分为甲战斗机（甲战）、乙战斗机（乙战）和丙战斗机（丙战）三种类型，其中，甲战偏重于空战性能和续航距离，是以反战斗机作战任务为主的单座战斗机，实际上，它与以往的舰上战斗机相同，都是主力战斗机。乙战偏重于攻击能力和最大飞行速度，是以反轰炸机作战任务为主的单座超高空战斗机。丙战力求与乙战具备相同的作战能力，是以迎击轰炸机为主要任务的双座夜间战斗机。

在试制阶段，"烈风"共有五种派生型，分别是十七式舰上战斗机（试制"烈风"，A7M1）、"烈风"一一型（A7M2）、"烈风"性能提升型（A7M3）、"烈风"改（A7M3—J）和下一代甲战斗机。

十七式舰上战斗机/试制"烈风"与"烈风"一一型的性能设计诸元列表：

制式名称	十七式舰上战斗机/试制"烈风"	"烈风"一一型
机身编号	A7M1	A7M2
机宽	14.0m	
机长	10.995m	11.040m
机高	4.23m	
主翼面积	30.86m²	
自身重量	3110kg	3267kg
标准最大起飞重量	4410kg	4719kg
发动机	誉二二型（2000 马力）	"八四三"一一型（2200 马力）

续表

最大速度	574.1km/h（高度6190m）	624.1km/h（高度5760m）
爬升能力	爬升至6000m用时9分54秒	爬升至6000米用时5分58秒
续航距离	全力30分＋2315km（带副油箱）	全力30分＋1960km（带副油箱）
机载武器	翼内九九式20mm二号机关枪四型2挺（备弹数量各200发） 三式13.2mm机关枪2挺（备弹数量各300发）	翼内九九式20mm二号机关枪四型4挺（备弹数量各200发）
炸弹	可携带30kg或60kg炸弹2枚	

战后，美军在三泽空军基地拍摄到的"烈风"试制三号飞机

"烈风"（A7M）舰战

第二节　航母舰载海军攻击部队——以九七式舰上攻击机（"九七舰攻"）、"大山"舰上攻击机）"天山"）和"流星"舰上攻击机（"流星"）为代表的日本帝国海军舰上攻击机运用历史与经验

日本帝国海军舰上攻击机是搭载于航母平台上进行攻击运用的攻击机，其日文简称为"舰攻"。

在第二次世界大战期间，舰攻的主要作战用途是通过机载鱼雷攻击和俯冲轰炸两种手段对敌方军舰实施攻击，不过，只有日本帝国海军将以鱼雷攻击为主要手段的攻击机机种称为攻击机，其中搭载于航母平台上的攻击机才称为"舰上攻击机"，而在陆上基地运用的攻击机则称为"陆上攻击机"，搭载于航母平台上又以俯冲轰炸为主要攻击手段的机种，日本帝国海军则将其称为"舰上爆击机"，翻译过来就是舰上轰炸机，日文简称为"舰爆"。

在第二次世界大战中后期，由发动机功能的不断强化等因素影响，日本帝国海军所称的舰上攻击机和舰上轰炸机有趋于统一的动向。不过，美国海军则一直将这两种飞机称作攻击机。

日本帝国海军时期主要舰上攻击机列表：

英文编号	飞机名称	制造厂商
	一〇式舰上鱼雷轰炸机	
B1M	一三式舰上攻击机	三菱
B2M	八九式舰上攻击机	
B3Y	九二式舰上攻击机	海军航空技术厂（简称为"空技厂"）
B4Y	九六式舰上攻击机	
B5N	九七式一号舰上攻击机	中岛
B5M	九七式二号舰上攻击机	三菱
B6N	舰上攻击机「天山」	中岛
B7A	舰上攻击机「流星」	爱知飞机

日本帝国海军列装主力舰上攻击机（舰攻）基本概况及主要技术数据对照表：

舰载机名称	基本机型	首飞与飞行员数量	三维尺寸（机长×机宽×机高）（米）	最大飞行速度（公里/小时）	续航能力	机载武器	生产数量
一三式	单发、双翼	1923 年首飞，乘员 3 人	10.125×14.78	198	5 个小时	2 挺 7.7 毫米机关枪、1 枚 18 英寸鱼雷或 2 枚 250 公斤炸弹	444 架

续表

八九式	单发、双翼	1928 年首飞，乘员 3 人	10.18×14.98×3.60	228	1759 公里	2 挺 7.7 毫米机关枪、1 枚 800 公斤炸弹或鱼雷	204 架
九二式	单发、双翼	1932 年首飞，乘员 3 人	9.50×13.50×3.73	218	4 个半小时	2 挺 7.7 毫米机关枪、1 枚 800 公斤炸弹或鱼雷	128 架
九六式	单发、双翼	1936 年首飞，乘员 3 人	10.15×15.00×4.38	277	8 个小时（1574 公里）	2 挺 7.7 毫米机关枪、1 枚鱼雷或 500—800 公斤炸弹	大约 200 架
九七式（一号）	单发、单翼	1937 年首飞，乘员 3 人	10.3×15.52×3.7	378	1021 公里	1 挺 7.7 毫米机关枪、1 枚 800 公斤鱼雷或 800 公斤炸弹或 2 枚 250 公斤炸弹	1400 架
流星（一一型）	单发、单翼	1942 年 12 月首飞，乘员 3 人	11.49×14.40×4.07	543	1852—3000 公里	3 挺机关枪、1 枚 500—800 公斤炸弹或 2 枚 250 公斤炸弹、1 枚 850—1060 公斤鱼雷	114 架
天山（一一型）	单发、单翼	1941 年 3 月首飞，乘员 3 人	10.865×14.894×3.800	465	1460—3000 公里	4 挺机关枪、1 枚 500—800 公斤炸弹或 2 枚 250 公斤炸弹或 6 枚 60 公斤炸弹、1 枚九一式航空鱼雷	1266 架

下面对各式舰上攻击机进行分别介绍和分析。

一〇式舰上鱼雷轰炸机——日本列装的唯一三翼飞机

一〇式舰上鱼雷轰炸机也称十年式舰上鱼雷轰炸机，由三菱重工前身的三菱内燃机公司负责设计和生产，它是日本帝国海军中唯一的三翼飞机，生产数量较少，只有 20 架，飞机编号为 1MT。

早期，日本帝国海军严重依赖从欧美各国进口飞机，然后授权许可生产，为了打破这种困境，日本帝国海军指示三菱招聘英国飞机设计师开发日本自己的战斗机、侦察机和攻击机。这其中的舰上攻击机开发类型就是十年式舰上鱼雷轰炸机，第一架试制飞机于 1922 年 8 月完成。十年式舰上鱼雷轰炸机的最大特征是日本帝国海军第一款而且也是唯一的三翼飞机，不过，由于航母机库存放空间有限，故此，搭载数量也非常有限。截至 1923 年，这款飞机只生产了 20 架就不再生产了，后续机型一三式舰上攻击机开始进入批量生产阶段，于是，老款飞机转为教练机。

一〇式舰上鱼雷轰炸机的主要设计诸元如下：机长 9.78 米，机宽 13.26 米，机高 4.45 米，机身自重 1370 公斤，设计全重为 2500 公斤，动力为一部液冷 W 型 12 汽缸发动机，输出功率为 450 马力，最大飞行速度 209.4 公里/小时，续航时间为 2.3 小时，实用升限为 6000 米，机载武器为 1 枚 18 英寸鱼雷，乘员 1 人。

一〇式舰上鱼雷轰炸机，机型为单发、三翼，因为体形过于庞大，不太适合做舰载机。

一三式舰上攻击机——日本帝国海军第一款舰攻

一三式舰上攻击机的略记编号为 B1M，它是日本帝国海军的早期舰载鱼雷轰炸机，最初开发名称为"十三年式舰上攻击机"。

一三式舰上攻击机主要作为鱼雷轰炸机和侦察机使用，主要作战对象为中国，其设计者为英国技术工程师赫伯特·史密斯，制造公司为三菱重工，试制 1 号飞机于 1923 年 1 月完成并进行了首飞，同年开始批量生产，1924 年作为日本第一款真正的舰上攻击机开始制式服役，截至 1933 年，包括由广岛海军工厂生产的 40 架在内，其生产总数量为 444 架，1938 年退役。

一三式舰攻不仅可以执行鱼雷攻击任务，同时，还可完成水平轰炸和侦察任务，它是以后日本帝国海军舰攻任务的雏型。一三式舰攻分为一号一型、一号二型、二号一型、二号二型和三号共 5 种类型。

在 1932 年上海"一·二八事变"中，来自"加贺"号和"凤翔"号航母的 32 架一三式舰攻曾经作为日本帝国海军的主力作战机型参加了大量的轰炸任务，同时，在与中国国民党空军的较量中，这种机型还击落了中国空军战斗机。一三式舰攻与中国空军的较量成为日本历史上第一次空战记录。当时，"加贺"号航母所属由小谷大尉驾驶的一架一三式舰攻也参加了这次空战。

一三式三号舰上攻击机的主要设计诸元如下：机长 10.125 米，机宽 14.78 米（主翼后部可折叠），机身自重 1750 公斤，设计全重为 2900 公斤，动力为一部伊斯帕诺斯伊萨水冷式 V 型 12 汽缸发动机，输出功率为 450 马力，最大飞行速度 198.1 公里/小时，续航时间为 5 小时，机载武器为 2 挺 7.7 毫米机关枪（机首一挺固定式、后部一挺旋转式），1 枚 18 英寸鱼雷或 2 枚 250 公斤炸弹，乘员 3 人。

隶属于横须贺海军航空队的一架一三式二号舰攻

八九式舰上攻击机——英国设计的问题飞机

八九式舰上攻击机由英国公司设计，日本三菱重工生产，为一三式舰攻的替代机型，海军标记编号为 B2M，于 1929 年 12 月 28 日进行首飞，1932 年开始服役，其生产数量仅为一三式舰攻的一半左右，为 204 架。

八九式舰攻在设计结束后的审查环节中就不合格，经过修改之后，最终于昭和七年勉强作为制式舰上攻击机服役，装备部队后，发现有操纵性不良等各种各样的问题，因此，机身各部分都需要进行非常大的修改。整体来看，日本帝国海军对英国设计的这款飞机不满意。

八九式舰攻分为一号（B2M1）和二号（B2M2）2 个机型，其中，一号机于 1932 年 3 月开始服役，部署平台为"赤城"号、"加贺"号和"凤翔"号航母，二号机为一号机的改进型。在 1937 年七七事变开始期间，八九式舰攻大量配备于第一线战场，并针对中国大陆实施了大规模的高空和低空轰炸任务。

八九式舰上攻击机的主要设计诸元如下：机长 10.18 米，机宽 14.98 米（主翼后部可折叠），机高 3.60 米，设计全重为 3600 公斤，动力为一部三菱比式液冷 12 汽缸发动机，输出功率为 650 马力，最大飞行速度 228 公里/小时，续航距离为 1759 公里，机载武器为 2 挺 7.7 毫米机关枪，1 枚 800 公斤炸弹或 1 枚鱼雷，乘员 3 人。

馆山航空队所属的八九式舰攻

在日本东京工业大学内展示的一架八九式舰攻

九二式舰上攻击机——中国战场主战机型

九二式舰上攻击机为八九式舰攻的替代机，整个飞机对一三式舰攻各个部分进行了大幅度改良，其试制机由横须贺海军航空厂负责设计和制造，1933 年开始服役，日本帝国海军标记编号为 B3Y。九二式舰攻的主要生产厂为日本爱知飞机公司，不过，后期有日本帝国海军广工厂和渡边铁工所参加了少数飞机的生产任务，这型飞机总计生产了 128 架。

服役后，九二式舰攻的主要搭载平台为"凤翔"号、"龙骧"号等航母，在日中战争中，它作为主战机型曾经参加了大量的中国战场作战行动，尤其擅长对中国境内的小型地面目标实施精确轰炸。

九二式舰上攻击机的主要设计诸元如下：机长 9.50 米，机宽 13.50 米，机高 3.73 米，设计全重为 3200 公斤，动力为一部广厂 91 式液冷 W 型 12 汽缸发动机，输出功率为 750 马力，最大飞行速度 218 公里/小时，续航时间为 4 个半小时，机载武器为 2 挺 7.7 毫米机关枪，1 枚 800 公斤炸弹或 1 枚鱼雷，乘员 3 人。

九六式舰上攻击机

九六式舰上攻击机（简称为"九六舰攻"）是日本帝国海军最后一款双翼鱼雷轰炸机，简记编号为 B4Y，最初由中岛飞机、三菱重工和空技厂（日本帝国海军航空技术厂）三家单位竞争试制，最后，日本帝国海军将空技厂设计的机型采用为制式九六舰攻。九六舰攻的制造者为横须贺海军航空技术厂，1935 年进行首飞，1936 年 11 月开始批量生产，1943 年退役，生产数量为 205 架。

九六舰攻服役期间参加了中国战争以及 1942 年 6 月的中途岛海战，其中，8 架飞机服役于"凤翔"号航母。

1937 年 1 月，在第二次上海事变期间，日本将隶属于母舰部队和基地航空队的九六舰攻部队派遣至中国战场参加作战任务，当时这些舰攻主要承担对地攻击任务。

1937 年 12 月 12 日，3 架九六式舰攻参与了"班乃"号炮艇事件，在这次事件中，日军对停泊在南京市附近长江沿岸的美国海军"班乃"号炮艇进行了攻击。本来九六舰攻是没有鱼雷攻击机会的，不过，通过"班乃"号事件，九六舰攻利用水平轰炸将"班乃"号击沉，这让日本帝国海军有了第一次的水平轰炸作战经历。

在太平洋战争初期，九六舰攻主要用作轻型航母舰载机、沿岸巡逻机和教练机。在 1942 年 6 月 6 日的中途岛海战中，隶属战列舰部队的"凤翔"号航母派遣了一架侦察用途的九六舰攻，当时这架舰攻发现了遭受重创漂流于海面上正准备自沉处理的"飞龙"号，在此期间，九六舰攻乘员对"飞龙"号飞行甲板上的舰员们进行了拍照。

1940 年，随着九七舰攻逐步取代了九六舰攻作为主要的航母攻击机，九六舰攻开始退出第一线战场，不过，此后的九六舰攻仍然作为高级教练机服役于"凤翔"号和"云鹰"号航母上，直到1943年。

九六式舰上攻击机的主要设计诸元如下：机长10.15米，机宽15.00米（主翼后部可折叠），机高4.38米，机身自重为1825公斤至2000公斤，设计全重为3500公斤至3600公斤，动力为中岛"光"二型空冷星型9汽缸发动机，输出功率为700马力，最大飞行速度277公里/小时，最小飞行速度92.6公里/小时，续航时间为8小时（1574公里），机载武器为2挺7.7毫米机关枪（机首一挺固定式、后部一挺旋转式），1枚500公斤至800公斤炸弹或1枚鱼雷，乘员3人。

搭载于"加贺"号航母上的一架九六舰攻

两款九七式舰上攻击机——日本帝国海军主战机型

九七式舰上攻击机简称为九七式舰攻或九七舰攻，存在相同名称而设计却完全不同的2种机型，分别是中岛飞机公司设计的B5N型和三菱重工设计的B5M型，通常情况下，九七舰攻都指的是中岛设计的B5N型。

1935年，日本帝国海军命令中岛飞机和三菱重工竞争试制"十试舰上攻击机"，1937年，中岛设计方案成为制式的九七式一号舰上攻击机，三菱重工设计方案成为制式的九七式二号舰上攻击机。首架试制九七舰攻于1937年进行首飞，总计生产数量为1400架。由于两款试制飞机之间没有决定性的性能差距，故此，日本帝国海军决定将它们全部选为制式装备。

作为舰上攻击机，九七舰攻是日本帝国海军第一款全金属制造的低翼单翼飞机，其中，一号型采用了日本国产单发飞机中的第一种引入式起落架。从综合性能上来看，与九六舰攻相比，九七舰攻的最大飞行速度提升了大约100公里/小时，乘员仍为3人。

九七式一号/三号舰上攻击机 （B5N1、B5N2）

中岛飞机设计的九七舰攻又分为九七式一号舰上攻击机（后来又改称为九七式舰上攻击机一一型）和九七式三号舰上攻击机（后来改称为九七式舰上攻击机一二型）2个型号，这两款机型的最大飞行速度为377公里/小时，机载武器有1枚800公斤鱼雷或炸弹以及1挺7.7毫米机关枪。其中，九七舰攻一号与同时期开发中的"十试舰上侦察机"（后来的九七式舰上侦察机）一样都采用了可变距螺旋桨、蝶型襟翼、密闭式防风罩等设计。九七舰攻一号试制飞机于1936年12月31日完成，1937年1月8日进行了首飞。一号发动机为"光"三型，三号发动机为"荣"11型，两款飞机合计共生产了1250架，生产工厂为中岛飞机的小泉工厂（机身）。

九七式二号舰上攻击机 （B5M1）

三菱重工设计与开发的九七舰攻仅有一种机型为九七式二号舰上攻击机（后来改称为九七式舰上攻击六一型），采取传统的固定式起落架，与中岛飞机设计的九七舰攻相比，二号飞机的振动较小，因此，大部分飞行员更喜欢这款飞机。二号试制飞机于1936年10月末完成，1936年11月21日成功进行了首飞，其最大飞行速度为380公里/小时，机载武器有1枚800公斤鱼雷或炸弹以及1挺7.7毫米机关枪。二号飞机于1940年停止生产，专职于训练和巡逻等任务，总计生产了150架左右。

九七舰攻的作战经历

九七舰攻服役不久即全面投入中国大陆战场，主要承担对地轰炸任务。

在珍珠港攻击作战中，日本联合舰队共投入了143架三号九七舰攻，分别编成水平轰炸队和鱼雷攻击队2支进攻部队，其中，水平轰炸队配备103架三号舰攻，机载武器有1枚800公斤炸弹或2枚250公斤炸弹或1枚250公斤炸弹与6枚60公斤炸弹，鱼雷攻击队配备40架三号九七舰攻，机载武器有九一式航空鱼雷改型，这支日本远征海军航空兵部队对美国海军太平洋舰队6艘军舰进行了鱼雷攻击，其中包括4艘主力战列舰，上述军舰遭受36枚鱼雷击中，美军公布的数据为23枚。

截至太平洋战争中期，九七舰攻的主要运用平台为航母，随着后续取代机型"天山"的登场，九七舰攻运用平台转为陆上基地，在追加安装了雷达设备后又承担起反潜巡逻和运输船队护卫任务。

在太平洋战争末期，一部分九七舰攻又承担了自杀式的特别攻击任务。

1945年8月下旬，针对进攻北千岛群岛的苏联红军登陆船队，部署在占守岛上的东北航空队所属几架九七舰攻与日本帝国陆军飞机一同出击对苏联红军登陆部队展开轰炸，这是日本帝国海军舰上攻击机部队的最后一次参战行动。从服役历史来看，三号九七舰攻参战次数最多，战果最大。

三号九七式舰上攻击机的主要设计诸元如下：机长10.3米，机宽15.52米，机高

3.7 米，主翼面积 37.7 平方米，机身自重 2170 公斤，标准设计全重为 3800 公斤，超负荷全重为 4100 公斤，动力为中岛"荣"11 型发动机，标称输出功率为 9700 马力，3600 米高空的最大飞行速度 378 公里/小时，3000 米高空的巡航飞行速度为 263 公里/小时，着陆速度 263 公里/小时，爬升至 3000 米高度的时间为 7 分 40 秒，实用上限为 7640 米，标准续航距离 1021 公里，超负荷续航距离为 1993 公里，机载武器有 1 挺 7.7 毫米机关枪，备弹 582 发，分 6 个弹仓储存，1 枚 800 公斤鱼雷以及 1 枚 800 公斤炸弹或 2 枚 250 公斤炸弹，乘员 3 人。

九七式三号舰攻

九七式一号舰攻

九七式二号舰攻

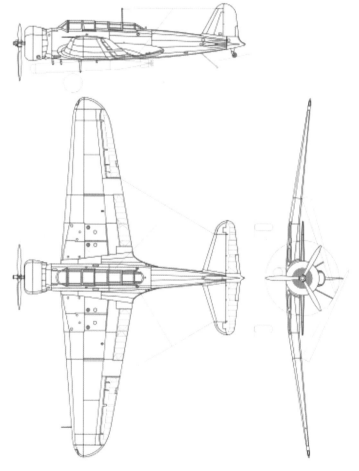

九七式一号舰攻的三向设计示意图

"天山"舰上攻击机

天山是九七舰攻的后续机型，由中岛飞机负责设计和生产，设计者为松村健一工程师，机身编号为 B6N。

1939 年 10 月，日本帝国海军要求中岛飞机设计九七式三号舰攻的后续机型，并提出了《十四式舰上攻击机计划要求书》，根据这份开发要求书记载，天山的设计最大飞行速度要达到 463 公里/小时以上，在加载鱼雷武器时的续航距离要达到 3334 公里以上，其发动机配备"护"型或"火星"。接受要求书之后，中岛飞机组建了以松村健一工程师为设计主任的强大设计阵容，1940 年 5 月，真正的开发工作全面展开。

天山试制飞机于 1941 年 3 月 14 日成功进行了首飞，1943 年 2 月开始批量生产，1943 年 7 月正式列装部队，在服役期间，总计生产了 1266 架。

天山舰攻派生型飞机共有四种，分别是天山一一型（B6N1）、天山一二型（B6N2）、天山一二甲型（B6N2a）和天山一三型（B6N3）。

开始配备部队及部署拉包尔

列装部队前不久，1943 年 7 月，天山一一型舰攻首批配备了创队时间不长的第五三一航空队，1943 年 11 月中旬，第五三一航空队 12 架一一型舰攻率先部署到巴布亚新几内亚拉包尔地区的卡维恩，编入第五八二航空队。在 1943 年 12 月爆发的第六次布干维尔岛洋面航空战中，天山一一型舰攻第一次投入实战运用。在这次作战行动中，6 架天山一一型舰攻联合 5 架九七舰攻对美国机动舰队展开了夜间鱼雷攻击，这些舰攻与第五八二航空队组成的舰上轰炸机队、陆上攻击机队共击沉了 3 艘航母以及战列舰和重巡洋舰各 1 艘，取得了辉煌战果。根据这些战果，日本帝国海军对承担天山开发任务的中岛飞机进行隆重表彰，不过，根据美国海军记录，在这次作战中，美军并没有军舰沉没，可能是夜间条件下日军的错误判断。此后不久，1944 年 2 月 17 日至 2 月 18 日，在特鲁克岛空袭之后，天山舰攻承担了侦察任务，同年 6 月至 7 月，又投入到马里亚纳群岛攻防战中，不过，这些作战行动都没有取得任何战果。

承担马里亚纳及菲律宾攻防战任务

1943 年 12 月左右，天山一二型舰攻开始服役，并正式列装第三舰队（后来编入第一机动舰队）所属各母舰航空队使用。1944 年 3 月，由于战况激烈，天山舰攻的生产速度远远赶不上日军在前线的消耗速度，故此，面向第一机动舰队的天山舰攻配备数量无法再增加，结果，第一机动舰队所属天山队的原有定数配备都无法满足，天山队的定数配备为 99 架。1944 年 6 月，在天山队定数配备不足 7 成的情况下，日军第一机动舰队即率领所属航母编队参加了菲律宾海战。在此次海战中，第六〇一航空队编制的 29 架天山一二型舰攻负责执行白天条件下的鱼雷攻击任务，不过，在美国海军 F6F 舰载战斗机及舰载防空火炮的攻击下，超过 8 成的参战飞机总计 24 架舰攻没有返航，由此来看，此次天山舰攻队遭受了重创。

1944 年 10 月，在台湾洋面的航空战中，编入 T 攻击部队的第六〇一航空队攻击第二六二飞行队所属的 23 架天山舰攻对美军机动部队展开了夜间鱼雷攻击，来自第二航空舰队第六五三航空队的总计 56 架舰攻对美军实施了白天条件下的鱼雷攻击，来自第七〇一航空队第二五二飞行队的 17 架天山舰攻也参加了战斗，不过，所有天山队都损失惨重，其中，第二五二飞行队只有飞行队长驾驶的飞机幸免，其他全未返航。

在后来的莱特湾大海战中，第三航空战队所属"瑞鹤"号等 4 艘航母总计才搭载了 25 架天山舰攻，这个数量不到定数的 5 成，主要承担侦察、反潜巡逻以及为挂载炸弹武器的零战攻击队提供制导等任务。

部署日本东北方向及承担海上护卫任务

进入 1944 年之后，美军在日本北海道至美国阿留申群岛一线的活动日趋频繁，鉴于此，1944 年 4 月末，天山舰攻与在日本本土承担机组人员训练任务的第五五三航空队所属九七舰攻联合部署至千岛群岛中的占守岛上。后来，随着天山舰攻追加了部署数量，这些飞机开始在占守岛至北海道东部地区一线展开巡逻任务。在菲律宾战况进一步恶化之后，1944 年 10 月，日本东北方向的航空队仅保留一架天山舰攻和几架九七舰攻留守，其他飞机全部调往菲律宾。留守舰攻直接编入日本帝国海军东北航空队，继续承担反潜巡逻任务，不过，1945 年春天，留守唯一的一架天山舰攻也因事故损失。此外，承担海上交通线防卫任务的第九〇一航空队所属天山舰攻主要用于船队护航以及反潜巡逻任务，不过，1945 年初期，由于南方航线事实上已经处于支离破碎的状态后，这些天山舰攻转而充当美国军舰攻击任务。

参加硫黄岛战役和冲绳战役

在经历了马里亚纳群岛攻防战、台湾洋面航空战、菲律宾攻防战等一系列异常激烈的空中大战之后，日本母舰航空队基本覆灭，基地航空队也损失惨重，鉴于此，少数天山舰攻在夜间或傍晚时分以及黎明期间对美国海军军舰实施鱼雷攻击，这种反舰攻击战法成为此时日本舰上攻击机和陆上攻击机最主要的战法，不过，在美国海军 F6F－5N 战斗机及防空炮火的反击下，天山舰攻没有收获任何战果。不过，就在第二次世界大战结束的前三天，也就是 1945 年 8 月 12 日深夜，由九州鹿儿岛县串良基地出击、隶属于第五航空舰队第九三一航空队攻击第二五一飞行队的 4 架天山舰攻对停泊在冲绳县中城湾内的美国海军宾夕法尼亚号战列舰进行了鱼雷攻击，结果，宾夕法尼亚号遭受重创。这是天山舰攻在第二次世界大战即将结束前的最大战果。

此外，在菲律宾攻防战、硫黄岛战役以及冲绳战役（菊水作战）中，由于零战和"彗星"已经所剩无几，故此，天山舰攻也投入了特攻作战任务。1945 年 2 月 21 日，隶属第三航空舰队麾下的第六〇一航空队所属 8 架天山舰攻（4 架挂载鱼雷，4 架挂载炸弹）作为第二御楯特别攻击队（另有 9 架零战支援及 12 架彗星参战）从香取基地出发经由八丈岛对集中在硫黄岛海面的美国海军舰队发起了攻击，在天山攻击队的轰炸及自杀式攻击下，美国海军萨拉托加号攻击航母及舰队运输舰遭受重创，另在彗星攻击队的自杀式攻击下，俾斯麦海号航母被击沉。

到第二次世界大战结束时，天山舰攻残存数量为 187 架。

天山舰攻的主要技术参数列表：

制式名称	天山一一型	天山一二甲型
机身编号	B6N1	B6N2a
机宽	14.894m（主翼折叠时的机宽为 7.1935m）	
机长	10.865m	
机高	3.800m	3.820m
主翼面积	37.202m²	
自重	3223kg	3083kg
标准最大起飞重量	5200kg	
超负荷重量	5650kg	
发动机	护一一型（1870 马力）	火星二五型（1850 马力）
最大飞行速度	464.9km/h（高度 4800m）	481.5km/h（高度 4000m）
实用升限	8650m	9040m
续航距离	1460km（标准）/3447km（超负荷）	1746km（标准）/3045km（超负荷）
机载炸弹	60kg6 枚、250kg2 枚、500kg 或 800kg 1 枚	
机载鱼雷	九一式航空鱼雷 1 枚	
机载武器	7.7mm 旋转机关枪 2 挺（分别位于后上方和后下方）	1.mm 旋转机关枪 1 挺（后上方）7.92mm 旋转机关枪 1 挺（后下方）
乘员	3 人	

天山一二型舰攻

挂载鱼雷的天山一二型

在美国海军"约克城"号航母舰载 5 英寸高射炮的打击下,天山舰攻被击落

"流星"舰上攻击机——"最后的特攻"飞机、唯一的多任务舰攻

流星舰攻于太平洋战争末期开始服役,其开发和设计者为二战期间的日本爱知飞机公司,机身编号为 B7A(其中,B 代表为攻击机种,7 代表为第七代舰上攻击机,A 代表设计者为爱知飞机公司制造)。1945 年 8 月 15 日,日本战败投降当天,流星舰攻由木更津海军航空基地出发对停泊在房总半岛附近海面的美国海军"约克城"号航母展开

了自杀式特攻攻击，日本帝国海军将这次攻击称为"最后的特攻"。

从总体上来看，流星舰攻是一款多任务舰上攻击机，具备俯冲轰炸、水平轰炸和鱼雷攻击三种作战能力，也就是同时具备舰上轰炸机和舰上攻击机两种机种的作战功能。与日本其他单发舰上攻击机和舰上轰炸机相比，流星舰攻具有非常杰出的性能，不过，非常不走运的是流星舰攻服役时已经到了第二次世界大战末期，日本帝国海军已经没有了可供作战运用的航母平台，因此，作为航母舰载机的流星舰攻已经没有发挥作战性能的机会。

九七舰攻和天山舰攻没有设计防弹装备，而流星舰攻作了突破，它是日本军队中唯一设计防弹装备的舰上攻击机。

根据十六试舰上攻击机研制计划，日本帝国海军对流星舰攻的设计提出了具体要求，其一，一个机种要兼具舰攻和舰爆两重功能，即具备水平轰炸、俯冲轰炸和雷鱼攻击三种能力；其二，在搭载各种炸弹的状态下，在 5000 米高空的最大飞行速度要达到 555.6 公里/小时以上；其三，在搭载 500 公斤炸弹时，标准状态的续航距离要在 1852 公里以上，在超负荷状态下，续航距离要在 3333.6 公里以上；其四，在搭载 800 公斤炸弹时、在超负荷状态下，离舰起飞距离要在 100 米以下（当时风速为 12 米/秒）；其五，在标准轰炸状态下，着舰速度要在 120.4 公里/小时以下；其六，搭载炸弹能力为 1 枚 800 公斤炸弹，或 1 枚 500 公斤炸弹，或 2 枚 250 公斤炸弹，或 6 枚 60 公斤炸弹，具备挂载方式可任选；其七，搭载鱼雷能力为 1 枚 850 公斤鱼雷，或 1 枚 1000 公斤鱼雷，可任选；其八，机载武器包括 2 挺 7.7 毫米机关枪和 1 挺 7.7 毫米旋转机关枪；其九，空战性能要与九九舰爆相当，并具有更好的机动性能；其十，必须构造坚固、维修简单、操作容易、适于大批量生产。

最终的流星舰攻生产数量包括 9 架试制飞机在内共有大约 110 架。截至第二次世界大战结束时，流星舰攻的实战装备部队只有第三航空舰队所属第七五二海军航空队攻击第五飞行队。

1945 年 7 月 25 日至 8 月 15 日，流星舰攻对以关东地区海面为中心接近日本本土近海并对日本本土各地实施空袭作战的美国海军和英国皇家海军高速航母机动部队进行攻击，不过，只有少数飞机胆敢执行攻击任务，因此，战果不明。战后，美军接收了 4 架流星舰攻。

流星舰攻的主要技术参数列表：

制式名称	流星一一型
机身编号	B7A1
机宽	14.40 m（主翼折叠时的机宽为 8.30 m）
机长	11.49 m
机高	4.07 m
翼面积	35.40 m²

翼面负荷	161.02 kg/m²
自重	314 kg
标准最大起飞重量	5700 kg
发动机	誉 12 型（1850 马力）/后期生产型换装誉 21 型（2000 马力）
最大飞行速度	542.6 km/h（高度 6200 m）
爬升能力	爬升至 6000m 高度的用时为 10 分 20 秒
续航能力	标准轰炸任务：1852km 超负荷轰炸任务：2982 km（海军资料）/3037km（爱知飞机资料） 超负荷鱼雷攻击任务：2980km
机载武器	翼内 20mm 机关枪 2 挺 后上方 13mm 旋转机关枪 1 挺
机载炸弹	机身 500—800kg 炸弹 1 枚、或 250kg 炸弹 2 枚 翼下 30—60kg 炸弹 4 枚
机载鱼雷	850—1060kg 鱼雷 1 枚

流星舰攻

装备航空鱼雷的流星舰攻

第三节　航母舰载反舰对地攻击部队——以九九式舰上轰炸机（"九九舰爆"）和"彗星"舰上轰炸机（"彗星"）为代表的日本帝国海军舰上轰炸机运用历史与经验

日本帝国海军舰上轰炸机是运用于航母平台、具备俯冲轰炸能力的机种。舰上轰炸机的日语为"舰上爆击机"，故此，舰上轰炸机也简称为"舰爆"。

舰上轰炸机在对军舰发起攻击时，由于目标经常处于机动状态中，故此，轰炸必须重视精度，在这种情况下，舰爆的主要攻击手段分为两种，一种是采取低空或超低空飞行迫近军舰后实施鱼雷攻击，另一种是采取高空俯冲轰炸。

日本帝国海军舰上轰炸机列表：

机身英文编号	名称	制造厂商	备注
D1A1	九四式舰上轰炸机	爱知飞机	
D1A2	九六式舰上轰炸机		
D2	八式特殊轰炸机	爱知与中岛飞机	均没有制式采用
D3N	十一试舰上轰炸机	中岛飞机	
D3A	九九式舰上轰炸机	爱知飞机	
D3Y	教练用轰炸机「明星」	空技厂	
D4Y	舰上轰炸机「彗星」		

日本帝国海军列装主力舰上轰炸机（舰爆）基本概况及主要技术数据对照表：

航载机名称	首飞与乘员数量	三维尺寸（机长×机宽×机高）（米）	最大飞行速度（公里/小时）	续航能力	机载武器	生产数量
九四式	1934年首飞，乘员2人	9.40×11.37	281（2050米高度）	1050公里	3挺7.7毫米机关枪、1枚250公斤炸弹、2枚30公斤炸弹	162架
九六式	1936年首飞，乘员2人	9.40×11.40	309（3200米高度）	1330公里	3挺7.7毫米机关枪、1枚250公斤炸弹、2枚30公斤炸弹	428架
九九式（一一型）	1938年1月首飞，乘员2人	10.185×14.360×3.348	382（2300米高度）	1472公里	3挺7.7毫米机关枪、1枚250公斤炸弹、2枚60公斤炸弹	1486架
彗星（一一型）	1940年11月15日首飞，乘员2人	10.22×11.50×3.175	546（4650米高度）	1783—2200公里	3挺7.7毫米机关枪、1枚250公斤或500公斤炸弹	2253架

下面对各式舰上轰炸机进行分别介绍和分析。

九四式舰上轰炸机——日本帝国海军第一代舰爆

九四式舰上轰炸机（简称为九四舰爆）的设计者和制造商都是日本爱知时计（钟

表）电机公司（即后来的日本爱知飞机公司），是于 1934 年制式列装的单发双翼舰上轰炸机，海军标记为 D1A1（D 代表舰上轰炸机、第一个"1"代表第一代，A 代表爱知公司，第二个"1"代表第一种型号）。

九四舰爆于 1934 年首飞，1934 年 12 月开始作战运用，1935 年 1 月开始批量生产，1942 年退役，截至 1937 年的生产数量为 162 架。

制式运用后的九四式舰上轰炸机最先部署于"龙骧"号航母平台上，随后又部署于"加贺"号航母平台参加了日中战争。1937 年 8 月，九四式舰上轰炸机对杭州笕桥机场展开了轰炸行动，这是它自服役以来首次参战，随后，这种机型在中国战场执行了大量的对地轰炸任务，由于轰炸效果精密，因此，取得了极其辉煌的战果。后来，九四式舰上轰炸机逐渐显现出马力不足的弊病，于是，换装新型发动机，并且，机体经过改良设计的九六式舰上轰炸机开始取代九四式舰上轰炸机，从 1938 年末开始，九四式舰上轰炸机逐步退出第一线中国战场，随后，转为教练轰炸机和后勤保障飞机使用。

九四舰爆主要设计诸元如下：机长 9.40 米，机宽 11.37 米，主翼面积 34.05 平方米，机身自重 1400 公斤，搭载量为 1000 公斤，设计全重为 2400 公斤，动力为一部中岛"寿"二型改一空冷星型 9 汽缸发动机，输出功率为 460 马力（1500 米高度），在 2050 米飞行高度时的最大飞行速度为 281 公里/小时，俯冲下限速度为 500 公里/小时，实用升限为 7000 米，续航距离为 1050 公里（5.7 小时），机载武器为 3 挺毘式 7.7 毫米机关枪（机首 2 挺固定式、后席 1 挺旋转式），挂载武器有 1 枚 250 公斤炸弹和 2 枚 30 公斤炸弹。乘员 2 人。

九六式舰上轰炸机——双翼飞机时代的终结

九六式舰上轰炸机简称为"九六舰爆"，为日本爱知飞机公司在九四舰爆基础上发展设计而成的双翼舰上轰炸机，1936 年 11 月开始制式列装，其海军编号为 D1A2。

九六舰爆于 1936 年成功进行了首飞，在 1936 年至 1940 年期间共生产了 428 架。1935 年，爱知飞机在生产九四舰爆的同时开始对原有机型进行改良，1936 年 10 月，改良机型正式更名为九四式舰上轰炸机改，随着改良型试制飞机通过了审查，由于它比九四舰爆的综合性能有了非常明显的提升，故此，日本帝国海军将其制式确定为九六式舰上轰炸机。九六舰爆代表日本双翼飞机时代的终结，其后续机型的九九式舰上轰炸机开启了单翼飞机时代。

在日中战争期间，九六舰爆不仅是当时军舰上的主力作战机型，而且还是陆上基地的作战主力。1937 年 9 月，九六舰爆第一次参战就对当时的中国首都南京进行了大轰炸，随后，开始转战华南、华中地区等地作战，在这些作战中，九六舰爆发挥出了非常强大的俯冲轰炸威力。由于机身机动性能非常高，因此，九六舰爆在与中国空军战斗机进行较量时可轻易取胜，同时，在强行着陆中国空军机场时，它对中国空军飞机造成了很大的破坏。

　　在太平洋战争爆发前，九六舰爆是日本帝国海军轰炸机中最受飞行员欢迎的机型。随着，九九舰爆开始陆续服役，九六舰爆退出了第一线战场，一部分飞机改造成九六式教练用轰炸机（D1A2－K），这些飞机于1941年12月制式服役后装备于教练航空队。在太平洋战争爆发初期，九六舰爆曾经用作侦察机和反潜巡逻机使用，此外，还曾经搭载于"大鹰"号轻型航母上进行运用。

　　九六舰爆主要设计诸元如下：机长9.40米，机宽11.40米，主翼面积34.50平方米，机身自重1775公斤，搭载量为1025公斤，设计全重为2800公斤，动力为一部中岛"光"一型空冷星型9汽缸发动机，输出功率为730马力（起飞时），在3200米飞行高度时的最大飞行速度为309公里/小时，俯冲下限速度为537公里/小时，实用升限为6980米，续航距离为1330公里，机载武器为3挺毘式7.7毫米机关枪（机首2挺固定式、后席1挺旋转式），挂载武器有1枚250公斤炸弹和2枚30公斤炸弹。乘员2人。

飞行中的双翼九六舰爆

十一式舰上轰炸机

　　十一式舰上轰炸机是由爱知飞机和中岛飞机分别试制的日本帝国海军舰上轰炸机，其中，爱知飞机试制的十一式舰爆就是后来的九九式舰上轰炸机（D3A），中岛飞机试制的飞机编号为D3N。

　　1936年，日本帝国海军命令爱知飞机、中岛飞机和三菱重工3家公司开发十一式舰上轰炸机，后来，三菱重工退出。中岛开发的飞机是金属制造低翼单翼飞机，它与爱知开发的最大不同处是采取了引入式起落架。

十一式舰上轰炸机的主要设计诸元如下：机长 8.80 米，机宽 14.50 米，机高 2.80 米，主翼面积 34.00 平方米，机身自重 1800 公斤，设计全重为 3400 公斤，动力为一部中岛"光"一型空冷复星型 9 汽缸发动机，输出功率为 820 马力，最大飞行速度为 352 公里/小时，续航距离为 1519 公里，实用升限为 7000 米，机载武器为 2 挺 7.7 毫米机关枪，挂载武器有 1 枚 250 公斤炸弹或 4 枚 30 公斤炸弹。乘员 2 人。

九九式舰上轰炸机——主力轰炸机、战功卓著、战果辉煌

九九式舰上轰炸机为日本帝国海军舰载俯冲轰炸机，其简称为"九九式舰爆"或"九九舰爆"，海军编号为 D3A。九九舰爆的试制机型为十一式舰上轰炸机，试制开始时间为 1936 年。

九九舰爆由爱知飞机（1943 年从爱知时计电机公司独立出来）制造，试制机于 1938 年 1 月成功进行首飞，1939 年开始批量生产，1940 年开始服役，在服役期间共生产了 1486 架。

九九舰爆分九九式舰上轰炸机一一型（D3A1）和九九式舰上轰炸机二二型（D3A2）两种派生型。其中，一一型包含试制机在内共生产了 476 架，二二型共生产了 816 架，此外，昭和飞机公司又生产了 220 架二二型后期生产型飞机，上述所有机型飞机在第二次世界大战结束时只剩下 135 架，由此可见，飞机的损耗量是非常巨大的。

在太平洋战争初期的珍珠港攻击行动中，九九舰爆对美国海军战列舰部队给予了重创，借此战果，日军证明了航空决战思想的有用性。随后，通过部署于航母平台上，九九舰爆对美英等盟军设在南方各地的基地和海军港湾设施进行了大规模空袭，它为日军迅速进入并占领南洋提供了有力支撑。从太平洋战争初期至中期，装备九九舰爆的日军航母舰爆攻击队与美国海军航母机动部队展开了大规模的生死激战，最终，九九舰爆为日军重创美军航母机动部队立下了汗马功劳。九九舰爆参加了人类历史上第一次航母对航母式的海上大决战。不过，随着战局对日军越来越不利以及飞机性能的不断落后，九九舰爆只能以旧有的战术和战法来应对不断推陈出新的美军，最后只能充当自杀式的特攻飞机。综合来看，对于日军而言，九九舰爆既有战功卓著的历史功绩，又有惨败对手不堪回首的痛苦晚节，大有"成也萧何、败也萧何"的无奈。

大战初期的疯狂轰炸

在太平洋战争前期，九九舰爆与零战、九七舰攻三种机型密切配合参加了日本帝国海军的快速进攻，在珍珠港攻击、印度洋空袭等作战行动中，九九舰爆完美地展示了它的高速俯冲轰炸命中率。比如，在珍珠港攻击中，78 架九九舰爆参加了针对美国海军军舰的攻击任务，期间共计投下 78 枚炸弹，其确切的命中率据推算为 47.7%。据美国

海军判断，日军投下 250 公斤炸弹的命中状况是"内华达"号战列舰中了 6 枚以上、"马里兰"号和"宾夕法尼亚"号战列舰各中 1 枚，"海伦娜"号和"罗利"号轻巡洋舰各中 1 枚，"卡辛"号、"唐斯"号和"肖"号驱逐舰各中 1 枚，据此得出，投下 78 枚炸弹仅有 9 枚命中，其命中率为 12%。

轰炸南方

随后，九九舰爆又投入了南方攻击作战中。1942 年 1 月下旬，九九舰爆随日本航母机动部队参加了对巴布亚新几内亚的拉包尔、卡维恩、萨拉莫阿、马当、安波等地的空袭行动。2 月 19 日，九九舰爆又空袭了澳大利亚达尔文港，这次轰炸行动对达尔文港内的机场设施和停泊中的军舰给予了极大的打击。当时，在达尔文港内共停泊了 46 艘军舰，其中，21 艘被击沉，2 艘在港外被击沉，美国海军水上飞机母舰"普雷斯顿"号和 9 艘大型货船遭受重创，总计有 43429 吨船舶沉入大海。2 月 27 日，九九舰爆攻击队又实施了印度尼西亚爪哇岛中南部城市芝拉扎的空袭行动。3 月 1 日，航行于圣诞岛海面的美国海军"佩科斯"号供油舰遭击沉，另有"埃德索尔"号驱逐舰也被击沉，其中，"佩科斯"号遭受 9 架来自"加贺"号航母的九九舰爆攻击，中弹一发后即沉没。3 月 5 日，九九舰爆攻击队对爪哇岛芝拉扎港口实施了大规模空袭，结果，3 艘商船被击沉，14 艘商船遭受重创，随后，日军占领芝拉扎期间，14 艘商船自行沉没。另有 2 艘航行于海上的商船也被九九舰爆击沉。

印度洋空袭中的轰炸

在印度洋空袭行动中，九九舰爆同样显示出了极高的轰炸命中率，1942 年 4 月 5 日，九九舰爆攻击队对英国皇家海军"康沃尔"号和"多塞特郡"号重巡洋舰仅实施了不到 20 分钟的攻击，即将两艘主力战舰全部击沉，这些参加攻击的九九舰爆分别来自南云机动部队中的"赤城"号、"苍龙"号和"飞龙"号航母，总计 53 架。4 月 9 日，在巴蒂卡洛亚海面，来自"赤城"号、"苍龙"号、"飞龙"号、"翔鹤"号和"瑞鹤"号五艘航母、由 85 架九九舰爆所组成的强大海上攻击队对英国皇家海军"竞技神"号航母、"吸血鬼"号、"霍利霍克"号和"单桅帆船"号 3 艘驱逐舰以及"阿塞尔斯泰恩"号、"布里蒂修"号和"萨加恩特"号供油舰进行了攻击，结果上述舰队成员全部被击沉。其中，"竞技神"号航母遭受 45 架九九舰爆的攻击，中弹 37 枚，其平均命中率高达 82%。

自印度洋空袭之后，九九舰爆又投入了后续各大海战的轰炸行动，其主要轰炸经历有珊瑚海海战、中途岛海战、所罗门海战、南太平洋海战、伊号作战、波号作战、菲律宾海海战、菲律宾岛决战、冲绳决战等。

大战后期的作战经历

在珊瑚海海战中，"翔鹤"号和"瑞鹤"号航母组建了九九舰爆攻击队。1942 年 5

月 7 日，九九舰爆攻击队将美国海军"西姆斯"号驱逐舰击沉，将 1 艘油船击成重伤。5 月 8 日，在珊瑚海大决战中，33 架九九舰爆参加了攻击行动，美国海军"列克星敦"号航母遭 2 枚 250 公斤炸弹命中，"约克城"号遭 1 枚炸弹命中，2 艘航母皆受重创。"列克星敦"号中弹后燃起熊熊大火，随后，美国海军驱逐舰对它进行了鱼雷攻击处理。日军九九舰爆攻击队有 9 架飞机损失。

在中途岛海战中，在"赤城"号、"加贺"号和"苍龙"号 3 艘航母沉没期间，"飞龙"号独自向美国海军机动部队发起了第二轮的反击，在九九舰爆攻击队的轰炸下，美军"约克城"号航母遭受重创并燃起熊熊大火。参加第一次"约克城"号航母攻击的九九舰爆共有 18 架，这些舰爆有 3 枚 250 公斤炸弹击中了"约克城"号，不过，自身 18 架飞机中有 13 架损失，同样，非常惨重。"约克城"号遭受重创后，第二天，日军伊一六八号潜艇对其进行了鱼雷攻击，这艘航母最后沉没。

在 1942 年 8 月 24 日的第二次所罗门海战中，来自"翔鹤"号和"瑞鹤"号航母的九九舰爆攻击队对美国海军企业号航母展开了轰炸，由 27 架飞机组成的九九舰爆攻击队对企业号展开了异常猛烈的俯冲式轰炸，在这种强大攻势下，企业号中弹 3 枚，遭受中等程度的损伤，随即后退，不过，九九舰爆攻击队也遭受了惨烈损失，27 架中有 23 架损失。

在南太平洋海战中，1942 年 10 月 26 日，来自"瑞鹤"号航母的 21 架九九舰爆攻击队对美国海军大黄蜂号航母进行了攻击，结果，大黄蜂号身中 5 枚炸弹。来自"翔鹤"号航母的 19 架九九舰爆攻击队有 3 枚炸弹命中了企业号。另外，来自"隼鹰"号航母的 17 架九九舰爆攻击队对美国海军"圣朱安"号轻巡洋舰和"南达科他"号战列舰进行了攻击，结果，上述军舰各中 1 枚炸弹。随后，4 架九九舰爆对处于漂浮状态下的大黄蜂号展开了第二轮攻击，大黄蜂号再受 1 枚炸弹命中。大黄蜂号遭受美国海军放弃后，日军秋云号和卷云号驱逐舰对它进行了鱼雷攻击处理。在取得这些重大战果的同时，九九舰爆攻击队共丧失了 40 架飞机。

自伊号作战行动之后，九九舰爆攻击队转入陆上基地运用，继续参加作战。而且，配备陆上基地航空队的九九舰爆渐渐成为日军参战部队的主力。在伊号作战行动中，日军在拉包尔投入了 460 架战机的大规模航空战力，企图与美军展开航空大决战。在这次作战中，共有 78 架九九舰爆参战，它们先后投入了瓜达尔卡纳尔岛方面作战、奥罗湾攻击、米尔恩湾攻击等作战行动，在战斗中，它们击沉、击伤了多艘运输船，不过，自身有 21 架飞机丧失。

自菲律宾海海战之后，由于日军航母大量沉没，九九舰爆彻底结束了由航母平台起飞参战的机会。1944 年 6 月 19 日至 20 日，在菲律宾海海战中，参战的"大凤"号、"翔鹤"号、"瑞鹤"号、"隼鹰"号、"飞鹰"号和"瑞凤"号航母都配备了九九舰爆攻击队，不过，飞机总数才只有 38 架，可见在此之前的作战行动中，九九舰爆已经经历了异常惨重的损失。为了弥补九九舰爆数量的严重不足，原编制有 36 架"彗星"舰爆的日军第六五二海军航空队派遣了 9 架"彗星"参战。6 月 19 日，在第二次攻击中，来自第六五二海军航空队（部署至"隼鹰"号和"飞鹰"号航母平台）的 27 架九九舰爆、20 架零战和 3 架天山舰攻出击迎敌，不过，并没有发现美军机动部队，在关岛上空时，美军 30 架 F6F 舰载战斗机部队对日军航空攻击队进行了袭击，结果，9 架九九舰爆、14 架零战和 3 架天山被美军击落。

在后来的菲律宾岛决战和冲绳决战中，九九舰爆充当特攻飞机对美军展开自杀式的攻击。在菲律宾决战中，1944 年 10 月 27 日，由第七〇一海军航空队组成的第二神风特别攻击队第一次对美军军舰和机场展开了自杀式攻击和轰炸，其中，20 架九九舰爆充当特攻飞机对美军展开自杀式攻击。在持续数日的攻击中，九九舰爆与其他战机联合作战，击沉美军阿布纳利德号驱逐舰，击伤泰恩巴号轻巡洋舰和 1 艘商船。

在冲绳决战时，共有 103 架九九舰爆参与了自杀式攻击任务。冲绳自杀式部队几乎都由舰爆和舰攻教练机队编成。其中，九九舰爆得到确认的自杀式攻击战果有击伤一艘驱逐舰、击沉一艘驱逐舰、重创一艘驱逐舰。

此外，编入各基地队的九九舰爆还承担巡逻、侦察和攻击任务。

九九舰爆与美军轰炸机的对比

与九九舰爆相比，活跃于太平洋战争前期的美国海军 SBD "勇毅" 俯冲轰炸机拥有更强劲的动力，搭载炸弹为 500 公斤，拥有最高的飞行速度，并且，因机身设计有防弹装甲而拥有更高的生存率。

后来，随着美国海军新锐 F6F 舰载战斗机的大量投入战场以及近炸引信（VT 引信）的成功开发，这些新型装备对低速且防弹装甲能力弱的九九舰爆构成了极大的杀伤力，九九舰爆飞行员也因此大量阵亡。虽然，日军推出了发动机输出功率和速度都得到改良的二二型，不过，其生存率仍然很低，日军飞行员将其称为"九九式棺材"和"九九式矛"，并有"穷穷式舰爆"的绰号。

两款不同类型九九舰爆基本技术数据对照表：

制式名称	九九式舰上轰炸机一一型	九九式舰上轰炸机二二型
机身英文编号	D3A1	D3A2
机长	10.185 m	10.231 m
机宽	14.360 m	
机高	3.348 m	
翼面积	34.970 m²	
自重	2390 kg	2750 kg
标准最大起飞重量	3650 kg	3800 kg
发动机	金星四四型	金星五四型
输出功率	1070 马力	1300 马力
最大飞行速度	381.5 km/h（高度 2300 m）	427.8 km/h（高度 5650 m）

实用升限	8070 m	10500 m
续航距离	1472 km	1050 km
机载武器	机首固定式机关枪：7.7mm×2、后方旋转式机关枪：7.7mm×1	
机载炸弹	1枚250公斤炸弹、2枚60公斤炸弹	

爱知飞机的九九舰爆

陆基基地内配备九九舰爆

第二次所罗门海战中，由"翔鹤"号航母起飞的九九舰爆

维修中的九九舰爆

空袭特鲁克岛的日军九九舰爆机群

九九舰爆与老对手 SBD 俯冲轰炸机基本技术数据对照表：

	九九舰爆（日本）	SBD "勇毅"俯冲舰载轰炸机（美国、英国）
服役情况	1938 年 1 月首飞、1940 年装备部队	1940 年 5 月 1 日首飞、1940 年装备部队
生产数量	1486 架	5936 架
机组人员	2 人	2 人
机身自重	2390 公斤（一一型、下同）	2905 公斤
设计全重	3650 公斤	4843 公斤
最大起飞重量	3600—3800 公斤	4853 公斤
输出功率	1070 马力	1200 马力
最大飞行速度	381 公里/小时	410 公里/小时
续航距离	1472 公里	1243 公里（733 海里）
机载武器	机首固定 2 挺 7.7 毫米机关枪、后方旋转 1 挺 7.7 毫米机关枪、可携带 1 枚 250 公斤和 2 枚 60 公斤炸弹	前方固定 2 挺 12.7 毫米机关枪、后上部旋转 1 挺 7.62 毫米联装机关枪、可携带 545 公斤炸弹

美国海军"约克城"号航母上的 SBD 舰载轰炸机

彗星舰上轰炸机——最后的主力机型

彗星机身编号为 D4Y，它是由日本帝国海军航空技术厂（简称为"空技厂"）开发的舰上轰炸机，为太平洋战争后期的主力机型，还投入到自杀式特别攻击行动中。彗星舰爆由山名正夫飞机设计师设计，1940 年 11 月 15 日成功进行首飞，1941 年 11 月开始批量生产，1941 年 9 月装备部队，在服役期间共生产了 2253 架。

彗星是一款单发双座的高速舰上轰炸机，作为舰载轰炸机，它是一种非常小型化的飞机，其设计尺寸几乎与零战差不多。在开发过程中，日本帝国海军向海军航空技术厂由山名正夫为核心组成的开发小组下达了性能开发要求命令，这款新机型的最大飞行速度要求达到 280 节（大约 519 公里/小时），巡航飞行速度达到 230 节（大约 426 公里/小时），标准轰炸状态下的续航距离达到 800 海里（大约 1482 公里），超负荷轰炸状态的续航距离为1200 海里（大约 2222 公里），在超负荷状态下可挂载第 50 枚炸弹进行攻击。

1940 年 11 月 1 日，搭载 AE2A 发动机的十三试舰爆试制一号飞机完成，在飞行试验中，这架飞机创造了当时日本帝国海军飞机中最高的飞行速度，它在 4750 米高空及超负荷侦察的 3780 米高空达到了 551.9 公里/小时的飞行速度，另外其续航距离也创造了纪录。这样的试制飞机一共生产了5架。其中,二号、三号和四号在弹仓部搭载了摄像机后改造为侦察机,它们先后装备于第三航空队、第三舰队参加实战测试。

由于十三试舰爆创造了日本帝国海军飞机的最大飞行速度纪录和续航能力纪录,故此,它引起了高度重视,为了取代现役的九八式陆上侦察机以及九七舰攻、零式水上侦察机,日本帝国海军决定由十三式舰爆承担高速侦察机的职责。1941年11月,日军追加采购了40架十三试舰爆来充当侦察机。

1942年5月,十三式舰爆二号和三号改造侦察机作为高速侦察机配备于第一航空舰队第二航空战队"苍龙"号航母上,其中,一架侦察机在中途岛海战中发现了美国海军机动部队,不过,由于无线设备故障,情报稍晚时候才传给"飞龙"号航母,不过,这些重要情报为"飞龙"号反击美军航母机动部队提供了千载难逢的契机,在"飞龙"号航母沉没后,另外一架侦察机也损失了。

1944年10月24日,在莱特湾海战中,来自基地航空队的1架彗星舰爆击中了美国海军"普林斯顿"号轻型航母,随即命中炸弹引爆了该航母上的舰载机和弹药库,进而引发熊熊大火,在美国海军自己驱逐舰的鱼雷攻击下,受损航母沉没。这架彗星舰爆仅凭一机和一弹便击沉了美军航母,其飞行员是谁已经无法明确。此外,对"普林斯顿"号航母展开救援的"伯明翰"号轻巡洋舰被卷入到爆炸风暴中,其上层建筑物破损至重创。

由于彗星舰爆拥有战斗机标准的机身强度和高速性能,在大战后期,一二戊型彗星舰爆配备于承担日本本土防空任务的第三〇二海军航空队、第三三二海军航空队、第三五二海军航空队等防空部队,这些防空部队主要在夜间反击美军的B-29轰炸机。

在冲绳决战中,美浓部正少佐率领的菱蓉部队所属一二戊型彗星舰爆与一二型舰爆联合对美军占领下的嘉手纳机场及停泊在附近海面的美国海军舰队进行了连续不断的夜间枪击和轰炸。1945年6月10日,菱蓉部队所属中川义正上飞行士官和川添普中尉驾驶了一架一二戊型彗星舰爆击落了一架美军P-61夜间战斗机,这在当时已经是非常大的战果。

1945年8月15日,第二次世界大战结束当天,第五航空舰队司令长官宇垣缠中将亲自参加一架彗星舰爆对停泊在冲绳附近海面的美国海军特混舰队发起自杀式特别攻击,当时宇垣中将搭乘的是一架双座型四三型彗星舰爆,其中,中津留达雄大尉坐在飞行员驾驶席上,宇垣中将坐在侦察员席上,机上士官是远藤秋章。

彗星舰爆的主要派生机型及技术性能

彗星舰爆的主要派生机型有十三试舰上轰炸机(D4Y1)、二式舰上侦察机一一型(D4Y1-C)、二式舰上侦察机一二型(D4Y2-C/R)、彗星一一型(D4Y1,最初的量产型)、彗星一二型(D4Y1)、彗星一二戊型(D4Y2-S)、彗星二二型(D4Y2改)、彗星三三型(D4Y3)、彗星三三戊型(D4Y3-S)、彗星四三型(D4Y4)和彗星五四型(D4Y5)。

彗星舰爆各种机型的主要技术参数对照表：

制式名称	彗星一一型	彗星一二型	彗星三三型
机身英文编号	D4Y1	D4Y2	D4Y3
机宽		11.50m	
机长	10.22m		同左
机高	3.175m		3.069m
主翼面积		23.6m²	
自重	2510kg	2635kg	2501kg
超负荷重量	3960kg	4353kg	4657kg
发动机类型	阿兹塔二一型（1200马力）	阿兹塔三二型（1400马力）	金星六二型（1560马力）
最大飞行速度	546.3km/h（高度4750m）	579.7km/h（高度5250m）	574.1km/h（高度6050m）
爬升能力	爬升高度5000m的用时为9分28秒	爬升高度5000m的用时为7分14秒	爬升高度6000m的用时为9分18秒
续航距离	1783km（标准）—2196km（超负荷）	1517km（标准）—2389km（超负荷）	1519km（标准）—2911km（超负荷）
机载武器	机首7.7mm固定式机关枪2挺（备弹数量各600发）后上方7.7mm旋转式机关枪1挺（备弹97发、弹仓×6）	机首7.7mm固定式机关枪2挺（备弹数量各400发）的上方7.7mm旋转式机关枪1挺（备弹97发、弹仓×6）	机首7.7mm固定式机关枪2挺（备弹数量各400发）后上方7.92mm旋转式机关枪1挺（备弹75发、弹仓×3）
机载炸弹	机身250kg炸弹或500kg炸弹1枚	机身250kg或500kg炸弹1枚翼下30—60kg炸弹2枚	机身250kg或500kg炸弹1枚翼下250kg炸弹2枚
乘员		2人	

彗星舰爆一二型

彗星舰爆三三型

彗星驾驶员座舱内的操纵仪表盘

博物馆内收藏的彗星舰爆

第四节 航母舰载航空侦察部队——以"彩云"舰上侦察机("彩云")为代表的日本帝国海军舰上侦察机运用历史与经验

与舰上战斗机、舰上攻击机和舰上轰炸机相比,舰上侦察机由于没有强大的海上攻击能力,因此发展较晚,也没得到日本帝国海军的高度重视。从全世界范围来看,日本帝国海军是最先发展舰载侦察装备的海军,并且,最早于日中战争(抗日战争)及后来的第二次世界大战期间装备了各种舰上侦察机。

顾名思义,舰上侦察机主要承担海上侦察任务,它搭载于日本航母平台上,从而为日本航母特混舰队提供海上侦察情报。随着日本航母机动部队活动范围的不断增加,日本对战术及战役方面的海上情报侦察越来越倚重,故此,在太平洋战争期间,日本的舰上侦察机研制、装备及运用异常活跃。

日本帝国海军舰上侦察机一览表:

机身英文编号	名称	制造厂商	备注
C1M	一〇式舰上侦察机	三菱	
C2N	福卡式侦察机	中岛飞机	外国公司授权生产
C3N	九七式舰上侦察机	中岛	
C4A	十三式高速陆上侦察机	爱知飞机	计划中止
C5M	九八式陆上侦察机	三菱	九七司侦(司令部侦察机)的海军样式
C6N	舰上侦察机"彩云"	中岛	
D4Y1－C	二式舰上侦察机	空技厂	
E4N2－C	九〇式二号舰上侦察机	中岛	

日本帝国海军列装主力舰上侦察机(舰侦)基本概况及主要技术数据对照表:

航载机名称	首飞与乘员数量	三维尺寸(机长×机宽×机高)(米)	最大飞行速度(公里/小时)	续航能力	机载武器	生产数量
一〇式	1922 年首飞,乘员 2 人	7.952×12.039×2.895	204	754 公里	4 挺 7.7 毫米机关枪、1 枚 90 公斤炸弹	159 架
九七式	1936 年 10 月首飞,乘员 3 人	10.00×13.95	387	2278 公里	2 挺 7.7 毫米机关枪	未批量生产
彩云	1943 年首飞,乘员 3 人	11.15×12.50	610	5308 公里(带副油箱)	1 挺 7.92 毫米机关枪	398 架
九七司侦	1936 年首飞,乘员 2 人	8.70×12.00×3.34	510(4330 米高度)	2400 公里	1 挺 7.7 毫米旋转式机关枪	437 架

下面对各式舰上侦察机进行分别介绍和分析。

一〇式舰上侦察机——日本帝国海军第一代舰上侦察机

一〇式舰上侦察机是由三菱重工开发、1923 年开始装备部队的舰载侦察机，飞机编号为 C1M。

1921 年，三菱开始着手日本国产舰上侦察机的开发工作，1922 年 1 月，第一架试制飞机成功进行了首飞。一〇式舰侦为一〇式舰战经过大型化和双座化的衍生机型，与一〇式舰战使用了相同的 300 马力发动机。试制飞机测试结果良好，于是，1924 年 11 月，一〇式舰侦开始装备部队。在服役期间，这款舰上侦察机共生产了 159 架。

在一〇式舰侦服役之前，1924 年时日本帝国海军的主力侦察机由一三式舰上攻击机兼任，此外，一〇式舰侦还出售给民营企业，主要用于通信、测量和教练用途。

一〇式舰侦的主要设计诸元如下：机长 7.952 米，机宽 12.039 米，机高 2.895 米，设计全重为 1320 公斤，动力为一部三菱比式水冷 V 型 8 汽缸发动机，输出功率为 300 马力，最大飞行速度 204 公里/小时，续航距离 754 公里，机载武器为 4 挺 7.7 毫米机关枪和 1 枚 90 公斤炸弹，乘员 2 人。

一〇式舰上侦察机、为单发、双翼飞机

九七式舰上侦察机

九七式舰上侦察机的飞机编号为 C3N，1937 年开始装备部队，由于同时期服役的九七式舰上攻击机的性能非常优秀，故此，九七舰攻曾经兼任九七舰侦的侦察机任务，于是，九七舰侦没有批量生产。

　　1935 年，日本帝国海军秘密指示中岛飞机和三菱重工试制新型的舰上侦察机，后来，由于三菱退出，于是，由中岛飞机独自承担十式舰上侦察机的开发与研制工作。根据海军指示，十式舰上侦察机的主要开发性能有 3 座单翼飞机，机长控制在 10 米以内，机宽控制在 14 米以内，最大飞行速度要在 370 公里/小时以上，续航距离达到 2200 公里，主翼可以折叠，设计有着舰拦钩和襟翼结构。

　　1936 年 10 月，试制 1 号飞机完成，作为日本海军舰载机，九七舰侦引入了一系列新技术，比如，第一款密闭式防风罩、上部折叠主翼、第一款海军实用型半集成油箱、可变距螺旋桨等。

　　日本帝国海军对九七舰侦进行了航母起飞与着舰等常规测试，此外，还在中国大陆作为陆上侦察机进行了实战配备试验，所有测试结果良好，于是，1937 年 9 月，九七舰侦正式服役。1937 年 11 月，由于同期服役的九七舰攻性能更加良好，其侦察性能毫不逊色于九七舰侦，同时，鉴于航母搭载空间有限，于是，决定由九七舰攻兼任舰上侦察机的任务。在这种情况下，九七舰侦虽然已经服役，不过，只生产了 2 架试制飞机，其后续批量生产工作没有展开。

　　九七舰侦服役后曾经配备于部署至中国大陆的第一二航空队，这支航空队利用九七舰侦只执行了不到 10 次的侦察与轰炸任务。1937 年末至 1938 年，在中国战场，一架九七舰侦遭防空射击被击落，另有一架严重损伤后被放弃。

　　九七舰侦的主要设计诸元如下：机长 10.00 米，机宽 13.95 米，机身自重为 1805 公斤，动力为一部中岛"光"二型空冷星型 9 汽缸发动机，输出功率为 860 马力，最大飞行速度 387 公里/小时，续航距离 2278 公里，机载武器为 2 挺 7.7 毫米机关枪，乘员 3 人。

"彩云"舰上侦察机——创造日本帝国海军飞机的飞行纪录

　　"彩云"是日本帝国海军从太平洋战争中期开始服役的舰上侦察机，飞机编号为 C6N，它是第二次世界大战期间唯一作为侦察专用而开发的舰载机。

　　"彩云"由中岛飞机开发，1943 年进行首飞，1944 年 6 月装备部队，在服役期间共生产了 398 架。

　　在第二次世界大战前，舰载侦察机开发是一块世界性的未涉足领域，由于航母搭载空间有限，各国服役航母都没有配备侦察专用的飞机，至于海上侦察任务则是由舰载战斗机和舰载轰炸机兼任。另外，从技术角度来看，任何一种舰载机要想达到既小型化又高性能是一件非常困难的事情。

　　日本帝国海军开发舰载侦察机的历史可以追溯到 1921 年开始开发的第一款国产侦察机—〇式舰上侦察机。不过，1924 年，自一三式舰上攻击机试制飞机出现以后，采取三座化设计的日军舰上攻击机开始兼任舰上侦察机的任务，于是，日军再没有开发新型的专用舰上侦察机。至于战略侦察任务，日本帝国陆军则向日本帝国海军提供由九七式司令部侦察机侦察到的重要情报，同时，日本帝国海军还接收由九八式陆上侦察机提供的情报。

在一个时期内，日本帝国海军曾经试制实验性的九七式舰上侦察机，不过，由于同时期服役的九七式舰上攻击机具备相同性能的舰上侦察机性能，于是，九七式舰上侦察机并没有批量生产。然而，随着太平洋战争的全面爆发，在浩瀚的大洋上进行高速侦察任务需要专用的舰上侦察机，1942 年，日本帝国海军指示中岛飞机开始试制十七式舰上侦察机。

1942 年 6 月，中岛飞机正式开始试制飞机。1943 年，配备誉一一型发动机的试制飞机完成，不过，性能设计不达标，于是，又采取换装誉二一型发动机等一系列改良措施。改良后的试制飞机在测试时达到了 639 公里/小时的最大飞行速度，当时这是日本帝国海军所有飞机中最大飞行速度的记录。

"彩云"舰上侦察机具有超远的续航距离及高速的战略侦察功能，因此，它是与日本帝国陆军"百式司令部侦察机"并列的战略侦察机之一。

1944 年 9 月，"彩云"舰上侦察机正式制式服役，不过，由于手续上的延迟，事实上，制式飞机已经于同年 4 月开始批量生产，6 月，量产飞机便开始实战配备部队。后来，随着日本帝国海军改变了航母运用方针，"彩云"便以陆上侦察机身份运用于梅济洛环礁、塞班岛、乌尔斯环礁等岛屿，主要承担周边环境侦察任务。

在整个服役期中，"彩云"舰侦没有获得任何舰上侦察成绩，只是非常活跃地运用于马里亚纳群岛东部巡逻任务、房总半岛东南部巡逻任务。在大战后期，"彩云"舰侦是日本帝国海军侦察美英等盟军特混舰队所在位置的唯一手段。随着战局的不断恶化，日本作战空间缩小，战略和战术侦察任务也开始锐减，相反，确认战果及编队制导等方面的任务却逆势增长。

在战争后期，"彩云"舰侦已经成为一款纯粹的侦察机，为了准备本土决战，"彩云"舰侦还计划作为自杀式特别攻击飞机进行运用。为了实施特别攻击，"彩云"舰侦全新编成了第七二三海军航空队，1945 年 6 月 1 日，由青木武大佐担任司令一职，开队机场设在横须贺机场，开队时编制 96 架"彩云"舰侦。第七二三海军航空队的轰炸飞行训练由木更津机场实施。不过，大战后期盟军对日本本土的空袭行动异常繁忙，这样，"彩云"舰侦的特别攻击飞行训练一再推迟，7 月下旬，第七二三海军航空队又暂时开始侦察任务。直到第二次世界大战结束，"彩云"舰侦也没有实施特别攻击的机会。

战后，美军接收了一部分残留的"彩云"舰侦，并通过高辛烷值的汽油和美军标准的发动机润滑油对这款机型的综合性能进行了测试，结果，这款侦察机的测试数据远远超过了当时日本的测试结果。据美军的仪表测量，"彩云"的最大飞行速度达到了 694.5 公里/小时，即使在非最大起飞重量状态下，这个数值也是第二次世界大战期间日军实战化飞机中的最快飞行记录。

"彩云"舰侦的主要设计诸元如下：机长 11.15 米，机宽 12.50 米，主翼面积 25.50 平方米，动力为一部誉二一型空冷复星型 18 汽缸发动机，输出功率为 1990 马

力，最大飞行速度 609.5 公里/小时，续航距离 5308 公里（装备副油箱时），实用升限
10740 米，爬升率为 6000 米/8 分 09 秒，机载武器为 1 挺 7.92 毫米机关枪，乘员 3 人。

"彩云"舰侦

横须贺海军航空队编制的"彩云"舰侦，可见防风罩中央部突出一挺倾斜机关枪

第五节　大名鼎鼎的零式舰上战斗机（"零战"）——亚洲第一战斗机、世界四大著名战斗机之一、亚洲历史上量产最多的飞机和战斗机

在第二次世界大战期间，日本帝国海军曾经有一款战斗机令盟军飞行员闻之胆寒，它还曾经是珍珠港攻击行动的绝对主力，这就是当年日本帝国海军的主力舰上战斗机——零式舰上战斗机，其简称为零战。作为日本帝国海军最著名的舰上战斗机，零战是实质上的最终型，从日中战争后半期至整个太平洋战争期间，零战一直活跃于日本的最前线战场，哪里有最激烈的海上大决战、哪里有航母大战，哪里就有零战的身影。

在第二次世界大战期间，日本帝国海军的零式舰上战斗机与美国陆军的 P－51 "马斯坦克"战斗机、德国空军的 Bf109 "梅塞施米特"战斗机、英国空军的"喷火"战斗机并称第二次世界大战最具代表性的四大制空战斗机，它们各自为本国创造着极其辉煌的战绩，并因此而名留史册。

第二次世界大战世界四大著名战斗机综合概况对比：

综合性能	零战（日本）	P－51（美国、英国）	Bf109（纳粹德国）	喷火（英国）
生产数量	10430 架	16766 架	33000 架（战斗机史上生产数量最多的战斗机）	大约 23000 架
服役情况	1939 年 4 月首飞、1940 年 7 月装备部队	1940 年 9 月 26 日首飞、1943 年 12 月装备部队	1935 年 5 月 28 日首飞、1937 年装备部队	1936 年 3 月 5 日首飞，1938 年 8 月服役
机型	单发单座舰载战斗机	活塞式单发单座战斗机	单发单座全金属制战斗机	活塞式单发单座战斗机
突出性能	2200 公里超大续航距离、2 门 20 毫米机炮重武装、优秀的空中格斗性能	续航能力大、超高空性能、机动性强	比机身重量更小的轻薄主翼	主翼为椭圆形，为了发挥超高速，翼断面很薄
战果	太平洋战争初期远超美英战斗机、中期之后开始衰弱	成功卓著、有"最强的活塞式战斗机"之称	纳粹德国空军主力战斗机、世界第一款按照"一击脱离战法"前提设计的飞机	第二次世界大战率先装备英国空军，而后盟军开始使用，为二战期间著名的"救国战斗机"，参加了西部战线、地中海战线、东部战线和太平洋战线作战
自身重量	1754 公斤（二一型、下同）	3460 公斤	2309 公斤	
最大起飞重量	2421 公斤	5490 公斤	3150 公斤	3071 公斤
输出功率	940 马力	1695 马力（1240 千瓦）	1800 马力	1470 马力
最大飞行速度	533 公里/小时	703 公里/小时	621 公里/小时	605 公里/小时（4000 米高空）
巡航飞行速度		443 公里/小时		

续航距离	3350 公里（有副油箱）、2222 公里（标准）	2655 公里（有副油箱）	570—660 公里	1840 公里
机载武器	2 挺 20 毫米机关枪和 2 挺 7.7 毫米机关枪、携带 30 公斤或 60 公斤炸弹	6 挺 M2 型 12.7 毫米重型固定机关枪（备弹 1880 发）、携带 2 枚 1000 磅炸弹或 10 枚 5 英寸火箭弹	3 挺 MG 151 型 20 毫米机关炮、2 挺 13 毫米机关枪，其他不同型号另有武器配备	8 挺勃朗宁 7.7 毫米机关枪（每挺备弹 350 发）、2 枚 110 公斤炸弹，另有其他型号配备
机组人员	1 名飞行员	1 名飞行员	1 名飞行员	1 名飞行员

通过上述技术数据概况对比，尤其是从最大飞行速度和机载武器两项来看，在二战四大著名战斗机中，零战的综合作战性能只能排名第四位，从产量上来看，它也只能排名第四位。

一架"喷火"MK XVI 型战斗机侧视照片

一架 P—51 战斗机前视照片

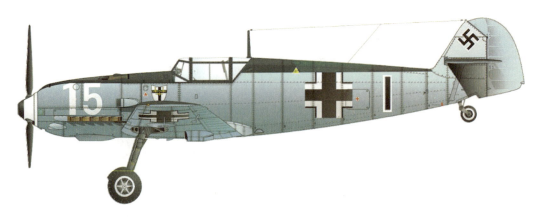

一架 Bf109－E 战斗机彩绘线图

一架 Bf109 战斗机彩绘线图

大名鼎鼎的零式舰上战斗机（零战）——世界四大最著名战斗机之一、称雄太平洋的航母舰载机

零式舰上战斗机是日本帝国海军的绝对主力战斗机，其设计者为日本工程师堀越二郎，制造商为三菱重工，1939 年 4 月进行首飞，1940 年 7 月正式制式运用，1945 年 8 月退役，在服役期间共生产了 10430 架，居日本帝国海军航空兵飞机之首。

在太平洋战争初期，零战因为拥有长达 2200 公里的超长续航能力以及 2 门 20 毫米机关炮的重型装备，因此，其综合性能及空中格斗能力都非常优越，与同时期的美英舰载战斗机相比，零战具有压倒性的优势。鉴于此，在第二次世界大战期间的太平洋各大战场上都活跃着零战的身影，可以说，零战为日本帝国海军立下了汗马功劳，零式战斗机的威名也让美英战斗机飞行员闻风胆寒。

不过，零战在太平洋战争初期的压倒性优势在战争中期之后开始遭到美国陆海军战斗机的挑战。经过几年时间的作战，美国陆海军对零战的战术和战法进行了深入细致的研究并最终确立了应对方法，此后，美国陆海空新锐战机大量投入太平洋战场，零战由此开始走向下坡路并一步步被逼向绝境，大量的零战飞行员在战争中后期战死。大战末期，日本帝国海军还曾经将零战当作自杀式的特攻飞机使用。

零战的开发与设计者为三菱重工，同时，三菱重工授权中岛飞机生产，而且，零战服役期间生产数量的一半以上都是由中岛飞机生产的。

零战作为战斗机的主要特征

通过轻便化设计，零战拥有了非常充足的马力，其最大巡航速度超过 500 公里/小时，另具备非常高的机动性能、非常远的续航距离以及 2 挺 20 毫米机关枪的巨大威力，再加上飞行员的技术战术水平非常高，因此，零战从首次参加日中战争再到太平洋战争初期，一直被冠以"无敌"战斗机的称号，从整个世界范围来看，它是第二次世界大战初期最优秀的战斗机之一。

在第二次世界大战初期，凭借较远的续航距离，在护航舰上轰炸机的情况下，零战可与轰炸机同时对远距离目标实施攻击，因此，它是当时少数几个综合作战能力极强的单发单座战斗机。

零战的优势与劣势

无论是日本还是日本的对手美国都对零战所具有的优秀空中格斗性能给予了很高的评价。根据当时任横须贺航空队战斗机队长的花本清隆少佐的观点，在实战中，零战制敌至胜的关键因素有两个，一个是速度优势，另一个就是空中格斗性能非常优秀，作为其下一代的"烈风"舰上战斗机在一定程度上牺牲了速度优势而换取了更高的格斗性能，这一点不足取。来自空技厂飞行实验部的小林淑人中佐支持花本少佐的评价。美军在充分研究了缴获的零战之后于 1942 年 10 月 31 日下达非常严格的命令，那就是严禁美军战斗机与零战进行空中格斗。

另外，零战的续航能力也非常强大。续航距离长意味着作战的幅度就会大大延伸，从而使战斗机具备战术层面的优势。在太平洋战争初期，日军在实施像菲律宾攻击作战行动这样的战斗时，由于敌我之间相隔的距离太遥远，在没有航母参战的情况下是不可能实施的，不过，零战由于续航距离远，在配备远距离日军基地航空队的情况下就可完成作战任务。尽管如此，由于没有自动驾驶装置和充足的导航设备，在进行远距离奔袭作战时，零战飞行员都要承担过度的体力负担，从而处于极度疲劳的状态下。另外，即使有航母接应，在进行远距离攻击时，零战飞行员还必须拥有高度的技术战术水平和远距离作战经验。

在众多机型中，续航能力最出色的当属二一型零战，除了机身内的油箱外，这款机型还增加了下落式副油箱，其整体燃料携带能力超过标准全副装备时 62 升的 2 倍，达到了 135 升。

零战的劣势主要有以下几个方面，包括防御能力不足、俯冲性能低下、高速巡航性的旋转性能不好以及可生产性低。这些劣势都是由于零战将开发重点放在了飞机的巡航速度、机动性能、格斗能力等优势方面。

零战的整体开发过程

零战的开发始于 1937 年 9 月由日本帝国海军提出的《十二试舰上战斗机计划要求书》，其主要开发团队由三菱重工组成，作为核心成员的技师是此前成功开发九六式舰上战斗机的日本著名战斗机设计师堀越二郎。日本帝国海军对十二试舰上战斗机的性能要求，根据堀越二郎等设计人员的原话来评价，那就是"没有的东西偏想要"，面对这种近似苛刻的要求，作为主要竞争对手的中岛飞机中途退出了竞争。在这种情况下，零战的全部设计和开发只能由三菱重工独挑大梁。1939 年 4 月，在日本岐阜县的日本帝国陆军各务原机场内，一号试制战斗机进行了首飞，第二年，1940 年 7 月，正式制式采用并装备部队。

零战的设计规格根据《昭和十一年度飞机机种及性能标准》中的相关舰上战斗机事项决定，主要内容如下：

机种：舰上战斗机；使用类别：航空母舰（陆上基地）；用途：1. 阻击并击退敌人的攻击机，2. 扫荡敌人的侦察机；飞行员座位数：1 个；性能要求：具备非常优秀的巡航能力和爬升能力，可击退敌人的高速战斗机，并且，具备非常优秀的空战优势，以争夺制空权；续航能力：标准满载时的全速续航时间为 1 小时；机关枪：1 至 2 挺 20 毫米机关，配备 1 挺的情况下要追加安装 2 挺 7.7 毫米机关枪，弹药配备是每 1 挺 20 毫米机关枪各配备 60 发弹，每 1 挺 7.7 毫米机关枪各配备 300 发弹；通信能力：电信 300 海里，电话 30 海里；实用升限：3000 米至 5000 米。

零战的综合性能

续航能力

一直以来，日本帝国海军的舰上战斗机主要承担舰队防空任务，它们经常要在舰队上空滞空以对整个军舰编队提供防空监视和战斗巡逻任务。在零战开发期间的 1936 年，由于当时的机载雷达还没有达到实用阶段的标准，故此，作为舰上战斗机运用平台的航空母舰就不能像陆上航空基地那样构筑一张具备早期警戒作用的防空监视网，在这样的作战背景下，一架舰上战斗机的滞空时间越长越好。具备大续航能力的舰上战斗机在轮换战斗机不出现机械故障等突发事态的情况下可为航母舰队提供一张天衣无缝的防空警戒网。

机载武器

早期服役的零战分别在机翼安装了 2 挺 20 毫米机关枪，在机首安装了 2 挺 7.7 毫米机关枪。其中，7.7 毫米机关枪分别使用了当时英国陆军的步兵班用机关枪和日本帝国海军国产化的留式 7.7 毫米旋转机关枪等产品，而且，为了一击即击落敌人双发以上的主力攻击机,日本帝国海军要求三菱重工为零战安装当时威力非常大的20毫米机关枪。

零战安装的大威力20毫米机关枪分别是瑞士厄利空公司许可三菱重工生产的九九式一号枪(厄利空FF)和九九式二号枪(厄利空FFL)以及两种机关枪的改良型产品,其中,一号枪(FF)的初速为600m/s,二号枪的初速为750m/s,九九式一号一型、一一型至三二型的零战备弹数量为60发,采取弹鼓供弹方式,九九式一号三型以及九九式二号三型、二一型至五二型的零战备弹数量为100发,采取大型弹鼓式弹仓供弹,九九式二号四、五二甲型以后的零战备弹数量为125发,采取弹带供弹方式。

在实际运用过程中,大多数零战飞行员都认同20毫米机关枪的巨大威力,不过,他们也抱怨只有60发的备弹量实在是太少了,甚至,有一些飞行员只需两次齐射就能消耗掉所有的备弹。在这些运用经验要求下,后来的零战增加了备弹量,并且,从大战中期开始,安装了在一号枪基础上进行枪管延长以提升破坏力的二号枪。

不过,九九式20毫米机关枪由于瞄准困难,因此,很难与敌人战斗机进行空中格斗,尤其是一号枪最为显著,经过一系列瞄准装置改良之后,机关枪威力大增,在太平洋战争爆发后,零战曾经无数次击落采取了厚重装甲防护的B-17轰炸机,这给了美军以非常巨大的威胁。尽管如此,在实际运用中,仍有一些装备部队对20毫米机关枪抱有不满,比如,在中途岛海战中,被美军击沉的"加贺"号航母护卫队就要求增加20毫米机关枪的威力。

在太平洋战争后期,随着美军装备6至8门12点7毫米机关枪的F6F"恶妇"舰载战斗机和P-51"野马"战斗机投入战场,零战机首的2挺九七式7.7毫米机关枪也由1至3挺(机首1挺、机翼2挺)三式13.2毫米机关枪所取代。

九七式7.7毫米固定机关枪

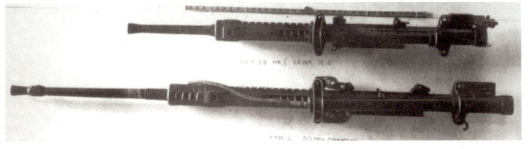

九九式一号20毫米机关枪(上)和九九式二号20毫米机关枪(下)

展示中的三式 13.2 毫米机关枪

防御措施

根据设计者堀越二郎回忆，零战没有采取当时的大马力发动机，它更注重于以急转弯等方式来躲避敌人枪弹的射击，与其他性能要求相比，机身自身防御装备的优先比较低，而且，日本帝国海军对飞机的防御措施也没有特别的说明，总之，防弹装备与飞行员的技术战术水平低下很不相称。

后来生产的零战追加安装了防弹装备，包括防弹油箱和自动消防装置等，从 1943 年末开始生产的五二型后期生产型零战在机翼油箱内安装了二氧化碳喷射式自动消防装置，从 1944 年开始生产的五二乙型零战在驾驶员座舱内安装了 50 毫米防弹玻璃，后来的五二丙型零战在座舱飞行员座位后追加安装了 8 毫米防弹钢板，一部分零战机身上的油箱又采用了自动防漏式设计，不过，直到第二次世界大战结束，零战也没有进行全面的防御装备。

通信装置

与前任九六式舰上战斗机一样，零战通信装置的标准配备包括无线电话和电报机，其中，早期生产机型安装了九六式空一号无线电话机，其对地通信距离可达 100 公里，为电信电话共用。在接受中途岛海战的经验教训之后，承担护卫任务的零战可工作使用电话，从而，其电波与制空队和护卫队的电波相同。大战后期，零战换装了更高性能的三式空一号无线电话机，其对地通信距离为 185 公里，可电信电话共用。

美军根据在阿留申群岛缴获的二一型零战进行评价，这型飞机由于装备的九六式空一号无线电话机非常轻便，因此，判断其功能是最低限度。另外，根据在马里亚纳缴获的五二型零战装备的三式空一号无线电话机，美军评价这款设备与美军装备的无线电话机可匹敌，但同时也存在着安装方法和防湿对策方面的问题。

零战的总体技术特征

零战继承了九六式舰上战斗机的一些技术，作为日本的舰上战斗机，其总体技术特征可以概括为引入式主超落架、等速旋转螺旋桨、超级硬铝合金材料、刚性下降式操纵索、光学瞄准器（九八式射击轰炸瞄准器，俗称（OPL）以及主翼与前部机身采取一体化构造。

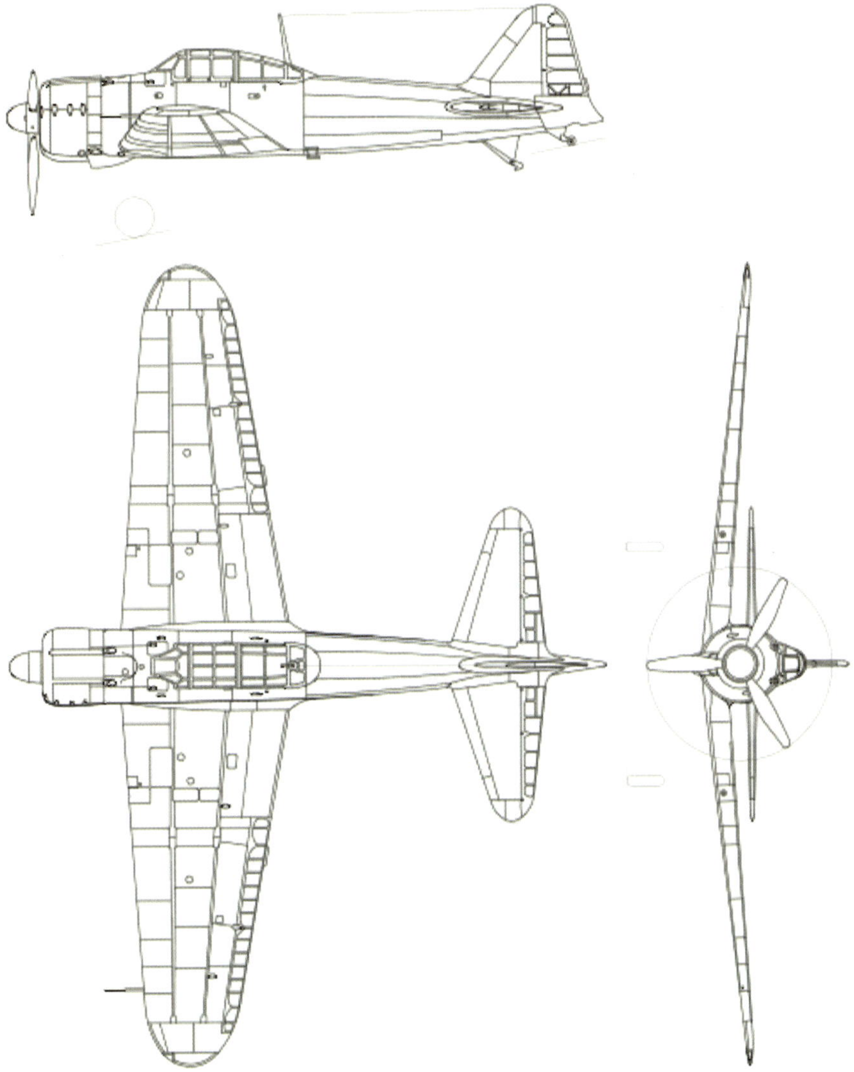

在日本舰载机中，零战是继九

零战二一型（A6M2b）的三面示意图

七式舰上攻击机之后第二个采取引入式主起落机的飞机，在飞行期间，主起落架上的车轮可以放入机身内部，从而降低空气的阻力，机翼至机身一侧可以折叠起来，机翼构造稍微复杂一些，不过，其强度、稳定性非常优秀，从而，安全性也非常高。另外，零战的尾轮也采取引入式设计。

等速旋转螺旋桨也称恒速旋转螺旋桨，它可根据发动机的旋转次数进行自动的螺旋桨桨距变化，它是日本舰载机中，继九七式舰上攻击机和九九式舰上轰炸机之后第三个采取这种设计的飞机。

零战的主翼和主翼梁均使用了由日本住友金属公司开发的新合金材料，后来美国与日本相同规格的合金材料也达到了实用化标准，其英文缩写为 ESD，意为"超级硬铝合金"，相当于今天的 JIS 规格，即铝合金材料。

零战的设计诸元

零战的基本设计诸元如下：

制式名称	零式舰上战斗机二一型	零式舰上战斗机五二型	零式舰上战斗机五四型
机身英文编号	A6M2b	A6M5	A6M8
机宽	12.0m	11.0m	
机长	9.05m	9.121m	9.237m
机高	3.53m	3.57m	
翼面积	22.44m²	21.30m²	
自重	1754kg	1876kg	2150kg
标准最大起飞重量	2421kg	2733kg	3150kg
翼面负荷	107.89 kg/m²	128.31 kg/m²	147.89 kg/m²
发动机	荣一二型（940 马力）	荣二一型（1130 马力）	金星六二型（1560 马力）
最大飞行速度	533.4km/h（高度 4550m）	564.9km/h（高度 6000m）	572.3km/h（高度 6000m）
爬升能力	爬升至 6000m 高度的用时为 7 分 27 秒	爬升至 6000m 高度的用时为 7 分 1 秒	爬升至 6000m 高度的用时为 6 分 50 秒
限制下降速度	629.7km/h	666.7km/h	740.8km/h
续航距离	巡航 3350km（带副油箱）/巡航 2222km（标准情况）全速 30 分＋2530km（带副油箱）/全速 30 分＋1433km（标准情况）	全力 30 分＋2560km（带副油箱）/1920km（标准情况）	全速 30 分＋850km（标准情况）
机载武器	翼内 20mm 机关枪 2 挺（备弹数量各 60 发）、机首 7.7mm 机关枪 2 挺（备弹数量各 700 发）	翼内 20mm 机关枪 2 挺（备弹数量各 100 发）机首 7.7mm 机关枪 2 挺（备弹数量各 700 发）	翼内 20mm 机关枪 2 挺（备弹数量各 125 发）翼内 13.2mm 机关枪 2 挺（备弹数量各 240 发）
机载炸弹	30kg 或 60kg 炸弹 2 枚		250kg 炸弹 1 枚 500kg 炸弹 1 枚 30kg 小型火箭弹 4 枚（以上挂载方式任选）
试制完成时间	1940 年 7 月	1943 年 4 月	1945 年 4 月

零战的改良型舰上战斗机

根据性能提升的要求及吸取的作战经验教训，零战在服役期间进行了各种阶段性的改良，刚开始时，换装了发动机的零战表示为一号和二号，改良了机身后又称为一型和二型，从 1942 年夏季起，零战的改良开始采取连续的两位数字进行标记，其中，第一位数字表示机身的改良次数，第二位数字表示发动机的换装次数，比如，原来的一号一型和一号二型改称为一一型和二一型，二号零战和二号零战改根据新的标准正式命名为新型零战的三二型和二二型，后来，为了表示机载武器的变化，又追加规定附加甲乙丙的标记汉字。

下表列出了根据不同的改良零战在设计形式、发动机、主翼和各种机载装备的变化：

零战不同改良型之间的变化示意图：

发动机	设计型式（两位或三位数字标记）	主翼
荣一二	一一　翼尖不可以折叠　└→　二一　→　四一（仅有计划）	翼端可以折叠
荣二一	└→　三二　翼端切下（角型）　└→　二二　→　二二甲	翼端可以折叠
荣二一		
荣三一甲		
荣三一乙	└→　五二　→　五二甲　→　五二乙　→　五二丙　→　六二	翼端切下（圆型）
荣三一	├→　五三　→　六三	
金星六二	└→　五四　→　六四	
机载武器	九九式一号机关枪　九九式二号机关枪	20mm 机关枪的形式
	60 发　100 发　125 发、供弹带	20mm 机关枪的备弹数量
	九七式 7.7mm 机关枪　三式 13.2mm 机关枪	副机载武器
	无防弹装备　有防弹装备	防弹装备
	只有小型炸弹　250kg　500kg	机载炸弹

零战的派生型战斗机

在服役期间，根据不同的作战环境和作战要求，零战又衍生出不同机种的飞机，比如，将引入式主起落架拆下来换上浮筒就产生了水上战斗机型的二式水上战斗机以及双座教练机型的零式教练战斗机，在机身追加安装了 1 挺倾斜式机关枪就产生了夜间战斗机型，其通称为"零夜战"。

此外，为了方便在陆上基地使用，将二二型零战的翼尖折叠装置和着舰挂钩撤掉就产生了所谓"零战一二型"的陆上战斗机。

另有将机翼九九式 20 毫米机关枪换装成二式 30 毫米机关的试验机型，这种机型在拉包尔作战行动中进行了大量的实战测试。

零战一一型系统的派生机型

零战一一型系统的派生机型有十二试舰上战斗机（1 号飞机和 2 号飞机）（A6M1）、零战一一型（A6M2a）和零战二一型（A6M2b）三种。

零战一一型

零战一一型 3 号飞机之后的产品安装了 1 号和 2 号飞机没有安装的荣一二型发动机，这款派生型飞机包括试制 3 号至 8 号总计生产了 64 架，配备了三翼螺旋桨，不过，没有安装着舰挂钩。

昭和十五年（1940）7 月，日军将零战一一型 9 号之后总计 40 架飞机配备到中国汉口基地内，主要承担防空战斗机职责，后来，这些战斗机为实施重庆轰炸任务的日军轰炸机提供护航的任务。昭和 15 年 9 月 13 日，在重庆上空，零战一一型进行了第一次空中护航战斗，根据日本一方的记录，13 架零战将中华民国空军由 27 架 I－15 和 I－16 战斗机组成的战斗机部队全部击落，而零战则毫无损失地返航，不过，这份战果记录并非属实。实际上，当时参战的中华民国空军部队共由 34 架 I－15 和 I－16 战斗机组成，其中，中弹和被击落的战斗机总计有 24 架。

在此期间，在中华民国承担军事顾问的美国陆军军官简诺特将零战对中国空军的威胁及作战能力立刻报告给了美国政府，不过，当时美国政府却回应，日本还没有能制造如此优秀战斗机的技术。

零战二一型

零战二一型是以一一型为基础搭载于航母平台上的真正量产型舰上战斗机，与一一型一样，服役时，零战二一型的制式名称为"零式一号舰上战斗机二型"。在珍珠港攻击行动中，零战二一型开始投入太平洋战争的各大战场，由于续航距离超远，机动性能卓越，同时，还配备了 2 挺超大口径的 20 毫米机关枪，一开战，这些零战就给了美军以非常大的冲击，伴随着日军的快速进攻，美军产生了很多关于零战来袭的传闻。

在太平洋战争全面爆发前不久，零战二一型发生了下川事件，作为这次事故的反思，日军决定增强飞机的主翼强度，其最大飞行速度也由最初的 509.3 公里/小时提升至 533.4 公里/小时，三菱制造的飞机生产数量为 740 架，而截至昭和 19 年春天，中岛飞机制造的飞机生产数量为 2821 架。

零战一一型系统飞机的性能诸元：

机型名称	十二式舰上战斗机（1号飞机、2号飞机）	零战一一型	零战二一型
机身英文编号	A6M1	A6M2a	A6M2b
机宽	12.0m		
机长	8.79m	9.05m	
机高	3.49m	3.53m	
翼面积	22.44m²		
自重	1652kg	1671kg	1754kg
标准最大起飞重量	2343kg	2326kg	2421kg
发动机	瑞星一三型（780马力）	荣一二型（940马力）	
螺旋桨	哈密尔顿式定速3片桨叶 直径2.90m		
最大飞行速度	490km/h（高度3800m）	517.6km/h（高度4300m）	533.4km/h（高度4550m）
爬升能力	爬升至5000m高度用时为6分15秒	爬升至6000m高度用时为7分27秒	
实用升限		10080m	10300m
限制下降速度			629.7km/h
续航距离		2222km（标准情况）/3502km（带副油箱）	全速30分＋1433km（标准情况）/全速30分＋2530km（带副油箱）
机载武器	九九式一号20mm机关枪2挺（翼内·备弹数量各60发）九七式7.7mm机关枪2挺（机首·备弹数量各700发）		
机载炸弹	30kg炸弹2枚，或60kg炸弹2枚		

零战三二型系统的派生机型

零战三二型系统的派生机型有零战三二型（A6M3）、零战二二型（A6M3）和零战二二甲型（A6M3a）三种。

零战三二型是零战服役后进行的第一次大规模改良，这款战斗机的综合性能有了很大程度的提升，其批量生产于1942年4月开始，同年秋季投入实战运用。

零战三二型服役后主要以航空作战为中心，参加了著名的瓜达尔卡纳尔岛攻防战等战斗，1943年6月的美国海军日本军机识别目录中将零战三二型确定为"南太平洋战区最重要的战斗机之一"。

下面列表是零战三二型系统的性能诸元：

机型名称	零战三二型	零战二二型	零战二二甲型
机身英文编号	A6M3		A6M3a
机宽	11.0m	12.0m	
机长		9.121m	
机高		3.57m	
翼面积	21.54m²	22.44m²	
自重	1807kg	1863kg	1871kg
标准最大起飞重量	2535kg	2679kg	2713kg
发动机		荣二一型（1130马力）	
螺旋桨		哈密尔顿式定速3片桨叶 直径3.05m	
最大飞行速度	544.5km/h（高度6000m）	540.8km/h（高度6000m）	540.1km/h（高度6000m）
爬升能力	爬升至6000m高度的用时为7分5秒	爬升至6000m高度的用时为7分19秒	爬升至6000m高度的用时为7分20秒
实用升限	11050m	10700m	10700m
限制下降速度	666.7km/h	629.7km/h	
续航距离	全速30分＋1052km（标准情况）/全速30分＋2134km（带副油箱）	全速30分＋1482km（标准情况）/全速30分＋2560km（带副油箱）	
机载武器	九九式一号20mm机关枪2挺（翼内·备弹数量各100发）九七式7.7mm机关枪2挺（机首·备弹数量各700发）	九九式二号20mm机关枪2挺（翼内·备弹数量各100发）九七式7.7mm机关枪2挺（机首·备弹数量各700发）	
机载炸弹		30kg炸弹2枚，或60kg炸弹2枚	

零战五二型系统的派生机型

零战五二型系统的派生机型有零战五二型（A6M5）、零战五二甲型（A6M5a）、零战五二乙型（A6M5b）和零战五二丙型（A6M5c）四种机型。

从1943年8月起，三菱重工开始生产零战五二型，中岛飞机也于1943年12月开始转产这型战斗机，截至第二次世界大战结束，包括机载武器强化型的甲、乙、丙三型在内，零战五二型各型是生产数量最多的一种零战派生型，其生产数量大约有6000架，自莱特湾海战之后，这型战斗机开始当作特攻机使用。

日·本·百·年·航·母

第八章
日本帝国海军
"航母舰载机"
运用经验
——世界三大、亚洲曾经最庞大的海载海军航空兵部队

下面列表是零战五二型系统的性能诸元：

机型名称	零战五二型	零战五二甲型	零战五二乙型	零战五二丙型
机身英文编号	A6M5	A6M5a	A6M5b	A6M5c
机宽		11.0m		
机长		9.121m		
机高		3.57m		
翼面积		21.30m²		
自重	1876kg	1894kg	1912kg	1970kg
标准最大起飞重量	2733kg	2743kg	2765kg	2955kg
发动机		荣二一型（1130 马力）		
螺旋桨		哈密尔顿式定速 3 片桨叶 直径 3.05m		
最大飞行速度	564.9km/h（高度 6000m）	559.3km/h(高度 6000m)	554.7km/h（高度 6000m）	544.5km/h（高度 6000m）
爬升能力	爬升至 6000m 高度的用时为 7 分 1 秒			爬升至 5000m 高度的用时为 5 分 40 秒
实用升限	11740m			10200m
限制下降速度	666.7km/h		740.8km/h	
续航距离		1920km（标准情况）/全速 30 分 + 2560km（带副油箱）		
机载武器	九九式二号 20mm 机关枪 2 挺（翼内·备弹数量各 100 发）九七式 7.7mm 机关枪 2 挺（机首·备弹数量各 700 发）	九九式二号 20mm 机关枪 2 挺（翼内·备弹数量各 125 发）九七式 7.7mm 机关枪 2 挺（机首·备弹数量各 700 发）	九九式二号 20mm 机关枪 2 挺（翼内·备弹数量各 125 发）三式 13.2mm 机关枪 1 挺（机首右舷·备弹数量 240 发）九七式 7.7mm 机关枪 1 挺（机首左舷·备弹数量 700 发）	九九式二号 20mm 机关枪 2 挺（翼内·备弹数量各 125 发）三式 13.2mm 机关枪 3 挺（机首 1 挺、翼内 2 挺·备弹数量：机首 230 发、翼内各 240 发）
机载炸弹	30kg 炸弹 2 枚，或 60kg 炸弹 2 枚		30kg 炸弹 2 枚	30kg 炸弹 2 枚60kg 炸弹 2 枚30kg 小型火箭弹 4 枚（以上挂载方式可任选）

零战五三型和五四型系统的派生机型

零战五三型和五四型系统的派生机型有零战五三型（A6M6）、零战六二型/六三型（A6M7）和零战五四型/六四型三种。

下面列表是零战五三型和五四型系统的性能诸元：

机型名称	零战五三型	零战六二型	零战六三型	零战五四/六四型
机身英文编号	A6M6	A6M7	A6M7	A6M8
机宽		11.0m		
机长		9.121m		9.237m
机高		3.57m		
翼面积		21.30m²		
自重	2150kg	2155kg		2150kg
标准最大起飞重量	3145kg	3155kg		3150kg
发动机	荣三一型（1300hp 预定）	荣三一甲型（1130 马力）	荣三一型（1230 马力）	金星六二型（1560 马力）
最大飞行速度	580km/h（试算）（高度 6400m）	542.6km/h （高度 6400m）	554.2km/h（高度 6400m）	572.3km/h（高度 6000m）
爬升能力	爬升至 8000m 高度的用时为 9 分 53 秒	爬升至 6000m 高度的用时为 7 分 58 秒	爬升至 6000m 高度的用时为 7 分 35 秒	爬升至 6000m 高度的用时为 6 分 50 秒
实用升限	10300m	10180m	10300m	11200m
限制下降速度		740.8km/h		
续航距离	1520km（标准情况）/全速 30 分 + 2190km（带副油箱）	2620km（带副油箱）/全速 30 分 + 850km（标准情况）		
机载武器	九九式二号 20mm 机关枪 2 挺（翼内·备弹数量各 125 发）三式 13.2mm 机关枪 3 挺（机首 1 挺、翼内 2 挺·备弹数量各 240 发）			九九式二号 20mm 机关枪 2 挺（翼内·备弹数量各 125 发）三式 13.2mm 机关枪 2 挺（翼内·备弹数量各 240 发）
机载炸弹	30kg 炸弹 2 枚60kg 炸弹 2 枚30kg 小型火箭弹 4 枚（以上挂载方式可任选）	60kg 炸弹 2 枚250kg 炸弹 1 枚500kg 炸弹 1 枚（以上挂载方式可任选）		250kg 炸弹 1 枚500kg 炸弹 1 枚30kg 小型火箭弹 4 枚（以上挂载方式可任选）

零战与中国军队之间的战斗——给零战以痛击的中国国民党空军部队

1940 年 7 月 15 日，日本帝国海军第一二航空队（司令为山口多闻少将、参谋长为大西泷治郎）派遣横山保大尉和进藤三郎大尉率领 13 架零战奔赴中国大陆战场。同年 8 月 19 日，零战在中国战场首次出战，此次任务主要承担九六式陆上攻击机护卫，不过，未与中国空军相遇。第二天，在伊藤俊隆大尉指挥下出战，不过，仍未遭遇中国空军，接下来由于遭遇恶劣天气，出战任务一直延续至 9 月份。在第一次出战期间，为了燃料补给，一架由藤原喜平士官驾驶的零战在着陆宜昌机场过程中因降落失败而发生翻转，这事实上是零战的第一次出战损失。

9 月 12 日，零战第三次出战，在中国重庆上空滞留长达 1 小时，不过，仍未遭遇中国空军。第二天再次出战，终于遭遇中国空军大规模战机编队。中国空军为精锐第四大队（志航大队，指挥官为郑少愚少校）和第三大队，其中，第四大队是中国空军第一个击落日本战机的空军部队，2个空军大队编制战斗机34架（包括19架I—15和15架I—16），由于机械故障，实际参战飞机共28架。在此次大规模空战中，中国官方记录为中国空军有13架战斗机遭击落、11架遭击伤，战死10人，负伤8人。据日军参战的进藤大尉判断中国空军遭击落的战斗机有27架。日军方面，参战13架零战中有3架中弹（分别是大木芳男、三上一禧、藤原喜平3名士官驾驶的飞机）、1架发生机械故障着陆后翻转。

与零战相比，中国空军参战运用的I—15、I—16战斗机是1933年进行首飞的老飞机，而零战是刚刚定型批量生产的新型飞机，拥有更大制空优势。自从与中国空军发生第一次大规模空战之后，零战一直活跃于中国大陆战场，截至一年后的1941年8月末期间，零战遭受中国防空炮火攻击而损失的飞机仅有3架，在参加空战期间没有一架飞机被击落，从此，也可看出零战的空中优势。

1941年，在中国战场作战的零战一一型（A6m²）

零战与澳大利亚军队之间的战斗

1943年，在空袭澳大利亚达尔文港期间，日军航母机动部队的零战曾经与澳大利亚军队装备的"喷火"战斗机进行了数次交锋。据澳方军官回忆，在初期的作战行动中，双方的差距不大，不过，零战在适应了战场环境之后开始逐渐占据了上风。澳军的喷火战斗机会接连发生燃料用尽、发动机故障等问题，从而无法返回基地。另外，据英澳空军记载，"喷火"战斗机存在发动机输出功率严重不足、机载航炮会冻结等诸多问题，这证明"喷火"不适合于在南太平洋环境下作战，故此，在与零战的角逐中渐渐处于劣势。

不过，始终处于攻势的零战队飞机也会发生机械故障，同时，在返航途中，一些飞机因为发动机不适应而出现机身问题。

率领零战队的日本飞行队长铃木少佐也曾经坦言喷火战斗机具有非常优秀的性能，并且，在进攻之际由飞行时间超过 1000 小时以上的老飞行员们组成了一支精干的飞行队。

日、澳、英三方经过一系列的空中角逐，最终，日本丧失零战的总数为 5 架，另有 3 架未返航，喷火丧失总数为 42 架，另有 26 架未返航，从这份成绩单来看，零战获得了压倒性的胜利。

零战与美国军队之间的战斗

零战与美国军队之间的首阵对决为日军发起的珍珠港攻击作战行动，不过，由于日军采取的是突然袭击的方式，故此，零战与美军战斗机之间进行空战的机会很少，在参战过程中，零战主要使用机载机关枪对美军机场实施射击。

珍珠港攻击行动之后不久，零战即参加了菲律宾空袭行动。当时日军零战队由台湾起飞出击，在掩护陆攻队的情况下再对菲律宾本土实施攻击，这些参战零战都是单座战斗机，它们取得了前所未有的远距离长途奔袭作战的巨大成功，并在短时间内给予驻菲律宾的美国陆军航空队以毁灭性打击。

在南太平洋的一系列作战行动中，零战一路势如破竹，由印度尼西亚拉包尔空袭、到长驱直入所罗门群岛主岛的瓜达尔卡纳尔岛，再到空袭新几内亚岛。在随后的作战行动中，零战的战斗能力一直非常高，从日美双方的战斗记录来看，零战的优势地位非常明显。不过，随着战线的不断变长，由于补给能力的削弱，零战与美军战斗机之间的战力渐渐趋于平衡，尤其是在美军确立了用早期警戒网来对抗零战的所谓"反零战战术"之后，也就是在瓜达尔卡纳尔岛登陆战中期之后，零战与美军之间的较量渐渐处于劣势地位。

1942 年 6 月，美军成功在阿留申群岛荷兰港附近的阿库坦岛沼泽地内几乎以完好无损的状态缴获了一架紧急迫降的零战，后来这架零战被称作"阿库坦零战"，随后，美军对这架零战进行了非常彻底的研究，进而得出结论，零战的主要优势在于旋转性能、爬升性能和续航性能三个方面，突出的问题表现在高速机动时的横转飞行性能和俯冲性能。在充分了解了零战的强项和弱项之后，针对其弱点，美军提出了一系列的对抗措施，诸如：有所谓"一击脱离战法"和"萨奇威布"的编队空战法，此后，这些非常有效的零战对抗战法在美军中广泛普及开来。

此外，从太平洋战争中期以后，美军列装了配备 2000 马力级别发动机的 F6F "恶妇"舰载战斗机和 F4U "海盗"攻击机等新型战斗机，与此形成鲜明对比的是，日军作为零战后续机型的"雷电"、"烈风"等新型战斗机的开发都推迟了，故此，日本帝国海军只能对零战的技术性能进行提升，从而获得一些改良型零战，以此来对抗变得越来越强大的美军。

根据美军公开记录：在第二次世界大战初期，日军零战对盟军战斗机（包括中国国民党空军和澳大利亚军队）的杀伤率是 12∶1。从太平洋战争爆发初期至中途岛海战之间，零战对美军 F4F"野猫"舰载战斗机的杀伤率是 1∶1.7，1942 年期间美军完全普及了"一击脱离战法"和"萨奇威布"反零战战术后，零战对 F4F 战斗机的杀伤率变为 1∶5.9，在整个太平洋战争期间，零战对 F4F 的杀伤率为 1∶6.9，依此来看，无论是哪一个数据，都是美军的 F4F 战斗机获胜。

另外，零战及其后续机型对 F4U 攻击机的杀伤率是 1∶11。零战与 F6F 战斗机之间的杀伤率为 1∶19。根据这样的杀伤率推算，美军总计损失了大约 270 架 F6F，那么日军包括所有机种在内的战斗机损失数量就应该是 5156 架。这样的数值是基于战斗机飞行员的战果报告计算出来的，实际的杀伤率可能会有很大的出入，美军的军史专家也认为美军的战果报告太过于乐观了。比如，即使在同时使用照相枪的情况下，美军也很难正确判断敌机的机种以及击落与非击落的区别，因此，飞行员报告的击落敌机总数一定比实际的击落总数要多。

举一例说明，在 1942 年 5 月 8 日的珊瑚海海战中，美国海军第 17 特混舰队与日军航母机动部队展开了激烈的空战，空战在"约克城"号和"列克星敦"号航母上空展开，日军机动部队攻击队由 59 架飞机组成，分别是 18 架零战、23 架九九式舰上轰炸机和 18 架九七式舰上攻击机，美军由 F4F 战斗机和 SBD 轰炸机组成了护卫航空队，同时，用防空炮火进行了反击，双方均有坠机。其中，日军返航飞机总共有 46 架，零战返航 17 架，有 1 架紧急迫降。在这次海战的战果评估中，日军一侧就严重高估了自己一方的战果，其估计结果是击落 32 架格鲁曼战斗机和 17 架苟蒂斯轰炸机，而美军记录的实际结果是有 6 架 F4F 和 15 架 SBD 被击落，日军一侧的战果评估即高估了坠机数量又弄错了机种。

在所罗门群岛上空飞行的零战二二型战斗机（A6M3）

零战驾驶员舱座内的操纵席

飞行中的零战三二型（A6M3）

1941 年 12 月 7 日，在珍珠港攻击作战行动中，由"赤城"号航母起飞的零战二一型（A6m2b）

1942 年 7 月，在阿留申群岛阿库坦岛被美军完好缴获的一架零战二一型（A6m2b）

美军缴获后，正在用于测试的一架零战二一型（A6m2b）

1942 年 10 月 26 日，在南太平洋海战中，与九九式舰上轰炸机一同由"翔鹤"号航母上起飞的零战二一型（A6m2b）

由拉包尔出发的"瑞鹤"号航母上的零战二一型

1943年9月，在所罗门群岛坠落的一架零战三二型

一架神风特攻队的零战对美国海军航母发起自杀式攻击,正冲向飞行甲板而来

在日本靖国神社游就馆内展出的一架五二型零战,机尾翼编号为 8I—161

上述飞机的侧视图

在日本国立科学博物馆内展出的一架改造型双座零战

在日本大和博物馆内展出的一架六二型零战

在日本鹿屋基地史料馆内展出的一架五二型零战
驾驶员座舱

日本航空自卫队部队复制的一架二一型零战

日本筑前町立大刀洗和平纪念馆内公开展示的一架世界现存唯一的三二型零战

第八章

日本帝国海军"航母舰载机"运用经验——世界三大、亚洲曾经最庞大的海载海军航空兵部队

一架"荣"发动机发动后不久的零战，可见有白烟冒出来

在日本河口湖汽车博物馆内展出的一架二一型零战（只在夏季展出），与零战飞行员岩本彻二驾驶的机型相同，机尾编号为"オヒ－101"

一架五二型零战，世界唯一仍可使用荣二一型发动机进行飞行的现存飞机，翼下有加油托盘

在澳大利亚战争纪念馆内展出的一架二一型零战

2012 年 12 月 1 日—2013 年 8 月 31 日，在日本所泽航空发祥纪念馆内特别展出的一架五二型零战（机尾翼编号为 61—120）

一架 A6M6C 零战

在太平洋航空博物馆内展出的一架二一型零战，机尾翼编号为 EII－102

一架二二型零战的复制品，机尾翼编号为 X－133

在美国圣迭戈航空航天博物馆内展出的一架六二型零战，机尾翼编号为"ヨ－143"，可见机身下部有炸弹悬挂装置

零战缔造者——堀越二郎设计总工程师

大学时代的堀越二郎

堀越二郎（1903年6月22日－1982年1月11日）是第二次世界大战期间，日本最著名的飞机设计师，他不仅是零战的缔造者，同时，还是其他多款著名日军战机的设计者。

堀越二郎是日本群马县藤冈市人，分别以第一名的优异成绩毕业于藤冈中学、第一高等学校和东京帝国大学工学部航空学科（主攻航空工程学专业），毕业后先后进入三菱内燃机制造（现在的三菱重工）、三菱飞机、三菱重工等军工企业工作，其东京帝国大学的同期校友还有木村秀政和十井武夫等人。

作为当时日本最著名的飞机设计师，堀越就三菱九六式舰上战斗机的开发提供了革新性的设计，不过，令其名声大噪的关键产品还是作为零式舰上战斗机的设计主任一职。

在第二次世界大战之前，堀越曾经设计了七式舰上战斗机、九式单座战斗机（后来的九六舰上战斗机），在第二次世界大战期间，设计了包括零战在内的"雷电"、"烈风"等为数不少的战斗机，凭借这些著名战斗机的设计经验，后世将他称为"名机缔造者"。在第二次世界大战结束后，堀越又与木村秀政等人为日本海上自卫队设计 YS—11 运输机。

战后，堀越从三菱重工引退之后，在日本教育机构和研究机关从事教学工作，1963 年至 1965 年，在东京大学宇宙航空研究所担当讲师职务，1965 年至 1969 年，在日本防卫大学担任教授职务。1972 年至 1973 年，在日本大学生产工学部担任教授职务。1982 年 1 月 11 日去世，终年 78 岁。

1937 年 7 月，十二式舰上战斗机（即后来的零战）设计小组全影，中间的飞机设计师就是堀越二郎

第六节　日本航母舰载机四大生产工厂——二战时期亚洲第一大飞机公司中岛飞机及三菱飞机、爱知飞机和空技厂

在第二次世界大战及太平洋战争期间，日本曾经存在四大航母舰载机生产工厂，它们负责为日本帝国海军的航母机动舰队生产大量的舰上战斗机、舰上攻击机、舰上轰炸机和舰上侦察机，可以说，如果没有这些舰载机生产工厂，日本帝国海军就不可能发起珍珠港攻击、印度洋空袭、南太平洋海战、珊瑚海海战、菲律宾海海战、莱特湾海战等历次以航母舰载机为主要角色的海上大决战及航母大战。在战争期间，这些舰载机生产工厂总计为日本帝国海军生产了超过 10 万架各种类型舰载机。

从生产规模、发展历史及在日本帝国海军中的地位来看，中岛飞机当仁不让是排名第一位的大规模舰载机生产工厂，其次是三菱重工、爱知飞机和空技厂。

下面对这四大生产工厂进行逐一介绍。

曾经亚洲第一的飞机制造商——中岛飞机株式会社

中岛飞机的发展与历史变迁

中岛飞机是 1917 年至 1945 年期间曾经存在的日本军用飞机、航空发动机制造商，在第二次世界大战结束前，它是日本国内最大的飞机制造商、世界少数几个大型飞机制造商之一，鉴于其在战争中的严重罪行，第二次世界大战结束后遭受盟军司令部（GHQ）的全面肢解。

1917 年 12 月 21 日，日本帝国海军退役军官中岛知久平心怀飞机报国的理想在群马县尾岛町（现在的太田市内）一个旧博物馆里创建了飞机研究所（吞龙工厂），这是日本民间创建的第二个飞机制造商。此后，这个公司逐步具备了航空发动机及机身的独自开发能力，并且，具备连续的飞机生产能力。

1918 年 5 月，日本人川西清兵卫开始参与由中岛主持的飞机经营活动，而后这家公司正式更名为日本飞机制作所。1919 年 4 月，日本飞机制作所接受了日本帝国陆军的 20 架飞机订单。1919 年 12 月 26 日，日本飞机制作所更名为中岛飞机制作所。

1920 年 4 月，中岛飞机接受了日本帝国陆军 70 架飞机订单和日本帝国海军 30 架飞机订单。1925 年 11 月，中岛飞机东京工厂建成投产。1937 年，日本帝国陆军采用中岛飞机研制的九七式战斗机为制式战斗机。1938 年，作为航空发动机组装工厂的武藏制作所建成投产。

1940 年，作为日本帝国海军飞机专用组装工厂的中岛飞机小泉制作所建成投产。1941 年，日本帝国陆军采用中岛飞机研制的一式战斗机（隼）为制式战斗机。1944 年 1 月，作为日本帝国陆军飞机专用组装工厂的中岛飞机宇都宫制作所建成投产，随后，开始生产制式四式战斗机（"疾风"）。1944 年 4 月，中岛飞机开始急速开发、研制"富岳"大型轰炸机。同年 12 月，中岛飞机迎来生产最高峰，当年，全部生产工厂全年飞机累计最高生产总架数居然达到了 7940 架，创造了日本飞机的生产纪录。

1945 年 4 月 1 日，中岛飞机第一军需工厂实际上已经实现了国营化，它在中岛飞机停止营业后继续存在。1945 年 8 月，"富岳"轰炸机设计方案流产，中岛飞机设计室全部解散，设计技师全部到生产工厂工作。1945 年 8 月 16 日，第二次世界大战结束，日本政府将全部飞机生产返还给中岛飞机，同时，中岛飞机更名为富士产业株式会社，中岛知久平不再担任董事会社长一职。8 月 22 日，乙末平就任社长。

1945 年 11 月 6 日，根据盟军司令部命令，富士产业株式会社作为日本战时财团会社被解体。1950 年 5 月，曾经繁荣至极的中岛飞机全部解散。不过，这只是翻开了中岛飞机的另一段历史。

截至 1945 年 8 月战争结束，中岛飞机共计为日本帝国陆军和海军生产了 29925 架各种主力作战飞机，只差 75 架就达到 30000 架。其中，三菱飞机设计的零式战斗机（零战）中的大约三分之二都由中岛飞机生产。

正是由于中岛飞机的战争帮助，日本的军事力量才得到了最大程度的强化，并以异乎寻常的速度迅速发展起来，因此，在战争后期，中岛飞机的所有生产工厂都成了美国空军的战略轰炸目标，在美国空军的定点轰炸之后，中岛飞机的大多数生产工厂都遭受了严重的破坏。为了避免破坏，中岛飞机采取疏散、分开的方式继续进行生产直到战败投降。日本战败投降后，根据盟军司令部命令，禁止中岛飞机再进行任何形式的飞机生产及研究活动，此后不准中岛飞机再进入军工生产领域，同时，要求中岛飞机解体成 12 家分公司。此后，中岛飞机的大多数技师都进入汽车产业，他们为后来日本汽车产业的繁荣作出了巨大的贡献。

中岛飞机的战争产品

在第二次世界大战结束前，中岛飞机为日本帝国陆军和海军生产了大量的主力作战飞机。其中，面向日本帝国陆军生产的飞机有侦察兼教练机、战斗机、轰炸机和特殊攻击机共计 4 种机型，侦察兼教练机为 1919 年生产的中岛式五型，战斗机包括 1923 年量产的甲式四型战斗机、1931 年量产的九一式战斗机、1937 年量产的九七式战斗机、1941 年量产的"隼"一式战斗机、1942 年量产的"钟馗"二式单座战斗机、1943 年量产的"疾风"四式战斗机和 1945 年生产的 KI－87 试制超高空战斗机。轰炸机为 1940 年量产的"吞龙"百式重型轰炸机。特殊攻击机为 1945 年生产的"剑"KI－115 特殊攻击机。

面向日本帝国海军生产的飞机有战斗机、攻击机、侦察机、运输机、特殊攻击机共计 5 种型。其中，战斗机包括 1928 年量产的三式舰上战斗机、1930 年量产的九〇式舰上战斗机、1936 年量产的九五式舰上战斗机、1942 年量产的二式水上战斗机、1942 年量产的二式陆上侦察机（1943 年"月光"夜间战斗机）、1943 年试制的"天雷"十八式战术战斗机。此外，还负责许可生产采取三菱内燃机设计的九六式对陆攻击战斗机和零式舰上战斗机，并且，尽管零式舰上战斗机的许可生产时间只有一年时间，但是中岛却生产了这种机

誉发动机中的复列星型 18 汽缸发动机

型大约三分之二的架数。

攻击机包括 1937 年量产的九七式舰上攻击机、1938 年试制"深山"十三式对陆攻击机、1943 年量产的"天山"舰上攻击机、1943 年试制"连山"十八式对陆攻击机以及"富岳"对陆攻击机研制计划。

侦察机包括 1936 年量产的九五式水上侦察机和 1944 年量产的"彩云"舰上侦察机。

运输机为 1940 年与昭和飞机公司并行量产的零式运输机。

特殊攻击机为 1945 年试制"橘花"特殊攻击机。

代表性的航空发动机有"寿"（空冷式单列星型 9 汽缸、陆军名称为 HA－1）、"NAL"系列（空冷式复列星型 14 汽缸、陆军名称为 HA－5/HA－41/HA－109，统一名称为 HA－34）、"荣"（空冷式复列星型 14 汽缸，陆军名称为 HA－25/HA－115，统一名称为 HA－35）、"誉"（空冷式复列星型 18 汽缸，统一名称为 HA－45）。

荣发动机中的复列式星型 14 汽缸发动机

中岛飞机各种飞机生产数量一览表（不包括试制飞机）

年度	陆军飞机	海军飞机	民用飞机	合计
1918（大正 7 年）	0	0	6	6
1919（大正 8 年）	32	0	2	34
1920（大正 9 年）	68	31	17	116
1921（大正 10 年）	55	75	1	131
1922（大正 11 年）	67	100	1	168
1923（大正 12 年）	64	108	0	172
1924（大正 13 年）	71	76	0	147
1925（大正 14 年）	69	55	0	124
1926（昭和 1 年）	49	24	0	73
1927（昭和 2 年）	40	25	0	65
1928（昭和 3 年）	87	24	1	112
1929（昭和 4 年）	93	36	1	130
1930（昭和 5 年）	105	28	2	135
1931（昭和 6 年）	92	36	7	135
1932（昭和 7 年）	169	56	13	238
1933（昭和 8 年）	127	38	14	179
1934（昭和 9 年）	63	32	10	105
1935（昭和 10 年）	116	24	6	146
1936（昭和 11 年）	87	236	12	335
1937（昭和 12 年）	117	241	5	363
1938（昭和 13 年）	420	553	14	987
1939（昭和 14 年）	673	489	15	1177
1940（昭和 15 年）	728	349	4	1081
1941（昭和 16 年）	744	341	0	1085
1942（昭和 17 年）	1412	1376	0	2788
1943（昭和 18 年）	2658	3027	0	5685
1944（昭和 19 年）	3613	4330	0	7943
1945（昭和 20 年）	826	1449	0	2275
总合计	12645	13159	131	25935

中岛飞机航空发动机生产总数一览

年度	部	年度	部	年度	部
1918（大正 7 年）	0	1928（昭和 3 年）	60	1938（昭和 13 年）	1548
1919（大正 8 年）	0	1929（昭和 4 年）	72	1939（昭和 14 年）	2538
1920（大正 9 年）	0	1930（昭和 5 年）	96	1940（昭和 15 年）	3144
1921（大正 10 年）	0	1931（昭和 6 年）	120	1941（昭和 16 年）	3926
1922（大正 11 年）	0	1932（昭和 7 年）	240	1942（昭和 17 年）	4889
1923（大正 12 年）	0	1933（昭和 8 年）	360	1943（昭和 18 年）	9558
1924（大正 13 年）	0	1934（昭和 9 年）	420	1944（昭和 19 年）	13926
1925（大正 14 年）	0	1935（昭和 10 年）	480	1945（昭和 20 年）	3981
1926（昭和 1 年）	12	1936（昭和 11 年）	540	＊＊＊＊	
1927（昭和 2 年）	36	1937（昭和 12 年）	780	＊＊＊＊	

太平洋战争期间（1941年至1945年）日本军用飞机制造商生产业绩对比一览表飞机制造商

飞机制造商	飞机生产（架数）	发动机生产（部数）
中岛飞机	19561	36440
三菱重工	12513	41534
川崎飞机	8234	10274
立川飞机	6645	—
爱知飞机	3627	1783
日本飞机	2882	—
九州飞机	2620	—
满州飞机（中国东北）	2196	2168
日本国际航空	2134	837
川西飞机	1994	—
日立飞机	1783	13571
石川岛航空	—	2286
日产汽车	—	1633
其他企业	2986	160
军工厂	2704	5891

中岛飞机在第二次世界大战后的发展与变迁

在第二次世界大战期间，中岛飞机共建有超过50座飞机生产工厂，战后这些工厂中的绝大部分都以各种形式保存了下来。

中岛飞机在分解成12家分公司之后，这些公司全部都生存了下来，并且有一些公司继续从事军工生产任务，它们分别如下：

原中岛飞机总社变成后来的东京富士产业株式会社，原中岛飞机太田工厂和武藏野工厂变成后来的富士工业株式会社，原中岛飞机伊势崎工厂变成后来的富士汽车工业株式会社，原中岛飞机大宫工厂变成后来的大宫富工业株式会社，原中岛飞机宇都宫工厂变成后来的宇都宫车辆株式会社，上述5家公司经过一段时间的发展后逐步统一合并为现在的富士重工业株式会社（SUBARU），它仍是一家军工企业，负责为日本航空自卫队生产飞机，原来中岛飞机所拥有的工厂也都成为今天富士重工下属的各个生产工厂。

另外，中岛飞机滨松工厂变成后来的富士精密工业株式会社，此后经历了公爵汽车工业、里兹姆友人制造、里兹姆汽车部品制造、里兹姆几个发展阶段，直到今天成为THK的子公司——THK里兹姆。

原中岛飞机前桥工厂在变成富士机器公司之后，又变成今天的富士机械（富士重工的一家子公司）公司。

原中岛飞机半田制作所变成爱知富士产业，随后变成今天的运输机工业（富士重工子公司）公司。

原中岛飞机三岛工厂变成富士机械工业，经过富士发动机、富士洛宾公司后成为今天的马基塔沼津公司（马基塔子公司）。

原中岛飞机枥木工厂变成枥木富士产业，随后成为今天日产的参股公司。

原中岛飞机黑泽尻工厂变成岩手富士产业，随后成为伊瓦福吉工业（现在的新明和工业子公司）。

原中岛飞机东京工厂变成富士精密工业，在经历公爵汽车工业公司之后，今天它已经完全由日产汽车（NISSAN）吸收合并。

中岛飞机解体后，其后续公司开始进军汽车开发和航空、航天、火箭开发领域。其中，富士重工和公爵汽车2家公司凭借自身实力独自进行汽车开发。直至战争结束时，中岛飞机以从德国获取的技术情报为基础独自进行喷气发动机和火箭发动机的开发工作。不过，战后中岛飞机后续公司进军航空、航天领域的只有富士重工。

富士重工继承了大部分中岛飞机的家底，同时，这家公司也以中岛飞机出身为无尚光荣，并将企业目标再次锁定为日本国产飞机开发。在朝鲜战争期间，在盟军司令部对日本飞机生产和研制解禁之后，富士重工便再次积极进军飞机领域。

中岛飞机核心生产工厂及战后变迁情况

中岛飞机直营生产工厂	所在地与现状	产品概要（一部分）
吞龙工厂	太田市：现为富士重工群马制作所北工厂	初期工厂、水上侦察机等
太田制作所	太田市：现为富士重工群马制作所总工厂	日本帝国陆军主力战机组装工厂
东京制作所	东京杉并区荻窪：现为日产汽车荻窪事业所	发动机工厂（中岛飞机发祥地）
小泉制作所	群马县大泉町：现为三洋电机东京制作所	日本帝国海军主力战机组装工厂
武藏（武藏野、多摩）制作所	东京武藏野市：现为NTT武藏野研究中心、日本森林公园	发动机工厂
宇都宫制作所	枥木县宇都宫市：现为富士重工宇都宫制作所	日本帝国陆军战机第二工厂
三鹰研究所	东京三鹰市：现为富士重工东京事业所及国际基督教大学	研究开发与试制工厂
半田制作所	爱知县半田市：现为运输机工业	日本帝国海军战机第二工厂
三岛制作所	静冈县三岛市：现为富士洛宾公司	枪架装置、油压设备
滨松制作所	静冈县滨松市：现为株式会社里兹姆	发动机分工厂、测量仪器
大宫制作所	埼玉县大宫市：原富士重工大宫制作所	发动机分工厂
前桥工厂	群马县前桥市：现为富士机械与原泰哈兹前桥工厂	脚架部件、电气设备
伊势崎工厂	群马县伊势崎市：现为富士重工伊势崎工厂（一部分为商用设施）	机身零件分工厂
龟冈工厂	群马县尾岛町：现为三菱电机群马制作所	机身零件分工厂
足利工厂	枥木县足利市：现为阿基里斯公司	机身零件分工厂
黑泽尻制作所	岩手县北上市：现为伊瓦瓦吉（原岩手富士产业）公司	疏散工厂（计划进行机身组装）
大谷制作所	枥木县大谷：填海造地（地下工厂）	疏散工厂（计划进行机身组装）
田无锻造工厂	东京都田无市：现为日特金属工业	发动机零件
四日市工厂	三重县四日市市	发动机零件

今天的武藏时中央公园，为中岛飞机武藏制作所厂区的一部分

1950 年，中岛飞机三鹰研究所总部办公大楼

三菱重工（三菱飞机）——排名第二、研制与生产兼职的舰载机生产工厂

在第二次世界大战及太平洋战争期间，三菱重工负责舰载机生产的最早部门是三菱飞机株式会社，后来三菱飞机与其他三菱财团公司合并组成三菱重工后，舰载机生产任务则由三菱重工下属的飞机生产部门及生产工厂负责。

三菱飞机的简要发展历史概况

1917 年（大正六年），三菱合资公司独立，并正式创建了第一代三菱造船株式会社（股份公司），这家公司全面继承了三菱财团开创的造船产业。

后来，随着业务领域的不断多元化，三菱财团先后成立了三菱电机、三菱飞机等各种分公司，不过，这些分公司都持续出现销售业绩不佳的困难，为了解决这种困境，三菱财团第四代掌门人岩崎小弥太计划进行合理化经营改革，决定把三菱造船和三菱飞机合并为一家公司。

1934 年（昭和九年），三菱造船和三菱飞机正式合并为三菱重工，这就是日本第一代三菱重工。第一代三菱重工是当时日本国内最大的私人企业，主要从事船舶、重型机械、飞机及铁路车辆的建造。同年，三菱重工名古屋飞机制造厂成立。

1938 年（昭和十三年），名古屋发动机制造厂分离独立出来。1945 年（昭和二十年），截至第二次世界大战结束时，除一〇式舰上战斗机、零式舰上战斗机、一〇〇式司令部侦察机之外，名古屋飞机制造厂共为日军制造了 18000 架军用飞机以及 52000 部航空发动机。

在第二次世界大战期间，三菱重工是日本帝国陆军和日本帝国海军所需军舰和飞机这两种主战武器的制造中心，也正是凭借这些武器订单，三菱重工才会成为当时日本军国主义政府最大的私有军工企业。其中的著名武器装备包括三菱重工为日本帝国海军建造的超级弩级（超级无畏级）战列舰"武藏"号、设计并建造的零式舰上战斗机，等等。与侵华战争之前相比，三菱重工的军舰建造总吨位上升了 10 倍以上，主战坦克制造总数量上升了 200 倍以上，资金收益上升了 20 倍以上。

三菱飞机的主要军用飞机产品

三菱飞机曾经承担了日本帝国陆军和日本帝国海军大量的军机开发与生产任务，它是第二次世界大战期间，仅次于中岛飞机的日本第二大私有军机生产企业，其战争期间生产的军用飞机产品如下列表：

1920—1930	一〇式舰上战斗机
	一〇式侦察机
	甲式1型教练机
	一〇式舰上鱼雷轰炸机
	十三式舰上攻击机
	乙式1型教练机
	八七式轻型轰炸机
1930—1940	八九式舰上攻击机
	九二式侦察机
	九二式重型轰炸机
	九三式地面攻击机
	九三式轻型轰炸机
	九六式地面攻击机
	九六式舰上战斗机
	九七式重型轰炸机
	九七式司令部侦察机
	零式水上观测机
	九七式轻型轰炸机
	"神风"号
1940—1945	"日本"号
	九九式攻击机
	一〇〇式司令部侦察机
	零式舰上战斗机
	一式地面攻击机
	MC－20旅客运输机
	战术战斗机"雷电"
	试制远距离战斗机
	试制战术战斗机

在第二次世界大战期间，三菱飞机研制与生产的航空发动机列表：

1910－1920	雷诺－空气冷却 V 型 8 汽缸 70PS 发动机
1920－1930	伊斯帕诺－200PS 水冷发动机
	伊斯帕诺－300PS 水冷发动机
	伊斯帕诺－450PS 水冷发动机
	蒙古斯－130PS 空气冷却发动机
1930－1940	伊斯帕诺－650PS 水冷发动机
	金星 1 型空冷发动机
	九二式 400PS 空冷发动机
	九三式 700PS 空冷发动机
	金星 3 型 840PS 空冷发动机
	金星 40 型 1000PS 空冷发动机
	瑞星 10 型 900PS 空冷发动机
	瑞星 20 型 1080PS 空冷发动机
	火星 10 型 1500PS 空冷发动机
1940－1945	金星 50 型 1300PS 空冷发动机
	金星 60 型 1500PS 空冷发动机
	A18 型 1800PS 空冷发动机
	火星 20 型 1850PS 空冷发动机
	A20 型 2200PS 空冷发动机
	A18E 型 2500PS 空冷发动机
	尾气排放涡轮机适合机械制作

爱知飞机——排名第三、研制与生产兼职的舰载机生产工厂

爱知飞机株式会社是第二次世界大战期间著名的日本飞机制造商，主要面向日本帝国海军制造攻击机、轰炸机、水上飞机等军用飞机。

爱知飞机母公司是爱知钟表电机株式会社，而爱知钟表电机最早前身是创建于 1893 年 12 月的爱知钟表制造合资会社。1898 年 7 月，爱知钟表制造株式会社成立。

1904 年，爱知公司首次接受日本帝国陆军炮弹引信和日本帝国海军齿轮装置试制

等军工产品的订货，此后，开始陆续为日本军方生产各种武器，尤其是与日本帝国海军密切相关的水雷和鱼雷发射管的制造任务，此外，还帮助日本帝国海军进行舰炮射击盘（射击数据的机械式计算机）的国产化研制工作。

1912 年 7 月，爱知公司更名为爱知钟表电机株式会社。

第二次世界大战结束后，爱知公司开始进军飞机制造领域，1920 年 11 月 7 日，爱知第一次为日本军方制造了"横厂式口号甲型水上侦察机"。早期，爱知公司没有飞机的自主设计能力而只能进行制造业务，尤其是以水上飞机和飞行艇的生产业务为主。比如，最早生产的"口号水上飞机"是当时日本军方的主力水上飞机，总计生产数量为 218 架，其中，由爱知公司负责生产的数量为 80 架。

1922 年，船方工厂正式动工兴建，第二年，1923 年，公司总部搬迁至船方工厂内。此后，名古屋港四号地内的机库和燃料库成为水上飞机的试验和起飞基地。

1925 年，爱知公司与当时还默默无闻的德国海因凯尔公司合作进行飞机的设计，由于爱知公司非常依赖海因凯尔公司的飞机设计，故此，两家公司建立了非常密切的合作关系。1925 年，爱知公司承担"长门"号战列舰舰载 HD25 飞机（即后来的二式双座水上侦察机）的起飞试验期间，海因凯尔公司以海因凯尔飞机设计师为核心的开发小组来到了日本。1928 年，日本帝国海军制式采用"二式又座水上侦察机"，爱知公司生产了 16 架。1933 年，爱知公司在接到日本帝国海军试制俯冲轰炸机的命令时还从海因凯尔公司购入了 HD66 飞机的制造权，而且，爱知公司还提出了本公司制造的飞机，这款飞机后来发展为"九四式舰上轰炸机"。后来成为爱知飞机公司代表作之一的"九九式舰上轰炸机"是由在德国海因凯尔公司参观学习的日本飞机设计师尾崎纪男设计的，这款飞机中的椭圆翼设计就来自海因凯尔公司的一系列飞机设计。

在飞机设计方面，爱知飞机公司最初是向横须贺海军工厂派遣技术员进行参观学习等方式进行技术提升。在进军飞机制造领域 5 年后的 1925 年，爱知公司凭借自身设计能力终于设计完成了第一款飞机，这就是"一五式甲型水上侦察机（巳号）"，随后，制造了 4 架试制飞机。不过，日本帝国海军并没有最终制式采用这款飞机，尽管如此，它对爱知公司进行自主飞机设计提供了丰富的经验。

在第二次世界大战期间，爱知飞机负责生产彗星舰上轰炸机（由空技厂设计）、九九式舰上轰炸机、零式水上侦察机等主力战机。没有参加实战由伊 400 级潜艇搭载的"晴岚"飞机也是由爱知公司制造的。此外，爱知飞机还设计、制造了供水雷战队夜间侦察用的九六式水上侦察机和九八式水上侦察机，这两款飞机都是 3 座的侦察飞艇。

同时，爱知飞机还承担航空发动机的生产任务，早在 1929 年爱知公司就购入了法国罗兰式水冷 450 马力发动机的制造权，随后以此为契机开始大举进军航空发动机生产领域。在大战期间，爱知飞机还负责生产阿兹他水冷式发动机。

1940 年 3 月，爱知公司所有工厂都成为日本帝国海军的管理工厂，此后，这些工厂成为名副其实的军工工厂。

1943 年 2 月，为了增加军用飞机的生产，爱知公司的飞机部门独立成为"爱知飞机株式会社"。1944 年 12 月 7 日，在日本东南海大地震中，作为爱知飞机机身组装核心工厂的永德工厂内发生了制造钻模失常的情况，这对此后的飞机生产产生了很大的影响。

1945 年 6 月 9 日，在盟军的空袭（热田空袭）中，作为爱知飞机核心工厂的船方工厂也遭受重大损失，美军 B−29 轰炸机对工厂实施了长达 10 分钟的猛烈轰炸，被炸后的工厂几乎成为一片废墟，直到第二次世界大战结束。在轰炸中，共有 1145 名工厂死亡，伤者多达 3000 人。

爱知公司的主要飞机产品

爱知公司为日本帝国海军生产了大量的军用飞机，主要包括二式双座水上侦察机（海因凯尔 HD−25）、二式单座水上侦察机（海因凯尔 HD−26）、二式三座水上侦察机（海因凯尔 HD−28）、九〇式一号水上侦察机（E3A）、九四式舰上轰炸机（D1A1）、九六式舰上轰炸机（D1A2）、九六式水上侦察机（E10A、飞艇）、九八式水上侦察机（E11A、飞艇）、九九式舰上轰炸机（D3A）、零式水上侦察机（E13A）、二式教练飞艇（H9A）、"瑞云"水上侦察机（E16A）、"流星改"舰上攻击机（B7A）、"晴岚"特殊攻击飞机（M6A）。

爱知公司还有各种试制飞机、自主开发飞机和进口飞机，主要包括爱知 H 式试制舰上战斗机（海因凯尔 HD−23）、一五式甲水上侦察机（巳号）、爱知 AB−1 旅客运输机、爱知 AB−2 水上侦察机、爱知 AB−3 单座水上侦察机、爱知 AB−5 三座水上侦察机、六式小型夜间侦察飞艇（AB−4）、七式水上侦察机（AB−6）、七式舰上攻击机（AB−8）、八式水上侦察机（E8A）、AM−7 水上侦察机、十式水上观测机（F1A）、十二式二座水上侦察机（E12A1）、一四式高速陆上侦察机（C4A1）、一四式二座水上侦察机（E16A）、"电光"（S1A）。

爱知公司制造订货飞机有横厂式口号甲型水上侦察机、德国汉莎式水上侦察机、一四式水上侦察机（E1Y、横须贺海军工厂订货）、八九式飞艇（H2H、广海军工厂订货）、一五式飞艇（H1H、广海军工厂订货）、九〇式教练机（三菱订货）、九二式舰上攻击机（空技厂订货）、九九式飞艇（空技厂）、彗星舰上轰炸机（D4Y1−D4Y4）、"樱花"。

海军航空技术厂（空技厂）——排名第四、以研制为主的舰载机生产工厂

海军航空技术厂（早期简称"航空厂"，后期简称"空技厂"）由山本五十六设置，主要承担海军飞机设计与实验、飞机及制造材料的研究、调查和审查任务。

从行政关系来看，空技厂隶属于日本帝国海军横须贺镇守府管辖之下。根据日本帝国海军于 1932 年 3 月 23 日发布的海军航空厂令（勅令第 28 号），海军航空厂于同年 4

月 1 日紧挨着海军追滨机场成立。刚成立的航空厂主要承担航空兵器的设计与实验、航空兵器及相关材料的研究与调查等各种技术性试验，此外，还掌管航空兵器的生产、维修及采购业务，航空厂下设机构有总务部、科学部、飞机部、发动机部、兵器部、飞行实验部、会计部和医务部，各部所承担的主要任务都与飞机及机载器材性能的研究与调查等业务有关。

航空厂主要职员有厂长、部长、检查官、部属成员等，其中，厂长隶属于横须贺镇守府司令长官领导之下，他负责管理工厂的全面事务，关于技术性的事务则分别接受海军航空本部长或海军舰政本部长的处理和意见。

1940 年，海军航空厂重新改组后更名为海军航空技术厂，其组织机构有总务部、科学部、飞机部、发动机部、飞行实验部、兵器部、材料部、电气部、起飞与着舰机部、炸弹部、医务部和会计部。1941 年，空技厂在厂区附近又增设了分厂。1945 年 2 月，海军航空技术厂总厂改编为第一技术厂，分厂与电波本部及一部分技术研究所统一合并为第二技术厂。

作为日本帝国海军直属的研究开发机构，与实战飞机相比，空技厂更注重于技术验证机等试验与研究飞机的制造业务，不过，事实上，空技厂还参与了实战飞机的设计与生产任务。由空技厂插手研究的飞机大多数是全新的机型，因此，需要应付的棘手问题也非常多。

一直以来，空技厂对军用飞机的生产效率漠不关心，故此，生产效率低下的飞机很多，举例说明：当时日本帝国海军对液冷式发动机没有任何相关的操作经验，因此，搭载液冷式发动机的彗星舰上轰炸机在进行维修时就面临很大的技术问题，后来，液冷式发动机不得不换装空冷式发动机，由此，产生了彗星三三型飞机。此外，"银河"陆上轰炸机停留在技术验证机水平上的色彩更浓一些，这款飞机的生产效率很低，后来，中岛飞机主动请缨接下来了这个烫手山芋，并独自对飞机进行了更改设计。

空技厂曾经为日本帝国海军设计了"彗星"舰上轰炸机、"银河"陆上轰炸机、日本第一款火箭发动机飞机——"樱花"特殊攻击机以及日本第一款喷气式飞机——"橘花"特殊攻击机，后两种机型更多的是一种技术验证机。

第九章
日本帝国海军"航母特混舰队"运用情况
——日本及世界的第一支航母特混舰队

从发展历史上来看,日本帝国海军航母特混舰队运用经验大致经历了三个时期,分别是 1941 年 4 月 10 日至 1942 年 7 月 14 日期间的第一航空舰队(南云忠一机动部队)时期,1942 年 7 月 14 日至 1944 年 11 月 14 日期间的第三舰队时期,1944 年 3 月 1 日至 1944 年 11 月 15 日的第一机动舰队时期。

在第一航空舰队时期,日本帝国海军成为世界第一个成功运用航母特混舰队进行远洋攻击的海军,不过,在此期间,第一航空舰队虽然收获了珍珠港攻击、拉包尔空袭、澳大利亚达尔文港空袭、印度洋空袭等一系列远洋海战的胜利,但是相关航母特混舰队建设的经验还处于初期阶段,比如,舰队建制化程度很低,大部分编成军舰仍然采取临时抽调的形式构成,海军高层仍然以大舰巨炮主义为主流,军令与战术与没有以航空作战为核心,等等。尽管如此,经过这些史无前例的大胜利,日本帝国海军已经完全认识到了航母特混舰队的巨大战争威力。

1942 年 6 月,经过中途岛海战惨败之后,日本帝国海军、日本联合舰队及第一航空舰队司令部深刻总结经验教训,日本各级司令部认识到对航空主力重视程度不够,于是,决定加强对航母特混舰队的建设,包括建制化方面的全方面建设。1942 年 7 月 14 日,日本联合舰队决定撤销第一航空舰队,成立更加建制化、更加全面的全新航母特混舰队,这就是第 6 次创建的第三舰队。与第一航空舰队相比,第三舰队的航母编成方式更加成熟,编制规模也更加庞大,不过,新组建部队大部分来自顽固坚持大舰巨炮主义的第一舰队和第二舰队,因此,早期的第三舰队不能对航空主力战术思想进行坚决的贯彻执行。

于是,1944 年初,日本帝国海军决定彻底放弃根深蒂固的舰队决战主义和大舰巨炮主义,转而支持以航空主力论为主的海军战术思想。同年 2 月,日本联合舰队决定解散以战列舰为中心的第一舰队,并创建以航母等海军航空兵作战力量为主的航母特混舰队。于是,1944 年 3 月 1 日,日本联合舰队正式创建第一机动舰队,它是统一指挥由水面攻击部队第二舰队和航母特混舰队第三舰队联合组建起来的主力舰队。

第一机动舰队的诞生标志着日本航母特混舰队的建设达到最高水平,各方面经验也趋于成熟,不过,由于大量航母舰载机及舰母平台的消耗,日本的航母特混舰队在此期间只剩下建设经验了,舰队的总体作战实力已经名存实亡。随着最后一支航母特混舰队——第一机动舰队走向覆灭,离日本联合舰队及日本帝国海军灭亡的日子也为时不远了。

下面各节将对这些日军航母特混舰队的运用经验及历史过程、核心人物进行详细的分析和解读。

第一节　日本帝国海军第一航空舰队

　　创建于 1941 年 4 月 10 日的日本帝国海军第一航空舰队是世界第一支航母特混舰队，第一支实战型的航母特混舰队和第一次进行实战的航母特混舰队，第一航空舰队成立后不久，即于 1941 年 12 月 7 日发动了震惊世界的珍珠港攻击行动，并以重创美国海军太平洋舰队的巨大战果而闻名世界。

　　以下几节将对日本第一航空舰队进行全面介绍、分析和解读。

日本帝国海军"航母特混舰队"作战思想的演变

　　在第二次世界大战期间，所谓"航母特混舰队"就是以航空母舰为中心，以战列舰、巡洋舰、驱逐舰等舰种承担护卫与支援任务为辅助而构成的庞大作战舰队，为了避免进入敌人陆基海军航空兵部队的攻击范围之内，这样的特混舰队要限制在敌人陆基海军航空兵基地攻击能力之外的一定海上区域范围内活动。

　　从作战功能上来看，航母特混舰队可实施远洋攻击，通过航母舰载机在前沿部署至敌人的势力范围后对敌人实施空中攻击，航母特混舰队的最大特征是可实施陆上基地攻击、敌舰队歼灭、登陆部队支援等作战行动。

　　在第二次世界大战前，航母实用化后开始作为列强海军的一部分而加入到舰队编制行列中，不过，这时的舰队核心仍然是战列舰，而航母只是承担航空侦察等这样的辅助性任务。因此，以战列舰为中心的舰队编成，其中的少数航母只是作为附属军舰而承担一般性的作战运用。比如，1941 年，美国海军也曾经构想编成一种以航母为核心的特混舰队，不过，以战列舰为核心的特混舰队编成则掩盖了航母作为独立攻击平台的打击能力。只有随着海军航空兵技术的不断发展与提高、航母舰载机成为强大打击手段后，航母才可能成为特混舰队的核心。

　　在第二次世界大战前，与其他国家海军一样，日本帝国海军也曾经考虑单独运用航母，将以战列舰为中心的舰队内再编制 2 艘左右的航母，从而编成以航母为中心、承担辅助兵力的航空作战队。

　　1940 年 6 月，时任第一航空战队司令官的小泽治三郎海军少将提出了一份非常重要的意见书，小泽在这份意见书里建议：联合集中一个由航母与基地航空队构成的舰队，这种新型联合舰队将集中配备大量的航母并以航母为作战核心，然后，通过它以集中攻击的方式去歼灭敌人的舰队。以小泽少将的建议为参考，1941 年 4 月，日本联合舰队创建了由 6 艘航母和少数驱逐舰组成的第一航空舰队，同时，任命南云忠一海军中将为司令长官，这就是世界第一支航空特混舰队。

　　从航母发展历史上来看，日本帝国海军是世界上第一个尝试以航母为舰队攻击主力的海军，这种新型舰队是以常备状态集中配备航母和运用航母的海上机动部队。在太平洋战争开始时，第一航空舰队在追加配备临时护卫兵力之后被正式命名为"机动部队"，也就是今天的航母特混舰队，这支机动部队成为 1941 年 12 月 7 日日军发动珍珠港攻击行动的主力。在后来的莱特湾海战中，日军陆上航空部队也发挥了一定的作用，在看到海军航空兵的巨大战争威力后，日本帝国海军的海战战术才由以战列舰为中心的大舰巨炮主义转向以海军航空兵为中心的航空战术。

看到日本帝国海军第一次组建的航母机动部队在珍珠港攻击行动中所爆发出来的巨大战争威力后，美国海军领导核心非常震惊，于是，美国海军决定不再使用以众多战列舰为中心的旧有舰队编成，而开始运用以航母舰载机为攻击力量核心的航母特混舰队。从称呼上来看，美国海军仍然沿用特混舰队的命名，不过，这种舰队的一部分已经拥有了航母特混舰队的实质。在日语中，对美国海军特混舰队的译名一直采用"机动部队"，比如，美国海军第 38 特混舰队翻译成日语就是第 38 机动部队，或第 38 任务部队。

自珍珠港攻击行动之后，日美两国海军都拥有了航母特混舰队，此后，两国之间爆发了诸如珊瑚海海战、菲律宾海海战、莱特湾海战等这样航母对航母式的海上航母大战。通过多次航母大战，日本帝国海军深刻总结经验教训，也充分认识到了航母的脆弱性，因此，在航母运用过程中，也逐渐强化航母特混舰队的护卫力量。同样，美国海军也认识到了这一点，于是，发展了由雷达警戒舰和无线航空管制组合起来的海上防御系统，这就是"大蓝保护层"防御系统。

日本帝国海军的"航空舰队"编制

在日本帝国海军时期，"航空舰队"或指航母特混舰队，或指由基地航空队组建而成的陆基海军航空兵部队，其中，纯粹是航母特混舰队的只有 1941 年 4 月 10 日至 1942 年 7 月 14 日存在的第一航空舰队，其他时间编制的第一航空舰队及其他编号航空舰队都不是航母特混舰队。

1941 年 1 月，日本帝国海军联合舰队成立了比联合舰队低一个级别的第十一航空舰队，它统一了当时日本帝国海军所有的基地航空队。1941 年 4 月 10 日，日本联合舰队又创建了世界第一支航母特混舰队，这就是大名鼎鼎的第一航空舰队，它主要负责对日本帝国海军现役的航空母舰进行集中运用，第一航空舰队下设数个航空战队。在中途岛海战之后，由于日本帝国海军连失 4 艘主力航母，于是，第一航空舰队解散，不过，1943 年 7 月 1 日，第一航空舰队再次编成为由日本大本营直属的部队，当然，今非昔比，再次成立的第一航空舰队不再是航母特混舰队，而是由基地航空队组成的单纯飞机部队。1944 年，第一航空舰队再次划归日本联合舰队指挥之下。

除第一航空舰队外，日本联合舰队还编制有第二航空舰队（1944 年 6 月 15 日—1945 年 1 月 8 日）、第三航空舰队（1944 年 7 月 10 日—1945 年 10 月 15 日）、第五航空舰队（1945 年 2 月 10 日—1945 年 10 月 20 日）、第十航空舰队（1945 年 3 月 1 日—

1945 年 10 月 10 日）、第十一航空舰队（1941 年 1 月 15 日—1945 年 9 月 6 日）、第十二航空舰队（1943 年 5 月 18 日—1945 年 11 月 30 日）、第十三航空舰队（1943 年 9 月 20日—1945 年 9 月 12 日）和第十四航空舰队（1944 年 3 月 4 日—1944 年 7 月 18 日）共计 8 支航空舰队，不过，这些航空舰队都是以陆基海军航空兵运用为主的部队，他们没有任何航母及航母舰载海军航空兵的运用经历，换句话说，它们更像是日本帝国空军部队的一部分。

第一航空舰队——世界第一支航母特混舰队

第一航空舰队是日本帝国海军的机动部队、航母特混舰队（舰载海军航空兵部队）及后来的基地航空部队（陆基海军航空兵部队），服役前期第一航空舰队的核心是与其他舰种混编而成的世界第一支航母机动部队，服役后期第一航空舰队已经沦为基地航空部队，此后主要以陆上海军航空兵机场为基地而进行海上作战运用。

世界第一支航母特混舰队的诞生

1941 年 4 月 10 日，日本联合舰队颁布命令成立第一航空舰队，同时，任命南云忠一海军中将为舰队司令长官，舰队参谋长由草鹿龙之介海军少将担任，航空参谋为源田实海军中佐，总飞行队长为渊田美津雄中佐，下设航母基干部队由第一航空战队（相当于美国海军的航母特混大队）和第二航空战队组成，成立时第一航空战队由 "赤城" 号和 "加贺" 号两艘改装大型攻击航母组成，第二航空战队由 "飞龙" 号和 "苍龙" 号两艘标准中型攻击航母组成，在太平洋战争爆发前不久，又成立了第五航空战队，当时这支战队编制有日本帝国海军作战能力最强的两艘标准航母，分别是翔鹤级 "翔鹤" 号和 "瑞鹤" 号大型攻击航母。

除主力核心舰航母外，各航空战队还编制有少数老式的驱逐舰，显然，这样的力量结构完全不能满足航母特混舰队的防御需要，鉴于此，通过战斗编组的方法，日本联合舰队可临时从第一舰队和第二舰队抽调一些护卫军舰编制到第一航空舰队中，以满足这支航母特混舰队的防卫需要，不过，在第一航空舰队服役前期，承担其护卫任务的机动部队没有任何一支以建制化形式编成，自始至终，南云司令长官对于这种混乱的护卫部队编成苦不堪言。

第一航空舰队中的指挥官素质

在第一航空舰队中，草鹿参谋长对于攻击行动总能制订出周密而详细的计划，然后，当机立断地做好准备应对敌人。南云司令对于海军航空兵方面的战术战法就是一个门外汉，故此，在这方面，草鹿参谋长也要全力求教于源田实航空参谋，并接受源田实的建议及作战计划，鉴于此，第一航空舰队也有 "源田舰队" 的称呼。

在第一航空舰队中，源田实航空参谋是数一数二的海军航空兵战术专家，他主要承担第一航空舰队所属全部航母航空队的指挥与训练任务，他能根据机种的不同实施熟练的空中指挥。而且，源田实主张先发制人式的突然袭击，为了实施这种战术，他非常重视以极其隐蔽的行动接近敌人，并对所属航母进行集中运用，而不是分散兵力，航母攻击队的空中集合非常容易，因此，战斗机及防空炮火也会随着攻击队的集中而集中。

日本历史上最强大的航母特混舰队

在 1941 年 12 月 8 日（日本时间）的珍珠港攻击行动中，第一航空舰队所属 6 艘主力航母击沉美国海军太平洋舰队 4 艘主力战列舰、重创 2 艘战列舰，致使太平洋舰队元气大伤，这也是日本历史上发动对外海战中取得的最大战果。

随后，第一航空舰队南下新几内亚岛、澳大利亚，然后，再北上转战印度洋，在这一系列远洋大规模海上作战行动中，这支庞大的航母机动部队将美英等国盟军设在西太平洋及印度洋内的主要军事基地全部歼灭，这也是日本历史上最大规模的远洋连续作战。经过新几内亚岛拉包尔空袭、卡维恩攻击支援、澳大利亚达尔文港空袭、印度尼西亚爪哇海讨伐战等一系列作战行动的胜利，在第一航空舰队支持下，日军完全获得了太平洋的制空权。

1942 年 4 月，根据新修订的舰队编制条例，第一航空舰队新设了一支下级部队，这就是第十战队，它由"长良"号轻巡洋舰及 12 艘驱逐舰组成，这是一支固有编制的航母护卫舰艇部队。后来，除发生搁浅事故的"加贺"号航母外，第一航空舰队以其他 5 艘主力航母为核心组成了印度洋远洋部队，随即对印度洋展开了攻击。在印度洋空袭行动中，第一航空舰队以命中精度极高的舰上轰炸机群击沉了英国皇家海军"竞技神"号航母及其他大多数主力战舰，随后，又对盟军设在印度洋内最大的军港亭可马里港进行了猛烈空袭，取得了辉煌的战果。

截至印度洋空袭行动为止，经过确切核实，第一航空舰队共击落 471 架盟军飞机，自身损失不到其十分之一，军舰没有一艘沉没。由此，第一航空舰队创造了日本史无前例的连续性大胜利，从而成为世界最强的航母机动部队，不过，由于连战连胜，整个舰队的疲劳及傲慢心理开始膨胀。

第一航空舰队自印度洋远洋作战返回后，只做了短暂休整即被命令参加中途岛作战计划。由于没有充分的准备时间，舰队又进行了大规模的人事变动，第五航空战队"翔鹤"号和"瑞鹤"号两艘主力攻击航母又退出第一航空舰队，只剩下 4 艘航母参加中途岛作战，这恰恰犯了兵力分散的兵家大忌。在 1942 年 6 月中途岛海战中，日本联合舰队与此同时还展开了阿留申作战行动，这个作战计划以第四航空战队"隼鹰"号和"龙骧"号航母为基干力量组成，按照战斗编组，第四航空战队为第二航母机动部队。一直以来，第一航空舰队的基干机动部队为第一航空战队和第二航空战队，这两支战队组成第一航母机动部队参加中途岛海战。在兵力分散的影响下，在中途岛海战中，第一航空舰队 4 艘主力航母全被美军击沉，此次海战后，第一航空舰队撤销。

第一航空舰队作为基地航空队重建

1943 年 7 月 1 日，在经济困难、人员及装备严重不足的情况下，第一航空舰队在艰难中重新组建。当时，日本已经没有太多的时间和经济实力建造更多的航母，并且，航母舰载机飞行员的教育与训练也陷入困境之中，于是，在日本军令部参谋源田实中佐的构想下，并考虑到航空母舰的脆弱性等综合因素，日军决定充分利用分散在西南太平洋上的岛屿基地，这些岛屿将作为不沉的航母发挥作用。

根据源田实构想，重新组建的第一航空舰队下辖 3 个航空队，每个航空队编制 534 架飞机，总计飞机编制数量大约 1600 架。1943 年 6 月 1 日，第 261 航空队作为佐世保镇守府直辖部队在鹿儿岛创建，7 月 1 日，第一航空舰队在只有第 261 航空队和第 761 航空队两支部队编制的情况下重新组建，司令长官由角田觉治海军中将担任，参谋长由三和义勇海军少将担任。根据日本军令部总长永野修身的命令，1943 年末，第一航空舰队编制了 9 支航空队。重建后，第一航空舰队的部队编成很顺利，不过，飞行员和装备严重不足。1944 年 1 月，第一航空舰队由 13 个航空队编成。1944 年 2 月，第一航空舰队由第 61 航空战队和第 62 航空战队组成，其中，第 61 航空战队编制 10 支航空队，由第一航空舰队司令长官直接指挥，第 62 航空战队编制 3 支航空队，由司令官杉本丑卫指挥。

第一航空舰队自 1943 年 7 月 1 日重新组建至 1945 年 6 月 15 日再次撤销一直以陆基海军航空兵形式参与作战，参战的主力不再是航母舰载海军航空兵部队。

第一航空舰队作为航母特混舰队时的司令部编成及编制部队

1941 年 4 月 10 日至 1942 年 7 月 14 日，在这短短一年零三个月的时间里，第一航空舰队是纯粹的航母特混舰队，其舰队司令部编成由一名司令长官和一名参谋长组成，其中，司令长官由南云忠一海军中将担任，任期为 1941 年 4 月 10 日—1942 年 7 月 14 日。舰队参谋长由草鹿龙之介海军少将担任，任期为 1941 年 4 月 10 日—1942 年 7 月 14 日。

第一航空舰队的编制部队由四大航空战队组成，分别是第一航空战队（1941 年 4 月 10 日—1942 年 7 月 14 日）、第二航空战队（1941 年 4 月 10 日—1942 年 7 月 14 日）、第四航空战队（1941 年 9 月 1 日—1942 年 7 月 14 日）和第五航空战队（1941 年 9 月 1 日—1942 年 4 月 12 日）。

南云忠一海军中将——世界第一位航母特混舰队司令

太平洋战争前，南云忠一是日本帝国海军中闻名的"猛将"和"水雷战术第一人"，他也是一位传奇式的人物，在海军内部有许多的英雄传奇故事。在太平洋战争中，南云历任日本航母特混舰队长官，不过，从其本人的任职经历和资质上来看，他更适合于在第二舰队等水面舰艇部队中任职，而不适合任职第一航空舰队司令长官，这种论资排辈、不考虑个人专长的人事任命一直是日本帝国海军中万夫所指的人事任职弊端。

据第三战队参谋松岛庆三回忆，南云既是酒鬼又是烟鬼，但对部下要求非常严格，事事都要亲力亲为。据第一航空舰队航空参谋源田实中佐回忆，南云是一个纯粹的武将出身，责任感异常强烈，这也是他总与别人产生误解的根源。据第一航空舰队总飞行长渊田美津雄中佐回忆，南云中将从大佐时代至第1水雷战队司令官时代可以说一直是一个完美无缺的人物，不过，开战之后昔日斗志尽失而变成一个睚眦必报的长官，在作战指挥上保守退缩。山口多闻海军中将的评价是：南云长官是参谋长、首席参谋等作战人员无所不知的胆怯鬼。

毁誉参半的南云忠一海军中将戎装像

对于南云忠一这个颇有争议的人物，日本国内一直议论不断，近年来，日本人对他进行了重新评价，趋向于将他与同时期的栗田健男和明治时代的乃木希典大将相提并论。

南云忠一（1887 年 3 月 25 日－1944 年 7 月 6 日）海军中将是日本山形县米泽市信夫町人，兄弟姐妹 6 个，排行最后，1905 年海军兵学校第 36 期入学，1908 年 191 名毕业生中以第 5 名成绩毕业，最终军衔为海军大将，1944 年在塞班岛自决。

1916 年 12 月 1 日，南云出任第四战队参谋，1917 年 3 月 28 日，出任第三特务舰队参谋，同年 12 月 15 日，首次就任舰长职务，为"如月"号驱逐舰舰长。1920 年，出任枞级驱逐舰"枞"号舰长。1926 年 3 月 20 日，出任"嵯峨"号炮舰舰长，10 月 15 日，出任"宇治"号炮舰舰长。1927 年 11 月 15 日，出任海军大学校教官。1929 年 11 月 30 日，晋升海军大佐，出任"那珂"号轻巡洋舰舰长。1930 年 12 月 1 日，出任第十一驱逐队司令。1933 年 11 月 15 日，任"高雄"号重巡洋舰舰长。1934 年 11 月 15 日，任"山城"号战列舰舰长。1935 年 11 月 15 日，晋升海军少将，任第一水雷战队司令官。1936 年 12 月 1 日，任第八战队司令官。1937 年 11 月 15 日，任海军水雷学校校长。1938 年 11 月 15 日，任第三战队司令官。

南云忠一于 1939 年 11 月 15 日晋升海军中将，1940 年 11 月 1 日，任海军大学校校长，1941 年 4 月 10 日就任第一航空舰队司令长官，这一人事任命由时任日本海军大臣吉田善武和日本联合舰队司令长官山本五十六确定。候补人员还有小泽治三郎海军少将（海军兵第 37 期生），不过，按照日本"年功序列"（就是论资排辈）的人事任命惯例，最后决定选择南云。从任职履历上来看，南云多从事舰长、战队司令及教官职务，擅长水雷战，而在航空作战方面是一个彻头彻尾的外行。据源田参谋回忆，南云经常亲自参加第一航空舰队的训练，他对鱼雷攻击队的技能提升做出了很大贡献。南云拥有大量建制部队主管的任职经验，而第一航空舰队是一个全新的舰队形式，对这样一个新型舰队不能达到建制化而一直停留在临时编成水平上，南云非常苦恼，尤其是对部队的思想统一和相关训练。当时，日本联合舰队及军令部也都承认这一点，不过，直到中途岛海战失败之后的第三舰队之前，第一航空舰队的建制化建设一直没有完成。

在日军制定珍珠港攻击作战计划期间，第一航空舰队受命要对珍珠港攻击进行研究，南云对这项作战计划深表怀疑，他认为通过航母特混舰队实现夏威夷作战的目标太过于投机，主张南方作战优先。1941 年 9 月中旬，在海军大学校进行的图上推演时，日军取得重大战果，不过，初步判断有 3 艘航母要被美军击沉，于是，宇垣缠联合舰队参谋长建议取消攻击。不过，日本联合舰队司令长官山本五十六对珍珠港攻击作战计划一直信心满满，并从多方面鼓励南云坚定地完成这次任务。第一航空舰队出发后，南云司令长官对行动前景表现得忧心忡忡，而草鹿参谋长则表现得非常乐观，宇垣中将看到两者之间的态度对比深感指挥官与幕僚之间立场的差异。

在珍珠港攻击行动中，第一波和第二波攻击均取得重大战果，第一航空舰队大部分军官主张发起第三波攻击，尤其是珍珠港攻击队队长强烈要求南云司令长官发起第三波攻击，不过，南云为了保存实力拒绝第三波攻击。日本联合舰队司令部有多名山本五十六的参谋也要求山本催促第一航空舰队司令部发起第三波攻击，不过，山本只是回答一切决定交给南云吧，没有向南云下达发动第三波攻击的命令。最终，南云坚持自己的看法没有实施第三波攻击。

在印度洋空袭行动中，舰载机挂载武器换装曾经一度出现严重混乱，在看到英军重巡洋舰出现时，舰载机挂载武器曾经由鱼雷换成炸弹，然后，又从炸弹换回鱼雷，另外，英军轰炸机再对舰队发动突然袭击时旗舰"赤城"号在遭受近距离炸弹攻击的情况下仍然没有注意到潜在的巨大威胁，这都说明这支舰队已经存在着很多的漏洞。自印度洋空袭后，日本联合舰队司令部参谋强烈要求山本五十六撤换南云忠一。不过，山本一直非常看重南云，在遭受中途岛海战的惨败之后，山本没有追究南云和草鹿的责任。1942 年 7 月 14 日，第一航空舰队撤销，同时，重新组建的第三航空舰队成为第一航空舰队后另一支航母特混舰队，山本再次任命南云和草鹿分别担任司令长官和参谋长职务。

草鹿龙之介参谋长——第一航空舰队及第三舰队参谋长

草鹿龙之介是日本剑术高手，另有非常深厚的禅宗造诣。在军事方面，草鹿是日本海军航空兵侦察法的创始人，他对海军航空兵侦察进行过专门的研究。

据第一航空舰队航海参谋雀部利三郎回忆：在中途岛海战之后草鹿曾经拒绝司令部

集体自决的建议，表现出遇事沉稳、处乱不惊的大将风度。据第三舰队参谋中岛亲孝回忆：草鹿从不武断地下决定，在中途岛海战之际处乱不惊，另外，草鹿见多识广，在广岛遭受原子弹轰炸之后，日本联合舰队司令部了解原子弹知识的只有他一人。板仓光马在作候补生时曾经有幸认识草鹿，1944 年 1 月，他在担任伊 41 号潜艇艇长时再次遇到草鹿，事隔多年之后，草鹿仍然记得板仓，板仓对此深表感谢。据第一战队司令官宇垣缠评价：草鹿不擅长作战指挥。第一航空战队司令山口多闻对草鹿的评价是：参谋长、首席参谋无所不知的胆小鬼。

草鹿龙之介（1892 年 9 月 25 日－1971 年 11 月 23 日），东京人，日本帝国海军军人、剑道家、日本一刀正传无刀流第四代宗家，日本住友本社理事草鹿丁卯次郎长子，海军兵学校 41 期生。

草鹿龙之介着装像

1913 年 12 月 19 日，草鹿以海军兵学校 41 期第 14 名成绩毕业。1926 年 12 月 1 日，任职霞浦航空队，期间进行了利用飞机进行敌情侦察的专题研究，并且接受了侦察员训练。草鹿首次飞行是作为一〇式舰上侦察机的侦察员搜索一架失踪的一三式舰上攻击机，后因发动机故障，他和飞行员紧急迫降到骑兵联队练兵场内。1927 年 6 月 1 日，草鹿担任霞浦航空队教官兼海军大学校教官，主要承担航空战术教学。不过，由于草鹿只有半年的飞行经验即受命教学工作，其学生们将他所上的课戏称为"航空哲学"。

1928 年 12 月 10 日，任军令部参谋兼海军技术会议议员，当时在日本军令部，草鹿是唯一的航空方面专家。1929 年 8 月，自美国考察返回之后，草鹿向军令部提出报告：飞机攻击的危险性很大，可在飞艇上搭载 5 架左右的防御战斗机，再由飞艇承担军需物资的空中运输任务。在伦敦海军裁军会议之后，草鹿在日本军令部以航空军备计划为中心展开工作，主张充分利用飞机搜索网，此外，提出筹建 24 支基地航空队（陆基海军航空兵部队）的计划，获得批准。1930 年 12 月 1 日，晋升海军中佐，任第一航空战队参谋。12 月 13 日，任着舰飞机制动装置实验委员。1933 年 8 月 4 日，任航空战教范起草委员会委员。

1935 年 11 月 15 日，晋升海军大佐，任航空本部总务部第 1 科科长兼海军技术会议议员。1936 年 9 月 12 日，任陆海军航空本部协调委员会干事，11 月 16 日，任"凤翔"号航母舰长。

在日中战争期间，1937 年 10 月 20 日，草鹿任支那方面舰队参谋兼第三舰队参谋。

1938 年 4 月 25 日，任军令部第 1 部第 1 科科长兼海军技术会议议员，同时，兼任大本营陆军参谋，期间，草鹿积极推进中国广东进攻战和海南岛进攻战。在日本军令部科长中，反对日德意三国军事同盟的人员只有草鹿和桥本象造两人。1939 年 11 月 15 日，任"赤城"号航母舰长。1940 年 1 月 15 日，任职日本联合舰队司令部。1940 年 11 月 15 日，晋升海军少将，任第四联合航空队司令官。1941 年 1 月 15 日，任第 24 航空战队司令官。

1941 年 4 月 15 日，任第一航空舰队参谋长。在受命珍珠港攻击行动准备期间，1941 年 10 月上旬，草鹿和军令部大西泷治郎中将同时向山本五十六建议取消珍珠港攻击，主张应该采取菲律宾作战支援。不过，在山本极其坚决的态度及劝说下，大西和草鹿只得顺从军令部的命令。

在第一航空舰队内，对于由源田实航空参谋和渊田美津雄飞行队长构成的组合，草鹿给予了二人好组合的评价，对于这两个人的建议，草鹿静心接受。

渊田美津雄海军中佐——第一航空舰队总飞行队长

渊田美津雄中佐

渊田美津雄（1902 年 12 月 3 日－1976 年 5 月 30 日）日本奈良县北葛城郡磐城村人，日本帝国海军军人、基督教传教士，最终军衔为海军大佐，1921 年日本海军兵学校 52 期入学，同期同学有源田实、日本皇室成员高松宫宣仁亲王等人。

1924 年 7 月 24 日，海军兵学校毕业，晋少尉候补生。1926 年 12 月，炮术学校普通科学生。1927 年 4 月，水雷学校普通科学生。1928 年 1 月，霞浦练习航空队侦察科学生。1932 年 12 月，练习航空队高等科学生。1934 年 11 月，馆山航空队分队长。1936 年 7 月，渊田激烈批评日本帝国海军在第三次海军军备补充计划中建造 2 艘大和级战列舰，随后，渊田等 14 名日本将校级军官成立了后来开启日本航母计划的航空研究会。1936 年 10 月，任横须贺航空队分队长。12 月 1 日，晋升海军少佐。1938 年 9 月 15 日，海军大学毕业后任"龙骧"号航母飞行队长。1939 年 11 月，任"赤城"号航母飞行队长。此后，渊田在第一航空战队司令官小泽治三郎海军少将的领导下开始从事母舰统一指挥及舰载机集团攻击方面的研究工作，以此为基础，小泽少将向日本帝国海军领导层提出了集中母舰统一指挥权的意见书。1940
年 11 月，任第三航空战队参谋。

1941 年 8 月下旬，任第一航空战队"赤
城"号航母的飞行队长。在准备珍珠港攻击
行动期间，为了保证成功，日军集中了全国
最优秀的航空作战人才，其中，渊田因为拥
有当时日本最优秀的航空指挥能力及空中战
术能力而成为集中指挥第一航空舰队各舰载
航空队的空中指挥官，这名指挥官与其他航
母飞行队长的级别不同，为了彰显这种高规
格，渊田的称呼为"总飞行队长"。当时，
源田实航空参谋为了集中统一各个航母航空
队的训练与指挥任务，建议第一航空舰队任
命渊田为空中指挥官，由他统一第一航空舰
队所有参战航母航空队的训练与指挥工作。

1941 年 12 月 8 日，在珍珠港攻击行动
中，渊田作为空袭部队的总指挥官指挥了第
一航空舰队的第一次攻击队。攻击行动之
后，渊田与源田一起又在夏威夷地区留守了
数天，并向日本联合舰队建议歼灭美国海军
的航母部队，不过，日本联合舰队并没有接
受这份建议。

飞行教官时代的渊田

1941 年 12 月 26 日，作为第一次攻击队指挥官的渊田和第二次攻击队指挥官的岛
崎重和少佐因珍珠港攻击行动的战功而接受了日本昭和天皇的直接召见，因战功而接见
佐官，这在日本还是第一次。

此后不久，渊田随第一航空舰队南下太平洋，指挥第一航空舰队各航母攻击队展开
了 1942 年 1 月 20 日—22 日的拉包尔、卡维恩进攻支援，1942 年 2 月 19 日的澳大利亚
达尔文港空袭行动，1942 年 3 月的爪哇海攻击行动，1942 年 4 月的印度洋空袭行动，
上述这些攻击行动连战连胜。不过，第一航空舰队在成为世界最强大航母特混舰队的同
时，也开始显现出极度疲劳及傲慢之状，其覆灭之路也由此开始。

1942 年 6 月，渊田虽然随第一航空舰队参加中途岛海战，不过，由于重病在身而
无法参加空中指挥任务，只能留守在"赤城"号航母上，由友永丈市大尉暂代空中指挥
职务。中途岛海战惨败时，渊田在撤离"赤城"号航母时两腿骨折。

1943 年 7 月，渊田任第一航空舰队参谋，此时，角田觉治中将任司令长官。不过，
这时的第一航空舰队已经不是航母特混舰队，因此，无任何较大战绩。

1944 年 4 月，任日本联合舰队航空参谋，此时，联合舰队司令长官为丰田副武大

将，10月，晋升海军大佐。在莱特湾海战中，渊田向机动部队司令长官小泽治三郎海军中将建议实施囮作战计划，小泽非常赞成。

1945年4月，任日本海军总队兼联合舰队航空参谋，直到第二次世界大战结束。战后，渊田在盟军东京大审判中接受了质询。晚年的渊田一直从事基督教传教士工作。1976年5月30日，渊田因糖尿病并发症去逝，终年73岁。

第二节　第一航空舰队航空参谋源田实海军中佐

日本帝国海军时期的源田实海军中佐

常言道："千军易得，一将难求"，源田实就是日本帝国海军航母特混舰队发展过程中最难得的一员航空奇才，不过，这位将才在日本帝国海军时期并没有混上"将官"的位置，也许他还太年轻了。

在日本帝国海军正处于"大舰巨炮主义"的鼎盛时期，源田实能冒日本之天下大不韪提出"航空主力论"，这确实是一种独有的战略眼光，他在四处蔑视的眼光中坚守自己的战术思想，并最终迎来属于自己的辉煌，不过，这种辉煌来得快去得更快。如果日本帝国海军能够最大程度地重用源田实，并高度重视源田实提出的航空主力论战术思想，那么，日本帝国海军也许不会败得这么惨，败得这么快。但历史没有假设。

相反，源田实的战术思想虽然没有得到日本帝国海军的高度重视，却得到了美国海军的高度重视，通过吸收、借鉴源田实的航空主力论思想，美国海军的航母特混舰队变得越来越强大，直至成为世界第一，并最终以迅雷不及掩耳之势将日本帝国海军的航母特混舰队残余势力全部歼灭。这就是重视人才与不重视人才的最终结果。

日本政府痛定思痛，战后，以航空主力论为代表的源田实成为战后日本空军——日本航空自卫队的创始人之一，并最终成为第三任日本空军司令（四星上将、航空幕僚长）。

本节将对日本航母特混舰队发展史上最著名的奇才源田实海军中佐进行介绍、分析和解读。

源田实（1904年8月16日—1989年8月15日），日本广岛县山县郡加计町人，日本帝国海军军人、日本航空自卫队司令和政治家，海军兵52期毕业，日本帝国海军时期的最后军衔为海军大佐，历任战斗机飞行员、航空参谋、第343航空队司令，战后，担任日本航空自卫队第一任航空总队（战斗机部队）司令、第三代航空幕僚长，创建日本航空自卫队"蓝色冲击"特技飞行表演队，从政之后，担任四期 24 年日本参议院议员，此外，还担任赤十字飞行队的第一任飞行队长。

日本国内对于源田实本人的评价

对于源田实航空参谋，富冈定俊少将的评价是：他是海军航空界中最耀眼的明星，无须置疑，他的战略眼光和见识要早于其他人 10 年。草鹿龙之介中将的评价是：源田和渊田是后辈中的英俊双璧。渊田美津雄大佐对源田的评价是：源田特色中的特色是决不仅仅拥有飞行能力，而且，他还是最高水平的航空军官，前期的源田是战斗机操纵技术第一人，后期的源田拥有最广博的航空理论和见识。在相泽八郎航空军士长的印象中，源田是不说废话、不说只做的实践型人才，飞机的化身，一个预言家，因为昭和初期的源田预言后来都成为现实。据山田良市大尉评价，对制空权必要性的认识，日本的源田就相当于是德国的加兰德。

源田实的航空战略

源田从很早就注意到了航空战力的价值，他是极力主张航空主力论而提倡战列舰无用论的日本战略家。当时日本正处于以战列舰为中心的所谓"大舰巨炮主义"顶峰时代，对于源田实的战列舰无用论，在当时就是一种非常极端的谬论，不过，经过太平洋战争的大战洗礼后，历史事实证明了源田实的战略家眼光。战后，源田实誓言如果海军不放弃大舰巨炮主义而去选择航空战略，那么自己就只能失业。不过，对于战略思想的转变，它不仅需要武器装备构成的变化，而且还需要彻底打破由大舰巨炮主义所构筑起来的庞大组织体系，这是非常困难的。

源田实认为航空战的有利与否取决于能否获得制空权，战斗机联合战斗才有获胜的可能，战斗机的胜败不取决于击落了多少架敌机而取决于最后的战场支配权掌握在谁手里，哪一方上空还有自己的战斗机，那么，哪一方就获得了制空权。战争后期，日本飞机的劣势是因为美军飞机的密切配合及美军采取联合作战各个击破所造成的。

在美军中，源田实的名声显赫，对于源田实关于战斗机的联合运用、远距离攻击等航空战术理论，美军颇有研究。美军将源田实的航母联合运用战法称为现代主义，它主张利用战斗机来获得制空权，这样可为后续的攻击机进攻提供平坦之路，这些航空作战都需要联合运用航母。

在日中战争期间，源田实将一直承担防御作战的战斗机发挥成进攻性武器，在认识到战斗机的价值后，他又提出了海军航空队的术语，因此，在日本海军航空兵发展历史上，源田实功勋卓著。源田实规划了以战斗机为主体的制空队，通过战斗机联合作战来歼灭敌之战斗机从而获得制空权，然后，由轰炸机提供后续的攻击行动，这种新战法也由源田实创建。这种以战斗机为中心的积极作战战术思想具有划时代的意义。

关于航母特混舰队的运用思想，源田实主张集中运用航母，采取突然袭击的手段，同时，在接近敌人的行动中要实施无线封锁，集中大兵力集团便于一举歼灭敌人，再通过空中警戒阻止敌人的进攻。航母集中运用的优势是更易于航空队的统一指挥，同时，空中集合也更容易。吸取珍珠港攻击行动的经验教训，美军学会了日军联合运用航母的优势，故此，在战争后期，美军的航母特混舰队发挥了巨大的威力。

战斗机飞行员的经历

少年源田实的第一志愿是考入日本海军兵学校学习。1921 年，17 岁的源田实如愿以偿地入学日本海军兵学校第 52 期。1924 年 7 月 24 日，在 236 名毕业生中，源田实以第 17 名的成绩由海军兵学校毕业，授少尉候补生。1927 年 4 月，由海军炮术学校航空专业毕业，1927 年 7 月，由海军水雷学校普通科毕业。1927 年 12 月，以 23 岁晋升海军中尉。1929 年 12 月，在霞浦航空队第 19 期飞行学生中，以首席成绩修完战斗机飞行员课程。1929 年 12 月，任职横须贺海军航空队战斗机分队。1930 年 2 月，任职三层飞行甲板航母"赤城"号战斗机分队第二小队队长。1933 年 12 月，任职"龙骧"号航母分队长，同时，兼任横须贺航空队教官。

1934 年 11 月，任职横须贺航空队分队长，在此期间，源田实主张航空主力论，批判日本传统的大舰巨炮主义，宣传建造一艘战列舰的经费可以制造一千架飞机，同时，他还从事战斗机空战性能的试验审查和研究工作，并形成了海军战斗机队的基本类型。

航空参谋及参加日中战争经历

1935 年 4 月，源田实提出"海军军备应以基地航空队和航母机动部队建设为核心，潜艇承担支援战力，巡洋舰和驱逐舰拥有最小限度即可，而战列舰就是废铁乃至可用于取代系留军舰的栈桥"的作战课题论文。当时的日本大舰巨炮主义是势不可当的主流，因此，源田实的理论被当作谬论和无知狂言。

1936 年 7 月，对于日本帝国海军在第三次海军军备补充计划中准备建造 2 艘大和型战列舰（"大和"号和"武藏"号），源田实进行了猛烈批判，随后，源田实等 14 名飞行将校级军官成立了航空研究会，它对未来日军航母计划进行了启蒙，不过，日本海军当局下令解散了这个私人组织。1936 年 11 月 15 日，晋升海军少佐，任第二联合航空队参谋。

在日中战争期间，源田实以第二联合航空队司令部参谋身份参加了作战。在 1937 年 9 月的南京空袭作战中，源田实提出组建战斗机制空队的计划，这种以战斗机为主体展开制空权争夺战的战术思想具有划时代的意义。

第一航空舰队的航空参谋

1940 年 11 月,晋升海军中佐,任第一航空战队参谋。1941 年 4 月 10 日,第一航空舰队成立时,源田实被任命为甲航空参谋,与其同期毕业的渊田美津雄中佐则被提拔为空中指挥官,鱼雷攻击专家村田重治也得到提拔。由于南云长官不懂航空作战,草鹿参谋长又将源田制订作战计划、渊田实行作战计划的组合评价为绝配,故此,源田的作战意见很容易原封不动在第一航空舰队中通过,故此,第一航空舰队也有源田舰队的称呼。

自印度洋空袭行动归来之后,1942 年 4 月 28 日至 29 日,在"大和"号战列舰第一阶段作战研究会上,源田实对执着坚守大舰巨炮主义的军令部进行了批判,他认为日本帝国海军建造"大和"号战列舰就好比是秦始皇建造了阿房宫,这些都会成为后世笑柄,他极力主张一切作战行动都应该转换到航空主力方向上来。

1942 年 6 月 12 日,通过吸取中途岛海战的经验教训,源田实向日本军令部提出了大舰巨炮主义要向航空主力转换,并要重新组建航母部队。在源田实的计划方案中,他提出建制化航母部队、增加警戒兵力和重建航空战队的三项主张,其中,警戒兵力可通过增加驱逐舰、巡洋舰来强化弹幕防御,重建航空战队要将焦点转到航空主力作战思想上来。重建的航母部队要编成 2 艘大型航母和 1 艘小型航母,其中,大型航母搭载攻击队,小型航母则搭载整个航母编队的自卫战力部队,舰载航空作战集群要增加舰上战斗机和舰上轰炸机数量,减少舰上攻击机数量,重建航母部队的总体方针是获取制空权的航空大决战。以这些方案为基础,在进一步讨论的基础上,1942 年 7 月 14 日,日本军令部全新组建第三舰队,南云忠一和草鹿龙之介仍然担任第三舰队的司令长官和参谋长,不过,原来第一航空舰队时的参谋们集体下放,1942 年 7 月 17 日,源田实也下放到"瑞鹤"号航母担任飞行长一职。

此后,源田实在日本帝国海军一直不受重用。1942 年 10 月 8 日,任第十一航空舰队参谋。1942 年 12 月 10 日,任大本营军令部第一部第一科部员。1945 年 1 月 15 日,任第 343 海军航空队司令官,6 月,兼任第 352 航空队司令。

战后的军事生涯

1946 年 12 月,在日本东京进行的远东军事审判中,源田实就作为第二联合航空队参谋时制定的相关轰炸的根本方针(中国战场的作战任务)及作为第一航空舰队参谋时就珍珠港攻击行动的立案和实施进行供述。

1953 年 6 月 1 日,就任东洋装备株式会社董事会社长。1954 年,进入日本防卫厅,任职航空幕僚监部装备部长。1955 年,任职航空自卫队航空团司令。1956 年,任职临时航空训练部长,晋升空军上将军衔,取得喷气式飞机驾驶资格。1957 年,任航空集团司令。1958 年，任航空总队司令。1959 年 7 月 18 日，任第三任航空幕僚长。1962 年 4 月 7 日，由航空幕僚长任上退休，最终军衔四星空军上将。

1978 年，日本众议院 3 人、参议院 2 人反对日本政府与中华人民共和国建交而与台湾的中华民国断交，源田实就是参议院 2 名反对议员中的一个。

第三节 "两大基干航母编队之一"——第一航空战队与日本航母作战理论代表者小泽治三郎少将司令长官

在日本帝国海军航母特混舰队发展史上，第一航空战队是日本帝国海军航母机动部队中的一支，为第一航空舰队基干组成力量之一，堪称"主力中的主力"。在同一时期内，日本的航空战队相当于美国海军航母特混舰队中的特混大队编制。

日本最早的航母作战编队

1928 年 4 月，日本帝国海军首次试验性地将"赤城"号、"凤翔"号航母与第 6 驱逐队"梅"号和"楠"号两艘驱逐舰混编在一起。1929 年 4 月，这支试验性航母编队成为第一舰队的常备部队。当时，"赤城"号和"加贺"号航母的舰载机数量很少，包括"凤翔"号，日本帝国海军共有 3 艘航母，这些少量的舰载机要在不同的航母之间进行轮换部署，而且，1931 年时又增加了"能登吕"号水上飞机母舰。"赤城"号和"加贺"号第二次现代化改装结束之后，"龙骧"号也建成竣工，于是，日本帝国海军将现役 4 艘航母编成 3 个组，"赤城"号单舰自成一组，"加贺"号单舰自成一组，"凤翔"号与"龙骧"号合并成一组，这三个组编成两个航空战队和一个预备舰，以轮换方式进行部署。这就是世界上最早的"航母三三制"轮换部署经验。

早期航母编队创建时，日本帝国海军只有第一航空战队配备了一些老式的驱逐舰，它们在舰载机进行起飞与着舰训练失败时承担舰载机飞行员救援工作，这种工作被戏称为"逮蜻蜓"。然而，后来的太平洋作战行动是远洋任务，老式驱逐舰不具备这种远洋作战能力，因此，在珍珠港攻击行动展开前，第一航空战队所有的元老级驱逐舰都退出作战序列。此后，第一航空战队配备了具备远洋能力的新型驱逐舰，这些驱逐舰为航空战队与水雷战队组成的联合机动部队提供护卫和救援服务，比如，后来的第三舰队第十战队就是一个很好的例子。

第一航空战队参战经历

第一航空战队率先参加了上海"一·二八事变"，随后，又参加了日中战争。在太平洋战争爆发时，第一航空战队作战序列编成由"赤城"号、"加贺"号 2 艘大型攻击航母以及第 7 驱逐队的 2 艘新型驱逐舰组成。这时，第一航空战队的指挥官直接由第一航空舰队的司令长官南云忠一海军中将担任。

在太平洋战争初期，第一航空战队随第一航空舰队参加了珍珠港攻击行动、拉包尔空袭、达尔文港空袭、印度洋空袭、中途岛海战等一系列作战行动，不过，在印度洋空袭行动中，"加贺"号航母没有参加。

在 1942 年 6 月的中途岛海战中，第一航空战队"赤城"号和"加贺"号两艘核心主力航母全被美国海军击沉，于是，7 月 14 日，第一航空战队被迫撤销，不久之后，同年 8 月，日本帝国海军以"翔鹤"号、"瑞鹤"号和"瑞凤"号 3 艘航母为核心重新组建了第一航空战队，此后，第一航空战队战力大增。

在 1943 年 4 月的伊号作战以及同年 11 月的波号作战行动中，第一航空战队只有舰载机参加了作战行动，不过，这些舰载机不仅没有取得显著的战果，反而遭受了重大损失，此后，事实上，这时第一航空战队的航空作战能力已经崩溃。

后来，第一航空战队的第二次重建过程十分不顺利，在技术战术水平恢复之时，部队编制还处于非满编状态。1944 年 3 月，刚刚建造完成的"大凤"号航母编入第一航空战队，而轻型航母"瑞凤"号则编入第三航空战队，事实上，这时的第一航空战队已经集中了日本帝国海军三艘作战实力最强大的航母。

1944 年 6 月，在菲律宾海海战中，第一航空战队两艘核心主力航母"翔鹤"号和"大凤"号被美国海军潜艇的鱼雷攻击后沉没，随后，第一航空战队再次撤销，余下的"瑞鹤"号编入第三航空战队，并作为囮部队（小泽部队）的旗舰参加了日美最后一次海上大决战——莱特湾海战。

1944 年 8 月，在云龙级航母一号舰"云龙"号和二号舰"天城"号建成后，第一航空战队第三次编成，不过，预定搭载上舰的第 601 海军航空队由于在菲律宾海海战后一直处于再编途中，同时，航母自身又处于技术战术水平的磨炼中，故此，重建后的第一航空战队预定于 1944 年末才能重新具备作战能力。然而，在 1944 年 10 月爆发的台湾海面航空战中，参战的第 601 海军航空队消耗了大量的设备和飞行员，同时，航母的战力训练任务也没有结束，因此，第一航空战队没能参加莱特湾大海战，而转到日本本土等待时机。

1944 年 11 月，莱特湾海战后撤销的第二航空战队幸存"隼鹰"号和"龙凤"号航母编入第一航空战队，另外，刚刚建成的云龙级三号舰"葛城"号和刚刚改装完成的"信浓"号航母也编入第一航空战队。不过，"信浓"号航母改装完成后不久即被美国海军潜艇击沉，于是，第一航空战队只剩下"隼鹰"号、"龙凤"号和"云龙"号 3 艘航母，随后，第一航空战队承担面向南方的运输任务，期间"隼鹰"号遭受美国海军潜艇重创退出第一航空战队，"云龙"号则被美国海军击沉，后来，"天城"号和"葛城"号与再编中的第 601 海军航空队联合在日本濑户内海承担训练任务。

进入 1945 年 1 月份，第一航空战队仍然承担训练任务，进入 2 月份后，"大和"号战列舰也编入第一航空战队，随后，由于日本帝国海军舰用燃料已经全面枯竭，于是，

"龙凤"号、"天城"号和"葛城"号 3 艘航母解除训练任务停泊于吴港海军基地周边，航母舰载第 601 海军航空队也改编为基地航空队，至此，日本帝国海军的航母时代彻底终结。

1945 年 4 月 20 日，随着"大和"号战列舰的沉没，日本帝国海军第一支同时也是最后一支航空战队——第一航空战队再次撤销。

第一航空战队的历任司令官

作为日本帝国海军第一支航空战队，第一航空战队在服役期间共经历了 17 任司令官，为四大航空战队之首。

历任	司令官姓名	军衔	任职期间
1	高桥三吉	海军少将	1928 年 4 月 1 日－1929 年 11 月 30 日
2	枝原百合一	海军少将	1929 年 11 月 30 日－1930 年 12 月 1 日
3	加藤隆义	海军少将	1930 年 12 月 1 日－1932 年 11 月 15 日
4	及川古志郎	海军少将	1932 年 11 月 15 日－1933 年 10 月 3 日
5	山本五十六	海军少将	1933 年 10 月 3 日－1934 年 6 月 1 日
6	和田秀穗	海军少将	1934 年 6 月 1 日－1935 年 11 月 15 日
7	佐藤三郎	海军少将	1935 年 11 月 15 日－1936 年 12 月 1 日
8	高须四郎	海军少将	1936 年 12 月 1 日－1937 年 12 月 1 日
9	草鹿任一	海军少将	1937 年 12 月 1 日－1938 年 4 月 25 日
10	细萱戊子郎	海军少将	1938 年 4 月 25 日－1939 年 11 月 15 日
11	小泽治三郎	海军少将	1939 年 11 月 15 日－1940 年 11 月 1 日
12	户塚道太郎	海军少将	1940 年 11 月 1 日－1941 年 4 月 10 日
13	河濑四郎	海军少将	1941 年 4 月 10 日－1941 年 9 月 1 日
14	第一航空舰队司令长官南云忠一直接指挥	海军中将	1941 年 9 月 1 日－1944 年 10 月 1 日
15	古村启藏	海军少将	1944 年 10 月 1 日－1944 年 12 月 10 日
16	大林末雄	海军少将	1944 年 12 月 10 日－1945 年 2 月 11 日
17	未知		1944 年 2 月 11 日－1945 年 4 月 20 日

小泽治三郎——第一航空战队的著名指挥官

小泽治三郎（1886 年 10 月 2 日－1966 年 11 月 9 日）二战名将，日本宫崎县儿汤郡人，日本帝国海军军人，最终军衔为海军中将，海军兵学校第 37 期生，历任第一航空战队司令官、第三战队司令官、南遣舰队司令长官、第三舰队司令长官、第一机动舰队司令长官和第 31 任日本联合舰队司令长官。

世人对小泽的评价

二战时期，美国海军太平洋舰队司令尼米兹海军上将曾经对小泽做过一些评价，他说："打胜仗的指挥官是名将，打败仗的指挥官是愚将，那只是新闻界评论将军的做法，作为指挥官的成果，小泽打过胜仗，虽说他也是败将，不过，他是败将中的名将。"

中泽佑海军中将对小泽的评价是："日本帝国海军中的海上指挥官第一人。"源田实大佐对小泽的评价是："海空双重战术家。"

从总体上来看，小泽在军事指挥方面最重要的评价可以概括为两个字，那就是"无欲"。关于教书育人，作为小泽航空战术教育的三大突出弟子当属山冈三子夫、樋端久利雄和木田达彦。关于实战指挥，小泽能够制订周密而详细的计划，然后当机立断地去执行，在担任日本联合舰队司令长官期间，小泽能够独自坐镇旗舰，进出大决战海域，从而能对整个舰队的全局进行指挥。在担任机动舰队司令长官期间，小泽坐镇母舰，他能够直接接受平常熟悉飞行员的报告，并且非常重视，认真思考。

战术与战略思想

战前，小泽对超射程射击战术进行了深入研究，同时，关于最初 5 分钟的飞机、大炮、水雷等战斗决战思想也来自小泽。

与南云忠一一样，小泽的专业领域是水雷战，不过，小泽认为可将飞机当作炮弹，这种具有远见的战略眼光是南云所不具备的。

海军战术研究

1921 年 12 月，小泽晋升海军少佐，任"竹"号驱逐舰舰长，1924 年 8 月，任"岛风"号驱逐舰舰长。1929 年 12 月，任职日本军令部。

1930 年 2 月至 11 月，小泽出使欧美进行考察。在德国、英国期间，小泽对第一次世界大战中最著名的日德兰半岛大海战的参战者进行了访问，并对薄暮战和夜战的实际情况进行了询问，回国后，小泽将这些访问记录集中作了报告并呈送给日本军令部。作为考察成果，小泽将英国皇家海军主力舰的偏弹射击训练法引入到日本帝国海军。1931 年 12 月，任日本海军大学校教官，在此期间，小泽作为战术科的主要教授人员开始从

小泽治三郎

事独创性的崭新战法研究工作。《伦敦海军裁军条约》签订之后，小泽开始积极从事全

南遣舰队司令长官时代的小泽治三郎

面的夜战研究。此后，小泽开始极力倡导全军夜战思想，并提出全舰队在接近傍晚时分开始战斗，并且，确保夜战部队接近敌人的夜间突然袭击，然后，在第二天凌晨进行舰队决战从而达到胜利，这就是小泽的夜战制胜构想。

1937 年 11 月 15 日，任第八战队司令官。1939 年 11 月 15 日，任第一航空战队司令官。在 1940 年 3 月展开的白天鱼雷攻击演习中，小泽统一指挥由航母舰载机与陆基航空兵飞机组成的混合部队，并取得联合攻击的成功。这期间坐镇旗舰"长门"号战列舰的日本联合舰队司令长官山本五十六海军大将萌生了用飞机攻击美国夏威夷太平洋舰队的想法。

1940 年 6 月 9 日，作为第一航空战队司令官的小泽治三郎向日本时任海军大臣提出了著名的《相关航空舰队编成意见书》，其大致内容是日本全部航空部队以建制形式进行集中统一指挥，最高指挥官在详细了解部队技术战术水平的情况下对整个舰队进行统一的规划和指导，由于统一指挥，必须为整个舰队提供通信网络，之后进行娴熟的训练。训练也必须进行统一指挥，这样航空战力才会集中起来。作为必要的研究项目，小泽还提出了接近敌人期间的航母配备及航母运用方法、各航空部队的侦察、攻击分担、基地部队与航母部队的协同方法。日本海军省、军令部及日本联合舰队对小泽治三郎的意见书非常重视，以此为基础，1941 年 4 月 10 日，这种统一指挥日本全部航空战力的舰队构想终于实现，这就是第一航空舰队的编成。第一航空舰队飞行队长渊田美津雄中佐对小泽构想下的"航母统一指挥和舰载机集团攻击思想"进行了深入研究，因此，他向日本联合舰队提出了应该由小泽统一指挥这支舰队的意见书。

1940 年 11 月 1 日，任第三战队司令官，11 月 15 日，晋升海军中将。1941 年 10 月 18 日，任南遣舰队司令长官，同时兼任马来部队指挥权。1942 年，任第三舰队司令长官。1944 年 3 月 1 日，任第一机动舰队兼第三舰队司令长官，随后指挥了菲律宾海海战。1945 年 5 月 29 日，任日本联合舰队司令长官。

第四节 "两大基干航母编队之二"——第二航空战队与日本航母主力派代表者、日本战争狂人山口多闻少将司令长官

第二航空战队是日本帝国海军航母机动部队中的一支,曾经是第一航空舰队的两大基干组成部队之一,为日本四大航空战队之一,1944 年 7 月 14 日最终撤销。

发展历史与参战经历

作为日本帝国海军前线部队的第二舰队,为了适应在最前线海域进行侦察、攻击和防御的需要,于是,要求日本联合舰队为其成立专业的航空部队,不过,由于当时的飞机性能很低,航空母舰数量严重不足,因此,日本联合舰队没有能力为第二舰队设置多余的航空战队。

1933 年,随着日本第四艘航母 "龙骧" 号的建成竣工,日本帝国海军组建了由 "赤城" 号单舰、"加贺" 号单舰以及 "凤翔" 号与 "龙骧" 号相组合的三支航母轮换编队,于是,为第二舰队设置航空战队便成为可能。1934 年,日本联合舰队为第二舰队设置了航空战队,这就是第二航空战队。"苍龙" 号和 "飞龙" 号航母建成后立刻编入了第二航空战队,这两艘航母一直固定编制,直到在中途岛海战中双双沉没。

在 1941 年成立的第一航空舰队中,作为日本主力航母的 "苍龙" 号、"飞龙" 号以及第二航空战队都是第一航空舰队的核心组成部分。除了两艘航母外,第二航空战队还编制有承担护卫任务的第 23 驱逐队。

编入第一航空舰队主力后,第二航空战队第一任司令官为山口多闻少将,在其率领下,这支航母编队参加了珍珠港攻击作战、威克岛攻击作战、澳大利亚达尔文港空袭、印度洋空袭等所有主要作战行动,中途岛海战中 "苍龙" 号和 "飞龙" 号航母沉没后,第二航空战队撤销,山口多闻司令官战死。

1942 年 7 月 14 日,第二航空战队重新组建,编入第三舰队,下辖 "隼鹰" 号、"飞鹰" 号和 "龙骧" 号 3 艘轻型航母,司令官由角田觉治海军少将接任。随后,"龙骧" 号在第二次所罗门海战中沉没,于是,"龙凤" 号航母随即加入第二航空战队。在菲律宾海海战中,"飞鹰" 号又被美国海军击沉。

1944 年 7 月 10 日,第二航空战队撤销。

第二航空战队的历任司令官

作为日本帝国海军两大航空战队主力之一,第二航空战队在服役期间共经历了 10 任司令官,基本情况如下:

历任	司令官姓名	军衔	任职期间
1	片桐英吉	海军少将	1934 年 11 月 15 日－1935 年 11 月 15 日
2	堀江六郎	海军大佐	1935 年 11 月 15 日－1937 年 12 月 1 日
3	塚原二四三	海军少将	1937 年 12 月 1 日－1937 年 12 月 15 日
4	三并贞三	海军少将	1937 年 12 月 15 日－1938 年 9 月 1 日
5	鲛岛具重	海军少将	1938 年 9 月 1 日－1939 年 10 月 20 日
6	户塚道太郎	海军少将	1939 年 10 月 20 日－1940 年 11 月 1 日
7	山口多闻	海军少将	1940 年 11 月 1 日－1942 年 6 月 5 日（战死中途岛海战）
8	角田觉治	海军少将	1942 年 7 月 14 日－1943 年 5 月 22 日
9	酒卷宗孝	海军少将	1943 年 5 月 22 日－1943 年 9 月 1 日
10	城岛高次	海军少将	1943 年 9 月 1 日－1944 年 7 月 10 日

第一航空舰队第二航空战队唯一的司令官——山口多闻海军少将、日本的战争狂人、山本五十六的最佳接班人

山口多闻（1892 年 8 月 17 日－1942 年 6 月 6 日），日本帝国海军军人，海军兵第 40 期生，战死中途岛海战，最终军衔为海军中将（追晋）。

日本国内对山口多闻的评价

大西泷治郎海军中将对山口多闻海军少将的战死痛惜地说："山口的死可抵得上数艘主力舰的损失。"福留繁海军中将评价：山口是航空方面的门外汉，却是一个很好的幕僚。草鹿龙之介海军中将的评价是：山口在部队内部素有威望，并且是拥有所有重要条件的名提督。角田觉治海军少将听闻山口战死，痛惜道：山口打算干到机动部队司令长官，如果能在他手下任职，非常愿意作为一名武将而力战杀场。源田实大佐称赞山口是与美国海军纳尔逊将军齐名的名将。

据说，美国海军太平洋舰队司令尼米兹上将在询问山本五十六的座机是否被击落时咨询美国情报部人员说：山本死之后，其继任的司令长官就很难有出类拔萃者了，不过，他举出了山本继任者中首选之人，这就是山口多闻，情报部人员安慰他说：山口已经战死，可以放心，日本已经没有了山本的替代者。

鉴于山口的威望，后世给他附会了许多贴金的传言，比如，珍珠港攻击中的反复攻击意见呈报说、中途岛海战中的即时攻击意见呈报说，等等，山口也因为这些意见而备受好评，不过，根据日本战史记载，前者所谓的意见呈报根本没有，后者也与美国记载的资料不一致，由此可见，这些都是虚构的说法。

海军大佐前的服役经历

1909 年 9 月，山口以 151 人中排名第 21 的成绩考入日本海军兵学校第 40 期，同

期同学中的名将有大西泷治郎、宇坦缠、多田武雄、冈新等人，山口多闻与大西泷治郎号称是海军兵第 40 期中的双璧，另外，山口的剑道在海军兵学校中为最高级别的第 1 级。1912 年 7 月，山口以 144 人中的第 2 名成绩毕业。山口参加了第一次世界大战，主要在地中海承担同盟国军舰的护航职责，大战结束后，乘坐盟国战利舰中的一艘德国 U 型潜艇返回日本。

1928 年 12 月，晋升海军中佐。在签订《伦敦海军裁军条约》期间，他与山本五十六强烈反对日本签署这个条约。1930 年 7 月，任"由良"号轻巡洋舰副舰长。1930 年 11 月，任第一舰队参谋兼联合舰队参谋。山口多闻与山本五十六私交甚笃，其前妻产子死后，山本五十六为其介绍了第二任妻子。1932 年 12 月，晋升海军大佐。

参加日中战争

1936 年 12 月，任"五十铃"号巡洋舰舰长。1937 年 12 月，任"伊势"号战列舰舰长。1938 年 11 月 15 日，晋升海军少将。1940 年 1 月 15 日，任第一联合航空队司令官。

在大西泷治郎的提案中，第一联合航空队与大西任司令的第二联合航空队统一合并为第一空袭部队，山口任指挥官，随后，这支部队展开了 101 号作战，即臭名昭著的重庆大轰炸。1940 年 5 月 12 日，山口对准军官以上的飞行员展开训话，他说：从现在开始的 101 作战计划将兵力减半，尽管如此，我们也要继续对重庆展开连续的猛烈轰炸，直至摧毁蒋介石的政权。在重庆大轰炸中，日军在没有护航战斗机护卫的情况下强行推进，因此，日军轰炸机飞行员损失很大，故此，这些日军飞行员将山口多闻称为"杀人多闻丸"。在重庆大轰炸中，山口多闻和大西泷治郎对中国人民犯下了滔天罪行。

太平洋战争经历

1940 年 11 月 1 日，山口到任第二航空战队司令官，随后，在南云忠一海军中将率领下，与其他第一航空舰队组成战队参加了珍珠港攻击作战。在作战准备期间，山口不分昼夜地对参战航空部队采取极度疲劳式的训练，结果，事故频发，怨声四起，于是，参训人员将其称为"疯子多闻、杀人多闻"。

1941 年 12 月 7 日，珍珠港攻击取得重大战果。攻击后，山口又向南云司令部发送了"第二击准备完成"的电报。不过，南云决定退出战场。后来，第一航空舰队在南进途中又取得了连战连胜。山口也于 1941 年 12 月参加了威克岛攻击支援、1942 年 1 月的安汶空袭、1942 年 2 月 19 日的达尔文港空袭、1942 年 3 月的爪哇海进攻和 1942 年 4 月的印度洋空袭。

1942 年 2 月，山口以个人意见向日本联合舰队参谋长宇垣缠海军中将等领导提出了意见书，他主张以彻底的航空主力进行舰队编成，并配合航空配备进展情况扩大规模，然后，对美国展开积极作战，直到让美国屈服。

在第二阶段作战研究中，山口提出了对美国本土实施空袭的方案。山口的方案是 1942 年上半年占领印度的军事重地，1942 年 7 月占领斐济、萨摩亚群岛、新喀里多利

山口多闻海军少将

亚以及新西兰、澳大利亚的战略要地，于 1942 年 8 月、9 月占领美国阿留申群岛，11 月至 12 月，占领中途岛、美国约翰斯顿和帕尔米拉。1942 年 12 月至 1943 年 1 月，占领夏威夷，随后，攻占马拿马，占领美国西部的加利福尼亚油田地带，再对美国北部实施大规模空袭，这就是战争狂人山口多闻提出的疯狂作战计划。

在中途岛海战之前，由于准备仓促、舰载机飞行员技术战术水平不足等原因，山口和源田实中佐极力反对日本联合舰队实施中途岛作战计划，不过，日本联合舰队司令部充耳不闻。

在 1942 年 6 月 6 日的中途岛海战中，山口坐镇"飞龙"号航母，在"赤城"号、"加贺"号和"苍龙"号 3 艘航母遭受美军猛烈的俯冲轰炸之后，山口率领唯一剩下的"飞龙"号对美国海军机动部队展开了反击，并重创美军主力航母"约克城"号。在"飞龙"号遭受美军俯冲轰炸机重创后，加来止男舰长下达全体撤离命令，随后，只有山口与加来舰长留在舰上，并温和而从容地送别舰员们离开，最终，这位日本的战争狂人与加来舰长及"飞龙"号航母一起葬身大洋海底。

重庆大轰炸时期，左起第二人为当时的第一联合航空队司令官山口多闻，向右依次是岛田繁太郎、大西泷治郎

第五节　第四航空战队与第五航空战队——第一航空舰队中的辅助力量和最强航母部队

第四航空战队和第五航空战队是第一航空舰队继第一航空战队和第二航空战队之外的另外两支航母特混部队，它们同为日本帝国海军以航母为构成主力的机动部队之一，同时，也经历了撤销和重新组建的经历。

第四航空战队的发展历史与大战经验

第四航空战队成立于 1937 年 12 月 1 日，此后，经历了数次重新组建和撤销。

在太平洋战争爆发前三个月的 1941 年 9 月 1 日，日本帝国海军为了充实壮大第一航空舰队，重新设立了第四航空战队。太平洋战争爆发时，第四航空战队的核心军舰是"龙骧"号和"大鹰"号航母，承担护航任务的是第 3 驱逐舰所属驱逐舰。

在第二次组建期间，第四航空战队参加了印度洋空袭、阿留申攻击等作战行动。在中途岛海战惨败的背景下，1942 年 7 月 14 日，第四航空战队被撤销。

1944 年 5 月，第四航空战队以"日向"号（战队旗舰）战列舰和"伊势"号战列舰为核心重新组建，这在世界范围内也是未曾见过的以航空战列舰为核心而组建起来的航空战队。第三次组建的第四航空战队主要参

角田觉治海军少将

战经历是参加了太平洋战争末期的捷一号作战、北号作战。在捷一号作战中，第四航空战队躲避了激烈的美国战机攻击，得以全身而退。在北号作战中，第四航空战队主要承担战略物资运输作战任务，在执行任务过程中，部队巧妙地躲开了盟军的攻击而返回日本本土。

第四航空战队的历任司令官

第四航空战队在服役期间共有 3 任司令官，分别是鲛岛具重海军少将，任职期间为 1937 年 12 月 1 日至 1938 年 8 月 1 日（撤销）；角田觉治海军少将，任职期间为 1941 年

日·本·百·年·航·母

战败投降时的原忠一（前排左一）

9月1日至1942年7月14日；松田千秋海军少将，任职期间为1944年5月1日至1945年3月1日。

其中，角田觉治海军少将（1890年9月23日—1944年8月2日）是太平洋战争期间日本帝国海军中屈指可数的几位战将之一，他是炮兵出身，大舰巨炮主义者，而不是航空主力论者。战后，日本国内将角田觉治与山口多闻并称为同一类型的战将。美国海军则将角田与担任美国海军航母特混舰队司令的哈尔西将军相比，称他们都是见敌必战的猛将。

第五航空战队的经历

第五航空战队是太平洋战争开战前不久编成的航母机动部队，这支航空战队是当时日本帝国海军四大航空战队中作战实力最强大的航母编队，编入了当时集中日本帝国海军所有最先进航母建造技术而打造的最新锐航母翔鹤级"翔鹤"号和"瑞鹤"号以及2艘护航驱逐舰"胧"号和"秋云"号。

与第一航空舰队编成时成立的第一航空战队"赤城"号和"加贺"号航母、第二航空战队"飞龙"号和"苍龙"号航母舰载航空队相比，第五航空战队的舰载航空队技术与战术水平明显不及，故此，第五航空战队的舰机协同水平不足从而严重影响了整个航母编队的作战效果。在珊瑚海海战中，第五航空战队舰载机大量损失主要是由舰载机飞行员的技术与战术水平低的原因造成的。

1942年7月14日，中途岛海战惨败后，第五航空战队与其他三支航空战队全部撤销，后来，"翔鹤"号和"瑞鹤"号航母编入新组建的第一航空战队。

第五航空战队的司令官

第五航空战队与第一航空舰队服役区间相同，都是1941年9月1日成立，1942年7月14日撤销，在此期间仅有一任司令官，为原忠一海军少将。

原忠一（1889年3月15日—1964年2月17日）是日本岛根县松江市人，日本帝国海军军人，最终军衔为海军中将，日本海军兵学校第39期生，在入学150人中成绩排名第 53 位，毕业 149 人中成绩排名第 85 位。在海军大学校甲种学生时代，原忠一为学生长，其同期生有草鹿龙之介、山口多闻、福留繁等战将。

在担任第二遣支舰队参谋长期间，原忠一是有名的陆军强硬派。在担任第五航空战队司令官期间，他随第一航空舰队参加了一系列的大海战，并指挥了珊瑚海海战。

第六节　航母特混舰队时期的第三舰队及其后的第一机动舰队

1942 年 7 月 14 日至 1944 年 11 月 14 日第 6 次特设编成的第三舰队及其后来的第一机动舰队（1944 年 3 月 1 日至 1944 年 11 月 15 日）是日本帝国海军继 1942 年 7 月 14 日解散的第一航空舰队之后，日本第二支和第三支以航母为作战核心的航母特混舰队。在吸取第一航空舰队经验教训的基础上，第三舰队及第一机动舰队的航母作战思想有所进步，不过，由于美国海军迅速恢复和强大，日本帝国海军已经无力再称霸太平洋了。

日本第二支航母特混舰队——第 6 次特设编成的第三舰队

中途岛海战惨败之后，1942 年 7 月 14 日，日本帝国海军下令撤销了第一航空舰队及其下辖的四支航空战队。作为第二支日本航母特混舰队，日本帝国海军在撤销第一航空舰队的同时又以没有参加中途岛海战的"翔鹤"号和"瑞鹤"号两艘航母为中心重新创建了第三舰队。

日本联合舰队重新创建第三舰队是以 1942 年 6 月 12 日由第一航空舰队参谋源田实中佐提出的航母部队重建方案为基础的，这些重建方案是中途岛海战之后第一航空舰队司令部内部进行作战经验总结的成果，其具体理论的提出者为源田实。在总结中途岛海战经验教训的基础上，日本帝国海军才正式开始由大舰巨炮主义向航空主力论的海战思想转变。

根据中途岛的经验教训，源田实提出重建日本航母特混舰队的三项基本要求：其一是航母部队的建制化建设，其二是增加防空警戒兵力，其三是重新编成航空战队。其中，增强防空警戒兵力主要是通过增加护航驱逐舰和巡洋舰的数量来实现的，这些强大的舰炮防空火力可以形成一道密不透风的防空弹幕，从而保护作为航母特混舰队核心的航母平台。至于重建航空战队，其再次改编的焦点要放到航空主力论上来，即一切核心以航空作战为主，而不是再靠大舰巨炮的火力威慑。

第 6 次重建的第三舰队编制 2 艘大型攻击航母和 1 艘小型自卫航母，其中，大型攻击航母部署攻击队（舰载海军航空兵攻击部队），小型自卫航母部署自卫航空队，并具体负责整个航母特混舰队的防空保护职责。新建第三舰队增加舰上战斗机和舰上轰炸机的搭载数量，同时，减少舰上攻击机的部署数量，其舰载机机种部署数量的变化主要是想通过舰上战斗机来获取制空权进而实施海上航空大决战。

中途岛海战之后不久，经过一系列的航母特混舰队重建讨论，1942 年 7 月 14 日，根据日本帝国海军的战时编成计划，第三舰队正式重建。重建第三舰队司令长官和参谋长由撤销的第一航空舰队司令长官南云忠一海军中将和参谋长草鹿龙之介海军少将留任。

按照预定计划，第 6 次重建的第三舰队将编制 6 艘航母（包括"翔鹤"号、"瑞鹤"号、"瑞凤"号、"飞鹰"号、"隼鹰"号和"龙骧"号，共分成两组，前 3 艘一组，后 3 艘一组）、2 艘战列舰、4 艘巡洋舰、16 艘驱逐舰，其中，"长良"号轻型巡洋舰担任第三舰队旗舰职责，上述主力军舰共计 29 艘，依据这份编成计划来看，届时第三舰队将会成为日本帝国海军中的一支大舰队。

根据初期计划，第三舰队将编入更高速的金刚级战列舰，每次远洋作战时还将临时召集一些续航距离长的新型驱逐舰，以后还将编入改装结束的新型航母，经过彻底改造的第三舰队将成为日本纯粹的航母特混舰队，自此，日本的大舰巨炮主义终结，取而代之，是以航空主力论为核心而建立起来的新型舰队。不过，计划终究还是计划，从作战编成及战术思想上来看，日本的大舰巨炮主义根深蒂固，想一下清除纯属妄想，因此，新建的第三舰队还保留着大量的第一舰队影响。

第三舰队重建后参加了南太平洋海战，虽然取得了战术上的胜利，不过，日本帝国海军的衰落已经成了不可逆转的潮流。

1944 年 2 月，日本帝国海军撤销了以战列舰为中心的第一舰队，一直以来，第一舰队为日本的战列舰部队、一线作战部队、日本大舰巨炮主义的代表，第一舰队的终结说明日本帝国海军已经从根本上认识到了航空主力论的重要性，并且开始转变，不过，这种转变为时已晚。

1944 年 3 月，第三舰队与第二舰队统一合并为第一机动舰队，同时，第三舰队司令部兼任第一机动舰队司令部，这时的第一机动舰队为日本的第三支航母特混舰队，它成为日本联合舰队的绝对主力之后，说明日本帝国海军已经彻底放弃了大舰巨炮主义。

第一机动舰队成立后随即参加了菲律宾海海战，在此期间，第一机动舰队旗舰"大凤"号航母被美军击沉，另有大量舰载机及舰载机飞行员损失，后来，具备较高技战术水平的舰载机又在台湾海面的航空大战中大量损失，于是，在莱特湾海战中，在几乎没有搭载什么像样舰载机部队的情况下，第一机动舰队就实施了囮作战计划。

莱特湾海战之后，余下的航母集中到第一航空战队内，并成为日本联合舰队的附属部队（后来又编入到第二舰队），第四航空战队的"伊势"号和"日向"号航空战列舰也编入到第二舰队内，第三舰队则撤销。

重建后的第三舰队编制

1942 年 7 月 14 日，重建后的第三舰队编制部队有第一航空战队、第二航空战队、第十一战队、第七战队、第八战队、第十战队、第一航空基地队和附属部队，其中，第一航空战队辖"翔鹤"号、"瑞鹤"号和"瑞凤"号3艘航母，第二航空战队辖"隼鹰"号和"龙骧"号（"龙骧"号沉没后更换为"飞鹰"号）2艘航母，第十一战队辖"比睿"号和"雾岛"号战列舰，第七战队辖"熊野"号、"铃谷"号和"最上"号重巡洋舰，第八战队辖"利根"号和"筑摩"号重巡洋舰，第十战队辖"长良"号轻巡洋舰以及第4驱逐队、第10驱逐队、第16驱逐队和第17驱逐队四支驱逐舰部队，附属部队辖"凤翔"号航母和"夕风"号驱逐舰。

1944年3月1日，第一机动舰队新编时，组成舰队之一的第三舰队编制部队有第一航空战队、第二航空战队、第三航空战队、第十战队和附属部队，其中，第一航空战队辖"翔鹤"号和"瑞鹤"号航母，"大凤"号航母建成后也编入这支战队，第二航空战队辖"隼鹰"号、"飞鹰"号、"龙凤"号航母和第652海军航空队，第三航空战队辖"千岁"号、"千代田"号、"瑞凤"号航母和第653海军航空队，第十战队辖"矢矧"号轻巡洋舰以及第4驱逐队、第10驱逐队、第17驱逐队和第61驱逐队四支驱逐舰部队。附属部队辖"最上"号重巡洋舰和第601海军航空队。

1944年8月15日，菲律宾海海战后的第三舰队编制部队有第一航空战队、第三航空战队、第四航空战队、第十战队和附属部队，其中，第一航空战队辖"云龙"号、"天城"号航母和第601海军航空队，第三航空战队辖"千岁"号、"千代田"号、"瑞凤"号、"瑞鹤"号航母和第653海军航空队，第四航空战队辖"伊势"号、"日向"号航空战列舰、"隼鹰"号、"龙凤"号航母以及第634海军航空队，第十战队辖"矢矧"号轻巡洋舰以及第4驱逐队、第17驱逐队、第41驱逐队和第61驱逐队四支驱逐舰部队，附属部队辖"最上"号重巡洋舰。

重建第三舰队的司令长官及参谋长

第6次重建的第三舰队司令长官共有两任，分别是南云忠一中将，任期为1942年7月14日至1942年11月1日；小泽治三郎中将，任期为1942年11月11日至1944年3月1日。1944年3月1日，第一机动舰队成立时，小泽中将还兼任机动舰队的司令长官。1944年3月1日至1944年11月15日，兼任第一机动舰队司令长官的小泽中将同时也是第三舰队司令长官。

第三舰队参谋长共三任，分别是草鹿龙之介少将，任期为1942年7月14日至1942年11月23日；山田定义少将，任期为1942年11月23日至1943年12月6日；古村启藏少将，任职为1943年12月6日至1944年3月1日第一机动舰队创建，同时，兼任第一机动舰队参谋长。1944年3月1日至1944年11月15日，古村少将兼任第一机动舰队参谋长，直到解散。

日本第三支航母特混舰队——第一机动舰队

1944 年初，日本帝国海军决定彻底放弃根深蒂固的舰队决战主义和大舰巨炮主义，转而支持以航空主力论为主的海军战术思想。同年 2 月，日本联合舰队决定解散以战列舰为中心的第一舰队，并创建以航母等海军航空兵作战力量为主的航母特混舰队。于是，1944 年 3 月 1 日，日本联合舰队正式创建第一机动舰队，它是统一指挥由水面攻击部队第二舰队和航母特混舰队第三舰队联合组建起来的主力舰队，组建后的第一机动舰队司令长官与参谋长都由第三舰队司令长官和参谋长兼任。

第一机动舰队的主要作战思想是由拥有强大舰炮攻击力和防御力的第二舰队担当整个部队的先锋部队，在其后方是拥有大规模海军航空兵作战实力的第三舰队，同时，第三舰队为整个机动舰队的作战核心。

在发现敌舰队之后，第三舰队率先派遣海军航空兵攻击力量对敌舰队实施攻击，同时，第二舰队防止敌舰队突入攻击第三舰队。在敌舰队发起攻击时，负责前卫的第二舰队要尽可能吸引敌舰队的攻击战力，以保护第三舰队，并将第三舰队的损失减小到最低程度。从这样的作战思想来看，第一机动舰队完全是以第三舰队为核心的航母特混舰队，它的核心作战思想已经由大舰巨炮主义转变到航空主力论上来。

第一机动舰队组建后的首战是 1944 年 6 月 19 日至 20 日之间爆发的菲律宾海海战，在此次航母大战中，日军损失了 300 多架航母舰载机，自此，在失去作为航母特混舰队主力核心的舰载机部队后，事实上，日本的航母特混舰队已经名存实亡。此外，在第三舰队派遣攻击队进攻美国海军航母特混舰队时，这些舰载机在经过第二舰队上空时却遭到第二舰队炮火的误射，由此可以看出，第一机动舰队中的第三舰队和第二舰队还没有形成良好的联合作战能力。

在 1944 年 10 月 23 日至 25 日的莱特湾海战中，第三舰队和第二舰队又联合作战，不过，战果惨烈，第三舰队在参加恩加诺角海战时，参战的 4 艘航母全被美国海军击沉，第二舰队也损失了大量的军舰。

在经过两次航母大战的惨败之后，第三舰队已经丧失了全部的航母，第一机动舰队的作用也已经完全丧失，于是，1944 年 11 月 15 日，紧随第三舰队解散之后，日本帝国海军最后一支航母特混舰队——第一机动舰队也于同日解散。余下的第二舰队划归日本联合舰队直接指挥之下，后来，在冲绳海战的坊之岬海面海战中，第二舰队也彻底覆灭。至此，日本联合舰队也走向了最后的覆灭。

第一机动舰队的司令长官和参谋长

服役时，第一机动舰队只有一任司令长官，为小泽治三郎海军中将，任期为 1944 年 3 月 1 日的舰队创建至 1944 年 11 月 15 日的舰队解散。另有两任参谋长，分别是古

村启藏少将，任期为 1944 年 3 月 1 日至 1944 年 10 月 1 日；大林末雄少将，任期为
1944 年 10 月 1 日至 1944 年 11 月 15 日。

第七节 "大舰巨炮主义"与"航空主力论"的巅峰对决——第二次世界大战两种主流海军战术思想的激烈对抗及转变

在第二次世界大战前，以战列舰、巡洋战列舰等大舰巨炮为作战核心的所谓"大舰巨炮主义"占据着世界海军战术思想的绝对主流。在第二次世界大战及太平洋战争期间，以航空母舰、航母舰载机等为作战核心的所谓"航空主力论"开始盛行，并与传统的"大舰巨炮主义"发生激烈冲突，经过实战检验，传统的"大舰巨炮主义"已经过时，"航空主力论"开始独领风骚。在第二次世界大战结束后，战列舰、巡洋战列舰等大舰巨炮舰种迅速退出历史舞台，航空母舰成为世界海军的中心，直到 21 世纪的今天。

世界海军的大舰巨炮主义

世界列强的大舰巨炮主义盛行于 1906 年至 1945 年，这种海军战术思想的核心是对战列舰这种巨型水面舰艇进行设计、建造和运用。大舰巨炮主义也称"巨炮巨舰主义"，它是在舰队决战思想的主导下，依靠大口径主炮和大吨位军舰来获取由水面舰艇所展开炮战的优势，进而获得舰队决战的胜利。

现代战列舰的始祖是英国皇家海军的罗亚尔－萨布林级战列舰，从 1895 年开始，英国皇家海军又依次建成竣工了尊严级战列舰，当时，这级战列舰安装了 4 门 30.5 厘米大口径主炮，其火炮威力可对采取重装甲防护的军舰造成致命的威胁，在此基础上，英国皇家海军确立了前无畏级战列舰的基本舰型设计。

此后不久，世界各国海军均效仿英国皇家海军建造前无畏级战列舰，然而，1906 年，英国皇家海军又建成了后来成为世界战列舰标准的无畏级战列舰。无畏级战列舰突破了 4 门主炮设计的框架，与传统的战列舰相比，这种战列舰拥有飞跃性提升的攻击力和机动性，它给正在建造中的其他国家海军战列舰以巨大冲击和影响。在无畏级战列舰建造的同时，日英德还建造了与战列舰一样都具有巨型主炮的巡洋战列舰。面对战列舰建造的军备竞赛，1922 年，世界列强缔结了《华盛顿海军裁军条约》，自此战列舰建造受到严格限制，在此期间，世界列强将战列舰的设计与建造方针称为"大舰巨炮主义"。

《华盛顿海军裁军条约》之前，日英建造战列舰概况对照表：

战列舰名称	建成年份	排水量	主炮口径	主炮数量
日本"三笠"号战列舰（大舰巨炮主义确立之前）	1902 年	15220 吨	30.5 厘米	4 门
英国无畏级战列舰	1906 年	18110 吨	30.5 厘米	10 门
英国猎户座级战列舰	1912 年	22200 吨	34.3 厘米	10 门
日本金刚级巡洋战列舰（1号舰由英国建造，后来改装成战列舰）	1913 年	26330 吨	35.6 厘米	8 门
英国伊丽莎白女王级战列舰	1915 年	29150 吨	38.1 厘米	8 门
日本长门级战列舰	1920 年	32720 吨	41.0 厘米	8 门
日本赤城级巡洋战列舰（后来改装成航母）	建造中止	41000 吨	41.0 厘米	10 门

由上表可以看出，在大舰巨炮主义思想指导下，日英建造的战列舰主炮口径、主炮数量及军舰排水量吨位都处于不断攀升之中，前后对比，主炮口径增长达 10 厘米以上，主炮数量增长两倍多，战列舰吨位增长四倍左右。

截至第一世界大战期间的 1916 年，自 1910 年至 1916 年的 7 年时间内，全世界建成竣工的战列舰超过 100 艘，在这 7 年间，包括建造的战列舰及巡洋战列舰在内，英国共建造了 40 艘（包括智利和奥斯曼帝国各采购的 1 艘战列舰在内），德国建造了 25 艘，美国建造了 14 艘，日本建造了 7 艘，法国建造了 7 艘，意大利建造了 6 艘，沙皇俄国建造了 6 艘，奥匈帝国建造了 4 艘，阿根廷建造了 2 艘，巴西建造了 2 艘，西班牙建造了 1 艘。

此外，世界列强还有更庞大的战列舰建造计划，比如，英国 1921 年计划建造排水量达 48500 吨、装备 9 门 50.8 厘米大口径主炮的安德鲁级战列舰；美国 1917 年至 1918 年计划建造排水量达 49000 吨、装备 12 门 40.6 厘米大口径主炮的南达科他级战列舰；日本 1921 年计划建造排水量达 47500 吨、装备 8 门 46 厘米大口径主炮的 13 号战列舰；等等。因此，从一定程度上来看，《华盛顿海军裁军条约》和《伦敦海军裁军条约》两大裁军条约对大舰巨炮主义及巨型战列舰的建造给予了适度的降温。

日本帝国海军的大舰巨炮主义

与世界列强相比，日本帝国海军在日俄战争时期的日本海海战中才正式确立了大舰巨炮主义，当时"大舰巨炮"和"舰队决战至上"思想在海军中非常盛行，日本也正是凭借这种战术思想击败了亚洲地区的第一大海军沙俄帝国海军，从而跃居亚洲第一、世界第三大海军的位置，不过，当时在世界范围内极力拥护大舰巨炮主义思想的不仅限于日本帝国海军，英国皇家海军、美国海军、沙俄帝国海军、德国海军、法国海军等世界大海军都秉持着这种战术思想。

大舰巨炮主义的基本作战方针是以战列舰为主力来全力迎击长驱直入的敌舰队，并以战列舰为主力击退敌舰队的进攻，在整个作战期间，贯穿始终的主角是战列舰，而航空母舰、巡洋舰、驱逐舰等舰种只是战列舰的辅助力量。

日俄战争之后到太平洋战争中期，大舰巨炮主义在日本帝国海军的军令及战术上占据着绝对的主流。不过，1941年12月，在珍珠港攻击行动中及其随后展开的一系列作战任务中，以航母舰载机为主角的航空战渐成主流，战列舰的主角地位面临严重挑战，而且，航空战优势再次为日本帝国海军创建自日俄战争之后的又一个辉煌时期，在此期间，第一航空舰队（南云机动舰队）采取远洋大纵深、大包抄等方式攻击美国海军、英国皇家海军、荷兰皇家海军等老牌海军大国，在短时间内战绩遍布地球半圈，连战连胜，辉煌无限，纵横无尽，这些胜利让日本帝国海军惊呼不断，大舰巨炮主义也随之松动起来，航空主力论渐成主流。

日本帝国海军的"航空主力论"

航空主力论的核心思想是将航空力量作为海军的主力，它是由"战列舰无用论"发展而来的。

1930年，《伦敦海军裁军条约》对日本帝国海军的发展进行了限制，于是，当时作为日本帝国海军主力的战列舰建造陷入危机之中。在此期间，随着飞机设计与建造技术的飞跃发展，提倡以航空力量作为海军主力的所谓航空主力论声音不断出现。不过，在1934年左右，妄图利用飞机的力量就将战列舰击沉可谓痴心妄想，根据当时日本帝国海军制定的海军演习裁判标准，飞机只能作为海军舰队的辅助力量，它可对战列舰主炮的弹着情况进行观测，同时，为战列舰提供制空掩护。

1937年，时任日本帝国海军航空本部教育部长的大西泷治郎中将以"航空军备研究"为题进行了深入研究，随后制成宣传小册子散发出去。在这份研究中，大西认为随着拥有大续航距离、大攻击能力、大航速的大型飞机的出现，飞机的战术作用将会焕然一新，未来，这些大型飞机将会担当战列舰的作用。此外，大西还认为除潜艇之外，海军其他舰艇都要面临航空作战需求，另一方面，由于战斗机是小型飞机，故此，未来战斗机的作用很小，这其中包含着战斗机无用论的意味。

航空主力论最终得到认可还是1941年12月爆发的珍珠港攻击及其随后展开的一系列远洋航空作战行动。1942年3月1日，大西中将提出已经是航空主力的时代，不过，日本联合舰队参谋长宇垣缠中将却认为考虑到大洋舰队战斗的实际，海军的主力还是战列舰。1942年4月末，山本五十六海军大将提倡航空力量必须具备压倒性的优势，这是绝对必要的。总之，在1942年的上半年，日本帝国海军领导层之间爆发了大舰巨炮主义与航空主力论两种战术思想的冲突与碰撞，分别坚持自己见解的将领也互不相让。

1942年6月，中途岛海战惨败之后，日本帝国海军经过总结经验教训认为由于思想转换不充分，战争期间没有认识到航空价值的伟大作用，于是，决定采取航空优先的战备方针。不过，日本帝国海军的战后总结只限于战略方针和战备计划的调整，至于实际情况则执行得非常不彻底。

　　与美国相比，日本的国防工业实力远远不及，尽管如此，在大战期间，日本帝国政府仍然顽固地坚持航空战备和战列舰战备两种方针，妄图鱼与熊掌兼得，这是自欺欺人的做法。美国海军在此期间的做法是完全放弃以战列舰为中心的发展，转而展开各种作用航空母舰的设计与建造，本来最应该采取这种战略转变的是日本，而事实却恰恰相反，结果是拥有最强大国防工业实力的美国选择了最恰当的海军发展主力，如此看来，日本帝国海军不覆灭真是天理难容。美国作为一个大国，没有顽固地坚持大舰巨炮主义，在新战术思想出现后能够率先转变，并且做到上下一心、坚决执行，如此看来，美国海军的称霸确实有其必然，也许是珍珠港的伤痛痛彻心扉吧！

　　在日本帝国海军逐渐认识到航空主力重要性的情况下，日本联合舰队决定重新组建第三舰队，并以航空主力论战术思想为指导编成这支新型的航母特混舰队。随着第三舰队的第 6 次全新创建，航空主力论开始在日本帝国海军中占据优势，不过，在此期间，仍然顽固坚持大舰巨炮主义的第一舰队（战列舰部队）和第二舰队（巡洋舰部队）仍然按照原来的战术思想执行作战任务，这说明，此时的日本帝国海军采取的是航空主力论与大舰巨炮主义两种战术思想并行的做法，也就是说第三舰队负责获取制空权，以战列舰为主力的另两大舰队负责执行具体的海战任务。

　　自瓜达尔卡纳尔岛登陆战之后，在 1943 年第三阶段作战计划命令中，日本帝国海军才真正以航空主力为指导统一全军的战术思想，同时，日本联合舰队也以航空主力为目标制定了各种作战纲要。

　　直到 1944 年 3 月 1 日，第一舰队撤销、第一机动舰队创建，日本帝国海军才从形式上彻底放弃了大舰巨炮主义而采取航空主力的战术及战略思想，不过，本来就是世界第二大海军的美国海军于 1941 年 12 月珍珠港遭受袭击后就立刻转变到航空主力上来，与此相比，日本帝国海军的转变太慢了，一直坚守因日清战争、日俄战争而辉煌的大舰巨炮主义的日本此次选错了对手，美国不是拥有数千年文明史只剩下沉沦与腐朽的中国、更不是只顾上层利益的沙俄帝国，这是一个蒸蒸日上的新型民主国家，其爆发出来的战争力量，不仅是日本无法阻挡，就是世界其他任何一个国家都不能阻挡。

第十章
日本帝国海军航母运用的"后勤保障经验"
——日本关于航母特混舰队建设的后勤保障经验

在平常人看来，耀武扬威地在海上作战的航母特混舰队风光无限，他们可以叱咤风云、呼风唤雨，然而，就是这样的强大舰队却有着非常脆弱的一面。一般来说，航母特混舰队都有极其严格的部署期限制，尤其是在参加高强度的作战任务时，必须在一定的时间内返回母港休整，否则，超过一定部署期的航母就是一艘巨大的海上活棺材，这时航母本身不仅会出现各种操作事故，比如，舰载机的着舰冲撞事故、坠海事故，等等；而且，所有舰员由于长时间处于极度疲劳的状态下，他们的作战效率也降至最低点，在这种情况下，即使是世界上最强大的航母特混舰队也会成为一群不堪一击的海上目标靶群。

中途岛海战就是一个很好的例证，自 1941 年 12 月 7 日珍珠港攻击行动之后，第一航空舰队转战印度尼西亚、澳大利亚、西南太平洋及印度洋连续半年以上，虽然取得连战连胜的辉煌，但在此期间，整个航母特混舰队在返回日本母港后没有进行充分的休整，随即于 1942 年 6 月又组织了更大规模的中途岛海战，在这种极度人困马乏的情况下，第一航空舰队就成为美国海军的海上攻击靶群。结果，中途岛海战让第一航空舰队损失惨重，日本帝国海军"赤城"号、"加贺"号、"苍龙"号和"飞龙"号 4 艘主力航母接连沉没，于是，这支世界第一支航母特混舰队在极尽风光只有 7 个月零 1 个星期之后即宣布撤销。没有充分地返回母港休整是中途岛海战惨败的重要经验教训之一。

事实上，日本帝国海军从一开始就非常重视航母母港的建设，在帝国时代，日本国内共建有横须贺、吴港和佐世保三座航母母港，这些母港可为航母特混舰队休整提供全方面的后勤保障服务，包括舰队人员休整、军舰的维修与保养、弹药补给、综合物资补给、人员换防等，在至少三个月至半年时间内，只有经过上述这一系列的休整和补给之后，一支经过大战考验的航母特混舰队才可能重新恢复战斗力，否则，拉出去的都是炮灰。

通常情况下，一座航母母港的建设要比建设一支庞大的航母特混舰队投入更多，历时时间也更长，如果舰队建设需要 1 元的投入，那么，母港建设可能就需要 10 元的资金。航母母港建设的核心是巨型干船坞的建设，它不仅可以建造一艘航母，同时，还可维修一艘航母，而后者的作用往往更重要，比如，"翔鹤"号堪称日本帝国海军一艘主力攻击大型航母，在参战过程中，它几经遭受重创，损毁严重，在返回横须贺母港后，经过横须贺海军工厂内的干船坞入坞维修后才得以恢复原样，继续参加后面的大海战。

总之，在航母特混舰队母港等后勤保障方面的建设上，日本不仅拥有丰富的经验，而且，还有大量的建设实例。下面各节将对日本帝国海军在航母特混舰队后勤保障方面所取得的建设经验进行详细的分析和解读。

第一节　日本帝国海军五大航母造船厂及航母建造经验——横须贺海军工厂、吴海军工厂、佐世保海军工厂、川崎造船所（神户）及三菱重工长崎造船所

在日本帝国海军时期，日本共有五大航母造船厂承担着航母建造及相关维修与保养业务，分别是横须贺海军工厂、吴海军工厂、佐世保海军工厂、三菱重工长崎造船所和川崎重工神户造船所，其中，前三个海军工厂为官方的航母造船厂，后两个是民用造船厂，五座航母造船厂中，只有横须贺海军工厂是日本帝国海军航母建造的责任工厂，由它统筹负责日本全国的航母建造工作。

下面对这些航母造船厂进行概况介绍、分析和解读。

横须贺海军工厂——日本帝国海军航母建造的责任工厂

横须贺海军工厂（简称为"横厂"）是位于日本神奈川县横须贺市内的日本帝国海军工厂，其最早源头是日本幕府时代末期的横须贺制铁所，明治天皇时期为横须贺造船所，在此期间，它是明治政府初期唯一的官办军舰造船所，主要承担军舰建造业务。在昭和天皇时期，横须贺海军工厂已经是承担航空母舰建造业务的责任工厂。目前，横须贺海军工厂是驻日美国海军第七舰队的母港所在地，其通称为横须贺基地。

横须贺海军工厂发展简史

1865 年，日本江户幕府开始建设横须贺制铁所。明治维新后，1868 年，日本明治政府全权接管了横须贺制铁所。1870 年，横须贺制铁所成为日本明治政府工部省管辖设施。1871 年，横须贺制铁所由日本帝国海军接管，并正式更名为横须贺造船所。1876 年，横须贺造船所建造了日本第一艘国产军舰"清辉"号。1884 年，随着横须贺镇守府的设置，横须贺造船所成为其直辖的造船厂。1886 年，横须贺造船所更名为横须贺海军造船所。1889 年，横须贺海军造船所更名为横须贺镇守府造船部。1897 年，横须贺镇守府造船部更名为横须贺海军造船厂。1903 年 11 月 6 日，横须贺海军造船厂经过组织机构改编后与横须贺兵器厂统一合并为横须贺海军工厂，此后，它与吴海军工厂共同承担大量军舰的建造业务。

1905 年 3 月 30 日，日本第一艘潜艇在横厂下水。1906 年 10 月，横厂第一次使用了女性工人。1909 年，日本第一艘国产战列舰"萨摩"号在横厂下水。1913 年，第 2 船台上的锤头式起重机建成竣工。1932 年 4 月 1 日，横厂飞机部门独立为海军航空厂，也就是后来的海军航空技术厂（即负责航母舰载机设计、研制与生产任务的"空技厂"）。

第二次世界大战结束后，1945 年 9 月，美军全部接收了横须贺海军工厂，1945 年 10 月 15 日，横须贺海军工厂的番号正式撤销，后来这里成为驻日美国海军横须贺海军设施，事实上，这里已经成为名副其实的美国海军第七舰队母港。

核心航母建造业务

在日本帝国海军五大航母造船厂中，横厂建造和改装的航母数量最多，同时，还负责一部分航母的舾装工程。横厂最早为日本第一艘航母"凤翔"号提供最后阶段的设备舾装工程，因此，它也是五大航母造船厂中最早从事航母建造业务的造船厂。

1920 年代中期，横厂又计划对天城级巡洋战列舰一号舰"天城"号进行航母改装，不过，由于关东大地震的原因，"天城"号改装航母最终未建成。1939 年，横厂负责"龙骧"号航母的设备舾装工程。

在太平洋战争爆发之前，横厂全面负责作为日本主力攻击航母的"飞龙"号和翔鹤级一号舰"翔鹤"号的建造工程，此后，又负责祥凤级一号舰"祥凤"号、"瑞凤"号、"龙凤"号、千岁级二号舰"千代田"号的全面改装工程以及二战期间世界最大航母"信浓"号的改装工程、云龙级一号舰"云龙"号的建造工程。

在上述航母中，"信浓"号是横厂最后一艘建成的航母，此后，由于战争局势恶化，日本的战争资源已经严重枯竭，横厂再也没有能力建造航母。

虽然横厂是日本帝国海军的航母建造责任厂，但是，在"大舰巨炮主义"盛行的时代，横厂并不是日本帝国海军最核心的军舰造船厂。从代表日本的大和级战列舰的建造安排上可以看出当时日本海军造船厂的重要顺序，大和级一号舰"大和"号在吴海军工厂内建造，这说明吴海军工厂是日本帝国海军的第一大军舰造船厂，这座工厂的军舰建造实力也最强大；大和级二号舰"武藏"号在三菱重工长崎造船所内建造，这说明长崎造船所是日本帝国海军最倚重的民营造船厂，日本第二大军舰造船厂；大和级三号舰也就是后来改装成航母的"信浓"号在横须贺海军工厂内建造，这说明横厂只是日本帝国海军的第三大军舰造船厂。

横厂建造的其他重要军舰

除了是航母建造责任工厂外，横厂还是日本帝国海军非常重要的军舰建造中心。在第二次世界大战期间，"大舰巨炮主义"依然盛行的时代，横厂共建造了 4 艘大型战列舰，分别是"萨摩"号、"河内"号、"山城"号和"陆奥"号，作为仅次于战列舰的巡洋战列舰也建造了 2 艘，分别是"鞍马"号和"比睿"号。

作为"大舰巨炮"第一辅助舰种的重巡洋舰（重巡）建造了 3 艘，分别是"妙高"号、"高雄"号和"铃谷"号。作为"大舰巨炮"第二辅助舰种的轻巡洋舰（轻巡）建造了 2 艘，分别是"天龙"号和"能代"号。作为巡洋舰舰种的早期军舰，横厂还建造了 6 艘防护巡洋舰，分别是"桥立"号、"须磨"号、"明石"号、"秋津洲"号、"音羽"号和"新高"号。

作为辅助舰种，横厂还建造了2艘潜水母舰，分别"大鲸"号和"剑崎"号，这两艘军舰后来都改装成航母。还有1艘"津轻"号布雷舰以及大量的驱逐舰。

在明治及大正时代，横厂还建造了"迅鲸"号御召舰、"清辉"号军舰、"天城"号和"爱宕"号炮舰、"八重山"号和"千早"号通信舰，以及早期巡洋舰中的"海门"号、"天龙"号、"高雄"号、"葛城"号和"武藏"号。

历任工厂厂长

横须贺海军工厂在服役期间共经历27任厂长，基本概况如下：

历任	厂长姓名	军衔	任职期间
1	伊东义五郎	海军少将	1903年11月10日－1906年11月22日
2	松本和	海军少将	1906年11月22日－1908年8月28日
3	和田贤助	海军少将	1908年8月28日－1910年4月9日
4	坂本一	海军少将	1910年4月9日－1912年12月1日
5	加藤定吉	海军中将	1912年12月1日－1913年12月1日
6	栃内曾次郎	海军少将	1913年12月1日－1914年12月1日
7	黑井悌次郎	海军少将	1914年12月1日－1915年12月12日
8	江口麟六	海军中将	1915年12月13日－1916年12月1日
9	田中盛秀	海军中将	1916年12月1日－1918年11月4日
10	山中柴吉	海军少将	1918年11月4日－1921年9月1日
11	舟越楫四郎	海军中将	1921年9月1日－1922年6月10日
12	藤原英三郎	海军少将	1922年6月10日－1928年6月11日
13	正木义太	海军少将	1924年6月11日－1925年4月15日
14	山梨胜之进	海军少将	1925年4月15日－1926年12月10日
15	不详		1926年12月10日－1927年3月25日
16	小仓嘉明	海军少将	1927年3月25日－1927年12月1日
17	立野德治郎	海军少将	1927年12月1日－1929年11月30日
18	藤田尚德	海军中将	1929年11月30日－1930年6月10日
19	荒城二郎	海军少将	1930年6月10日－1932年11月15日
20	村田丰太郎	海军发动机少将	1932年11月15日－1935年11月15日
21	古市龙雄	海军发动机少将	1935年11月15日－1937年12月1日
22	星埜守一	海军少将	1937年12月1日－1938年11月15日
23	荒木彦弼	海军主计（会计）中将	1938年11月15日－1940年11月15日
24	都筑伊七	海军发动机中将	1940年11月15日－1942年11月1日
25	二阶堂行健	海军中将	1942年11月1日－1943年12月1日
26	德永荣	海军中将	1943年12月1日－1944年12月20日
27	细谷信三郎	海军中将	1944年12月20日－1945年11月1日

横须贺海军工厂时期的厂区照片（关东大地震之后）

吴海军工厂——亚洲第一海军造船厂、日本帝国海军军舰建造中心

吴海军工厂（简称为"吴厂"）是日本帝国海军四大海军工厂之一，因建造"大和"号战列舰而世界闻名，第二次世界大战结束后，吴海军工厂解散。现在的工厂厂区为日本海事联合公司的吴工厂，主要承担大型民用船舶的建造业务，不再承担日本军舰建造业务。

吴海军工厂发展简史

1889 年，日本帝国海军在设置吴镇守府的同时也设置了吴造船部，而吴造船部就是后来的吴海军工厂前身，吴造船部向下管理着一家造船厂，这就是小野滨造船所。1891 年，吴港地区正式进入日本帝国海军时代，此后，吴港因与海军关系密切而进入繁荣期。

吴镇守府设置初期的军舰建造业务主要依赖位于日本神户地区的小野滨造船所，后来，随着吴港地区军舰建造设备的不断扩充，小野滨造船所渐渐失去作用直到最后关闭。1895 年，临时吴兵器制造所成立，小野滨造船所正式关闭。1897 年，临时吴兵器制造所正式更名为吴海军造兵厂，同年，吴海军工厂为日本帝国海军建造的第一艘军舰"宫古"号通信舰下水。1897 年末，吴造船部与造机部合并为造船厂。

1903 年，随着日本帝国海军的大规模组织机构改编，吴海军造兵厂和吴造船厂统一合并，于是，吴海军工厂正式诞生。1911 年，吴海军工厂内的第一座造船干船坞建成竣工，后来，它承担了"大和"号战列舰的建造任务。1921 年，吴海军工厂广分厂正式成立。1923 年，广分厂撤销，设立了广海军工厂。

1903 年至 1923 年，在经过 20 年时间的不断基础设施扩建后，吴海军工厂成为日本帝国海军最重要的军舰建造基地之一，后来，在第二次世界大战期间，吴海军工厂成为亚洲第一的海军造船厂，其造船厂内的工人总数甚至超过其他三座海军工厂横须贺海军工厂、佐世保海军工厂和舞鹤海军工厂的工人总和，在世界范围内，它成为与德国克虏伯公司比肩的世界两大兵器工厂之一。

吴海军工厂最闻名的业绩是建造了人类历史上最大吨位的战列舰——"大和"号，此外，还建造了其他舰种的大量军舰，在第二次世界大战期间，吴海军工厂是日本帝国海军的军舰建造中心。

吴海军工厂下设炮熕部和制钢部两个非常重要的部门，它们在日本战列舰建造业务中发挥着不可替代的作用。其中，炮熕部主要负责战列舰舰炮炮塔的制造和开发工作，制钢部主要负责战列舰防护装甲钢板的制造和开发业务，当时由三菱重工长崎造船所建造的"武藏"号战列舰的主炮塔和炮管都由吴海军工厂炮熕部负责制造，然后运抵九州地区的长崎造船所内。

在建造"大和"号战列舰期间，吴海军工厂采取了舰体分部分建造的军舰模块化建造方法、部件通用化等一整套的革新性管理系统，后来，日本丰田公司将这种高效的工业方法推广到全世界范围内，而这种高效的日本式生产方式的源头就来自吴海军工厂。

鉴于吴海军工厂在日本帝国海军中的重要地位，1945 年 6 月 22 日，美军由 290 架 B-29 轰炸机组成的人类历史上庞大的轰炸机部队对吴海军工厂实施了大规模轰炸，B-29 过后，吴海军工厂沦为一片废墟，海军工厂内被炸死的人员多达 1900 人，此后，亚洲第一、世界两大武器制造工厂的吴海军工厂不复存在。

第二次世界大战结束后，吴海军工厂内的土地和设备分别由播磨造船所和 NBC 两家公司继承，其中，播磨造船所经过吴造船所、石川岛播磨重工（IHI）吴工厂两个发展阶段后过渡到今天的日本海事联合公司吴工厂。在战后的岁月里，吴工厂不承担日本军舰建造业务，不过，由于毗邻吴港海军基地，故此承担日本军舰的维修业务。1993 年，作为吴海军工厂发展历史见证、曾经承担"大和"号战列舰建造任务的造船干船坞被填平，之后的土地用作工厂用地进行了再利用。不过，毗邻"大和"号建造干船坞、后来承担"大和"号维修的干船坞仍然保留着，这座大型干船坞目前承担着日本海上自卫队和驻日美国海军军舰的维修业务。

航母建造业务

在航母建造业务方面，吴厂是仅次于横厂的第二大造船厂。1920 年中期，吴厂率先为日本帝国海军改装了"赤城"号航母，1934 年至 1937 年，又建造了日本第三艘主力标准航母"苍龙"号。在太平洋战争爆发前后，吴厂又负责改装 2 艘大鹰级特设航母，分别是"云鹰"号和"冲鹰"号，以及另一艘特设航母"神鹰"号，在太平洋战争中期，负责建造云龙级航母，其中建成航母有"葛城"号，一艘未建成航母是"阿苏"号。

其他重要军舰的建造业务

在第二次世界大战及太平洋战争期间，吴厂的最主要业务是建造战列舰，在此期间，吴厂共建造了 5 艘大型战列舰，居日本帝国海军所有承担军舰建造业务的造船厂之首，分别是"安芸"号、"摄津"号、"扶桑"号、"长门"号和"大和"号战列舰，作为仅次于战列舰的巡洋战列舰建造了 3 艘，分别是"筑波"号、"生驹"号和"伊吹"号。

作为"大舰巨炮"第一辅助舰种的重巡洋舰（重巡）建造了 4 艘，分别是"那智"号、"爱宕"号、"最上"号和"伊吹"号，其中，"伊吹"号未建成。作为"大舰巨炮"第二辅助舰种的轻巡洋舰（轻巡）建造了 1 艘，这就是作为日本联合舰队末代旗舰的"大淀"号轻巡洋舰。此外，吴厂还建造了 1 艘防护巡洋舰，为"对马"号。

作为辅助舰种，吴厂还建造了 3 艘水上飞机母舰，分别为"千岁"号、"千代田"号和"日进"号，其中前两艘军舰后来都改装成千岁级航母，此外，还有 2 艘"胜力"号和"八重山"号布雷舰，以及吴海军工厂建造的第一艘军舰——"宫古"号通信舰。

历任工厂厂长

吴海军工厂在服役期间共经历 21 任厂长，基本概况如下：

历任	厂长姓名	军衔	任职期间
1	山内万寿治	海军少将	1903 年 11 月 10 日－1906 年 2 月 2 日
2	北古贺竹一郎	海军少将	1906 年 2 月 2 日－1908 年 5 月 15 日
3	伊地知季珍	海军少将	1908 年 5 月 15 日－1912 年 12 月 1 日
4	村上格一	海军中将	1912 年 12 月 1 日－1914 年 4 月 17 日
5	野间口兼雄	海军少将	1914 年 4 月 17 日－1915 年 12 月 13 日
6	伊藤乙次郎	海军中将	1915 年 12 月 13 日－1917 年 12 月 12 日
7	小栗孝三郎	海军中将	1917 年 12 月 12 日－1919 年 11 月 8 日
8	中野直枝	海军中将	1919 年 11 月 8 日－1920 年 10 月 1 日
9	森山庆三郎	海军中将	1920 年 10 月 1 日－1922 年 12 月 1 日
10	金田秀太郎	海军少将	1922 年 12 月 1 日－1923 年 8 月 13 日
11	吉川安平	海军少将	1923 年 8 月 13 日－1924 年 6 月 11 日
12	伍堂卓雄	海军造兵少将	1924 年 6 月 11 日－1928 年 12 月 10 日
13	杉政人	海军发动机少将	1928 年 12 月 10 日－1931 年 12 月 1 日
14	长谷川清	海军少将	1931 年 12 月 1 日－1932 年 10 月 10 日
15	松下薰	海军少将	1932 年 10 月 10 日－1936 年 2 月 15 日
16	丰田贞次郎	海军中将	1936 年 2 月 15 日－1937 年 12 月 1 日

17	吉成宗雄	海军发动机少将	1937 年 12 月 1 日－1939 年 11 月 15 日
18	砂川兼雄	海军中将	1939 年 11 月 15 日－1941 年 11 月 20 日
19	涉谷隆太郎	海军发动机中将	1941 年 11 月 20 日－1943 年 9 月 15 日
20	三户由彦	海军中将	1943 年 9 月 15 日－1945 年 5 月 1 日
21	妹尾知之	海军中将	1945 年 5 月 1 日－1945 年 11 月 1 日

吴海军工厂干船坞区

当年承担"大和"号战列舰维修的维修干船坞，左侧已经填平的厂区曾经是"大和"号的建造干船坞，可见有一艘巨型船舶正在干船坞中

中间车间区就是原来"大和"号的建造干船坞

吴海军工厂另外两座干船坞,上面一座主要承担民用船舶建造与维修,下面一座主要承担日本海上自卫队和驻日美军的军舰维修业务

佐世保海军工厂——航母维修的重要工厂

佐世保海军工厂（简称为"佐厂"）是位于日本长崎县佐世保市内的日本帝国海军四大海军工厂之一，今天的佐世保海军工厂已经成为佐世保重工佐世保造船所，并且，另有一部分基础设施为驻日美国海军设施，这些设施通称为佐世保基地。

佐世保海军工厂发展简史

早在 1886 年，日本明治政府决定在靠近欧亚大陆的日本佐世保地区建设一座海军军港，同时，设置佐世保镇守府。1889 年，与吴镇守府成立的同时，佐世保镇守府也正式开设，同年，设置了佐世保造船部。1897 年，佐世保造船部更名为佐世保造船厂。后来，佐世保造船厂经过一系列组织机构改编后于 1903 年正式成为佐世保海军工厂。佐厂第一任厂长为上村正之丞海军少将。

在大正天皇时期，佐世保海军工厂于 1913 年建造完成了直到今天还在使用的 250 吨起重机，于 1916 年建成了今天仍在使用的大型船池。1941 年，为了承担"大和"号战列舰的保守式入坞维修作业，佐厂建造了第 7 号干船坞，然而，尽管第 7 号干船坞是供"大和"号入坞维修使用的，不过，事实上，只有"武藏"号对它充分利用了一次而已。战后，佐世保重工曾经利用庞大的第 7 号干船坞进行油轮建造业务。

截至 1945 年，日本战败投降，佐世保海军工厂内共建有 7 座干船坞（不过，第 2 号干船坞由于建造系船港池的需要而拆掉），另建有 3 座造船船台。

在日本帝国海军时期，佐世保海军工厂主要承担军舰维修业务及海军补给基地职责。在军舰建造业务方面，佐厂在轻巡洋舰建造领域发挥着主导性作用，其他军舰建造还包括驱逐舰、小型军舰、辅助舰艇（比如"明石"号修理舰），在这些小型辅助舰艇建造方面，佐厂是日本帝国海军的建造中心。

此外，佐厂还承担了"赤城"号和"加贺"号航母的第二次现代化改装工程，像这样的改装工程、舾装工程往往是佐厂最主要的业务特征。福田烈海军技术中将是佐厂最著名的焊接技术专家，他以临近退役时发生追尾碰撞事故的"苍鹰"号和"雁"号水雷艇维修为契机，在佐世保海军工厂内尝试了日本帝国海军第一次电气焊接维修作业。

在舞鹤海军工厂受《华盛顿海军裁军条约》限制降格为工作部期间，原来由舞鹤海军工厂建造的各种驱逐舰原型舰也都转到佐厂来建造。

佐世保海军工厂是继横须贺海军工厂后第二个设置海军航空队的工厂，因此，为了适应海军飞机的维修业务，佐厂又增加设置了飞机部。在太平洋战争爆发前，为了快速扩建飞机部内的厂区，佐厂在日本日宇地区建设了第 21 航空厂，不过，由于地基严重下沉，无法再继续作业，于是，厂区又迅速转移到附近的大村市内。

第二次世界大战结束后，佐世保海军工厂内三分之二的工厂设备都租借给新成立的佐世保船舶工业（SSK）公司，后来，佐世保船舶工业将所有的场地和设施都买下来，余下的三分之一部分由日本海上自卫队和驻日美国海军管辖。佐世保船舶工业后来更名为今天的佐世保重工，这家造船企业主要承担民用船舶的建造和维修，此外，还承担一部分日本军舰的建造与维修作业以及驻日美国海军军舰的日常维修与保养操作。

航母建造业务

与横须贺海军工厂和吴海军工厂相比，在航母建造业务方面，佐厂更多的是承担航母改装与舾装工程。佐厂最早于 1935 年至 1938 年对完成第一次改装后的"加贺"号和"赤城"号航母进行了第二次现代化改装工程，总体来说，佐厂的改装非常成功，后来的"加贺"号和"赤城"号成为日本帝国海军战力最强的两艘航母，其他改装航母远远不及这 2 艘。太平洋战争爆发后，佐厂又承担了"千岁"号和"大鹰"号航母的改装工厂以及 1 艘云龙级航母的舾装工程，这就是"笠置"号的舾装工程，此外，还有"伊吹"号的舾装工程，不过，"伊吹"号并未建成。

其他重要军舰的建造业务

在第二次世界大战及太平洋战争时期，佐厂负责 2 艘防护巡洋舰的建造，分别是"利根"号和"筑摩"号；9 艘轻巡洋舰的建造，分别是"龙田"号、"球磨"号、"北上"号、"长良"号、"由良"号、"夕张"号、"阿贺野"号、"矢矧"号和"酒匂"号；2 艘炮舰的建造，分别是"嵯峨"号和"鸟羽"号；1 艘潜水母舰的建造，为"驹桥"号；1 艘维修舰的建造，为"明石"号；以及 1 艘特型潜艇的建造，为"伊 402"号潜艇（素有"日本最大潜艇"之称）。

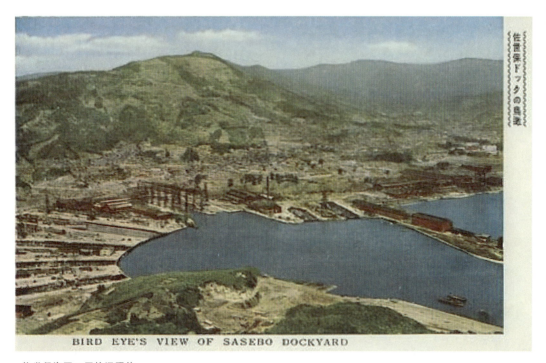

BIRD EYE'S VIEW OF SASEBO DOCKYARD

佐世保海军工厂的旧照片

日本帝国海军航母运用的『后勤保障经验』——日本关于航母特混舰队建设的后勤保障经验

佐世保海军工厂干船坞区全景

佐世保海军工厂时期的第 7 号干船坞，今天的第 3 号干船坞，佐厂内最大的干船坞，可供大和级战列舰入坞维修

仍由驻日美军使用的第 1 号和第 2 号干船坞，可见有两艘美国军舰正在维修中

三菱重工长崎造船所——日本最大、实力最强的民营军舰造船厂

三菱重工长崎造船所最早前身是 1857 年（安政 4 年）日本德川幕府时期成立的长崎熔铁所，它是日本历史上第一座军舰修理工厂，其辉煌的历史包括曾经为日本帝国海军建造了"武藏"号大型战列舰。1868 年，明治政府成立后全部接管了长崎熔铁所。1887 年，明治政府将长崎熔铁所出售给三菱商会。此后，作为民营造船厂的长崎造船所开始为日本帝国海军建造了大量的军舰。

长崎造船所发展简史

1857 年，日本江户幕府开始建造由政府直营的长崎熔铁所。1860 年（万延元年），长崎熔铁所更名为长崎制铁所。1861 年（文久元年）3 月，长崎造船所总工厂正式落成。

1868 年（明治元年），幕府官营长崎制铁所被日本明治政府收归国有，其日常运营统一归属长崎府判事（日本地方政府长官）领导之下。1871 年，长崎制铁所归属明治政府工部省管理之下，并正式更名为长崎造船局。1879 年（明治十二年），长崎造船局立神第 1 号干船坞在立神地区建造完成，当时为日本国内最大的干船坞，目前为长崎造船厂第 2 号干船坞的首部。

1884 年（明治十七年），长崎造船局租借一部分工厂设施成立了邮政汽船三菱会社，同年，交由三菱经营，并更名为长崎造船所。1887 年（明治二十年），三菱会社收购了所有租借长崎造船所内的工厂设施，从此，长崎造船所正式成为三菱资产。1893 年（明治二十六年），随着三菱合资会社的成立，长崎造船所更名为三菱合资会社三菱造船所。

日·本·百·年·航·母

1896 年（明治二十九年），长崎造船所第 2 号干船坞建造完成。1905 年（明治三十八年）3 月，第 3 号干船坞建造完成。1903 年（明治三十六年），长崎造船所第 2 号和第 3 号船台建造完成。在此后的一段时间内，截至 1906 年（明治三十九年）2 月，第 1 号至第 8 号船台全部建成竣工。

1907 年（明治四十年），日本国内第一座船型试验水槽在长崎造船所内建成竣工。1909 年，150 吨起重机建成。1912 年（大正元年），第 1 号船台配属的巨型龙门吊起重机安装完成。截至 1939 年（昭和十四年），其他 7 座船台配属的龙门吊起重机也全部安装完成。

1915 年，"雾岛"号战列舰建成竣工，它与"榛名"号战列舰同为第一批由日本民营造船厂建造的战列舰。

1917 年（大正六年），随着三菱造船株式会社的成立，三菱合资会社三菱造船厂正式更名为三菱造船株式会社长崎造船所。1923 年（大正十二年），电气工厂从长崎造船厂中分离出来，成为三菱电机株式会社长崎制造厂。

1934 年（昭和九年），随着三菱重工业株式会社的成立，三菱造船株式会社长崎船厂又更名为三菱重工业株式会社长崎造船所。1936 年（昭和十一年），长崎造船厂第 2 号船台配属的龙门吊起重机建成竣工，这里就是"武藏"号战列舰的建造厂地。1937 年（昭和十二年），电气制钢工厂从长崎造船厂中独立出来，成为三菱制钢株式会社长崎制钢厂，也就是现在的三菱长崎机工株式会社。1938 年（昭和十三年），长崎造船厂为关西共同火力尼崎第二发电厂安装了第一台 75000 千瓦输出功率的发电涡轮机，这台大功率发电机是当时日本国内发电功率最大的发电设备。

1942 年（昭和十七年），二战名舰"武藏"号在长崎造船所第 2 号船台上建成竣工。1945 年，美军在长崎市投下了一颗原子弹，长崎造船所内的员工和动员学徒死伤惨重。

长崎造船所的军舰建造业绩

在第二次世界大战前的明治天皇和大正天皇时期，由长崎造船所建造的主要军舰有"最上"号通信舰（长崎造船所建造的第 1 艘军舰）和"矢矧"号防护巡洋舰。

在第二次世界大战期间的昭和天皇时期，作为日本五大航空母舰造船厂之一，长崎造船所建造了大量的日本帝国海军主力战舰，其中，航空母舰有"天城"号（第一次改装工程）、"笠置"号（未建成）、"隼鹰"号（改装工程）、"海鹰"号（改装工程）；大型战列舰"雾岛"号、"日向"号、"土佐"号（未建成）、"武藏"号；重巡洋舰有"古鹰"号、"青叶"号、"羽黑"号、"鸟海"号、"三隈"号、"利根"号、"筑摩"号；轻巡洋舰有"多摩"号、"木曾"号、"名取"号、"川内"号；潜水母舰有"迅鲸"号、"长鲸"号以及神风级驱逐舰"白露"号、"白雪"号、"白妙"号和"水无月"号；秋月级驱逐舰"照月"号、"凉月"号、"新月"号、"若月"号和"霜月"号。

长崎造船所基础设施

在日本帝国海军时期，长崎造船所厂区坐落在日本长崎县长崎市内，长崎港西侧，厂区内的主要基础设施有第 1 号、第 2 号、第 3 号干船坞共计 3 座大型船坞设施，其中，立神第 1 号干船坞设计全长为 375.00 米，全宽为 56.0 米，其附属船台曾经负责建造"武藏"号战列舰。立神第 1 号干船坞附属船台设计全长为 324.0 米，全宽为 56.0 米。

立神第 2 号干船坞设计全长为 350.0 米，全宽为 56.0 米。

立神第 3 号干船坞设计全长为 276.6 米，全宽为 38.8 米。

长崎造船所全景，厂区基础设施都分布于海湾的上侧

长崎造船所基础设施区，由左至右依次是立神第 1 号、第 2 号和第 3 号干船坞

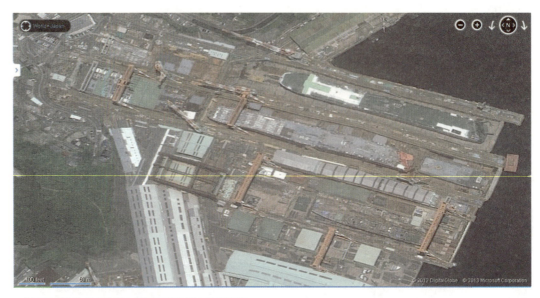

由下至上依次是立神第 1 号干船坞和第 2 号干船坞

立神第 3 号干船坞，可见有一艘驱逐舰正在维修中

川崎造船所——日本第五大航母造船厂

在第二次世界大战期间，川崎造船所为日本帝国海军最重要的民营军舰造船厂之一，它与横须贺海军工厂、吴海军工厂、佐世保海军工厂和长崎造船所并称为日本帝国海军的五大航空母舰造船厂，它与三菱重工长崎造船所并称为日本最大的两家民营军舰造船厂，它自己为日本最大的潜艇造船厂。

日本明治政府初期国营期间——国营兵库造船厂

1869 年（明治二年）8 月，日本明治政府加贺藩所属官员设立了兵库制铁所，其通称为加州（加贺藩）制铁所，后来又更名国营兵库造船厂。兵库制铁所就是川崎造船所的最早前身，而川崎造船所所在地的神户市正是日本近代造船业兴起的地方。当时日本政府加贺藩士等 3 人接受了已经关闭的七尾造船厂（隶属加贺藩）内的造船设备，在兵库县川崎地区沿岸部的东出町内成立了这所兵库造船厂。此外，同在 1869 年开设的火神铁工所也位于神户市内，它于 1871 年（明治四年）2 月 26 日由日本工部省收购随后成立了工部省制作寮兵库制造厂。1872 年，兵库制铁所也被工部省收购，随后与同期收购的兵库制造厂合并统一名称为兵库制作所。

1873 年（明治六年）4 月 14 日，兵库制作所搬迁至东川崎町内。此后，又陆续更名为兵库工作分局、兵库造船局。1877 年（明治十年）1 月 11 日，兵库制作所更名为兵库工作分局。1883 年（明治十六年）9 月 22 日，兵库工作分局更名为兵库造船局。1885 年（明治十八年）12 月 22 日，兵库造船局更名为日本农商务省工务局兵库造船厂。

日本明治政府中期个人经营时代——川崎造船所

1878 年（明治十一年）4 月，日本人川崎正藏深感近代造船厂的重要性，于是，在东京筑地地区成立了川崎筑地造船所，随后，1881 年（明治十四年）3 月，又在神户东出町地区设立了川崎兵库造船所。

1880 年（明治十三年），日本政府制定了将国营工厂出售给地方的方针政策，于是，1886 年（明治十九年）5 月 9 日，日本政府正式将国营兵库造船所出售给川崎兵库造船所。由于国营兵库造船厂内的设备和厂区规模都要比川崎兵库造船所优越得多，于是，在收购协议达成之后，川崎正藏将川崎兵库造船所内的功能全部搬迁至国营兵库造船厂内。1886 年 5 月 9 日国营兵库造船所正式更名为川崎造船所，川崎造船所正式登上日本历史舞台。由于位于东京市内的川崎筑地造船厂的厂区没有扩建的余地，此外，维持两处造船厂经营又非常困难，于是，1886 年 9 月，川崎正藏决定关闭川崎筑地造船所而专心经营位于神户的川崎造船所。此后，川崎筑地造船所内的一切设备全部集中到神户川崎造船所内。

川崎造船所就是今天的川崎重工神户工厂，当时厂区内的主要造船设备有 3 座船台、2 座船架，完全拥有铁船建造能力。川崎造船所成立后继续从事国营时代的铁船建造业务。1894 年（明治二十七年），在日清战争爆发期间，川崎造船所的造船和船舶维修业务急剧增加，由此，川崎造船所规模也有了进一步的扩大。

进入股份公司时代——株式会社川崎造船所

为了加强采购资金的集中，1896 年（明治二十九年）10 月 15 日，株式会社川崎造船所正式成立。股份公司成立时，川崎正藏的 3 个儿子已经全部去世，作为养子的第四子也只有 10 岁。于是，川崎将松方正义的第三子松方幸次郎选定为川崎造船所股份公司的第一代社长。松方继任后积极投资兴建造船厂内的基础设施，1902 年（明治三十五年）建成第一座干船坞。同年开始着手建造新船台，1905 年（明治三十八年），川崎造船所第一号船台建成。此后，继续新船台建设工程，同时，不断扩充造船厂内的其他造船设备。1912 年（明治四十五年）11 月，第 4 号船台上的巨型龙门吊起重机建成竣工。1918 年（大正七年）7 月，开设葺合工厂。在兵库工厂内开设汽车科和飞机科，同年 10 月 7 日至 11 月 5 日，仅用 30 天时间建造了大福丸型货船"来福丸"号，创建了世界最短时间大型船舶建造纪录。

1928 年（昭和三年）5 月 18 日，制造铁道车辆和铸造产品的兵库工厂独立，成立川崎车辆株式会社。同年 6 月 27 日，总社工厂、葺合工厂分别更名为舰船工厂和制钣工厂。

截至 1937 年（昭和十二年），川崎造船所内已经设置了 8 座船台，其中，第 6 号船台于 1941 年（昭和十六年）撤去。截至 1945 年，第二次世界大战结束时，造船厂内一直保留 7 座船台。

此外，第一任松方社长还积极从海外引进先进技术。比如 1907 年（明治四十年）引进已经达到实用化的船用涡轮机，并开始着手制造柯蒂斯式涡轮机。1911 年（明治四十四年），从英国引进技术，开始制造布朗－柯蒂斯式涡轮机。同年，从德国 MAN 公司引进柴油发动机技术，开始制造柴油发动机。截至日本大正时代初期，川崎造船所共从海外引进了 17 项技术专利。

川崎造船所的军舰建造概况

在川崎正藏个人经营时期，川崎造船所共为日本帝国海军建造了 6 艘木质布雷艇。在股份公司成立之后，长崎造船所才开始从事真正军舰的建造业务。1899 年（明治三十二年），川崎造船所首先开始建造水雷艇，此后陆续开始建造驱逐舰等大型军舰。

日本海海战是决定日俄战争胜败的最关键一场战役，日本帝国海军最终取胜。凭借这场战争经验，日本海海战结束后不久，日本政府决定加强海军建设，并计划将由外国建造的大型主力战舰全部国产化。在这样的背景下，日本政府开始向川崎造船所这样的民营造船厂订购像驱逐舰、鱼雷艇等大型主力战舰。作为民营造船厂的佼佼者，川崎造船所率先为日本帝国海军建造了一艘"淀号"通信舰，交付海军后，获得了海军的高度评价。于是，从此之后，日本民营造船厂开始大量建造主力军舰。

1907 年（明治四十年）11 月 19 日，"淀"号通信舰建成竣工（为日本民营造船厂建造的第一艘 10000 吨以上级军舰）。1915 年（大正四年）4 月 19 日，"榛名"号战列舰建成竣工，它与"雾岛"号战列舰为日本民营造船厂建造的首批 2 舰战列舰。

此后，继续从事海军舰艇建造业务，到太平洋战争初期，又开始从事航母的建造任务。1941 年（昭和十六年）9 月 25 日，翔鹤级二号"瑞鹤"号大型主力攻击航母建成竣工，它是日本民营造船厂建造的第一艘主力航母。

从 1944 年末开始，日本各地频繁遭受盟军轰炸机轰炸，日本军工工厂损失惨重，川崎重工也未能幸免。1945 年 3 月 17 日，盟军部队发动了神户空袭，从此，神户工厂开始频繁遭受轰炸，7 月 25 日，盟军再次对神户地区实施了大规模空袭，神户工厂损失进一步加大。川崎重工其他生产工厂也遭受了大规模轰炸，损失惨重，直到第二次世界大战全面结束。1945 年 8 月 22 日，川崎重工停止一切兵器制造业务。截至 1945 年第二次世界大战结束，日本国内从事巨型战舰和航母建造业务的民营造船厂就只有川崎造船所和三菱重工长崎造船所 2 家。

日本帝国时期的军工产品

自 1894 年川崎正藏个人经营时期开始，川崎重工神户工厂就开始军舰建造业务，直到今天，在此期间，神户工厂建造了大量的军舰，包括航母、巡洋舰、战列舰、驱逐舰、潜艇、布雷艇、水雷艇等日本帝国海军军舰，这些军舰如下：

日本帝国海军舰艇

6 艘木质水雷布雷艇（1894 年，由吴海军工厂订货）

战列舰："榛名"号、"伊势"号、"加贺"号（仅造船体）

重型巡洋舰："加古"号、"衣笠"号、"足柄"号、"摩耶"号、"熊野"号

轻型巡洋舰："大井"号、"鬼怒"号、"神通"号

航空母舰："瑞鹤"号、"大凤"号、"飞鹰"号、"生驹"号（未建成）

水上飞机母舰："瑞穗"号、"秋津洲"号

通信舰："淀"号

防护巡洋舰："平户"号

练习舰："馆山"号（川崎筑地造船厂建造）

日本帝国海军驱逐舰

神风级："朝风"号、"春风"号、"时雨"号、"初春"号、"卯月"号

桦级："楠"号、"梅"号

矶风级："时津风"号

枞级："梨"号、"竹"号、"菊"号、"葵"号、"茑"号、"苇"号

若竹级："若竹"号、"吴竹"号

初春级："有明"号

朝潮级："荒潮"号、"朝云"号

阳炎级："初风"号

松橘级："梨"号

日本帝国海军潜艇（带括号的未建成）

第 6 型：第 6 号、第 7 号（日本海军最早的两艘潜艇）

波 6 型：波 6 号

吕 1 型：吕 1 号、吕 2 号

吕 3 型：吕 3 号、吕 4 号、吕 5 号

吕 29 型：吕 29 号、吕 30 号、吕 31 号、吕 32 号

吕 100 型：吕 101 号、吕 102 号、吕 103 号、吕 104 号、吕 105 号、吕 106 号、吕 108 号、吕 109 号、吕 110 号、吕 111 号、吕 112 号、吕 113 号、吕 114 号、吕 115 号、吕 116 号、吕 117 号

伊 1 型：伊 1 号、伊 2 号、伊 3 号、伊 4 号、伊 5 号

伊 6 型：伊 6 号

伊 7 型：伊 8 号

伊 9 型：伊 10 号、伊 11 号、伊 12 号

伊 13 型：伊 13 号、伊 14 号、（"伊 15"号）、（伊 1 号）

伊 15 型：伊 21 号、伊 23 号

伊 16 型：伊 22 号、伊 24 号

伊 168 型：伊 71 号、伊 73 号

伊 176 型：伊 177 号、伊 179 号、伊 183 号

波 101 型：波 101 号、波 102 号、波 103 号、波 105 号、波 106 号、波 107 号、波 108 号、（波 110 号）、波 111 号

日本帝国海军水雷艇

22 号型：35 号、36 号、61 号（3 艘仅负责组装）

67 号型：74 号、75 号（2 艘仅负责组装）

隼型："千鸟"号（仅组装）、"鹞"号、"鸿"号

日本帝国海军其他军舰

丁型海防舰：38 号、46 号、56 号、60 号、68 号、78 号、82 号、112 号、118 号、124 号、126 号、130 号（78 号以后由泉州工厂建造）

供油舰："能登吕"号、"知床"号、"襟裳"号、"隐户"号

供粮舰："间宫"号、"伊良湖"号

破冰舰："大泊"号

初岛型电线敷设艇："初岛"号、"钓岛"号

神户工厂第 1 号干船坞

川崎正藏在初创川崎造船厂期间，由于日清战争维修业务的需要，他迫切感到有必要建设大规模的船舶建造与维修基础设施。于是，川崎计划在川崎造船所（神户）附近的海面上进行填海造田开凿一座干船坞。1892 年（明治十三年），开始着手进行地质条件调查，1895 年，开始进行钻探试验。

1896 年，在川崎造船所进行株式会社（股份有限公司）改组之后，继任的松方幸次郎社长完全接受了川崎正藏的干船坞建造计划，此后继续推进干船坞建设。经过地质调查，神户凑川尻三角洲位置处土地的地基比较松软，尽管如此，土木施工工程进展非常困难，并且，几度失败。最终采取了水下混凝土灌注的新工艺。从 1896 年开工至 1902 年（明治三十五年）历经各种困难建成，神户造船所第 1 号干船坞建设历时 6 年时间，建成时的干船坞设计全长为 130 米，全宽为 15.7 米，坞全深为 5.5 米，最大入坞操作船舶为 6000 吨。全部工程建设施工经费比预期超 3 倍，为日本历史上的大型土木工程之一。1998 年，日本政府将川重神户工厂第 1 号干船坞列为国家保护财产。目前，神户工厂承担潜艇建造业务的主力干船坞设施为第 4 号干船坞。

今天川崎造船所的全景，左侧有两座浮船坞（2 号和 3 号浮船坞）、中间是船台区、右侧是第 1 号和第 4 号干船坞及一些装配车间，1941 年，"瑞鹤"号航母就从船台区中建造出来

川崎造船所的船台区，可见中间仍然保留 6 座大型船台，这些船台曾经为日本帝国海军建造了大量的军舰

中间几座大型船台俯视图，可见正在建造一些船舶，两艘船舶的船艏部已经建造成型

第 4 号干船坞全景，今天川崎重工神户工厂内的潜艇建造主力，由川重负责建造的苍龙级潜艇就由这座船坞建成，可见一艘苍龙级潜艇正在建造中，已经接近建成，船坞两侧树立着巨型塔型起重机（塔吊），坞壁顶部有供塔吊移动的导轨

处于注入状态的第 1 号干船坞，川重第一座建成的干船坞，也是川崎造船所的第一座干船坞

2 号和 3 号浮船坞，可见有一艘潜艇正在 3 号浮船坞内接受维修，坞壁两侧有塔型起重机

第二节　日本帝国海军三大航母基地及部署经验——横须贺海军基地（横须贺镇守府）、吴海军基地（吴镇守府）及佐世保海军基地（佐世保镇守府）

在日本帝国海军时期，日本共建设了三座航母母港，分别是横须贺海军基地、吴海军基地和佐世保海军基地。在横须贺海军基地内，承担航母相关后勤保障主管业务的部队是横须贺镇守府，其中的核心后勤保障设施是横须贺海军工厂。在吴海军基地内，承担航母相关后勤保障主管业务的部队是吴镇守府，其中的核心后勤保障设施是吴海军工厂。在佐世保海军基地内，承担航母相关后勤保障主管业务的部队是佐世保镇守府，其中的核心后勤保障设施是佐世保海军工厂。

从历史传承上来看，今天的日本海上自卫队部队编成基本都继承了日本帝国海军的体系，比如，日本帝国海军的镇守府都演变成地方队，这些名称的更改并没有改变部队的实质，它们都是承担舰队后勤保障业务的部队，不同的镇守府和不同的地方队负责部署在本基地内的舰队后勤保障业务。其中，横须贺镇守府和横须贺地方队都负责部署在横须贺海军基地内的舰队后勤保障业务。战后，横须贺镇守府演变成横须贺地方队，吴镇守府演变成吴地方队，佐世保镇守府演变成佐世保地方队。原来的海军工厂也都演变成不同的单位，它们或为日本海上自卫队提供军舰维修业务，或为驻日美国海军第七舰队提供维修业务。

下面对这些航母母港进行概况介绍、分析和解读。

日本帝国海军"镇守府"——履行海军基地及军港之责的核心部队

镇守府是日本帝国海军的后方根据地、海军基地及军舰停泊港湾，其主要职责是统辖日本舰队的全方面后勤保障业务。镇守府前身是 1871 年日本兵部省内设置的海军提督府。

镇守府的隶属关系及职责

在日本帝国海军时期，日本共设置四大镇守府，分别是横须贺镇守府、吴镇守府、佐世保镇守府和舞鹤镇守府。四大镇守府司职所辖海军区的防御，所属军舰的管理、后勤补给、出动准备，兵员的招募和训练以及各种政策的运行和监督。四大镇守府司令长官一般由海军中将或海军大将军衔的高级军官担任，在相关军政问题上，镇守府司令长官接受日本海军大臣的指示，在相关作战计划的问题上，镇守府司令长官则接受海军军令部长（军令部总长）的指示。

此外，日本帝国海军将大凑港确定为重要港口，其级别要比军港低一格，故此，在大凑设置比镇守府低一格的要港部，即大凑要港部。后来，1941 年，太平洋战争爆发后，日本帝国海军又将要港部升级为与镇守府同级别的警备府。不过，警备府没有像镇守府那样设置常备的军舰，因此，也没有警备战队和防备战队这样的部队。

镇守府发展简史

1875 年，日本帝国海军决定在日本周边的东西两侧海岸各设置一个由东西两大指挥官指挥下的镇守府，1876 年，东海和西海两大镇守府正式成立，其中，东海镇守府暂时设在横滨市内，西海镇守府没有如期开设。1884 年，东海镇守府搬迁至横须贺市内，而后改称为横须贺镇守府，它是四大镇守府之首。

1886 年，根据新制定的《海军条例》，日本帝国海军在日本沿海及附近海面设置了五大海军区，同时，在各海军区辖区内设置了镇守府和军港。除横须贺外，1889 年，吴镇守府和佐世保镇守府开设，1901 年舞鹤镇守府开设。当初预定在北海道的室兰也设置一座镇守府，不过，1903 年，这项计划取消。

1905 年，日本帝国海军在中国旅顺又设置了旅顺口镇守府，1906 年，更名为旅顺镇守府，1914 年撤销。此外，1923 年，根据《华盛顿海军裁军条约》，舞鹤镇守府暂时撤销，成为舞鹤要港部，1939 年，又恢复镇守府编制。

第二次世界大战结束后，日本帝国海军四大镇守府于 1945 年 11 月 30 日全部撤销。后来，于 1952 年成立的警备队以及 1954 年成立的日本海上自卫队分别设置了相当于原来日本帝国海军时期海军区及镇守府一样的组织机构，它们分别是五大地方队和五大地方总监部，今天的日本海上自卫队五大地方队分别是横须贺地方队、舞鹤地方队、大凑地方队、佐世保地方队和吴地方队。

横须贺镇守府——日本帝国海军镇守府之"首"

日本帝国海军横须贺镇守府位于神奈川县横须贺市，它是日本帝国海军四大镇守府之"首"，创立时间最早，其简称为"横镇"。

横镇的发展历史概况及基础设施建设

1871 年，在《海军规则》中，日本帝国海军设置了拥有统筹日本国内各大港口职责的海军提督府款项，1872 年，日本明治政府颁布了海军提督府的人员任职命令，其办公场所设在日本海军省内。

1876 年 8 月，日本政府决定将提督府分成两个镇守府，分别是设在日本本州地区横须贺的东海镇守府和设在九州地区长崎的西海镇守府，9 月 14 日，东海镇守府在横滨地区正式成立，不过，西海镇守府并没有按照计划成立，于是，在此后一段时间内日本帝国海军只有一座镇守府在运行。

1884 年 12 月 15 日，东海镇守府由横滨转移到横须贺，并正式更名为横须贺镇守府，与此同时，横须贺海军造船所（后来的横须贺海军工厂）、横须贺海军医院等重要海军基础设施都划归横须贺镇守府管辖之下。1885 年 6 月 24 日，横须贺镇守府下设横须贺水雷局挂牌运行。1886 年，横须贺镇守府在长浦地区设置了水雷营和武库，这两个部门分别掌管水雷运用及武器库存保管。

1886 年 4 月 22 日，新颁布的《海军条例》决定在日本全国设置五大海军区（海军军区），其中，横须贺镇守府负责管辖第一海军区。此外，根据《镇守府官制（行政机关的运行制度）》，镇守府的组织机构下设参谋部、军医部、主计部（会计部）、造船部、兵器部、建筑部、军法会议、监狱署等部门。

1886 年 4 月 25 日，在横须贺田浦地区，横须贺镇守府造兵部正式成立，这个部门主要承担当时各种舰载武器的制造。

1889 年 4 月 17 日，浦贺屯营撤销，长浦地区的水雷营改编为水雷队。5 月 16 日，横须贺海兵团、横须贺水雷敷设部成立，前者是海军岸防部队，主要负责军港及海军基地的安全防御，后者是布雷部队，主要负责在港口附近布设水雷，以增强水面防御。5 月 28 日，横须贺造船所更名为横须贺镇守府造船部，即后来的横须贺海军工厂。6 月 11 日，横须贺水雷攻击部成立。

1893 年 5 月 19 日，根据修正的《镇守府条例》，横须贺镇守府分别设置了预备舰部、造船部、测器库、武库、水雷库、兵器工厂、医院和监狱。11 月 29 日，日本帝国海军制定并颁布了《海军机关学校条例》，根据这个条例，造船部附属海军造船工学校（工程学校）撤销。12 月 1 日，增加设置了横须贺海军炮术练习所和海军水雷术练习所，这两所练习所主要承担海军舰炮射击技术及水雷战术的教育与训练任务。

1896 年 1 月 21 日，位于横须贺长浦地区的长浦水雷队升格为横须贺水雷团。

1897 年 10 月 8 日，海军机关练习所正式成立，同时，横须贺镇守府造船部正式更名为横须贺海军造船厂。

1900 年 5 月 20 日，港务部和经理部成立，前者主要负责港口管理、导航、港口杂务、后勤保障服务，后者为港口会计部门。5 月底，横须贺兵器部改编为横须贺兵器厂。9 月 14 日，横须贺水雷团水雷敷设队改编为横须贺水雷敷设队。11 月 5 日，横须贺海军造船厂与横须贺造兵厂统一合并为横须贺海军工厂，横须贺造兵厂成为横须贺海军工厂下属的造兵部。

1907 年 4 月 22 日，海军水雷学校和海军工机学校分别在横须贺镇守府辖区内开校。

1908 年 5 月 31 日，横须贺共济会医院正式开办。1909 年 12 月 1 日，横须贺海军人事部成立。1912 年 6 月 26 日，海军航空术（海军航空兵）研究委员会成立。1913 年 3 月 24 日，横须贺水雷团和水雷敷设队撤销，同时，设置横须贺防备队。1913 年 4 月 1 日，海军无线电信所开设。

1914 年 4 月 1 日，海军工机学校与海军机关学校统一合并。1916 年 4 月 1 日，在横须贺追滨地区设立了横须贺海军航空队。1917 年 1 月 14 日，"筑波"号战列舰在横须贺军港内爆炸沉没。1921 年 10 月 1 日，海军建筑部成立。1923 年 4 月 1 日，海军军需部成立，同时，海军监狱改称为海军刑务所。1924 年 12 月 20 日，横须贺镇守府舰船部成立，主管军舰建造业务。1928 年 6 月 25 日，海军工机学校和海军机关学校再次分离独立。1930 年 6 月 1 日，海军通信学校从海军水雷学校中独立出来，不过，其校区仍然位于横须贺田浦地区内。

1932 年 4 月 1 日，海军航空厂成立。1934 年 4 月 2 日，海军航海学校开校。1937 年 6 月 1 日，海军通信队成立。1939 年 11 月，海军通信学校由横须贺田浦地区搬迁至久里滨地区。

1941 年 4 月 1 日，海军机雷（水雷）学校和海军工作（维修）学校分别开校，同时，横须贺镇守府潜艇基地队正式成立。1941 年 11 月 20 日，海军警备队成立。1943 年 6 月 25 日，横须贺镇守府运输部成立。1944 年 2 月 10 日，横须贺镇守府潜艇部成立。

1945 年 3 月 1 日，大楠海军机关学校开校。10 月 15 日，横须贺海军工厂撤销。11 月 30 日，横须贺镇守府撤销。

横须贺镇守府的历任司令长官

横须贺镇守府在服役期间共经历 53 任司令长官，其中很多司令长官都大名鼎鼎，随后曾经担任了日本联合舰队司令长官一职，基本概况如下：

1. 东海镇守府时期的东海镇守府司令长官共 5 任，基本概况如下：

历任	司令长官姓名	军衔	任职期间
1	伊东祐麿	海军中将	1876 年 9 月 5 日－1880 年 3 月 5 日
2	林清康（兼任）	海军少将	1880 年 3 月 5 日－1880 年 12 月 4 日
3	中牟田仓之助	海军中将	1880 年 12 月 4 日－1881 年 6 月 17 日
4	仁礼景范	海军少将	1881 年 6 月 17 日－1882 年 10 月 12 日
5	中牟田仓之助（兼任）	海军中将	1882 年 10 月 12 日－1884 年 12 月 15 日

2. 横须贺镇守府时期的横须贺镇守府长官共 1 任，为中牟田仓之助海军中将，其任职期间为 1884 年 12 月 15 日－1886 年 4 月 26 日。

3. 横须贺镇守府时期的横须贺镇守府司令长官共 47 任，基本概况如下：

历任	司令长官姓名	军衔	任职期间
1	中牟田仓之助	海军中将	1886 年 4 月 26 日－1889 年 3 月 8 日
2	仁礼景范	海军中将	1889 年 3 月 8 日－1891 年 6 月 17 日
3	赤松则良	海军中将	1891 年 6 月 17 日－1892 年 12 月 12 日
4	伊东祐亨	海军中将	1892 年 12 月 12 日－1893 年 5 月 20 日
5	井上良馨	海军中将	1893 年 5 月 20 日－1895 年 2 月 16 日
6	相浦纪道	海军中将	1895 年 2 月 16 日－1897 年 4 月 9 日
7	坪井航三	海军中将	1897 年 4 月 9 日－1898 年 1 月 30 日
8	鲛岛员规	海军中将	1898 年 2 月 1 日－1899 年 1 月 19 日
9	相浦纪道	海军中将	1899 年 1 月 19 日－1900 年 5 月 20 日
10	井上良馨	海军中将	1900 年 5 月 20 日－1905 年 12 月 20 日
11	上村彦之丞	海军中将	1905 年 12 月 20 日－1909 年 12 月 1 日
12	瓜生外吉	海军中将	1909 年 12 月 1 日－1912 年 12 月 1 日
13	山田彦八	海军中将	1912 年 12 月 1 日－1914 年 5 月 23 日
14	伊地知季珍	海军中将	1914 年 5 月 23 日－1915 年 9 月 23 日
15	藤井较一	海军中将	1915 年 9 月 23 日－1916 年 12 月 1 日
16	东伏见宫依仁亲王（日本皇室成员）	海军中将	1916 年 12 月 1 日－1917 年 12 月 1 日
17	名和又八郎	海军中将	1917 年 12 月 1 日－1920 年 8 月 24 日
18	山屋他人	海军大将	1920 年 8 月 24 日－1922 年 7 月 27 日
19	财部彪	海军大将	1922 年 7 月 27 日－1923 年 5 月 15 日
20	野间口兼雄	海军大将	1923 年 5 月 15 日－1924 年 2 月 5 日
21	堀内三郎	海军中将	1924 年 2 月 5 日－1924 年 12 月 1 日
22	加藤宽治	海军中将	1924 年 12 月 1 日－1926 年 12 月 10 日
23	冈田启介	海军大将	1926 年 12 月 10 日－1927 年 4 月 20 日
24	安保清种	海军大将	1927 年 4 月 20 日－1928 年 5 月 16 日
25	吉川安平	海军中将	1928 年 5 月 16 日－1928 年 12 月 10 日

26	山本英辅	海军中将	1928 年 12 月 10 日—1929 年 11 月 11 日
27	大角岑生	海军中将	1929 年 11 月 11 日—1931 年 12 月 1 日
28	野村吉三郎	海军中将	1931 年 12 月 1 日—1932 年 2 月 2 日
29	山本英辅	海军中将	1932 年 2 月 2 日—1932 年 10 月 10 日
30	野村吉三郎	海军中将	1932 年 10 月 10 日—1933 年 11 月 15 日
31	永野修身	海军中将	1933 年 11 月 15 日—1934 年 11 月 15 日
32	末次信正	海军大将	1934 年 11 月 15 日—1935 年 12 月 2 日
33	米内光政	海军中将	1935 年 12 月 2 日—1936 年 12 月 1 日
34	百武源吾	海军中将	1936 年 12 月 1 日—1938 年 4 月 25 日
35	长谷川清	海军中将	1938 年 4 月 25 日—1940 年 5 月 1 日
36	及川古志郎	海军大将	1940 年 5 月 1 日—1940 年 9 月 5 日
37	盐泽幸一	海军大将	1940 年 9 月 5 日—1941 年 9 月 10 日
38	岛田繁太郎	海军大将	1941 年 9 月 10 日—1941 年 10 月 18 日
39	平田升	海军中将	1941 年 10 月 18 日—1942 年 11 月 10 日
40	古贺峰一	海军大将	1942 年 11 月 10 日—1943 年 4 月 21 日
41	三川军一（代理）	海军中将	1943 年 4 月 21 日—1943 年 5 月 21 日
42	丰田副武	海军大将	1943 年 5 月 21 日—1944 年 5 月 3 日
43	吉田善吾	海军大将	1944 年 5 月 3 日—1944 年 8 月 2 日
44	野村直邦	海军大将	1944 年 8 月 2 日—1944 年 9 月 15 日
45	塚原二四三	海军中将	1944 年 9 月 15 日—1945 年 5 月 1 日
46	户塚道太郎	海军中将	1945 年 5 月 1 日—1945 年 11 月 20 日
47	古村启藏（代理）	海军少将	1945 年 11 月 20 日—1945 年 11 月 30 日

1945 年 11 月撤销时横须贺镇守府的最后编制部队

1945 年 11 月，面临撤销时的横须贺镇守府编制很多自杀式特攻队、作战部队及军需部队，总体来看，这时的横须贺镇守府已经偏离了后勤保障部队的性质，转而成为一支保护日本本土的攻击部队，这些部队编制概况如下：

第 1 特攻战队（横须贺），队长为大林末雄少将，旗舰为"波 109"号潜艇，下辖部队有横须贺突击队、第 15 突击队（下田）、第 16 突击队（江浦）、第 18 突击队（胜浦）、第 71 突击队（江奈）。

第 4 特攻战队（三重），队长为三户寿少将，旗舰为"驹桥"号潜水母舰，下辖部队有第 13 突击队（鸟羽）、第 19 突击队（英虞）。

第 7 特攻战队（胜浦），队长为杉浦矩郎大佐，无旗舰，下辖部队有第 12 突击队（胜浦）、第 14 突击队（野野滨）、第 17 突击队（小名滨）。

第 20 联合航空队（大井），队长为日本皇室成员的久迩宫朝融王海军中将，下辖部队有洲之崎海军航空队（队长为山县骏二大佐）、藤泽海军航空队（队长为上田泰彦大佐）、田浦海军航空队（队长为土田久雄中佐）、第 1 相模野海军航空队（队长为筱崎矶次大佐）、第 2 相模野海军航空队（队长为筱崎矶次大佐）、第 1 郡山海军航空队（队长为坂仓武大佐）、第 1 河和海军航空队（队长为田中和三郎大佐）、土浦海军航空队（队长为藤吉直四郎少将）、三重海军航空队（队长为加藤尚雄少将）、滋贺海军航空队（队长为别府明朋预备少将）。

横须贺海军航空队，队长为松田千秋少将。

馆山海军航空队，队长为鬼塚武二大佐。

第 312 海军航空队，队长为些田武雄大佐。

第 725 海军航空队，队长为铃木正一大佐。

父岛方面特别根据地队，队长为森国造中将。

横须贺海军设施部（提供舰队后勤保障业务的核心部队），部长为日冈长明技术少将，下设部队有横须贺设营（军需）队（队长为日冈长明技术少将）、第 208 设营队（八丈岛，队长为滨田德一技术大尉）、第 209 设营队（父岛，队长为吉本屋辨治技术大尉）、第 5010 设营队（东京，队长为桑原朝彦技术大尉）、第 5011 设营队（东京，队长为冈本吉太郎技术大尉）、第 5012 设营队（郡山，队长为大岛郁彦技术大尉）、第 5013 设营队（丰川，队长为斎藤顺一技术大尉）、第 5014 设营队（石冈，队长为西松长司技术大尉）、第 5015 设营队（友部，队长为土坚秀技术大尉）、第 5016 设营队（萩野，队长为小林茂技术大尉）、第 5017 设营队（南多摩，队长为乘杉恂技术大尉）、第 5018 设营队（磐城，队长为吉田贞雄技术大尉）、第 5019 设营队（掛川，队长为松本有技术大尉）。

横须贺海军工厂，厂长为细谷信三郎中将，下辖部队只有第 1 航空技术厂，厂长为多田力三中将。

吴镇守府——日本帝国海军"镇守府第二"且最大、曾经亚洲最大的海军基地

日本帝国海军吴镇守府位于广岛县吴市，为日本帝国海军四大镇守府之一，其简称为"吴镇"。在大舰巨炮主义盛行的日本帝国海军时代，吴海军工厂是日本战列舰的责任建造工厂，而吴镇守府则是日本帝国海军各大主力战列舰部署的核心海军基地，真可谓"战舰云集、遮天蔽日"。

吴镇发展历史概况及基础设施建设

1886 年 4 月 22 日，新颁布的日本帝国海军之《海军条例》决定在日本全国设置五大海军区（海军军区），在各海军区所辖的军港内分别设置镇守府，5 月 4 日，正式确定在吴港内设置管辖第二海军区的吴镇守府。随后，吴镇守府的建设全面展开，包括土地购买和相关的大规模建设工程，截至 1890 年 3 月末，吴镇守府大部分建设工程全部竣工。1889 年 4 月 1 日，吴镇守府海军医院成立。4 月 17 日，吴镇守府海兵团正式成

立。1889 年 7 月 1 日，吴镇守府向外发布布告正式宣布运行，运行仪式于 1890 年 4 月 21 日隆重举行，当时明治天皇也亲临仪式现场。根据《镇守府官制》，刚成立的吴镇守府下设参谋部、军医部、主计部（会计部）、造船部、兵器部、建筑部、军法会议、监狱署等部门。

1890 年 3 月 10 日，吴镇守府造船部小野滨分工厂正式成立，原址为小野滨造船所。

1893 年 5 月 19 日，根据日本帝国海军修正的《镇守府条例》，吴镇守府设置了预备舰部、造船部、测器部、武库、水雷库、兵器工厂、医院、监狱各个部门，另外，在小野滨地区设置了吴镇守府造船分部。1895 年 6 月 6 日，吴镇守府造船分部（小野滨）撤销。

1896 年 4 月 1 日，吴镇守府海兵团更名为吴海兵团，同时，设置了吴水雷团、水雷敷设队、水雷艇队，另设暂时吴兵器制造所。

1897 年 5 月 25 日，暂时吴兵器制造所撤销，同时，设置吴海军造兵厂。1903 年 11 月 10 日，设置吴海军工厂，吴海军造兵厂成为海军工厂造兵部。

1909 年 12 月 1 日，吴海军人事部成立。1920 年 8 月 1 日，吴海军工厂广分厂成立。1920 年 9 月，海军潜水学校开校。1921 年 3 月，海军燃料厂成立。1923 年 4 月 1 日，军需部成立，同年，吴海军监狱改称为吴海军刑务所。

1931 年 6 月，吴海军航空队成立。1937 年 6 月 1 日，海军通信队成立。1945 年 10 月 15 日，吴海军工厂撤销，同年 11 月 30 日，吴镇守府撤销。

吴镇守府的历任司令长官

吴镇守府在服役期间共有 34 任司令长官，其中，南云忠一海军中将在卸任第三舰队司令长官时还曾经短暂担任吴镇守的司令长官，可见当时吴镇守府在日本帝国海军中的重要作用，此外，还有丰田副武海军大将，等等，基本概况如下：

历任	司令长官姓名	军衔	任职期间
1	真木长义（吴镇守府建设委员会委员长）	海军少将	1887 年 9 月 26 日－1889 年 3 月 8 日
2	中牟田仓之助	海军中将	1889 年 3 月 8 日－1892 年 12 月 12 日
3	有地品之允	海军中将	1892 年 12 月 12 日－1895 年 5 月 12 日
4	林清康	海军中将	1895 年 5 月 12 日－1896 年 2 月 26 日
5	井上良馨	海军中将	1896 年 2 月 26 日－1900 年 5 月 20 日
6	柴山矢八	海军中将	1900 年 5 月 20 日－1905 年 2 月 6 日
7	有马新一	海军中将	1905 年 2 月 6 日－1906 年 2 月 2 日
8	山内万寿治	海军中将	1906 年 2 月 2 日－1909 年 12 月 1 日
9	加藤友三郎	海军中将	1909 年 12 月 1 日－1913 年 12 月 1 日
10	松本和	海军中将	1913 年 12 月 1 日－1914 年 3 月 25 日
11	吉松茂太郎	海军中将	1914 年 3 月 25 日－1915 年 9 月 23 日
12	伊地知季珍	海军中将	1915 年 9 月 23 日－1916 年 12 月 1 日
13	加藤定吉	海军中将	1916 年 12 月 1 日－1919 年 12 月 1 日

14	村上格一	海军大将	1919 年 12 月 1 日－1922 年 7 月 27 日
15	铃木贯太郎	海军中将	1922 年 7 月 27 日－1924 年 1 月 27 日
16	竹下勇	海军大将	1924 年 1 月 27 日－1925 年 4 月 15 日
17	安保清种	海军中将	1925 年 4 月 15 日－1926 年 12 月 10 日
18	谷口尚真	海军中将	1926 年 12 月 10 日－1928 年 12 月 10 日
19	大谷幸四郎	海军中将	1928 年 12 月 10 日－1929 年 11 月 11 日
20	谷口尚真	海军大将	1929 年 11 月 11 日－1930 年 6 月 11 日
21	野村吉三郎	海军中将	1930 年 6 月 11 日－1931 年 12 月 1 日
22	山梨胜之进	海军中将	1931 年 12 月 1 日－1932 年 12 月 1 日
23	中村良三	海军中将	1932 年 12 月 1 日－1934 年 5 月 10 日
24	藤田尚德	海军中将	1934 年 5 月 10 日－1936 年 12 月 1 日
25	加藤隆义	海军中将	1936 年 12 月 1 日－1938 年 11 月 15 日
26	岛田繁太郎	海军中将	1938 年 11 月 15 日－1940 年 4 月 15 日
27	日比野正治	海军中将	1940 年 4 月 15 日－1941 年 9 月 18 日
28	丰田副武	海军大将	1941 年 9 月 18 日－1942 年 11 月 10 日
29	高桥伊望	海军中将	1942 年 11 月 10 日－1943 年 6 月 21 日
30	南云忠一	海军中将	1943 年 6 月 21 日－1943 年 10 月 20 日
31	野村直邦	海军中将	1943 年 10 月 20 日－1944 年 7 月 17 日
32	泽本赖雄	海军大将	1944 年 7 月 17 日－1945 年 5 月 1 日
33	金泽正夫	海军中将	1945 年 5 月 1 日－1945 年 11 月 15 日
34	冈田为次（代理）	海军少将	1945 年 11 月 15 日－1945 年 11 月 30 日

1945 年 11 月撤销时吴镇守府最后编制部队

与横须贺镇守府一样，1945 年 11 月，撤销时的吴镇守府保留着大战末期镇守府内的部队编制，这些部队编制以自杀式特攻部队为主，可以看出，日本帝国海军要誓死保卫日本第一军港，然而，历史的车轮历来是浩浩汤汤，顺之者昌，逆之者亡。

这些部队编制概况如下：

第 81 战队（吴港），队长为水井静治少将，旗舰为 48 号海防舰，下辖部队只有下关防备队。

第 2 特攻战队（吴港），队长为长井满少将，无旗舰，下辖部队有笠户突击队、平生突击队、光突击队、大神突击队、第 81 突击队（吴港）。

第 8 特攻战队（吴港），队长为清田孝彦少将，下辖部队有佐伯海军航空队（队长为野村胜中佐）、第 21 突击队（宿毛）、第 23 突击队（须崎）、第 24 突击队（佐伯）。

吴潜水战队，队长为市冈寿少将，下辖部队有第 33 潜水队，由小泉麒一大佐任队长，附属军舰包括 7 艘潜艇，分别是吕 49 号、吕 62 号、吕 63 号、吕 64 号、吕 68 号、吕 69 号和吕 500 号。

仓敷海军航空队，队长为森本丞少将。

吴海军设施部（吴镇守府内的核心后勤保障部队），部长为田中秀康技术大佐，下设部队有吴设营队（队长为田中秀康技术大佐）、第 3111 设营队（岩国，队长为小林健三郎技术少佐）、第 3113 设营队（观音寺，队长为木村成博技术大尉）、第 3114 设营队（大分，队长为沼田等技术少佐）、第 3115 设营队（德山，队长为首藤安正技术大尉）、第 3116 设营队（美袋，队长为小森久技术大尉）、第 3117 设营队（宿毛，队长为诸富有海技术少佐）、第 5110 设营队（佐伯，队长为重松敦雄技术少佐）、第 5111 设营队（岩国，队长为小林健三郎技术大尉）、第 5112 设营队（观音寺，队长为木村成博技术大尉）、第 5113 设营队（高知，队长为岛本茂技术大尉）、第 5114 设营队（仓敷，队长为饭敏夫技术少佐）、第 5115 设营队（下关，队长为信冈龙二技术大尉）、第 5116 设营队（吴港，队长杉江直巳技术中佐）、第 5117 设营队（德山，队长为橘好茂技术少佐）、第 5216 设营队（大牟田，队长为织田文雄技术大尉）。

吴海军工厂，厂长为妹尾知之中将。

佐世保镇守府——日本帝国海军第三大航母母港

日本帝国海军佐世保镇守府位于九州地区长崎县佐世保市内，四大海军镇守府之一，其简称为"佐镇"。佐镇部署舰队直接面向中国战场、东南亚战场、印度洋战场等西北太平洋及印度洋。

日本帝国海军时期的佐世保镇守府办公楼——万松楼（有日本联合舰队司令长官东乡平八郎的亲笔手书）

当年的佐世保镇守府各种基础设施就分布于今天的佐世保湾内，如今的这些现存设施或归驻日美军海军第七舰队所有，或归日本海上自卫队所有

佐镇发展历史概况及基础设施建设

最开始，日本九州地区是日本西部地区防御的根据地，同时，也是日本进出朝鲜、中国等东南亚国家的根据地，鉴于九州地区的重要地理位置，明治初期的日本帝国海军决定在九州西岸设置一座海军军港，以方便日本帝国海军进出东南亚国家。当时，佐世保与伊万里、平户岛的江袋湾等地区都是人口只有大约 3000 人的偏远小村庄，最后，经过一系列的前期准备，佐世保成为日本帝国海军准备建设大型海军基地的候选地。

1883 年 8 月，由东乡平八郎任舰长的日本帝国海军军舰第二丁卯号进入佐世保港开始进行水文及周边地理环境勘测工作，承担勘测任务的责任人为肝付兼行海军中佐。

经过一系列地理环境勘察及最后日本帝国海军的内部讨论研究，大家一致认为佐世保是一座天然良港，于是，决定在佐世保建设一座海军基地，并设置一座镇守府。

1886 年 4 月 21 日，佐世保镇守府的行政机关制度制定完成，同时，决定在佐世保设置第三海军区镇守府。1887 年 9 月，根据修正的《镇守府官制》，第三海军区镇守府正式更名为佐世保镇守府。

1889 年 7 月 1 日，佐世保镇守府正式挂牌运行，第一代镇守府司令长官为赤松则良海军中将，他当时作为军港设置委员长而承担军用港湾设施建造的全面指挥工作。1890 年 4 月 26 日，佐世保镇守府举行了隆重的运行典礼，明治天皇亲临仪式现场。1898 年 1 月 20 日，九州铁路（现在的 JR 九州）设置的佐世保站正式运营，它主要面向佐世保镇守府提供服务。

1902 年 4 月 1 日，佐世保升格为市级行政单位。1903 年 11 月，佐世保海军工厂成立，即今天的佐世保重工的前身。1905 年 9 月 11 日，在佐世保军港内，时任日本联合舰队旗舰的"三笠"号战列舰爆炸沉没，随后打捞出水进行维修。1911 年 1 月 6 日，佐世保海军共济组合医院正式成立，即今天的佐世保共济医院。

1920 年 12 月 1 日，在佐世保崎边地区附近海面进行的填海造地上成立了佐世保海军航空队。1922 年 11 月，针尾无线塔建成，从 12 月开始提供无线服务。1924 年 3 月 19 日，在高岛海面进行演习的第 43 潜艇冲撞沉没，艇上 45 名艇员全部殉职。

1934 年 3 月 12 日，发生了"友鹤事件"，当时，在大立岛海面演习中的友鹤号水雷艇沉没，72 名艇员殉职，28 人失踪，另有 13 人生还。

1941 年 10 月 1 日，由于地基下沉，原本在日宇地区开业的第 21 航空厂搬迁至大村内运营。1945 年 6 月 28 日，美军对佐世保实施了佐世保空袭，佐世保镇守府办公楼等基础设施全部被夷为平地。1945 年 11 月 30 日，佐世保镇守府撤销。

佐世保镇守府的历任司令长官

佐世保镇守府在服役期间共有 43 任司令长官，基本概况如下：

历任	司令长官姓名	军衔	任职期间
1	赤松则良（佐世保镇守府建设委员会委员长）	海军中将	1887 年 9 月 26 日－1889 年 3 月 30 日
2	赤松则良	海军中将	1889 年 3 月 8 日－1891 年 6 月 17 日
3	林清康	海军中将	1891 年 6 月 17 日－1892 年 12 月 12 日
4	井上良馨	海军中将	1892 年 12 月 12 日－1893 年 5 月 20 日
5	相浦纪道	海军少将	1893 年 5 月 20 日－1894 年 7 月 13 日
6	柴山矢八（代理）	海军大佐（佐世保镇守府全部司令长官中只有此人不是将官而任司令长官的职位）	1894 年 7 月 13 日－1894 年 7 月 30 日
7	柴山矢八	海军少将	1894 年 7 月 30 日－1897 年 10 月 8 日
8	相浦纪道	海军中将	1897 年 10 月 8 日－1899 年 1 月 19 日
9	东乡平八郎（任日本联合舰队司令长官后，赠佐世保镇守府府邸万松楼亲笔手书匾额"万岁楼"）	海军中将	1899 年 1 月 19 日－1900 年 5 月 20 日
10	鲛岛员规	海军中将	1900 年 5 月 20 日－1906 年 2 月 2 日
11	有马新一	海军中将	1906 年 2 月 2 日－1906 年 11 月 22 日
12	瓜生外吉	海军中将	1906 年 11 月 22 日－1909 年 3 月 1 日
13	有马新一	海军中将	1909 年 3 月 1 日－1909 年 12 月 1 日
14	出羽重远	海军中将	1909 年 12 月 1 日－1914 年 3 月 25 日
15	岛村速雄	海军中将	1911 年 12 月 1 日－1914 年 3 月 25 日
16	藤井较一	海军中将	1914 年 3 月 25 日－1915 年 8 月 10 日
17	山下源太郎	海军中将	1915 年 8 月 10 日－1917 年 12 月 1 日
18	八代六郎	海军中将	1917 年 12 月 1 日－1918 年 12 月 1 日
19	财部彪	海军中将	1918 年 12 月 1 日－1922 年 7 月 27 日

20	枥内曾次郎	海军大将	1922 年 7 月 27 日－1923 年 6 月 1 日
21	斋藤半六	海军中将	1923 年 6 月 1 日－1924 年 2 月 5 日
22	付见宫博恭王（日本皇室成员，任内发生第 43 潜艇沉没事件）	海军大将	1924 年 2 月 5 日－1925 年 4 月 15 日
23	百武三郎	海军中将	1925 年 4 月 15 日－1926 年 12 月 10 日
24	古川鈊三郎	海军中将	1926 年 12 月 10 日－1928 年 10 月 12 日
25	饭田延太郎	海军中将	1928 年 10 月 12 日－1929 年 11 月 11 日
26	鸟巢玉树	海军中将	1929 年 11 月 11 日－1930 年 12 月 1 日
27	山梨胜之进	海军中将	1930 年 12 月 1 日－1931 年 12 月 1 日
28	中村良三	海军中将	1931 年 12 月 1 日－1922 年 12 月 1 日
29	左近司政三	海军中将	1932 年 12 月 1 日－1933 年 11 月 15 日
30	米内光政	海军中将	1933 年 11 月 15 日－1934 年 11 月 15 日
31	今村信次郎	海军中将	1934 年 11 月 15 日－1935 年 12 月 2 日
32	百武源吾	海军中将	1935 年 12 月 2 日－1936 年 3 月 16 日
33	松下元	海军中将	1936 年 3 月 16 日－1936 年 12 月 1 日
34	盐泽幸一	海军中将	1936 年 12 月 1 日－1937 年 12 月 1 日
35	丰田贞次郎	海军中将	1937 年 12 月 1 日－1938 年 11 月 15 日
36	中村龟三郎	海军中将	1938 年 11 月 15 日－1939 年 11 月 15 日
37	平田升	海军中将	1939 年 11 月 15 日－1940 年 10 月 15 日
38	住山德太郎	海军中将	1940 年 10 月 15 日－1941 年 11 月 20 日
39	谷本马太郎（佐世保历任司令长官中唯一任内病殁）	海军中将	1941 年 11 月 20 日－1942 年 11 月 11 日
40	南云忠一	海军中将	1942 年 11 月 11 日－1943 年 6 月 21 日
41	小松辉久	海军中将	1943 年 6 月 21 日－1944 年 11 月 4 日
42	杉山六藏	海军中将	1944 年 11 月 4 日－1945 年 11 月 15 日
43	石井敬之	海军少将	1945 年 11 月 15 日－1945 年 11 月 30 日

1945 年 11 月撤销时佐世保镇守府最后编制部队

1945 年 11 月，撤销时的佐世保镇守府保留着大战末期镇守府内的部队编制，这些部队编制以自杀式特攻部队为主，编制概况如下：

第 3 特攻战队（大村），队长为涉谷清见少将，下辖部队有川棚突击队、第 31 突击队（佐世保）、第 34 突击队（唐津）。

第 5 特攻战队（鹿儿岛），队长为驹泽克已少将，下辖部队有第 32 突击队（鹿儿岛，队长为和智恒藏大佐）、第 33 突击队（油津）、第 35 突击队（细岛）。

垂水海军航空队，队长为贵岛盛次大佐。

小富士海军航空队，队长为堀九郎大佐。

第 951 海军航空队，队长为森田千里大佐。

佐世保海军设施部（佐世保镇守府内的核心后勤保障部队），部长为贞方静夫大佐，下设部队有佐世保设营队（队长为贞方静夫大佐）、第 3211 设营队（鹿屋，队长为笠松时雄技术少佐）、第 3212 设营队（香椎，队长为伊藤直行技术大尉）、第 3213 设营队（中国上海，队长为大塚邦一技术大尉）、第 3214 设营队（岩川，队长为中森荣技术少佐）、第 3215 设营队（前原，队长为细田文雄技术大尉）、第 3216 设营队（五岛，队长为小泉为义技术大尉）、第 3217 设营队（佐世保，队长为山田忠雄技术大佐）、第 5210 设营队（川棚，队长为大屋忠技术少佐）、第 5211 设营队（小城，队长为小田村泰彦技术大尉）、第 5212 设营队（油津，队长为武藤又三郎技术大尉）、第 5213 设营队（岛原，队长为木村重宪技术大尉）、第 5214 设营队（南风崎，队长为安东太郎技术大尉）、第 5215 设营队（谏早，队长为白石义雄技术少佐）、第 5217 设营队（队长为市田洋技术大尉）。

第三节　横须贺——日本帝国海军航母的"圣地"

日本神奈川县境内的横须贺市及横须贺港位于西太平洋的西北海域，日本本州岛关东地区三浦半岛最南端，这处战略要地扼守日本首都东京西南部东京湾的入口处，并与东京湾和相模湾相对，向北距离日本首都东京的直线距离为 65 千米（40 海里），在偏北方向上距离神奈川县首府横滨市的直线距离只有 30 千米（20 海里）。

自 1868 年明治时代开始，横须贺就成为日本帝国海军第一座镇守府——横须贺镇守府治所的所在地。在日本航母时代开启之后，横须贺镇守府内的横须贺海军工厂又负责为日本第一艘航母"凤翔"号提供设备舾装工程，在当时大舰巨炮主义盛行的时代，也许这样的舾装并不算什么大事，可就是这样不起眼的一件事却为日本帝国海军开创了一个时代，并且，创造了最辉煌的历史，它比战胜大清帝国北洋水师和沙皇俄国的太平洋舰队更加辉煌几十倍，这也是日本开国二千年历史中最辉煌的一页，那就是日本帝国海军第一航空舰队（南云机动部队）重创美国海军太平洋舰队并驰骋太平洋及印度洋两大洋、绕行地球半圈而无敌手的历史。今天的日本右翼和极右翼仍为此自豪不已，并且，蠢蠢欲动。

这些辉煌的背后有两个默默无闻的后勤保障者，那就是横须贺镇守府及其治下的横须贺海军工厂，它们共同负责为日本帝国海军的航母特混舰队保驾护航，两者之中的核心部队就是横须贺海军工厂，而横须贺海军工厂中的核心部队就是厂区内的六座干船坞。战后，美国海军正是看中这些干船坞设施在航母特混舰队建设中的重要作用才将它们据为己有，并且霸占长达近 70 年，未来的霸占依然遥遥无期，也许这招就是所谓的"困龙"吧！困住横须贺就是困住日本这条战争巨龙无法再次腾飞。由此可见，这些干船坞设施对于一支航母特混舰队的重要性，而且，今天的横须贺海军基地还是美国海军设在海外的唯一一座航母母港、亚洲及西太平洋地区唯一的核动力航母母港、美国本土外世界第三座核动力航母母港（第二座是法国的土伦海军基地），这些都是因为横须贺港本港南面的 6 座干船坞，下面对这些代表性的干船坞进行概况介绍、分析和解读。

横须贺 6 大干船坞的历史地位和影响——战略价值不容小视

从庆应三年（1867 年）横须贺制铁所开始建设第 1 号干船坞开始，在第一批以法国人韦尔尼为首的外国技术专家的指导下，日本幕府政府就在横须贺制铁所内成立了专门培养本国土木工程和造船工程人才的学校——横须贺学舍，作为这所学校的优秀毕业生，恒川柳作承担了 2 号干船坞建设的总指挥。此后，日本国内的干船坞建设工程均在日本技术工程人员的指挥下展开和推进。恒川柳作指挥了吴镇守府、佐世保镇守府和舞鹤镇守府内的军用干船坞建设，此外，他还在东日本地区指挥建设了最初的商用干船坞，这就是横浜船坞第 2 号干船坞。除恒川柳作之外，法国人施埃特之后，另一个由横须贺学舍培养出来的土木工程技术专家为杉浦荣次郎，他主攻干船坞的设计和工程施工，曾经指挥了浦贺船坞的建设工程。日本幕府末期至明治政府前半期，横须贺造船所内先后建设的 1 号、2 号、3 号干船坞是此后一段时期内日本各地建设的干船坞的最直接先驱，这 3 座干船坞影响了当时日本国内的所有干船坞建设。

日本国内的大规模干船坞建设首先从横须贺开始，随后，拓展至吴镇守府所在地的吴港、佐世保镇守府所在地的佐世保、舞鹤镇守府所在地的舞鹤，以及横浜、长崎等商业贸易港。对于日本帝国海军的作战实力提高以及日本国内海洋运输业的发展，干船坞是不可缺少的基础设施，它承担着舰船维修和建造等基本建设工程。到了日本明治政府后期，经过几十年时间的建设，尤其是像干船坞这样的基础设施建设，日本几乎于瞬间成为众所周知的世界海运王国，其海运业的兴盛可见一斑。日本海运业兴盛的技术大背景是以横须贺造船所 1 号干船坞的建造为发端、以 1 号干船坞的全国技术推广为延伸而造成的，可见横须贺造船所 1 号干船坞的贡献有多大。

对于日本帝国海军作战实力的增强，其首屈一指的大功臣要属当时日本国内建成的干船坞群。就拿日俄战争为例，当时日本国内可为日本帝国海军主力战舰提供入坞维修的干船坞就有 13 座，相反，沙皇俄国海军可提供这样操作的干船坞却不超过 3 座，而且，这 3 座干船坞中的 2 座还设在当时已经被日本帝国军队占领下的大连和旅顺两地，在日俄战争后期，可为沙皇俄国海军提供军舰入坞维修操作的干船坞仅剩下 1 座，它就是建在符拉迪沃斯托克（海参崴）港内的干船坞。

在日本海海战期间，日本帝国海军拥有配备齐全的干船坞设施，因此，海军军舰的战备水平及战损维修都有充足的后勤保障。相反，沙皇俄国海军配备不足，只能勉强应战，从这方面来看，战争的最终走向只能是更有利于日本帝国海军。

从工程技术角度来看，干船坞建设首先是一个非常庞大的土木工程项目，就拿日本国内现役的各个干船坞来说，它们的建设充分利用了岩盘挖掘铲削技术、排水技术、水下工程技术等土木施工技术，而这些技术都是日本幕府末期至明治初年在法国人的指导下逐步由日本人掌握的。此外，还有其他一些材料技术。比如，明治四年（1871 年）

开始建设的 3 号干船坞，担任这座干船坞建设总指挥的是日本工部省造船寮造船长平冈通义。3 号干船坞的建设大量进口了波特兰硅酸盐水泥，而这种水泥的进口费用非常高，其高昂的代价令平冈通义非常吃惊，于是，他命令日本工部省拥有化学技师资格的宇都宫三郎承担波特兰硅酸盐水泥的国产化研究课题。同时，当时作为日本工部省工部大辅的伊藤博文（后来的日本首相）建议平冈通义应该为 3 号干船坞建设建造一座国产水泥生产工场。第二年，明治五年（1872 年），明治政府在东京市深川清澄町开始建设国产水泥生产工场，这就是后来的日本东京深川水泥制造所，不久之后，在宇都宫三郎攻关成功之后，日本国内正式开始波特兰硅酸盐水泥的国产化生产。

横须贺干船坞群全景，由左至右分别是明治时代早期的 1 号、2 号和 3 号干船坞，中间 4 号和 5 号干船坞，以及最右侧的第 6 号干船坞

6 座干船坞的北侧俯视图

由左至右依次是横须贺1号、2号、3号、4号、5号干船坞，挨着美国海军"蓝岭"号两栖指挥舰停泊码头的干船坞是这5个干船坞群中最大的一个，即最右端的横须贺第5号干船坞，最左端为横须贺第1号干船坞，即日本历史上第一座由法国海军工程师韦尔尼全力建设下的干船坞

干船坞群东侧的俯视图

横须贺1号干船坞——岁寒三友之"梅"、梅花香自苦寒来、脱亚入欧之后的日本由此"蚯蚓"变"龙凤"

　　从历史的角度来看，横须贺海军工厂的发展是在法国海军及法国海军土木工程师韦尔尼的全力帮助下才得以发展到后来的规模，同时，在小栗忠顺的全面努力及其他日本工程师的发扬光大下才最终走向辉煌。

　　韦尔尼当时虽然只有27岁但却已经成为法国海军内非常著名的工程设计师。为了给横须贺制铁所（横须贺海军工厂最早的前身）建设提供必要的机械和人才，韦尔尼四处奔波。一些商人为了能够大赚一笔，积极向韦尔尼推销各种机械设备，加之大量的技术工程人员，他们都蜂拥而来，而韦尔尼认真对待，精心挑选每一件机械设备和每一名技术人才。当初，江户幕府的政府要人们对由韦尔尼这样的年轻人来担任横须贺制铁所建设的负责人深感不安，不过，在随后的实际工作过程中，他们对韦尔尼的工作态度和工作能力深信不疑。

在韦尔尼返回法国为横须贺制铁所筹备必要的机械设备和人才而四处奔走期间，横须贺制铁所的建设工程已经正式拉开序幕。庆应元年9月27日（1865年11月15日），横须贺制铁所建设举行了隆重的开工典礼，制铁所建设预定用地的整理工作随后展开。为了节减土木工程建设施工经费，江户幕府动员了大量劳动力市场内的劳动力参与施工，不过，其中很多劳动力没有任何土木工程施工经验，因此，土木工程施工效率非常低下，导致1年左右土木工程施工即被迫中止。此外，后来的明治政府也因为财政困难而大量动员劳动力市场内的劳动力。庆应二年（1866年）5月，韦尔尼由法国返回日本，在这位专业人士的帮助下，横须贺制铁所的建设工作才逐步走入正轨。

横须贺制铁所最核心的基础设施建设工程当属干船坞的建造，在此过程中，韦尔尼对所有建造工程细节都亲力亲为，认真讨论，并最后决定。首先是横须贺制铁所选定地点的平整工程。1号、2号、3号干船坞彼此之间相邻，在建设这三个干船坞的过程中，横须贺湾周边的几座小型港湾都被掩埋从而变成填海造田地，尽管如此，这些平整后的土地仍然不是标准的填海造田地，尤其是在2号干船坞和3号干船坞之间仍然坐落着一座海拔高度大约为45米名称为白仙山的小山丘，不过，这座山丘最终也被削平。接下来的问题是关于建设预定用地的土质，这里的土质粘着度很强，并且，水流很难通过，它是一种被称为土丹的强固性土质，可以固结淤泥。这种土质的挖掘和削平都有困难，在后期干船坞的建设中需要大量的挡土板，干船坞建造完成后整体还要置于海平面之下，这样干船坞主体就会产生浮力，不过由于土质作用很难产生不等下沉现象，从而，干船坞的稳定性和耐久性拥有了最高的土质条件保障。后来，1号干船坞遭遇了日本关东大地震，不过并没有产生地基液态化现象等破坏性问题，干船坞主体也没产生大规模的破损，这充分展示了1号干船坞建设选址地基的良好条件。

而且，在1号、2号、3号干船坞建设过程中还充分考虑了风向的影响，通常情况下，干船坞都是迎着风向建设的。这样在船舶进行入坞和出坞操作过程中就可以很好避免不良风向的影响，船舶在进行入坞操作时，在进行海水排空时，不仅可以保持船体干燥，而且操作用时很短，保证了作业效率高，而且在整个入坞操作过程中，由于风向的影响，入坞操作船舶和干船坞的坞底及两侧坞壁都保持了干燥状态，这样的操作环境非常利于入坞船舶在干船坞内的维修。因此，为了把握好风向的影响，干船坞的设计者要充分考虑风向的有利作用。

韦尔尼在三座干船坞的建设过程中殚精竭虑，操心最多，并亲自选定干船坞建设所使用的石料。庆应三年（1867年）4月至5月间，韦尔尼在日本武藏、相摸、伊豆等优质石材产地轮流奔走，并从其中寻找最适合干船坞建设的上等石料。最终，韦尔尼在今天日本神奈川县真鹤町至静冈县热海市之间的石材产地寻找到了最好的石料，这就是安山岩质的新小松石，它们是1号、2号、3号干船坞最主要的建造石料。

韦尔尼在四处奔波寻找干船坞建设所用石料之前的庆应三年（1867年）3月，第1号干船坞已经正式开工建设。开工之后的庆应三年10月14日（1867年11月9日），日本发生了建国历史上最重要的一次事件，这就是大政奉还，随后庆应三年12月9日（1868年1月3日），王政复古宣言发布，就此日本德川幕府终结，明治天皇新政府上台执政。庆应四年闰4月1日（1868年5月2日），明治政府派遣东久世通禧、过岛直大、寺岛宗则三位大臣前往横须贺制铁所着手接收横须贺制铁所事宜。三位大臣接收横须贺制铁所之后，充分认识到了这个制铁所对于日本国家及明治新政府的重要性，于是，横须贺制铁所的一切事务均按照以前幕府政府所制订的计划向前推进，同时，明治政府通知韦尔尼继续由他负责相关的建设事务。

第1号干船坞由韦尔尼及助手建筑科长L.F.弗洛朗共同设计，计划中的干船坞设计全长为115米，在建造施工过程中，设计临时变更，干船坞设计全长又增加了9米，延长至124米。1号干船坞施工建设的工程监工最初由来自法国土伦海军兵工厂的韦利科负责担任，后来，韦尔尼发现他有能力不足的问题，于是仅仅2个月之后，就由同样在土伦海军兵工厂工作的迪蒙接替工程监工一职。此外，在施工过程中，作为幕府海军御用商人的桥本长左卫门也获得了一些承包合同。

1号干船坞施工工程的第一步是首先用围堰将干船坞预定建设用地与周边的大海分割开来，然后用抽水泵将围堰内部的海水全部抽干，此后，开始在围堰内部挖掘干船坞的主体部分。干船坞主体工程挖掘完成之后接下来是铺设石料工程。在铺设石料工程中，正如前面讲述的那样，大量安山岩质的新小松石作为选择石料由日本真鹤和热海地区纷纷运抵施工现场。1号干船坞所用石料的采购总金额按照当时的价格为白银18370两。

一般情况下，用于舰船维修的干船坞比用于舰船建造干船坞的坞底部要厚很多，这主要是因为已经建造完成的舰船要比正在建造中的舰船要重很多的缘故。第1号干船坞是一座用于舰船维修目的的干船坞，在建造过程中考虑了各方面的影响因素，直到现在这座干船坞仍然在使用中，不过，石料的具体搭配和组合方式以及石料的厚度等因素都已经不能确认。关于1号干船坞的石料布置形式，日本东京大学生产技术研究所给出了一份调查报告，报告中称1号干船坞采用了一种折中方案，它是西洋式直方体石材无间隙组合方式与日本式石头城墙组合方式的折中。1号干船坞建造完成后持续使用了一百三十多年时间，虽然其中有一部分已经风化和磨损，但干船坞自建成以来的整体状况仍然处于非常良好的状态中，这充分证明了韦尔尼选择优质石材的能力和眼光，新小松石也确实是一种耐久性和耐水性都非常高的优质石料。

1号干船坞建设过程中所使用水泥的采购总金额是石材采购总金额的大约3倍，达到了56000两白银，这笔经费是干船坞主体建设工程总费用的大约45%。对于日本来说，在明治初年不具备生产如此大量水泥的能力，因此，除了进口水泥，还使用了许多其他替代方法。

　　1号干船坞主体的石材铺设完成之后便开始建设干船坞的入口处部分。截至当时，随着施工的不断展开，围堰已经失去作用，随后撤去。围堰撤去之后，为了在船舶进行入坞、出坞操作过程中不出现障碍情况，施工方又以原来围堰部分为中心对1号干船坞入口处附近的海底进行了疏浚工程。疏浚工程结束之后，在干船坞入口处又安装了可关闭干船坞入口的闸门。闸门的采购费用为29568两白银，与其他施工费用相比较，这是一个投资非常高的基础设施建设项目。

　　1号干船坞于明治四年（1871年）1月建造完成。明治四年2月8日（1871年3月27日），日本有栖川宫炽仁亲王、伊达宗城等皇室成员及重要大臣出席了1号干船坞的服役典礼。1号干船坞的最主要特征是干船坞的坞底面保持水平状态。一般的干船坞为了保证高效的排水效果，通常是沿着由船坞内部至船坞入口处的方向将坞底面建造成一个缓慢的斜坡，这样设计的排水效果最好。1号干船坞坞底面采取水平状态施工的主要原因是以均等的坡度建造一个斜坡存在着很大的技术困难，故此放弃这种方案。由于上述原因，1号干船坞的水平坞底面对船舶的入坞和出坞操作造成了诸多不方便。鉴于此，紧随1号干船坞建造的3号干船坞的坞底面采取了一定的坡度进行建造。不过与今天的干船坞建设比较来看，3号干船坞坞底面坡度还有很大的差距，不过，干船坞的两侧坞壁已经采取了阶梯式石料铺设而成。1号干船坞是在法国技术工程人员的帮助下建造的，因此，不可避免地带有法国人喜好的施工建筑模式，比如两侧坞壁均采取阶梯式石材铺设的模式。对于阶梯式建造布局的干船坞来说，它对船底不是平底的船舶非常方便进行入坞操作。非平底船舶进入干船坞之后，在排水过程中船体两侧必须依靠支撑物支撑固定才能进行排水，为了设置这样的支撑物，因此，干船坞的两侧坞壁必须采取阶梯状进行施工，此外，从土木工程施工角度来看，阶梯式的建筑格局也更容易进行工程施工。

　　考虑到1号干船坞建设场地的地基非常好，并且，地下水仅有很少的流量，因此，在施工过程中没有大量采用挡泥板和止水壁这样的辅助设施，比如在用围堰阻隔海水这样的大规模海上施工中，截至当时日本几乎没有这样的施工经验，因此，在施工过程中遭遇到了很大的困难。1号干船坞的施工是一个非常庞大的近代海洋土木工程建设项目，此时恰逢日本处于幕府统治末期至明治初年的政治大变局过程中，日本政治体制自身经历着非常痛苦和艰难的推进，虽然日本政府励精图治，但苦于没有大规模土木工程施工经验，在1号干船坞的建设施工过程中遭遇了运营、材料运输和搬运等一系列的困难。1号干船坞在建成服役后的130几年时间内经历了多次改建和修补工程，直到2012年仍然处于现役状态中，并且承担着大量的军舰维修任务。1号干船坞于日本幕府统治末期财政最困难的时候开始建造，在建设过程中遇到了很多经费和技术困难，不过由于韦尔尼的突出贡献，1号干船坞的建设选址地点和选用石材都非常优秀，因此，它的成功建造显示了法国人在施工能力和土木工程方面高超的技术水平。

　　目前，1号干船坞和2号干船坞共用一个泵站房，1号干船坞由石材堆积而成护岸的一部分进行了修补，至今这座干船坞还残留着由幕府末期至明治初年建成的原始部分。

横须贺 1 号干船坞基本技术数据概况（明治早期三座干船坞中中间长度的一个）

主体构造	石材建造（1936 年长度延长工程部分为混凝土材料建造）
开工日期	庆应三年（1867 年）3 月
竣工日期	明治四年（1871 年）1 月
设计者	法国人韦尼尔和 L. F. 弗洛朗
施工管理者	
设计全长	137.502 米
平均宽度	28.674 米（干船坞入口处部分的最大宽度为 60.96 米）
坞深	9.091 米
长度延长工程	昭和十年（1935 年）6 月至昭和十一年（1936 年）10 月。设计全长延长了大约 14.5 米
可入坞操作舰船（最大）	"青岛"号、"严岛"号（布雷舰）、"满州"号

"岁寒三友"中的横须贺 1 号、2 号和 3 号干船坞，最左侧是 1 号、中间是 2 号（最大的一座干船坞）、最右侧的是 3 号，清晰可见坞底中间位置铺设的石墩（铺设军舰龙骨用的辅助设备），与两侧的 1 号和 3 号干船坞相比，中间的 2 号干船坞又宽又长，看起来体形富态且墩实，功能也最强大

不同视角的 1、2、3 号三座干船坞及周边设施

三座干船坞的俯视图，可见干船坞壁上的泵站房

横须贺 3 号干船坞——岁寒三友之"竹"、竹之节节攀升、日本的干船坞建设技术得到稳步提升

1 号干船坞建成服役之后不久，明治四年（1871 年）5 月，第 3 号干船坞便正式开工建设。就在 1 号干船坞建造完成、3 号干船坞开工建设的明治四年，横须贺制铁所正式更名为横须贺造船所。

按照韦尔尼为横须贺制铁所设计的最初建设计划，整个建设施工预定建造两座干船坞，不过不久之后这份计划就改成预定建设三座干船坞。当时按照法国等欧洲国家的干船坞建设常识，一般干船坞建设都会建造由大中小三座干船坞组成的干船坞群，这样可以方便各种类型的船舶进行建造和维修操作，同时，这也是 19 世纪中后期世界海军舰队编成的客观需要。19 世纪中后期世界海军舰队编成以战列舰为中心构成，巡洋舰作为辅助舰船承担作用，而驱逐舰则在海上奇袭等攻击过程中发挥作用，为了与这样的海军舰队编成相配合，干船坞建设为了适合各种船体的维修一般建造成大中小三座干船坞，这样的军舰维修效率最高。当初横须贺制铁所之所以制订了仅建造两座干船坞的建设计划，其中主要是资金困难的原因。为了减少财政困难带来的压力，横须贺制铁所采取一座干船坞建造完成再建造另外一座干船坞的顺序推进，比如 1 号干船坞建造完成后立即开工建造 3 号干船坞，3 号干船坞建造完成后再建造 2 号干船坞，这样的财政压力就比同时开工建造三座干船坞所带来的财政压力小了很多。此外，日本幕府统治末期至明治初年的深刻财政困难以及劳动力不足给 1 号、2 号和 3 号干船坞的建设带来了很大的影响。

3 号干船坞建造在 1 号干船坞西侧，两座干船坞之间有很大的预留空间，这样 2 号干船坞才可能在两座干船坞之间建造完成。1号、2号和3号干船坞采取并列方式建设，其中2号干船坞设计规模最大，并且位于三座干船坞的中间位置。1号干船坞和2号干船坞之间以及2号干船坞和3号干船坞之间分别设置有一座泵站房，泵站房主要承担船舶入坞操作过程中的海水抽取作用。这样设置泵站房的好处是在最大的2号干船坞进行船舶入坞操作过程中，两侧的泵站房可同时为2号干船坞提供排水操作，其排水效率可达到最高。鉴于这点优势，3号干船坞在开工建造时就已经预先设定未来的三座干船坞将采取并列方式建造。目前，2号干船坞和1号干船坞之间共用的泵站房与1号干船坞之间以及2号干船坞和3号干船坞之间共用的泵站房与3号干船坞之间另外又增加设置了两座泵站房，以增强军舰入坞操作的排水能力。

3号干船坞和1号干船坞的设计者为同一个团队，都是法国人韦尔尼和L.F.弗洛朗。此外，施工技术指导员为L.F.弗洛朗的弟弟V.C.弗洛朗。V.C.弗洛朗主要承担3号干船坞施工技术指导的评估工作，3号干船坞建造完成之后，他开始承担日本长崎市工部省长崎造船所1号干船坞的设计工作。3号干船坞于明治七年（1874年）1月建造完成。

由V.C.弗洛朗承担设计工作的长崎造船所第1号干船坞于明治十二年（1879年）建造完成，在它之前，日本国内仅建有两座干船坞，这就是横须贺造船所内的1号和3号干船坞。这两座干船坞承包了大量的明治政府军舰维修任务，同时，也承担了商船的维修任务。明治初年，横须贺造船所内的两座干船坞承担着极其繁重的船舶修理任务，有一些船舶为了维修甚至要排队等待半年时间。1号和3号干船坞建造完成后，日本明治政府已经制订了建造2号干船坞的计划，而1号和3号干船坞需求量的高涨恰恰成了2号干船坞开工建造的理由。

与1号干船坞建设施工相比较，3号干船坞的建设使用的水泥量要少很多，因此，水泥采购费用也大幅度下降。由于1号干船坞建设使用了大量的进口水泥，导致财政压力猛增，因此，为了减少财政压力，3号干船坞建设大量采用了使用石灰等原材料水泥的现场生产方法。3号干船坞选用的坞底面及两侧坞壁铺设石材与1号干船坞相同，即都是开采自日本真鹤町至热海市附近的安山岩质的新小松石。与1号干船坞相比，3号干船坞的设计全长要小型化得多，其设计全长仅有90多米，施工过程中用于阻隔海水的围堰也要比1号干船坞使用的围堰简单得多，此外，3号干船坞的坞底面和两侧坞壁厚度也要比1号干船坞薄很多，总体来看，3号干船坞是一座小型化的干船坞。

作为3号干船坞的主要技术特征，首先是它采用了1号干船坞没采用的坞底面采取带一定倾斜角度的设计。不过，这一次3号干船坞坞底面的倾斜角度设计得过于陡峭，随后建造的2号干船坞坞底面倾斜角度只采用了3号干船坞坞底面倾斜角度的大约一半左右。

其次，在3号干船坞的入口处部分，设计了两个与扉船（或闸门）相连接的坞门，这样在进行入坞操作过程中，可通过巨大的船体来改变扉船的位置，从而达到减少排水量提高作业效率的意图。3号干船坞建造完成之后，日本各地后续建造的干船坞都仿效建造两个与扉船相连接坞门的设计方法。

其三，3号干船坞的内侧顶端部分采取了半圆形设计，此外，还设计了一个斜坡。在3号干船坞之前建造的干船坞，通常其内侧顶端设计的不是半圆形，而是尖头拱形设计。采取半圆形设计是与船体的形状相吻合的，这种设计减少了无用的空间占用，船舶在进行入坞操作时又非常必要地减少了排水量。如果干船坞内侧顶端采取矩形设计，那么干船坞顶端部分和两侧坞壁之间就会形成一个角，在用石材铺设干船坞的情况下，构筑这样一个角具有非常复杂的技术困难，那么就要考虑采用既不产生角又不是半圆形的尖头拱形设计。多年以后，干船坞建设可以采用混凝土材料建造，这时无论是采用半圆形还是尖头拱形都会投入大量的建造成本，鉴于此，使用混凝土材料建造的干船坞，其内侧顶端就可采用矩形设计进行建造。

此外，3号干船坞在内部顶端之所以要设计一个斜坡，其主要理由是19世纪中后期世界还没有发明像起重机这样的重型搬运机械，而船舶维修经常需要一些笨重的机械设备，这些设备就可以通过干船坞内部顶端的斜坡下滑至干船坞的底部，进而为船舶维修提供帮助。1号干船坞的最初设计，其内侧顶端也为半圆形，并也建造了一个设备搬运斜坡，不过，在昭和十年（1935年）至昭和十一年（1936年）之间的长度延长扩建工程中，由于使用了混凝土建造材料，因此，延长部分的内部顶端被改成了矩形设计，并且，在日本昭和时代起重机已经成为非常发达的机械搬运手段，于是，干船坞内部顶端的设备搬运斜坡也失去了用武之地，因此，也被取消。3号干船坞于明治七年（1874年）建造完成之后，经历了严重风化的石材仅用混凝土材料进行了一些修补，而未进行任何大规模的改建和扩建工程，因此，截至2012年，这座干船坞仍然保留着明治七年建造完成时的基本模样。作为仍然保持着建造之时模样的干船坞，3号干船坞是日本国内现役最古老的干船坞，它的历史和土木工程学价值对于日本来说弥足珍贵。

作为3号干船坞最重要的附属基础设施，目前，3号干船坞与2号干船坞共用泵站房，据保留完好的历史记录来看，现在2号和3号共用的泵站房于昭和十六年（1941年）建成竣工。

横须贺3号干船坞基本技术数据概况（明治早期三座干船坞中最小的一个）

主体构造	石材建造
开工日期	明治四年（1871年）6月
竣工日期	明治七年（1874年）1月
设计者	法国人韦尔尼和 L.F. 弗洛朗
施工管理者	
设计全长	96.008 米
平均宽度	18.145 米（干船坞入口处部分的最大宽度为 30.48 米）
坞深	7.474 米
长度延长工程	未曾延长
可入坞操作舰船（最大）	"严岛"号（巡洋舰）、"胜力"号、"松江"号

横须贺 2 号干船坞——岁寒三友之 "松"、松之坚固挺拔、日本的干船坞建设技术由此成熟

3 号干船坞建造完成之后的明治八年（1875 年）年末，法国人韦尔尼不再担任横须贺造船所所长一职。第二年，明治九年（1876 年），韦尔尼在担任了一段短时间的技术顾问之后于同年 3 月返回法国。在返回法国之前，韦尔尼向日本明治政府提交了一份报告书，在这份报告书中，韦尔尼谈到横须贺造船所已经具备了对进出东京湾内大型船舶维修的可能，因此，有必要在横须贺造船所内建造规模更大的干船坞。正当此时，日本明治政府制订了从明治八年（1875 年）开始大规模提升日本帝国海军作战能力的计划。此外，当时日本帝国海军装备的军舰大部分是一些老旧的军舰，如果要增强海军的作战能力那就不可避免地要增加一些新建军舰的数量。鉴于此，日本明治政府需要增加横须贺造船所内的干船坞数量，以满足未来大量军舰建造和维修任务的需求。

由于明治政府的财政预算非常困难，因此，日本人迫切希望的大型干船坞开工建造计划不得不一再推迟。明治十一年（1878 年）1 月，时任横须贺造船所所长中牟田仓之助向日本帝国海军大辅川村纯义提出开工建设 2 号干船坞的建议。

2 号干船坞的设计者由身为建筑科长的法国人施埃特担任。明治十一年 5 月 1 日，施埃特与日本政府签订的合同到期，由于承担着计划中 2 号干船坞的整体设计工作，于是，日本政府延长了与施埃特的合同期限。明治十三年（1880 年）5 月 1 日，施埃特与日本政府签订的合同再次到期，就在 2 号干船坞即将开工建设之前，施埃特决定返回法国。

作为施埃特的后续继任者，2 号干船坞的建设指挥与总体管理工作由日本人恒川柳作担任。根据韦尔尼的设想方案，日本政府在横须贺制铁所内设置了培养本国土木工程技术人才的教学机构，这就是横须贺制铁所学舍，而恒川柳作就是由这所教学机构培养出来的日本造船工程学和土木工程学的技术集大成者。1 号和 3 号干船坞以法国技术人员为核心力量展开建设，而 2 号干船坞的设计工作以法国人为核心，至于后期的施工、管理、监督和评估工作则由日本人担任，日本人也通过这次机会对掌握的理论知识进行了充分的实践，并展示了本国人在土木工程方面的建设能力。恒川柳作在建造完成 2 号干船坞之后，先后被日本政府派遣至吴镇守府、佐世保镇守府、舞鹤镇守府以及日本其他各地从事干船坞建设的领导工作，而且，恒川在横浜领导了横浜干船坞的设计工作，因为恒川柳作在日本历史上的突出贡献，他理所当然地成为日本干船坞建设的先驱者。在横须贺制铁所，恒川柳作向韦尔尼等法国技术领袖学习到了大量的土木工程技术知识，在随后的实践应用中将这些知识推广到日本全国各地。

2 号干船坞于明治十三年（1880 年）7 月正式开工建造。建设预定地点是海拔高度大约为 45 米的白仙山地区，这是一片土质非常坚硬的丘陵地带。第一步施工是将白仙山这座丘陵削为平地，随后开始挖掘 2 号干船坞的主体部分。在建设施工过程中产生的

残土被搬运至横须贺造船所东侧以用作填海造田的材料，经过这样的填海造田工程，共有大约 7000 平方米的填海造田地产生。

根据 2 号干船坞建设的施工记录，在此次干船坞建设过程中遇到的最困难施工是在干船坞预定建设地点之前建设一座阻隔海水的巨型围堰，从世界范围的干船坞施工记录来看，围堰建设工程从来都是这项大型土木工程中非常困难的一项工程。与 1 号和 3 号干船坞建设不同，2 号干船坞的建设完全由日本人自己承担，期间有许多从未碰到过的技术难题。2 号干船坞共建了两座排水泵，在成功实施各项建设过程中有许多日本人受到了日本政府的奖赏。

2 号干船坞所选用石材与 1 号、3 号干船坞完全相同，都是开采自日本真鹤町和热海地区附近的安山岩质新小梭石。而且，明治八年（1875 年），日本国内建造完成了首座混凝土加工工厂，因此，2 号干船坞的建设施工使用了与英国生产的优质混凝土齐名的日本国产混凝土材料。此外，从 3 号干船坞的建筑材料使用情况来看，2 号干船坞建设也使用了大量以石灰等为原材料的混凝土材料。

2 号干船坞于明治十七年（1884 年）建造完成，日本北白川宫能久亲王、海军卿川村纯义等皇室成员和内阁重臣们参加了干船坞的服役典礼。2 号干船坞设计全长为156.5 米，它是当时明治初年日本国内建设规模最大的干船坞，同时，也是亚洲地区内最大的干船坞。

2 号干船坞与 3 号干船坞一样，其坞底面采取一定的倾斜角度建造，不过，2 号干船坞的倾斜角度只有 3 号干船坞的大约一半。此外，2 号、3 号干船坞内侧顶端都采取半圆形设计，并都设计有设备搬运斜坡，这是两座干船坞的设计共性。2 号干船坞四周建有轨间距为 1078 毫米的铁路线路。这条线路的具体用途不明。据残留的施工记录记载，这条线路是建设干船坞时用于石材搬运的线路，另外，为了对进行入坞操作的船舶提供辅助器材准备，这条线路还可用于辅助器材的搬运操作。

2 号干船坞的最大技术特征是在干船坞中央部也建造了与扉船（或闸门）相连接的坞门，这种坞门设计将 2 号干船坞一分为二，每个子干船坞的有效工作全长介于 60 米至 70 米之间，这样 2 号干船坞可同时对两艘军舰提供入坞维修操作，内侧子船坞主要用于操作维修期较长的军舰，而外侧子船坞主要用于操作维修期较短的军舰，这种设计大大提高了 2 号干船坞的空间利用率。鉴于这种设计，2 号干船坞在船坞前部和后部各设计了一个排水口，共计 2 个排水口。像这样利用巧妙的坞门将一座干船坞分成两座子船坞的设计在日本国内仅有 2 号干船坞采用，这种设计大大满足了日本明治政府对军舰的维修需求。不过，随着日本帝国海军装备军舰船体的不断增大，明治三十年（1897年），2 号干船坞进行了首次改建工程，在这次改建工程中，干船坞中央部的坞门被拆除，干船坞不再以一分为二的两个子船坞方式工作，而是以全长为 156.5 米的单一干船坞方式工作。

截至明治二十年（1887 年），在日本国内建造完成的干船坞除了有横须贺造船所内的 1 号、3 号和 2 号三座干船坞之外，还有日本工部省长崎造船所 1 号干船坞和大阪铁工所干船坞两座干船坞，不过，后两座干船坞没有保存到现在，仅有横须贺海军设施内的干船坞仍然保留到今天，并且处于现役状态中。作为现役的干船坞，1号、2号和3号干船坞还是日本国内极其珍贵的土木工程遗产。正如日本东京大学生产技术研究所村松贞次郎教授所评价的那样，"如果横须贺海军设施干船坞能像日本其他场所那样自由，那么勿庸置疑，这里是日本国第一级的历史遗迹和第一级的文化财产。"

横须贺 2 号干船坞基本技术数据概况（明治早期三座干船坞中最大的一个）

主体构造	石材建造
开工日期	明治十三年（1880 年）7 月
竣工日期	明治十七年（1884 年）6 月
设计者	法国人施埃特
施工管理者	恒川柳作
设计全长	150.803 米
平均宽度	31.768 米（干船坞入口处部分的最大宽度为 60.96 米）
坞深	11.415 米
长度延长工程	未曾延长
可入坞操作舰船（最大）	"迅鲸"号、"洲崎"号、"夕张"号

横须贺 4 号干船坞——横须贺海军工厂时代的第一座干船坞

2 号干船坞建造完成的明治十七年（1884 年）12 月，日本帝国海军正式设立了横须贺镇守府。明治十九年（1886 年），横须贺镇守府设置了横须贺造船部。截至当时，日本民间的造船业一直处于不发达状态中，民船、商船和外籍船舶的维修合同以及海军军舰的建造、舾装和维修都由横须贺造船所负责。明治二十二年（1889 年）5 月，横须贺造船所结束历史使命正式撤销，其原有的基础设施全部合并至横须贺镇守府造船部之下。此后，横须贺镇守府造船部于明治三十年（1897 年）更名为横须贺海军造船厂，明治三十六年（1903 年）11 月再次更名为横须贺海军工厂。

随着日本帝国海军作战实力的不断增强，军舰大型化的趋势也在逐步增强。在这样的背景下，作为横须贺海军工厂第四座干船坞的 4 号干船坞开始进入施工建造计划。4 号干船坞的建设预定地点选择在一座被称为旗山的丘陵地带。从明治三十一年（1898 年）10 月开始，旗山被整个削平，削平后产生的土砂和石块主要用作填海造田的材料，随后，4 号干船坞建设预定地点进行了土地平整。明治三十四年（1901 年）3 月，建设预定地点的土地平整工程结束，同年 11 月，4 号干船坞的主体工程正式开工建设。工程的施工管理由拥有主任技师头衔的日本人井上亲雄负责担任。4 号干船坞于日俄战争结束之后的明治三十八年（1905 年）9 月建造完成。4 号干船坞成为横须贺海军工厂应对日本帝国海军军舰大型化趋势所建造的第一座干船坞。

　　在 4 号干船坞的建设初期，干船坞的主体部分采用混凝土材料建设而成，而干船坞的入口部分则采用石质材料建造，因此，4 号干船坞是一座混凝土和石材的混合体。截至当时，日本国内建造的干船坞基本都采用了相同的设计，也就是在干船坞内侧顶端设计了用于物资和设备搬运的斜坡。在昭和三年（1928 年）至昭和四年（1929 年）的 4 号干船坞扩建过程中，干船坞的设计全长照比原来又延长了 40.6 米，在此次扩建工程中，4 号干船坞与 1 号干船坞具有相同设计的内侧顶端搬运斜坡被拆除。4 号干船坞于昭和十八年（1943 年）至昭和十九年（1944 年）期间再次进行了长度延长扩建工程，此外，平成十七年（2005 年），在进行入坞操作过程中，为了对 4 号干船坞的坞壁以及入坞操作中军舰的船体进行保护，在干船坞入口处部分又进行了护舷材料铺设工程，在铺设了护舷材料的干船坞部分原来铺设的石材被全部拆除。并且，在此次改造工程过程中，施工方对改造处的铺设石材和混凝土材料进行了详细的调查。据调查结果推断，1 号至 3 号干船坞铺设石材的组织方式完全相同，都是西洋式无间隔直方体石材组合方式与日本式石质城墙组合方式的折中，组合石材的间隙及内表则采用混凝土材料进行密封结合。

　　为了方便向 4 号干船坞内搬运军舰维修材料和设备，建设初期的干船坞两侧坞壁上就建设了起重机及滑轨。第二次世界大战结束后，4 号干船坞作为美国海军军舰维修船厂内的重要设施继续使用，不过干船坞附属设备由于慢慢老化，于是不断被美国海军拆除。4 号干船坞坞壁上的起重机于平成十三年（2001 年）被完全拆除，取而代之的是安装上了功能更加强大的全新起重机。此外，5 号、6 号干船坞在第二次世界大战前就已经安装了起重机，第二次世界大战后仍然继续使用，直到平成十五年（2003 年），这些陈旧的起重机才被全部拆除，当然，现在全部安装上了新式起重机。

横须贺 4 号干船坞基本技术数据概况

主体构造	混凝土材料和石材混合建造
开工日期	明治三十四年（1901 年）11 月
竣工日期	明治三十八年（1905 年）9 月
设计者	石黑五十二
施工管理者	井上亲雄
设计全长	240.49 米
平均宽度	38.1 米
坞深	13.41 米
长度延长工程	第一次长度延长工程于昭和三年（1928 年）5 月至昭和四年（1929 年）5 月进行，设计全长延长了大约 40.60 米。 第二次长度延长工程于昭和十八年（1943 年）4 月至昭和十九年（1944 年）3 月进行，设计全长延长了大约 27 米。
可入坞操作舰船（最大）	"大鲸"号、"高雄"号

横须贺 4 号（右）和 5 号（左）干船坞及各种工厂车间设施，5 号干船坞有美国海军一艘阿利—伯克级宙斯盾导弹驱逐舰正在维修中

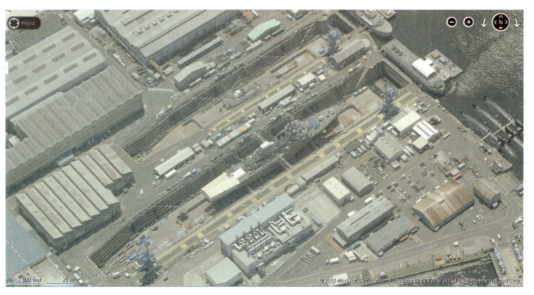

4 号和 5 号干船坞的东侧俯视图，5 号干船坞右端停泊着日本海上自卫队的大量常规动力潜艇（可见三艘整齐停泊）

横须贺 5 号干船坞——世界战列舰建造军备竞争下的产物

　　日俄战争结束之后，日本明治政府计划进一步提高日本帝国海军的作战实力，于是，日本政府决定大力推进军舰国产化的能力。明治三十八年（1905 年）5 月，"萨摩"号战列舰开工建造，第二年 11 月下水。在"萨摩"号战列舰建造过程中，明治三十九年（1906 年），英国皇家海军建造完成了当时世界上最新和最先进的无畏级战列舰。无畏级战列舰的诞生给世界各强国海军造成了巨大的冲击，这在当时是一件轰动全世界的

历史大事件，由此，世界各海军强国拉开了轰轰烈烈的造舰军备竞赛。日本帝国海军也于明治四十一年（1908年）开始建造"河内"号和"摄津"号两艘全新战列舰，从此正式加入到了世界军舰建造竞赛中来。

在这样的国际大背景下，日本帝国海军服役的军舰数量在显著增加，军舰的大型化趋势也在所难免。于是，即使是明治三十八年（1905年）建成服役的4号干船坞也开始出现不能进行入坞建造的军舰，鉴于此，明治四十四年（1911年）7月，日本政府决定开始建设5号干船坞。5号干船坞工程主任由日本人澄田勘作担任。5号干船坞正式开工建设之前也像4号干船坞那样进行了大量的准备工程，首先是将建设预定地点内的山丘全部削平，然后将所产生的土砂和石块就近填海造地，随后是对建设预定地点的土地进行最后的平整。最后才进入到5号干船坞主体部分的建设工程。据保存完好的建设施工记录记载，在建设5号干船坞时，为了阻隔干船坞前面的海水，所建的辅助阻隔设施使用了单层铁板桩。

5号干船坞在建设施工过程中对原来的设计进行了重大更改，其中最明显的更改之处是干船坞的建设规模明显扩大。而且，干船坞的设计不只进行了一次更改，而是在不断施工不断更改中进行。5号干船坞和4号干船坞一样都是采取混凝土材料和石材混合建造而成。5号干船坞于大正五年（1916年）3月建造完成，迫于当时日本帝国海军正在进行全新战舰"山城"号改造工程的早期实施阶段，刚刚建造完成的5号干船坞又开始马不停蹄地展开昼夜改造工程。

大正六年（1917年），日本帝国海军开始建造长门型战列舰的首制舰"长门"号。第二年，大正七年（1918年），长门型战列舰二号舰"陆奥"号开工建造。在建造这两艘全新战列舰过程中，刚刚建造完成之后不久的5号干船坞正在实施长度延长扩建工程。大正十三年（1924年）10月，5号干船坞长度延长扩建工程结束。在此次扩建工程中，5号干船坞的设计全长又延长了大约70米，其设计全长超过了320米。在日本帝国海军准备建造大和型战舰之前，当时日本帝国海军列装的军舰中要属"赤城"号航空母舰的设计全长最长、长门型战列舰的设计全宽最宽、扶桑型战列舰的吃水深度最深，而全新扩建后的5号干船坞是除吴港海军工厂4号干船坞之外可对上述三种大型军舰同时进行维修、改装和日常保养的超大型干船坞之一。

5号干船坞最重要的附属设施为泵站房。4号干船坞和5号干船坞之间建有一座共用泵站房，它可同时为4号、5号干船坞提供排水操作。今天5号干船坞所使用的泵站房建筑物是大正五年（1916年）5号干船坞建造完成时同期建成的建筑物，截至2012年仍然使用的是当年的建筑。5号干船坞泵站房建筑物为钢筋砖混结构，建筑物的支柱和大梁都采用钢筋材料构筑，建筑物的四壁采用加强砖建成。目前，横须贺海军设施内保存完好的钢筋砖混结构建筑物仅有4号和5号干船坞之间的泵站房，它是日本国内非常珍贵的历史建筑遗迹。

横须贺 5 号干船坞基本技术数据概况

主体构造	混凝土材料和石材混合建造
开工日期	明治四十四年（1911 年）7 月
竣工日期	大正五年（1916 年）3 月
设计者	
施工管理者	澄田勘作
设计全长	323.7 米
平均宽度	49.99 米
坞深	15.24 米
长度延长工程	大正十三年（1924 年）10 月完成长度延长扩建工程，设计全长大约延长了 70 米
可入坞操作舰船（最大）	"赤城"号、"扶桑"号、"长门"号

横须贺 6 号干船坞——为了建造大和级战列舰三号舰

第一次世界大战结束之后，世界列强都陷入了一场异常激烈的造舰军备竞赛中，过重的海军军费成为各国政府难以承担的巨大财政压力。鉴于此，大正十年（1921 年），世界列强在美国首都华盛顿缔结了旨在限制海军扩张的《华盛顿海军裁军条约》，此后，日本帝国海军装备的主力战舰和航空母舰的总数量为美国海军的六成。随后，昭和五年（1930 年），世界列强又在英国首都伦敦缔结了《伦敦海军裁军条约》，这个条约旨在限制各国海军除主力战舰之外的辅助军舰的装备数量。《华盛顿海军裁军条约》签订之后，世界各国海军都进入了海军调整期，造舰军备竞赛从此告一段落。两份海军裁军条约都对日本帝国海军拥有的军舰数量进行了严格限制，于是，日本帝国海军开始着手对现役的军舰进行最优化的改装和改良。与美国海军和英国皇家海军两大海军大国相比，日本帝国海军采取了更加灵活的对抗方针，具体措施包括大力提高军舰的质量，装备重型武装攻击型军舰，等等。对于那些缺少重型武装的现役军舰由横须贺海军工厂内的干船坞负责对它们实施逐步的重型武装化改装和改良，在此期间，横须贺海军工厂内的干船坞处于异常繁忙的工作状态。在现役军舰改装过程中，为了应对大型军舰的修理需要，4 号干船坞于昭和三年（1928 年）至昭和四年（1929 年）期间进行了长度延长扩建工程，共延长了 40.6 米。

昭和九年（1934 年）12 月，日本政府正式宣布退出《华盛顿海军裁军条约》，昭和十一年（1936 年）1 月 15 日，日本政府以《伦敦海军裁军条约》需要改正为借口正式宣布退出《第二轮伦敦海军裁军条约》。昭和十二年（1937 年）之后，日本天皇政府和日本帝国海军完全进入了没有任何裁军条约限制的时代，日本帝国海军的调整期也全面结束。在这样的大背景下，日本帝国海军制订了大规模的军备扩充计划，其中包括决定建造 65000 吨排水量级别的大和级战舰。在日本政府决定建造大和级战列舰的时代，当时世界上只有屈指可数的几座大型干船坞拥有这种能力，其中包括吴港海军工厂内的 4

号干船坞，它是日本国内唯一可对大和级战列舰进行建造、维修、改装等操作的大型干船坞，其他所有现役干船坞都不具备这种能力。鉴于此，日本政府为了高效地建造大和级战列舰以及战列舰服役后应具有充足的入坞维修场所，于是，昭和十年（1935 年）7月，日本政府决定在横须贺海军工厂内开始建造 6 号干船坞。6 号干船坞由日本海军省建筑局长吉田直中将领导下的海军技术部门小组负责攻关，这个攻关小组几乎囊括了海军省海军技术部门内的所有技术骨干和全面的科研力量，在攻关过程中，科研小组收集了日本国内和国际所有干船坞建设参考文献，在此基础上进行 6 号干船坞的设计工作。

按照最初的设计，与 1 号至 5 号干船坞不同，6 号干船坞主要用于大和级战列舰的维修和改装目的而建造。按照日本帝国海军计划，吴港海军工厂 4 号干船坞承担"大和"号战舰的建造，长崎造船所承担大和型战舰 2 号舰"武藏"号的建造任务，而横须贺海军工厂 6 号干船坞预定承担大和型战舰 3 号舰的建造，因此，6 号干船坞首先设计用于军舰的建造用途。昭和十年（1935 年）7 月，6 号干船坞正式开工建造。首先，在6 号干船坞入口处附近建造了筑堤钢板桩，通过这些钢板桩可以阻隔海水对施工的影响，接下来，在名称为牡蛎浦丘陵地带的干船坞建设预定地点进行大规模削岩爆破作业，通过爆破作业将坚硬的丘陵地带夷为平地，随后开始挖掘和削铲 6 号干船坞的主体部分。当时，整个准备工程共挖掘和削铲产生了 150 万立方米的土砂和碎石，这次工程是日本政府从未经历过的庞大施工工程，施工过程中大量使用了蒸汽挖土机、电动挖土机等非常现代化的重型机械设备。6 号干船坞准备工程中所产生的大量残土主要用于干船坞周边海域内的填海造地工程，在残土搬运过程中，大量使用了以蒸汽机车作为牵引动力的自动翻斗车。

6 号干船坞主体部分挖掘工程结束之后，开始在干船坞的坞底面和两侧坞壁浇注混凝土材料。平成十七年（2005 年），日本政府对 6 号干船坞进行技术维修时对整个干船坞的构造进行了调查，调查结果显示干船坞的坞底面采用钢筋材料，由此推断，6 号干船坞是一座由钢筋混凝土材料建成的干船坞。而且，调查结果还确认干船坞坞底面铺设了两列异常坚硬和昂贵的大理石材料。6 号干船坞是将原来的丘陵地削平后再在坚硬的岩石上开凿而成，因此，其地基条件非常良好，其地下水流量也非常少，尽管如此，干船坞坞底部仍然设计有用于地下水排水作业的排水沟。通过各种技术措施，6 号干船坞的地下水水压影响非常小，鉴于此，干船坞坞底部和两侧坞壁的混凝土厚度可以控制在1 米以内，这样大大节约了建造成本。不过，在干船坞入口处部分这种情况有所不同，6 号干船坞入口处部分底部的水深接近 20 米，其强大的水压对干船坞的承受能力有很大的影响，因此，这部分的混凝土厚度至少要达到 5 米以上。

昭和十三年（1938 年），6 号干船坞施工现场设置了两座 20 吨锤头式起重机，随后，昭和十四年（1939 年），又增加设置了两座 60 吨悬臂式起重机。随着施工进度的不断推进，干船坞挖掘施工现场的深度逐渐加深，施工场地内堆积了大量的建设工程残土。6 号干船坞建造完成之后，上述四座起重机在"信浓"号航母的建造过程中发挥了巨大的作用。

6 号干船坞于昭和十五年（1940 年）5 月 4 日建造完成。紧随干船坞服役典礼举行的同时，日本帝国海军开始在 6 号干船坞内建造"信浓"号（改装自大和级战列舰的三号舰）航母。6 号干船坞除在建设过程中就设计了 4 座起重机辅助设备，在建造完成之后又重新设置了 2 座 100 吨悬臂式起重机，后 2 座起重机的设置主要是为了建造"信浓"号航母的需要。6 号干船坞设计的 6 座起重机除了服务于干船坞主体操作业务外，第二次世界大战结束后，这些起重机还主要用于美国海军军舰的改装、维修和日常保养等业务操作。

"信浓"号航母建造工程在横须贺海军工厂内按部就班展开，不过，这艘航母的建造工程非常费功夫，并且，它对于日本帝国海军来说有些姗姗来迟的感觉。昭和十六年（1941 年）12 月 8 日，当日本政府全面挑起第二次世界大战太平洋战场战事之后，日本军令部立即决定中断"信浓"号航母的建造工程，以便腾空 6 号干船坞进行其他海军军舰的改装和维修操作，在这份命令下，正在建造中的"信浓"号航母随时等待出坞。这份命令的发布表明，在第二次世界大战参战初期，日本军方对战舰的实用性产生了疑问，作为弥补措施，日本军令部匆匆地调整了既定方针。不久，日本军令部决定将"信浓"号航母切割分解，舰上的有用器材和设备挪用到其他军舰上去，为了尽快腾空 6 号干船坞，这是日本军方不得不采取的措施。不过，"信浓"号航母建造施工部门对于日本军令部的这项强制命令热情不高，甚至有些抵触情绪，因此，航母分割拆解工作没有任何进展。

昭和十七年（1942 年），"信浓"号航母的命运发生了大逆转，这一年，日本帝国海军与美国海军之间爆发了著名的中途岛大海战，其结果以日本帝国海军惨败收场，并且，在这次海战中，日本帝国海军丧失了很多的航母。大量航母的损失对于日本帝国海军来说影响深远，为了挽回这种颓势，日本帝国海军迫切需要建造大量的新航母以重新确立原来的海军作战体制。这其中就包括正准备拆解的"信浓"号航母，不过，准备拆解中的"信浓"号原为战列舰设计，计划重新建造后的"信浓"号将改为航母设计。在"信浓"号航母中断建造的 3 个月期间，大量损伤军舰蜂拥至横须贺海军工厂内接受维修操作，随着日本军方决定重新开建"信浓"号航母，其后续建造随即以非常快的速度推进。中途岛海战之后，日本帝国海军面临着非常不利的战况，并且，战争物资处于极端匮乏的状态中，不过，横须贺海军工厂已经将全部力量都投入到"信浓"号航母的建造工程中来。昭和十九年（1944 年）11 月 19 日，"信浓"号航母竣工。

不过，"信浓"号航母只是基本建造工程结束，在实际的服役过程中一直处于后续的施工状态中，为了彻底结束残留部分的建造任务，日本军方命令"信浓"号返回吴港海军工厂接受最后的建造。不过，在返回吴港海军工厂途中，"信浓"号被美国海军"射水鱼"号潜艇盯上，结果"射水鱼"号潜艇发射的一枚鱼雷将"信浓"号航母击中，随即沉没，于是，"信浓"号航母的服役终结点永远固定在了昭和十九年（1944 年）11 月 29 日。

横须贺 6 号干船坞基本技术数据概况

主体构造	钢筋混凝土材料建造
开工日期	昭和十年（1935 年）7 月
竣工日期	昭和十五年（1940 年）5 月
设计者	吉田直
施工管理者	
设计全长	365.80 米
平均宽度	67.50 米
坞深	17.00 米
长度延长工程	未曾进行长度延长扩建工程
可入坞操作舰船（最大）	"信浓"号

横须贺第 6 号干船坞远眺，可见坞壁上遍布塔型起重机、电动绞车等各种辅助设施

坞门附近及排干坞内海水作用的泵站房设施

坞内侧的塔型起重机及周边设施情况

第十一章
海自航母发展
——日本海上自卫队的航母发展历史与建造构想

　　自第二次世界大战结束后的 1945 年 8 月至 1952 年日本海上自卫队前身——日本海上警备队的创建，在此期间，日本航母发展经历了 7 年时间的空白期，随着日本海上警备队及 1954 年日本海上自卫队的成立，日本的航母计划再次浮出水面。

　　1954 年至 1998 年，这 45 年可以看作日本海上自卫队航母发展的恢复期和蛰伏期，经过大战之后的日本航母发展一改往日的快速崛起，当时这既是日本国内力量的限制，同时，也是美国及世界舆论限制的结果。在蛰伏期间，日本海上自卫队先后制订了 CVH 直升机航母计划、DLH 航母计划、DDV 母机驱逐舰计划和 LST 运输舰计划。最终，随着 3 艘大隅级运输舰的建成服役，日本的航母发展再次走向历史前台。

　　自大隅级运输舰第一次试探性建造之后，日本海上自卫队紧随其后进行了 2 艘更大吨位的日向级直升机母舰的建造，最近两年又进行了比日向级直升机母舰吨位更大的 19500 吨级（22DDH 级）直升机母舰的建造，这两级直升机母舰的建成与服役标志着日本海上自卫队开始逐步恢复日本帝国海军时期的航母特混舰队实力。

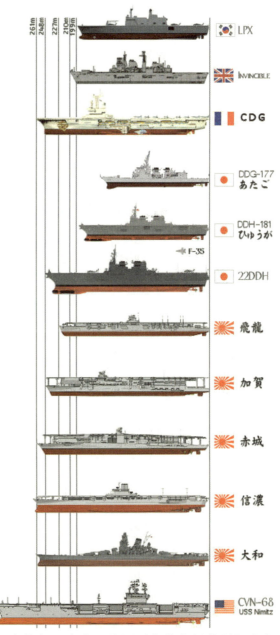

日·本·百·年·航·母

鉴于航母拥有巨大的战争威力，日本一侧对航母的发展是铁定了心要继续走下去，而作为其受害国之一的美国，今天仍然是日本占领者，他们的政策是既限制又纵容，未来，这一趋势将长久存在下去，至于究竟在哪个时间点会再次爆发航母大战，用中国人经常用的一句话，"那还是留给后代去解决吧！"。

上图罗列出了日本帝国海军时期的各大主力航母及"大和"号战列舰、日本海上自卫队时期的日向级和22DDH级及爱宕级宙斯盾导弹驱逐舰、韩国海军独岛级直升机母舰、英国皇家海军无敌级轻型航母、法国海军"戴高乐"号中型核动力航母、美国海军尼米兹级大型核动力航母之间的舰体设计长度及舰型设计对比示意图，由上至下依次是韩国海军独岛级（舰长199米）、英国皇家海军无敌级（舰长210米）、法国海军"戴高乐"号（舰长261米）、日本海上自卫队爱宕级（舰长超过100米）、日本海上自卫队日向级（舰长接近199米）、日本海上自卫队22DDH级（舰长248米）、日本帝国海军"飞龙"号航母（舰长227米）、"加贺"号（舰长248米）、"赤城"号（舰长261米）、"信浓"号（舰长超过261米）、"大和"号（舰长261米）、美国海军尼米兹级（舰长333米），从上述舰长对比来看，日向级较小，而22DDH级较大，其长度设计已经接近日本帝国海军时期的各大主力攻击航母，包括"赤城"号和"加贺"号两艘最典型的攻击航母，并与法国海军"戴高乐"号核动力航母接近，然而与美国海军尼米兹级却存在着很大的差距。

下面各节将对日本海上自卫队的航母发展历史以及三级采取典型全贯通飞行甲板设计的军舰进行详细的分析和解读。

第一节　日本海上自卫队航母发展由构想变成现实（1952 年—1998 年）——CVH 直升机航母计划、DLH 航母计划、DDV 母机驱逐舰计划及 DDH 直升机驱逐计划

自第二次世界大战结束后的 1945 年 8 月至 1952 年日本海上自卫队前身——日本海上警备队的创建，在此期间，日本航母发展经历了 7 年时间的空白期，随着日本海上警备队及 1954 年日本海上自卫队的成立，日本的航母计划再次浮出水面。

1954 年至 1998 年，这 45 年可以看作日本海上自卫队航母发展的恢复期和蛰伏期，经过大战之后的日本航母发展一改往日的快速崛起，当时这既是日本国内力量的限制，同时，也是美国及世界舆论限制的结果。不过，随着 3 艘大隅级运输舰的建成服役，日本的航母发展再次走向历史前台。

反潜扫讨群与CVH直升机航母计划（2次防之前）

早在日本保安厅警备队的创建时期，战后的日本政府就非常重视保持与日本帝国海

军时期航空母舰发展的连续性，并立志于重新获得航母的建造权利。1952 年，日本海上保安厅海上警备队（海上自卫队前身）改编成立后不久，日本政府 Y 委员会即受命制定新日本海军重建方案，在这份方案中，新成立的未来日本海军计划配备 4 艘由美国海军提供的护卫航空母舰。在此期间，由于战后日本政府要求过大，因此，美国政府无法接受这份新日本海军重建方案，尽管如此，1953 年 3 月左右，在讨论反潜扫讨群（HUK 群）编成的具体运用构想时，由于没有作为核心主力舰的护卫航母（CVE），故此，日本构想接受美国的反潜航母（CVS）提供也可以，美国海军也表示如果有护卫航母可以考虑提供给日本。

1954 年，在日本保安厅制订的昭和二十九年度（1954 年）防卫力增强计划中，日本政府要求美国政府在提供 4 艘驱逐舰和 3 艘护卫舰的同时再提供 1 艘驱逐航空母舰。不过，这份构想在日本海上自卫队成立后的 1955 年 4 月左右即宣告全部破产。

尽管如此，日本政府一直没有放弃反潜扫讨群（HUK 群）编成的运用构想，1957 年至 1958 年期间，日本政府再次向美国政府表示组建反潜扫讨群的想法。从设想重新拥有航母的那一时刻开始，日本政府就一直寄希望于从美国政府那里获得现成的航母。1957 年，日本政府开始接收由美国提供的 S2F 一号飞机，在此期间，作为日方接收人员，日本海上自卫队向美国派遣了拥有 P2V－7 驾驶资格的飞行员和维修人员，在赴美期间，这些日军接收人员登上了美国海军现役"普林斯顿"号反潜航母，在海上训练期间，日方接收人员接受了美国海军提供的舰载机起飞与着舰操作体验及舰载机维修培训。甚至，日本政府当时还讨论接受美国海军的埃塞克斯级主力常规航母，不过，鉴于预算上的困难，日本政府最终作罢。

后来，随着反潜巡逻直升机（HS）新技术的不断发展，日本政府又考虑依靠自身力量进行直升机母舰的运用构想。当时，核潜艇刚刚出现在世界的大洋中，这样，反潜军舰在进行反潜规避敌方核潜艇时就必须具备更大的航速，同时，通过水面舰艇搭载平台，还要在反潜队列的前方和侧面配备相应的反潜直升机，以增强反潜的捕捉效率，这种直升机母舰反潜构想在当时的世界范围内是史无前例的开创性运用思想。事实证明，后来的日本海上自卫队航母运用一直以这种构想为基础。

基于上述直升机母舰反潜运用思想，日本海上自卫队构想了 2 种直升机母舰设计方案，其一为 CVH－a 方案，这种方案中的直升机母舰设计标准排水量为 23000 吨，舰载反潜机群包括 18 架反潜直升机和 6 架 S2F 反潜巡逻机；其二为 CVH－b 方案，这种方案中的直升机母舰设计标准排水量为 11000 吨，舰载 18 架反潜直升机，经过两种方案的综合性对比讨论，日本海上自卫队认为 CVH－b 方案更优秀。

1959 年，日本海上幕僚监部内部提出了更具体化的 CVH 直升机航母设计方案，同年 8 月，技术研究本部以内部讨论资料形式更进一步地制成了 CVH 直升机航母的设计诸元及设计草图，其基本概况如下：

CVH 直升机航母设计标准排水量 8000 吨，满载排水量 14000 吨，全长 166.5 米，水线长 160 米，水线宽 22 米，吃水 6.5 米，发动机包括 2 部锅炉、2 部蒸汽涡轮机

（输出功率 30000 马力）、2 轴推进，航速 29 节，舰载武器包括 4 门 MK33 型 3 英寸联装速射炮，舰载机为 18 架 HSS－2 反潜巡逻直升机，GFCS 为 2 部 MK63 型，舰载雷达包括 1 部 OPS－1 型对空搜索雷达和 1 部 OPS－3 型对海搜索雷达，声纳系统为 1 部 SQS－4 型。

综合来看，CVH 直升机航母的主机以"天津风"号（35－DDG）导弹驱逐舰为标准，其飞行甲板全长为 155 米，最大有效宽度为 26.5 米，飞行甲板中部至后部依次设计了 3 个直升机起降点。舰载机升降机共 2 部，设计规格为 17m×8m，前部升降机为甲板内式，即设计在飞行甲板内，后部升降机为侧舷式，即设计在舰体的一侧。机库设计全长 112.5 米，最大宽度 22 米，它可完全存放 18 架 HSS－2 型直升机。为了提升整个军舰的损害控制水平，在舰体中心位置靠后大约 4 米的地方，另设计了一部滑动式舱门，在非常时期，这个舱门可关闭起来从而前机库分隔成前后两个部分，以防止机库另一侧的灾难性事故蔓延至另一侧，这样可防止破坏程度的上升，提高军舰对损害水平的控制。

CVH 直升机航母建造费用中的 80.5％由日本政府承担，其中的 19.5％由美国政府承担，预算的 27 架 HSS－2 型直升机生产经费中的 47.8％由日本政府承担，另外 52.2％由美国政府承担，这样，整个反潜编队的经费由日本政府承担 62.8％，由美国政府承担 37.2％。

后来，CVH 直升机航母又进行了更具体的设计讨论，1960 年 7 月，当时的日本防卫厅通过防卫厅会议正式决定建造这艘航母。然而，就在 1960 年，这个所谓的"60 年安保年"的关键环节中，日本政局陷入混乱，本来应该提到议程上的"2 次防"（第 2 次防卫力整备计划的简称）国防会议不得不延迟。另外，当时日本海上自卫队意图实现远洋作战能力的计划又与日本防卫厅制定的专守防卫的国防政策发生了严重冲突，因此，根据昭和三十六年度（1961 年）日本政府预算及 2 次防确定的内容，CVH 直升机航母计划未能顺利获得通过，后来，CVH 直升机航母计划自动取消。

CVH 直升机航母设计想象图及编队作战构想示意

8 舰 6 机体制及 DLH 航母（3 次防至 4 次防）

在第 3 次防卫力整备计划（简称"3 次防"，1967 年至 1971 年）期间，日本海上自卫队舰队构成计划采用 8 舰 6 机体制的构想，基于此，日本防卫厅计划建造 2 艘可搭载 3 架直升机的 4700 吨级直升机驱逐舰（DDH）。

在后来的第 4 次防卫力整备计划（简称"4 次防"，1972 年至 1976 年）期间，通过作战计划研究的方法，日本防卫厅对这次防卫力整备计划进行了具体化，其结果是 8 舰 6 机体制将作为护卫队群的基干力量构成，同时，为了增强舰队防空火力，这个体制中还将会编入一艘搭载美国海军"鞑靼人"防空导弹系统的导弹驱逐舰（DDG）。为了充分满足日本海上自卫队未来的航空运用能力和舰队防空导弹运用能力，日本构想建造 1 级 8700 吨级的 DLH 航母。

这艘 DLH 航母是日本防卫厅建设第 2 个护卫队群，实施护卫队群现代化和建设反潜扫讨群计划的重要组成部分。早期设计方案中的 DLH 航母标准排水量介于 8700 吨至 10000 吨之间，动力推进系统主机采取输出功率为 12 万马力的蒸汽涡轮机，可搭载 6 架反潜直升机，舰载防空导弹配备"标准"导弹，计划建造 2 艘。后来，这项建造计划受世界性石油危机影响，航母设计进行了缩小处理，其标准排水量降至 8300 吨，蒸汽涡轮机改成 12 万马力的输出功率，舰载机仍然为 6 架反潜直升机，不装备防空导弹，其建造数量在 4 次防期间也减少至 1 艘。

DLH 航母设计考虑搭载、运用未来的鹞式垂直起降舰载战斗机，故此，计划采用全贯通飞行甲板设计。1971 年，在日本名古屋国际航空展期间，日本海上自卫队干部曾经体验了鹞式舰载战斗机的搭乘经验，另外，当时日本大藏省也承认为相关 VTOL（垂直起降）舰载战斗机的调查研究提供了经费，这些调查团还前往英国进行参观考察。

不过，在日本国防会议事务局局长海原治的反对及石油危机影响的双重打击下，新编反潜扫讨群的计划再次遭遇挫折，相反，4700 吨级直升机驱逐舰（DDH）的扩大改良型——即 2 艘 5200 吨级直升机驱逐舰的建造计划却顺利通过，分别是 1 艘 50 年度计划舰［后来的榛名级直升机驱逐舰 1 号舰"榛名"号（43DDH）］和 1 艘 51 年度计划舰［后来的榛名级直升机驱逐舰 2 号"鞍马"号（51DDH）］。

后来，日本海上自卫队以精心筹划的 8 舰 8 机体制取代了原来的 8 舰 6 机体制，在这种全新体制下，直升机驱逐舰逐渐活跃为航空方面的核心主力舰。

海上防空和 DDV 母机驱逐舰

1970 年代后半期，日本提出了"海上交通线防卫"这个全新的概念，并对其非常重视。1976 年，刚刚就任海上幕僚长（海军参谋长、海军司令）的中村悌次海军上将提出应该在东京至关岛和菲律宾巴士海峡之间连接两条海上交通线，并将其纳入日本海上自卫队的防守范围之内。

"榛名"号（43DDH）直升机驱逐舰

"鞍马"号（51DDH）直升机驱逐舰

1981 年 5 月，访问美国华盛顿特区的时任日本内阁总理大臣铃木善幸再次提出海上交通线概念，并提倡应该对 1000 海里的海上交通线进行防卫，后来的中曾根康弘内阁对这些防卫措施进行了具体化研究。

1977 年 9 月，提倡中村海上交通线的中村海上幕僚长离职，他在离职讲话中说到：在海上防空领域，我在任职内既没有装备导弹也没有获得像 V/STOL 飞机这样的高性能舰载战斗机，确实感到悔恨。在此前后，苏联军队正在积极研制射程达到 400 公里的 Kh－22（AS－4"厨房"）超音速空对舰导弹，作为其搭载母机的图－22M 轰炸机也发挥出超音速的高性能，同时，还在推进图－16 电子战飞机的开发和生产，这款飞机的电子攻击设备经过了大幅度的改造，上述这些武器大大增加了对日本的空中威胁。在这种情况下，1986 年 5 月，日本防卫厅内设置的业务运营自主监察委员会经过发展扩大后改编为防卫改革委员会，其下属机构设置了 4 个委员会和 1 个小委员会，这个小委员会就是后来著名的洋上（海上）防空体制研究会，其简称"洋防研"。当时，洋防研主要通过 OTH（超视距）雷达、早期警戒飞机、攻击战斗机等武器研究来探索如何强化和效率化日本的海上防空体制。当时，日本海上自卫队的护卫舰队也在考虑将现役导弹驱逐舰的舰对空导弹系统更新成美国海军的宙斯盾导弹系统，同时，探讨飞机搭载型驱逐舰（DDV）的研制计划。与宙斯盾舰可对空对舰导弹进行直接处理的反应措施不同，DDV 驱逐舰可直接迎击反舰导弹发射前的轰炸机，这个新舰种可承担根本性的"母机处理"职责。

与传统导弹驱逐舰装备的"鞑靼人"防空导弹系统相比，宙斯盾系统具备更远和更强大的导弹防空能力，不过，在遭受数次空袭的情况下，敌人反舰导弹可能会从舰队防空网络中突防进来，这种威胁积累多了可能就会导致整个舰队灭亡，而母机处理能力就是对这种威胁进行处理，因此，对于整个舰队防空非常重要。

DDV 母机驱逐舰设计标准排水量介于 15000 吨至 20000 吨之间，拥有全贯通飞行甲板，可搭载大约 10 架"海鹞"级别的固定翼舰载战斗机，此外，还构想搭载数架早期警戒（AEW）直升机和反潜巡逻直升机。一部分日本人对洋防研提出的母机处理表示强烈反对，另外，最重要的是美国海军也提出了反对意见，美国海军认为在美国海军向日本提供航母护卫的情况下日本应该优先考虑配备宙斯盾舰，而不是 DDV 母机驱逐舰。于是，日本海上幕僚监部最终取消了 DDV 计划，此后重点是引入美国海军的宙斯盾舰。关于进口宙斯盾舰，时任日本海上幕僚长吉田学海军上将说服了当时的美国海军作战部队瓦特金斯上将，也就是说，日本进口的宙斯盾舰不是当初预定的第一代产品，而是最新型的宙斯盾系统。

1985 年 10 月 20 日出版的《日本经济新闻》报纸刊登了日本军事评论家藤木平八郎对纵深海上防空概念的理解，在这篇文章中，藤木指出了海鹞舰载战斗机的能力不足。时任日本统合幕僚会议议长的佐久间一海军上将基于藤木的构想认为：这种 DDV 母机驱逐舰绝对不是我们想要的，不过，它却是头一号的现实性选择。

作为其他候选的海上防空手段，日本还考虑配备以 P－3C 反潜巡逻机为基础、经过改良后具备早期警戒能力以及可搭载 12 枚"不死鸟"空空导弹和 AWG－9 火控系统的 EP－3C 改飞机，日本海上自卫队计划在厚木基地的第 4 航空群内配备 10 架 EP－3C 改、在那霸基地的第 5 航空群内配备 10 架 EP－3C 改，每 10 架编成一个飞行队，另考虑在那霸基地以及硫黄岛基地和父岛基地配备可承担海上防空任务的"空中巡洋舰"，这种空中巡洋舰构想基于 EP－3C 改的作战半径从而限定在冲绳周边空域及硫黄岛周边空域内，与 DDV 母机驱逐舰和宙斯盾舰相比，其作战灵活性和迅速性明显不足，同时，它也不能与护卫舰队联合运用，故此，空中巡洋舰构想很快取消。

DDV 母机驱逐舰构想中考虑使用的鹞式舰载战斗机

拥有全贯通飞行甲板运输舰（LST）的出现

洋防研提出的 DDV 母机驱逐舰计划虽然取消，随后不久又出现了 DDH 直升机驱逐舰的概念。榛名级（43DDH）驱逐舰大概于 1998 年服役期满，其后续舰开发自然提上日程，这就是后来的榛名级替代舰的日向级直升机驱逐舰，或称日向级直升机母舰。

传统的驱逐舰舰型严重限制了舰载直升机联合运用能力及夜间与恶劣气象条件下的维修能力，而采取全贯通飞行甲板的新舰型却可以大大提高上述两种能力。

在日向级直升机驱逐舰之前，另有一款军舰也采取了全贯通飞行甲板设计，这就是渥美级（45LST）坦克登陆舰的后续替代型舰——大隅级运输舰。在渥美级替代型舰研制期间，日本海上自卫队决心尝试一下采取全贯通飞行甲板设计的军舰，这款军舰研制计划由"03 中期防"讨论。大隅级运输舰在研制期间的正式称呼为"1993 年度计划运输舰",它具备 LCAC－1 级气垫登陆艇的搭载母舰功能,同时,为了大幅度提高军舰的登陆能力,在研制阶段还考虑增加搭载运输直升机以实现空中垂直机动运输能力。不过,当时日本社会仍然对航空母舰的舰型设计非常敏感,大隅级的突然出现可能会搅动各方的神经,于是,日本防卫厅对它的研制非常慎重。

在这种背景下,实际建造的 8900 吨级运输舰(即后来的大隅级)对舰载机的搭载能力及舰载机维修能力都进行了最大程度的限制,同时,从运用概念上,取消了大隅级拥有边航行边进行舰载机起飞与着舰操作的所谓"机动登陆战能力",其运用前提是不处于海上漂泊状态,而是处于在港的锚泊状态,在此基础上进行海上作战运输,这种运用前提限制了大隅级的机动作战能力。尽管如此,3 艘大隅级同型舰作为日本海上自卫队的自卫舰(现役军舰)还是破天荒地采用了全贯通飞行甲板设计,这是 1945 年第二次世界大战结束后,日本军舰第一次重新拥有了标准航母的设计模式。

"国东"号(11LST)运输舰,靠近两艘 LACA 气垫登陆艇的军舰,另一艘为大型医院舰

按照欧美国家海军的军舰设计标准,大隅级运输舰为标准的船坞登陆直升机母舰(LPD),其舰型为舰体前部右舷设计有大型的上层建筑物,通称为舰岛,舰载航空系统有全贯通飞行甲板、直升机机库、直升机起降点等,即便如此,日本军舰专家批评大隅级的设计严重限制了舰载机的运用能力,这意味着大隅级的全贯通飞行甲板设计将会更加强势地沿续到未来榛名级驱逐舰替代直升机驱逐舰的研制计划中去,这就是后来的日

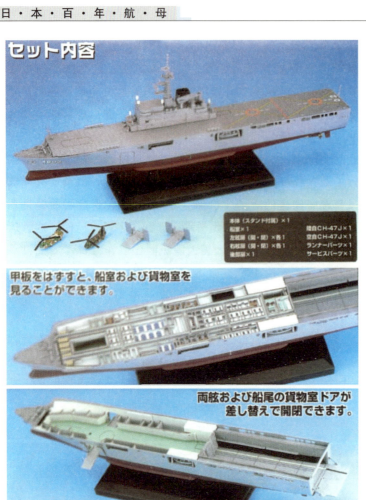

大隅级运输舰及各层甲板的构造布局

向级直升机驱逐舰。

大隅级运输舰具备舰载直升机的起飞与着舰操作能力，不过，并没有考虑对垂直起降型固定翼舰载战斗机的运用，从现实的运用角度来看，大隅级飞行甲板可对多种飞机进行运用是无理要求，不过，从设计者水平来看，日本人希望大隅级的设计者能够认真讨论这种军舰也可以搭载 VSTOL（短距离垂直起降）型舰载机。

2003 年 10 月 2 日，日本众议院安全保障委员会批准采购由 03 中期防中计划的 4 架 AV－8B 鹞 II 舰载战斗机及 13 架 AV－8B＋鹞 II plus 舰载战斗机，总计采购数量为 17 架。自平成八年度以来，每次期防都计划采购鹞式战斗机，总计采购数量 36 架以上，不过，时任防卫厅长官石破茂否认了这些采购计划。此外，同时期计划搭载 AV－8B＋鹞 II plus 舰载战斗机的军舰设计计划也因为政治原因而搁浅，而且，日本还曾经考虑进口 3 架鹞式双座型训练支援飞机，这主要是研究飞机。

另外，1990 年 12 月，在由日本内阁会议决定的 03 中期防制定过程中，日本海上自卫队还直接向中期防提出进口美国海军 V－22 "鱼鹰" 救援飞机的方案，这种飞机主要是作为未来构想的装备。

大隅级二号舰"下北"号（LST－4002），可见其基本舰型设计为：全贯通飞行甲板、右舷中部一体化舰岛、开放式舰艉与舰艏、位于飞行甲板内的升降机及舰艉浸水船坞

第二节　日本海上自卫队航母建造由小型化向中型化发展（1999年—2015年）——大隅级、日向级及22DDH级全贯通飞行甲板设计的军舰

自大隅级运输舰第一次试探性建造之后，日本海上自卫队紧随其后进行了2艘更大吨位的日向级直升机母舰的建造，最近两年又进行了比日向级直升机母舰吨位更大的19500吨级（22DDH级）直升机母舰的建造，这两级直升机母舰的建成与服役标志着日本海上自卫队开始逐步恢复日本帝国海军时期的航母特混舰队实力。

鉴于航母拥有巨大的战争威力，日本一侧对航母的发展是铁定了心要继续走下去，而作为其受害国之一的美国，今天仍然是日本的占领者，他们的政策是既限制又纵容，未来，这一趋势将长久存在下去，至于究竟在哪个时间点会再次爆发航母大战，用中国人经常用的一句话，"那还是留给后代去解决吧！"。

13500吨级直升机驱逐舰（DDH）的登场

榛名级（43DDH）驱逐舰的替代舰建造计划由日本防卫厅"13中期防"提出，2000年1月，时任日本防卫厅长官瓦力在美国加利福尼亚州圣迭戈海军基地内参观访

"日向"号的设计图（无舰载机）

"日向"号的设计图（带舰载机分布）

日向级设计示意图

问时提出：在这期中期防中，日本打算装备具有高度情报通信设备和强化指挥控制能力
的高技术指挥舰。

　　2000 年 12 月，日本内阁会议决定建造这种高技术指挥舰，会议期间还确定了这种
军舰的 3 种舰型设计方案，第一种舰型与传统的直升机驱逐舰完全相同，其主要设计是
甲板上层建筑物位于舰体前部，舰体后部设计有直升机起降平台；第二种舰型是舰桥建
筑物位于舰体中间，并将前后部的甲板分割成两部分，舰桥的前后部设计在直升机甲

板；第三种舰型即是标准航母配备的全贯通飞行甲板舰型，这种舰型设计将会最大程度地发挥舰载航空系统的效率。

在这 3 种设计方案中，最初的第 2 种方案公开发表了示意图及附属的说明文字，在示意图阶段，军舰主桅杆和烟囱靠近右舷一侧，左舷一侧设计有与前后直升机甲板相连接的大型百叶窗和大型舰桥。不过，实际上，这时的日本内阁会议已经内部确定了选择第 3 种全贯通飞行甲板设计方案，之所以公布第 2 种方案只是一种烟雾弹。总之，接近标准航空母舰设计的第 3 种方案拥有很多优点，综合性能优越，最后，在设想了可处理多数水中目标等情况下，正式确定选择第 3 种方案，2003 年，日本政府公开发表了基于第 3 方案的航母设计想象图。

1 号舰建造由日本政府 2004 年度财政预算批准，2006 年 5 月 11 日，2405 号舰（后来又更改为 2319 号舰）正式动工建造，2009 年 3 月 18 日，正式命名为"日向"号（DDH－181）的 2319 号舰服役。2 号舰预定由 2005 年度财政预算拨款，不过，由于日本海上自卫队 C4I 系统列装及相关弹道导弹防御经费迫在眉睫，于是，不得不先拨款完成这两个防卫项目，2 号舰推迟由日本政府 2006 年度财政预算拨款。2008 年 5 月 30 日，2406 号舰（后来更改为 2320 号舰）动工建造，2009 年 8 月 21 日下水，2011 年 3 月 16 日，命名为"伊势"号的 2320 号舰正式服役。

日向级 1 号舰"日向"号（DDH－181），左舷视图

"日向"号，右舷视图

舰机协同的"日向"号

日向级的设计想象示意图

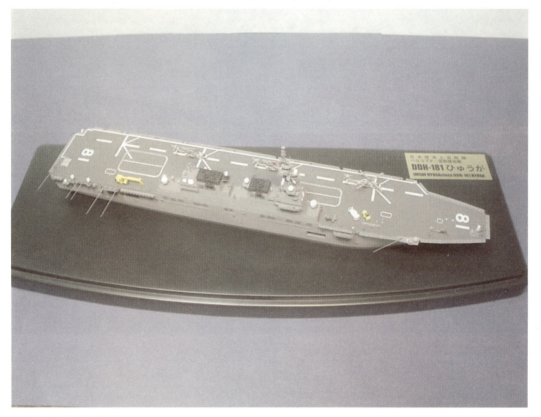

"日向"号的设计模型

"伊势"号的设计模型,舰载机为固定翼的舰载战斗机

日向级的立体设计模型

19500 吨级直升机驱逐舰的建造

2 艘 13500 吨级(16/18DDH)直升机驱逐舰是 2 艘榛名级(43/45DDH)直升机驱逐舰的替代舰,紧随其后,日本政府又公布了 2 艘白根级(50/51DDH)直升机驱逐

舰的替代舰计划，这两艘替代舰预定由日本防卫省"22中期防（预定）"批准建造，不过，随着日本政府第45次众议院议员总选举的进行，在政权交替之中，预定召开的22中期防也不得不推迟，故此，1号舰的建造审批也推迟，最终，19500吨级直升机驱逐舰的1号舰由平成二十二年度（2010年）单年度财政预算拨款建造。

2009年8月31日，根据2010年度预算的概算要求，日本政府正式对外公开发表了建造19500吨级直升机驱逐舰的方针：19500吨级直升机驱逐舰设计标准排水量为19500吨，全长248米，最大直升机搭载量为14架，可同时进行5架直升机的起飞与着舰操作，可向其他水面舰艇提供海上横向补给，具备强化的日本陆上自卫队车辆及作战人员运输能力。

根据19500吨级的初期设计想象图，为了起飞固定翼舰载机，军舰想象图中描绘了倾斜式的构造，不过，最后的设计图中取消了这部分构造。1号舰预算于2010年3月24日正式通过，2012年1月27日，正式在IHI海事联合公司横滨造船厂内开工建造。2号舰于2011年9月30日列入概算要求，2012年4月5日，预算通过。

相关日本对于固定翼舰载机的运用，日本海上幕僚监部防卫部装备体系科科长内岛修海军上校曾在2008年横滨国际航空展期间的讲演中有所提及，他谈到日本将在未来的多功能航母上进行F－35B舰载战斗机运用的构想，其讲演中所使用的参考图还书写着运输能力（面向舰队补给）、飞行跑道（可着舰）、可舰上维修等性能术语。

美国海军对战后日本发展航母的态度变化

自1954年日本海上自卫队创建以来，历年日本海上自卫队的所有军舰建造计划都必须听从美国海军的意见，在计划过程中，美国海军都会向日本海上自卫队提出各种要求，美国一旦反对，那么，日本的军舰建造计划势必取消。比如，日本海上自卫队在建造大隅级运输舰期间就曾经专门向美国海军进行了情况说明，美国海军给予放行。

随着冷战的结束、苏联的解体，日美的共同敌人随之消失，不过，美国海军世世代代都牢记着日本联合舰队攻击珍珠港那最血腥的一幕，因此，对于日本海上自卫队的装备计划，美国海军保持着高度警戒，并强调日本海军装备发展不能太过强大，更不能达到像战前的日本帝国海军那种水平，美国海军希望日本海上自卫队的发展不能再次走向军国化，并对其中的任何苗头都坚决给予拔除。

在美国海军的强烈干预下，战后日本海军舰队发展并没有走上以航母为作战核心的道路，不过，近年来，日本政府认为日中、日韩之间发生了深刻性的政治问题，于是，倍感本地区的安全保障环境不稳定，自身危险性也越来越高，在这种背景下，日本政府寄希望于利用航母来保证海上交通线的安全，并对周边邻国和小国产生一些恫吓的效果。同时，日本海军航母发展又为美国亚太再平衡战略提供了支撑，因此，日美两国之间互相利用的空间很大。

从近年来日本海军航母发展道路来看，其基本策略是小步快跑、逐渐推进、不断挑战底线，从遮遮掩掩的大隅级运输舰、到日向级直升机驱逐舰、再到19500吨级直升机驱逐舰，日本虽然一直采取文字游戏来遮盖，但这些小把戏难逃世人的眼光。如今这3级军舰都是轻型航母，未来它们的替代舰很可能是中型以上的标准航母，但在这些航母的发展过程中，美国海军没有设置任何障碍，这主要是因为在美国海军眼里，今天的日本海上自卫队充其量只是驻日美国海军第七舰队的辅助支援部队，日本现有航母及未来一段时间的航母发展对美国海军构不成任何威胁，相反，它们还是美国海军的有效支援力量，美国海军不需要或不便插手的问题可交由日本海上自卫队出面解决。

从美国海军放行日本海上自卫队建造2艘日向级直升机驱逐舰和2艘19500吨级直升机驱逐舰来看，美国海军在远东军事战略调整过程中有需要日本军事力量介入的要求，由于地缘战略的考虑，日本处于远东地区的中心地带，毗邻俄罗斯、中国、北朝鲜等非美国盟国的军事前沿，日本将会在未来的亚太军事博弈中扮演一名"马前卒"的身份。

因此，综合来看，在未来一段时间内，美国海军对日本海上自卫队的航母发展也不会给予太多的干涉。

"日向"号（右）与美国海军"华盛顿"号（CVN-73）航母联合横跨太平洋

第三节　大隅级运输舰——遮遮掩掩的航母建造、战后日本海上自卫队第一级全贯通甲板设计的军舰、航母发展突破的第一步

　　从日本航母发展历史来看，大隅级两栖运输舰是衔接日本帝国海军航母发展与日本海上自卫队航母发展的桥梁。自 1945 年 8 月至 1998 年大隅号建成服役，在这 53 年时间里，日本航母发展暂时处于蛰伏期，随着 3 艘大隅级的建成服役，日本航母发展再次复活。

　　从整体来看，鉴于第二次世界大战的教训，日本研制与建造大隅级有明显的"掩耳盗铃"式的小偷心理，对相关作战方面的一些核心技术采取遮遮掩掩的做法，而对于像全贯通飞行甲板、一体化舰岛等这些典型航母舰型设计的东西则一次性全部突破，而作战方面的突破则留给了日向级直升机母舰，大隅级的突破仅限于航母的标准舰型设计。

停泊在吴港海军基地内的大隅级"下北"号（LST－4002）运输舰及其后面的日向级"伊势"号（DDH－182）直升机母舰，可见两款军舰的基本舰型设计都为：全贯通飞行甲板、右舷中部一体化舰岛及开放式舰艉与舰艏，这些设计都是现代航母设计的典型特征

　　大隅级两栖运输舰为日本海上自卫队现役核心两栖战舰，同时，也是唯一的现役此类型军舰，它可承担日本陆上自卫队的两栖远洋投送及登陆作战。大隅级舰艉部设计有浸水船坞，可搭载 2 艘 LCAC 气垫登陆艇，此外，舰上除设计有舰员居住区外，还设计有数个日本陆上自卫队队员居住区，这些居住区主要用于日本陆上自卫队特种作战部

队（比如，中央即应集团特殊作战群、中央即应联队）、海军陆战队（比如，西部方面普通科联队）、反恐部队等部队进行两栖海上投送时使用。

目前，1艘大隅级运输舰可运输由1支日本陆上自卫队普通科中队（步兵连）组成的作战单元，这个作战单元包括330名全副武装的日本陆上自卫队队员及所属各种轻重武器及支援武器，包括主战坦克、装甲车、火炮、迫击炮、运输车辆及队员随身携带的各种轻武器。由3艘大隅级运输舰所组成的日本海上自卫队第1运输队可运输由半个日本陆上自卫队普通科联队（步兵团）所组成的作战单元（RCT），这个作战单元包括约1100名全副武装的日本陆上自卫队队员及所属各种轻重武器。

大隅号内的日本陆上自卫队队员居住区，可见其居住环境明显不如舰员居住区宽敞、舒适

"大隅"号一个陆上自卫队队员居住区远观

"大隅"号陆上自卫队队员居住区内的三层床位

"大隅"号的居住床位及简易的共用床头柜

"下北"号内陆上自卫队队员居住区的共用区

"下北"号内的日本陆上自卫队队员居住区，与"大隅"号基本相同

基本技术参数——世界标准的船坞登陆舰设计

大隅级两栖运输舰基本技术参数如下：标准排量为 8900 吨，满载排水量为 14000 吨，设计全长为 178.00 米，全宽为 25.8 米，型深为 17.0 米，吃水为 6.0 米，2 部日本国产三井 16V42M－A 柴油发动机，推进动力可达 13500 马力，2 部推进器，最大航速可达 22 节，舰员 135 名，舰载武器为由 2 部高性能 20 毫米机关炮组成的近防武器系统（CIWS），可携带 2 艘美制 LCAC 气垫登陆艇，舰载雷达共 3 部，分别是 1 部 OPS－14C 对空搜索雷达和 1 部 OPS－28D 对海搜索雷达以及 1 部 OPS－20 导航雷达，电子战及反措施装备为 4 部 MK 36 SRBOC 诱饵发射装置。

在日本海上自卫队中，大隅级运输舰的舰种英文缩写为 LST，意为坦克登陆舰，按照国际标准，相当于美国海军和欧洲海军舰种的船坞登陆舰（LPD）。

在 1990 年代末期，1 艘大隅级运输舰的建造费用大约为 272 亿日元。

发展历史概况——日海自第一级超过万吨的大型主力舰种

按照当初的计划，大隅级运输舰为渥美级运输舰的替代舰，其计划名称为 3500 吨级运输舰，不过，在设计过程中经过了数次更改，最终以 1991 年度（平成三年度）至 1993 年度（平成五年度）的中期防卫力整备计划为依据，形成了 8900 吨级运输舰计划（平成五年度计划舰），并通过日本政府预算，1998 年（平成十年），大隅级 1 号舰正式开始配备日本海上自卫队的运输队。

大隅级运输舰共建造了 3 艘，全部部署在吴港海军基地内，隶属于日本海上自卫队自卫舰队直辖第 1 运输队。

在战后日本海上自卫队的发展历史中，大隅级是第一级满载排水量超过万吨级别的大型主力舰，也正是在 1990 年代末期，日本海上自卫队主力战舰建造进入了一个"爆发期"，从此开始，日本相继建造了 4 艘接近万吨的金刚级宙斯盾舰、2 艘超过万吨的爱宕级宙斯盾舰、2 艘万吨级日向级直升机母舰、2 艘万吨级摩周级舰队作战补给舰，等等。

大隅级基本舰体设计——两栖部队远洋投送舰

大隅级运输舰除舰艏部一部分舰体外，其他舰体采取全贯通直甲板设计，就是类似于大型航空母舰的飞行甲板设计，采取舰岛设计的舰桥上层建筑物则位于右舷一侧。大隅级运输舰具备非常高的隐身性能，主要体现在两个方面，其一是舰体及舰岛建筑物均采取倾斜式设计，这样可有效避开敌舰对海搜索雷达的探测；其二是舰体构件表面均采取平面设计，并尽量减少各种凸凹的表面，这样可减少雷达反射波。此外，3 艘大隅级运输舰在就役时红色的舰底涂装材料涂至吃水线下部，不过，就役后所有运输舰的吃水线附近都采取黑色涂装材料进行涂装。

在舰岛后部的直升机飞行甲板上设计有 2 个直升机起降平台，它们可供 2 架运输直升机同时进行起降操作。在舰岛前方另设计有车辆甲板以及可操作各种设备的器材甲板。车辆甲板下方是一个大型的车库，各种车辆可从舰体两侧舷处的侧舷门进出车库内。在车库和车辆甲板之间的前部以及舰岛的后部均设计有一座升降机，前方升降机的载重量为 20 吨，后方升降机的载重量为 15 吨，它们可在主飞行甲板和车库之间运进运出各种车辆，包括在载重范围之内的主战坦克、装甲车等重型武器。

大隅级运输舰具备非常强大的搭载运输能力，在运输日本陆上自卫队队员时，其运输能力为 330 名全副武装的士兵；在运输大型货运卡车时，其上甲板的运输能力为 38 辆，车辆甲板的运输能力为 27 辆；在运输主战坦克时，比如 90 式或 74 式主战坦克，其运输能力为 18 辆。在运输主战坦克的情况下，车辆甲板的卡车运输能力会下降。

直升机飞行甲板下方是舰艉部浸水船坞，这个船坞可注入海水，它主要用于搭载运输各种小型作战舟艇。在搭载车辆的情况下，这些车辆可直接从车库开出去，如果搭载的是舟艇，那么只需要大隅级运输舰的舰艉部档板放下，舟艇就可直接由舰艉部的浸水船坞倾斜门进出海上。

综合来看，大隅级可对所搭载的日本陆上自卫队进行舰载直升机垂直登陆投送和 LCAC 气垫登陆艇水平投送两种抢滩登陆方式。

大隅级设计模型及搭载能力匹配，由图可见大隅级可一次性搭载的装备包括 2 艘 LCAC 气垫登陆艇、1 架空自 CH-47J 直升机、1 架陆自 CH-47J 直升机、8 辆 73 式大型军用运输卡车、8 辆轻装甲机动车，相关辅助设施有 1 部右舷可开闭式舷门（用于搭载车辆进出）、1 部右舷可开闭式舷门、1 部舰艉舷门（LCAC 气垫登陆艇使用）

大隅级各层甲板构造及装备搭载方式

大隅级设计模型及飞行甲板上的装备搭载能力分配
情况,包括各种车辆、火炮和直升机

停泊在吴港海军基地内的大隅级二号舰"下北"号(LST
—4002)

"下北"号内的车库及两侧已经关闭的车辆通行舷门　　"下北"号内的宽阔车库及远处的浸水船坞

舰艉部的浸水船坞，可见后侧舷门已经打开，船坞内　　"下北"号内闲置的浸水船坞及半开启的舰艉舷门
有一艘 LCAC 气垫登陆艇

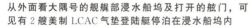

从外面看大隅号的舰艉部浸水船坞及打开的舷门，可　　浸水船坞及右舷侧面上标示的大隅号日语舰名
见有 2 艘美制 LCAC 气垫登陆艇停泊在浸水船坞内

大隅级的舰内通道设计，可见各种管线布在通道的上方

舰内通道全景

大隅级的舰岛左侧及车辆甲板部分，可见车辆甲板上分布着各种固定车辆的设施

大隅级的车辆甲板及前方的器材甲板

大隅级舰岛前部，可见航海舰桥外部的玻璃窗户及其顶部的雷达外罩

由下向上看航海舰桥部

舰岛前部及主桅杆，可见主桅杆上的各种战术数据链及塔康系统、航海舰桥的玻璃窗户

在舰岛后部直升机飞行甲板上设计的 2 个直升机起降平台

俯视舰岛后部及舰岛左侧车辆甲板及舰岛后部的直升机甲板及直升机起降平台

车辆甲板及舰艉部的升降机，这座升降机负责车库与车辆甲板之间的运输作业

车辆甲板及开启的升降机

由航海舰桥向前俯视舰艏部，可见一部美制近防密集阵（CIWS）及舰艏车辆甲板、升降机及遍布甲板上的固定装置

航海舰桥内景，由左侧看右侧部分

航海舰桥内景，由右侧看左侧部分

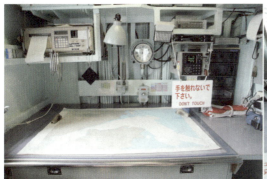

海图制作台

"大隅"号的舰长座席，一般情况下，日本海上自卫队
的舰长座席都是红色的

大隅号的先任海曹室（海军军士长室）

从里向外看"大隅"号的右舷车辆通行舷门

从外面看"大隅"号的右舷人员通行舷梯及车辆通行
舷门

"大隅"号右舷侧面布局，可见有一个小艇存放舱

"大隅"号舰艏布局，可见固定两个锚链的突出结构
（在舷号 4001 附近）

"下北"号内的科员（文职人员）食堂全景

"下北"号的军官室前面通道

"下北"号舰艉部视图

由直升机起降平台看舰岛及舰艏部

大隅级舟艇系统——抢滩登陆方式的彻底变革

在大隅级运输舰服役之前，日本海上自卫队曾经装备了渥美级和三浦级等运输舰，这些运输舰都是物资运输舰，在承担物资运输任务时，它们可直接冲到海滩上，然后把货物卸下来，这就是所谓的"舰艏上滩方式"登陆。大隅级运输舰在运输物资时则不是采取这种直接的方式，其登陆方式为"超视距舰艇方式"。由于舰体庞大，吃水较深，大隅级只是采取间接的方式，这就是利用更小型的运输艇进行登陆物资运输。目前，大隅级运输舰可搭载 2 艘气垫登陆艇 1 号级小型运输艇，这种运输艇就是完全由美国进口的、大名鼎鼎的 LCAC 气垫登陆艇，在达到指定位置时，大隅级运输舰可由舰艉部浸水船坞将这些登陆艇放出去，从而达到物资运输的目标。从 2011 年开始，日本海上自卫队所有气垫登陆艇 1 号级运输艇的服役期都延长了。

目前，舰艏上滩登陆方式可利用的海岸线只占世界海岸线总长度的大约 15％，而采取超视距舰艇登陆方式可利用的海岸线却达世界海岸线总长度的 70％以上，因此，后一种登陆方式更为可选。在后一种登陆方式中，大隅级运输舰为母舰，由于没有必要再采取舰艏上滩登陆方式所采取的特殊舰底及舰体设计，因此，大隅级可具备更好的海上适航性，更远的续航能力，更高的航速以及更强大的海上两栖投送能力。

此外，大隅级运输舰还可搭载交通船 2150 号级运输艇，这种运输艇一直以来都沿袭着 LCM 登陆艇的设计，在吴港海军基地内，一般情况下，这种运输艇主要承担港内支援任务。为了方便物资、器材搬入搬出，大隅级在舰岛、烟囱附近还设计了一座 15 吨起重能力的起重机。

大隅级航空系统——垂直登陆方式

目前，大隅级运输舰既没有设计可用于直升机存放的机库设施，也没有可用于舰载直升机运输的直升机升降机，当然，也没有配备随运输舰一起出行的固定搭载机，因此，大隅级运输舰不是直升机母舰。不过，为了方便日本陆上自卫队人员及物资运输，大隅级可搭载和操作日本陆上自卫队的运输直升机。

在进行运输直升机的运用过程中，大隅级不是以边航行边实施直升机起降操作的所谓机动登陆战方式进行操作，而是在非漂泊的锚泊状态下进行操作，这种运用方式称为海上作战运输方式。依此看来，大隅级只可进行静止状态下的垂直运输，而不具备高强度的海上机动运输能力。

在大隅级的飞行甲板上也铺设了与美国海军尼米兹级核动力航母、黄蜂级船坞登陆直升机母舰、圣安东尼奥级船坞登陆舰等以及日本海上自卫队日向级直升机母舰都相同的 MS－440G 特种防滑材料。此外，前甲板的车辆升降机（载重 20 吨）可升降日本陆上自卫队装备的 H－60 系列运输直升机。比如，在苏门答腊岛海面大地震救援中，执行海外派遣任务的大隅级 3 号舰"国东"号就曾经搭载了 5 架日本陆上自卫队 UH－60J 系列运输直升机，由于大隅级不具备直升机机库及相应的直升机维修能力，故此 UH－60J 系列直升机的维修工作在随同海外派遣的白根级直升机驱逐舰 2 号舰"鞍马"号上展开。而且，大隅级也不具备对日本陆上自卫队装备的 CH－47 大型运输直升机实施例行检查以外的维修能力。

出于政治性考虑，大隅级 1 号舰大隅号没有安装具备横摇防止功能的稳定推进器，这种横摇防止装置可有效提高军舰远洋航行和直升机起降操作时的舰体稳定性，不过，从 2 号舰"下北"号开始，后两艘大隅级都安装了这种稳定推进器。此后，根据日本防卫厅平成十八年度预算，当时的日本防卫厅决定增强大隅级参与国际紧急救援行动的能力，于是，3 艘大隅级获得了大量改装经费，主要改装操作包括安装稳定推进器、增大搭载航空燃料的空量、增加安装当初没有搭载的塔康（TACAN）战术导航系统。

大隅级舰载医疗系统——大型作战医疗舰

大隅级舰载医疗系统主要包括手术室、牙科治疗室、集中治疗室（共安装 2 张床位）、病房（共安装 6 张床位）。与其他日本海上自卫队军舰相比，作为自卫舰，刚刚服役时的 3 艘大隅级是日本海上自卫队中舰载综合医疗能力最强的军舰。其他的一些军舰只是搭乘了医师，可实施一些简单的外科手术，再加上一间充实的医务室而已。截至 2013 年，在日本海上自卫队现役军舰中具备大隅级舰载医疗能力及以上水平的军舰只有 2 艘摩周级大型舰队作战综合补给舰和 2 艘日向级直升机母舰。

此外，在苏门答腊岛海面地震救援行动之后不久，2005 年（平成十七年）6 月，在一次国际紧急救援行动派遣任务中，日本陆上自卫队在"下北"号的车辆甲板上进行了一次野外手术系统展开技术试验。2006 年，由于野外手术系统的电源部分由大隅级舰内安装移至舰外安装，3 艘大隅级都进行了依次的改装操作，经过改装之后，这些大隅级可在大多数的情况下展开野外手术系统，而不再受电源部分的限制。至此，大隅级舰载医疗能力大幅度提升，它们既有了舰内大型内外科手术室，又有了舰外野外手术系统，堪称是名副其实的医院舰。

目前，除美国海军和中国海军拥有大型、专业的综合性医院舰之外，由于医院舰需要装备各种医疗设备，其维护费、维修费等日常经费较大，因此，其他大多数国家海军都没有装备这种特种军舰。

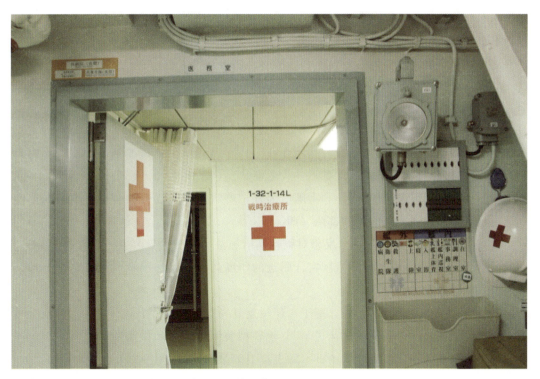

"大隅"号上的战时治疗所，也就是"大隅"号的舰上战时医院

大隅级同型舰——三艘舰配置

截至 2013 年，现役大隅级运输舰共 3 艘，分别是"大隅"号（舰名来自大隅半岛）、"下北"号（舰名来自下北半岛）和"国东"号（舰名来自国东半岛），"大隅"号舰长为海军上校军衔，"下北"号舰长为海军中校军衔，"国东"号舰长为海军上校军衔，其他基本概况如下：

舷号	舰名	建造日期	下水日期	竣工日期	建造船厂	隶属	母港
LST－4001	"大隅"号	1995 年（平成七年）12 月 6 日	1996 年（平成八年）11 月 18 日	1998 年（平成十年）3 月 11 日	三井玉野	自卫舰队直辖第 1 运输队	吴港
LST－4002	"下北"号	1999 年（平成十一年）11 月 30 日	2000 年（平成十二年）11 月 29 日	2002 年（平成十四年）3 月 12 日	三井玉野	自卫舰队直辖第 1 运输队	吴港
LST－4003	"国东"号	2000 年（平成十二年）9 月 7 日	2001 年（平成十三年）12 月 13 日	2003 年（平成十五年）2 月 26 日	日立舞鹤	自卫舰队直辖第 1 运输队	吴港

大隅级海外派遣与参战经历——远洋派遣主力

截至 2013 年，3 艘大隅级运输舰还没有参与真正的战争行动，其海外派遣任务主要以物资运输为主。

1999 年（平成十一年）9 月，刚刚服役的"大隅"号参与了土耳其西北部地震受灾救援任务，在这次超过 1 万海里的远洋派遣任务中，"常磐"号补给舰和"丰后"号扫雷母舰随同"大隅"号海外派遣，当时"大隅"号向土耳其伊斯坦布尔市运送了大量的临时住宅、救灾帐篷、毛毯等物资。在此次救灾派遣任务中，"大隅"号于 9 月 23 日离开吴港海军基地，在到达埃及的亚历山大港之前，"大隅"号没在任何港口进行中途停泊，平均航速 18 节（约 33 公里/小时），连续航行 23 天到达指定地域，这是日本海上自卫队自成立以来进行的第一次长距离远洋连续航行。10 月 19 日，"大隅"号到达伊斯坦布尔市的港口码头。"大隅"号预定于 11 月 22 日返回吴港海军基地，不过，由于"丰后"号扫雷母舰出现状况故此推迟一天返港。

2002 年（平成十四年）3 月，"大隅"号在"峰雪"号驱逐舰的护卫下奉命向东帝汶运送了日本陆上自卫队的维和部队（PKO）。

2003 年 2 月至 4 月，基于《反恐对策特别措施法》，"下北"号在"雷"号（DD－107）驱逐舰的护卫下奉命向靠近阿富汗附近的印度洋沿岸运送了泰国皇家陆军工兵部队以及一些建筑重型机械。

2004 年（平成十六年）2 月，基于《伊拉克复兴支援法》，"大隅"号在"村雨"号驱逐舰的护卫下又奉命向伊拉克运送了 70 辆轻型装甲机动车和供水车等大型车辆，这些装备主要供部署在伊拉克境内的日本陆上自卫队派遣部队使用。

2004 年 12 月 26 日，在苏门答腊岛海面地震（印度洋大海啸）救援行动中，基于日本《国际紧急援助队派遣法》，"国东"号在"鞍马"号直升机驱逐舰和"常磐"号补给舰随同下执行了这次救灾派遣任务。除了各种救灾物资外，当时"国东"号还搭载了日本陆上自卫队 3 架 CH－47JA 运输直升机和 2 架 UH－60JA 直升机，在这次救灾任务中，"国东"号充分发挥了海上基地的职能。

2008 年 11 月 14 日，在 2008 年（平成二十年）日本陆海空联合演习行动中，"下北"号负责搭载日本航空自卫队春日直升机运输队的 CH－47 运输直升机对日本陆上自卫队作战部队实施空中运输训练任务。

2009年9月7日，"下北"号和第5航空群共同参与冲绳县防灾训练任务，在这次训练中，"下北"号搭载了日本航空自卫队、消防、NTT、冲绳电力以及日本红十字会急救车等各种车辆。

2010年5月23日以及6月，"国东"号由吴港海军基地出发参加了在柬埔寨和越南进行的由美国海军太平洋舰队主办的医疗与文化活动。6月28日，活动结束。7月1日，在柬埔寨进行补给之后，"国东"号于7月15日返回吴港海军基地。

2010年8月26日，"下北"号由横须贺海军基地出发前往巴基斯坦参与洪水救灾派遣任务，舰上搭载日本陆上自卫队CH－47JA运输直升机等，9月18日到达巴基斯坦南部的卡拉奇港。

2011年3月5日，"大隅"号奉命参加由日本和印度尼西亚两国共同主办的东南亚诸国联合地域论坛灾害救援行动演习，始发港为吴港海军基地，出发前搭载了日本陆上自卫队的运输直升机。

2011年3月23日，"国东"号参与东日本大地震救援任务，主要负责在宫城县石卷湾内提供舰内临时浴槽铺设，任务结束后返回。7月，"国东"号又参与了日本电影《联合舰队司令长官——山本五十六》的拍摄任务。

海上作业的"大隅"号，可见舰岛上的一架起重机正在吊放一艘小艇

作业中的舰岛起重机及开启的舰艉舷门

执行任务的大隅级"下北"号（LST－4002）及护航驱逐舰，可见"下北"号上搭载的各种装备

第四节 日向级直升机母舰——日本海上自卫队第一款真正的直升机母舰、航母发展 由构想变成现实

从日本航母发展历史上来看，日向级直升机母舰是日本海上自卫队重新恢复日本帝国海军时代庞大航母特混舰队时代的开始，日向级的建成与服役标志着日本航母发展重新获得充足的动力。

日向级直升机母舰是日本海上自卫队现役军舰中设计尺寸最大、排水量最大的主力战舰，1 号舰"日向"号（DDH－181）于 2004 年度（平成十六年）预算建造，2 号舰"伊势"号（DDH－182）于 2006 年度（平成十八年）预算建造，故此两艘又分别称为 16DDH 和 18DDH。

从舰体设计尺寸来看，日向级的舰体设计甚至超过一些国家海军装备的轻型航母和两栖攻击舰，按照国际标准，这样的庞大舰体及设计标准，通常情况下都称为直升机母舰，而日本海上自卫队将其称为直升机搭载护卫舰也正是为了掩盖这种军舰所具备的强大作战能力。由于日本海上自卫队一直将反潜战作为第一要务，因此，日向级沿袭了前一任榛名级的基本设计，故此，日向级也沿袭了榛名级的舰种分类，即直升机搭载护卫舰（DDH）。

目前，日向级与世界上可运用鹞式短距垂直起降（STOVL）型舰载战斗机的轻型航母基本相当，比如西班牙海军现役的"阿斯图里亚斯亲王"号航母、泰国皇家海军现役的"查克里纳吕贝特"号航母等，不过，日本防卫省至今尚未公布日向级是否要运用任何一款固定翼舰载战斗机。

根据日本海上自卫队对直升机搭载护卫舰（DDH）的运用传统，与一般国家装备的直升机母舰相比，日向级安装有更加强大的单舰作战武器装备，这样的综合海上战斗力堪比大型主力导弹驱逐舰，因此，日向级既适合以舰队编队形式参与海战，同样，也能以单舰形式参与海战，其单舰作战装备包括导弹垂直发射系统、反潜鱼雷发射管、大型大功率舰艏声纳、全新开发的 C4I 系统等，这些武器系统可承担非常强大的单舰反潜作战能力。与之形成鲜明对比的是，正在建造中的 2 艘 22DDH 直升机母舰却只安装了一些具备最低限度自卫能力的单舰作战武器，由此看来，22DDH 直升机母舰将更注重以舰队编队形式参与海战，这样其自身防御将由其他护卫舰队承担，而自己将突出航空搭载平台的作用。

靠港的"伊势"号（DDH－182）

在拖船帮助下进入母港的"伊势"号（DDH－182）

在拖船帮助下进入母港的"日向"号（DDH-181）

即将停靠码头的"伊势"号

航自航母发展——日本海上自卫队的航母发展历史与建造构想

在无动力状态下，一艘拖船拖前部、一艘拖船拖后部可以让军舰掉头，然后缓缓停到码头上

在拖船缓缓的推力作用下，"日向"号停泊到码头上，可见在码头与"日向"号舰体之间有一些大型橡胶式浮筒，它可以避免军舰舰体与码头设施之间互相造成损坏

停泊在横须贺海军基地内的"日向"号（DDH-181），后面背景是吾妻岛油库区

日向级基本概况——标准直升机母舰

日向级直升机母舰在日本海上自卫队中的舰种分类是直升机搭载护卫舰（DDH），舰名取自日本旧国名"日向"和"伊势"，于 2006 年至 2009 年期间建造，2009 年开始服役至今。其前级舰为白根级直升机驱逐舰，下一代替代舰为 19500 吨级直升机母舰（22DDH）。

日向级标准排水量为 13950 吨，满载排水量为 19000 吨，设计全长 197 米，全宽 33 米，舰高 48 米，型深为 22 米，吃水 7 米，推进系统采取 COGAG 工作方式，主机为 4 部 LM2500 燃气轮机（25000 马力），2 部推进器，航速可达 30 节，乘员 340 人至 360 人，近距离防御武器系统（CIWS）为 2 部高性能 20 毫米机关炮，配备 7 挺 M2 型 12 点 7 毫米机关枪，配备 1 部 16 单元 MK41 型 MOD22 导弹垂直发射系统。

日向级拥有一个大型的全贯通主飞行甲板，因此，可同时运用日本海上自卫队现役的大多数巡逻直升机，这是一种标准的直升机母舰。

由于舰体容积庞大及舰载直升机数量众多，因此，日向级具备非常强大的人员及物资运输能力，它可承担两栖突击登陆、两栖战略投送、两栖任务派遣、灾害派遣等任务，与其他主力战舰相比，此舰种可承担一些救灾、撤侨、维和等民事任务，与其他直升机驱逐舰相比，此舰种可承担用途非常广泛的多任务作战能力，这是日向级与其他日本海上自卫队现役军舰最主要的一个区别特征。

发展历史概况——日海自变得强大的转折点

日向级直升机母舰为榛名级直升机驱逐舰的替代舰。榛名级直升机驱逐舰1号舰"榛名"号（DDH-43）于1973年服役，鉴于其老化状况严重，于是，2000年，中期防内阁会议决定起动榛名级后续舰的建造计划。根据这次会议，日本内阁提出了3种舰型的设计方案。第一种设计方案的舰型与一直以来的直升机搭载护卫舰相同，都是主甲板上层建筑物设计在舰艏部，舰艉部设计有直升机起降平台。第二种设计方案的舰型是舰桥将主甲板分成前后两个部分，舰桥的前后部分都设计有直升机起降甲板。第三种设计方案的舰型为全贯通主甲板，也就是最终采取的这个设计方案。

在这三种设计方案中，第二种是当初计划选择的，这个方案的设计是主桅杆和烟囱都靠近右舷一侧，左舷一侧设计有与前后直升机起降甲板相连的大型防波板和巨大的舰桥。

2003年，为了提高新型舰的直升机同时运用能力，舰型设计改为第三种方案，同时，向外发布了舰体设计想象图。

在2005年度预算中，日本防卫省紧随日向级1号舰之后要求批准2号舰的建造预算，不过，迫于相关弹道导弹防御建设的压力，日本政府未能批准。在2006年度预算中，日本防卫省的要求才随心所愿，日向级2号舰的建造预算于当年度通过。

舰体设计——具备多功能的航空搭载平台与单舰作战能力

与同样具备直升机运用能力及日本海上自卫队护卫队群旗舰能力的榛名级直升机驱逐舰相比，作为其发展型的日向级直升机母舰具备质变性的飞跃，后者的各种能力都有了根本性的提高，其标准排水量也创建了日本海上自卫队历代自卫舰之最，达到了13950吨，满载排水量更是达到了19000吨，其排水量设计与意大利海军现役"加里波第"号航母、西班牙海军现役"阿斯图里亚斯亲王"号航母、泰国皇家海军"查克里纳吕贝特"号航母等轻型航母基本相当，但综合能力却有很大程度的提高，其排水量小于英国皇家海军现役的船坞登陆直升机母舰"海洋"号。

从舰型设计和舰载装备来看，日向级与日本海上自卫队以往的驱逐舰和护卫舰完全不同，这类舰种在日本海上自卫队中主要承担潜艇驱逐（DD）任务，当然这种潜艇驱逐任务主要是通过舰载反潜直升机（H）来完成，故此，日本海上自卫队将其舰种分类定为直升机搭载护卫舰（DDH）。日向级的主战装备是一部16单元MK41导弹垂直发射系统，可发射几种舰对空防空导弹，不过，没有装备速射炮这类大口径舰载主炮，因此，单舰的舰对舰作战不是日向级的主要任务。

在设计阶段，日向级并未考虑运用V/STOL型固定翼舰载战斗机，在搭载和运用这种作战飞机时，大多数的外国军舰都设置了带一定倾角的滑跃甲板，不过，日向级并没有设计这种助飞甲板。现役阶段的日向级飞行甲板可操作和运用高强度起降的 MH－53E 这种大型舰载直升机，目前，日本海上自卫队现役的 MH－53E 直升机设计全重为 33.3 吨，它比鹞式 II 短距垂直起降战斗机的设计全重还重一些。

日向级舰桥设计靠近右舷部，舰艏至舰艉部为全贯通的上部甲板，同时，兼具飞行甲板的任务，这个全贯通甲板可同时起降 3 架舰载直升机，舰体后部约三分之一部分为水平的直升机甲板，它与以往的直升机搭载护卫舰设计基本相同，不过，这部分起降甲板不具备同时起降舰载直升机的能力，它只有在某一个时间段内进行一种舰载直升机操作，或起飞，或着陆。此外，通过优化设计，遮挡视野的舰桥气流事件也大幅度减少，这样，直升机进行着舰的操作也更加容易。

日向级舰体与上层建筑物都进行了隐身化设计，主要体现在舰体侧面都进行了倾斜设计，舰体表面也都进行了平滑处理，这些措施都可有效防止敌舰对海搜索雷达等探测装备对军舰的探测和跟踪。

作为日本海上自卫队护卫队群的旗舰，日向级具备全面的旗舰能力，主要体现在可搭载全编制的舰载指挥部，这些能力主要包括日向级设计有司令办公室、舰载作战参谋人员事务室、司令部人员居住空间、可供紧急灾害对策本部使用的大型会议室等参谋机构设施。

此外，作为主力战斗舰，日向级在设计阶段就充分考虑了女性舰员的搭载问题，为此，舰上设计了专门的女性自卫官居住空间，这部分居住空间可搭载 17 名女性自卫官。

日本海上自卫队直升机搭载护卫舰舰种基本技术对照表（包括日向级、白根级和榛名级）

技术标准	日向级	白根级	榛名级
标准排水量	13950 吨	5200 吨	4950 吨
满载排水量	19000 吨	6800 吨	6850 吨
动力系统	4 部 LM2500 燃气轮机（共 100000 马力）	2 组蒸汽涡轮机（共 70000 马力）	
航速	30 节以上	32 节	31 节
舰载武器	高性能 20 毫米机关炮 2 部 12 点 7 毫米机关枪 7 挺 MK41 垂直发射系统：16 单元 （ESSM、VLA）1 部 轻型鱼雷 3 联装发射管 2 部	54 口径 5 英寸单装速射型舰炮 2 门 高性能 20 毫米机关炮 2 部 海麻雀 8 联装发射装置 1 部 阿斯洛克 8 联装发射装置 1 部 轻型鱼雷 3 联装发射管 2 部	
直升机搭载能力	11 架	3 架	
固定直升机搭载数量	反潜巡逻直升机 3 架 （根据需要，可固定搭载扫雷 —运输直升机 1 架）	反潜巡逻直升机 3 架	
直升机同时起飞和着陆	可能（可同时操作 3 架）	不可能	

通过上表可以看出，与前一级白根级直升机驱逐舰相比，日向级标准排水量增加幅度达 8750 吨，其中，约 480 吨为情报与指挥通信能力提升、设置多任务分区等改进措施增重，约 3230 吨为直升机同时运用能力提升、增设直升机机库及维修空间、设计 2 部直升机升降机等改进措施增重，约 830 吨为舰载武器能力提升、装备舰用声纳及火控系统等改进措施增重，约 1120 吨为推进系统、配电系统、发电能力提升及装备大功率发动机、发电机等改进措施增重，约 2940 吨为抗浪性、居住性提升以及动力系统舱段二重构建改造、双层床铺改造、追加休息区舱段等改进措施增重。

与日本海上自卫队其他直升机搭载护卫舰（DDH）相比，日向级拥有更加宽阔的直升机甲板和大型机库，不过，与这些前级舰相比，日向级的直升机运用能力更加强大，它只需要短短的 20 分钟时间就可完成一次舰载直升机的起飞和着舰操作，这样的直升机可分为轻型、中型和重型 3 种。当处于飞行状态中的直升机遇有问题时可立刻进行着舰操作，而不会耽误正在进行起飞操作中的直升机升空，这就是同时具备直升机起飞与着舰操作的优势，而此前的所有直升机搭载护卫舰都不具备这种技术优势，因此，会面临各种运用制约。在更加宽阔的机库内，日向级可提供直升机主旋翼维修这样级别的大修操作，在进行此类维修期间，不需要再像其他直升机搭载护卫舰一样要到主甲板上去实施，这样就不会影响主甲板上正常进行的直升机起飞与着舰操作，因此，即使是在极端恶劣的气象条件下，日向级仍可同时展开各种甲板飞行操作和机库内维修活动。

日向级飞行甲板可同时进行 3 架反潜巡逻直升机的起飞与着舰操作，同时，另外配备 1 个供运输直升机等其他类型直升机运用的备用直升机起飞与着陆平台，机库可最多存放 7 架直升机，这样飞行甲板和机库最多可停放 11 架直升机。

根据平成十八年度防卫预算要求，日向级的舰体设计追加了一些设备安装，主要包括在烟囱之间安装海上补给装置、在机库内安装一个中间区及移动装置。

"日向"号内部的各种管线、配线、通道及舷梯设计　　　"日向"号的航海舰桥内景

航海舰桥内的海图台

航海舰桥内的操舵台及操舵轮

航海舰桥右部及舰长座席

航海舰桥右部及操舵台附近

操舵台及其前方的各种电子仪表

"伊势"号的动力舱发动机控制中心

航海舰桥的外部构造

右舷侧面的小艇存放舱

从右舷侧面看舰岛及主桅杆部分

开启状态下的右侧舷门，可以看出它与大隅级的车辆通行舷门设计完全不同，因为，日向级飞行甲板下面的是机库，而大隅级下面的是车库

主桅杆视图，可见上面飘扬着一面2星将旗，这说明有一名2星海军少将的护卫队群司令坐镇在这艘军舰上

舰岛全视，前方为航海舰桥（主桅杆下方），后方为航空操作与指挥舰桥，中间为动力舱的排烟烟囱及通风孔

正视航空操作舰桥及其顶部的玻璃窗户、雷达外罩设施

侧视航空操作舰桥及其周边设备

由飞行甲板进出航海舰桥、航空操作舰桥及舰岛内部的铁门

"日向"号舰岛右侧布局

"日向"号主要军官们的姓名牌

"伊势"号主要军官们的姓名牌

"伊势"号 4 位主要军官姓名牌

"日向"号的先任海曹室（海军军士长室）及室外的衣帽钩

"日向"号用于上下层甲板之间通行的舷梯

侧舷通道及上下甲板通行的舷梯

布线及管道相对较少的舰内通道

气体管道及下面的通道

舷梯及指示标志

就餐时的舰上科员及科员食堂，军官及舰员们另有军官食堂和舰员食堂

科员食堂操作间及交易柜台

科员们的餐饮标准，照比现在的中国陆军标准差远了

"伊势"号的科员食堂

"伊势"号内的自动饮料出售机

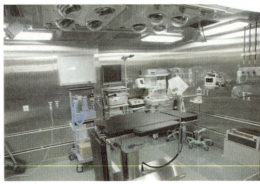

"伊势"号医务室内的操作台

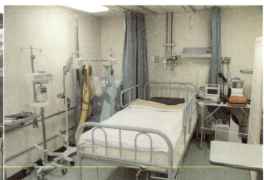

"伊势"号医务室内的病床

"伊势"号医务室内的医生工作区

"伊势"号医务室的上下铺床位

"伊势"号内的侧舷通道

"伊势"号内的主要军官及舰员登记板

"伊势"号的锁甲板内景

"伊势"号锁甲板内的系缆柱，表面地图为日本全国地图

锁甲板内景

"日向"号的舰艏部构造

C4I 指挥通信系统——标准的舰载作战司令部配置

作为主力战舰，日向级可完全容纳一个日本海上自卫队护卫队群司令部登舰，其配套基础设施组成舰载指挥作战司令部，这样功能的设施包括旗舰司令部作战室和舰队情报中心（FIC），其中，舰队情报中心位于第2层甲板，毗连联合情报中心（CIC）的后部，它与美国海军航母及两栖攻击舰所设置的 TFCC（特混舰队指挥中心）具备相同的作战指挥与控制功能。在舰队情况中心内，设置有 MOF 系统的新型舰载终端，这就是所谓 MTA 的日本海上自卫队基干指挥线路。

此外，为了增强通信功能，日向级还安装了比其他直升机搭载护卫舰所安装的 SU-PERBIRD B2 更先进的系统，这就是高速、大容量的 SUPERBIRD D 系统，它是一种卫星通信系统，此外，根据情况的需要，日向级还可使用更大容量的 Ku 波段卫星通信。同时，考虑到要与美国海军进行联合海上作战，日向级上还设置了作为美国海军基干指挥线路的 GCCS－M，这种通信线路可通过 USC－42 Mini－DAMA 供美国海军 FLTSATCOM 等 UHF 频率卫星通信使用。

　　同在第2层甲板前方，日向级设计有一个多目的室。在多目的室内安装有OA地板和可移动式隔断舱，在一些必要的情况下，多目的室的构造布局可进行重大改变，以适应在执行大规模灾害派遣任务时，供由日本地方自治体组成的灾害对策本部使用，在执行海外派遣任务时，供日本陆海空联合任务部队司令部等指挥机关使用。

　　在联合情报中心（CIC）内设置有OYQ－10型先进作战指挥系统（ACDS），这套系统主要承担单舰作战的战斗指挥与控制任务。OYQ－10系统可为各种舰载装备操作员提供判断支援和操作支援服务，针对各种预想的战术情况，基于大型作战数据库，OYQ－10可通过运用形式化的IF－THEN规则对战术条令进行管制。通过这套系统，装备操作员对各种舰载装备的直接操作降低到最小程度，而战术决策的速度却达到了最大化的程度。同时，通过NOYQ－1舰内联合网络系统，OYQ－1系统又可与FCS－3防空战斗系统、OQQ－21反潜战斗系统、舰载电子战装置等作战系统进行连接，由此，OYQ－1先进作战指挥系统可将全舰的战斗系统纳入到一个统一的系统中来，这套全新的战斗指挥系统总称为先进技术战斗系统（ATECS）。

多目的区内的办公设施

"伊势"号的舰长室

"伊势"号舰长室内的会客区

"伊势"号内的搭乘人员待机室，前面安装了电视

搭乘人员待机室后面的座椅

"伊势"号内的舰上司令部办公区，高级军官的会客区

舰上司令部办公区的作战参谋工作区

"伊势"号本舰的军官办公区

军官办公区内的会客区

航空系统设计——日海自现役最强的航空系统

通过采取全贯通直甲板设计，日向级具备同时起降大多数舰载直升机的能力；通过配备航空支援设备，日向级又具备级别非常高的舰载直升机维修支援能力；通过配备大型机库，日向级又具备多架直升机容纳能力；通过安装高度先进的 C4I 系统，日向级又具备复杂的航空管制能力。通常情况下，日向级可搭载 3 架 SH－60J 型或 SH－60K 型反潜巡逻直升机。日向级这个直升机搭载定数与前任榛名级和白根级直升机驱逐舰完全相同，不过，在一些必要的情况下，日向级还可追加搭载 1 架 MCH－101 扫雷与运输直升机。

包含航空维修区和直升机升降机在内的日向级机库设计全长为 120 米，全宽为 19 米至 20 米，在机库面积仅为 60 米×19 米的空间范围内，日向级可为日本海上自卫队 1 个护卫队群搭载标准编制的 8 架 SH－60 系列反潜巡逻直升机，这大大提升了护卫队群机动作战能力。通过防火隔断舱，日向级机库被分隔成前后两个机库区。其中，后部直升机升降机包含在后方机库区内，一个 20 米见方的航空维修区也设置在后方机库区内，这是最大的一个航空维修区，它可在舰内条件下对舰载直升机的主旋翼进行维修。后部直升机升降机可由飞行甲板直接到达后方机库区，在前后两个机库区，日向级共设计了 2 部这样 20 米长度的升降机设施，其中，后部升降机的宽度为 13 米，它可搭载 1 架主旋翼处于展开状态下的 SH－60 系列直升机，并且，后部升降机还可直接将直升机由飞行甲板搬运至航空维修区内。前部直升机升降机的宽度为 10 米，为小型升降机。此外，对应机库，日向级在舰体前后两侧还安装了 2 部武器弹药运输升降机，它们可承担直升机机载反舰导弹、鱼雷等武器装备的运输任务。

日向级飞行甲板表面共设计有 4 个直升机起降平台，其中 3 个起降平台可同时进行直升机起降操作。日向级没有采取侧舷升降机设计。

在执行大规模灾害派遣任务时，日向级可搭载日本海上自卫队第 72 航空队和第 73 航空队所装备 UH－60J 搜索与救援直升机，这时的日向级主要承担海上救援基地的功能。同样，在大规模海上作战行动中，日向级还可承担海上作战基地职责，这时主要搭载各种反潜巡逻直升机、武装直升机。

舰载直升机清洗需要大量的淡水资源，同时，为了向全舰提供淡水消耗，日向级安装了海水淡化装置，这些海水淡化装置与没有搭载舰载直升机的金刚级宙斯盾导弹驱逐舰是同型同数量。此外，作为辅助热源，日向级还安装了锅炉设备，这些锅炉的型号和数量也与金刚级驱逐舰相同。

"伊势"号的飞行甲板及舰载机起降设计示意图

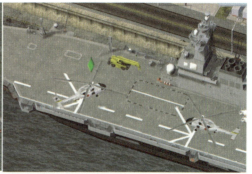

前部舰载机升降机及两架舰载直升机

停泊在吴港海军基地内的"伊势"号飞行甲板全视

舰岛左前侧的舰载升降机

飞行甲板前部的布局及舰载各种特种车辆

飞行甲板上舰载消防车

飞行甲板表面的特种铺装材料，防滑性能特别优秀

飞行甲板侧舷部的设计结构及装备配置

从舰艏向舰艉前看"日向"号的机库

从舰艉向舰艏看"日向"号的直升机机库，这个机库的上方是飞行甲板，机库前部的空间是舰岛左侧升降机的上下竖井

左舷一侧的机库侧壁构造

正在操作中的舰岛左侧升降机

完全降至机库甲板上的舰岛左侧升降机，其长度为 20 米，宽度为 10 米

舰岛及其左前方的舰载机升降机（机库前部升降机）

升降机及舰岛周边的设置

由升降操作中的升降机看舰岛

由前部升降机看机库

"伊势"号的舰载直升机维修员待机室

"伊势"号的航空操作舰桥内景　　　　　　　　飞行长座席及其周边的设施分布

"伊势"号机库及各种特种车辆，包括消防车、拖车、　"伊势"号机库内的扫除车，上面日文为"伊势"号
维修车等

机库与升降机之间的过渡部分，可见侧壁遍布各种机械设备

单舰作战系统——相当于通用多功能驱逐舰

日向级在舰艉部右舷附近安装了1部16单元的MK 41型导弹垂直发射系统，它可装填和发射防空用增强型海麻雀舰对空导弹（ESSM）、反潜用07式垂直发射鱼叉射火箭（新型阿斯洛克反潜导弹）。

自从榛名级直升机驱逐舰以来的DDH舰种都可搭载16枚海麻雀舰对空导弹（其中8枚装填在垂直发射系统内准备随时发射，另外8枚储存在武器舱内）和16枚阿斯洛克反潜导弹（其中8枚装填在垂直发射系统内准备随时发射，另外8枚储存在武器舱内）。不过，日向级所搭载的阿斯洛克导弹总数下降，作为补偿，装填海麻雀舰对空导弹的MK 41垂直发射系统可每个发射单元另外搭载4枚MK 25型霰弹，这样日向级的实际备弹数和总数都增加了，并且，在不需要装填动作的MK 41垂直发射系统帮助下，整舰的作战快速反应能力大大加强。另外，日向级还在武器舱内储存了16枚海麻雀导弹，作为备弹，这些导弹只够一次导弹齐射。

防空作战系统

日向级防空作战系统核心由日本防卫省全新开发的FCS－3火控系统和OYQ－10先进作战指挥系统构成，这些战斗系统都是具备高度自动化的防空作战系统。

增强型海麻雀舰对空导弹是海麻雀IPDMS导弹的发展型，前者的机动攻击性能比后者更强。此外，为了同时对多个目标进行反应，增强型海麻雀在中途巡航过程中使用惯性制导方式，这样，导弹的飞行路径就作了最优化处理，在近距离作战中，为了增强导弹的机动性，导弹的推力也得到增强，这样，导弹的射程也延伸至最大50公里。在射程的末段，导弹的机动性急剧下降，故此，增强型海麻雀只具备有限的舰队防空作战能力。在日本海上自卫队主力战舰中，从新建时就开始装备增强型海麻雀导弹的，日向级还是第一个。

为了有效应对比增强型海麻雀可拦截区域更近的近距离航空威胁，日向级还在飞行甲板前端和舰艉部左舷一侧安装了2部美制"密集阵"高性能机关炮，这些武器主要为近距防御系统（CIWS）。

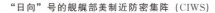

"日向"号的舰艉部美制近防密集阵（CIWS）　　　　　舰艉密集阵特写

FCS-3 火控系统

　　FCS-3 为英文"FIRE CONTROL SYSTEM 火控系统 3 型"的缩略语，其日本防卫省公布的官方正式名称为"00 式火控系统"，该系统是继荷兰"阿帕"雷达、英国"桑普森"雷达之后，世界第三套舰载多功能有源相控阵雷达。

　　FCS-3 型雷达由日本海上自卫队自主负责开发，是同时兼备火控系统（FCS）和舰载主防空雷达双重功能的大型雷达系统，作为一套综合性的舰载防空作战系统，FCS-3 型雷达拥有的超强综合作战性能目前在整个东北亚地区都无出其右者，甚至在全世界的范围来看，日本海上自卫队的综合舰载防空雷达技术也都走在了前列，并很可能会取得进一步的技术优势和世界领先地位。

　　"东瀛之盾"来源于持续不断的技术积累和资金投入

　　早在 20 世纪 80 年代初期，当时的日本海上自卫队正在论证引进美国海军的宙斯盾系统，但对于没有航母同时又缺乏远程防御能力的日本防卫力量来说，即使是引进了宙斯盾系统也难以拦截所有的反舰导弹攻击。而此时日本海上自卫队拥有的是一次只能对付一枚反舰导弹攻击的"海麻雀"防空导弹和 20 毫米口径的近防舰炮系统，这样简单的近程防御很可能会让"八八舰队"瞬间葬身大海。鉴于此，日本海上自卫队计划引进可同时拦截多个空中攻击目标的单舰防御武器系统，并且其外形尺寸和设计总重量要必须满足日本海上自卫队设计的通用多功能驱逐舰的要求。然而，截至当时的现状，世界上并没有合适的系统可以引进，于是，日本海上自卫队决定自行研制这样的系统。

FCS－3型雷达的研制发轫期可以追溯到1980年至1987年间开始的日本防卫五三中期业务预算至五六中期业务预算，并且在随后的三十年间持续不断地投入了大量的研制经费和人力、物力，故此该型雷达才能不断地得到技术方面的积累，并一步步改进和升级，最终成为世界最先进的舰载多功能防空雷达之一。

1986年，当时的日本防卫厅技术研究总部先后耗费了三年时间进行首套FCS－3型雷达技术验证产品的试验性生产，随后这套工作于C波段的相控阵雷达进行了一系列的陆基试验。在各种陆基试验不断取得阶段性成果的基础上，1990年，FCS－3型雷达在进行舰载实战性能测试的前提下，日本防卫厅技术研究总部又开始开发、研制和试生产雷达的阵列面天线，随后，雷达产品和阵列面天线均取得成功。

在FCS－3型雷达研制初期，日本海上自卫队开始在"初雪"级通用多功能驱逐舰上试验装备这款雷达系统，以期增强雷达的实战作战性能。搭载在"初雪"级通用驱逐舰上时，FCS－3型雷达的主要作战功能都是充当一部防空作战子系统，这套子系统与同时舰载的OPS－14型二坐标防空雷达、OYQ－5型战术情报处理系统、81式火控系统（当时通用的称呼为FCS－2型火控系统）和由"海麻雀"舰空导弹改进后的基本点防御防空导弹发射系统（IBPDMS）共同组成了"初雪"级驱逐舰的综合作战指挥系统。

在随后研制的"朝雾"级导弹驱逐舰中，日本海上自卫队又以OPS－24型三坐标雷达替换了OPS－12型二坐标雷达，OYQ－5型战术情报处理系统又升级为OYQ－6型和OYQ－7型版本，而FCS－3型雷达却没有什么太大的技术改进和升级，从上面"朝雾"级导弹驱逐舰舰载防空电子系统来看，很明显在防空作战能力方面有一个明显的障碍，这主要是来自FCS－3型雷达的。也就是说，在整个防空作战过程中，当OYQ战术情报处理系统通过OPS防空雷达进行空中目标情报处理后，在得到确切的空中形势判断与作战决定时，FCS－3型火控雷达系统的介入出现了障碍，这个障碍就是FCS－3型雷达只能通过舰上武器操作水兵的手动操作才能完成武器发射等操作，而且，其他的大部分作战过程也都需要依赖人的手动操作才能完成，这样，对于应对那些稍纵即逝的作战契机就很难把握，而这种手动的武器操作就成为缩短反应时间的一个重要障碍。

为了克服上述的技术困难，FCS－3型雷达在随后的开发过程中着重进行了解决，其自动化程度也因此随之不断提高，并开始装备于新一代的单舰点防御导弹系统（PDMS）中。在随后的研制与开发过程中，FCS－3型雷达首先实战装备于"村雨"级驱逐舰的后期型，随后又装备在了"高波"级驱逐舰上，不过装备在上述驱逐舰上的FCS－3型雷达都不是最后定型阶段的正式产品，应该算是实战性能测试中的试验品。

1995年，FCS－3型雷达开始装备于"飞鸟"号试验舰（舷号ASE－6012），随后开始进行了长达 5 年时间的技术性能与实战性能检验，2000 年，FCS－3 型雷达最终定型，并正式命名为"00 式火控系统"。在 2000 年的试验中，FCS－3 型雷达进行了以应对各种防空威胁为主的空中目标搜索与跟踪试验，并取得了圆满成功，从此，FCS－3 型雷达正式成为一款具备多功能的大型舰载防空雷达系统。

为了避免 FCS－3 型雷达开发结束后就面临落伍的境地，日本海上自卫队决定持续不断地对这套雷达进行技术更新，以保证其不断领先的技术优势，在做出这样的决定后。2004 年，在 2000 年 FCS－3 型雷达定型后的第四年，日本海上自卫队又开发出了改进型的 FCS－3 型雷达产品，鉴于其强大的综合性能，日本防卫省决定将其装备于正在计划中的"日向"级直升机驱逐舰上。

2009 年，日本海上自卫队的最新锐轻型航母"日向"级直升机驱逐舰开始装备已经具备实战能力的改进型 FCS－3 型雷达，这就是"FCS－3 改"型雷达。经过 9 年时间的后续研制，这种 FCS－3 改型雷达的技术性能又得到了突飞猛进的发展，其主要改进之处有几点，其一是可以对舰载的各种防空导弹进行制导；其二是增加了 X 波段的工作频率；其三是另外增加了一部新型作战子系统，这就是名称为"先进技术作战系统"的 ATECS 新型作战指挥系统，该系统可以与日本海上自卫队自主研制的 OYQ－10 型新型战术情报处理系统等进行高效的连接。

堪称迷你版"宙斯盾"的综合防空作战指挥系统

FCS－3 型雷达的阵列面天线是由无数个布置在雷达表面的砷化镓或其他镓的化合物（比如氮化镓）半导体元件聚集在一起构成的，这些无数个超小型雷达直接向空中发射无线电波，初期的 FCS－3 型雷达阵列面天线大约由 1500 多个砷化镓半导体元件构成，后期的各种改进型产品其镓化合物半导体元件数量更多。由这种方式制成的雷达阵列面天线其最大的优点是冗余性高，由于半导体元件有上千个，因此即使其中有少数元件发生故障，也不会影响雷达的整体工作效果，并且，各元件自成模块，这样其可维修性也非常好，可在海上很方便地进行更换。FCS－3 型雷达存在的主要缺点是效率低，并且存在发热问题，为了解决这些问题，FCS－3 型雷达系统采用了水冷降热方式，在雷达阵列面天线的背面分布着纵横交错的冷却水管，当然，这其中的负面影响是增加了雷达相当的重量和体积。

目前的 FCS－3 型雷达是工作于 C 波段的多功能雷达与工作于 X 波段的导弹制导雷达的组合型双波段有源相控阵雷达，可以通过安装于水面舰艇舰桥上部的固定式雷达阵列面天线进行全方向的半球空间防空目标搜索与追踪。

在 FCS－3 型雷达研制过程初期，对于其工作波段的选择曾有过激烈的争论，日本海上自卫队当初只是设想这套雷达系统是工作在 C 波段的可以实施单舰点防空的多功能雷达。当年美国海军在开发"宙斯盾"系统时对于雷达工作频率的选择也出现了激烈的对立，在选择 S 波段和 C 波段的问题上，美国海军舰船局和兵器局意见不统一，最终，当时的工程项目负责人温斯顿海军舰队司令决定选择更低工作频率的 S 波段。

通过美国海军对宙斯盾系统雷达工作频率的争论，日本海上自卫队对FCS—3型雷达的工作频率选择也进行了认真的讨论，他们认为C波段雷达与S波段雷达相比，C波段雷达在低空海上目标搜索与追踪方面具备更加优越的性能表现，同时，雷达的阵列面天线也可以实现更加小型化和轻便化的目标，这样在进行舰体舾装时就会更容易一些，并且，C波段雷达还拥有范围更加广泛信号频带宽度的突出特点，此外，C波段雷达还具备很好的电子抗干扰（ECCM）性能。从另一方面来看，C波段雷达也存在着一些不足，比如对空中目标的探测距离没有S波段雷达远，适应暴风雨等极端恶劣天气的探测性能不好等劣势。

项目开发初期，日本海上自卫队计划FCS—3型雷达将与以99式空空导弹（AAM—4）为基础而研制的采取末段主动雷达制导方式（AHRIM）的XRIM—4型舰空导弹配合使用，以这种方式构成的舰载防空作战系统是日本海上自卫队准备实施的一个大规模研制计划。后来，XRIM—4型舰空导弹的研制计划被无限期推迟，而且，美国方面又决定中途停止改进型"海麻雀"（ESSM）防空导弹的实用化开发，鉴于此，日本海上自卫队不得不重新考虑FCS—3型雷达与改进型"海麻雀"导弹之间的协调运用，于是，FCS—3型雷达进行了改良设计，这种改进型不仅增加了X波段的工作频率，而且还增加了供主动相控阵雷达使用的照射雷达。

从表面来看，FCS—3型雷达的阵列面天线明显比宙斯盾舰的小，这主要是因为前者采取了C波段，而后者采用了工作频率更低的S波段。FCS—3型雷达所采用C波段的主要特点是可从较远的距离上探测反舰导弹等小型空中攻击目标，但是对更远距离空中目标的搜索与探测能力比较低，对近距离目标的精确跟踪能力也比较低，因此，需要用其他雷达来弥补这两个方面的不足。

FCS—3型雷达是日本海上自卫队新一代舰载作战指挥系统的核心组成部分，这套堪称"东瀛之盾"的迷你版宙斯盾系统主要由FCS—3型多功能雷达、对海搜索雷达、对空搜索雷达、照射雷达、新型作战指挥系统、辅助电子传感器、舰空导弹、反舰导弹、76或127毫米口径舰炮等组成。

FCS—3型雷达具有很强的抗饱和攻击能力，号称是迷你版的"宙斯盾"，目前可以同时与32个目标进行作战，而美制的宙斯盾舰也只不过是12个以上的目标，尽管这是目前日本海上自卫队官方公布出来的理论结果，还不知道其具体作战性能如何，但美制的宙斯盾经过这么多年的服役，也真的是已经"廉颇老已"，只通过抗饱和攻击能力这一点就可以看出日本国产的FCS—3型雷达的防空作战能力已经不可小视。

FCS—3型雷达在"日向"级直升机母舰上的应用

与"飞鸟"号试验舰上搭载的FCS—3型雷达四个C波段雷达阵列面天线中的三个被挪用做底架不同，"日向"级直升机驱逐舰上搭载的FCS—3型多功能雷达中的C波段雷达阵列面天线均采用了砷化镓半导体元件制成，并且所有四个阵列面天线均是全新生产的产品。与"飞鸟"号试验舰相比，"日向"级驱逐舰上FCS—3型雷达最大的改进之处是在 C 波段雷达的右方各增加装备了一部 X 波段雷达，这部雷达主要用于对改进型"海麻雀"防空导弹的制导。为了增强对改进型"海麻雀"导弹的制导，日本海上自卫队又引进了由荷兰泰利斯公司生产的先进相控阵雷达（APAR），这种雷达可以为 FCS－3 型雷达提供断续等幅波照射（ICWI）算法的辅助功能。"日向"级舰载 FCS－3 型雷达另外一个重大改进之处是可以与 OYQ－10 型新型战术情报处理系统共同组成一个先进的舰载作战指挥系统（ACDS），这套作战指挥系统将会大幅度提高 FCS－3 型雷达的作战能力。OYQ－10 型战术情报处理系统的主要特征是可以为负责舰载武器操作的水兵提供判断支援和操作支援服务，这样便可以及时而准确地完成预想的作战操作，同时，该装置采用 IF－THEN 规则，并以形式化的数据库为基础来完成各种控制操作。通过这些技术改进，舰载武器操作依赖于人的程度被降低到了最低限度，其自动化操作程度大大提高，从而使作战决策有了质的飞跃性发展。

而且，FCS－3 型雷达和 OYQ－10 型战术情报处理系统组成的作战指挥系统还可进一步包含新型反潜情报处理系统（ASWCS）和海上舰用电子战控制系统（EWCS），从而组成作战功能更加强大的新型作战指挥系统（ATECS）。此外，以 FCS－3 型雷达为核心的作战指挥系统中还大量采用了商用现货（COTS）产品，这也是一个重大改进之处，比如"日向"级驱逐舰上使用的商用现货处理器要比"飞鸟"号试验舰上的处理能力提高至少 100 倍以上。

航海舰桥上方一大一小的 FCS－3 型雷达阵列面天线

"日向"级驱逐舰上的FCS－3型雷达同时还具备对空搜索雷达和对海搜索雷达的功能，这样，再包括火控雷达和防空雷达这两种基本功能，这套雷达一体化集成了四种雷达功能，与此同时，整套雷达还进行了紧凑化设计，更便于安装和使用。为了突出对近程海上目标和沿海情况的了解和把握，"日向"级驱逐舰只保留了OPS－20C型导航雷达，而原来水面舰艇一直采用的OPS－24型对空搜索雷达和OPS－28型对海搜索雷达则由于FCS－3型雷达的装备而全部取消。由于"日向"级驱逐舰是可以搭载多架直升机的轻型航母，因此，由FCS－3型雷达和OYQ－10型战术情报系统组成的作战指挥系统还对舰载直升机的飞行也提供了非常全面的航空管制功能。"日向"级驱逐舰所搭载的FCS－3型雷达的最大防空探测距离为200千米，最大空中目标跟踪总数为300个。

综合上述情况来看，"日向"级驱逐舰所搭载的FCS－3型雷达不单单承担防空作战指挥功能，而且还承担其他三种不可替代的重要作战指挥功能。由于"日向"级驱逐舰上搭载的FCS－3型雷达与"飞鸟"号试验舰搭载的试验雷达之间存在着巨大的差别，因此，日本海上自卫队有一段时间曾经把"日向"级搭载的FCS－3型雷达称作"FCS－3改"型雷达，后来则全部统称为"FCS－3"型雷达。

反潜、反水面作战系统

日向级反潜作战系统核心为OQQ－21声纳系统，这是一款全新开发的综合性大型舰艇声纳，它联合了声纳探测装置、反潜情报处理装置和水中攻击指挥装置三种功能于一身。OQQ－21声纳系统接受了"飞鸟"号试验舰的长期海上实战运用测试，其长长的声纳流线型罩前部安装有与一直以来声纳设备完全相同的圆筒形声纳阵列面，在声纳流线型罩后方的两侧面分别安装有舷侧阵列面。与以往的声纳系统相比，OQQ－21的探测距离和浅水海域的探测精度都有了非常明显的提升，鉴于此，日向级并没有安装可确保航空运用能力得以实现的战术拖曳声纳。

作为反潜火力装备，日向级安装了可通过MK 41垂直发射系统发射的垂直发射式阿斯洛克（VLA）反潜导弹以及舷侧HOS－303型3联装轻型鱼雷发射管。在16个发射单元的MK 41垂直发射系统中，有12个发射单元可以分配给垂直发射式阿斯洛克反潜导弹使用。此外，在未来的作战运用中，MK 41还计划使用07式垂直发射鱼雷投射火箭（新型阿斯洛克）。

HOS－303型3联装轻型鱼雷发射管为68式3联装轻型鱼雷发射管的最新型，它可发射新型的97式轻型鱼雷。

包括本舰的舰载直升机，日向级可对整个作战舰队的反潜巡逻直升机进行统一指挥与控制，因此，整个舰队可展开大规模的反潜战行动。在这些舰队舰载直升机中，SH－60K装备有AGM－114M地狱火空对舰导弹，这些武器可对没有安装大口径火炮和反舰导弹的日向级提供间接的反水面火力支援。

为了有效应对来自大洋环境下的恐怖攻击，日向级共安装了7挺M2型12点7毫米口径的机关枪。至于"密集阵"近距离防御武器系统是拥有光学照射功能的 BLICK 1B 型，它可对小型、高速的水上威胁目标进行有效的打击和防御。

日向级同型舰

截至 2013 年，日向级直升机母舰现役 2 艘，分别是"日向"号和"伊势"号，2 艘同型舰在外观上基本完全相同，不过，"伊势"号安装了大型燃料罐及相关海上补给装置，故此可对军舰实施海上横向补给，同时，为了提高直升机运用能力还在机库内追加安装了起倒式的高架工作台。2 艘日向级服役主要用于取代退役的 2 艘榛名级直升机驱逐舰，而 2 艘白根级直升机驱逐舰退役后将分别由 2 艘 22DDH 级直升机母舰取代。

"日向"号舰名来自日本古国名的日向国，"伊势"号舰名也来自日本古国名的伊势国，2 艘同型舰的舰长均为海军上校军衔，日向级基本概况如下：

舷号	舰名	建造日期	下水日期	竣工日期	建造船厂	编制	母港
DDH－181	"日向"号	2006 年（平成十八年）5 月 30 日	2007 年（平成十九年）8 月 23 日	2009 年（平成二十一年）3 月 18 日	IHI MU 横滨工厂	第 1 护卫队群第 1 护卫队	横须贺
DDH－182	"伊势"号	2008 年（平成二十年）5 月 30 日	2009 年（平成二十一年）8 月 21 日	2011 年（平成二十三年）3 月 16 日	IHI MU 横滨工厂	第 4 护卫队群第 4 护卫队	吴港

由左舷侧后部观看"日向"号舰艉

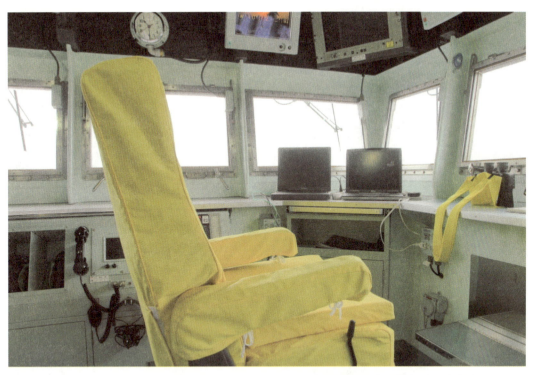

"日向"号航海舰桥内的护卫队群司令座席，一般情况下，队群司令座席位于航海舰桥的左侧，舰长座席位于航海舰桥的右侧，而且，通常情况下，日本海上自卫队中"群"一级的司令都使用黄色座席

队群司令座席前方摆放在窗户平台上的笔记本和望远镜，黄色包裹表示这是队群司令专用的装备

海外派遣与参战经历——未曾参加远洋派遣任务

近年来，随着世界全球化的脚步越来越快，全球已经俨然成为一个"地球村"，随之而来的是各种威胁和危机也更趋于多元化，于是，除大规模战争之外的世界性军事作战行动也急剧增加，而日向级直升机母舰就是完全以这个作战背景而研制的主力战舰，它将会在未来的世界性军事行动中发挥非常有效的作用。尤其对日本这样一个自然灾害频发的国家来说，日向级还可承担抗震救灾、自然灾害派遣等各种人道主义救援任务。

由于日向级采用了全贯通甲板等一系列先进的航空设计，故此，其对各种飞机的运用程度达到了最高水平，于是，即使是那些没有采取舰载用途设计的日本陆上自卫队陆军航空兵飞机以及消防救灾直升机等民用飞机都可在日向级的飞行甲板上进行起飞和着陆操作。这种功能非常有用，在大规模自然灾害发生时，日向级可充分发挥海上基地的作用，届时，日本海上自卫队 MCH—101 扫雷运输直升机可进行救灾物资运输，救难飞行队装备的 UH—60J 直升机可进行伤病员的收治，消防、警察和海上保安厅的直升机可进行管制、补给支援等后勤保障性工作。同时，日向级还可向日本地方自治体相关的单位提供联合对策本部及其配套设施，此外，日向级上还配备有以集中治疗室为中心的大规模舰载医疗设备。

2009 年 9 月 5 日，"日向"号停泊至日本横滨市横滨港码头上与日本陆上自卫队（派遣 UH—1 直升机）、日本海上保安厅（派遣 AS332 直升机）、日本神奈川县警察（派遣 AS365 直升机）和横滨市安全管理局（派遣 AS365 直升机）5 家单位举行了一次联合防灾训练演习，上述 5 个单位的派遣直升机在"日向"号飞行甲板上进行直升机起飞与着舰训练，其中，日本海上自卫队的 SH—60K 直升机主要承担伤病员运输和收治训练。

2009 年 10 月，"日向"号作为受阅舰艇之一参加了当年由日本海上自卫队举行的观舰式活动。

2009 年 11 月 10 日至 11 月 18 日，"日向"号参加了日本海上自卫队和美国海军举行的 Annualex 21G 海上联合军演，此次也称平成二十一年度海上自卫队演习。

2011 年 3 月 11 日，东日本大地震发生，16 日下午，"日向"号由横须贺海军基地向东日本三陆海岸挺进。在救灾行动中，"日向"号向受灾地区运输了大量救灾物资，并向受灾者提供洗浴支援服务。出发之前，"日向"号搭载了 4 架 SH—60K 反潜巡逻直升机，这些直升机承担了大部分物资搬运及其他人道主义救援任务。

执行任务的"日向"号（前）及另一艘直升机驱逐舰（后）

海上作业的"日向"号及飞行甲板情况

"日向"号正在进行海上舰机协同训练

以"伊势"号为旗舰的护卫队群,可见"伊势"号及其他后面的宙斯盾导弹驱逐舰、多功能通用驱逐舰队列,
还有美国海军的提康得罗加级导弹巡洋舰

"伊势"号飞行甲板表面的舰载救援车

"伊势"号的舰载起重机车辆

第五节 出云级直升机母舰——突出航空作战能力的直升机航母、着眼未来航母转变

出云级直升机母舰是日本海上自卫队正在建造中的大型军舰、日本未来30年的主力战舰,其舰种分类虽然为直升机驱逐舰(DDH),但依据世界标准来看,这是一级彻头彻尾的标准直升机母舰,其综合战斗力排名世界前列,日本帝国海军的复兴也由此渐入佳境。

出云级1号舰"出云"号(DDH-183)由平成二十二年度(2010年度)提供预算建造,2号舰(舰名未定,DDH-184)由平成二十四年度(2012年度)提供预算建造,故此,这两艘军舰又称22DDH和24DDH。

在平成二十二年度预算中,日本政府为1号舰"出云"号建造批准了1139亿日元的建造经费,其第一次预算经费更是高达1208亿日元。"出云"号从2012年1月开工建造,预计在大约3年时间内建造完成,2013年8月6日下水,此后是漫长的舾装工程,计划于平成二十六年度(2014年度)末取代预定退役的"白根"号直升机驱逐舰1号舰"白根"号(DDH-143)。

在平成二十四年度预算中,日本政府为2号舰24DDH批准了1155亿日元的建造经费,它预定于平成二十八年度(2016年度)取代按计划退役的白根级直升机母舰2号舰"鞍马"号(DDH-144)。

2013年8月6日,刚刚由横滨事业所矶子工厂下水的"出云"号(DDH-183)直升机母舰

　　出云级直升机母舰标准排水量为 19500 吨，故此又称"19500 吨"级直升机母舰。另外，日本海上自卫队把这一级直升机母舰称为直升机驱逐舰，而这种可以大量搭载各种作战功能武装直升机的驱逐舰在日本海上自卫队舰艇命名原则中被记作 DDH，又因为第一艘舰预计于 2010 年，即日本明仁天皇所使用的平成年号的第 22 年预算建造，故此又暂时称作 22DDH 级，这也是日本海上自卫队未建成舰艇非正式名称的命名惯例，待正式建成后再按照日本海上自卫队舰艇命名原则给予正式名称，比如现役日向级直升机母舰建造初期的非正式名称分别为 16DDH 级和 13950 吨级直升机母舰。

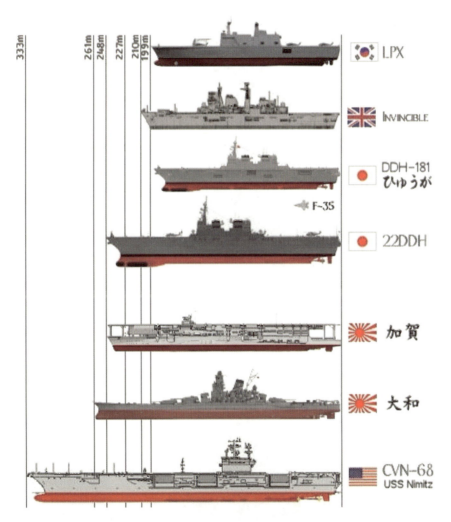

出云级与韩国海军独岛级（LPX）直升机母舰、英国皇家海军无敌级轻型航母、日本日向号（DDH－181）、日本帝国海军"加贺"号航母、"大和"号战列舰以及美国海军尼米兹级"尼米兹"号（CVN－68）核动力航母的舰体三维尺寸设计对比示意图。从历史发展的纵向来比较，出云级的舰体设计规模已经与日本帝国海军服役最大排水量的主力攻击航母"加贺"号基本相当，与日本帝国海军建造的"二战"最大战列舰"大和"号有一些小差距。从当今世界航母发展的横向来比较，出云级的舰体设计规模已经远远超过韩国海军的独岛级直升机母舰、英国皇家海军的无敌级轻型航母以及本国的日向级直升机母舰，不过，与美国海军的尼米兹级大型核动力航母相比，还有很大的差距

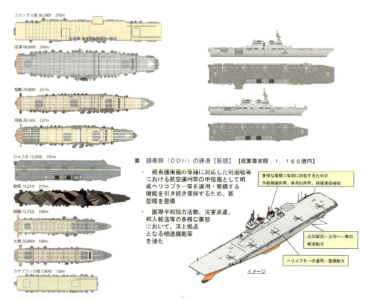

出云级、日向级与日本帝国海军时期的航母、"二战"期间的美国海军航母就航母飞行甲板设计、舰体设计规模等方面对照示意图，左侧由上至下依次是"二战"美国海军埃塞克斯级航母、"信浓"号、"翔鹤"号、"飞龙"号、"日向"号（DDH－181）、"龙凤"号、"龙骧"号、"大鹰"号和"二战"美国海军卡萨布兰卡级轻型护卫航母，从舰体设计规模来看，出云级和日向级基本已经超过了日本帝国海军时期设计的大部分航母，像"赤城"号、"加贺"号、"信浓"号这样的大型航母除外，并与"二战"美国海军的埃塞克斯级有一些差距。从舰型设计上来看，出云级和日向级已经沿续了"二战"末期由"大凤"号、飞鹰级等航母开始的面

日向级与出云级舰型设计对照图，两级直升机母舰的基本舰型设计大致相同，不过，航空系统设计存在着较大的变化，包括直升机起降平台个数、升降机的安装位置等

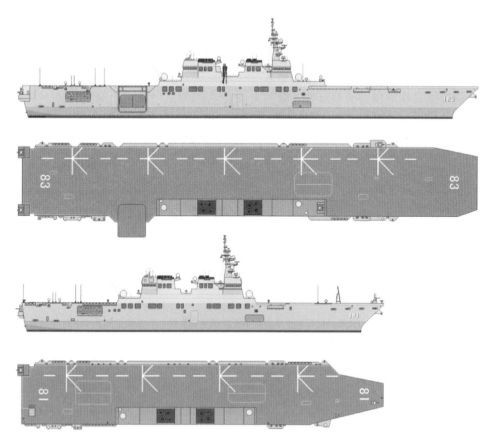

出云级直升机母舰与日向级直升机母舰三维尺寸对照示意图

出云级直升机母舰与日向级直升机母舰并行航行想象示意图

■ 護衛艦（ＤＤＨ）の建造【新規】 【概算要求額：１，１６６億円】

· 現有護衛艦の除籍に対応した対潜戦等における航空運用等の中枢艦として哨戒ヘリコプター等を運用・整備する機能を引き続き保持するため、新型艦を整備

· 国際平和協力活動、災害派遣、邦人輸送等の多様な事態において、洋上拠点となる輸送機能等を強化

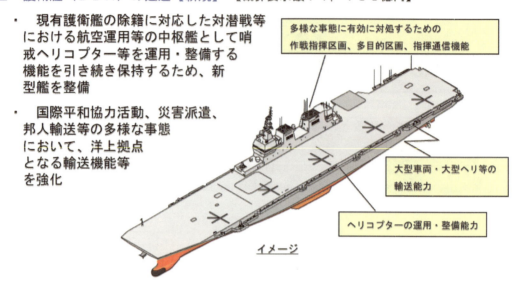

多様な事態に有効に対処するための
作戦指揮区画、多目的区画、指揮通信機能

大型車両・大型ヘリ等の
輸送能力

ヘリコプターの運用・整備能力

イメージ

日本防卫省公布的出云级直升机母舰设计想象示意图及相关作战功能说明，后方舰岛负责舰队操作任务，主要包括舰队作战指挥功能、多任务协同功能、舰队指挥通信功能等，两层甲板，一层运输大型车辆、大型舰载直升机，一层舰载直升机操作与维修保养车间

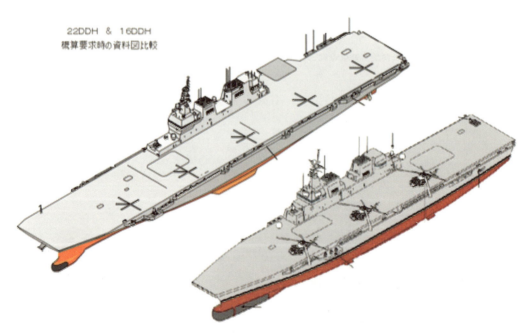

22DDH ＆ 16DDH
概算要求時の資料図比較

出云级直升机母舰的 22DDH 与日向级直升机母舰的 16DDH 设计想象示意图对比

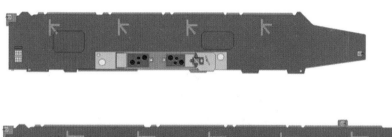

出云级直升机母舰与日向级直升机母舰舰载航空系统对比示意图，最明显的区别有 2 处，分别是出云级有 5 个直升机起降平台，日向级则有 4 个，出云级有一部侧舷升降机，而日向级一直保持日本帝国海军的传统，一率采取飞行甲板内的升降机设计

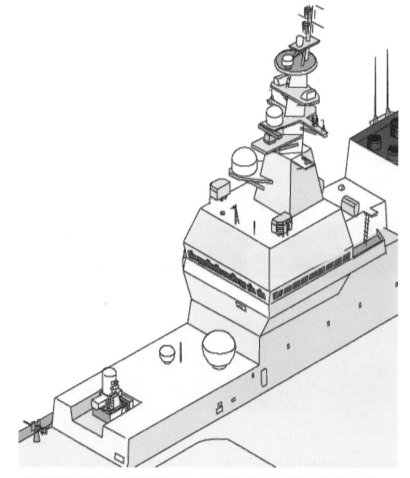

出云级直升机母舰前方舰岛布局结构、电子设备配备以及近防武器系统示意图

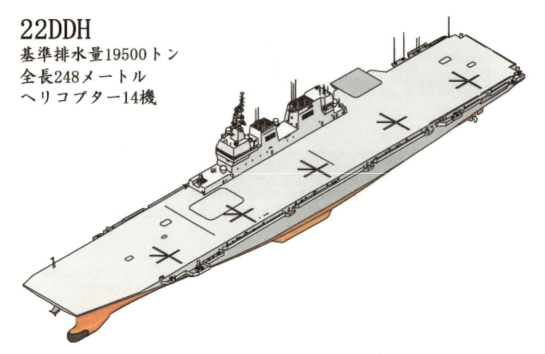

22DDH
基準排水量19500トン
全長248メートル
ヘリコプター14機

日本防卫省公布的出云级直升机母舰相关功能说明示意图，标准排水量 19500 吨，舰全长 248 米，搭载直升机总数量为 14 架

出云级飞行甲板设计，可见舰载机布局示意图中使用了 F—35B "闪电" 舰载战斗机，不过，这款设计中没有采取侧舷升降机设计方案

出云级直升机母舰可以投送的日本陆上自卫队 73 式军用运输卡车

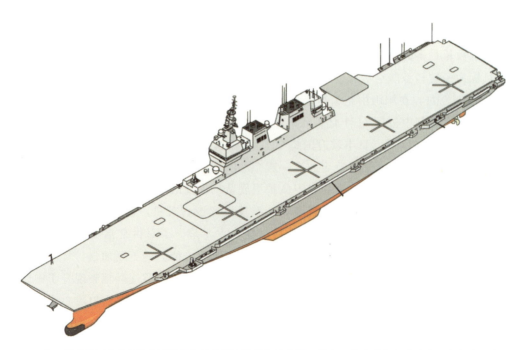

2009 年，日本防卫省公布的出云级直升机母舰设计想象示意图，其中 5 个直升机起降点比日向级多一个，
前方舰岛主桅杆上不再配备 FCS—3 改型有源相控阵雷达

日本防卫省公布的出云号（DDH－183）设计方案说明示意图

借口"中国海军威胁论"的开发过程与背景

2009 年 8 月 31 日，日本防卫省决定为日本海上自卫队建造一艘到目前为止可以搭载直升机数量最多的驱逐舰，全舰采用由舰艏至舰艉的全贯通式飞行甲板设计，其基本定位目标为一艘轻型航空母舰。

2009 年 9 月，在鸠山由纪夫当选日本新首相之后，日本政府于 10 月提交了新的国防采购预算案，其中包括 1181 亿日元的新型直升机母舰采购计划。

2009 年 12 月 23 日，日本政府围绕 2010 年相关国防预算编成中的自卫队主要武器装备采购问题召开会议，最终确定建造一艘 22DDH 级直升机母舰的预算费用。

截至 2013 年 10 月，日本海上自卫队护卫舰队的主要战术部队共由四个护卫队群构成，每个护卫队群均配备有 8 艘驱逐舰和 8 架反潜巡逻直升机，这就是所谓的"8 舰 8 机体制"，这样的舰队编队体制形成于冷战时期，主要是为了对付常常出没于日本周边海域的苏联潜艇。然而，近年来，随着中国海军海上攻击能力的不断加强，日本自感危机不断出现，并且，最近搭载着强大巡航导弹的中国最先进的驱逐舰频频现身于中国东海的油气田附近，这让日本倍感焦虑，因此，日本政府便以此为主要借口决心大力开发并建造全新的移动海上作战平台、支援平台与综合补给平台，以对付来自中国海军日益强大的威胁。

日本防务省把建造这样一艘大型水面舰艇的理由归结为中国海军的不断强大，或以中国海军威胁论为背景，日本防卫省所属幕僚机关参谋部的相关负责人强调说，中国海军的水面舰艇部队已经配备了具备超强打击能力的海基巡航导弹，这种巡航导弹的服役增强了中国海军的海上打击能力，因此，日本方面有必要就这一变化背景作出回应，也非常有必要强化未来日本方面相关海上安全的监视与应对。

日本政府另一个建造出云级直升机母舰的理由是近年来国际与地区危机援助任务不断增加的现实，目前，参与国际维和行动已经升级为日本防务省航空、陆上、海上三大自卫队的一项基本任务，而且，日本方面也正在积极拓展这方面的行动，期望能够派遣更多的维和部队参与国际事务，以达到增强自身国际地位的政治目的。从目前日本海上自卫队已经拥有 48 艘驱逐舰的情况来看，如果再能建造更多新型的大型直升机母舰充当运输和后勤支援的海上平台，那么日本参与国际维和行动和地区危机处理的能力将会得到进一步的加强，其处理能力和效率也会进一步提高。基于上述两点理由，日本将要在东北亚地区建造 2 艘吨位最大、搭载直升机更多的直升机母舰。

出云级设计诸元及舰载系统概况

出云级设计标准排水量为 19500 吨（计划），满载排水量为 27000 吨（计划），设计全长 248.0 米，全宽 38.0 米，型深 23.5 米，吃水 7.5 米。舰员编制大约 470 名（包括搭乘人员等在内的定员编制大约为 970 人，不包括兵力运输能力）。

出云级动力推进系统采取燃气轮机和燃气轮机联合动力装置（COGAG）工作方式，主机配备 4 部由美国通用电力生产的 LM2500IEC 型燃气轮机，单机输出功率为 28000 马力，2 轴推进器（5 片桨叶，可变距），最大航速可达 30 节。

舰载武器配备 2 门美制"密集阵"20 毫米高性能机关炮、2 部"海拉姆"近程防空导弹系统。

舰载直升机配备 7 架 SH－60K 反潜巡逻直升机、2 架运输救援直升机，最大直升机搭载量为 14 架。

舰载 C4I 系统配备 OYQ－12 战术情报处理装置。

舰载雷达配备 1 部 OPS－50 型三坐标对空搜索多功能雷达、1 部 OPS－28 对海搜索雷达和 1 部 OPS－20 导航雷达。

舰载声纳配备 1 部 OQQ－22 舰艏声纳。

舰载电子战及对抗手段配备 NOLQ－3D－1 电子干扰装置、6 部 OLQ－1 一式鱼雷防御措施（MOD＋FAJ）。

2013 年初，正在 JMU 横滨事业所矶子工厂内建造的"出云"号直升机母舰，可见正在建造飞行甲板以下的部分

2013 年，正在建造中的飞行甲板部分

2013 年，正在建造中的舰岛部分　　　　　　建造中的"出云"号

正在紧张忙碌地建造"出云"号的各种造船基础设施，可见"出云"号舰艉部的各种塔型起重机正在吊装各种建造板材

2013 年中，正在 JMU 横滨事业所内建造的"出云"号直升机母舰，可见飞行甲板以下部分已经建成，正在建造一体化舰岛部分

出云级直升机母舰想象示意图，可见其基本舰型设计与日向级基本相同，都为全贯通飞行甲板、右舷中部一体化舰岛（包括航海舰桥、动力舱烟囱和航空操作舰桥）和封闭式舰艏与舰艉，一部升降机首次突破性地设计在侧舷部，飞行甲板内另有一部，而截至日向级为止，日本航母的升降机设计一直保持日本帝国海军时代的传统，美国海军的航母可将升降机设计在侧舷部和飞行甲板内，这也是来自"二战"时期的传统

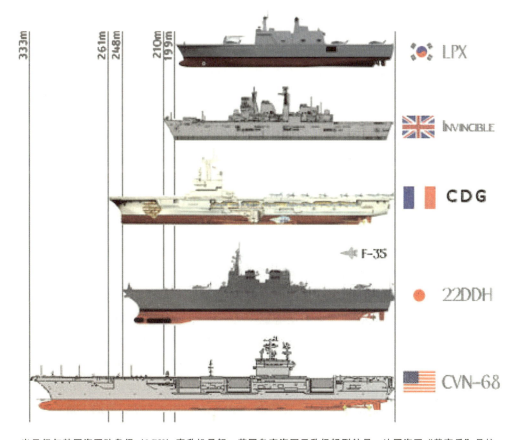

出云级与韩国海军独岛级（LPX）直升机母舰、英国皇家海军无敌级轻型航母、法国海军"戴高乐"号核动力航母以及美国海军尼米兹级尼米兹号（CVN－68）核动力航母的舰体三维尺寸设计对比示意图，可见出云级的舰体设计规模已经明显超过韩国海军的独岛级和英国的无敌级，并接近法国海军的"戴高乐"号，不过，与美国海军的尼米兹级还有相当的距离

澳大利亚皇家海军的 2 艘堪培拉级船坞登陆直升机母舰设计示意图，它与出云级基本属于同一级别

一级具备多任务且突出海上反潜航空平台的航空母舰

与前级直升机母舰日向级相比，出云级的舰体全长增加了 51 米，达到了 248 米，标准排水量增加了 5500 吨，达到了 19500 吨，而且，满载排水量将会达到 25000 吨以上，其综合作战能力与意大利海军 2010 年服役的"加富尔"号轻型航空母舰基本相当。

与日向级直升机母舰一样，建造中的出云级直升机母舰也将承担起日本海上自卫队所属各护卫队群中旗舰及航空运用中枢舰的职责，同时，还能够非常有效地承担起执行海上及近海灾难救助与支援等人道主义任务，并可以处理地区冲突与危机，参与国际军事与政治活动，当海外日本侨民遇到危险时还可运送他们回国。在执行这些民事任务时，出云级直升机母舰就相当于一个海上浮动的据点，此外，出云级直升机母舰还新增加了舰队作战指挥功能、执行多任务功能、舰队通信指挥功能等日向级不具备的能力，并且，舰载飞行甲板可同时进行多架反潜巡逻直升机的起飞与着陆操作，与航空能力增强相适应又配备有非常先进的航空系统维修设备以及维修设备车间等。

与日向级直升机母舰相比，在建造成本方面，虽然出云级直升机母舰的舰体规模要增加 40% 左右，但是，两级舰的建造成本基本相同，而且，单艘出云级直升机母舰的建造成本要比日本海上自卫队不能大量搭载直升机的通用驱逐舰（DD）更低廉一些，比如：与日本海上自卫队正在建造中的秋月级通用驱逐舰相比，出云级直升机母舰的舰体要比其大 4 倍以上，而其 1208 亿日元的首次预算建造成本要比秋月级通用驱逐舰 750 亿日元的建造成本低廉 50% 以上。换言之，出云级直升机母舰通过秋月级等通用驱逐舰来执行护航作战功能，因此，其自身建造就节省了不必要的高昂武器系统安装成本，与日向级相比，出云级直升机母舰也正是削减了过多的武器配备，而专职于舰载反潜巡逻直升机，甚至是固定舰载战斗机的航空运用，这样，从不必要的作战任务中解放出来而真正成为一级名副其实的轻型航空母舰。

为了能够承担起执行海上作战指挥、航空管制、两栖运输、海上综合物资补给等多任务作战的旗舰，出云级直升机母舰的舰体结构进行了更加优化的设计，尤其是舰体大型化的设计，以确保全舰具备更加优秀的可适航性、多目的操作性、适居住性等基本条件。

此外，为了确保日本近海、领海、200海里经济专属区内以及远洋海上交通的安全，并可以有效地对周边海域担负起巡逻与防御的职责，出云级直升机母舰将舰载有可执行海上作战保护与监视任务的武装直升机，以及执行反潜战的反潜巡逻直升机，这样，舰队的反潜战和遂行海上作战能力将会比原来有很大程度的提升。

建成服役后，出云级直升机母舰将会成为日本海上自卫队中最大级别的军舰，尽管其满载排水量还没有公开，不过，通过标准排水量对比也可以得出这样的结论。从历史发展的角度来对比，出云级的舰体设计规模比第二次世界大战期间日本帝国海军的"飞龙"号（标准排水量17300吨，海试排水量为20165吨，舰体全长为227.35米）标准航母还要大，与当时美国海军装备的约克城级（标准排水量为19800吨，舰体全长为247米）航母基本相当。在当代世界海军中，与出云级舰体规模相当的大型军舰有意大利海军的"加富尔"号轻型航母、西班牙海军的"胡安－卡洛斯一世"号两栖登陆舰。

日向级直升机母舰与出云级直升机母舰基本技术数据对照表

主要技术特征	出云级直升机母舰（22DDH）	日向级直升机母舰（16DDH）
标准排水量	19500吨	13950吨
舰全长	248米	198米
舰全宽	38米	33米
最大航速	30节	30节
近防武器系统（CIWS）	2座	2座
海拉姆反舰导弹防御系统（SeaRAM）	2座	无
导弹垂直发射装置（VLS）	无	16单元Mk41导弹垂直发射系统
FCS－3改型有源相控阵雷达	无	有
阿斯洛克助飞鱼雷发射装置	无	1部
三联装近程鱼雷发射装置	无	2座
舰载巡逻直升机	7架	3架
舰载运输与灾难救助直升机	2架	无
直升机搭载总数量	14架	11架
同时起降直升机数量	5架	4架
两栖运输能力	50辆载重3.5吨卡车	无
海上油料补给能力	有	无
预算资金总额	1208亿日元	1164亿日元（其中"日向"号1057亿日元，"伊势"号975亿日元）

573

东北亚地区新建最大的海上舰载航空系统

与日向级直升机母舰相比，出云级直升机母舰的航空系统在其基础上进行了很大程度的改进，这也是为什么出云级直升机母舰被称作日向级直升机母舰改进型的原因。

出云级飞行甲板设计与日向级完全相同，都为全贯通型，在日向级基础上，出云级飞行甲板长度延长了 50 米，宽度增加了 5 米。

整体来看，出云级直升机母舰飞行甲板全长与舰体全长相当，均为 248 米，宽为 38 米，舰上分布在同一条直线上的直升机起降点为 5 个，比日向级多了一个起降点，因此，出云级直升机母舰可以同时进行降落与起飞操作的舰载直升机数量也将达到 5 架，舰载直升机总数可达到 14 架以上，舰岛被设计在右舷舰舯部位置，这样会腾出更多的飞行甲板空间。前方舰岛主要负责军舰的航海和航空操作，主要包括全舰的海上航行操作以及舰载机航空飞行管制操作；后方舰岛负责舰队操作，主要包括综合作战任务分配，比如：有效应对各种不同事态的舰队作战指挥功能、海上燃油补给等多用途功能、舰队指挥通信功能等，在后方舰岛的后面配备有一部直升机升降机，其直升机往返机库的搬运能力与日向级基本相同，舰内直升机机库总面积及直升机停放能力为日向级直升机母舰的二倍以上，此外，之所以出云级的机库甲板面积要比日向级大两倍以上，其主要原因也是为了相应增加车辆运输甲板的尺寸。由于出云级直升机母舰舰载直升机运输总数量、飞行甲板停泊直升机总数量以及执行任务的直升机总数量都有相应的大幅度提升，因此，其舰载航空与直升机维修车间及配套设施也相应地增加了许多。

出云级的升降机与日向级同型，并且，也在前后部共安装了 2 部，不过，日向级的前后 2 部升降机都采取飞行甲板内安装方式，与此不同，出云级的前部升降机仍然采取飞行甲板内安装，而后部升降机则采取侧舷部安装方式，这种升降机配置方式与意大利海军的"加富尔"号轻型航母完全相同。侧舷部安装方式升降机的主要优点为可运输更加大型的舰载机。

虽然，到目前为止日本防卫省的相关负责人还没有明确表示出云级直升机母舰将配备美制 F-35B "闪电" II 短距离垂直起降型（STOVL）攻击战斗机，但从出云级直升机母舰的总体布局结构设计上来看，其强大的综合航空作战系统已经完全具备了这样的能力，究竟会不会搭载短距离垂直起降型战斗机还要看时机是否适合，在未来很可能会配备像 F-35B 这样类型具备强大攻击能力的战斗机。

出云级直升机母舰舰载有不同作战功能的直升机，其中一些直升机可以在作战水域内执行海面巡逻任务，同时，可搜寻、探测和追踪水中的攻击潜艇，进行反潜战任务，并且，所有直升机可以在敌方海基巡航导弹打击范围外执行巡逻与探测任务，而这一点恰恰是针对中国海军的。

综观上述各种航空系统，出云级直升机母舰的航空综合作战能力要比日向级有很大程度的提升，而且，两级舰最大的不同之处就是出云级直升机母舰真正具备了一艘航空母舰所应该具备的航空管制与航空操作能力，并且，完全抛弃了日向级直升机母舰所承担的海上作战功能。

东北亚地区现役与计划建造中直升机母舰基本概况对照表

建造国家海军	舰级名称	舰种名称	飞行甲板直升机起降点	首制舰服役时间	计划建造数量	标准/满载排水量	三维尺寸（长×宽×吃水	备注
韩国海军								
	独岛级	两栖攻击直升机母舰（LPH）	5 个	2007 年 7 月 3 日	3 艘	14300/18800 吨	199 米×31 米×7 米	全贯通飞行甲板设计，舰艉部设计有浸水船坞，可搭载两艘高速气垫艇，可搭载 10 余架 CH－60 和"山猫"武装直升机、可运输 7 辆两栖步兵战车、10 辆其他类型战车
日本海上自卫队								
	日向级（16DDH）	直升机母舰	4 个	2009 年 3 月 18 日	2 艘	13950/18000 吨	197 米×33 米×7 米	无舰艉部浸水船坞
	出云级（22DDH）	直升机母舰	5 个	2014 年末	2 艘	19500/27000 吨	248 米×38 米×7.5 米	无舰艉部浸水船坞

港口对港口的两栖综合运输能力

出云级直升机母舰承担两栖综合运输任务的空间主要由飞行甲板下面的三层运输甲板构成，其中，一层甲板主要用于运输日本陆上自卫队配备的各种大型重型运输车辆、日本航空自卫队及自身配备的重型武装直升机以及相关配属装备；一层甲板主要用作舰载直升机综合操作、维修保养车间，可对各种直升机故障进行检修；一层甲板主要用作舰员居住空间、受灾人员运送、武装人员运送以及舰载卫生医疗设施空间，这一层甲板空间将主要发挥民事救助功能，参加国际和平援助活动、灾难派遣、侨民运送等诸多民事任务。

整体来看，出云级直升机母舰可以运送 4000 名日本陆上自卫队全副武装人员或海上自卫队特种作战部队队员，包括随身配备的武器装备，以及 50 辆日本陆上自卫队配备的新型 73 式 SKW－475·476 重型载重运输卡车，同时，该级直升机母舰还可充当舰队综合作战补给舰（AOR、JSS）使用，可为护卫队群中的其他水面舰艇和潜艇提供海上油料与生活、作战物资补给功能，舰载各种油料和饮用淡水为 3000 千升，进行补给时，最多可分别为三艘通用驱逐舰提供海上综合补给。

为了承担运输舰功能，出云级在侧舷部设置了可用于车辆装卸的大型斜坡设施，这种斜坡设施与直升机机库的存放能力结合起来就形成了类似货船的滚装功能，同时，这种斜坡与舰上居住区结合就形成了一座大型的人员与车辆运输平台。

其中，出云级直升机母舰可以运送的 73 式 SKW－475·476 重型载重运输卡车为日本陆上自卫队最新配备的车型，其基本技术参数如下：车长为 7.150 米，车宽为 2.485 米，车高为 3.080 米，车身重量为 8570 吨，公路运输载重 6 吨，越野运输载重 3.5 吨，人员运输能力为 22 人。

与法国海军现役西北风级两栖战略投送舰（BPC）、西班牙海军现役"胡安·卡洛斯一世"号两栖战略投送舰（BPE）、韩国海军现役独岛级两栖攻击直升机母舰（LPH）、美国海军现役黄蜂级船坞登陆直升机母舰（LHD），以及意大利海军计划建造中的 LHD16000 型和 LHD20000 型船坞登陆直升机母舰和澳大利亚皇家海军计划建造中的堪培拉级船坞登陆直升机母舰不同，日本海上自卫队的出云级直升机母舰在舰艉部没有设计具备两栖登陆作战能力的浸水船坞，上述国家海军的直升机母舰由于设计了具备两栖突袭攻击作战能力的舰艉部船坞，并可搭载各种类型的两栖登陆攻击艇，因此，相比出云级直升机母舰而言，他们的两栖作战能力要强出很多，而出云级直升机母舰也只能在充分利用港口设施的基础上执行港口对港口的有限的两栖运输任务，而不能脱离港口实施遂行的两栖抢滩登陆突袭攻击任务。

另一个与上述直升机母舰不同的是出云级具备油料补给功能，它可以充当海上作战舰队的补给舰，这样，作战舰队不需要停靠港口进行燃油补给，故此，整个舰队增强了海上持续作战的能力。与其建造单一功能的驱逐舰、补给舰，不如建造具备综合作战功能的大型水面舰艇，这样便可以节约大量的军费预算。

作为补给舰，出云级可携带 3300 千升的干货、油料和真水，这些物资可为 3 艘通用驱逐舰提供全面的补给。

此外，出云级还拥有医疗舰的功能，其舰载医疗系统设计以摩周级补给舰为基础，舰上拥有最多 35 张治疗床位的野战医院设备，此外，根据不同需要，出云级可与大隅级运输舰一样在直升机机库内为日本陆上自卫队展开野外手术系统等医疗设施的运用，因此，与日向级相比，出云级的舰载医疗功能大幅度提高。

与日向级完全不同的武器系统

与日向级完全不同，出云级完全突出海上反潜航空平台的职能，而将单舰作战能力限制到了最低水平。在这种设计理念限制下，出云级舰载武器仅限于最低程度的自卫武器，而没有安装像日向级一样的防空、反潜、反舰等武器系统，甚至反潜鱼雷也没有。在完全司职海上大型反潜航空平台之后，出云级不能像日向级一样实施没有护卫的单舰作战任务，它必须随护卫队群这样的编队进行舰队作战任务，在编队中，其他导弹驱逐舰和通用驱逐舰可为出云级提供防空、反潜及反舰保护。

虽然出云级直升机母舰具备非常强大的综合多用途作战功能，但是自身武器系统配备却采用了最小规模的装备标准，其主要原因是舰载武器只限于自身防御用途，而并没有打算让该级舰参与到具体的海上作战任务中。出云级直升机母舰具体自身防御武器系统包括2部美制"密集阵"高性能20毫米口径近防机关炮，两座"海拉姆"反舰导弹防御装置。

日向级搭载的增强型"海麻雀"（ESSM）单舰近程防空导弹的最大射程介于30公里至50公里之间，而出云级的"海拉姆"最大射程却只有9.6公里。出云级安装的"密集阵"与美国海军的独立级濒海战斗舰为相同型号，在此基础上，它与RIM－116 RAM的11联装发射装置共同组成出云级的近距离防空导弹系统。

与日向级相比，出云级直升机母舰舰载主防空雷达与火控系统不会再沿用日向级的FCS－3改型有源相控阵雷达，可以发射"阿斯洛克"反潜导弹和改进型"海麻雀"（ESSM）近程舰空导弹等武器的导弹垂直发射系统也将省略，这样做的主要原因是出云级直升机母舰把攻击作战与防御作战等任务都交给了舰载直升机、未来可能配备的舰载短距离垂直起降型（STOVL）战斗机以及担任护卫任务的其他水面舰艇和潜艇去具体实施，而把出云级直升机母舰专门当作轻型航空母舰来使用。与出云级直升机母舰不同，因为日向级直升机母舰要具备舰队防空作战能力，因此，必须配备FCS－3改型相控阵雷达和改进型海麻雀近程舰空导弹。

此外，日向级直升机母舰无论搭载反潜直升机与否，其自身都具备反潜作战能力，可对敌方潜艇进行探测，甚至于发起毁灭性的打击，与其相反，出云级直升机母舰本身没有配备可以实施反潜战的"阿斯洛克"反潜导弹（短程火箭助飞鱼雷），但配备了反潜直升机，因此，舰本身不具备日向级一样的反潜战能力。尽管如此，从日本防务省公布的出云级直升机母舰想象设计示意图中可以看出，该级舰还是配备了OQQ－22型反潜探测声纳系统，可由这种系统实施基本的反潜作战任务。

按照日本海上自卫队的未来作战构想，日向级直升机母舰将承担起反潜作战集群的旗舰，同时，该作战集群将由一艘金刚级或爱宕级宙斯盾导弹驱逐舰（DDG）和两艘秋月级通用驱逐舰（DD）担任舰队防空作战任务，并由宙斯盾导弹驱逐舰担任舰队防空指挥功能的中枢舰，舰队反潜作战功能则由水面舰艇之间的数据链接来实现，而出云级直升机母舰的服役将会对这样的反潜作战集群进行进一步的充实，并将由出云级直升机母舰担任舰队司令部的职能。

在鱼雷装备方面，出云级没有安装日向级搭载的"阿斯洛克"反潜导弹及鱼雷发射管。作为反鱼雷的软杀伤措施，出云级安装了投射型静止式干扰机（FAJ）和自航式诱饵（MOD）。日向级没有安装这些软杀伤措施，它们是秋月级（19DD）通用驱逐舰开始制式化装备的武器。

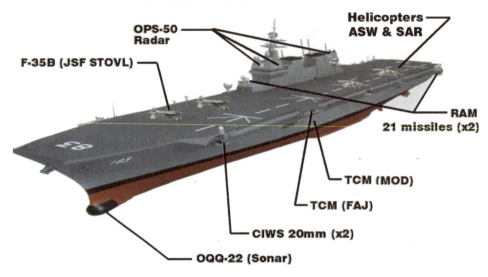

JMSDF 22DDH CARRIER PROJECT
TWO VESSELS PLANNED & BUILDING

出云级的作战系统配备，包括 F－35B 联合攻击短距离垂直起降型舰载战斗机、OPS－50 型防空雷达、反潜（ASW）与搜索救援（SAR）直升机、2 部 RAM（滚转弹体导弹）反舰导弹发射装备（可携带 21 枚反舰导弹）、2 部美制近距离防御系统的密集阵（CIWS）、OQQ－22 型声纳、装备于两舷的反鱼雷装置（TCM）

出云级的动力推进系统

出云级的动力推进系统设计与日向级基本相同。出云级动力推进系统采取 COGAG（燃气轮机和燃气轮机联合动力装置）的工作方式，主机配备 4 部由美国 GE 公司生产的 LM2500 型燃气轮机，每 2 部装备到一个轮机舱内，由于出云级舰体更大，因此，通过采用大输出功率模块的方式，每部燃气轮机的输出功率由日向级的 25000 马力升至 28000 马力，2 轴推进。

舰载 C4ISTAR 功能

在专职"海上反潜航空平台"的设计理念下，出云级的舰载电子装备及舰载声纳也大幅度简化。通过这些装备简化，出云级虽然舰体规模更加庞大，但其建造成本却与日向级基本相当。

在日向级的基础上，出云级的 C4ISTAR（指挥、控制、通信、计算机、情报、监视、侦察等）系统也在整体上进行了轻便化与简化改进。

日向级的多功能雷达采用日本国产的 FCS－3 型，出云级也仍然搭载同一系列的不同型号。不过，由于出云级已经省略了舰载导弹装备，因此，其多功能雷达的导弹射击指挥功能也省略掉，只专职于对空搜索和航空管制功能，在这些变化的基础上，出云级多功能雷达的正式名称为OPS-50。FCS-3将C波段的对空搜索天线和X波段的追踪天线（ICWI）的2个天线做成一组，面向四个方向共有4组，不过，与此不同，OPS-50只安装了C波段的对空搜索天线。这些天线为固定式的有源相控阵（AESA）工作方式，其安装方法与日向级完全相同，在舰岛前部，它们可在0度至270度之间进行扫描，在舰岛后部，它们可在90度至180度之间进行扫描。此外，为了潜望镜探测等搜索，出云级还安装了一部旋转式OPS-28对海搜索雷达。

在舰载声纳方面，与日向级安装的由舰艏部圆筒形基阵和长大型侧面基阵组成的OQQ-21声纳不同，出云级选择了省略侧面基阵而只保留舰艏基阵的OQQ-22声纳。这种省略主要是因为出云级与拥有强大自卫武器的日向级完全不同，出云级已经从完全的战斗舰中脱离出来，而司职航空平台，故此，其主动反潜战能力只保留了最低限度，同时，反潜探测能力和反鱼雷防御能力都保持在最低的限度之内。

出云级同型舰

截至2013年10月，出云级直升机母舰计划建造2艘，分别是1号舰"出云"号和2号舰24DDH号（舰名未定）。

目前，出云级同型舰的基本概况如下：

舷号	舰名	建造日期	下水日期	竣工日期	建造船厂	编制	母港
DDH-183	"出云"号	2012年1月27日	2013年8月6日	预定2015年3月	日本海事联合横滨事业所矶子工厂	未定	未定
DDH-184	24DDH	预定2014年1月		预定2017年3月	日本海事联合横滨事业所矶子工厂	未定	未定

新型直升机母舰对东北亚局势的影响

整体来看，出云级直升机母舰无论从作战功能上看，还是从其标准排水量等一些基本参数上看，就是一艘彻头彻尾的轻型航空母舰，虽然日本方面目前还不打算装备F-35B"闪电"II等相同类型的固定翼短距离垂直起降型攻击战斗机，但出云级已经具备了这样装备的实力与基础，其装备情况也只需要时机适合而已，但并不能掩盖这级直升机母舰具备强大攻击能力的事实，此外，尽管出云级直升机母舰没有设计舰艉部用于两栖登陆突袭攻击的浸水船坞，然而，只需要再建造第二艘相同类型或另行设计第三级直升机母舰时带上即可，相应的车辆运输甲板以及武装人员运输、舰载医院甲板做以相应调整，于是，新的直升机母舰就会具备两栖登陆抢滩突击能力。因此，这样具备空中攻击能力以及近海两栖突袭登陆攻击能力的直升机母舰将会违反日本和平宪法的规定，挑战日本立国的根本，也必然会对东北亚地区的军事平衡造成不可估量的影响，甚至将会导致军备竞争的严重后果。

　　2009 年 8 月，日本政府仅凭中国海军实力的不断加强而决心建造出云级直升机母舰，那么在这级直升机母舰建成服役后势必会增强日本海上自卫队的作战实力，届时，韩国和中国海军实力也必然会根据情况作出调整，这样，东北亚地区的军事局势走向将会出现很多不确定的因素，而日本海上自卫队出云级直升机母舰也将会背负第一枚"多米诺骨牌"、打开"潘多拉魔盒"之手、"达摩克利斯之剑"等恶名，而具体影响究竟如何，中国人民在拭目以待，世界人民也在拭目以待。

第十二章
日本航母工业基础
——蜕变自日本帝国海军的根基

　　截至 2013 年 8 月，日本现有的航母工业基础设施主要有航母建造工业设施、航母母港设施、海军航空兵基地设施三种。

　　其中，航母建造工业设施就是航母造船厂。日本现有的航母造船厂只有 JMU 横滨事业所，日本现役的 2 艘日向级直升机母舰及 2 艘 22DDH 级直升机母舰都由这家造船厂建造。除 JMU 横滨事业所之外，日本还有多家拥有航母建造能力的造船厂，只是目前为和平条件下，还没有扩军备战的需要，因此，日本没必要像第二次世界大战那样启动 5 家航母造船厂。其他拥有航母建造能力的造船厂还有三菱重工长崎造船厂、三菱重工神户造船厂、川崎重工神户造船厂等。

横须贺海军设施全景，包括美国海军和日本海上自卫队的海军设施在内，中间的岛屿为吾妻岛（美军横须贺舰队油库区），吾妻岛右侧为横须港的本港，其左侧为横须贺港的长浦港。日海自横须贺基地主要分布于吾妻岛的西部、西北部和西南部。

　　日本现有的航母母港设施只有横须贺海军基地和吴港海军基地，不过，佐世保海军基地、舞鹤海军基地及大凑海军基地经过适当的基础设施扩建后也可承担航母母港职责。如果未来 2 艘 22DDH 级直升机母舰建成服役，那么，它们的部署母港既可选择在现有的横须贺海军基地和吴港海军基地，同时，也可选择在针对中国前沿的佐世保海军基地，针对朝鲜和韩国前沿的舞鹤海军基地，及针对俄罗斯前沿的大凑海军基地。这 2

艘直升机母舰的部署位置直接关系到未来日本海上自卫队的战略重点。如果选择在佐世保基地，那么，无疑日本将中国视为最主要的敌人，综合来看，这种可能性较大。或者保守一点，选择现有的航母母港，不过，吴港及横须贺基地的军舰部署能力几乎达到饱和状态，再部署这么大一艘军舰恐怕吃不消。

由于日本的航母还没有配备舰载固定翼战斗机，故此日本海军航空兵基地建设还没有像美国海军那样规范。未来，如果固定翼舰载战斗机上舰，日本现有海军航空兵基地具备这样后勤保障能力的基地可选择在厚木海军航空兵基地或岩国海军航空兵基地。这两座大型海军航空兵基地完全可对一支庞大的航母舰载海军航空兵部队提供全方面的后勤保障服务。目前，美国海军第七舰队的航母舰载机群及两栖直升机群分别部署于厚木和岩国基地内。

下面各节将对日本海上自卫队现有的航母工业基础设施进行详细的分析和解读。

第一节 横须贺航母母港——日本海上自卫队第一座航母母港、日本海上自卫队指挥中心

目前，日本的航母母港建设仅限于横须贺海军基地和吴港海军基地两座，而横须贺海军基地又是从日本帝国海军时期的横须贺镇守府发展而来。

从发展历史来看，日本帝国海军时期的横须贺镇守府（横须贺海军基地）在战后被分成两座海军基地，一座是由驻日美国海军第七舰队使用的航母母港设施，一座是由日本海上自卫队使用的舰队基地设施。其中，横须贺镇守府大部分核心基础设施都为美国海军所占有，并且，日本海上自卫队没有这些核心设施的任何使用权，战后，美国海军也对这些基础设施进行了大规模的扩建、改建和维修，不过，所有经费都由日本政府的所谓"关怀预算案"拨款。而日本海上自卫队的横须贺基地则在横须贺镇守府遗留下来的次要设施上发展起来，并新增加了一些土地及基础设施建设。

谈到航母母港建设，这是一个非常庞大的系统工程，其人才、物力和财力的耗费要远超航母建造的无数倍以上。首先，航母母港建设要能容纳下整个航母特混舰队内编成的军舰，这就需要大量的军舰停泊码头，由不同长度、宽度、水深、各种后勤保障功能组成的具备各种不同功能的码头群才是舰队码头，而舰队码头的最高规格就是航母特混舰队码头；其次，航母母港的最核心功能是对整个特混舰队提供入坞维修服务，这样整个航母特混舰队才能实现战斗力恢复，否则，一座航母就失去了存在的价值，因此，具备各种不同军舰维修能力的干船坞群又是舰队基地的核心要求，而航母特混舰队对这样的要求最高；再次，航母母港要对整个特混舰队军舰提供全方面的后勤保障服务，包括停泊期间的岸电、暖气、煤气、燃料、通信、生活废水处理、生活垃圾处理等服务，包括弹药补给、燃料补给、军用物资补给等补给服务，包括舰员、文职人员、随军家属的生活保障服务；最后，航母母港要为航母特混舰队的指挥体系提供完整的服务，包括各

级指挥员的办公、住宿、指挥网络建设等内容。

总之，一座航母母港的建设涉及千头万绪，不是短时间内凭借有限的财政预算就能完成的，它真正是一个国家综合国力的体现。

日本海上自卫队横须贺基地基本概况——亚洲标准

日本海上自卫队横须贺基地位于日本本州岛神奈川县横须贺市横须贺港的长浦港和本港西部周边地区内，目前为日本海上自卫队的指挥中枢所在地和海军大本营，大部分日本海军高级作战司令部都部署在这座基地内，包括日本海上自卫队自卫舰队司令部（联合舰队司令部）、护卫舰队司令部（水面舰艇部队司令部）、潜水舰队司令部（潜艇舰队司令部）、扫雷队群司令部（扫雷部队司令部）、横须贺地方总监部（横须贺地方舰队司令部）等高级作战指挥机关。

作为航母母港，目前，只有日本海上自卫队日向级直升机母舰的一号舰"日向"号（DDH-181）部署在是横须贺海军基地。纵观整个亚洲地区来看，日本海上自卫队横须贺基地是亚洲最现代化、工业基础网络健全和综合后勤保障实力非常强大的海军基地之一。

目前，横须贺海军基地是日本海上自卫队建设规模第二大的海军基础设施群所在地，日本海上自卫队五大海军舰队基地之首，同时，也是西太平洋地区的大型海军基地之一。日本海上自卫队在横须贺市内及周边地区共建设了40处各种类型的海军基础设施，其占地总面积达到了295万平方米，如果算上美国海军第七舰队驻日本横须贺舰队基地所占用的基础设施，其占地总面积则为632万2000平方米，上述两座海军基地大约占横须贺市土地总面积的6.3%。

横须贺基地内的军事基础设施大部分分布在地理位置非常重要的海岸线地带以及海港地区内，一些工业、教育和公共基础设施均分布于相对比较平坦的平原地区。据横须贺市地方政府的详细统计显示，日本海上自卫队横须贺基地在横须贺港内共建设了32处海军基础设施，这些设施的占地总面积为1118284平方米。

日本海上自卫队横须贺基地主要由两个水面舰艇停泊区码头和一个楠浦基地潜艇停泊区码头组成，其中，水面舰艇停泊区由吾妻岛分割成一南一北长浦和吉仓两个军舰停泊区，此外，还包括大量的基地驻军兵营、司令部办公区等基础设施，日本海上自卫队的各级司令部和部队就部署在这些大大小小的分基地区内。作为日本海上自卫队的战略指挥中枢基地，以横须贺海军基地为母港的大型军舰总数很多，截至2011年11月，共计部署了37艘驱逐舰、护卫舰、补给舰等大型水面舰艇以及最新列装的苍龙级AIP型潜艇。

下面按照由北至南的顺序对日本海上自卫队横须贺基地各大主基地区进行逐一介绍。

长浦港全景，视角由吾妻岛向西看，分成南北两个基地区，分别是北面的船越地区基地（右侧海岸线）和田浦地区基地（左侧海岸线）

最北部的船越地区基地及驻军部队——日本海上自卫队指挥中枢与大本营

目前，位于横须贺市长浦港北部的船越地区是日本海上自卫队的核心基地区，这里共建有日本海上自卫队横须贺基地船越兵营和长浦军舰停泊区码头两处非常重要的基础设施群，这片基地区位于横须贺基地的最北部。

横须贺海军基地船越兵营位于长浦港北部船越町 7 段 73 号，这里原来为日本帝国海军时期的横须贺海军工厂实验部，占地总面积为 95150 平方米。目前，大部分船越町 7 段 73 号的街区范围内都是日本海上自卫队各大高级作战司令部办公区的集中地，因此，横须贺市船越地区是名副其实的日本海上自卫队大本营和作战指挥中枢。船越兵营内的日本海上自卫队高级司令部主要有自卫舰队司令部、护卫舰队司令部、潜水舰队司令部、扫雷队群司令部、开发队群司令部、情报业务群司令部、海洋业务群司令部以及日本海上自卫队系统通信队群司令部。

其中，自卫舰队司令部办公大楼就设在船越町 7 段 73 号内，大楼前面就是长浦军舰停泊区的码头。在这栋办公大楼内，有自卫舰队司令及所属一系列参谋人员在此办公，主要人员包括司令一名，为海军中将（3 星）军衔，幕僚长（参谋长）一名，为海军少将（2 星）军衔，主任幕僚（主管参谋）七名，分别是监察主任幕僚、监理主任幕僚、情报主任幕僚、作战主任幕僚、后方主任幕僚、指挥通信主任幕僚和研究开发主任幕僚，均为海军上校军衔，普通幕僚 15 名，首席幕僚为海军上校军衔，其他 14 名幕僚均为海军中校军衔，副官一名，为海军少校军衔，自卫舰队首席伍长（军士长）一名，为海军军士长。

护卫舰队司令部与自卫舰队司令部在一起，也位于船越町 7 段 73 号内，两个司令部分开办公，主要入驻办公人员包括司令一名，为海军中将军衔，幕僚长一名，为海军少将军衔，主任幕僚七名，分别是作战主任幕僚（上校）、后方主任幕僚（中校）、监察安全主任幕僚（中校）、监理主任幕僚（上校）、军事主任幕僚（中校）、情报主任幕僚（少校）和研究开发主任幕僚（中校），医务官一名，为海军中校军衔，作战幕僚 3 名，航空后方幕僚 1 名，航空幕僚 1 名，教育幕僚 1 名，机关幕僚 1 名，水雷幕僚 1 名，训练计划幕僚 1 名，射击幕僚 1 名，通信幕僚 1 名，气象幕僚 1 名，副官 1 名。护卫舰队司令部设护卫舰队旗舰一艘，目前旗舰为"日向"号（DDH－181）直升机母舰，旗舰设舰长一名，为海军中校军衔，炮雷长和船务长各一名，为海军中校军衔。

潜水舰队司令部办公区与自卫舰队司令部、护卫舰队司令部办公区在一起，也位于船越町 7 段 73 号内，三个司令部分开办公，主要入驻办公人员包括司令一名，为海军中将军衔，幕僚长一名，为海军少将军衔，下设幕僚若干名。

扫雷队群司令部办公区与自卫舰队司令部、护卫舰队司令部、潜水舰队司令部办公区在一起，都位于横须贺市船越町 7 段 73 号内，各个司令部分开办公，主要入驻办公人员包括扫雷队群司令一名，为日本海军少将军衔，另有其他参谋人员若干名。

情报业务群司令部办公区与自卫舰队司令部、护卫舰队司令部、潜水舰队司令部、扫雷队群司令部办公区在一起，都位于横须贺市船越町 7 段 73 号内，各个司令部分开办公，情报业务群司令部设司令一名，为日本海军上校军衔，随同司令部办公的还有作战情报支援队和电子情报支援队两支部队。

海洋业务群司令部办公区也设在船越地区内，海洋业务群司令部设司令一名，为日本海军上校军衔，另有若干名业务参谋。

除上述办公建筑设施外，船越地区基地内最重要的舰队设施是长浦港军舰停泊码头区。

长浦港军舰停泊码头区及岸基基础设施位于横须贺港最北部的长浦港北岸，长浦港为军民两用港，南北两侧码头基本为军用，西部码头基本为民用，由日本民用大型船舶公司使用。长浦港军舰停泊区建有 5 座大型岸壁式码头，码头线总长度超过 1000 米，建有 1 座栈桥码头，码头长度超过 100 米。由于长浦港内水深较浅，因此，这个军舰停泊区主要用于部署日本海上自卫队扫雷母舰、扫雷艇等吃水比较浅的轻型水面舰艇，不过，停泊区最东侧、通信塔前方的大型岸壁式码头也可以停泊驱逐舰、护卫舰等深吃水型军舰，不过，这些军舰不是以长浦港军舰停泊区为母港的军舰，而是其他海军基地到访横须贺基地的军舰。当军舰停泊在岸壁码头上时可采取并列的方式进行停泊，因此，军舰停泊数量大为提高。

以长浦港军舰停泊区码头为母港的日本海上自卫队军舰主要有扫雷母舰"浦贺"号（MST－463），扫雷艇"八重山"号（MSO－301）、"对马"号（MSO－302）、"八丈"号（MSO－303）、"菅岛"号（MSC－681）、"能登岛"号（MSC－682）和"角岛"号（MSC－683），"桥立"号（ASY－91）特务艇、1 号级 2 号运输艇、"圆周"号（AMS－4305）多用途支援舰等。

船越地区基地全景（长浦港北部海岸线），包括各级司令部的办公建筑设施及舰队设施——长浦港军舰停泊码头区

基地近景，包括办公大楼、岸壁码头、栈桥码头、通信塔等设施

最大岸壁码头上停泊着两艘驱逐舰

田浦地区基地及驻军部队

田浦地区海军基础设施主要分布于横须贺市长浦港南部的船越町1段与田浦町无门牌号码街区及海岸地区内，主要海军基础设施及驻军部队有横须贺造修补给所、日本海上自卫队第2技术学校、日本海上自卫队舰船补给处、田浦补给仓库、横须贺医院（田浦港町1766－1）、横须贺消磁所、横须贺造修补给所观测器资材维修场和横须贺弹药维修补给所比与宇弹药库。

横须贺造修补给所位于横须贺市船越町1段284号1单元，这里原来是日本帝国海军时期的横须贺海军兵工厂造兵部，目前，主要承担横须贺海军基地内所部署军舰的维修、保养等后勤保障工作。横须贺造修补给所占地总面积为39451平方米，全部土地为日本政府行政财产。

横须贺造修补给所建有一处支援船停泊基础设施，它位于横须贺市船越町1段沿海，原日本帝国海军时期横须贺海军兵工厂的造兵部设施，停泊码头占地总面积为498平方米，这些码头主要供横须贺地方队所属各种供水驳船以及交通船等工作船停泊使用。

第2技术学校位于横须贺市田浦港町无门牌号码各街区内，它是日本重点军事学校之一，目前主要承担相关机务科、蒸汽、内燃、电机应急、机电、修理、情报、外语以及技术、体育、陆上警备等方面必要知识和技能的教育和训练，此外，还负责相关各学科在部队运用方面的调查和研究工作。第2技术学校校址为原日本帝国海军水雷学校，现在学校占地总面积为50191平方米。

舰船补给处位于横须贺市田浦港町无门牌号码地区内，原址为日本帝国海军军需部和水雷学校，补给处基础设施占地总面积为26105平方米，主要作战任务是在训练、发生地区冲突期间承担后方支援任务，并负责采购、补给、装备投标与竞标，此外，还负责为地方部队采购所属军舰和舰载装备。

舰船补给处下设处长、副处长、管理部、计划部、舰船部、武器部和保管部七个职能部门，处长一名，为海军上校军衔，副处长一名，为海上上校军衔，管理部长一名，为海军上校军衔，管理部下设总务科、会计科、合同科、成本预算科和成本检查官五个科级单位，计划部长一名，为海军上校军衔，计划部下设计划科、补给管理科、技术管理科和情报处理科五个科，舰船部长一名，为海军上校军衔，舰船部下设舰船补给科和武器维修科两个科，武器部长一名，为海军上校军衔，武器部下设武器补给科和武器维修科两个科，保管部长一名，为海军上校军衔，保管部下设保管科、利材科和运输科三个科。补给处办公机关设在横须贺市田浦港町无门牌号码区内，舰船补给处处长为日本海军上校军衔。

田浦补给仓库位于横须贺市田浦港町无门牌号码地区内，原址为日本帝国海军军需部和水雷学校，仓库占地总面积为 13354 平方米，主要承担驻横须贺海军基地各个陆上部队的后勤保障与补给任务。

日本自卫队横须贺医院位于横须贺田浦町 1766 段 1 号街区内，医院占地总面积为 5774 平方米，主要承担日本陆、海、空三军现役军事人员的诊断和治疗服务。

横须贺消磁所位于横须贺市泊町，原址为日本帝国海军横须贺海军工厂，消磁所总面积为 7527 平方米，目前为日美双方共用基础设施，它是隶属于横须贺造修补给所管理的水面舰艇和潜艇消磁基础设施，这座消磁所是日本国内唯一的此类型基础设施。横须贺消磁所设所长一名，为海军中校军衔，下设总务科和消磁科两个科。

田浦地区基地全景（长浦南部海岸线），各种舰队基础设施及部队分布其间

与最大栈桥码头对应的建筑大楼为日本海上自卫队舰船补给处，照片中的所有仓库都为日本海上自卫队的各种后勤保障设施，这些高度自动化的仓库设施为驻港航母特混舰队提供着全方面的服务

　　横须贺消磁所主要承担水面舰艇、潜艇等钢质军舰壳体的消磁任务，这个消磁所建造在泊町对面的海面上，主要由一些突出海面的数个消磁构件组成，消磁构件依附于呈矩形建造的钢筋混凝土桩式结构体内，进入消磁所的军舰可以停泊到由这些消磁构件所组成的钢筋混凝土结构框架内，然后，通过消磁构件对军舰壳体进行磁性测量，测量完成之后再通过消磁装备对军舰壳体上的磁性进行逆向消磁。几乎所有的军舰都是由钢材料制成的磁体，由于长时间执行海上巡逻任务，在这一过程中不免受到地球磁场的影响以及其他电磁接触等原因而带上强烈的磁性，如果对军舰不进行定期消磁疗处理的话，那么，军舰很可能会对敌方铺设的磁性反应水雷产生反应，从而造成军舰的毁损。作为不可或缺的消磁辅助支援基础设施，除横须贺消磁所外，日本海上自卫队目前还建有两处磁性测量基础设施，分别是假屋磁性测定所和佐世保磁性测定所。

　　横须贺造修补给所观测器资材维修场位于横须贺市泊町无门牌号码地区内，维修场占地总面积为 1349 平方米，为日美双方共同使用基础设施。

　　横须贺弹药维修补给所比与宇弹药库位于横须贺市田浦港町 1769 段 2 号，原址为日本帝国海军军需部，这座弹药仓库占地总面积为 155793 平方米，主要用于日本海上自卫队自卫舰队和相关陆上部队的枪弹保管和补给任务，目前，这座弹药仓库由横须贺造修补给所军火科和横须贺造修补给所资材部使用。

箱崎地区基地与驻军部队

箱崎地区基地与驻军部队主要位于吾妻岛及周边地区，主要驻军为横须贺弹药维修补给所，主要基础设施包括油库和弹药库。

横须贺弹药维修补给所吾妻岛维修基础设施位于横须贺市箱崎町，原址为日本帝国海军箱崎油库，这座设施占地总面积为 157135 平方米，目前为日美两国海军共用。横须贺弹药维修补给所在这座基础设施内为日本海上自卫队自卫舰队、练习舰队等部队所属军舰提供武器弹药等作战物资的维修、保养与调整等操作服务。横须贺弹药维修补给所的弹药库场地也位于横须贺市箱崎町，占地总面积为 7000 平方米，为日美两国海军共用基础设施。2006 年（平成十八年）9 月 8 日，经日美合同委员会协商，日美两国海军同意共用这座弹药仓库设施。

吾妻岛信号站位于横须贺市箱崎町，原址为日本帝国海军箱崎油库，信号站占地总面积为 4489 平方米，其中，信号站大楼占地面积为 506 平方米，架设电话和电话线的占地总面积为 3983 平方米。目前，这座信号站也是美国海军和日本海军共同使用基础设施。横须贺警备队可通过吾妻岛信号站为停泊在横须贺海军基地周边的军舰提供信号通信服务。

箱崎地区基地全景，连接长浦港和本港之间水道的吾妻岛周边设施

吾妻岛西南角的一些油库设施

新井地区基地及驻军部队

　　新井地区海军基础设施主要分布于横须贺市本港西部长浦町 1 段 1555 号的街区范围内，原址为日本帝国海军军需部，兵营占地总面积为 17725 平方米，目前，这个基地区也称横须贺警备队基地兵营，主要驻军部队有横须贺弹药维修补给所、横须贺警备队、开发队群司令部、海上训练指导队群司令部（包括司令部、装备实验队、运用开发队、第 1 海上训练指导队）、装备实验队、舰艇开发队和横须贺战术训练运用所等部队，此外，这座兵营还可当作港湾和沿岸防备基础设施使用。

　　横须贺弹药维修补给所主要由司令部、维修第 1 部和维修第 2 部三个部门组成，其中，司令部设所长一名，为海军上校军衔，副所长一名，为海军中校军衔，司令部下设计划调整室、总务科和补给科三个科，维修第 1 部下设维修管理第 1 科、军火维修科、鱼雷维修科和水雷维修科四个科，维修第 2 部下设维修管理第 2 科和制导武器维修科两个科。另设一个横须贺弹药维修补给所大矢部弹药库，它位于横须贺市大矢部 2 段 264 号，原址为日本帝国陆军筑城部大矢部仓库，仓库占地总面积为 183335 平方米，这座仓库内目前主要为自卫舰队和相关陆上部队提供和保管武器弹药。

　　横须贺警备队司令部位于横须贺市新井町，司令部设司令一名，为海军上校军衔，副司令一名，为海军中校军衔，另设厚木警务分遣队、木更津警务分遣队、下总警务分遣队和馆山警务分遣队四支分遣部队。横须贺警备队主要由横须贺陆警队、横须贺港务队、横须贺水中处理队和观音埼警备所四支部队组成，其中，横须贺水中处理队装备有一艘 3 号水中处理母船。横须贺观音埼警备所位于横须贺市鸭居字观音埼地区，原址为日本帝国陆军观音埼炮台，占地总面积为 63676 平方米，目前，这个警备所归属横须贺警备队管理，主要承担日本东京湾入口处的警备防御任务。

　　日本海上自卫队开发队群是直接隶属于自卫舰队司令部领导下的海军开发与研究性部队，开发队群设司令一名，为日本海军少将军衔。日本海上自卫队开发队群司令部与海上训练指导队群司令部办公大楼相邻而建。

新井地区基地全景，包括吉仓码头

新井地区基地部分，图中的建筑大楼分别是开发队群司令部（右侧）及海上训练指导队群司令部（左侧）办公大楼，周边遍布各种开发及训练基础设施

海上训练指导队群是直接隶属于日本海上自卫队护卫舰队管辖下的海上训练、教育和研究部队，队群司令部设司令一名，为海军上校军衔，设首席幕僚一名，为海军上校军衔，幕僚两名，为海军中校，副官为海军中校军衔。

长浦地区基地及驻军部队

长浦地区基础设施群主要分布于横须贺市本港西部长浦町 1 段 43 号的街区范围和海岸内、位于横须贺地方总监部办公区北部，两部分基地区相邻，原址为日本帝国海军军需部，基地兵营占地总面积为 44368 平方米，为日本海上自卫队专用兵营，主要部队有横须贺基地业务队、横须贺卫生队、第 1 护卫队群和第 1 海上补给队四支部队。

横须贺基地业务队是一支主要从事相关福利、保健、会计、军需给养、车辆、基础设施和海上预备员招募以及其他方面业务的日本海军后勤保障部队。按照惯例，基地业务队一般都与所在地方队的地方总监部毗邻设置，位于长浦地区的横须贺基地业务队与位于西逸见地区的横须贺地方总监部两支部队相距不远，此外，横须贺基地业务队还在东京都小笠原村父岛派遣有分遣队。

横须贺基地业务队主要由司令部和船越基地业务分遣队两支部队组成，其中，司令部设司令一名，为海军上校军衔，他直接接受横须贺地方总监部的领导，负责本部一切事务的管理和协调。司令部下设 5 个科和 1 个补充部，共计 6 个业务部门，5 个科分别是总务科、福利科、会计科、车辆科、基础设施科，补充部主要负责海上预备员招募工作以及其他临时性的业务支援任务。船越基地业务分遣队设队长一名，为海军中校军衔，下设 4 个科，分别是总务科、厚生科、补给科和基础设施科。

横须贺卫生队设队长兼卫生监理官一名，为海军中校军衔，下设总务科、第 1 卫生科、第 2 卫生科、第 3 卫生科和第 4 卫生科五个科。

第 1 护卫队群是直接隶属于日本海上自卫队护卫舰队司令部领导下的主力作战水面舰艇部队，目前，所有装备水面舰艇都以横须贺港长浦军舰停泊区和吉仓军舰停泊区为母港。

第 1 护卫队群主要由护卫队群司令部、第 1 护卫队（横须贺海军基地）和第 5 护卫队（佐世保海军基地）三支部队组成，其中，护卫队群司令部位于横须贺市船越町 7 段 73 号，司令部设司令一名，为海军少将军衔，首席幕僚一名，为海军上校军衔，作战幕僚两名，为海军中校军衔。

第 1 海上补给队是日本海上自卫队中现役唯一的大型补给舰部队，2006 年 4 月 3 日组织机构改革之后，这支部队隶属于护卫舰队司令部直辖，目前共由 5 艘大型舰队综合作战补给舰组成，分别是 3 艘十和田级补给舰十和田号（AOE－422）、"常磐"号（AOE－423）、"滨名"号（AOE－424）和 2 艘摩周级"摩周"号（AOE－425）和"青海"号（AOE－426）。

长浦地区基地全景，图中建筑大楼分别是横须贺基地业务队及横须贺卫生队的办公大楼

西逸见地区基地及驻军部队

日本海上自卫队横须贺基地西逸见地区基础设施主要包括西逸见基地兵营和吉仓军舰停泊区两处基础设施群。

西逸见基地兵营位于横须贺市本港西部西逸见町 1 段无门牌号码地区内，原址为日本帝国海军时期的横须贺港港务部，基地兵营占地总面积为 58475 平方米，目前，这座兵营内主要驻有横须贺地方总监部、横须贺系统通信队、横须贺造修补给所、横须贺地方情报保密队等司令部机关。

横须贺地方队为日本海上自卫队五大地方队之首，日本海上自卫队的地方队相当于海军军区部队，主要承担各个相关防守责任区的沿海防御任务，五大地方舰队分别防守日本全国的五大海军军区，分别是横须贺地方军区、佐世保地方军区、吴港地方军区、舞鹤地方军区和大凑地方军区，横须贺地方队是五个地方舰队中规模最大、作战能力最强的地方队，各部队驻扎在横须贺海军基地内的不同地区。横须贺地方队配备的主力作战水面舰艇部队为第 41 扫雷队。

目前，横须贺地方队主要由横须贺地方总监部、横须贺教育队（横须贺市武山町）、横须贺警备队（新井町）、横须贺造修补给所（船越町）、横须贺弹药维修补给所（新井町）、横须贺基地业务队（长浦町）、横须贺卫生队（长浦町）、横须贺军乐队（武山町）、第 41 扫雷队、父岛基地分遣队（小笠原岛）共计 10 支部队组成，此外，还直辖有一艘"桥立"号（ASY－91）特务艇、一艘 1 号级 2 号运输艇、一艘"圆周"号（AMS－4305）多用途支援舰和一艘"白濑"号（AGB－5002）破冰船。

横须贺地方总监部（横须贺地方舰队司令部）主要军事长官包括一名地方总监（地方舰队司令），为海军中将军衔，一名幕僚长，为海军少将军衔，另设一名监察官，为海军上校军衔，司令部下设管理部、防卫部、经理部三个部，每名部长为海军上校军衔。其中，管理部下设总务科、人事科、厚生科、设施科和支援业务科五个科，每名科长为海军中校军衔军官；防卫部下设第 1、2、3、4、5 五个幕僚室，每名室长为海军中校军衔军官；经理部下设经理科、合同科、成本核算科、监查科和成本监察官五个组成单位，每名科长或为海军中校军衔军官或为海军少校军衔军官。

目前，横须贺地方队的后勤保障与支援任务非常重要，它主要负责为日本海上自卫队海上幕僚监部（日本海军司令部）、自卫舰队司令部、护卫舰队司令部以及其他不属于任何地方队管辖的部队提供后勤保障与支援服务，此外，在外国军舰对横须贺海军基地进行礼节性访问时，还负责横须贺海军基地内观音崎礼炮台的礼炮鸣放工作。

横须贺地方总监部设有一些重要的后勤保障基础设施，主要包括田户台分基地，田户台分基地兵营位于横须贺市田户台 90 号，原址为日本帝国海军横须贺镇守府长官官邸，这座兵营占地总面积为 10247 平方米，目前作为横须贺地方总监部的分基地兵营使用。

第 41 扫雷队设司令一名，为海军少校军衔，下面编制有三艘扫雷艇，分别是"菅岛"号（MSC－681）、"能登岛"号（MSC－682）和"角岛"号（MSC－683），上述三艘扫雷艇都为菅岛级，以长浦军舰停泊码头区为母港。

横须贺系统通信队司令部直接隶属于日本海上自卫队系统通信队司令部领导之下，设司令一名，为海军中校军衔，下设总务科、运用科、维修科和发报所四个科，此外，还下设厚木系统通信分遣队、下总系统通信分遣队和馆山系统通信分遣队三支分遣部队，每个分遣队各设总务科、运用科和维修科三个科，馆山系统通信分遣队还设有发报所。

横须贺系统通信队建有三处重要基础设施，一处是位于横须贺地方总监部办公大楼附近西逸见町 2 段 89 号内的一座微波通信设施，原址为日本帝国海军港务部，设施占地总面积为 112 平方米。第二处是千代崎发报所，这座发报所位于横须贺市西浦町 6 段 17 号，原址为日本帝国陆军千代崎炮台，发报所占地总面积为 14449 平方米。第三处是武山通信设施，位于横须贺市武山町 1 段 3042 号，占地总面积为 1271 平方米。

横须贺地方情报保密队司令部设队长一名，为海军中校军衔，另设厚木情报保密分遣队和下总情报保密分遣队两支部队。

吉仓军舰停泊区码头及岸基附属基础设施位于横须贺港本港西部，紧挨着东部的美国海军驻日本横须贺舰队基地军舰停泊码头区，停泊区主要由 1 座大型 U 型栈桥码头、1 座大型逸见深吃水岸壁码头、1 座小型栈桥码头和 1 座岸壁码头组成，这个军舰停泊区主要用于停泊驱逐舰、护卫舰和补给舰等大型深吃水型水面舰艇以及试验舰、破冰船、运输舰等大型后勤保障与支援舰，"日向"号航母就停泊在这个基地区内，所有栈桥和岸壁码头都可采取并列方式停泊军舰。组成大型 U 型栈桥码头的两个分码头总长度均为 300 米，逸见大型岸壁式深吃水码头总长度为 350 米，与美国海军驻日本横须贺舰队基地内停泊"华盛顿"号航母的 B－12 号码头基本相当，因此，可停泊任何一艘尼米兹级核动力航母。

2010 年，随着吉仓军舰停泊码头区逸见深水码头的建造完成，横须贺海军基地苦于长时间"舰满为患"无处停泊军舰的问题得到了一定程度的缓解，这为日本海上自卫队的进一步发展打下了坚实基础，也为未来更大型的 22DDH 级直升机母舰部署提供了泊位空间。

吉仓军舰停泊码头区共分为四个部分，分别是位于最南端的逸见深吃水超大型岸壁式码头，这座码头主要用于大型深吃水型军舰的停泊，包括航母、宙斯盾导弹驱逐舰、直升机驱逐舰；位于逸见码头北部的 U 型大型栈桥码头，主要用于航母、宙斯盾导弹驱逐舰、直升机驱逐舰、通用多功能驱逐舰和护卫舰、大型舰队综合补给舰等主力作战军舰的停泊；位于 U 型栈桥码头西侧的小型栈桥码头区，主要用于小型运输艇、多用途支援舰、巡逻艇等轻型作战水面舰艇的停泊使用；位于最北端的大型非作战军舰停泊码头区，主要用于试验舰、海洋观测舰等各种大型非作战军舰的停泊使用。

西逸见地区基地全景，包括吉仓码头、西逸见深水码头

吉仓码头中的大型 U 型码头

军舰特写

西逸见深水码头及南端的横须贺地方总监部办公楼

不同视角的西逸见深水码头

横须贺地方总监部办公楼

西逸见深水码头的设计及码头设施

楠浦地区基地及驻军部队

　　楠浦地区基础设施及驻军部队主要为日本海上自卫队的常规潜艇部队，位于横须贺基地的最南端，并紧挨着东部美国海军驻日本横须贺舰队基地的军舰停泊区码头，这些基础设施主要分布于横须贺市楠浦町街区及本港西部海岸内，基础设施类型包括潜艇停泊码头、干船坞等维修基础设施、司令部办公楼、教育与训练基础设施等，主要基础设施包括第 2 潜水队群基地兵营、反潜资料队基地兵营、横须贺造修补给所楠浦设施、潜水医学实验队基地兵营、久里滨油库等。

第 2 潜水队群基地兵营位于横须贺市楠浦町，原址为日本帝国海军横须贺海军兵工厂，兵营占地总面积为 6900 平方米，为日美双方共用基础设施。目前，第 2 潜水队群的艇员待命地点、福利保健中心、军官宿舍、士兵宿舍等基础设施都建设在这座潜艇兵营内。

反潜资料队基地兵营位于横须贺市楠浦町，原址为日本帝国海军横须贺海军兵工厂，兵营占地总面积为 2345 平方米，为日美两军共用基础设施。2000 年（平成十二年）3 月 1 日，日美双方正式同意共用这座兵营设施。2004 年（平成十六年）8 月 25 日，反潜资料队基地兵营开始承担反潜音响情报分析、评估等方面的工作。

横须贺造修补给所楠浦设施位于横须贺楠浦町内，原址为日本帝国海军横须贺海军兵工厂，设施占地总面积为 27758 平方米，其中，造修所维修部分室占地总面积为 2268 平方米，船舶修理基地设施占地总面积为 25490 平方米，为日美双方共用基础设施。昭和三十三年 8 月 21 日，日美双方同意横须贺造修补给所维修部分室可在楠浦设施内进行军舰和机器类设备的维修业务。昭和四十九年 2 月 14 日，美国海军同意造修所维修部分室可以使用 SRF1 号至 3 号干船坞设施，主要进行日本海上自卫队所属军舰的维修与保养业务，并且，一部分楠浦设施可用于日本海上自卫队的潜艇基地设施。

潜水医学实验队基地兵营位于横须贺市长濑 2 段 7 号，原址为日本帝国海军横须贺海军兵工厂水雷实验部，兵营占地总面积为 25722 平方米，主要用于相关日本自卫队医学教育、卫生人员的训练以及潜艇艇员和从事潜水训练人员的健康状况调查与研究工作。

久里滨油库位于横须贺市长濑 3 段 11 号 1 单元，原址为日本帝国海军反潜学校，油库占地总面积为 11676 平方米，主要承担日本海军自卫舰队陆上部队的燃料补给服务。

楠浦地区基础设施内的主要驻军部队有第 2 潜水队群、横须贺潜艇教育训练分遣队、横须贺潜艇基地队三支部队。

第 2 潜水队群是隶属于日本海上自卫队潜水舰队司令部领导下的主力作战潜艇部队之一，队群司令部主要由司令、幕僚和副官三名高级军官组成，司令为日本海军上校军衔，部队主要由队群直辖舰、第 2 潜艇队、第 4 潜艇队和横须贺潜艇基地队四支部分组成，其中队群直辖舰编制 1 艘"千代田"号（AS—405）潜艇救援舰，第 2 潜艇队编制"亲潮"号（SS—590）、"涡潮"号（SS—592）和"鸣潮"号（SS—595）三艘亲潮级主力作战潜艇，第 4 潜艇队编制"若潮"号（SS—587）、"高潮"号（SS—597）、"八重潮"号（SS—598）和"濑户潮"号（SS—599）四艘潜艇。潜艇救援舰以长浦港为母港，而潜艇则都停泊在楠浦基地区的军舰停泊码头上。

楠浦地区基地位于横须贺干船坞区的 1 号、2 号、3 号干船坞附近，潜艇停泊码头就位于 3 号码头北侧的岸壁上

可见停泊中的日本海军潜艇及附近办公设施

武山地区基础设施及驻军部队

武山地区海军基础设施主要分布于横须贺市武山町地区内，大部分基础设施为营房、教育与训练基础设施等，主要驻军部队有两个，分别是横须贺教育队和横须贺军乐队。

横须贺教育队司令部设在横须贺市武山町御幸浜 4 段 1 号，原址为日本帝国海军武山海军陆战队基地，占地总面积为 284477 平方米，它是日本海军中目前唯一承担女性自卫军官教育与训练的部队，教育队主要由队司令部、教育 1 部和教育 2 部三个部门组成，其中，司令部设司令一名，为海军上校军衔，副司令兼教育 2 部部长一名，为海军中校军衔，司令部下设总务科、厚生科和补给科三个科，教育 2 部下设教务第 1 室和教务第 2 室两个教学研究单位。目前，横须贺教育队的主要任务是对新入队的自卫队队员进行相关的甲板、发动机、补给、航空（操纵除外）、卫生、各种技术等方面的教育和训练。

横须贺军乐队位于横须贺市武山地区，设队长一名，为海军少校军衔，下设总务科和军乐科两个科。

与日本陆上自卫队武山驻屯地及日本航空自卫队武山分屯基地坐落在一起的日本海上自卫队横须贺教育队设施全景

由北向南看横须贺教育队及日本陆上自卫队武山驻屯地北部营区

第二节　吴港航母母港——日本海上自卫队第二座航母母港、日本海上自卫队军舰部署中心及亚洲最现代化的航母母港之一

目前，作为日本最大航母母港的吴港海军基地，同时还是日本海上自卫队中现役最大的潜艇基地、唯一的两栖运输舰基地和大型的扫雷基地之一，两大重要的常规动力潜艇基地之一，日本海上自卫队日向级直升机母舰二号舰"伊势"号（DDH－182）的母港。综合比较，无论是从基础设施建设和基地占地规模上来看，还是从军舰停泊能力和部署军舰总数量上来看，吴港海军基地都当仁不让为日本海上自卫队现役最大的海军基地，并且，从历史发展的角度来看，在日本帝国海军"大舰巨炮主义"盛行的时代，吴港就一直是日本帝国海军的战列舰舰队指挥中心、军舰部署中心、军舰建造中心和名副其实的海军大本营。

目前，吴港海军基地内部署军舰总数为 51 艘，远远超过横须贺海军基地内 37 艘军舰的部署数量，这些军舰的总吨位为 145350 吨，与"二战"后重新服役时相比，其部署军舰总数增长了 1.7 倍，部署吨位增长了 10.9 倍。

日本海上自卫队的军舰部署中心

吴港海军基地位于日本本州岛西南端广岛县吴市幸町 1 段 1 号、4 段 20 号、7 段 1 号和 8 段 1 号四个地区内，基地每周星期日面向当地日本民众进行一次开放日活动，市民可以每周参观一艘驱逐舰、运输舰和支援舰，至于停泊中的潜艇则不参与开放日参观活动，基地每年夏天还要进行一次海上综合训练展示活动。

由于吴港海军基地位于日本濑户内海西南部深处的吴港内，因此，在第二次世界大战后期，其战略价值曾一度下降至最低点，并在战后近五十年时间内一直承担大后方性质的支援任务。

从 20 世纪 90 年代后半期开始，由于横须贺海军基地的战略发展空间受到了极大程度的限制，不仅港内舰满为患，而且，由于驻日美国海军横须贺舰队基地的存在和压制，整个日本横须贺基地又失去了进行大规模扩建的宝贵空间，鉴于此，当时的日本海上自卫队便将练习舰队司令部和第 4 护卫队群司令部相继搬迁到吴港海军基地内。随着这些重要作战司令部的陆续进入，吴港海军基地也迎来了第二次世界大战后第一次大规模发展空间，从此，吴港海军基地在日本海上自卫队中的战略价值也迅速攀升至第二次世界大战前期的水平。

吴港海军基地逐渐升级的战略价值

目前，吴港海军基地是日本海上自卫队中现役规模最大和后勤保障能力最强的潜艇基地，这座海军基地驻有日本海上自卫队两支潜水队群中的第1潜水队群以及1艘潜艇救援母舰。从20世纪80年代后期开始，当时的日本海上自卫队就已经在不断建设和加强吴港海军基地内潜艇基础设施方面的规模。此外，吴港海军基地内还部署着潜艇情报收集军舰，这就是日本海上自卫队现役的全部两艘响级音响测定舰。

2011年3月16日，随着日向级二号舰"伊势"号的部署到位，吴港海军基地又成为继横须贺海军基地后日本第二座航母母港，并且，未来更大型的22DDH级航母也可能要部署到吴港海军基地内。以"伊势"号航母部署为节点，吴港海军基地的支援性质由大后方基地最终转变为战略进攻支援基地。

除大型航母港、潜艇基地之外，吴港海军基地还是日本海上自卫队重要的扫雷部队基地，日本海上自卫队自卫舰队下属的扫雷队群中共有10艘扫雷舰和扫雷艇部署在这座基地内，驻吴港海军基地内的扫雷部队还是日本海上自卫队中唯一拥有丰富扫雷实战经验的部队，他们曾经参加了无数次国际和国内扫雷任务。

由于部署了"伊势"号航母、大隅级大型两栖攻击舰、大型常规动力潜艇、高性能扫雷舰，因此，今天的吴港海军基地是东北亚中除美国海军第七舰队两大舰队基地外，其综合后勤保障能力最全面和最强的海军基地之一，并且，以吴港海军基地为核心日本海上自卫队可以编成一支庞大的海上攻击舰队、三支海上两栖突击登陆舰队、一支水下潜艇舰队和一支扫雷舰队。

从整体情况来看，当前的吴港海军基地主要承担海上防卫与控制、海上两栖投送、大后方支援、军事教育等全方面的综合后勤保障任务，作为一座综合性的战略海军基地，吴港海军基地建有各种大型栈桥码头、深吃水码头等军舰停泊基础设施。综合目前日本海上自卫队五大舰队基地来看，吴港海军基地拥有日本国内最大的军舰停泊能力。

对美国海军第七舰队来说，吴港海军基地是仅次于横须贺海军基地、佐世保海军基地之后美国海军第三个可以充分利用的军事基础设施群，虽然美国海军没有在这里设置军舰母港，但是，美国海军各种大型水面舰艇，甚至是核潜艇均可自由出入吴港海军基地的军舰停泊码头进行休整和补给，目前，吴港海军基地军舰停泊码头区还专门设有美国海军的后勤保障与支援部队以及基地兵营等基础设施。

在可以预见的未来，如果驻日美国海军横须贺舰队基地和佐世保两栖攻击舰队基地继续存在下去的话，那么，吴港海军基地就一定会成为日本海上自卫队的战略中心和海军大本营。从现在的条件来看，包括美国海军和日本海上自卫队在内的横须贺海军基地以及包括美国海军和日本海上自卫队在内的佐世保海军基地都要比吴港海军基地大很多倍、综合后勤保障能力也要强很多倍，不过由于美国海军第七舰队的存在，军港内的港口基础设施大部分为美国海军所有，日本海上自卫队无法自由使用，即使可以使用也要与美国海军协商，并以美国海军使用优先，日本海上自卫队只能排队等候。无疑在这两座海军基地内谋求发展的日本海上自卫队将会遭受多方面的制约，其战略发展前景堪忧，因此，建设一座没有美国海军限制的自主母港是日本海上自卫队最迫切的选择，吴港海军基地就是这方面的最好选择，况且，在日本帝国海军时代吴港海军基地本来就是帝国海军的决策中心，因此，在美国海军继续存在的情况下，吴港海军基地势必会成为日本海上自卫队最重要的战略中心。

吴港及吴港海军基地核心区全景

昭和町地区基地与驻军部队以及昭和军舰停泊码头区——航母特混舰队的码头区

昭和町地区基地位于吴市昭和町 6 段 34 号、5 段 2 号等一些街区内，主要驻军部队有第 4 护卫队群司令部、第 1 潜水队群司令部、护卫舰队直辖第 1 海上补给队、护卫舰队直辖第 1 运输队、潜水舰队直辖第 1 练习潜水队（潜水教育训练队）、吴港造修补给所司令部、日本海上自卫队练习舰队司令部、护卫舰队直辖第 12 护卫队、日本自卫队吴港医院、海上训练指导队群吴港海上训练指导队和扫雷业务支援队吴港扫雷业务支援分遣队等主力作战部队，上述这些部队及相关基础设施都是部署在吴港海军基地内的航母特混舰队的核心。

其中，第 4 护卫队群是日本海上自卫队护卫舰队直辖四大护卫队群之一，主要由护卫队群司令部、第 4 护卫队和第 8 护卫队三支主力作战部队组成。护卫队群司令部位于吴市昭和町 5 段 2 号，司令部设司令一名，为海军少将军衔，设首席幕僚一名，为海军上校军衔，设副官一名，为海军上校军衔，作战幕僚一名，为海军中校军衔，幕僚和副官主要负责各种参谋业务。

第 4 护卫队司令部设在日本东北地区青森县陆奥市大凑海军基地内,而归属第 4 护卫队编制的"比睿"号(DDH－142)直升机驱逐舰和"海雾"号(DD－158)通用多功能驱逐舰则以吴港海军基地为母港部署。

第 8 护卫队司令部设在吴港海军基地内,除"雾岛"号(DDG－174)宙斯盾导弹驱逐舰以横须贺海军基地为母港部署外,剩下三艘村雨级 5 号舰"稻妻"号(DD－105)、村雨级 6 号舰"五月雨"号(DD－106)和高波级 4 号舰"细波"号(DD－113)通用多功能驱逐舰都以吴港海军基地为母港部署。

护卫舰队直辖的第 12 护卫队及司令部都部署在吴港海军基地内,目前这支护卫队共编有三艘驱逐舰和三艘护卫舰,第 12 护卫队编制的三艘初雪级通用多功能驱逐舰目前都部署在吴港海军基地内,分别是 9 号舰"山雪"号(DD－129)、10 号舰"松雪"号(DD－130)和 11 号舰"濑户雪"号(DD－131)。第 12 护卫队编制的三艘阿武隈级护卫舰也都部署在吴港海军基地内,分别是 1 号舰"阿武隈"号(DE－229)、4 号舰"川内"号(DE－232)和 6 号舰"利根"号(DE－234)。

以昭和军舰停泊码头区为母港的主力作战水面舰艇除第 4 护卫队群和第 12 护卫队编制的一些军舰外,还有隶属于其他护卫队群和护卫队编制的军舰,主要包括村雨级通用多功能驱逐舰 8 号舰"曙"号(DD－108),隶属于第 1 护卫队群第 1 护卫队管理之下;初雪级通用多功能驱逐舰 13 号舰"岛雪"号(TV－3513),隶属于练习舰队第 1 练习队管理之下,由原来的驱逐舰改装成练习舰等等。

除上述各种主力作战水面舰艇外,吴港海军基地内还部署常规潜艇、音响测定舰、两栖运输舰、练习舰、舰队补给舰、气垫登陆艇等各种大型支援军舰以及拖船等轻型杂役艇。

护卫舰队直辖第 1 海上补给队(司令部设在横须贺海军基地内)编制下的"十和田"号(AOE－422)舰队补给舰也部署在吴港海军基地内。

护卫舰队直辖吴港海上训练指导队司令部设在吴港海军基地内,直属两艘"黑部"号(ATS－4202)和"天龙"号(ATS－4203)训练支援舰也都部署在吴港海军基地内。

日本海上自卫队练习舰队司令部位于吴市昭和町 5 段 2 号,练习舰队为日本防卫省防卫大臣直辖部队。目前,练习舰队主要由练习舰队司令部、旗舰和第 1 练习队三支部队组成。练习舰队司令部设司令一名,为海军少将军衔,首席幕僚一名,为海军上校军衔,幕僚两名均为海军中校军衔。旗舰为"鹿岛"号(TV－3508)练习舰,同时,也是练习舰队司令部直辖舰,设舰长一名,为海军上校军衔,下设副舰长、炮雷长、船务长和舰上轮机长各一名,分别为海军中校或少校军衔军官。第 1 练习队设司令一名,为海军上校军衔,三名舰长均为海军中校军衔,三艘练习舰共设三名炮雷长、一名舰上轮机长。

昭和军舰停泊码头

目前，吴市昭和町沿海地区为吴港海军基地的核心军事区，昭和町基地内的主要基础设施由两部分组成，一部分是位于岸边水域的昭和军舰停泊码头，一部分是位于岸基的各级驻军司令部办公区。目前，昭和军舰停泊码头区共由5座栈桥码头、3座岸壁码头和1座大型干船坞组成，按照由东至西的顺序依次是原来用于"大和"号战列舰维修的干船坞设施，其次是昭和码头、岸壁码头、新E号军舰停泊码头、F号军舰停泊码头、岸壁码头、1号潜艇停泊码头、2号潜艇停泊码头和音响测定舰停泊码头。司令部办公区位于与E号和F号军舰停泊码头对应的岸基区内，日本海上自卫队和美国海军部署在吴港海军基地内的各级司令部办公区都建在这座军营内，目前，这里是吴港海军基地的军事指挥中心。

1999年，当时的日本防卫厅要求广岛县吴市将其管理下由民间海运公司经营使用的昭和码头移交给日本海上自卫队吴港海军基地，随后，吴市接受了日本防卫厅要求即刻将这座码头移交给吴港海军基地。当时移交的昭和码头建筑总面积为19000平方米，码头水深9米，设计全长为320米，可停泊两艘标准排水量为5000吨级的军舰。

在接管昭和码头之后，吴港海军基地的码头建筑总面积又得到了很大程度的提升，军舰停泊能力也随之提高，并且，原本设在这里的日本石川岛播磨重工（IHI和INIMU）吴工场也被吴港海军基地完全分割开，而吴港海军基地内原本相互分散、孤立的吴港教育队、吴港地方总监部、吴港造修补给所、E号军舰停泊码头、F号军舰停泊码头、第1潜水队群司令部、潜艇专用停泊码头、音响测定舰专用停泊码头、鸟小岛训练所和鸟小岛舰员待机所等各种海军基础设施则可连成一片，从而构成了一座非常完整的海军港口基础设施群。以接管昭和码头为契机和转折点，吴港海军基地基本恢复了第二次世界大战前的占地规模，并且，其综合作战和支援能力以及整体装备水平照比第二次世界大战前都有了质的飞跃，原有的大日本帝国海军力量中心也正式形成。

2004年，吴港海军基地拆除了原来的老E号军舰停泊码头，在这座老码头的东侧15米处又建造了一座全长为360米、总宽度为7米、吃水深度为4米的大型钢材料机动浮码头，码头建设总成本大约为24亿日元。全新E号军舰停泊码头建成后，其总体军舰停泊能力为原来老码头的两倍，最多可同时停泊8艘驱逐舰、护卫舰等中型水面舰艇。随着新E号军舰停泊码头的建设完成，像金刚级、爱宕级、人隅级等人型水面舰艇可全部转移到新E号军舰停泊码头和西侧的F号军舰停泊码头上去停泊。

昭和码头全景，停泊一艘大隅级运输舰所在的码头为 E 码头，其右侧为 F 码头，细长的为潜艇码头

不同视角的昭和码头全景，伸向海湾内最长的码头为 E 码头

最突出的 E 码头和 F 码头，大隅级运输舰停泊位置就是大隅级运输舰的固定泊位，其所属的第 1 运输队司令部也位于对应的岸基区内

E 码头和 F 码头岸基部的司令部办公区（灰色建筑及其周边的所有基础设施都是），包括日军的水面舰艇司令部及美军的弹药库司令部，邻近的红色建筑为 JMU 吴事业所的造船设施

吴港内的潜艇部队及相关基础设施

目前，部署在吴港海军基地内的潜艇部队有潜水舰队第 1 潜水队群和潜水舰队直辖第 1 练习潜水队两支部队。今天，在潜艇停泊码头区的前方（东侧）有一座公园，可从这个公园眺望潜艇基地内的所有情况，此外，潜艇基地在吉浦町地区还设有一座鱼雷发

射训练场，通常称为鸟小岛鱼雷发射训练场。

日本海上自卫队潜水舰队司令部将第 1 潜水队群及编制 9 艘常规动力潜艇部署在吴港海军基地内，将第 2 潜水队群及编制 7 艘潜艇部署在横须贺海军基地内，其中，部署在吴港海军基地内的常规动力潜艇都是日本海上自卫队中作战能力最强、服役时间最晚并且是最新型的潜艇，其中包括刚刚服役的三艘苍龙级 AIP 潜艇，而且，潜水舰队司令部还将日本海上自卫队中唯一的潜艇教育训练队和由 2 艘常规动力潜艇构成的第 1 练习潜水队也都部署在吴港海军基地内，因此，无论是从作战力量、训练装备上来看，还是从部队整体部署上来看，吴港海军基地都堪称日本海上自卫队的第一潜艇基地。

1993 年，日本海上自卫队又把刚刚建造完成的仅有的两艘音响测定舰部署到了吴港海军基地内，并且，吴港海军基地还为这两艘音响测定舰建造了专用的停泊码头，码头建造总成本为 26 亿日元。

以日美双方达成的有事三法案为主要依据，驻吴港海军基地内的 9 艘潜艇和 2 艘音响测定舰将在日美共同作战中发挥举足轻重的作用，尤其是在针对中国、朝鲜和俄罗斯海军的反潜战方面。

潜水舰队第 1 潜水队群是潜水舰队下辖两大潜艇主力作战部队之一，队群司令部设在吴港海军基地内，第 1 潜水队群设司令一名，为海军上校军衔，设幕僚一名，为海军中校军衔，副官一名，为海军中校军衔，幕僚和副官主要负责各种助理工作和参谋业务。

第 1 潜水队群司令部下设第 1、第 3 和第 5 三支潜水队，这三支潜水队司令部及所属潜艇全部部署在吴港海军基地内，第 1 潜水队配备"满潮"号（SS－591）、"卷潮"号（SS－593）和"矶潮"号（SS－594）三艘潜艇，第 3 潜水队配备"荒潮"号（SS－586）、"冬潮"号（SS－588）和"望潮"号（SS－600）三艘潜艇，第 5 潜水队配备"夏潮"号（SS－584）、"黑潮"号（SS－596）和"苍龙"号（SS－501）三艘潜艇。

除上述各主力作战潜艇外，第 1 潜水队群司令部还直辖有一艘潜艇救援舰，这就是"千早"号（ASR－403）潜艇救援舰。

潜水舰队直辖第 1 练习潜水队司令部及所属两艘训练潜艇全部部署在吴港海军基地内，两艘由原春潮级潜艇改装成的训练潜艇分别是"朝潮"号（TSS－3601）和"早潮"号（TSS－3606）。

吴港潜艇基地位于吴港海军基地西侧，其西面为供音响测定舰停泊的专用大型岸壁式码头，东面是水面舰艇基地中的码头区，潜艇基地停泊设施主要由一条大型栈桥码头和东面水面舰艇码头上的一部分岸壁码头组成，栈桥码头设计全长接近 400 米，码头两侧均可纵向停泊 5 艘潜艇，每个泊位可横向停泊 3 艘潜艇，这样，该栈桥码头最大潜艇停泊数量为 30 艘，岸壁码头还可最多停泊 10 艘潜艇。除潜艇外，潜艇救援舰也停泊在潜艇基地内，潜艇基地内空闲的码头还可用于大型水面舰艇的停泊。

日本海上自卫队自卫舰队海洋业务群"直辖响"号（AOS－5201）和"播磨"号（AOS－5202）两艘音响测定舰以及一艘"室户"号（ARC－482）布雷舰都部署在吴港海军基地最西侧潜艇基地东面的大型岸壁式码头上。

以潜艇码头为中心的吴港海军基地潜艇基地，潜艇码头（图中的大型栈桥码头）的岸基部坐落着潜艇部队各级司令部及办公区、潜艇码头的左侧也可停泊潜艇，其左侧为水面舰艇部队的各级司令部及办公区，潜艇码头的右侧为供音响测定舰停泊的专用大型岸壁式码头，可见有一艘音响测定舰和"室户"号布雷舰正停泊在码头上

潜艇码头与公园之间对应的建筑群就是潜艇基地内的各种司令部办公楼，其右侧的一些建筑为音响测定舰及布雷舰部队所有

吴港内的运输舰部队及相关设施

目前，吴港海军基地是日本海上自卫队中唯一的两栖运输舰队基地，现役三艘大隅级两栖运输舰都部署在吴港海军基地内，日本海上自卫队以这三艘运输舰为核心组成了

第一支两栖运输舰队，这就是第 1 运输队。

第 1 运输队是主要承担两栖运输任务的主力作战部队，队司令部设司令一名，为海军上校军衔，主要组成力量包括三艘大隅级两栖运输舰和一支气垫登陆艇队。目前，第 1 运输队是护卫舰队直辖的两栖运输部队，运输队司令部设在吴港海军基地内，司令部办公区坐落在 E 码头和 F 码头的对岸地带内，而所属军舰则使用 E 码头对应的大型岸壁码头。

第 1 运输队编制三艘大隅级两栖船坞登陆运输舰，这些军舰都部署在吴港海军基地内，分别是"大隅"号（LST－4001）、"下北"号（LST－4002）和"国东"号（LST－4003）。

第 1 运输队直辖的第 1 气垫登陆艇队配备有六艘美制大型 LCAC 型气垫登陆艇，这些登陆艇和司令部都设在吴港海军基地内，六艘登陆艇分别是 1 号气垫登陆艇（LCAC－2101）、2 号气垫登陆艇（LCAC－2102）、3 号气垫登陆艇（LCAC－2103）、4 号气垫登陆艇（LCAC－2104）、5 号气垫登陆艇（LCAC－2105）和 6 号气垫登陆艇（LCAC－2106）。第 1 气垫登陆艇队的所有 LCAC 气垫登陆艇的母舰都为大隅级运输舰，也就是说每两艘登陆艇装备在一艘大隅级船坞登陆舰上。上述六艘气垫登陆艇同为"1 号型气垫登陆艇"，也称 LCAC 气垫登陆艇，其基本作战性能与美国海军第七舰队部署在佐世保两栖攻击舰队基地崎边海军辅助设施内的 LCAC 气垫登陆艇具备基本相同的作战性能。

目前，第 1 运输队主要承担日本海上自卫队针对柬埔寨的海上运输任务以及日本陆上自卫队科威特分遣队的装备、器材和车辆等运输任务，总之，第 1 运输队的主要作战任务大部分为海外派遣任务。

1998 年 3 月 16 日，日本海上自卫队第 1 运输艇队在吴港海军基地内正式成立，当时第 1 运输艇队主要装备两艘 LCAC 型气垫登陆艇，这些登陆艇全部配备给大隅级运输舰使用。这两艘 LCAC 气垫登陆艇是日本海上自卫队从美国海军购买来的，单艘售价为 32 亿日元，它们与部署在佐世保舰队基地内由"贝劳伍德"号和"埃塞克斯"号两栖攻击舰所搭载的 LCAC 气垫登陆艇是完全相同的型号。在购买了两艘气垫登陆艇后，吴港海军基地还向美国海军圣迭戈湾科罗纳多海军两栖基地派遣了由大约 20 名自卫队队员组成的学习小组，这些队员在科罗纳多海军两栖基地内接受了非常严格的 LCAC 气垫登陆艇操纵、驾驶、维修与保养训练。

目前，吴港海军基地内的 LCAC 气垫登陆艇基地设在江田岛市秋月町日本海军飞渡濑油库附近。这座气垫登陆艇基地占地总面积大约为 90000 平方米，基地内建造有一座高为 20 米的拱型屋顶大型 LCAC 气垫登陆艇维修仓库，仓库占地总面积大约为 2600 平方米，可为全部六艘 LCAC 气垫登陆艇提供全方面的维修、保养等后勤保障与支援服务，此外，基地内还建有试驾驶车场以及登陆斜坡等基础设施，这些基础设施建设总费用大约为 30 亿日元。

吴港内的扫雷部队及相关设施

目前，吴港海军基地内的扫雷部队编制正在得到不断加强。扫雷部队在执行海上扫雷任务其危险程度相当高，美国海军在太平洋地区只部署了 5 艘扫雷艇，这些扫雷艇都部署在佐世保两栖攻击舰队基地内。而日本海上自卫队却拥有多达 31 艘扫雷舰和扫雷艇。吴港海军基地配备的扫雷部队是在第二次世界大战结束之后日本帝国海军解体以来唯一以濑户内海为中心从事日本近海扫雷任务的扫雷部队。

2000 年 3 月，根据 1995 年制定的防卫大纲，驻扎在吴港海军基地内的第 1 扫雷队群司令部与驻扎在横须贺海军基地内的第 2 扫雷队群司令部合并为一个扫雷队群司令部，司令部设在横须贺海军基地内。两个扫雷队群合并重组后，日本海军扫雷部队由原来的 7 支扫雷队 19 艘扫雷艇编制精减为 4 支扫雷队 13 艘扫雷艇编制，4 支扫雷队中的一支以吴港海军基地为母港部署，并成为极浅海域扫雷队，主要从事濑户内海等日本近海水域的扫雷任务。在这次调整中，吴港海军基地内的扫雷部队总人数也从 1000 人减少至 900 人，这是日本海上自卫队在近几年不断扩张和发展壮大中唯一一支出现编制缩减的部队。

日本海上自卫队扫雷队群直辖舰"丰后"号（MST－464）扫雷母舰以及第 1 扫雷队和第 101 扫雷队司令部以及所属扫雷艇全部部署在吴港海军基地昭和地区基地及昭和码头上，其中，第 1 扫雷队配备"出岛"号（MSC－687）、"相岛"号（MSC－688）和"宫岛"号（MSC－690）三艘扫雷艇，第 101 扫雷队配备"田木岛"号（MCL－726）和"佐久岛"号（MCL－727）两艘扫雷管制艇。

美军驻吴港的弹药库

美军在吴港海军基地内的驻军主要包括美国陆军秋月弹药库及相关各级作战司令部。美国陆军秋月弹药库厂隶属于驻日美军第 9 战区陆军地区司令部下属第 17 地区支援群第 83 兵器大队管辖之下，第 83 兵器大队司令部设在吴市昭和町的昭和军舰停泊码头区内。

1988 年 3 月，由日本政府"关怀预算案"拨款 11 亿 5700 万日元为美国陆军在吴市昭和町内修建了一座司令部办公设施，随后，美国陆军秋月弹药库司令部由江田岛秋月町地区搬迁至吴港海军基地的昭和町军舰停泊码头区内，目前，这个司令部办公区紧挨着吴港海军基地内的潜艇基地，位于潜艇基地东岸。1992 年 10 月，在吴市音户町石集体住宅区，日本政府又通过"关怀预算案"拨款 2 亿 5000 万日元为美国陆军秋月弹药库厂司令部建造了一片军官住宅区。此后，每年日本政府都要通过"关怀预算案"拨款为驻日美军修建各种基础设施。

目前，美国陆军秋月弹药库司令部下辖广弹药库（位于吴市广黄幡町）、秋月弹药库（位于江田岛秋月）、川上弹药库（位于东广岛市八本松町）和知花弹药库（位于冲绳县知花地区）四处弹药库基础设施。美国陆军设在日本广岛县内三处弹药库的弹药总储存量为 115000 吨，是美国陆军在远东地区建设的具有最大弹药储存能力的弹药仓库。美军在太平洋战争中向日本本土投下的总炸弹量为 160000 吨，目前的弹药储存量约占当年炸弹投放量的 72%。自从 1988 年之后，秋月弹药库就是美军前沿部署部队的重要武器弹药补给基地，在战争状态下，美国军事海运司令部经由秋月弹药库向太平洋和印度洋战争运送大量的弹药，1991 年海湾战争期间，美国军事海运司令部下属的军火船曾经从广弹药库向波斯湾运送了大量的武器弹药。

秋月弹药库厂加上关岛阿普拉港美国海军基地内部署的四艘隶属美国军事海运司令部管辖下前沿部署预置舰以及印度洋迪戈加西亚岛上的六艘前沿部署预置舰，这三支部队构成了美军在整个太平洋海域内的武器弹药补给网络，它们可对全太平洋驻守美军提供武器弹药补给服务。

第二次世界大战前，川上弹药库和秋月弹药库是日本帝国海军发动侵略战争的主要武器弹药补给基地，而广弹药库原来是石油基地，主要从事石油军工生产任务。第二次世界大战后，上述弹药库全部被美军接收，作为美军弹药库，这些弹药库在美军发动朝鲜战争、越南战争期间承担了大量武器弹药补给任务，并为美军作战提供了至关重要的后勤补给支援。这些弹药库在海湾战争以及近年来的伊拉克、阿富汗等反恐战争中也发挥了重大支援作用。

在上述这三座弹药库中很可能储存有核武器，对于储存有危险程度极高武器弹药的弹药库，美军都将其危险程度评定 1 号，具有 1 号危险级别的弹药库在广岛县三座弹药仓库中共有 26 座。1997 年 2 月，驻岩国美国海军陆战队的 AV8B 鹞式战斗机在冲绳县鸟岛射击场进行打靶训练时曾经一次性发射了 1520 枚极其危险的贫铀弹。驻岩国美国海军陆战队基地司令承认岩国基地内储存了大量的贫铀弹，而实际上，岩国基地不是一处具备健全港湾设施的海军基地，这座基地内的武器弹药经常都从广岛县内的三座弹药仓库运送过去的。

截至 2005 年 5 月，广岛县内三座弹药库编制美国现役军人 27 人，日本当地工作人员 387 人。

广弹药库

1952 年 7 月，美军接收了位于吴市广町原日本帝国海军第 11 海军航空工厂设在黄幡山的地下工场等基础设施，随后，这些设施全部被改造成弹药仓库。1988 年，广弹药库又扩建了两座防波堤，基地占地总面积为 359000 平方米，其中包括 133000 平方米民有地。广弹药库共建有三座大型坑道式弹药仓库，最大一座弹药仓库的进深为 119 米，宽为 18 米，三座弹药仓库的总弹药储存能力为 15000 吨。广弹药库主要承担中继弹药仓库基地的职责，运入这里的武器弹药都将被运往川上弹药库。

川上弹药库

1940 年，原日本帝国海军吴港海军基地建造了川上弹药库。1945 年 10 月，美军接收了川上弹药库。目前，川上弹药库占地总面积为 260.44 万平方米，弹药储存能力为 70000 吨，从 1993 年春天至 1998 年又建造了 6 座全新的弹药仓库，从而，川上弹药库内的弹药仓库总数达到了 41 座。这些新建弹药仓库设计全长 20 米，宽大约为 10 米，全部为尼生式半圆柱体活动弹药仓库，仓库侧壁为 60 厘米厚的钢筋混凝土结构，顶棚钢筋混凝土厚度为 30 厘米。这些弹药仓库全部是建造在土质地基上的露天设施。关于弹药仓库的危险级别，1990 年 2 月吴市政府组织了相关部门进行了调查，调查结果显示川上弹药库有 25 座危险级别为 1 级的高危险弹药仓库，秋月弹药库有 1 座危险级别为 1 级的弹药仓库，这些危险级别评定全部是按照美军说明而定。川上弹药库内的弹药处理工厂可在一天时间内处理 800 枚 105 毫米直径和 155 毫米直径的榴弹。

秋月弹药库

1890 年，日本帝国海军吴港海军基地开始建设秋月弹药库，此后，在中日甲午战争、日俄战争、第一次世界大战、第二次世界大战等历次战争中，秋月弹药库一直承担着向日本帝国海军提供武器弹药补给的重任。

第二次世界大战后，1945 年 10 月，美军接收了秋月弹药库，在此后的朝鲜战争、越南战争、海湾战争中，秋月弹药库与广弹药库和川上弹药库一起承担美军的武器弹药补给任务，并成为这些战争中最大的弹药补给基地。

川上弹药库北部的主弹药库区

目前，秋月弹药库占地总面积为 559000 平方米，弹药储存能力为 30000 吨，共建造坑道式弹药仓库 19 座，每座弹药仓库设计规模基本相同，仓库全长 100 米，宽为 12 米。暂时性武器弹药保管仓库一座，为地上仓库，全长 290 米，宽为 18 米。具备 1 级危险程度的弹药仓库一座。

幸町地区基地与吴港地方队

目前，广岛县吴市幸町及周边地区是吴港海军基地的主基地区之一，这里主要部署有日本海上自卫队驻吴港海军基地内的部分作战司令部、舰员与艇员兵营以及大部分吴港地方队直属部队，主要驻军有吴港地方总监部、吴港教育队、吴港警备队和吴港系统通信队。

其中，吴港地方总监部共设两名高级军事长官，一名为吴港地方总监，为海军中将军衔，一名为幕僚长（参谋长），为海军少将军衔，另设监察官一名，为海军上校军衔，司令部下设管理部、防卫部和经理部三大部，每名部长为海军上校军衔，其中，管理部下设总务科、人事科、厚生科、设施科和支援业务科五个科，每名科长为海军中校军衔；防卫部下设第 1、2、3、4、5 五个幕僚室，每名室长或为海军中校军衔或为海军少校军衔军官；经理部下设经理科、合同科、成本核算科、监查科和成本监察官五个组成单位，每名科长或为海军中校军衔军官或为海军少校军衔军官。

目前，吴港海军基地是日本防卫省一体化国防数字网的重要基地。日本防卫省一体化国防数字网的英文缩写为 IDDN，它是以日本东京市市谷町日本防卫省所在地为中心，以太平洋和日本海各一侧建成两条主干线，其间又分离出由诸多支线通信线组成的通信网络，这套一体化国防通信网络连接了日本全国所有的日本海上自卫队、日本陆上自卫队和日本航空自卫队的军事基地。

1990 年至 1991 年，当时的日本防卫厅在吴港地方总监部办公区内设置了两个大型超短波转播天线，此后日本防卫省又在吴港地方总监部办公区内设置了另外两个超短波转播天线，其转播天线总数达到了四部。作为超短波转播天线基地之一，目前日本防卫省已经在全国共计设置了札幌、三泽、仙台、东京市谷、伊丹、吴港、福冈和那霸 8 个固定地面站通信基地，而吴港海军基地就是其中之一。除固定地面站，吴港地方总监部还管辖有灰峰无线中继所、膳棚山接收台、烧山发报所三座通信设施。

吴港警备队主要由吴港警备队司令部、吴港陆警队、吴港港务队、吴港水中处理分队和佐伯基地分遣队（司令部位于大分县佐伯市）五支部队组成，其中，吴港水中处理分队还配备一艘 4 号水中处理母船，目前，部署在吴港海军基地内。吴港警备队主要军事首长设司令一名，为海军上校军衔，副司令一名，为海军中校军衔，首席伍长（军士长）一名。

由于吴港海军基地在日海上自卫队中具有举足轻重的战略地位，因此，目前除吴港警备队外，吴港海军基地还设有特别的警备部队，这就是吴港海军基地特别警备队。吴港海军基地特别警备队自 2001 年成立以来就一直处于极端保密的状态中，特别警备队基地设在江田岛町大原地区内，部队编制规模大约为 70 人，主要执行解除入侵可疑船只所搭载人员的武装等危险任务。

吴港教育队位于吴市幸町地区西部的宝町 1 段地区内，主要基础设施包括 3 栋教学大厅、2 栋大型支援楼和 2 栋学员公寓楼，整个基础设施群分布于一个相对独立的院落内。目前，吴港教育队设司令一名，为海军上校军衔军官，副司令兼教育部长一名，为海军中校军衔，下设总务科、厚生科、补给科、教育部和教务室五个组成单位。

吴港造修补给所司令部设在吴市昭和町地区，司令部下属的工作部（工程部）和资材部都设在昭和町军舰停泊码头区内。

吴港造修补给所设所长兼吴港技术补给监理官一名，为海军上校军衔，副所长一名，为海军中校军衔，副所长直接领导总务科，司令部下设计划调整部、舰船部、武器部、工作部、资材部和一名舰船检查官、一名武器检查官，上述各部部长均为海军中校军衔军官，其中，计划调整部下设计划调整科、补给管理科、军需物品管制科和情报处理科四个科；舰船部下设舰船补给科、船体科、发动机科、电气科和潜艇科五个科；武器部下设武器补给科、制导武器科、水中武器科和通信电子科四个科；工作部下设工务科、舰船工作科、武器工作科、燃气轮机维修科和气垫登陆艇维修科五个科；资材部下设资材第 1 科、资材第 2 科、利材科和运输科四个科。

吴港造修补给所储油所位于吴港北部的吉浦町地区内，储油所内建有大规模基础设施群，主要包括钢质储油罐、油库、大型燃油补给码头、兵营、油料分析实验室等。目前，储油所设所长一名，为海军中校军衔，油库司令部下设计划科、总务科、保安科、设施科、第 1 补给科、第 2 补给科、运输科和质量管理科八个科。另设江田岛飞渡濑分油库和吴港供油所两个分支机构。

吴港弹药维修补给所司令部设在吴港西侧的江田岛上，目前司令部设所长一名，为海军上校军衔，下设计划调整室、总务科、补给科和维修部四个部门，维修部又下设维修管理科、军火维修科、鱼雷维修科和水雷维修科四个科级单位。

吴港基地业务队位于吴市昭和町军舰停泊码头区内，业务队司令部设司令一名，为海军上校军衔，下设总务科、厚生科、会计科、车辆科、设施科和补充部五个组成单位，其中，总务科科长为海军中校军衔。

图中间的建筑群为吴港地方总监部所在地，它由左侧公路、右侧海岸、上部干船坞及下部的吴港警备队包围起来

图中的操场及周边地区为吴港教育队所在地，隔着公路的右侧为吴港地方总监部所在地

为图中干船坞为中心的吴港造修补给所所在地，主要承担军舰及舰载各种武器的维修业务

照片中的小型码头及其岸基区建筑群为吴港警备队所在地

吴港地方总监部（干船坞和操场之间的建筑群）、吴港教育队（左侧操场周围）、吴港造修补给所（干船坞周围）、吴港警备队（右侧小型码头）分布全景

吉浦町地区基地与驻军部队

吉浦町地区基地位于吴市吴港海军基地北部沿海的吉浦町乙廻地区内，目前是吴港海军基地最重要的燃油补给基础设施，驻军部队为吴港造修补给所吉浦储油所。

目前，在日本海上自卫队五大舰队基地中，吴港海军基地拥有规模最大的燃料和武器弹药补给基础设施。其中，吴港造修补给所设在吉浦町地区基地内的吉浦储油所油库的燃油储存能力已经达到了115400千升以上，油库占地总面积为318763平方米，成为日本海上自卫队中最大的燃油储存基地，油库区内遍布各种地下燃油储存罐、坑道式燃油储存罐，这些燃油储存基础设施从日本帝国海军时期就已经开始处于大规模发展中，近年来，又不断扩建和新增了一些燃油储存基础设施。吉浦油库除直接为日本海上自卫队提供燃油补给外，还面向日本陆自卫队、日本航空自卫队和美国海军提供燃油补给服务，吉浦油库附近建造有专供军舰进行燃油补给的码头设施，这座燃油补给码头可直接停泊轻型航母、直升机驱逐舰、补给舰等大型水面舰艇，可通过码头上的输油管向军舰提供燃油补给。目前，在日本海上自卫队五大舰队基地中，吴港造修补给所的燃油储存量约占全部海军总燃油储存量的50%，因此，这支部队拥有日本海上自卫队中最大的燃油储存能力和补给能力。

自从1980年之后，由于美国海军和日本海上自卫队统一了军舰使用燃油的技术规格，因此，吉浦油库还可向美国海军提供燃油补给服务。1995年，美日联合海上军事演习期间，驻吴港海军基地内的"十和田"号（AOE－422）补给舰曾在七天时间内由吉浦油库向太平洋上的美国海军舰队运送了1680千升燃油。

1997 年 11 月，在下北半岛附近海域举行的美日联合军事演习期间，"十和田"号补给舰曾经在 50 分钟时间内向停泊在大洋上的美国海军"邦克山"号提康得罗加级导弹巡洋舰提供了 373 千升轻油和 9 千升航空燃油补给。

吉浦町地区基地，包括建在山上的 4 座大型地下油库区、宿舍区、办公区和燃料补给码头，这部分基地位于吴港主港的北部，海上直线距离大约 1000 米

吴港海军基地的弹药库

目前，吴港海军基地共建有大丽女弹药库和切串弹药库两座弹药储存仓库，其中，大丽女弹药仓库位于丽女岛，占地总面积为 21467 平方米。

吴港海军基地在江田岛市切串町地区建造有切串弹药库，这些弹药仓库全是隐蔽性很好的山体坑道式弹药仓库，所有弹药仓库都是在挖空的山体中建造的，这些仓库的弹药储存总量以及储存弹药类型都是日本政府的绝对机密，从不面向公开发布。在切串弹药库，吴港海军基地建有可进行水雷、鱼雷、深水炸弹等武器弹药维修的吴港水雷维修所，这里所维修的鱼雷和水雷主要来自水面舰艇和潜艇使用的鱼雷和水雷。1991 年，切串弹药库附近建造了一座可供 8000 吨排水量级大型水面舰艇停泊的军火补给码头，码头建造总经费为 16 亿日元，这为切串弹药库从事鱼雷、水雷等武器弹药的装卸提供了极端便利的条件。

此外，1993 年 1 月，日本海上自卫队又在江田岛切串弹药库建造了一座供武器弹药补给的军火码头。

第三节　JMU 横滨事业所——日本航母的诞生地与未来航母的 "摇篮"、日本大型军舰建造中心

　　截至 2013 年，日本有能力和经验建造轻型航母的造船厂只有 JMU（日本海事联合公司）横滨事业所，其前身是石磨重工海事联合（IHI MU）横滨工厂。

　　不过，从发展历史上来看，IHI MU 横滨工厂从 2002 年才开始军舰建造业务，与三菱重工长崎造船厂、神户造船厂和川崎重工神户造船厂相比起步晚很多，不过，近年来，横滨工厂所承担的军舰建造业务不断攀升，尤其是日本海上自卫队自成立以来设计吨位最大的两艘 22DDH 级直升机母舰正由横滨工厂建造。2012 年，日本政府放宽武器出口三原则后，IHI MU 公司也加强了与其他日本军舰造船厂进行资源优化整合的步伐，预计未来，横滨工厂将会在日本主力作战水面舰艇出口市场中占有一席重要地位。

位于横滨港内的 JMU 横滨事业所

IHI MU 基本概况——石播重工的船舶与军舰建造企业

　　株式会社石川岛播磨重工海事联合简称为 IHI MU，这家公司是石川岛播磨重工（IHI）的百分之百子公司，日本大型造船公司之一，日本海上自卫队直升机母舰的唯一建造责任商。

　　IHI MU 公司正式成立于 2002 年 10 月 1 日，注册资本金额为 110 亿日元，年销售额为 1630 亿日元（2012 年 3 月），雇用员工总数为 2665 人（2012 年 4 月），下属生产

工厂 2 家，分别是横滨工厂和吴工厂（原日本帝国海军吴海军工厂）。其中，横滨工厂位于神奈川县横滨市矶子区新杉田町 12 门牌号码地区。吴市工厂昭和地区厂区位于广岛县吴市昭和町 2 单元 1 号，毗邻日本海上自卫队吴港海军基地；吴工厂新宫地区厂区位于吴市光町 5 单元 17 号。

IHI MU 发展历史概况——最新的日本大型军舰造船厂

与三菱重工长崎造船厂、神户造船厂以及川崎重工神户造船厂相比，IHI MU 公司的船舶建造与军舰建造历史短了许多，截至 2013 年，其成立历史不足 20 年，历史上曾经承担日本帝国海军军舰建造任务的原石播重工造船厂如今都已经关闭，比如，2002 年关闭的东京第一工厂。现在承担军舰建造任务的 IHI MU 造船厂要么是后建的工厂，如横滨工厂，要么就是原日本帝国海军的海军工厂，如吴工厂。

1995 年（平成七年）10 月，石播重工与住友重机械工业（SHI）共同出资综合了 2 家海军舰艇（军舰）事业部门，并设立了株式会社海事联合（简称 MU）公司。同年，MU 为日本海上自卫队建造了"飞鸟"号试验舰以及凌风丸号海洋气象观测船。1996 年（平成八年），MU 建造了"村雨"号驱逐舰、室兰丸号油船等。1998 年（平成十年），MU 为日本海上自卫队建造了"鸟海"号金刚级宙斯盾导弹驱逐舰、为日本海上保安厅建造了"博多"号 1000 吨级巡视舰等。

2002 年（平成十四年）10 月 1 日，IHI 船舶海洋事业进行了子公司化改革，同时与住友重机械工业浦贺造船所（SHI 舰艇事业部）统一合并组建 IHI 海事联合公司（简称 IHI MU）。2003 年（平成十五年），建造"高波"号驱逐舰。

JMU 横滨事业所与军舰建造业务

JMU 横滨事业所是日本国内较晚承担军舰任务的大型造船厂，其最早前身是成立于 1964 年的石播重工（IHI）横滨第二工厂，2001 年因为东京第一工厂关闭又更名为石播重工横滨第三工厂，2002 年 10 月 IHI MU 成立后又更名为 IHI MU 横滨工厂，2013 年 1 月，日本海事联合公司（JMU）成立后又更名为 JMU 横滨事业所。

1964 年（昭和三十九年），石播重工在横滨市矶子区内全新开设了横滨第二工厂，这座工厂为船舶建造工厂，第一艘船于同年 10 月 22 日开建。

2001 年（平成十三年），鉴于对东京临海地区开发的影响，石播重工着手将东京第一工厂搬迁至横滨市矶子区内。原横滨第二工厂经过全面的基础设施改造后更名为横滨第三工厂，在东京第一工厂全部搬迁完成后正式运营。石播重工东京第一工厂的历史可以追溯到 1853 年的石川岛造船厂创业时期，这座老造船厂厂址位于今天的东京都中央区，现在的工厂于 1939 年正式开始操作。1961 年，第一代"曙"号驱逐舰在东京第一工厂内建造，这是东京第一工厂建造的第一艘驱逐舰。截至 2002 年 3 月关闭，在运营期间，东京第一工厂曾经为日本防卫厅建造了 26 艘军舰，为日本海上保安厅建造了 8 艘巡视船，为日本气象厅建造了 9 艘公务船，为日本国土交通省建造了 15 艘公务船，其他客轮和货船有 634 艘，总计建造了 692 艘船舶。

2002 年（平成十四年）3 月，石播重工正式关闭了位于东京都丰洲地区内的东京第一工厂，东京第一工厂 150 年的造船历史就此结束，从此进入横滨第三工厂时期。原来由东京第一工厂承担的船舶与军舰建造业务也全部移交给横滨第三工厂。凭借东京第一工厂遗留下来的优秀传统、尖端的技术实力、丰富的造船经验及人才队伍，横滨第三工厂焕然一新。此后，成为日本新锐的军舰造船厂，并且开始承担大量的军舰建造业务，尤其是承担了 2 艘日向级直升机母舰的建造以及正在建造中的 2 艘 22DDH 级直升机母舰。

2002 年 8 月 8 日，在横滨市矶子区石播重工横滨第三工厂内，高波级驱逐舰 3 号舰 "卷波" 号举行了下水仪式。"卷波" 号（DD－112）驱逐舰是横滨第三工厂成立以来建造的第一艘驱逐舰，同时，它也是日本海上自卫队成立 50 周年以来建造的第 100 艘驱逐舰。

2002 年（平成十四年）10 月 1 日，随着 IHI MU 公司的成立，石播重工（IHI）横滨第三工厂更名为 IHI MU 横滨工厂。2007 年 8 月 23 日，"日向" 号直升机在 IHI MU 横滨工厂内举行了下水仪式。2009 年（平成二十一年），"日向" 号日向级直升机母舰建成竣工。2009 年 8 月 21 日，日向级直升机母舰 "伊势" 号（DDH－182）在横滨工厂建造干船坞内举行了下水仪式。2008 年（平成二十年），横滨工厂为日本海上保安厅建造了 "木曽" 号（PL－53）高速高性能 2000 吨级大型巡视船，这艘巡视舰采取了最新的技术，诸如此类巡视船都具备执行多任务能力。

2010 年（平成二十二年），IHI MU 横滨工厂维修干船坞对 "雾岛" 号金刚级宙斯盾导弹驱逐舰进行了弹道导弹防御系统（BMD）改造工程。2013 年 1 月 1 日，通用造船与 IHI MU 经营合并为日本海事联合株式会社（JMU），IHI MU 横滨工厂又更名为 JMU 横滨事业所。

截至 2013 年 8 月，JMU 横滨事业所的主要军舰建造经历有 2 艘日向级 "日向" 号（DDH－181）和 "伊势" 号（DDH－182）直升机母舰、金刚级宙斯盾导弹驱逐舰 "鸟海" 号（DDG－176）、"铃" 号（DD－114）通用驱逐舰、"常磐" 号（AOE－423）补给舰、"飞鸟" 号（ASE－6102）试验舰、"天龙" 号（ATS－4203）训练支援舰以及 9 艘村雨级和 5 艘高波级合计 14 艘通用多功能驱逐舰中的 7 艘，以及建造中的 2 艘 22DDH 级直升机母舰。

JMU 横滨事业所内的造船设施

目前，JMU 横滨事业所内的核心船舶操作设施是两座干船坞和两座浮船坞，其中，两座干船坞分别是一座大型修理干船坞和一座大型建造干船坞，两座浮船坞分别是 "相模"号浮船坞和"根岸"号浮船坞，停泊码头有第1突堤、第2突堤、第3突堤、第4突堤共4座突堤码头，另建有维修工厂、工业车间工厂、设计事务所、工厂事务所、工艺事务所、体育馆、运动场等辅助设施。

横滨事业所内的建造干船坞设计全长为320米，全宽为40米，为日本大型干船坞之一，开设之初主要用于超大型油轮的建造业务。早期的横滨第三工厂主要从事油轮建造业务，其中，"出光丸"号是当时世界最大的巨型油轮，后来，经历了标准型货船的批量生产期，1979年以后，退出新型船舶建造领域主要从事商船修理以及桥梁等大型钢铁构件的建造事业。维修干船坞设计全长为350米，全宽为40米。所有干船坞及浮船坞都配备有起重机设施。

目前，JMU横滨事业所承担日本海上自卫队军舰以及日本海上保安厅巡视舰的建造、维修、大修以及改装操作。

JMU横滨事业所基础设施分布示意图，包括"相模"号浮船坞、"根岸"号浮船坞、修理干船坞、建造干船坞、第1突堤、第2突堤、第3突堤、第4突堤、车间工厂、维修工厂以及设计事务所、工厂事务所、工艺事务所、体育馆、运动场等辅助设施

与上图相对应的 JMU 横滨事业所卫星照片

可见建造干船坞内正在建造的"伊势"号(据飞行甲板后部的升降机安装位置来判断不是 22DDH)直升机母舰及其舰艏部对应的车间工厂(大型白色带顶棚建筑群),建造干船坞的左侧是两座带顶棚及部分露天的装配工厂,装配工厂的左侧是大型建筑材料露天堆放场,建造干船坞的右侧是一座船舶装配船台,船台右侧是两座带顶棚及一部分露天的船舶装配工厂,两座船舶装配工厂的右侧是维修干船坞

居中的建造干船坞，其两侧都是带顶棚及部分露天的装配工厂、装配船台，"伊势"号直升机母舰的舰艉部船坞
内另有一艘民用船舶在建

2010 年期间，建造中的"伊势"号直升机母舰特写，可见飞行甲板及一体化舰岛都已经建成，其后部舰载机升
降机设计的方式是日本帝国海军时期传统的飞行甲板内式

都处于忙碌状态下的建造干船坞和维修干船坞

维修干船坞全景，其左侧是船舶装配工厂，右侧是舰艇与船舶维修车间，有第 1 突堤码头建在这片车间区内

"根岸"号浮船坞、"相模"号浮船坞与大型车间工厂

车间工厂顶部的"相模"号浮船坞（内壁红色、较大型的浮船坞）和"根岸"号浮船坞（内壁白色、较小型的浮船坞）及其之间的第 4 突堤码头，可见第 4 突堤码头上停泊着一艘潜艇

位于维修干船坞坞门处的第 1 突堤码头特写，码头两端各安装了一座塔式起重机

位于维修干船坞右侧中部的第 2 突堤码头特写，可见码头两侧各停泊一艘日本海上自卫队的直升机驱逐舰和一座浮码头，码头两端各有一座塔式起重机

位于维修干船坞顶部的第 4 突堤码头特写，可见码头上停泊一艘日本海上自卫队潜艇救援舰，码头上安装了 2 座塔式起重机及 2 座安装架

不同视角的 JMU 横滨事业所，可见维修干船坞内已经注满海水，第 1 突堤码头上停放着 2 座浮式起重机，刚刚建成的"伊势"号（DDH－182）直升机母舰停泊在第 2 突堤码头上，第 3 突堤码头上停泊着 3 艘远洋商船，第 4 突堤码头上依然停放着 2 座浮船坞

建造干船坞特写，可见只有一艘民用船舶正在建造中

注满水的维修干船坞特写，可见停泊在第 2 突堤码头上的"伊势"号的舰艉部（涂装 82）

第 2 突堤码头上的"伊势"号

第十三章
未来日本核动力舰队
——日本海军实力的质变

　　截至 2013 年 8 月，日本原子能研究所及今天的日本原子能研究开发机构开展了一系列的核动力船舶研究项目，其主要研究项目包括全面展开"陆奥"号核动力试验船的研制、设计、开发与去核化改装；确立下一代大型舰/船用核反应堆（MRX－Marine Reactor X）及深海潜艇用核反应堆（DRX－Deep－sea Reactor X）的概念范畴与设计评价研究以及相关支援性的实验和分析研究工作；核动力船舶工程技术模拟系统的开发以及面向核动力船舶实用化方面的调查与研究项目等。

　　日本原子能研究开发机构在形成 MRX 和 DRX 核反应堆概念后，随即在超高速集装箱船、极地科学观测船、深海科学调查船等民用船舶及日本官方船舶上进行了这些船用及艇用核反应堆的安装设计，总之，日本在未来舰用及艇用核动力军舰设计方面已经拥有了全方面的经验和技术条件。

　　下面各节将对日本相关的核动力船舶研制、开发与设计能力进行详细的分析和解读。

第一节　日本核动力船舶研究现状

日本核动力船舶研制能力在世界范围内的地位

　　与采用传统柴油发动机和涡轮机为动力的船舶相比，核动力船舶具备燃料需求量极小、长时间不需要燃料补给、燃料燃烧不需要氧气等诸多优势，因此，从 1950 年代至 1960 年代，世界范围内掀起了一股狂热的核动力船舶建造热潮，当时，先后有俄罗斯联邦、美国、德国和日本四个国家进行了核动力船舶的开发与建造。

　　世界第一艘核动力船舶是由俄罗斯联邦开发的"列宁"号核动力破冰船，紧随其后，美国开发了"萨班纳"号核动力客货船、德国开发了"奥托哈恩"号核动力矿石运输船，这些核动力船舶依次就航后，德国、加拿大、美国等国家又分别公开发表了核动力集装箱货船、核动力潜水调查船、核动力油轮等核动力船舶的开发计划，不过，其中除俄罗斯联邦外，其他国家因为石油需求趋于缓和等原因最终都没有落实。此外，法国还制订了 SAGA 小型潜水调查艇研制计划，这种艇将由加拿大研制的 AMPS 核反应堆（输出功率可达 1.5MW）替换原来的斯特林发动机技术，不过，由于经济紧张，原来制订的长期运行及增加输出功率计划也不得不取消。

　　日本第一艘核动力船舶是"陆奥"号核动力试验船。1974 年，在海试过程中，"陆奥"号在输出功率上升期间发生了放射线漏露事故，随后，进行了屏蔽改造与维修、安全性总检验、母港建设等一系列尝试，1991 年，全面完工的"陆奥"号核动力试验船正式进行航海测试。截至 2013 年，俄罗斯的"列宁"号、美国的"萨班纳"号、德国的"奥托哈恩"号和日本的"陆奥"号 4 艘核动力船舶已经全部退役。

目前，在世界范围内，俄罗斯在核动力船舶建造方面拥有最多的经验和技术。从地理环境来看，俄罗斯海岸线的一半以上都位于北冰洋内，像摩尔曼斯克、贝贝库等这些维持俄罗斯经济活动的重要港口也集中在北冰洋内，此外，靠近北冰洋的西伯利亚地区又蕴含着丰富的天然资源，为了运输这些资源，破冰船或破冰货船对于俄罗斯来说是不可缺少的。截至 2001 年 3 月，俄罗斯仍有 7 艘核动力破冰船和 1 艘核动力破冰集装箱货船在航运，分别是"阿尔库奇卡"号、"西伯利亚"号、"俄罗斯"号、"塞布莫尔布奇"号、"泰梅尔"号、"苏维埃兹基苏由兹"号、"瓦伊加奇"号和"亚马尔"号。另有"乌拉尔"号核动力船中途停止建造，2 艘"斯巴"号和"贝贝库"号核动力破冰船计划建造中。目前，欧美等西方国家的船用核反应堆设计与研究工作已经完成。

日本船用及艇用核反应堆研究概况

日本原子能研究开发机构前身的日本原子能研究所在从事日本第一艘核动力船舶——"陆奥"号核动力试验船的研究开发期间，也同时在推进船用核反应堆的研究开发工作，具体研究开发期间为昭和五十五年至平成七年。作为这种船用核反应堆的改良研究工作，日本原子能研究所还确立了下一代船用核反应堆的具体概念与设计评价研究以及支援性实验、分析研究与核动力船舶工程技术模拟系统开发工作等。此外，为了推进核动力船舶的实用化进程，日本原子能研究所不仅确立了核动力船舶的技术基础，同时，还全面展开与传统常规动力船舶之间的经济性激烈竞争、安全性改善、国民接受宣传、驾驶人员训练、国际标准确立等一系列工作，同时，在"陆奥"号核动力试验船展开海试之前，日本原子能研究所已经圆满解决了各种环境调查和研究工作。

表1 日本原子力研究所における舶用炉設計研究の実施状况

[出典] 日本原子力研究所 ： 原子力船研究開発の現状1995、1995年3月

日本原子能研究所关于船用核反应堆设计研究的实施情况

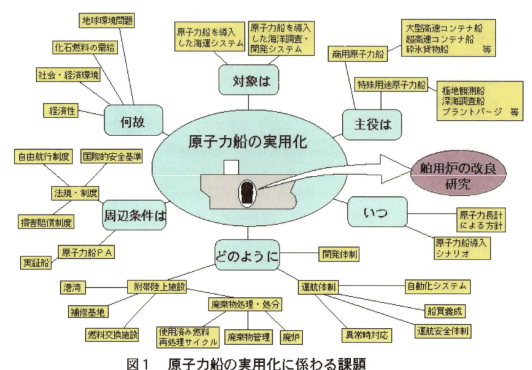

図1　原子力船の実用化に係わる課題

[出典] 日本原子力研究所：原子力船研究開発の現状1995，1995年3月

相关核动力船舶实用化的各种课题研究

后续船用核反应堆的设计评价研究

　　自"陆奥"号船用核反应堆成功设计之后，日本原子能研究所还进行了其后续船用核反应堆技术的开发与研究工作，1983年至1985年度，日本原子能研究所重点开展了一体型、半一体型及循环型3种压水型船用核反应堆的试设计，1986年，又对上述3种船用核反应堆的试设计进行了评价，依据这些评价结果，从1987年开始着重突出这些船用核反应堆的未来实用化探索以及下一代船用核反应堆概念的确立，尤其突出了大型船舶用核反应堆（MRX）和深海艇用核反应堆（DRX）的概念探讨和确立，并以此为基础面向现实应用进行了开发和研究工作。其中，大型船舶用核反应堆拥有长时间不需要添加核燃料的技术优势，它计划安装在拥有破冰能力的极地用观测船上；而深海艇用核反应堆拥有燃料燃烧不需要氧气的优势，它计划安装在深海科学调查艇上。

　　上述研究工作于1992年全面完成，当时已经确立了两种应用型核反应堆的基本概念，并对未来的核反应堆概念进行了实际论证，同时，展开了更加详细的开发设计工作，取得了热水力数据，还对包括可靠性和运转维修性能实际论证在内的工程学水平的设计研究进行了探讨和研究。

　　船用核反应堆由于安装在一个相对狭小的空间内，因此，必须做到小型化和轻便化，而且，还可在风浪造成的船体摇晃等严格的条件下使用。船用核反应堆与大陆环境隔离，因此，接受直接支援非常困难，在这种环境下，核反应堆必须具备高度的安全性能，同时，核反应堆的运转、维修及保养也必须非常容易，这就要求船用核反应堆必须具备高度的自动化运行能力。在大型船舶用核反应堆（MRX）和深海艇用核反应堆（DRX）的探讨设计阶段，两种试验核反应堆已经拥有了高度的自动安全性，也就是说在异常时期这些核反应堆可就异常情况采取自动的安全保护；拥有了非常良好的负荷追随性能；拥有保养与维修容易的特点；以及轻便小型化的特点。上述主要的设计目标基本全部圆满完成。

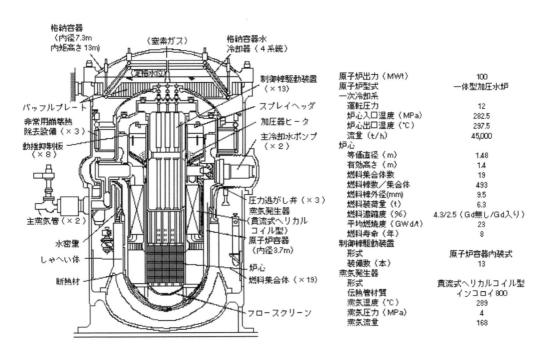

図2　大型船舶用原子炉（MRX）炉概念と
　　　設計主要目値

[出典]日本原子力研究所：原子力船研究開発の現状1995，1995年3月

日本原子能研究所公开发表的大型船舶用核反应堆（MRX）概念及设计主要目标值

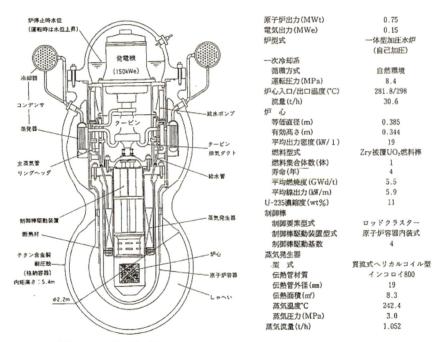

原子炉出力(MWt)	0.75
電気出力(MWe)	0.15
炉型式	一体型加圧水炉(自己加圧)
一次冷却系	
循環方式	自然環境
運転圧力(MPa)	8.4
炉心入口/出口温度(°C)	281.8/298
流量(t/h)	30.6
炉心	
等価直径(m)	0.385
有効高さ(m)	0.344
平均出力密度(kW/1)	19
燃料型式	Zry被覆UO_2燃料棒
燃料集合体数(体)	1
寿命(年)	4
平均燃焼度(GWd/t)	5.5
平均線出力(kW/m)	5.9
U-235濃縮度(wt%)	11
制御棒	
制御要素型式	ロッドクラスター
制御棒駆動装置型式	原子炉容器内装式
制御棒駆動基数	4
蒸気発生器	
型式	貫流式ヘリカルコイル型
伝熱管材質	インコロイ800
伝熱管外径(mm)	19
伝熱面積(㎡)	8.3
蒸気温度°C	242.4
蒸気圧力(MPa)	3.0
蒸気流量(t/h)	1.052

図3 深海船用原子炉（ＤＲＸ）炉概念と設計主要目値

[出典]日本原子力研究所：原子力船研究開発の現状1995，1995年3月

日本原子能研究所公开发表的深海艇用核反应堆（DRX）概念及设计主要目标值

大型船舶用核反应堆（MRX）和深海艇用核反应堆（DRX）概况

与传统的船用核反应堆相比，由日本原子能研究所设计的大型船舶用核反应堆（MRX）进行了大幅度的轻便小型化改良。

首先，MRX采用了一体型的压水核反应堆（PWR），这种堆型不再使用初级大口径配管，因此，排除了初级大口径配管破裂事故发生的可能性，同时，也简化了工程学方面的安全系统，此外，反应容器的外形设备也可进行小型化设计。

其次，MRX采用了核反应堆容器内装型控制棒驱动装置，这种装置可有效简化安全系统设计，比如，控制棒在发生掉落事故时，这种装置可排除故障原因，此外，利用这种装置可对核反应堆进行小型化设计，它尤其适合于应用在一体型核反应堆中，可有效缩短控制棒与控制棒驱动机构之间的距离。从整个系统构成来看，这种控制棒驱动装置是MRX和DRX的核心组成元件，它在核反应堆概念探讨阶段就已经处于基础性的开发试验中。驱动部发动机使用的电线已经进行了耐热试验，驱动发动机也已经试制成功，此外，还进行了高温水中试验。

第三，MRX核反应堆容器采用了水渍式存放容器，也就是控制型核反应堆储存容器，与传统的核反应堆储存方式相比，这种容器拥有更多的优势，尽管如此，MRX还有许多未探讨的课题，比如，核反应堆储存容器及配管的断热施工、初级辅机的水中设置以及一些维修与保养问题等。

第四，MRX 采用了自动式衰变热量（放射性元素衰变而变为其他元素时释放出来的多余能量）去除系统。在蒸汽管发生破裂、蒸汽发生器传热管发生破裂等事故时，这种散热管式水冷却系统（只需要进行阀门的开放操作即可）可通过自然循环将堆芯内的衰变热量释放到储存容器内的循环水中去，这样，就达到了衰变热量的自动处理操作，从而大大提高了核反应堆的安全性。

与 MRX 一样，DRX 也是一体型压水核反应堆（PWR），整个反应堆内藏于核反应堆储存容器内，而容器的耐压壳兼具涡轮机和发动机功能，这样，整个核反应堆就成为一部超小型化的发电单元。

深海船（艇）用核反应堆（DRX）的设计概念和主要设计目标数值

1995 年 3 月，日本原子能研究所公布了深海船（艇）用核反应堆的设计概念及主要设计目标数据，其设计概念及布局结构如图所示，其主要设计目标数值包括：核反应堆输出功率为 0.75MWt，电气输出功率为 0.15MWe，核反应堆设计形式为一体型压水核反应堆（PWR，自己加压）。

初级冷却系统的循环方式为自然循环，其运转压力为 8.4 MPa，堆芯入口温度为 281.8 摄氏度，堆芯出口温度为 298 摄氏度，流量为 30.6 吨/小时。

核反应堆堆芯设计参数包括等价直径为 0.385 米，有效高度为 0.344 米，平均输出功率密度为 19KW/l，燃料设计形式为 Zry 覆盖二氧化铀燃料棒，燃料集合体数为 1 体，燃料棒数/集合体为 493，燃料棒外径为 9.5 毫米，燃料装荷量为 6.3 吨，铀 235 浓缩度为 11wt %，平均线输出功率为 5.9KW/m，平均燃烧度为 5.5Gwd/吨，燃料寿命为 4 年。

控制棒控制要素形式为燃料棒束，控制棒驱动装置设计形式为核反应堆容器内装式，控制棒驱动基数为 4 个。

蒸汽发生器设计形式为贯流式螺旋线圈型，传热管材质为耐热镍铬铁合金 800，传热管外径为 19 毫米，传热面积为 8.3 平方米，蒸汽温度为 242.4 摄氏度，蒸汽压力为 3.0 MPa，蒸汽流量为 1.052 吨/小时。

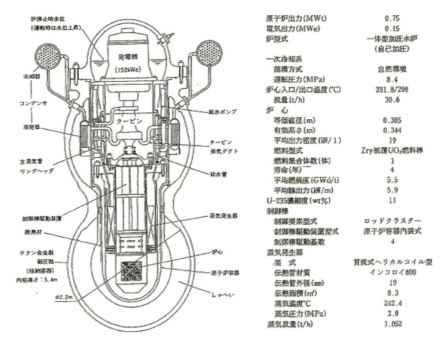

原子炉出力(MWt)	0.75
電気出力(MWe)	0.15
炉型式	一体型加圧水炉(自己加圧)
一次冷却系	
循環方式	自然循環
運転圧力(MPa)	8.4
炉心入口/出口温度(℃)	281.8/298
流量(t/h)	30.6
炉 心	
等価直径(m)	0.385
有効高さ(m)	0.344
平均出力密度(kW/1)	19
燃料型式	Zry被覆UO_2燃料棒
燃料集合体数(体)	1
寿命(年)	4
平均燃焼度(GWd/t)	5.5
平均線出力(kW/m)	5.9
U-235濃縮度(wt%)	11
制御棒	
制御要素型式	ロッドクラスター
制御棒駆動装置型式	原子炉容器内装式
制御棒駆動基数	4
蒸気発生器	
型 式	貫流式ヘリカルコイル型
伝熱管材質	インコロイ800
伝熱管外径(mm)	19
伝熱面積(㎡)	8.3
蒸気温度℃	242.4
蒸気圧力(MPa)	3.0
蒸気流量(t/h)	1.062

10-4-1-7-5

図3 深海船用原子炉（ＤＲＸ）炉概念と 設計主要目値

[出典] 日本原子力研究所：原子力船研究開発の現状1995，1995年3月

1995 年 3 月，日本原子能研究所公布的深海船（艇）用核反应堆（DRX）的设计概念与主要设计目标数值

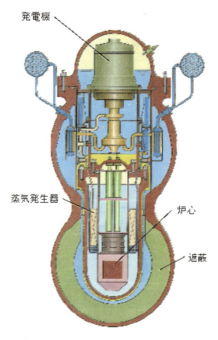

深海船（艇）用核反应堆 DRX

核动力深海科学调查船（艇）的设计实例

1995 年 3 月，日本原子能研究所公布了核动力深海科学调查船（艇）的设计实例，其主要技术参数包括：最大下潜深度为 6500 米，连续下潜航行天数为 30 天，连续最大航速为 8 节，最大续航距离为 5780 海里，搭乘人员共 8 名（包括 4 名驾驶人员和 4 名观测人员）。

艇全长为 30 米，宽度为 4 米，直径为 6 米，共有 4 个耐压壳，每个直径为 4 米。艇用核动力推进系统采用深海艇用核反应堆（DRX），连续最大输出功率为 150KW，核动力系统的耐压壳共 3 个，其中 2 个为 2.5 米直径，另一个为 1.5 米直径。

耐压壳前方的主要调查观测设备有大型机械臂、小型精密机械臂、大型导轨（包括工具、取样、有效负荷）、TV 摄像机、CTDV。

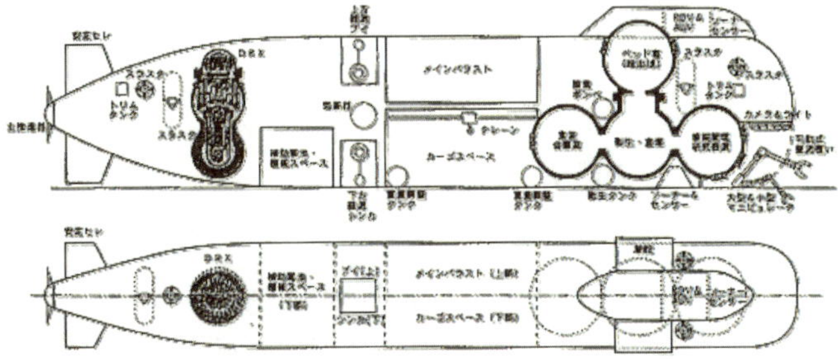

10-4-1-7-8

图6 深海科学調査船（最大潜航深度：6，500m）の概略配置図

[出典] 日本原子力研究所：原子力船開発の現状1995，1995年3月

1995 年 3 月，日本原子能研究所公布的深海科学调查船（艇）的概略配置图

顶部电子传感器流线型罩内的主要调查观测设备有声纳 TV/激光 TV、流向流速测量设备等。

底部电子传感器流线型罩内的主要调查观测设备有多路窄束探测器、沙地扫描声纳、洋底探测传感器、放射线传感器。

耐压壳内的主要调查观测设备有可视窗、In－situ 采水栓、监视器和数据管理设备。

大型货舱内的主要调查观测设备有上方观测浮标、下方观测沉锤以及无人潜航探测器（包括 ROV 和 AUV）。

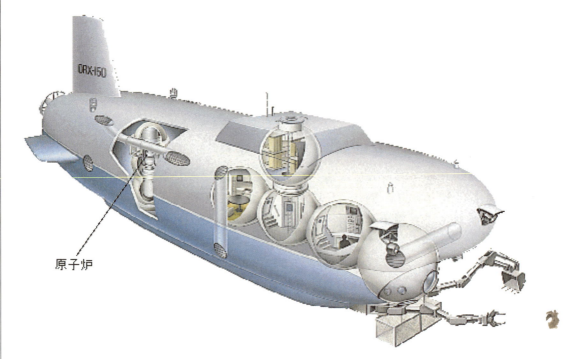

原子炉

安装 DRX 的深海科学调查船（艇）（6500 米深度调查使用）

核动力船舶工程技术模拟系统的开发

为了实现船用核反应堆的高效开发，1987 年，日本原子能研究所进行了核动力船舶工程技术模拟系统的开发项目，这套系统可在船用核反应堆设计的各个阶段进行核反应堆性能的评价与确认，并通过模拟一部分核反应堆进行实验研究，此外，作为高度自动化研究的一个环节，还可大量应用于计算机控制、异常诊断、运转支援等系统的开发以及人机接口的研究等。

这套系统曾经对"陆奥"号航海试验获得的各种试验数据进行了调整和检验，并对实用化的船用核反应堆整个系统的基本性能进行了确认，而且，它还可应用于今后日本对船用核反应堆的研究开发工作。

在成功应用于"陆奥"号研究之后，核动力船舶工程技术模拟系统还利用"陆奥"号获得的试验数据建立了数据库，这样，在不进行航海试验的条件下可通过这个数据库进行单纯的数值试验等研究项目，于是，"陆奥"号的研究成果也可得到进一步的应用。

日本核动力船舶设计的未来展望

在未来的日本核动力船舶设计方面，日本不仅要在高速集装箱船等商船上使用核动力技术，而且，还要将核动力技术拓展到破冰船、深海调查船等特殊用途的船舶上去，因此，日本核动力技术的应用前景将会非常广阔。

随着经济全球化及工业全球化步伐的不断推进，核动力技术在货运船舶方面的应用将会促进大量货物安全、快速地运抵全球每一个角落，从而提高经济的发展速度。日本原子能研究所曾经进行了安装大型船舶用核反应堆（MRX）的大型高速集装箱货船的设计实践。此外，日本曾经计划设计可连接日本国内及亚洲各地、以承担海上高速运输网络核心的超级邮船，这种超级邮船将安装燃气轮机，其航速将高达50节，每次可运输1000吨的集装箱货物。由于燃气轮机需要消耗大量的燃料，取而代之，日本原子能研究所计划用MRX来替换燃气轮机，通过更高效的核动力技术，这种超级邮船将是一种备受期待的超高速集装箱货船。

随着包括极地和深海考察在内的全球性地球资源科学调查重要性的不断提高，日本原子能研究所还曾经进行了极地用观测船和深海科学调查船的设计实例，分别是搭载MRX拥有3米破冰能力及标准排水量为25550吨极地用观测船的设计实例和搭载DRX拥有最大下潜深度达6500米的深海科学调查船（艇）的设计实例。

日本预想未来核动力技术的主要用途列表

船种		主要用途	核动力的优点
特殊用途船	破冰船	开启面向北极地区的航线	大马力 续航时间长、无须燃料补给
	极地观测船	在极地海域进行常年的观测活动	续航时间长 无须燃料补给
	深海调查船	进行深海调查及样本采集活动	无氧环境 续航时间长
	海上动力平台	海上发电及发电船、发电驳船等	大输出功率、无须燃料补给、易于环境保护
	深海动力平台	深海观测平台、海底矿物资源开采	无氧环境 续航时间长、无须燃料补给
商船	SES型超高速集装箱货船	可横渡大洋航线进行超高速的集装箱运输	大马力、续航距离长
	排水量型高速集装箱货船	可横渡大洋航线进行大量高速集装箱的运输	大马力、续航距离长、易于环境保护
	破冰货船（破冰油轮、破冰集装箱货船）	在北极圈内进行资源运输、在北极沿海进行开发支援、利用北极航线进行物资运输	大马力、续航距离长、无须燃料补给
	潜水货船	运输北极圈内的天然资源	无氧环境、续航距离长、无须燃料补给
	远洋拖船	进行大型海洋构造物的牵引航行	续航距离长

第二节 "陆奥"号核动力试验船——亚洲第一艘核动力试验船及亚洲第一艘核动力水面船舶

"陆奥"号核动力船舶是日本迄今为止第一艘核动力船舶和唯一的一艘核动力船舶，

它于 1968 年 11 月 27 日开始动工建造。日本建造"陆奥"号的主要目的是进行核动力装置的各种海上测试工作，通过这些试验，日本可全面掌握水面舰艇、潜艇所使用核动力装置的设计、研究、开发和建造经验。

未来如果日本打算建造核动力航母、弹道导弹核潜艇、攻击型核潜艇等核动力军舰，那么，这些军用核反应堆的设计、开发和建造经验都将来自"陆奥"号，而且，在"陆奥"号之后，日本主管原子能研究与开发的机构——日本原子能研究所还对相关军用核动力装置进行了深入研究。

"陆奥"号谱写日本历史新的一页

"陆奥"号核动力船舶是继苏联"列宁"号核动力破冰船（1959 年至 1966 年改造，1970 年至 1989 年服役）、美国"萨巴纳"号核动力货船（1965 年至 1970 年在航）、西德"奥托－哈恩"号核动力矿石搬运船（1968 年至 1979 年在航）之后，世界第 4 艘非军舰核动力船舶。"陆奥"号下水时的母港为青森县陆奥市附近的陆奥大凑港，"陆奥"号的船名通过征集手段获得。

1963 年（昭和三十八年）8 月 17 日，日本原子力船开发事业团（日本核动力船舶开发事业团）正式成立，后来，该部主持"陆奥"号的全面研制工作，同年 10 月 11 日，日本内阁总理大臣及运输大臣决定日本第一艘核动力船舶的开发基本计划，至此，"陆奥"号的核动力试验大幕才开始缓缓拉开。

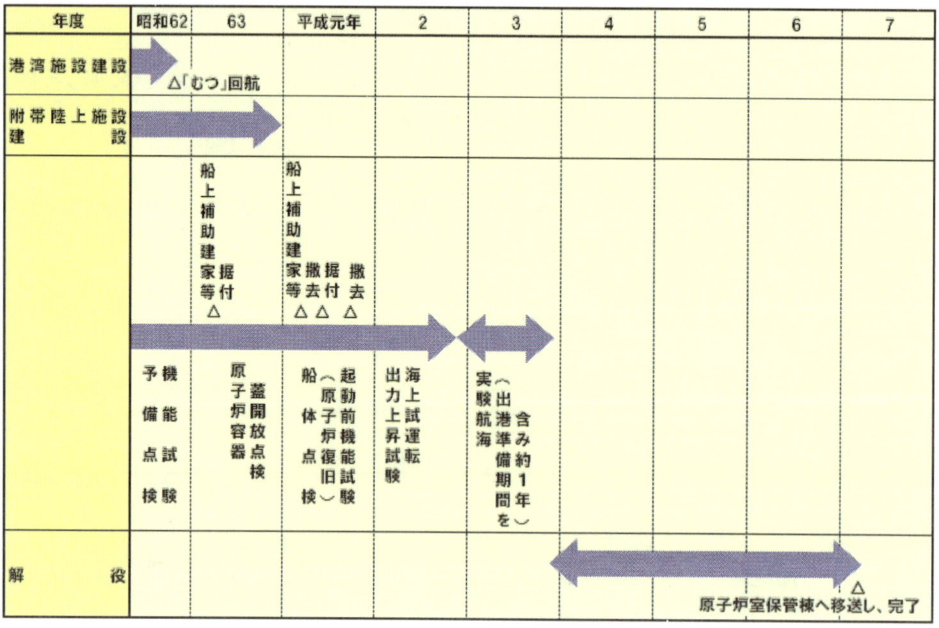

图1 原子力船「むつ」による研究開発スケジュール

日本原子能研究所公布的"陆奥"号研制与开发计划表（昭和六十二年至平成七年）

"陆奥"号波澜壮阔的 40 年经历

"陆奥"号自诞生之后就经历了一系列麻烦，这都源于它是日本第一艘核动力船舶，而且，日本人对于"核"的反应又特别敏感，对于唯一遭受核轰炸的日本来说，这是一种非常正常的反应。从 1963 年至 2005 年，"陆奥"号核动力试验船计划前后历经 40 多年时间，其耗时之长、涉及面之广、牵扯精力之多，在日本来说，都是一项非常庞大的工程，不过，其非凡的意义和取得的丰硕成果对于日本具有非常深远的影响。

前十年的出师不利

1968 年（昭和四十三年）11 月 27 日，"陆奥"号正式开工建造，船体建造工程由石川岛播磨重工东京第 2 工厂负责，其他一些系统工程另有日本企业参加。1969 年（昭和四十四年）6 月 12 日，"陆奥"号举行了下水仪式。目前，石川岛播磨重工是日本航母级别军舰的唯一造船厂，2 艘日向级直升机母舰以及正在建造中的 2 艘 22DDH 级直升机母舰都由石播重工的横滨工厂负责建造。未来，日本如果计划建造核动力航母、核动力驱逐舰等大型核动力水面舰艇，那么，石播重工横滨工厂很可能是最佳的选择。

1970 年（昭和四十五年）7 月 13 日，"陆奥"号船体工程完工，随后，在只使用辅机的情况下返回母港陆奥市大凑港。1971 年 11 月，船载核反应堆舾装工程在大凑港内结束。1972 年 8 月 25 日，"陆奥"号正式由石川岛播磨重工船厂交付给日本原子力船开发事业团。1972 年 9 月 4 日，铀 235 核燃料装荷。

1974 年（昭和四十九年）8 月 26 日，"陆奥"号出港展开输出功率上升试验，8 月 28 日，船载核反应堆第一次达到临界状态，9 月 1 日，由于屏蔽外罩设计失败，在北太平洋航行途中的"陆奥"号发生了放射线（中子）泄漏事故，于是，输出功率上升试验程序被迫中止，10 月 15 日，"陆奥"号返回大凑港，核反应堆封闭，船舶停泊在码头上。

在 1974 年 9 月 1 日发生了核泄漏事故之后，"陆奥"号在返港途中，核泄漏仍然残存大量放射线，因此，陆奥市当地居民拒绝"陆奥"号返回大凑母港，此后，"陆奥"号开始海上漂泊生涯。由于当地居民的强烈反对，"陆奥"号先后失去了陆奥市大凑港和长崎县佐世保港两座母港，鉴于此，日本政府决定将"陆奥"号新母港选择在影响较小的陆奥市关根滨港内。

重新开始的另外十年

1978 年（昭和五十三年）7 月 21 日，日本科学技术厅、原子力船开发事业团、长崎县、佐世保市和长崎县渔业联合会五家单位签订关于"陆奥"号在佐世保港内进行维修的同意意见书，10 月 16 日，"陆奥"号进入长崎县佐世保市内的佐世保港开始全面展开改装维修工程，计划 1982 年结束。

1979年（昭和五十四年）7月9日，由于改装需要，"陆奥"号进入佐世保重工的干船坞内开始入坞改装。1980年，屏蔽改装工程全面展开。1981年（昭和五十六年）5月24日，日本科学技术厅、核动力船舶开发事业团、青森县、陆奥市和青森县渔业联合国五家单位发表"设置关根滨港为新母港"的共同声明。1982年6月30日，在佐世保港内的屏蔽改装工程结束，8月30日，日本科学技术厅、核动力船舶开发事业团、青森县、陆奥市和青森县渔业联合国五家单位签订"陆奥"号新母港建设及进入大凑港的协定书，9月6日，"陆奥"号暂时进入大凑港。

1984年（昭和五十九年）2月22日，关根滨港新母港正式开工建设。

1988年（昭和六十三年）1月27日，"陆奥"号进入作为新母港的陆奥市关根滨港，8月4日，在关根滨港内，"陆奥"号核反应堆盖容器打开开始进行详细检查。1989年（昭和六十四年）10月30日，盖容器开放检查结束。

取得丰硕成果的又十年

1990年3月6日，"陆奥"号航行前起动试验结束，4月28日，在码头上的输出功率上升试验结束，输出功率由0上升至大约20％，7月3日至7月7日，海上试验准备开始。

1990年7月10日至7月30日，"陆奥"号开始第1次海上试验，期间，进行了输出功率上升试验，分别达到大约50％和大约70％的输出功率，7月13日，开始以核动力状态进行海上航行测试。

1990年9月25日至10月9日，"陆奥"号开始第2次海上试验，期间，进行了输出功率上升试验，分别达到大约70％、大约90％和大约100％的输出功率，10月5日，第一次功率输出达到了100％的程度，当时核反应堆的热输出功率为36MW，主机输出功率大约为1万马力。

1990年10月29日至11月9日，"陆奥"号进行了第3次海上试验，期间，展开了海上试运行。

1990年12月7日至12月14日，进行了第4次海上试验，期间，进行了输出功率上升试验和海上试运行，输出功率达到100％。

1991年2月14日，在经过4次海上试验之后，"陆奥"号交付船舶检查证书。

1991年2月25日至3月11日，"陆奥"号进行第一次实验航海，在日本南方划定的静稳海域展开基础数据测定实验。

1991年5月22日至6月20日，"陆奥"号进行第二次实验航海，在美国夏威夷南部进行远洋航行，通过操船进行核反应堆影响测定实验。

1991年8月22日至9月25日，"陆奥"号进行第三次实验航海，主要在赤道附近的高温海域展开测定实验。

1991年11月13日至12月12日，"陆奥"号进行第四次实验航海，主要在北太平洋的荒海海域进行测定实验。

综合上述，1991年2月至12月，在为期10个月的试验期间，"陆奥"号以核动力推进方式展开远距离海上航行实验，在此期间，船舶共航行了82000公里，相当于绕行地球两圈以上。

1992年1月21日至1月26日，"陆奥"号停靠码头进行了燃料堆芯特性试验，8月3日，船载核反应堆停止运转，开始申报核反应堆解体程序。1992年9月至1993年11月，展开燃料体取出作业，核心工程于1993年5月至7月展开。1995年6月22日，"陆奥"号核反应堆舱由4000吨级起重机船吊起转移至核反应堆舱保管楼内保存，至此，解体工程全部结束。

核燃料再处理及后续成果研究的又十年

2001年6月27日至7月4日，原"陆奥"号使用核燃料第一次运回东海村，9月5日至9月18日，第二次运回东海村，11月15日至11月20日，第三次运回东海村。2005年3月，核燃料进入东海再处理工厂准备进行再处理，包括核燃料解体和重新组装。

1993年3月，船载核反应堆在解体拆除期间，开始着手改装海洋地球研究船工程。1996年8月21日，改装为海洋地球研究船的"陆奥"号更名为"未来号"，同时交付日本海洋研究开发机构（JAMSTEC），随后开始海上航行。

原"陆奥"号的操舵室和控制室由陆奥市陆奥科学技术馆公开展示。

在"陆奥"号核动力推进系统试验之后，日本原子能研究所又展开了MRX改良型船用核反应堆（可用于核动力水面舰艇的动力装置）和DRX深海探测艇用核反应堆（可用于核潜艇使用的动力装置）的研究与开发，不过，再也没有核动力船舶的设计计划、建造计划和采购计划。不过，未来日本是否会建造核动力船舶和核动力军舰，这种可能性极大。

"陆奥"号解体工程期间的放射线业务从事者及实效线量当量列表

工程区分	放射线业务从事者人数（人）	集团实效线量当量（人 mSv）	平无线量当量（人 mSv）	最大实效线量当量（人 mSv）
第1阶段（燃料体取出作业）	345	56.8	0.16	5.1
第2阶段（核反应堆机器类设备取出作业）	161	6.4	00.4	1.0
第3阶段（船体切割和转移作业）	43	1.6	00.4	0.5
合计	549	6.48	0.12	5.1

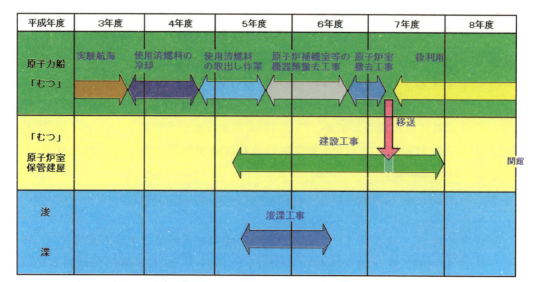

平成年度	3年度	4年度	5年度	6年度	7年度	8年度
原子力船「むつ」	実験航海	使用済燃料の冷却	使用済燃料の取出し作業	原子炉補機室等の機器類撤去工事	原子炉室撤去工事	後利用
「むつ」原子炉室保管建屋			建設工事 移送			開館
浚渫			浚渫工事			

図1　原子力船「むつ」解役工事全体スケジュール

[出典]日本原子力研究所 ： 原子力船研究開発の現状1995、1995年2月

1995 年 2 月，日本原子能研究所公布的"陆奥"号解体工程全部计划表

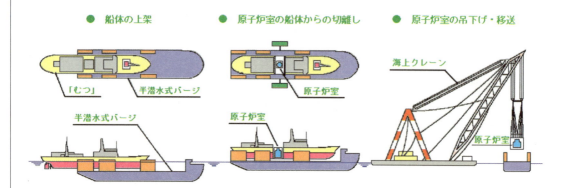

- ● 船体の上架
- ● 原子炉室の船体からの切離し
- ● 原子炉室の吊下げ・移送

「むつ」　半潜水式バージ
半潜水式バージ
原子炉室
海上クレーン
原子炉室

図3　原子炉室の船体からの切離し・移送

[出典] 日本原子力研究所：原子力船「むつ」解役の概要と安全性、(1992年3月)

1992 年 3 月，日本原子能研究所公布的"陆奥"号核反应堆舱从船体切离、转移的程序示意图

图4　「むつ」を半潜水式バージンに上架、曳航

［資料提供］日本原子力研究所

"陆奥"号由半潜式驳船搭载航行

图5　「むつ」の船体切断

［資料提供］日本原子力研究所

在拆除核反应堆舱过程中，"陆奥"号进行船体切割，然后从中取出核反应堆舱

図６　原子炉室の吊り上げ、移送

［資料提供］日本原子力研究所

1995 年 6 月 22 日，"陆奥"号核反应堆舱由 4000 吨级起重机船吊起转移

図７　運転中の「みらい」

［資料提供］海洋科学技術センター

由 "陆奥" 号去核化后改装而成 "未来" 号海洋地球研究船

図8　保管建屋全景
[資料提供]日本原子力研究所

"陆奥"号核反应堆舱保管楼建筑物全景

図9　原子炉室（展示）
[資料提供] 日本原子力研究所

"陆奥"号核反应堆舱保管楼内的核反应堆舱保管室

"陆奥"号主要设计指标数值

1991年3月，日本原子能研究所公开发表了"陆奥"号核动力试验船的各项设计指标数值，其用途为核动力试验船，航行区域为远洋海域（国际航海），设计总吨位为8242吨，排水量大约为10400吨，全长130.46米，全宽19.0米，型深13.2米，满载吃水深度6.9米，最大航速17.7节（大约32.78公里/小时），定员80人（其中，船员有58人，其他人员为科研人员）。

动力推进系统

动力推进系统主机包括1部压水型轻水冷却核反应堆和1部蒸汽涡轮机（蒸汽发生器），辅助锅炉为1部重油专用燃烧式蒸汽锅炉，主机最大输出功率为10000马力（36000千瓦），旋转次数为200rpm，主发电机功率为800KW×2。在辅助锅炉蒸汽驱动主涡轮机的情况下，动力系统可以10节航速航行4000海里（7300公里）。

"陆奥"号核动力可提供大约32公里/小时的速度，辅助动力可提供大约18公里/小时的速度，船航速大约为30公里/小时，核动力续航距离大约50000海里（91250公里）。"陆奥"号计划之初的续航距离设计为145000海里，不过，由于核反应堆运转时间减少为原来的三分之一，故此，续航距离也大幅度减小。

船载设备

航海设备主要安装有当时最先进的冲突预防警报装置、国际海事通信卫星（IN-MARSAT）、3厘米雷达、8.6毫米雷达、GPS（全球定位系统）、电磁测程仪、音响测深仪、罗兰（LORAN）接收机。

船用核反应堆的基本设计

1部压水型核反应堆的热输出功率为36MW。一次冷却水平均温度为273.5摄氏度，运行压力为110kg/cm2g，平均流量为1800吨/小时，抽水机为2部纵型密封电动泵。

主蒸汽发生器为2部纵型逆U字型，发生器流量为30.6吨/小时，压力为40kg/cm2g。储存容器为纵型圆筒设计，内径大约10米。

堆芯有效高度大约为104厘米，等价直径大约为115厘米。U235的堆芯内侧浓缩度大约3.2%，堆芯外侧浓缩度大约4.4%。燃料集合体数为32。控制棒数量为12个，设计形状为十字形，吸收材料为Ag－In－Cd。平均输出功率密度为33.5KW/升，平均线输出功率密度为2.9KW/英尺。

负荷变动条件包括由100%急速减少至18%需要1秒钟，由18%急速上升至90%需要30秒钟。

船体运动条件包括达到100%输出功率时的船体横摇为30度、纵摇为10度、上下

10-4-1-2-1

表1 原子力船「むつ」の設計主要目値

船 体 関 連

用　途	原子動力実験船	船体構造	耐座礁・耐衝突・耐浸水
航行区域	遠洋区域（国際航海）	原子動力（主機最大）	約32km/h
全　長	約130m	補助動力	約18km/h
型　幅	約19m	航海速力	約30km/h
型　深	約13m	原子動力航続距離	約91250km
喫　水	約6.9m	航海設備	衝突予防警報装置、イン
総トン数	約8240トン		マルサット、3cmレー
排水量	約10400トン		ダ・8.6mmレーダ、
主機最大出力	10000ps		GPS、電磁ログ、音響
回転数	200rpm		測深儀、ローラン受信機
主発電機	800kW×2	乗船者定員	総計80名（うち乗組員
補助ボイラー	重油専焼式		58名）

原 子 炉 関 連（1）

形　式	加圧軽水冷却型炉1基	炉心	
熱出力	36MW	有効高さ	約104cm
一次冷却水		等価直径	約115cm
平均温度	273.5℃	U235濃縮度	
運転圧力	110kg/cm^{2}g	炉心内側	約3.2%
平均流量	1800t/h	炉心外側	約4.4%
ポンプ	縦型キャンドモータポンプ2基	燃料集合体数	32
主蒸気発生器	縦型逆U字型2基	制御棒	
流量	各30.6t/h	本数	12
圧力	40kg/cm^{2}g	形状	十字形
格納容器	縦型円筒	吸収材	Ag-In-Cd
内径	約10m	平均出力密度	33.5kW/リットル
		平均線出力密度	2.9kW/ft

原 子 炉 関 連（2）

負荷変動条件		船体運動条件	
急速減少	100%→18%/1秒	100%出力時	30度横揺、10度横揺、
急速上昇	18%→90%/30秒		（1±0.6）g上下方向
前後進	100%→18%：5秒	50%出力時	45度横揺、15度縦揺、
	18%：50秒		（1±0.6）g上下方向
	18%→80%：30秒	突発的な（1+0.82）g上下方向加速度も	

〔出典〕日本原子力研究所：原子力船「むつ」の概要、平成2年3月など

1991年3月，日本原子能研究所公开发表了"陆奥"号核动力试验船的各项设计指标数值

方向运动的加速度为（1加、减0.6）g；达到50％输出功率时的船体横摇为45度、纵摇为15度、上下方向运动的加速度为（1加、减0.6）g、突发性的上下方面加速度为（1加、减0.82）g。

　　核反应堆储存容器的内径大约为10米、高度大约为10.6米，整个容器为圆柱形，堆容器高度为5.485米、内径为1.752米、最大厚度为9.8厘米，蒸汽发生器共2部，每部高度为5.336米，内径为1.364米，加压器高度为3.27米，内径为1.092米，另有2部一次冷却抽水机、一次屏蔽体等设备，这些构成单元都以非常紧凑的方式配置在狭小的储存容器内。

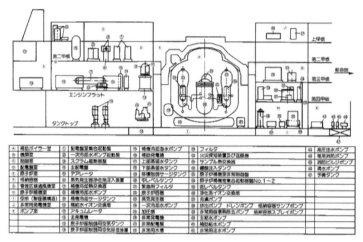

図1　原子炉機器等の配置

〔出典〕日本原子力研究所：原子力船第一船原子炉設置許可申請書、昭和63年2月

日本原子能研究所公开发表了"陆奥"号整个核反应堆系统的设备配置示意图

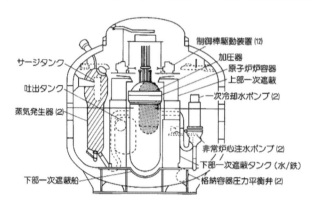

図2　原子炉格納容器内の機器配置

〔出典〕日本原子力研究所原子力船部門（編）：原子力船「むつ」の軌跡－研究開発の現状と今後の展開－、原子力工業、Vol、No.4、26（1992）

日本原子能研究所公开发表了"陆奥"号核反应堆储存容器的设备配置示意图

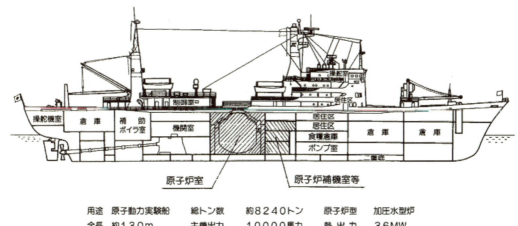

用途	原子動力実験船	総トン数	約8240トン	原子炉型	加圧水型炉
全長	約130m	主機出力	10000馬力	熱出力	36MW
型幅	約19m	速度（最大）	32km/h	原子動力	145000
型深	約13.2m	速度（常用）	30km/h	航続距離	海里（計画）
吃水	約6.9m	補助動力	18km/h	乗船者定員	80名

図3　原子力船「むつ」の配置説明図

〔出典〕日本原子力研究所：原子力船「むつ」の成果、平成4年2月

"陆奥"号船体设计示意图

"陆奥"号的安全性设计

"陆奥"号的安全性设计包括船体的安全性设计以及核反应堆的安全性设计两个方面。

"陆奥"号的船体安全性设计

核动力船舶中使用的核反应堆相当于一般船舶中的动力锅炉，在船体摇晃时，船中的核反应堆设备也会有上下左右的加速度运动，为了最大限度地减小这种加速度运动对核反应堆的安全影响，核动力船舶的核反应堆几乎都设置在船体的中央位置。

整体来看，"陆奥"号的船体构造具备耐搁浅、耐冲撞和耐浸水三大技术特征。

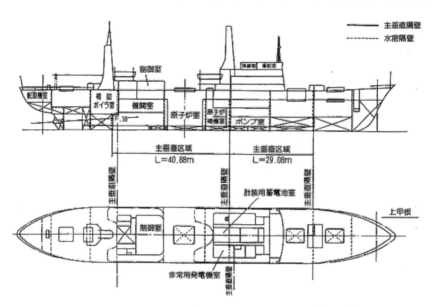

图1 「むつ」の防火区画および水密区画

〔出典〕日本原子力研究所原子力船部門（編）：原子力船「むつ」の軌跡－研究開発の現状
と今後の展開－、原子力工業、Vol.、No.4、16 (1992)

"陆奥"号的防火构造舱和水密构造舱的设计示意图（粗线为主垂直隔壁、细线为水密隔壁）

　　根据《海上生命安全国际条约》（SOLAS）和核动力船舶所特有的《核动力船舶特殊规则》等国际条约规定，"陆奥"号的整个船体构造由 10 个水密构造舱和 4 个防火构造舱组成，其中，2 个构造舱具备可浸水性，也就是说这两个相邻的舱段即使浸水也不会沉没。

　　另外，在搁浅及与其他船舶发生冲撞时，为了保护核反应堆储存容器、核反应堆辅机舱等相关核设施的安全，"陆奥"号又设计了比普通船舶的船体更加坚固的耐搁浅构造和耐冲撞构造，其中，耐搁浅构造为二重船底结构。此外，船上还配备当时最先进的冲突预防警报装置等航海设备，这些设备也可有效预防搁浅、船舶冲撞等突发事件的发生。

1992 年，日本原子能研究所公布的"陆奥"号耐冲撞构造和耐搁浅构造，其中，耐搁浅构造位于船底（图示下方），为二重底，厚度为 1380 毫米；图左中间位置是核反应堆储存容器；耐冲撞构造位于图示右上方，图右侧为船体构造

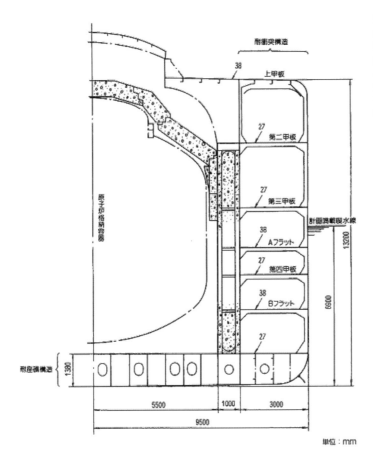

図2 「むつ」の耐衝突構造および耐座礁構造

(出典) 日本原子力研究所原子力船部門（編）：原子力船「むつ」の軌跡
　　　 −研究開発の現状と今後の展開−、原子力工業、Vol、No.4、15 (1992)

"陆奥"号的核反应堆安全性设计

"陆奥"号核反应堆的安全性设计共包括五个方面，分别是核反应堆储存容器与控制棒的安全设计、核反应堆的屏蔽设备、非常用冷却设备、处理监视器设备和抗震动与摇晃设计。

1. 核反应堆储存容器与控制棒

"陆奥"号核反应堆储存容器为内径和高度都大约为 10 米的近似球形的圆筒状，考虑到船用核反应堆的特点，在储存容器侧下方的两个位置分别设计有两个压力平衡阀门，内外压力差达到 $2kg/cm^2$ 即可自行开闭，在发生沉船事故时，通过外压作用可防止储存容器遭受破坏。储存容器上部设计有储存容器喷雾器设备，在初级系统大口径配管发生破裂事故（LOCA）时，真水可自动从喷雾器设备喷洒出来，从而抑止内压上

升，维持整个储存容器的压力平衡。储存容器内部配置有 2 部堆容器初级冷却水抽水机、2 部蒸汽发生器、加压器等设备。堆容器内配置有 32 个燃料集合体、12 个十字形控制棒（Ag－In－Cd 吸收材料）、中子源（2 个、^{252}Cf）等设备。与发电核反应堆不同，为了防止反应率（表示从核裂变反应的临界状态偏移的尺度）事故的发生，"陆奥"号核反应堆通过良好的负荷追从特性和沉船时海水置换两种方式，只使用控制棒就达到了反应率控制的目标，而没有使用化学控制剂。在船体发生倾斜时，急速停止的核反应堆可借助弹簧将控制棒插入堆芯。而且，在急速停止时，主机涡轮机也不会分离。

2. 核反应堆屏蔽设备

核反应堆屏蔽设备由一次屏蔽和二次屏蔽两种设备组成，核反应堆停止运转一天后进入储存容器的设计是为一次屏蔽；在平常运转时可以进入的设计是为二次屏蔽。

3. 非常用冷却设备

非常用堆芯冷却设备适用于小口径配管破裂至大口径配管两端破裂中的所有情况，在初级冷却水发生丧失事故期间，为了迅速冷却堆芯，或者，在蒸汽发生器传热管破损事故期间，为了防止核燃料发生较大的损失，核反应堆内的"非常用注水信号（非常用堆芯冷却设备动作信号）"将自动发出信号，而后将向堆芯注入冷却水，这些冷却水可来自非常用水槽/预备水箱和下部一次屏蔽水箱。

4. 处理监视器设备

放射线监视器是固定式区域监视器，包含中子监视器，其 15 个通道中有 5 个位于二次屏蔽内侧，其他的位于二次屏蔽外侧。水监视器包括一次冷却设备水监视器和二次冷却水监视器，其中，一次冷却水监视器可对核燃料进行全面的监视，二次冷却水监视器可对蒸汽发生中传热管进行全面的监视。

5. 抗震动与摇晃设计

由于海上航运的需要，"陆奥"号的核反应堆没有像发电核反应堆那样采取抗震设计，而是考虑环境条件，也就是船体振动（螺旋桨的旋转、涡轮机的振动等）、海象（因波浪而产生的上下、左右、前后摇晃等）、气象（温度、湿度等）、因船操作而产生的倾斜、摇晃、振动、冲撞等冲击进行抗震设计。在船体设计和建造时，对上述这些环境条件进行了试验，以确保航运期间，"陆奥"号核反应堆具备良好的航运性能和安全性能。

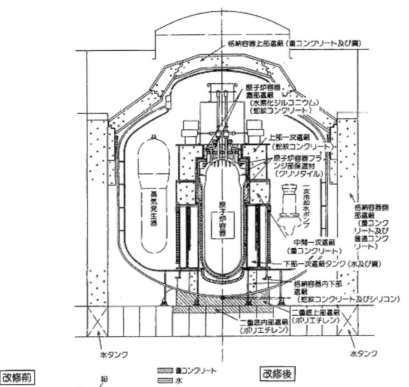

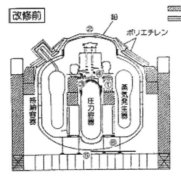

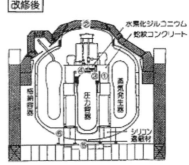

① 上部1次遮蔽体（中性子の吸収の良い蛇紋岩コンクリートに変える）

③ 圧力容器フランジ部（中性子の吸収の良いクリソタイル保温材を設ける）

⑤ 格納容器外の二重底上下部（ポリエチレンの遮蔽体を新設する）

② 2次遮蔽体（鉛とポリエチレンを鐵コンクリートに変える）

④ 圧力容器脚部（中性子の吸収の良い水素化ジルコニウムを設ける）

⑥ 格納容器下部（蛇紋コンクリートとシリコンを用いた遮蔽体を新設する）

図3　原子炉遮蔽設備

〔出典〕(1) 日本原子力研究所：原子力船「むつ」の概要、平成2年3月
　　　　(2) 日本原子力研究所原子力船部門（編）：原子力船「むつ」の軌跡
　　　　　　─研究開発の現状と今後の展開─、原子力工業、Vol、No.4、25（1992）

1991 年 3 月，日本原子能研究所公布的"陆奥"号核反应堆屏蔽设备示意图

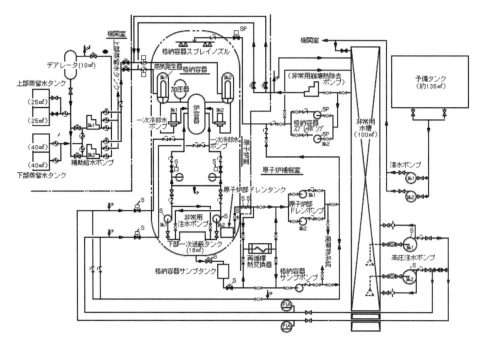

図5　非常用冷却設備

［出典］日本原子力研究所：原子力船第一船原子炉設置許可申請書、昭和63年2月

日本原子能研究所公布的非常用冷却设备示意图

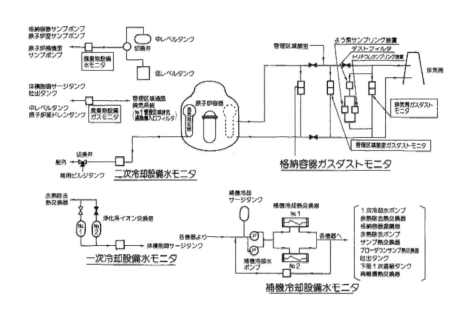

図6　プロセスモニター設備

〔出典〕日本原子力研究所：原子力船第一船原子炉設置許可申請書、昭和63年2月

日本原子能研究所公布的处理监视器设备示意图

"陆奥"号安全性设计的总体评价

"陆奥"号核反应堆由三菱原子能工业公司负责设计和制造。由于"陆奥"号为日本第一艘核动力船舶，因此，使用了很多安全设计。在建造期间，石播重工曾经用一艘巨大的水箱以全速的冲力向在建中的"陆奥"号船体腹部撞去，结果，这个巨大的水箱根本无法通过冲撞的方式到达核反应堆所在的船体位置，由此看来，"陆奥"号的船体强度设计、造船用钢板及核反应堆设计都非常达标。此外，考虑"陆奥"号可能沉没的情况发生，为了防止深海压力压坏核反应堆的保护容器，这些保护容器也采取了非常安全的设计，也就是在海水压力形成早期，这些保护容器可自动引入海水，从而降低内外海水造成的压力差。

大多数商业核反应堆为了安全起见，在遇有紧急情况下，核反应堆的堆芯都可紧急停止运转，在这种情况下，控制棒与驱动装置分离然后从堆芯处脱落下来。不过，"陆奥"号的核反应堆设计可通过弹力将控制棒向堆芯方向按压，即使是船体发生翻转，也不用拔掉控制棒，经过后期海上试验，这种设计方式更加安全可靠。

从基本设计指标来看，"陆奥"号的船载核反应堆设计应该非常成功，这也是日本为什么没有展开后续建造计划的可能原因之一。通过这些成功的设计经验，日本如果计划建造排水量介于1万吨至10万吨之间的轻型、中型、重型核动力航母都不会有太大的技术困难，而且，所有的舰载核反应堆都可提供足够的输出功率及电力供应，这样，即使是未来的全电化航母也不应该有任何困难。

"陆奥"号的三项测试活动

1990年3月至12月，"陆奥"号进行了输出功率上升试验，这次试验在港口码头上进行，核反应堆输出功率达到20%，后来还在西太平洋海域进行了4次更高输出功率的海上试验活动，此外，在海上试运行期间，也进行了输出功率上升试验。

1. 输出功率上升试验

输出功率上升试验主要是在零输出功率至额定输出功率之间进行功率测试，在屏蔽改造及安全性总检查期间为了确认安全性也要进行输出功率上升测试，测试的主要目的是确定核反应堆的功能及各方面性能是否达标，主要测试项目包括核反应堆的物理特性、屏蔽特性、稳定运转特性、负荷追从特性等。此外，在设置试验航海的情况下，还要通过操船操舵进行核反应堆及船体的影响测试。

1974年9月1日，"陆奥"号输出功率上升试验在发生放射线漏露事故之后长时间中断，随后，展开了屏蔽改造、安全性总检查、关根滨港新母港（青森县下北半岛）建设、核反应堆容器盖开放点检（燃烧检查等）、船体检查等一系列检查和试验工作。1990年3月29日，输出功率上升试验重新开始，1990年12月14日，进入母港，而后输出功率上升试验全部结束，同时，海上试运行也结束。

2. 海上试运行

基于《船舶安全法》，海上试运行主要是测试船舶的推进性能、操舵操船性能、振动特性等依据法律规定的综合性能试验，具体到"陆奥"号来说，也就是确认"陆奥"号的航速性能、稳定旋转运动、前进与后退的切换（急速停船所需要的距离和时间）性能、惯力特性、低速舵效特性等。

经过海上试运行测试，"陆奥"号最大航速为17.6节，最大旋转直径为377米，停止距离为1453米（大约需要6分钟，输出功率才会由90%降至零）。

根据输出功率上升试验和海上试运行的结果，1991年2月14日，"陆奥"号提交了完全达标的船舶检查证书，从而，正式成为日本第一艘采取本国技术建造的核动力船舶。取得船舶检查证书之后，"陆奥"号可出海进行最后的实验航海测试工作。

3. 实验航海（海试）

实验航海是在远洋航海的条件下对"陆奥"号进行各种操船操舵的操作性测试活动。根据可能遭遇到的气象、海象、操船、机械操作等实际情况，"陆奥"号实验航海制订了周密的海上测定实验计划，这项计划将所测定海域分为四种，分别是作为最方便海域的静稳海域（测试浪高在2米以下）、通常海域（测试浪高介于2米至4米之间）、荒海海域（测试浪高在5米以上）和高温海域（海水温度28摄氏度以上）。

在1991年的全年度内，"陆奥"号共进行了4次远洋航海测试。第一次远洋航海是为了获取标准的数据，因此，海上测试活动在日本南方相对安静的海域内进行。第二次远洋航海最远到达美国夏威夷州南部海域，主要测试内容包括对驾驶员远洋航海的影响等。第三次远洋航海主要在赤道附近的高温海域展开，主要测试内容为高温对船舶的影响，最高海水温度为32摄氏度。第四次远洋航海主要在冬季前往北冰洋海域进行测试，测试内容为低温对船舶的影响，当时的测试条件为一望无际的北冰洋、最大海浪高度大约为11米、最大船体倾斜度大约为30度。

4. 实验航海获得的海上测定成果

成果之一：气象、海象及操船、机械操作的不同对核反应堆各项参数（即各种特性）有影响，比如，加压器水位、蒸汽流量、核反应堆输出功率等，其中，气象和海象的影响没有操船与机械操作影响得大。海象条件对核反应堆输出功率的变动影响最大程度达到大约1%，由操船和机械操作而产生的船体运动条件对核反应堆输出功率的变动影响最大程度会达到大约10%，对蒸汽流量的变动影响会达到大约20%，对蒸汽发生器水位的变动影响会达到大约±2%，对加压器水位的变动影响会达到±7%。

成果之二：实现了无事故的远洋航海。在4次远洋航海测试中，"陆奥"号无事故远洋航海距离达到了大约64000公里，相当于绕地球大约1.6圈，铀235消耗量大约为3.2千克。包含输出功率上升试验等内容的全部航海距离大约为88000公里，相当于绕地球2.2圈，铀235消耗量大约为4.2千克。"陆奥"号原计划以核动力状态航行大约26万公里，由于后来改造成使用柴油发动机的海洋观测研究船，故此，其航行距离只达到了最初设计的十二分之一。

　　在荒海海域测试条件下，"陆奥"号体验了船身摇晃（最大横摇大约30度、最大海浪高度大约10米）、振动、船底震动、歪倾等情况，不过，核反应堆的控制系统及机械类设备没有发生任何异常。此外，一次冷却水及二次冷却水的水质也没有发生异常，从而确认了核燃料、蒸汽发生器等设计的健全性。

　　综合输出功率试验、海上试运行及实验航海三项测试活动，日本原子能研究所论证了作为核动力船舶的"陆奥"号要比常规动力船舶具有更充分的实用性。

"陆奥"号输出功率上升试验与实验航海期间的核反应堆运转与航运成绩列表

	输出功率上升试验与海上试运行	实验航海				合计
		第1次航海	第2次航海	第3次航海	第4次航海	
航海天数（天）	56	15	30	35	30	166
航海距离（海里/公里）	12899/23890	4173/7730	9734/18030	10977/20330	9809/18170	47592/88140
核动力航海距离（海里/公里）	10115/18730	3583/6640	9734/18030	10977/20330	9809/18170	44218/81890
核反应堆运转时间（小时）	1187	246	659	767	648	3532
估算热输出功率（万千瓦时）	1950	604	1747	1983	1824	8109

注：平成四年2月，日本原子能研究所公开发表

"陆奥"号实验航海成绩及核反应堆运转成绩一览表

	1次航海	2次航海	3次航海	4次航海	码头实验	合计
主要目的	取得基础数据	实施操船影响实验	实施高温海域实验	实施荒海海域实验	燃烧堆芯特性测定	
测试期间	平成三年2月25日—3月11日	5月20日—6月20日	8月22日—9月25日	11月13日—12月12日	平成四年1月21日—1月26日	
航海天数	15天	30天	35天	30天		110天
航海距离（公里）	约7730	约18030	约20330	约18170		约64250
核反应堆运转时间	约246小时	约659小时	约767小时	约648小时	约25小时	约2435小时
全输出功率换算的核反应堆运转时间	约168小时	约485小时	约551小时	约507小时	约0小时	约1711小时

1993年，日本原子能研究所公布海浪浪高对核反应堆参数（各种特性）的影响

	静稳海域	荒海海域
	浪高=1.8米	浪高=5.5米
主轴旋转数	4.0%	7.6%
轴马力	11.0%	12.4%
堆输出功率	3.1%	3.2%
蒸汽流量	7.9%	8.9%

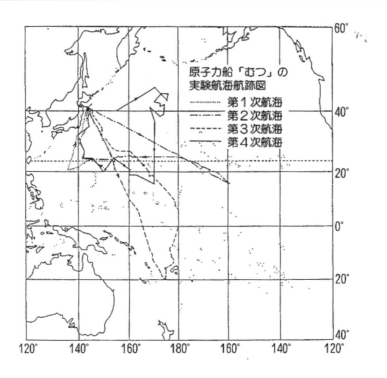

図2　「むつ」実験航海航跡図

〔出典〕日本原子力研究所：原子力船研究開発の現状　1992

"陆奥"号 4 次远洋航海测试的航变示意图（1992 年公布）

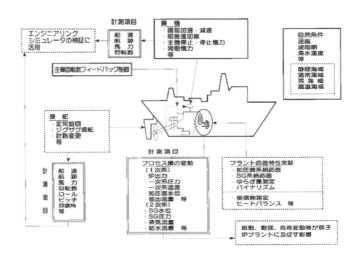

図1　実験航海における洋上測定実験項目説明図

〔出典〕日本原子力研究所：原子力船研究開発の現状 1992

实验航海期间，"陆奥"号的海上测定实验项目说明示意图

"陆奥"号取得的研究成果

"陆奥"号核动力试验船共取得六大试验成果:

其一,"陆奥"号成为日本第一艘国产核动力船舶,虽然屏蔽设计不太成熟,但显示了日本已经具备将核反应堆作为船舶推进动力源的能力,也明确了日本国产技术的实力,此外,在屏蔽改造和安全性总检查方面也取得成果;

其二,在输出功率上升试验及实验航海期间取得核反应堆运转和船舶航运的各种实验数据,在这些测试中共燃烧了大约4200克铀235核燃料,以核动力运行状态共航行了大约82000公里的距离,相当于围绕地球运行2圈以上;

其三,积累了丰富的核动力船舶设计与建造经验,积累了在各种海象条件下进行航海等操作经验,为今后的核动力船舶设计、建造和航运提供了有益数据,另外,获得了以核动力状态出入港口的经验;

其四,获得了核动力船舶母港的建设经验和运用经验,这座专用母港内还建有放射性废弃液体处理的设施;

其五,推动了日本相关核动力船舶法律体系的建立,并具备这些法律的运用经验;

其六,在核动力船舶及母港建造、建设以及航运、运用期间,认识到了要获得当地居民理解与支持的重要性。

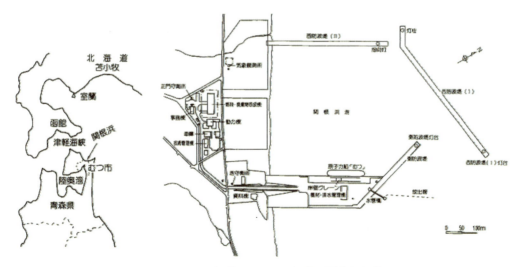

图4 原子力船「むつ」の母港·関根浜港

〔出典〕日本原子力研究所原子力船部門(編):原子力船「むつ」の軌跡—研究開発の現状と今後の展開—、原子力工業、Vol.38、No.4 (1992)

"陆奥"号母港——关根滨港的建设示意图(内港外围由西I防波堤、西II防波堤及东防波堤组成,"陆奥"号停泊码头位于东防波堤左侧,周边有专用的放射性废弃液体处理设施,另设有港口守备所、气象观测所、居住区等相关辅助设施)

第三节　日本核动力航母相关的技术水平

　　截至 2013 年 8 月，据日本官方公布的现有数据来看，日本已经拥有第一代"陆奥"号核动力试验船的压水堆开发经验及第二代大型船舶用核反应堆（MRX）的开发经验，这些压水堆还仅限于民用船舶使用，距离真正水面舰艇压水堆的开发还有一些差距，不过，这些都只是时间问题，而不存在技术的困难，日本的核动力航母和核动力舰队的建设不会太晚。

美国政府审计总局（GAO）公布的常规动力航母与核动力航母开发成本比较对照表

经费种类	常规动力航母	核动力航母
开发成本（Investment cost）	3353.4 亿日元（29.16 亿美元）	7407.15 亿日元（64.41 亿美元）
——采购成本（Ship acquisition cost）	2357.5（20.50）	4667.85（40.59）
——中期现代化改装成本（Midlife Modernization cost）	995.9（8.66）	2739.3（23.82）
操作和维持成本（Operating and support cost）	12793.75（111.25）	17114.3（148.82）
——直接操作和维持成本（Direct Operating and support cost）	12001.4（104.36）	13428.55（116.77）
——间接操作和维持成本（Indirect Operating and support cost）	791.2（6.88）	3685.75（32.05）
退役/报废处理成本（Inactivation/disposal cost）	60.95（0.53）	1033.85（8.99）
——退役/报废处理成本（Inactivation/disposal cost）	60.95（0.53）	1020.05（8.87）
——核废料保管成本（Spent nuclear fuel storage cost）	无	14.95（0.13）
寿命周期成本	16208.1 亿日元（140.94 亿美元）	25555.3 亿日元（222.22 亿美元）
综合比较	100%	157.7%
	63.4%	100%

　　综合上表可以看出，核动力航母虽然较常规动力航母有诸多的技术优势和作战优势，不过，其各种开发成本、维护成本要比常规动力航母高出很多倍，不是世界级的发达经济体很难承担这种经济上的负担，这种经济负担对日本来说也不是一件轻而易举的事情。上表数据均来自美国海军的大型及超大型航母，如果日本选择中型左右的常规动力与核动力航母，那么，经济上的负担会相对减少很多。

大型船舶用核反应堆（MRX）的设计概念及主要设计目标数值

　　1995 年 3 月，日本原子能研究所公布了下一代大型船舶用核反应堆（MRX）的设计概念及主要设计目标数值，其设计概念如图所示，其主要设计目标数值包括：核反应堆输出功率为100MW，核反应堆设计形式为一体型压水核反应堆（PWR），简称压水堆。

初级冷却系统的运转压力为12 MPa，堆芯入口温度为282.5摄氏度，堆芯出口温度为297.5摄氏度，流量为45000吨/小时。

核反应堆堆芯设计参数包括等价直径为1.49米，有效高度为1.4米，燃料集合体数为19，燃料棒数/集合体493个，燃料棒外径9.5毫米，燃料装荷量6.3吨，燃料浓缩度4.3/2.5%（Gd无/有），平均燃烧度23Gwd/吨，燃料寿命为8年。

控制棒驱动装置设计形式为核反应堆容器内装式，装备数量为13个。

储存容器的设计形式为核反应堆容器水渍式，最大容许压力为4.0 MPa。

蒸汽发生器设计形式为贯流式螺旋线圈型，传热管材质为耐热镍铬铁合金800，蒸汽温度为289摄氏度，蒸汽压力为4 MPa，蒸汽流量为168吨/小时。

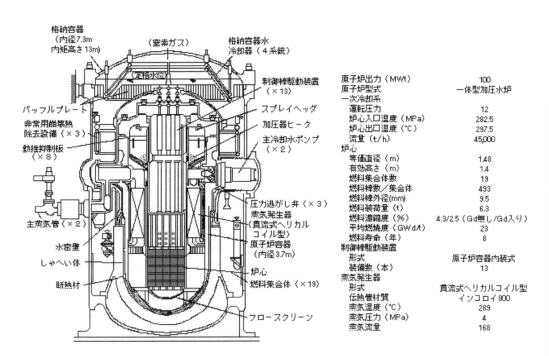

原子炉出力（MWt）	100
原子炉型式	一体型加圧水炉
一次冷却系	
運転圧力（MPa）	12
炉心入口温度（℃）	282.5
炉心出口温度（℃）	297.5
流量（t/h）	45,000
炉心	
等価直径（m）	1.48
有効高さ（m）	1.4
燃料集合体数	19
燃料棒数/集合体	493
燃料棒外径（mm）	9.5
燃料装荷量（t）	6.3
燃料濃縮度（%）	4.3/2.5（Gd無し/Gd入り）
平均燃焼度（GWd/t）	23
燃料寿命（年）	8
制御棒駆動装置	
形式	原子炉容器内装式
装備数（本）	13
蒸気発生器	
形式	貫流式ヘリカルコイル型
伝熱管材質	インコロイ800
蒸気温度（℃）	289
蒸気圧力（MPa）	4
蒸気流量	168

**図2　大型船舶用原子炉（MRX）炉概念と
設計主要目値**

［出典］日本原子力研究所：原子力船研究開発の現状1995, 1995年3月

1995年3月，日本原子能研究所公布的大型船舶用核反应堆（MRX）的设计概念与主要设计目标数值

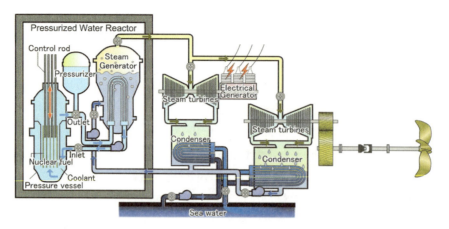

与上图相比较，本图为航母舰用核反应堆及整个核动力系统的原理示意图，左侧部分为压水堆的设计，右侧为压水堆与其他动力设备之间的工作原理

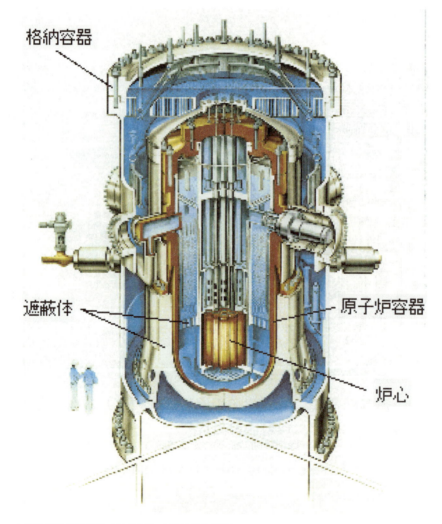

大型船舶用核反应堆（100MW）布局结构示意图

核动力大型高速集装箱货船的设计实例

1995 年 3 月，日本原子能研究所公布了安装有大型船舶用核反应堆（MRX）的大型高速集装箱货船设计实例，这艘核动力船舶的主要设计参数包括：垂线间长（LPP）344.0 米，船宽（B）40.0 米，深度（D）23.5 米，吃水（d）14.0 米，载荷重量 67800 吨，标准集装箱（TEU）搭载数量为 6000 个，航速 30 节，主机采取 3 部船用蒸汽涡轮机，总计输出功率为 135700PS，船用核反应堆为 2 部大型船舶用核反应堆（MRX），总输出功率为 348MW。

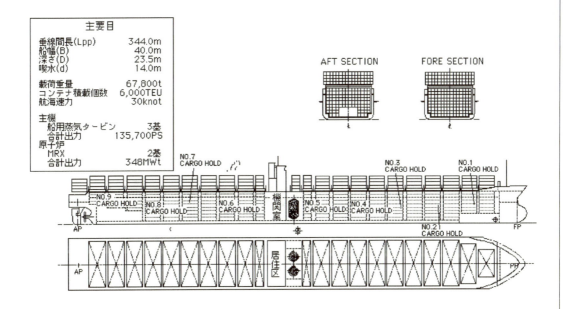

图4　大型高速コンテナ船（30ノット）の概略配置図
[出典] 日本原子力研究所：原子力船研究開発の現状1995, 1995年3月

日本原子能研究所公布的采取核动力技术设计的大型高速集装箱货船概略配置图，其航速可达 30 节

核动力极地用观测船的设计实例

1995 年 3 月，日本原子能研究所公布了采取 MRX 作为核心动力系统的极地用观测船的设计实例，其主要技术参数包括：船舶设计全长 152.00 米，水线长 142.00 米，垂线间长 135.00 米，最大宽度 30.00 米，水线宽度 29.20 米，深度 17.00 米，计划吃水 11.00 米，计划标准排水量大约 25500 吨，计划载荷重量大约 5300 吨，总吨数大约 23000 吨。

只有 1 部船用核反应堆工作时的航速可达大约 22.0 节，2 部船用核反应堆同时工作时的破冰能力可达大约 3 米厚，续航时间可维持在大约 4 个月。搭乘人员包括 40 名船员及 30 名技术观测人员，总计 70 人。

动力推进系统主机为 2 部一体型压水核反应堆（PWR）类型的大型船舶用核反应堆（MRX），输出功率为 120MW×2；发电机包括 2 部推进涡轮发动机，输出功率为 31900KW×2，主涡轮发电机 2 部，输出功率为 1300KW×2，辅助柴油发电机 2 部，输出功率为 1500KW×2，辅助柴油发电机是船用核反应堆停止运转时的船内一般负荷及辅机使用以及船用核反应堆起动进及释放衰变能量时使用，非常用柴油发电机（供核反应堆使用）1 部，输出功率为 150KW×1，非常用柴油发动机（船内一般使用），输出功率为 250KW×1。

推进发动机包括 6 部循环换流器驱动同步发动机，电压为 5000V，输出功率为 10300KW×6。

动力系统推进方式为核动力电气推进（AC－AC 方式）、推进用交流电动机串联方式（2 部电动机/轴）、FPP 方式、3 轴推进。

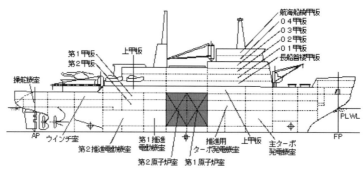

図5 極地用観測船（砕氷能力：3m，排水量：25,500トン）の概略配置図

[出典] 日本原子力研究所：原子力船研究開発の現状1995, 1995年3月

1995 年 3 月，日本原子能研究所公布的极地用观测船的概略配备图

美国海军核动力航母的舰用核反应堆

美国海军"企业"号（CVN－65）核动力航母是美国海军的第一艘核动力航母，同时，也是世界第一艘核动力航母。"企业"号安装了 8 座 A2W 型压水堆（A 代表航母用的舰用核反应堆，2 代表第二代，W 代表制造公司），总输出功率为 210MW。

现役 10 艘尼米兹级核动力航母安装了 2 座 A4W 型压水核反应堆，这型反应堆由美国两家主要舰用核动力实验室 Bettis 原子能实验室和 Knolls 原子能实验室联合设计，由 Westinghouse 电子公司负责建造，堆芯工作寿命可达 23 年，重新充电之后可以再次使用。每座 A4W 型核反应堆能够产生 14 万马力（104MW）的能量。然而，随着福特级航母将大量使用非常耗费电能的电磁系统和电磁武器，其能量需求会进一步提高，为了与未来福特级航母的综合作战能力相匹配，美国海军决定为福特级航母配备全新设计的新一代压水核反应堆，这就是 A1B 型反应堆。

未来福特级航母安装了 2 座全新的 A1B 型压水核反应堆，四轴推进，核燃料采用的是铀，其中 A1B 型核反应堆是美国核工业部门完全按照美国海军的要求专门为福特级航母设计的，它除了能够为福特级航母提供强大的推进动力外，还会为整个航母提供充足的电力输出。

A1B 型核反应堆中的 A 代表它是专为航母设计的舰用核反应堆，A 字母取自英语单词航母 Aircraft Carrier 的第一个字母 A；1 代表这种型号的反应堆是这一系列核反应堆产品中的第一代，1 即为第一代；B 代表这一型号核反应堆的设计单位，福特级航母所采用的 A1B 型核反应堆是美国 Btchtel 公司设计的。

A1B 型核反应堆在福特级航母上的使用也意味着在尼米兹级航母上使用的 A4W 型核反应堆将退出未来美军航母序列。由于福特级航母采用全新的核动力装置，其配电系统电压输出达到了 13800 伏，产生的电量是现役尼米兹级航母配电系统的 3 倍，而且，A1B 型核反应堆不但能量输出巨大，其操作及控制作业也将更加简便。因此，采用A1B 型核反应堆的福特级航母能够有效减少操作与维修等动力部门所需的人员，人员裁减幅度达到了 50％。

使用 A2W 型压水堆的世界第一艘核动力航母、美国海军"企业"号（CVN－65）

美国海军以"企业"号核动力航母为核心编成的核动力舰队，另两艘为核动力巡洋舰

使用 A1B 型压水核反应堆的福特级 2 号舰 "肯尼迪" 号（CVN−79）

作为参考的法国海军 "戴高乐" 号核动力推进系统

　　"戴高乐" 号航母的动力推进装备可以分成五类，它包括前后两个核锅炉舱，其官方名称分别是阿迪通（Adyton，意为古希腊神话中的密室）和科塞纳（Xena），这些核锅炉舱与现役四艘凯旋级弹道导弹核潜艇的设计完全相同，它们可为 2 部 61 SW 减速箱－冷凝器涡轮机组、4 部交流涡轮发电机组和 2 个蒸汽弹射器提供蒸汽，总之，全舰的动力推进、蒸汽弹射器的正常工作和舰上日常用电都由这些核锅炉舱所产生的蒸汽来供应。作一个大致的对比，上述两个核锅炉舱所产生的电能足够一个 10 万人的中小城市的日常供电要求。

　　每个核锅炉舱包括一座 K−15 型压水核反应堆，也就是说，"戴高乐" 号共安装了两座压水堆，每个压水堆都采用了安全密封壳，并且，密封壳体外围设计了加强保护结构，它们可保护核动力系统抵御外部攻击，包括导弹攻击或是其他军舰的冲撞。每个压水堆连接到两个螺旋桨船尾轴系中的一个。每个减速箱－冷凝器涡轮机组包括两部涡轮机（一个高压和一个低压），它们可通过两级减速器减速箱驱动轴线工作。这些 61 SW 型涡轮机由 GEC Alstom 公司提供。"戴高乐" 号航母的推进系统可允许航母以平均 25 节的航速航行 5 年时间，之后给核反应堆电池重新充电后可再获动力。由于 "戴高乐" 号航母选择了与新一代凯旋级弹道导弹核潜艇（SNLE−NG）完全相同的核反应堆，因此，其最大航速要比原来的克莱蒙梭级航母低，克莱蒙梭级航母的最大航速为 32 节，这种选择的最大优势是更经济，可以节约开发成本。"戴高乐"号安装了两部直径为 6 米的螺旋桨。

"戴高乐"号的核发电厂由 4 部涡轮交流发电机组（4×4 000 kW）、4 部柴油发电机（4×100 kW）和 4 部应急备用燃气轮机机组（4×250 kW）组成，其电能输出总量为 21400 千瓦。

2007 年 6 月，"戴高乐"号核动力锅炉舱监控中心（PCMEC）

综合比较

日本原子能研究所开发的大型船舶用核反应堆（MRX）以及使用这些压水堆的大型高速集装箱货船设计实例和极地用观测船的设计实例、美国海军三级核动力航母使用的舰用核反应堆及法国海军"戴高乐"号航母使用的 K−15 型压水堆来看，日本的核动力船舶与美、法航母所使用的压水堆个数都为 2 座，总输出功率基本接近，介于 200 至 350MW 之间。从这些舰/船用核反应堆的设计概况对比来看，日本可以设计出由航母使用的压水堆，其输出功率与美、法航母基本相同，它可以充分保证航母的航速及舰载机的起飞操作。

正文资料、数据及照片来源

日本防卫省官方网站

日本海上自卫队官方网站

日本航空自卫队官方网站

日本陆上自卫队官方网站

日本防卫省技术研究本部官方网站

横须贺地方总监部官方网站

佐世保地方总监部官方网站

吴地方总监部官方网站

舞鹤地方总监部官方网站

大凑地方总监部官方网站

日文维基百科网站

英文维基百科网站

法文维基百科网站

俄文维基百科网站

德文维基百科网站

日本神奈川县和平委员会官方网站

日本长崎县和平委员会官方网站

日本冲绳县和平委员会官方网站

日本海军世界网站

谷歌地图

BING MAPS 地图

本书正文的主要资料、数据及照片分别来自上述网站，原有外文文字的资料、数据及照片版权归属原作者所有，在本书著作过程中，本书作者对上述网站作者表示诚挚的感谢，同时，对原作者的劳动表示尊重。

作者简介

曹晓光，大连某部少校。1978 年 8 月生于辽宁省辽阳市，1995 年 12 月入伍，2002 年 6 月重庆通信学院专科毕业，2008 年 2 月武汉海军工程大学军事思想硕士毕业。历任战士、班长、学员、参谋、图书馆管理员和助理馆员。坚持自学 20 多年，精通英文、日文、法文、西班牙文、德文、葡萄牙文和意大利文。2002 年开始从事翻译工作，2005 年开始从事军事专业翻译工作。主要研究方向：世界海军、陆海空天电军事装备、军事战略、国际关系、世界热点问题等。2009 年 1 月至 2012 年 9 月，先后在《舰船知识》、《兵器知识》、《航空知识》、《现代舰船》、《舰载武器》、《环球军事》、《现代军事》、《航空世界》、《兵工科技》、《军事世界》等十几种军事杂志上发表文章 200 多篇。代表作有《深度解密日本海军》等。译著有《现代经典武器》、《二战经典武器（2 章）》。

新华军事文库

《一战秘史：鲜为人知的 1914—1918》（修订版）

[美] 梅尔 著　56.00 元

《二战解密：盟军如何扭转战局并赢得胜利》

[英] 保罗·肯尼迪 著　48.00 元

《一战倒计时：世界是如何走向战争的》

[美] 西恩·麦克米金 著　39.80 元

《世界大战 1914—1918：一战中的关键战役和重要战场》

[英] 彼得·哈特 著　52.00 元

《技术改变战争：全球军力平衡的未来》

[美] 本杰明·萨瑟兰 著　38.00 元

《二战最后五天：欧洲亲历者讲述的故事》

[美] 尼古拉斯·贝斯特 著　39.80 元

《克敌制胜：世界著名将帅与经典战例》

[美] 贝文·亚历山大 著　36.00 元

《日本大败局：偷袭珍珠港决策始末》

[美] 堀田江理 著　38.00 元

《孙子兵法与世界近现代战争》

[美] 贝文·亚历山大 著　38.00 元

《老兵长存：美国海军陆战队在中国》

[美] E. B. 斯莱奇 著　32.00 元

《日本百年航母》

曹晓光 著　198.00 元